靜力學(第九版)

Meriam's ENGINEERING MECHANICS: STATICS,

GLOBAL EDITION, SI VERSION, NINTH EDITION

J. L. MERIAM, L. G. KRAIGE, J. N. BOLTON　原著

林忠志、葉雲鵬　編譯

WILEY

全華圖書股份有限公司

國家圖書館出版品預行編目資料

靜力學 / J.L. Meriam, L.G. Kraige, J.N. Bolton 原著；
林忠志, 葉雲鵬編譯. -- 八版. -- 新北市：全華圖書
股份有限公司, 2024.05
　　面；　公分
譯自：Engineering mechanics : statics, 9th ed.
ISBN 978-626-328-930-7(平裝)
1.CST: 應用靜力學

440.131　　　　　　　　　　　　　　113005477

靜力學(第九版)
Meriam's ENGINEERING MECHANICS: STATICS, GLOBAL EDITION, SI VERSION, NINTH EDITION

原出版社 / WILEY
原著 / J. L. MERIAM, L. G. KRAIGE, J. N. BOLTON
編譯 / 林忠志、葉雲鵬
發行人 / 陳本源
執行編輯 / 楊智博
出版者 / 全華圖書股份有限公司
郵政帳號 / 0100836-1 號
圖書編號 / 0610602
八版一刷 / 2024 年 5 月
定價 / 新台幣 600 元
ISBN / 978-626-328-930-7(平裝)
全華圖書 / www.chwa.com.tw
全華網路書店 Open Tech / www.opentech.com.tw
若您對本書有任何問題，歡迎來信指導 book@chwa.com.tw

北總公司(北區營業處)
地址：23671 新北市土城區忠義路 21 號
電話：(02) 2262-5666
傳真：(02) 6637-3695、6637-3696

南區營業處
地址：80769 高雄市三民區應安街 12 號
電話：(07) 381-1377
傳真：(07) 862-5562

中區營業處
地址：40256 臺中市南區樹義一巷 26 號
電話：(04) 2261-8485
傳真：(04) 3600-9806(高中職)
　　　(04) 3601-8600(大專)

此系列教材由已故的詹姆斯‧馬林博士 (Dr. James L. Meriam) 自1951年開始編寫。在當時這些書象徵了大學力學教育中的革命性轉變。除了成為隨後出現的工程力學教科書之原型，也變成往後數十年間最具可靠性的教科書。在 1978 年的第一版前以略微不同的書名出版後，此系列教材即素以還輯性的組織，清楚且嚴謹的理論陳述，啟發性的範例，以及蒐羅有大量豐富的現實生活問題等為特色，且均有高水準的插圖表現。除了美制版本外，也有 SI 制版本，並已譯成多國語言銷售。這些教材共同象徵一個大學力學教材的國際標準。

馬林博士 (1917-2000) 對工程力學領域的革新及貢獻無以言表。他是二十世紀下半葉最早的工程教育家之一。馬林博士在耶魯大學取得教育學士，工程學碩士及博士學位。早先曾有服務於普惠飛機公司 (Pratt & Wbitney) 及通用電器公司 (General ElectricCompany) 的工作經驗。二戰期間，他在美國海岸防衛隊服役。曾執教於加州柏克萊大學，擔任過杜克大學工學院院長，也在聖路易歐比斯浪郡 (San Luis Obispo Connty) 的加州州立綜合技術大學執教過，最後在加州聖塔芭芭拉大學擔任客座教授，並於 1990 年退休。馬林教授時時注重教學工作，無論在何處受教過的學生均對此極為肯定。1963 年在柏克萊期間，他成為 Tau Beta Pi 學會傑出教授獎的首位獲頒者，主要表揚優異的教學表現。在 1978 年，他也因對工程力學教育的傑出服務而獲頒美國工程教育學會的卓越教育家獎，並在 1992 年獲頒美國工程教育協會 (ASEE) 李梅金獎 (Benjamin Garver Lamme Award)，是該協會的最高年度國家獎。

工程力學系列的共同作者克厄桂博士 (Dr.L. Glenn Kraige)，從 1980 年代初期，也對力學教育貢獻卓著。克厄桂博士在維吉尼亞大學取得理學士，理學碩士，及博士學位，主要為航太工程方面，目前則擔任維吉尼亞州立綜合技術大學 (VPI & SU) 工程科學與力學學系 (engineering science and mechanics) 的榮譽教授。在 1970 年代中期，筆者極有幸主持克厄桂教授的研究所畢業口試，且對他是筆者四十五個博士畢業生中的首位畢業生此事感到特別引以為豪。克厄桂教授受馬林教授之邀參與其工作，從而確保馬林教授在教材著作上的優異傳統能延續至未來的世代。在過去二十五年以來，此一極成功的著作團體為數個世代的工程師教育帶來巨大的整體影響。

除了在航太動力學領域中公認的廣泛研究及發表成果，克厄桂教授也致力於力學方面的基礎及進階教學工作。其傑出的教學工作除了有目共睹外，也替他贏得從學系，學院，大學，州立，地區，至國家等級的各種獎項。包括工程科學與力學學系對教學優異所頒發的 Francis J. Maher 獎，因優異的大學教學工作所獲的 Wine Award，以及頒自維吉尼亞聯邦高等教育理事會的傑出教育家獎。在 1996 年，ASEE 的力學部門頒與他 Archie Higdon 卓越教育家獎。卡內基基金會的教學發展中心及教育促進支援協調會 (Council for the Advancement and Support of Education) 授與他 1997 維吉尼亞州年度教授的榮銜。在他的教學工作中，克厄桂教授著重在分析能力的發展，物理洞察及工程判斷上。自 1980 年代初，他便開始著手於電腦軟體之設計，以加強靜力學，動力學，材料力學，動力學與振動的高等領域等方面的教學工作。

此版本的另一位共同作者是 Jefferey N. Bolton 博士，他是布魯菲爾德州立學院機械工程技術副教授兼數位學習主任。Bolton 博士在維吉尼亞理工學院機械工程力學專業獲得學士、碩士和博士學位。他的研究興趣包括六自由度彈性支撐轉子的自動平衡。他擁有豐富的教學經驗，包括在維吉尼亞理工學院時，他曾獲得 2010 年斯波恩工程學科教學獎，該獎主要由學生票選。2014 年，Bolton 教授獲得了布魯菲爾德州立學院傑出教師獎。Bolton 教授還被西維吉尼亞理州教師學術成就基金會選為 2016 年西維吉尼亞理州年度教師。他在課堂上設定了高水準的嚴謹性和成就，同時與學生建立了高度的親近感。除了為未來的學生保留經過時間考驗的傳統外，Bolton 博士還將技術的有效應用引入到這套教科書系列中。

工程力學第九版延續前面各版的高著作水準，並新添許多對學生有用的特色。包含有大量有趣且具啓發性的題目。有幸使用馬林教授、克厄桂教授與波頓教授的工程力學進行教學工作或學習的教師及學生，將可享受到這兩位成就斐然的教育學者投入數十年的耕耘成果。循先前各版的模式，本書著重在理論對眞實工程環境的應用，且此重要課題上本書仍是最佳的教科書選擇。

John L. Junkins
航太工程特聘教授
工程部 George J. Eppright Chair 講座教授
德州農工大學
德州

工程力學為工程學中大多數學科的基礎與架構。工程學中諸如土木、機械、航太及農業等許多工程領域，均奠基於靜力學及動力學的探討內容，當然工程力學本身亦然。即使從事如電機工程等人員，在考慮機器裝置的電子零件或製造過程時，也會發現需先處理所涉及之力學問題。

所以，工程力學的系列課程在工程學課程中佔有舉足輕重的地位。不僅僅是對課程本身的需求，工程力學的課程也能強化學生對其他重要科目的理解，包括應用數學、物理及工程圖學等等。另外，這些課程對於解題能力的加強均為極佳的訓練環境。

哲理

學習工程力學的主要目的在於，發展出進行工程創造設計任務時對力與運動效果的預測能力。此種能力不僅需要在力學的數學及物理原理方面的知誠，也需要能夠就支配機器及結構物行為的真實材料特性、實際拘束條件及現實限制等來想像模擬物理組態。力學課程的最主要目的之一即為幫助學生發展此種想像能力，其攸關問題的公式化能力。實際上，建構有意義的數學模型常常是比解答本身更重要的學習經驗。而在工程應用過程中，間時學習到理論原理及其侷限時將獲得最大的進步。

教授力學時經常有個傾向，會將問題當作是理論主要的說明工具，而不是為解決問題才發展理論。如果幾乎採前者方式進行，問題將變得過於理想化且和工程脫節，導致題目也變得單調、不切實際又無趣。此種方式將剝奪學生將問題公式化時所能變得的寶貴經驗，也無法使其發現理論的需求來源及意義。後者的方式顯然提供對理論學習較強的動機，並在理論與應用間獲得較佳平衡。利益和目的在提供此強烈之可能學習動機中所扮演之至關重要的作用不能被過份強調。

再者，身為力學教育者，應強調理論最多僅是近似真實力學世界，而非強調真實世界近似理論。此基本的哲學觀差異也區別出力學工程學與力學科學。

過去數十年來，在工程學教育上已形成若干令人惋惜的教學趨勢。首先，對需具備的數學工具其幾何與物理意義的強調似乎日漸減少。第二，過去使用的增加對力學問題的想像與表述的圖解法，教授時間也大幅縮減甚至取消。第三，在提高處理力學問題的數學水準峙，亦有允許向量運算的符號操作蓋過或取代幾何想像的趨勢。但力學這門學科本質上係仰賴對幾何及物理的洞察，應努力朝這些能力發展才是。

可特別注意到電腦的使用。對學生而言，公式化問題的經驗遠較求解上的操作練習來得更重要，因推理及判斷能力即在此過程中發展出。因此需謹慎控制電腦的使用。在目前，繪製自由體圖及列出方程式時以紙筆方式為最佳。然有些情形中，對統御方程式之求解及答案顯示以電腦方式為最佳。電腦導向問題的存在是為找尋設計條件或關鍵要素，而不是僅為了強迫使用電腦而變化參數之耗時的作業題目。第七版的電腦導向問題在設計之初即納進這些考量。為保留足夠時間來進行問題的公式化練習，我們建議派給學生適量的電腦導向問題即可。

如同先前各版，工程力學第九版亦本著上述哲學撰寫。本書主要供力學方面的初步工程學課程使用，一般在第三學年教授。編寫風格也力求簡潔友善。主要強調基本原理及方法，而非大量特例。本書亦竭力顯現少數基本概念的搭配效果且這些概念將可解決大量不同種類的問題。

架構

第一章中，係建立學習力學所需的基礎概念。

第二章則闡述力、力矩、力偶及力系效果等概念，以供學生直接進入第三章非共點力系之平衡內容，而無須反覆計算相對瑣碎的質點受共點力時之平衡問題。

第二章及第三章的 A 部分均為二維問題之分析，接著是 B 部分處理的三維問題。此內容安排下，授課者可先教授完第三章再進入第三章，或以 2A、3A、2B、3B 之順序教授此兩章。後者方式即先處理二維中的力系及平衡問題，再處理三維中的情形。

第四章將平衡原理應用於簡單析架、構架和機構中，主要先關注二維系統。但也有足夠的三維問題範例，使學生能練習更一般的向量分析工具。

第五章一開始介紹了分佈力的概念和種類，其餘章節則分為兩大部份。A 部份處理形心和質心；詳細的範例將幫助學生提早筆握微積分對物理和幾何問題之應用。B 部份則包括如樑、撓性纜繩和流體靜力學等特殊主題，且略去不教不會影響基本概念的學習連續性。

第六章之摩擦主題分為 A 部份之乾摩擦現象以及 B 部份的若干機械應用。若授課時間有限可略去 B 部份，但此部份之內容能提供學生集中和分佈摩擦力方面的寶貴處理經驗。

第七章以限制於單一自由度系統的應用對虛功作了一整合介紹。也特別強調出虛功和能量法對於互連箱的系統和穩定性判定問題之分析優點。虛功提供一絕佳機會來使學生確信力學中數學分析的威力。

附錄 A 包含了面積慣性矩和慣性積。此主題有助於接續靜力學和固體力學的討論主題。附錄 C 整理列出所需之基本數學工具及若干學生應準備好在電腦求解問題中使用數值技巧。附錄 D 則列出一些物理常數、形心、慣性矩和轉換係數的實用查表。

教學特色

本書的基本結構為：先以各小節嚴謹處理面臨的特定主題，接著利用一個或數個範例，最後則是習題集。各章末的「本章被習」乃整理該章的主要重點，按著並附以複習習題。

題目

本書共有 89 題範例。這些典型的靜力學題目均附有詳細解答。此外，欲加以解釋及值得注意的地方 (「提示」部分) 亦以編號表示其在主要詳解部分中的對應處。

習題則共有 898 題，並分為「基本問題」及「典型實例」。前者題目較簡單而不複雜，其設計用來幫助學生對新學習的主題獲得信心，而後者中的大部分題目則具有一定的平均難度及長度。題目順序一般依難度呈列。越難的題目出現在越接近典型實例末段，並用符號 ▶ 加以標示。「電腦導向問題」則以星號標示，並列在每章末複習習題中的最後特定區域。課本最後附上所有習題的簡答。

全書均使用 SI 單位，除了在一些屬於介紹性質的地方，基於完整介紹的考量及與 SI 單位作對照，才會提及 U.S. 單位。

第九版顯著特點，同樣延續前面各版的特色，本書也網羅了大量可應用至工程設計的有趣且重要的題目。不論能否直接看出，實際上幾乎所有題目均處理到工程結構與力學系統的設計與分析中固有的原理及方法。

特色

我們保留前面各版的主要特色：

- 理論部分均重新檢驗過，以達到最嚴謹性、清晰不紊、可讀性及親和性。
- 理論部分中的「關鍵概念」特別地以不同的排版方式突顯。
- 「本章複習」係將重點條列整理出。
- 新增範例，其中包括有使用電腦導向求解。
- 各章節內皆新增多幀照片，以增加其與靜力學所扮演之重要角色的真實環境間的關聯性。

資源與格式

準備有以下資料作為本書補充：

教師與學生資源

可參閱本書官網 www.wiley.com/go/meriamstaticsge，可能還有其他資源尚未列出。

教師手冊：由作者提供，教師人員可聯絡各地 Wiley 代理商取得書中所有題目的完整解答。

圖片：書中所有圖片均可取得電子檔，以供製作教材用。

範例：所有範例均可取得電子檔，供課堂演示及討論。

格式

本書第九版提供多種格式，包括傳統印刷、獨立的 WileyPlus、獨立的電子文本 (現在具有許多增強功能) 和其他捆綁格式。請聯繫 Wiley 代表 (www.wiley.com/go/whosmyrep) 獲取更多信息。

致謝

特別感謝前貝爾實驗室成員的海爾博士 (Dr. A. L. Hale)，其不斷提供的寶貴建議與對原稿的精準校對等著實貢獻良多。海爾博士自 1950 年代起，便對此力學教科書系列之前的所有版本均給予同樣的熱心協助。他檢閱全書各處，包括所有新舊圖文。海爾博士也獨立驗算了所有新增習題，並提供作者諸多建議及教師手冊中的解答所需作的修正。海爾博士以工作上的極高精確度而聞名，且其對英語的精通也為有助於本書讀者之一大資產。

在此也想感謝維吉尼亞州立綜合技術大學 (VPI & SU) 的工程科學與力學學系 (engineering science and mechanics) 的教職團隊定期的建設性建議。包含如 Saad A. Ragab，Norman E. Dowling，Michael W. Hyer，J. Wal-lace Grant 及 Jeffrey N. Bolton 等人。尤其 Scott L. Hendricks 對原稿的深入校對也一直助益良多，正確性極高。

John Wiley & Sons 的工作團隊，包括執行編輯 Linda Ratts，高級製作編輯 Sujin Hong，高級設計師 Maureen Eide，及高級攝影編輯 Lisa Gee 等，所做的貢獻也反映出高度的專業能力，也在此一併正式致謝。並特別向 Camelot Editorial Service 公司的 Christine Cervoni 的關鍵產品工作表示謝意。Precision Graphics 公司的幹練插畫家也同樣維持高水準的優異插圖表現。

最後，想要讚揚家人無可比擬的貢獻。除了對出版計畫的耐心與支持外，太太 Dale 更協助處理第九版草稿的準備工作，且為檢查各階段校本的關鍵助力。此外，女兒 Stephanie Kokan 及兒子 David Kraige 也協助提供從過去幾版以來的題目構想、插圖、及若干題目解答。

非常高興能參與延續此超過六十五年的教科書系列的出版。為了在未來幾年提供可能的最佳教育教材，在此鼓勵也歡迎各方指教。如承蒙賜教，請寄至 kraige@vt.edu。

L. Glenn Kraige

維吉尼亞州，布萊克斯堡市

Jw BA

西維吉尼亞州，普林斯頓市

「系統編輯」是我們的編輯方針，我們所提供給您的，絕不只是一本書，而是關於這門學問的所有知識，它們由淺入深，循序漸進。

工程力學是大部份工程界知識的基礎和組成架構，因此，有關工程力學的一系列課程對於工程學科是很重要的。本書第九版如同前一版，強調能讓學生運用基本原理和方法，而具有對實際工程問題產生洞察和數學模型化的能力，本書同時將相對屬於少數的基本觀念和大量變化的實際工程習題，加以融合起來呈現其關連性。除在每節討論特殊主題後加上範例外，更在每章末尾編排本章複習，將該章之重點條列出來，且習題按照難易程度排列，分為基本問題和典型實例，而電腦導向問題更能讓讀者藉由電腦數值的計算使用，進而培養分析問題的經驗及判斷能力，讀者能藉由日常實際的習題範例，循序漸進的了解工程力學。本書適合大專院校「應用力學」、「工程力學」、「靜力學」等課程使用。

同時，為了使您能有系統且循序漸進研習相關方面的叢書，我們以流程圖方式，列出各有關圖書的閱讀順序，以減少您研習此門學問的摸索時間，並能對這門學問有完整的知識。若您在這方面有任何問題，歡迎來函連繫，我們將竭誠為您服務。

Contents 目錄

CHAPTER 1

靜力學的介紹

By Duke.of.arcH-www.flickr.com/photos/dukeofarch/Getty Imaqes, Inc.

本章綱要

能夠提供巨大力量的構造，必須利用力學原理進行設計。在這張澳洲雪梨的照片中，讀者可以看見這樣構造的一種例子。

1/1 機械力學 (Mechanics)

　　機械力學是有關作用力如何影響物體的物理科學，沒有其他學科在工程分析方面上，比機械力學扮演更重要的角色。雖然機械力學所運用的原理並不多，但是它們卻廣泛地應用在工程的領域上。機械力學的領域主要是在研究與發展有關振動、結構與機械的穩定性和強度、自動機械、火箭和太空船的設計、自動控制、引擎性能、流體力學、電氣機械與工具以及有關分子、原子與次原子的行為模式。對這個學科能有一番徹底的理解，才能在上述的領域和許多其他的領域中繼續進行研究。

1

S. Terry/Science Source

艾塞克‧牛頓爵士

機械力學是最有歷史性的物理科學，這個學科早期的歷史正是工程學開始發展的起步階段。最早期有文字記載的機械力學為阿基米德 (Archimedes，西元前 287-212 年) 的槓桿原理和浮力原理。實質上的發展，則是在斯臺維努 (Stevinus，西元 1548-1620 年) 提出有關作用力的向量結合法則之後，此外，他也將大多數有關靜力學的原理公式化。第一個有關動力學問題的研究，則歸功於伽利略 (Galileo，西元 1564-1642 年) 對石頭自由落體的實驗。之後牛頓 (Newton，西元 1642-1727 年) 提出了運動定律與萬有引力定律的準確公式，他也構思出數學分析中的微量概念。其他，如達文西 (Da Vinci)、伐立崗 (Varignon)、尤拉 (Euler)、達蘭貝特 (D'Alembert)、拉格朗巨 (Lagrange) 與拉普拉斯 (Laplace) 等也對機械力學的發展有實質的貢獻。

本書將會討論到有關靜力學原理的發展和其相關之應用，機械力學的原理大多是以數學公式表示，因此在運用這些原理解決實際問題上，數學扮演著重要的角色。

機械力學的主題大略分為兩部份：**靜力學 (*statics*)** 所關心的是物體在力量作用下的平衡狀態，而**動力學 (*dynamics*)** 所關注的則是物體的運動狀態。工程力學所包含的內容也是區分成以上所述的兩個部份，即上冊是靜力學，而下冊則為動力學。

1/2 　基本概念 (Basic Concepts)

以下所述的概念與定義是研究機械力學的基礎，並且應該在一開始學習時就被充分理解。

空間 (*Space*) 是指物體本身所佔有的幾何區域的範圍，而物體的位置則可由相對於一座標系統，量測其線性量與角度量而得。在解三度空間的問題時，我們必需使用到三個獨立的座標系統。而對於二度空間的問題而言，我們僅需使用到兩個獨立的座標系統。

時間 (*Time*) 是測量連續事件所得到的一種數量，並且也是動力學中的一個基本量，因此時間並不會直接出現在對靜力學問題的分析中。

質量 (*Mass*) 是測量一個物體慣性的表示量，也可以說是阻止物體改變運動速度的表示量。質量也可以看成是在一個物體中的物質總量，並且物體本身的質量會影響到它與其它物體間所產生萬有引力的大小。萬有引力會出現在許多有關靜力學的實例之中。

作用力 (*Force*) 是指某個物體作用在其他物體上的效應。作用力會按照它的作用方向移動某個物體。作用力的三個要素就是作用力的大小、方向與施力點。因此作用力是一種向量，有關作用力的性質將於第二章中詳細討論。

質點 (*Particle*) 是可忽略其尺寸大小的物體，在數學觀念中，將質點認定為是一個體積大小接近於零的物體，於是我們可以將物體的質量視為集中在一個點上來進行分析。我們經常選擇質點做為物體微小的一部份，當物體的尺寸對其位置的描述或作用於它的力量無關時，則我們可以把這個物體視為一個質點來處理。

剛體 (*Rigid body*)，當物體內部任兩點之間距離的變量可以忽略不計時，我們就可以把這個物體當成剛體來分析。例如，當起重機吊起重物時，如果想要計算支撐起重機吊桿的鋼索張力，基本上這個計算是不會受到吊桿組成結構內部微小變形的影響。因此，在計算作用於起重機吊桿上的外力時，我們就可以將它視為一個剛體。靜力學主要是計算平衡狀態時作用於剛體上的外力。至於有關物體內部變形的計算，則是屬於變形體力學的範疇，屬於靜力學進階的課程內容。

1/3　純量與向量 (Scalars and Vectors)

我們在計算機械力學時，經常使用純量與向量的運算。僅具有大小的量稱為純量，舉例來說，如時間、體積、密度、速率、能量與質量皆為純量。另一方面，向量則是具有大小與方向之量，並且必須遵守平行四邊形的相加原則，本章隨後將會做說明，舉例來說，如位移、速度、加速度、作用力、力矩與動量皆為向量。需注意的是，速率為一純量，它是速度向量的大小，因此速度的表示是以其作用的方向與速率的大小為依據。

物理量爲向量者，能夠被分類爲自由向量、滑動向量與拘束向量三種。

凡一向量，原點可自由決定，不受任何拘束者謂之**自由向量** (*free vector*)。例如，如果一個物體沒有旋轉運動，則可以把物體中任何點的移動或者位移當做向量。並且，這個位移向量所具有的方向與大小之量，可以用於描述該物體內部各點。因此，我們可以用自由向量表示這樣的一個物體的位移。

滑動向量 (*sliding vector*) 在空間中僅具有唯一的向量作用線，但施力點可以是其作用線上的任一點。例如，當外力作用於剛體上時，此力可作用於其作用線的任意點上，而不改變此剛體的外效應 *，因此這個向量是滑動向量。

凡一向量其原點固定者，稱之爲**拘束向量** (*fixed vector*)。當作用力作用在一可變形體或非剛體上時，則必須藉由位於施力點的拘束向量予以指明。在這個例子中，物體內的受力與變形取決於施力點、大小與作用線。

方程式與圖表的使用規定

向量 **V** 藉由圖 1/1 的線段來表示向量的方向，並以箭頭表明其指向。而此線段的長度可用一合宜的比例來表示該向量的大小 |**V**|，並以細的斜體字 *V* 來表示。舉例來說，我們可以選擇一個尺度，像是一吋長的箭頭代表有二十磅的作用力。

在純量方程式中及通常於圖表上，僅須標示向量的大小時，則符號是以細斜體字的方式表示。當向量的方向是數學表示式中的一個部份時，則使用粗體字表示向量符號。當書寫向量等式時，總是要確定已保持向量與純量之間在數學上的區別。在手寫向量時，使用可區別的標記來表示向量，例如在符號下方加上底線，$\underline{V}$，或是在其上方加上箭號，$\vec{V}$，以用來取代粗體印刷字。

向量運算

如圖 1/1 所示，向量 **V** 的方向可藉由從某已知參考線方向量取角度 θ 表示，**V** 的負値爲向量 − **V**，− **V** 和 **V** 有相同的大小但作用於相反的方向上。

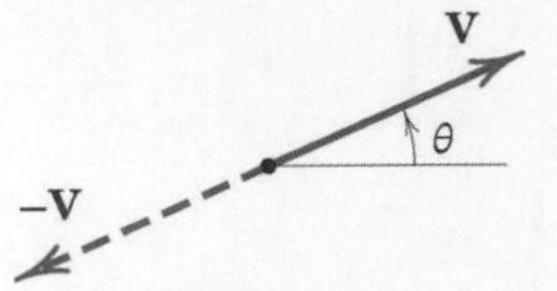

圖 1/1

* 這是第 2/2 節將討論的可移性原理。

　　向量必須遵守平行四邊形的合成法則，此法則說明在圖 1/2(a) 中的 $\mathbf{V}_1$ 與 $\mathbf{V}_2$ 兩自由向量，可由等效的向量 $\mathbf{V}$ 所取代，而 $\mathbf{V}$ 是以 $\mathbf{V}_1$ 及 $\mathbf{V}_2$ 爲邊之平行四邊形的對角線，如圖 1/2(b) 所示。這個合成的向量稱之爲向量和，並由下列的向量方程式來表示

$$\mathbf{V} = \mathbf{V}_1 + \mathbf{V}_2$$

其中連接兩向量 (粗體字) 的加號，是表示爲向量的加法運算而非純量的相加。兩向量大小的純量和，通常表示成 $V_1 + V_2$。由平行四邊形的幾何性質可知 $V \neq V_1 + V_2$。

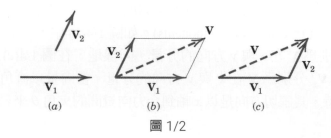

圖 1/2

　　$\mathbf{V}_1$ 與 $\mathbf{V}_2$ 兩個自由向量，亦可以藉由三角形法則將兩向量的頭尾相連，如圖 1/2(c) 所示，而得到相同的向量總和 $\mathbf{V}$。我們由圖中可以知道，這個向量相加的順序並不會影響它們的總和，因此 $\mathbf{V}_1 + \mathbf{V}_2 = \mathbf{V}_2 + \mathbf{V}_1$。

　　兩向量的差 $\mathbf{V}_1 - \mathbf{V}_2$，如圖 1/3 所示，則可由 $\mathbf{V}_1$ 加上 $-\mathbf{V}_2$ 而容易得到。其中的向量運算，不論使用三角形法或是平行四邊形法皆適用之。兩向量的差 $\mathbf{V}'$ 可由下列的向量方程式來表示

$$\mathbf{V}' = \mathbf{V}_1 - \mathbf{V}_2$$

其中，負號代表向量的相減 (vector subtraction)。

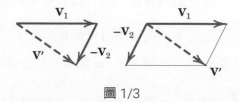

圖 1/3

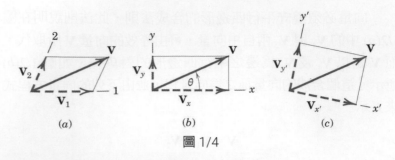

圖 1/4

若任意兩個或更多個向量的總和相等於向量 **V**，則這些向量為該向量的分量 (components)。因此在圖 1/4(*a*) 中，向量 **V**₁ 與 **V**₂ 為向量 **V** 分別在 1 與 2 方向的分量。當向量的分量彼此間互相垂直時，通常是最容易處理的；我們稱這些分量為直角分量 (rectangular components)。如圖 1/4(*b*) 中，向量 **V**$_x$ 與 **V**$_y$ 分別為 **V** 在 x 與 y 方向的分量。同樣地，在圖 1/4(*c*) 中，**V**$_x$' 與 **V**$_y$' 分別為 **V** 在 x' 與 y' 方向的分量。當向量以直角分量表示時，其確切方向是以 x 軸到合力向量間的夾角 θ 來表示，其中

$$\theta = \tan^{-1} \frac{V_y}{V_x}$$

向量 **V** 可用數學的方式加以表示，即藉由向量的大小 V 乘上一與 **V** 相同方向且大小為 1 的向量 **n**。這個向量 **n** 我們稱之為單位向量 (unit vector)，因此

$$\mathbf{V} = V\mathbf{n}$$

如此便可在一個數學表示式中，同時包含向量大小與方向。在許多問題中，特別是在三維的情況下，如圖 1/5 所示，以直角分量來表示向量 **V** 的分力是一個便利的方法。其中 **i**、**j** 與 **k** 分別表示在 x、y 與 z 方向大小為 1 的單位向量。由於向量 **V** 是 x、y 與 z 方向的分量向量和，因此我們可以將其表示如下：

$$\mathbf{V} = V_x \mathbf{i} + V_y \mathbf{j} + V_z \mathbf{k}$$

現在我們將利用 **V** 的方向餘弦 l、m 與 n，其定義如下

$$l = \cos \theta_x \qquad m = \cos \theta_y \qquad n = \cos \theta_z$$

因此，我們可以把向量 **V** 的分量大小表示如下

$$V_x = lV \qquad V_y = mV \qquad V_z = nV$$

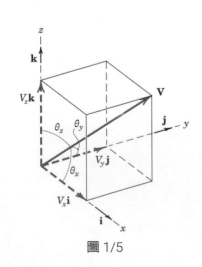

圖 1/5

再由畢氏定理我們可以得到

$$V^2 = V_x^2 + V_y^2 + V_z^2$$

注意，上面的關係式意味著 $l^2 + m^2 + n^2 = 1$。

1/4　牛頓定律 (Newton's Laws)

　　牛頓 (*Isaac Newton*) 是第一位正確地陳述統御一個質點運動基本法則的人，並證明它們的有效性[*]。此處使用現代的術語稍微重述這些法則如下：

第一定律： 如果沒有不平衡的作用力作用於質點上時，則靜者恆靜，動者恆做等速直線運動。

第二定律： 物體受力之作用時在合力向量的方向必產生一加速度，其大小與合力向量成正比。

第三定律： 一物體受力作用時必產生反作用力，作用力與反作用力大小相等、方向相反並作用在同一條直線上。

　　這些定律的正確性，已由無數的精確物理測量所充分證明。牛頓的第二定律則形成動力學中大多數分析的基礎，當一個質量為 m 的質點受到作用時，可表示如下

$$\mathbf{F} = m\mathbf{a} \qquad (1/1)$$

其中，$\mathbf{F}$ 是作用在這個質點上的合力向量，而 $\mathbf{a}$ 為所產生的加速度。因為 $\mathbf{F}$ 的作用方向與 $\mathbf{a}$ 加速度的方向一致，並且 $\mathbf{F}$ 的大小必須相等於 $m\mathbf{a}$，所以這個式子屬於向量方程式。

　　牛頓第一定律包含了作用力的平衡原理，並且它是靜力學中所關心的主題。因為當作用力為零時是不會有加速度產生的，並且該質點靜者恆靜，動者恆做等速直線運動，所以這個定律實際上是第二定律的其中一個結果。第一定律並沒有添加新的有關運動的描述，但是因為它是牛頓的古典陳述的一部份，所以這裡將它含括在內。

---

[*] 讀者可以在牛頓的 Principia (1687) 這本書的翻譯修訂版 F. Cajori, University of California Press, 1934 中，找到牛頓原本的數學公式寫法。

第三定律對我們要理解力的性質時是很重要的。這個定律陳述的是，當作用力發生時它總是成對發生，而且兩者大小相等、方向相反。因此，當鉛筆對書桌施加向下的作用力時，伴隨而來的是書桌對鉛筆施加同等大小之向上的反作用力。此定律對所有變動力或固定力皆可適用，其中不論作用力的來源為何，而且在力量作用的每一瞬間皆可成立。若對此基本定律缺乏謹慎的了解，則初學者在學習時會常發生錯誤。

在分析物體受力作用時，一定要清楚一對力(作用力與反作用力)中，何者是需被考慮的。首先必須將我們考慮的物體予以隔離，然後再把這一對力中，作用於物體上的那一個力代入方程式中。

1/5 單位 (Units)

在機械力學中我們使用了四種基本的物理量，稱之為**因次 (*dimensions*)**，分別為長度、質量、作用力與時間。被使用於量測這些物理量的單位，由於要滿足牛頓第二定律，如公式 1/1，因此不能獨立地選定。雖然有很多不同的單位系統，但是其中只有兩種最常被用於科學和技術方面的單位系統將使用於本書中。這兩個系統中的四個基本因次以及其單位與符號，已經被摘錄在下表中：

表 1/1

物理量	因次符號		SI 單位			美國慣用單位	
			單位	符號		單位	符號
質量	M	基	公斤	kg	基	史拉格	—
長度	L	本	公尺	m	本	呎	ft
時間	T	單	秒	s	單	秒	sec
作用力	F	位	牛頓	N	位	磅	lb

SI 單位

國際單位系統的縮寫為 SI (為法文 Systeme International d'Unites 的簡寫)，在美國被採用並遍及於全世界，又稱為公制系統。由於被國際上所一致認同，所以 SI 單位將逐漸取代所有其他的單位系統。附表中我們可以看見，在 SI 單位系統

中，質量的單位公斤 (kg)、長度的單位公尺 (m) 與時間的單位秒 (s) 被視爲三個基本單位。而作用力的單位牛頓 (N)，則是由牛頓第二運動定律所推論而來的。因此，作用力 (N) = 質量 (kg) × 加速度 (m/s^2)，或

$$N = kg \cdot m/s^2$$

因此，讓質量 1 kg 的物體產生 1 m/s^2 加速度者，我們稱之爲 1 牛頓。

考慮一個質量爲 m 的物體，此物體在接近地球的表面自由地落下。由於作用在物體上的僅有重力，所以此物體落下時有一朝向地球中心的加速度 g。此重力爲物體的重量 W，而且它是由公式 1/1 所衍生而來的：

$$W\,(N) = m\,(kg) \times g\,(m/s^2)$$

美國慣用單位

美國慣用 (U.S. customary) 單位或英國單位系統 (British system of units)，又可稱之爲呎 - 磅 - 秒 (FPS) 單位系統，是英語系國家工商業界所常見的系統。雖然這個系統將被 SI 單位所取代，但是工程師在未來若干年內仍必須能夠同時使用 SI 與 FPS 兩種單位系統，並且這兩種系統也都被大量的使用於工程力學上。

如表所示，在 U.S. 或 FPS 系統中，長度的單位呎 (ft)、時間的單位秒 (sec) 與作用力的單位磅 (lb)，被視爲三個基本單位。而用做質量單位的史拉格 (slug)，則是由公式 1/1 得來的。即作用力 (lb) = 質量 (slugs) × 加速度 (ft/sec)，或

$$slugs = \frac{lb\text{-}sec^2}{ft}$$

因此，使用 1 lb 的作用力作用於物體上而產生的加速度爲 1 ft/sec 者，我們稱物體的質量爲 1 slug。如果 W 爲重力或是重量，而 g 爲重力加速度，則由公式 1/1 可得

$$m(slugs) = \frac{W\,(lb)}{g\,(ft/sec^2)}$$

請注意：秒在 SI 單位中被縮寫成 s，而在 FPS 單位中則被縮寫成 sec。

在 U.S. 單位中，磅 (pound) 偶爾也被用做質量單位，特別是用於指明液體與氣體的熱力學性質。當區別這兩種單位之間的差別是必要時，則表示作用力單位時通常寫成 lbf，而質量單位則以 lbm 表示。在這本書中，我們使用其中的作用力單位 lb。其他常見於 U.S. 系統的作用力單位分別為：仟磅 (kilopound，縮寫為 kip)，相當於 1000 磅，以及噸 (ton)，相當於 2000 磅。

國際單位系統 SI 稱為絕對 (absolute) 單位系統，這是因為其基本物理量 - 質量的測量，是獨立於其環境的緣故。另一方面，U.S. 系統 (FPS) 則稱為重力單位系統，因為它的基本物理量 - 作用力的定義方式為，在特定條件下 (緯度 45°的海平面高度)，作用於標準質量的地心引力 (重量)。所謂標準的一磅力，是指使質量 1 磅之物體產生 32.1740 ft/sec^2 的加速度所需之力。

在 SI 單位中，公斤 (kilogram) 只專門被使用在質量單位，而不應用於作用力單位。MKS(公尺、公斤、秒) 重力系統單位，已被廣泛使用在許多非英語系國家許多年。他們使用的公斤就像英語系國家使用的磅一樣，也分別使用在作用力的單位和質量的單位上。

基本標準

質量、長度與時間等測量基本標準的制定，已由國際一致認同而建立，如下所述：

質量：質量標準是一個鉑銥合金圓柱體，存放在法國巴黎附近的國際度量衡標準局裡，被指定為一公斤質量的標準。這標準圓柱的精密複製品則被保存在美國國家標準局及技術學會 (NIST)，並為美國提供質量標準校準的服務。

長度：長度起初被定義為，由北極到赤道沿著通過巴黎的經線的長度的千萬分之一為 1 公尺，後來則定義為存在國際度量衡標準局裡特定鉑銥合金棒的長度。但由於取得不易及量測複製品精度上的問題，使得採納一個更精確且具有可再現性的方法，以做為公尺的標準長度，即後來使用光在真空中，經過 (1 / 299,792,458) 秒的行走距離定為 1 公尺。

Omikron/Science Source

標準公斤　圓柱體

時間：秒的原始定義爲平均日光天的 $\dfrac{1}{(86400)}$，然而不規則的地球轉動導致這個定義上的困難，因而採用了一個更精確與具有可再現性的標準，現在一秒被定義爲銫 133 原子所發出之某一特定波長的光被振動 9192631770 次所需的時間。

對於大多數工程工作與學習機械力學之目的而言，這些標準的精確度已遠超過了我們的需要。此外，重力加速度 g 的標準值是在緯度 45° 的海平面所測得，其兩種使用的系統中分別爲

SI 單位　　$g = 9.80665 \text{ m/s}^2$

U.S. 單位　　$g = 32.1740 \text{ ft/sec}^2$

而近似值分別爲 9.81 m/s^2 與 32.2 ft/sec^2，對大多數的工程計算而言，其準確性已足夠。

單位轉換

本書的封面內頁有 SI 單位與 U.S. 慣用單位之數值轉換公式，其後包括 SI 單位系統主要物理量的特性。另外，在本書封底列有這兩種系統一些物理量的近似轉換圖表以方便參考。雖然這些圖表有助於建立 SI 單位與 U.S. 單位相對尺寸的概念，然而工程人員將會發現，直接由 SI 單位之方式思考比依賴由 U.S. 單位轉換更爲實際。如同本書之前的介紹，在靜力學裡主要處理的是長度與作用力單位，而質量僅在計算重力時才會出現。除了 1/6 章節所提到之單位轉換，其餘轉換在本書大部份問題中不會被用到。

圖 1/6 是在描述此兩種系統之力、質量及長度的例子，並藉此有助於想像它們之間的相對大小。

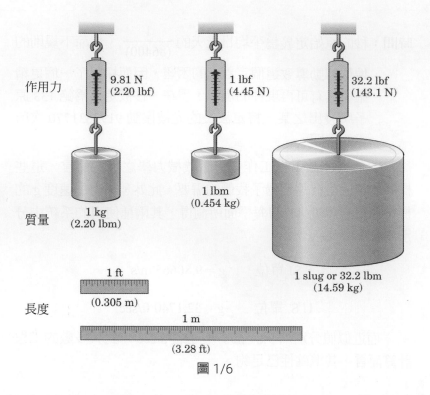

作用力

質量

長度

圖 1/6

1/6 萬有引力定律 (Law of Gravitation)

在靜力學與動力學中，我們經常需要去計算萬有引力作用於物體本身所產生的重量，這個計算取決於萬有引力定律。同樣地，它也是由牛頓將其公式化。萬有引力定律可由以下的式子來表示

$$F = G \frac{m_1 m_2}{r^2} \tag{1/2}$$

其中　　$F =$ 為兩質點間的相互吸引力

　　　　$G =$ 為一泛用常數，即著名的萬有引力常數

　$m_1 \cdot m_2 =$ 為兩質點的質量

　　　　$r =$ 為兩質點中心間的連線距離

此相互吸引力 F 遵從作用力定律與反作用力定律，這是由於它們大小相等、方向相反並且力的方向是沿兩物體質心的連線上，如圖 1/7 所示。藉由實驗求出萬有引力常數約為 $G = 6.673(10^{-11})$ m^3/(kg-s^2)。

圖 1/7

地球的萬有引力

　　萬有引力存在於任意兩個物體之間，在地球的表面上，唯一可以感覺得到大小存在的萬有引力，是由地球引力所造成的吸引力。舉例來說，兩個直徑爲 100 mm 的鐵球，分別受到地球 37.1 N 之萬有引力所吸引，這與地球間產生的引力即爲鐵球的重量。另一方面，如果這兩個鐵球正好要觸碰在一起，則它們之間互相作用的引力只有 0.0000000951 N。這個力量比較於地球的引力 37.1 N 顯然是可忽略的。因此，對於大部份工程應用而言，在地球表面上，唯一需要考量的重力是地球的萬有引力。

地球施加在月球 (前景) 的萬有引力是月球運動的關鍵因素。

　　一個物體不論是在行進間或是於停止狀態，地球作用於物體上的萬有引力 (物體的重量) 都是存在的。因爲引力是一個力量，故物體重量在 SI 單位表示爲牛頓 (N)，而在 U.S. 慣用單位則表示爲磅 (lb)。不幸的是，質量單位公斤 (kg) 在一般的習慣中已被頻繁使用於重量的測量。當 SI 單位更廣泛地被使用之後，U.S. 慣用單位應該遲早會消失。因爲在 SI 單位中，公斤 (kg) 是專被使用於質量，而牛頓 (N) 則被使用於力量與重量。一個質量爲 m 的物體接近於地球的表面，作用於該物體的萬有引力 F 被詳述於公式 1/2 中。我們通常使用符號 W 來表示萬有引力或是重力的大小，由於落體具有一個加速度 g，由公式 1/1 可以得到

$$W = mg \qquad (1/3)$$

當質量 m 的單位是公斤 (kg)，而且重力加速度 g 是 (m/s^2) 時，重量的單位則爲牛頓 (N)。在 U.S. 慣用單位中，當 m 的單位爲史拉格 (slug)，而 g 爲 (ft/sec^2) 時，則重量的單位爲磅 (lb)。而 g 的標準值分別使用 9.81 m/s^2 與 32.2 ft/sec^2，在靜力學的計算之中已經足夠準確。

真實的重量 (萬有引力) 與表觀的重量 (如同藉由彈簧刻度量測所得) 顯然是有差異的。這個差異是由於地球自轉所造成的，它十分的小，因此是可以忽略的。有關這個效應將於第二冊的動力學中做深入的探討。

1/7 精確度、極限值與近似值 (Accuracy, Limits and Approximations)

有效位數的數目在我們的解答之中，不應該超過已知資料準確值的合法有效位數的數目。舉例來說，假定一邊長為 24 mm 的方形桿，其使用公釐做為量測單位，所以我們知道邊長的有效位數是 2，邊長平方後得到的面積為 576 mm^2。然而根據我們的規則，我們應該用 580 mm^2 來表示這個面積，僅使用兩個有效位數。

當計算涉及到幾個大數量的小差值時，為了達到計算結果的指定準確度，使用較多位數的準確度在這資料中是必要的。舉例來說，我們必須使用 5 個有效位數的準確度來表示 4.2503 與 4.2391，以便使其差值 0.0112 達到 3 個位數的準確度。在冗長的計算中，欲知道原始資料之有效數字的數目，而得到一定準確度的答案通常是困難的。對於大部份工程計算，三個有效位數的準確度就已經足夠。

在本書中，解答一般是以三個有效位數來表示，除非這個解答的開頭使用 1，在這種情況下解答將以四個有效位數來表示。為了計算的目的，請考慮這本書中所有已知的數據是完全準確的。

微分

微分量的**階次** *(order)* 時常在方程式的推導過程中造成誤解。當取數學的極限值時，相較於較低階的微分，較高階的微分總是可以省略的。舉例說明，一個高度 h 基底半徑 r 的正圓錐體，其體積元素增量 ΔV 可視為一距離頂點 x，厚度為 Δx 的薄形圓片。這個體積元素的表示式為

$$\Delta V = \frac{\pi r^2}{h^2}[x^2\Delta x + x(\Delta x)^2 + \frac{1}{3}(\Delta x)^3]$$

請注意，當上式被積分時 ΔV 與 Δx 分別以 dV 與 dx 取代，並且式中含有 $(\Delta x)^2$ 與 $(\Delta x)^3$ 的項可以省略，剩下的只有

$$dV = \frac{\pi r^2}{h^2} x^2 dx$$

積分後，可得到一個正確的表示式。

微小角度的近似值

當處理微小的角度時，我們經常利用一些簡化的假設。考慮如圖 1/8 的直角三角形，其中角度 θ 以弳度表示並且相當的小。假如這個三角形的斜邊為 1，我們從圖形的幾何可看出，弧長 $1 \times \theta$ 與 $\sin \theta$ 幾乎是相同大小的，而且 $\cos \theta$ 的值也非常接近於 1。再者 $\sin \theta$ 與 $\tan \theta$ 的值幾乎是相同的。因此，在微小角度中我們可以寫成

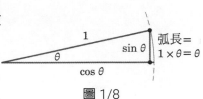

圖 1/8

$$\sin \theta \cong \tan \theta \cong \theta \qquad \cos \theta \cong 1$$

其中假設這個角度需以弳度來表示。這些近似值是對上述三個函數取級數展開時，只保留第一項而得到。以角度為 1° 來說明這些近似值

$$1° = 0.017453 \text{ 弳度} \qquad \tan 1° = 0.017455$$

$$\sin 1° = 0.017452 \text{ 弳度} \qquad \cos 1° = 0.999848$$

如果需要更準確的近似值，則可以保留這三個函式的前兩項，它們分別為

$$\sin \theta \cong \theta - \frac{\theta^3}{6} \qquad \tan \theta \cong \theta + \frac{\theta^3}{3} \qquad \cos \theta \cong 1 - \frac{\theta^2}{2}$$

其中，角度必須是以弳度表示。(若是要將角度轉換成弳度，則需乘上 $\frac{\pi}{180°}$) 藉由使用 1°角 (0.0175 rad) 來取代正弦值時，所造成的誤差百分比只有 0.005%。至於 5°角 (0.0873 rad) 的誤差為 0.13%，而 10°角 (0.01745 rad) 也仍然只有 0.51% 的誤差。當角度近似於零時，以下的數學極限關係式是正確的。

$$\sin d\theta = \tan d\theta = d\theta \qquad \cos d\theta = 1$$

其中，這微分角度 $d\theta$ 必須是以弳度表示。

15

1/8　靜力學問題的解題方法 (Problem Solving in Statics)

　　靜力學的研究是直接針對作用在工程結構上平衡力的定量性描述。數學建立了所涉及的不同物理量之間的連結，並且使我們能夠從這些連結中去預測影響。我們使用雙重的思考程序在求解靜力學的問題中：我們思考了有關物理上的情況與相對應之數學去描述兩者。在每一個問題的分析之中，我們須做一個物理與數學之間的轉換思考。學生最重要目標之一，就是去發展此種自由轉換的能力。

做適當的假設

　　我們應該承認一個物理問題的數學式代表一個理想的描述或是模型，它們是頗接近但從不十分吻合實際上的物理情況。當我們建構一個理想化的數學模型於已知的工程問題中時，總是會牽涉到若干的近似條件。這些近似的一部份可能是數學上的，其餘則可能是物理上的。

　　例如，一些較小的距離、角度或是作用力，相較於較大的距離、角度或是作用力，經常必須予以忽略。假定一個力量是分佈作用在較小的面積上，並且這個面積的大小相較於其它相關的尺寸是較小時，我們可以把它考慮成一個集中力。

　　假如鋼索的張力為其總重量好幾倍大時，我們可以忽略鋼索的重量。然而，如果我們要去計算由於鋼索本身重量作用之下所產生的變形或是垂度時，則我們不可以忽略這鋼索重量。

　　因此，我們可以做的假設取決於所需取得的資料及所要求的精確度。在處理真實問題所做的各種假設方面，必須時時小心謹慎。在對工程問題進行公式化與求取解答時，了解且適當地應用假設的能力，是一個成功的工程師所需具備的重要特質之一。這本書的主要目標之一，即是提供許多的機會，透過公式與分析靜力學原理的許多實際問題，去發展這個能力。

使用圖解法

　　基於下列三個理由，圖解法是一個重要的工具：

1. 我們使用圖解法，以一草圖或是圖示的方式將物理系統描繪於紙上。以幾何圖形的方式描繪問題，有助於它的物理含意之闡述，特別是我們必須想像三度空間問題時。

2. 相較於一個直接的數學解，我們能夠更容易得到問題的一個圖形解。圖解法是獲得結果的一個實際方法，並有助於我們的思考過程。因為，圖解法能夠同時表示物理情況與數學含意，故對思考此兩者之轉換有很大幫助。

3. 將結果表示成易於瞭解的形式時，表或圖可以提供很有價值的幫助。

關鍵概念 公式化問題並獲得解答

在靜力學與許多的工程問題中，我們需要使用準確與合理的方法去公式化問題並獲得它的解答。透過下面一連串的步驟，我們將每個問題予以公式化，並推導它們的解答。

1. 將問題公式化
   (a) 陳述已知的資料
   (b) 陳述期望的結果
   (c) 陳述你的假設與近似值

2. 推導解答的程序
   (a) 畫出任何你需要理解其關係的圖表
   (b) 陳述應用於自己的解題方法上的統御原理
   (c) 進行自己的計算

   (d) 確定自己的計算與由資料證明的精確度正確一致
   (e) 確定在自己的計算中使用一致的單位
   (f) 確定你的解答就大小、方向與常識等面向來看都是合理的
   (g) 得到結論

   保持工作的整齊與有條理，將有助於你的思考過程，而且能夠使其他人理解。有條理地處理問題的訓練，對列出方程式及分析之技巧是有很大幫助的。許多問題在最初的時候看起來好像困難又複雜，但若以合乎邏輯及有效的方法去做，就會使問題清楚明朗。

自由體圖

靜力學的主題只依據極少數的基本概念，其主要涉及將基本關係應用到各種情況裡面。在求解一問題時，最重要的是應用分析方法，把使用的定律仔細的牢記在心中，以及精確又準確的去應用這些原理。在應用力學原理去分析作用於物體上的力量時，重要的是將問題中的物體從其他的物體中**分離** (*isolate*) 出來，因此我們能夠完整且精確的考慮所有作用於此物體的作用力。我們須將此分離的觀念牢記在心中，並且須在圖紙上畫出。這個分離體圖可以標示出作用於其上的所有外部作用力，稱之為**自由體圖** (*free-body diagram*)。

自由體圖是了解機械力學的關鍵，這是因為將物體分離乃是一種技巧，可藉此方法將原因與效應清楚地分開，以便使我們的注意力能明確地集中在機械力學原理的正確應用上。有關自由體圖的繪製技巧將首次在第三章使用與進行討論。

數值與符號

在應用靜力學定律時，我們可以直接將數值代入各量中而求其解，或是以代數符號表示各量而以一公式來表示解答。當使用數值代入計算時，需用各別的單位表示各量的小，以使每一階段的計算都很清楚。當我們需要去了解每一項數值的大小時，這個方法是很有幫助的。

不過，符號解具有一些數值解所沒有的優點。第一：符號解可幫助我們將注意力集中在物理情況與其相關數學描述之間的連結。第二：我們可重覆使用不同的單位或數值代入相同的符號解內而求得其解。第三：符號解能夠允許我們在每一階段做因次檢查，而數值解在因次檢查上則是相當困難的。在表示物理情況的任何等式中，等式兩邊每個項的因次一定是相同的，這種性質稱為**因次齊次 (*dimensional homogeneity*)**。因此，熟練數值解與符號解的形式皆十分重要。

解題方法

靜力學問題的解，可由一種或多種方法求得。

1. 直接使用紙筆做數學運算，即代數符號或數值的計算，大部份問題的求解都是使用這種方法。

2. 對某些問題我們可使用圖形解，

3. 使用電腦求解問題。當需要求解大量的方程式、必須研究參數的變動或是必須求解棘手的問題時，使用電腦求解問題是非常有用的。

針對非常多的問題，我們都可使用兩種或以上的方式來求解。這些方法的選用，部份取決於工程師的偏愛，部份取決所要求解的問題形式。如何選擇最便利的方法，是從問題練習中所獲得的重要的經驗。在第一冊的靜力學中，有一些被設計成**電腦導向問題 (*Computer-Oriented Problems*)**，這些問題會在習題的最後面出現，它們是經過挑選的，以便說明那些經由電腦求解能提供明顯優勢的問題。

1/9 本章複習

在本章裡，介紹了有關靜力學的概念、定義與單位使用，並且對於靜力學問題的公式化與解題的程序，進行了概觀式的敘述。讀完本章後，應該能夠完成下列的事項：

1. 解釋向量中的單位向量與直角分量，並且完成向量的加減運算。

2. 敘述牛頓運動定律。

3. 完成 SI 與 U.S. 單位的運算及使用合適的準確度。

4. 解釋何謂萬有引力定律並計算物體的重量。

5. 應用基於微分與微小角度近似的簡化。

6. 描述如何使靜力學問題公式化與求解的方法。

範例 1/1

$m = 1400$ kg

一輛車的質量為 1400 kg，試求它的重量為多少牛頓。轉換車子的質量單位為 slug，然後求出它的重量為多少磅。

┄┄

▌**解**　從關係式 1/3，我們有

① $$W = mg = 1400(9.81) = 13730 \text{ N}$$　　　　**答**

從本書附錄 D 的轉換公式表 D/5，我們得知 1 slug 相當於 14.594 kg。因此，汽車的質量以 slug 表示為

② $$m = 1400 \text{ kg}[\frac{1 \text{ slug}}{14.594 \text{ kg}}] = 95.9 \text{ slugs}$$　　　　**答**

最後，汽車的重量以磅表示為

③ $$W = mg = (95.9)(32.2) = 3090 \text{ lb}$$　　　　**答**

使用另外一種計算方法去得到這個結果，我們先將 kg 轉換成 lbm。再一次使用前面封面內頁的附表，我們得到

$$m = 1400 \text{ kg}[\frac{1 \text{ lbm}}{0.45359 \text{ kg}}] = 3090 \text{ lbm}$$

在以上的計算中，使用磅為重量單位，然後與 3090 lbm 的質量配合起來，結果得到 3090 lb。我們很少使用 U.S. 單位 lbm 做為質量的參考，一般是以 slug 為質量的計算單位。因此，與其使用兩個過多的質量單位，不如使用 slug 為唯一的單位，特別是有關動力學的計算方面，我們將證明它是有效的，並且能簡單地使用。

提示

① 我們計算出的結果為 13734 N。使用內文中陳述的有效位數規則,將結果以四位有效數字來表示,其值成為 13730 N。如果數值的第一位不是 1 時,則我們會把結果捨入成三位有效數字。

② 一個非常好的單位轉換的實際做法是,乘上一個像這樣的因子 $[\frac{1\,\text{slug}}{14.594\,\text{kg}}]$,由於分子與分母相等,所以它的值為 1。接著做單位的互相銷去,只留下我們需要的單位。在這裡我們銷去了 kg,只剩下我們所需的單位 slug。

③ 注意,我們使用之前計算出的結果 (95.9 slugs)。必須確定的是,當計算的結果必須用於之後的計算時,計算機上的數字必須維持在它的最大精確值內 (95.929834⋯),並將其儲存在計算的記憶體中,等要用時再叫出使用。不可以只輸入 95.9 再乘以 32.2 來做計算。這樣將造成準確度的降低。

範例 1/2

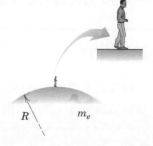

使用牛頓的泛用萬有引力定律,去計算一個站在地球表面 70 kg 的人之重量。然後再使用 $W = mg$ 去計算,並比較你的兩個結果。其中,必要時可參考表 D/2。

▌ 解　這兩個結果為

① $$W = \frac{G m_e m}{R^2} = \frac{(6.673 \cdot 10^{-11})(5.976 \cdot 10^{24})(70)}{(6371 \cdot 10^3)^2} = 688\text{N} \qquad \textbf{答}$$

$$W = mg = 70(9.81) = 687\text{ N} \qquad \textbf{答}$$

這個差異是由於牛頓泛用萬有引力並沒有將地球自轉的因素考慮進去。另一方面,被使用在第二個方程式的 g 值 9.81 m/s² 就有計算地球自轉的影響。請注意,我們若使用更準確的值 9.80665 m/s 於第二個方程式中,得到的結果為 686 N,其差異變得更大了一些。

提示

① 兩物體質心之間的有效距離可視為地球的半徑。

範例 1/3

如圖所示的兩個向量 $\mathbf{V}_1$ 與 $\mathbf{V}_2$，

(a) 試求它們的向量總和 $\mathbf{S} = \mathbf{V}_1 + \mathbf{V}_2$ 的大小 S

(b) 試求 $\mathbf{S}$ 與 x 正軸之間的夾角 α

(c) 用單位向量 $\mathbf{i}$、$\mathbf{j}$ 表示向量 $\mathbf{S}$，並寫出沿著合力向量 $\mathbf{S}$ 之單位向量 $\mathbf{n}$

(d) 試求出向量差 $\mathbf{D} = \mathbf{V}_1 - \mathbf{V}_2$

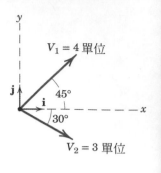

▌ 解 (a) 我們藉由相加 $\mathbf{V}_1$ 與 $\mathbf{V}_2$，並使用比例大小去繪製這個平行四邊形，如圖 (a) 所示。使用餘弦定律我們可以得到

$$S^2 = 3^2 + 4^2 - 2(3)(4)\cos105°$$

$$S = 5.59 \text{ 單位}$$

① (b) 使用正弦定律於下半部的三角形，我們可以得到

$$\frac{\sin105°}{5.59} = \frac{\sin(\alpha+30°)}{4}$$

$$\sin(\alpha+30°) = 0.692$$

$$(\alpha+30°) = 43.8° \quad \alpha = 13.76° \qquad 答$$

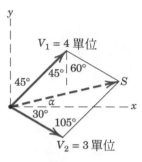

(a)

(c) 使用計算得知的 S 與 α，我們可將向量 $\mathbf{S}$ 表示為

$$\mathbf{S} = S[\mathbf{i}\cos\alpha + \mathbf{j}\sin\alpha]$$
$$= S[\mathbf{i}\cos13.76° + \mathbf{j}\sin 13.76°]$$
$$= 5.43\mathbf{i} + 1.328\mathbf{j} \text{ 單位} \qquad 答$$

② 於是 $\mathbf{n} = \dfrac{\mathbf{S}}{S} = \dfrac{5.43\mathbf{i}+1.328\mathbf{j}}{5.59} = 0.971\mathbf{i} + 0.238\mathbf{j} \qquad 答$

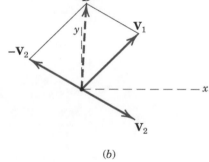

(b)

(d) 向量差 $\mathbf{D}$ 則為

$$\mathbf{D} = \mathbf{V}_1 - \mathbf{V}_2 = 4(\mathbf{i}\cos45° + \mathbf{j}\sin45°) - 3(\mathbf{i}\cos30° - \mathbf{j}\sin30°)$$
$$= 0.230\mathbf{i} + 4.33\mathbf{j} \text{ 單位}$$

這向量 $\mathbf{D}$ 如圖 (b) 所示，即 $\mathbf{D} = \mathbf{V}_1 + (-\mathbf{V}_2)$

提示

① 讀者在機械力學中將會常常使用到正弦與餘弦定理。請參閱附錄 C 與 C/6 節，做重要幾何原理的複習。

② 單位向量可藉由向量除以本身的大小而成，需注意的是，單位向量是沒有因次的。

CHAPTER **2**

作用力系統

本章綱要

Anze Bizjan/Shutterstock

設計像這些照片中的大樓上吊車這種結構的工程師，必須完全地瞭解力系統的性質。

2/1 簡介 (Introduction)

在本章與往後的內容中，我們要研究有關力作用於工程結構與機械裝置中的影響。並且，在本章所得到的經驗將有助於同學們在機械力學上與其他相關學科上的研究，例如應力分析、機器和結構的設計與流體力學等。透過這個章節的學習不僅能對靜力學有一番基本的了解，並能奠定在往後相關學科的基礎，所以讀者應該好好的徹底熟讀本章的內容才是。

2/2 作用力 (Force)

在處理作用力系統與複雜力系時，對於單一作用力的特性必須詳加了解。在第一章中，我們已將作用力定義為一物體對另一物體的作用。在動力學中我們發現，作用力的方向與受力產生加速度之物體的運動方向一致。作用力是一個向量 (vector quantity)，因為它的效應取決於力量作用的大小與方向。因此，我們可以使用平行四邊形法將作用力合成相加。

如圖 2/1(*a*) 所示，鋼索的張力作用在托架上，再由圖 2/1(*b*) 的側視圖得知它是一個大小為 P 的作用力向量 **P**。這作用於托架上的效應取決於作用力的大小 P、方向角 θ 與施力點 A 的位置。若任意改變這三個性質的其中之一，則在托架上的效應也會隨之改變。我們可以觀察托架基座上任一固定螺栓的作用力變化，或托架上的任意點是否產生應力與應變的變化。因此，要完整表達一作用力時必須包含它的大小 (magnitude)、方向 (direction) 與施力點 (point of application)，所以我們可以把它視為一個固定向量。

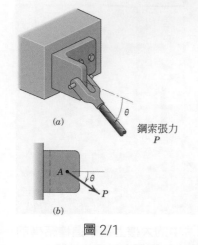

(*a*)

鋼索張力
P

(*b*)

圖 2/1

內部力與外部力的影響

我們能將作用於物體的力量分為兩種效應：外部 (external) 與內部 (internal)。在圖 2/1 的托架中，**P** 作用在托架上的外效應，是由於 **P** 的作用藉由基座與螺栓，施加在托架上的反作用力 (未畫出)。因此，一物體所承受的外部力可能是作用力 (applied force) 或者是反作用力 (reactive force)。張力 **P** 在托架中所產生的內部效應，是造成整體托架材質結構中的應力與應變。其中，內物應力與內部應變的關係取決於物體材料的性質，並且會在探討有關材料強度、彈性力與塑性力等性質時被加以研究。

可傳性原理

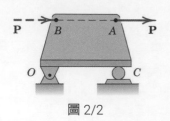

圖 2/2

當我們在處理有關剛體力學時，剛體內部的變形是可以忽略的，並且只需關心此外部作用力的淨外效應。在這種情況下，經驗告訴我們不需要將作用力限制在給定的施力點上。舉例來說，一力量 **P** 作用在如圖 2/2 所示的剛性板上，它可以作用在 A 點、B 點或作用線上任一特殊點上，而且其產生在托架

上的淨外效應均保持不變。在此情形下，外效應是指，由支點 *O* 的軸承作用於剛性板的力，與由支點 *C* 的滾輪作用於剛性板的力。

我們可以利用可傳性原理 (principle of transmissibility) 來陳述這個結論，它說的是力量的施力點可以在其已知作用線的任意點上，而且力量對剛體的外效應始終不會改變。因此，當我們只關心一作用力的合成外部效應時，這個作用力可以把它視為一滑動向量，而且我們需要指明作用力的大小、方向與作用線，而不需指明其作用點。因為在這本書中實質上是討論有關剛體力學，所以我們幾乎將所有作用於剛體的力量都視為滑動向量。

為了提供安全有效率的工作環境，與這個吊具相關連的各個力，必須仔細地找出來，然後加以分類與分析。

力的種類

作用力可分為接觸力 (contact force) 或超距力 (body force，另一譯名為物體力)。接觸力是藉由物體間直接接觸所產生。舉一例子，將一個物體放在桌面上，此桌面支撐物體的力量即為接觸力。另一方面，超距離則是藉由一個物體在力場中的位置所產生，例如重力、電力或磁力。舉例來說，你的體重就是超距力。

作用力可以進一步的被分類為集中 (concentrated) 力與分佈 (distributed) 力。任何一種接觸力實際上都是作用在一個有限面積上，因此它是分佈力的一種。然而，當這個接觸面積相較於物體的其他尺寸是非常小時，我們可以考慮將力量視為集中在一個點上，並忽略準確度的降低。作用力可以分佈在一個面積上，如同在機械接觸時的情況；當超距離 (如：重量) 作用時，可以分佈在一個體積上；也可以如同一條懸掛鋼索的重量分佈在一條線上。

物體的重量是由於萬有引力的作用分佈於物體的體積所致，並且可以將它視為作用於重心的集中力。如果一個物體是對稱的，那麼重心的位置是顯而易見的。如果重心的位置並不明顯，我們可以使用分割計算去確定它的位置，這個方法將在第五章加以介紹。

測量一作用力的方法可藉由比較其它已知力、使用天平或是已校準過的彈簧刻度來測定。它們都是依照基本的標準來進行比較與測定。作用力的標準單位在 SI 單位為牛頓 (N)，而在 U.S. 慣用單位則為磅 (lb)，皆被定義於第 1/5 節中。

作用力與反作用力

　　根據牛頓第三定律，力量的作用總是伴隨一個大小相等且方向相反的反作用力。因此必須要能區分作用力與反作用力這一對力量之間的不同。我們首先將問題中的關鍵物體予以分離，然後再確認施加於此物體的作用力 (非藉由物體施加)。除非我們能夠小心地區分作用力與反作用力之間的不同，否則在使用此對力量中之相反作用力時，非常容易發生錯誤。

共點力系

　　假如各力量的作用線相交在同一點上時，我們可以說這兩個或多個作用力在此點共點 (concurrent)。如圖 2/3(a) 所示，作用力 F_1 與 F_2 有共同的作用點，即在 A 點處共點。因此，它們能夠使用平行四邊形法在它們共有的平面上，獲得向量和或合力 (resultant) **R**，如圖 2/3(a) 所示，這個合力與分力均在相同的平面上。假定這兩個共點之作用力位於相同的平面，但分別被應用在兩個不同的點上，如圖 2/3(b) 所示。經由可傳性原理，我們可以沿著它們的作用線來自由移動，並可以在它們相交的點上完成向量和的運算，如圖 2/3(b) 所示。我們可以使用 **R** 來取代 F_1 與 F_2，而不會改變它們作用於物體上的外效應。我們也可以使用三角形法來獲得 **R**，不過需如圖 2/3(c) 所示平移其中一個力量的作用線。如圖 2/3(d) 所示，使用兩個和前圖相同的作用力做向量合成，雖然合力向量 **R** 的大小與方向皆維持不變，不過它的作用線已不在原來的位置上了。由於經此方式獲得的 **R** 並沒有讓通過點 A，因此這種向量 **R** 的合成方法應該要避免。

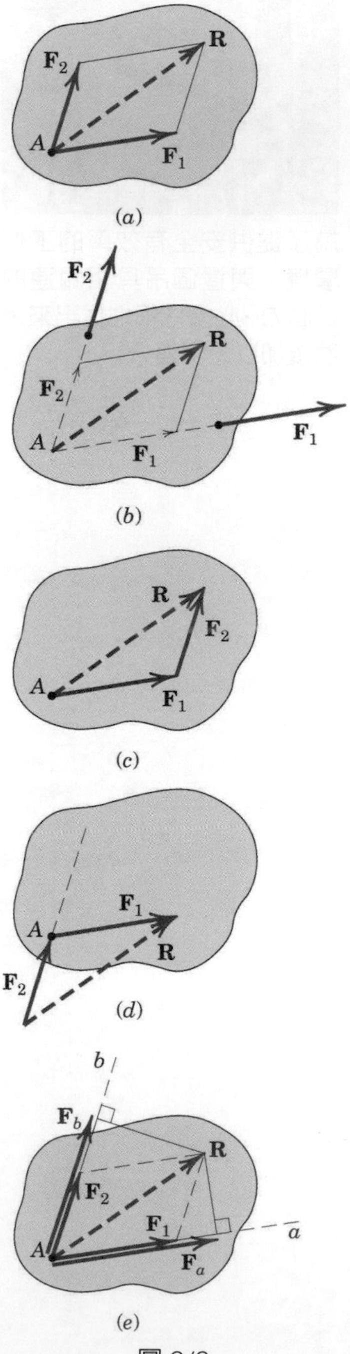

　　我們能夠藉由向量等式去表示兩作用力之和。

$$R = F_1 + F_2$$

向量分量

　　除了將作用力合成以求取它們的合力之外，我們經常也需要將一作用力分解在便於應用之方向的向量分量 (vector components)。並且，向量分量的總合必須相等於原作用力向量。因此圖 2/3(a) 中的作用力 **R**，可以由被分解 (resolved) 成兩個我們需使用之方向的向量分量 F_1 與 F_2 加以取代，而且這個分解僅需藉由平行四邊形法便可以得到 F_1 與 F_2 之大小。

圖 2/3

我們不能將作用力在已知軸上的向量分量，與作用力在相同軸上的垂直投影量 * 相混淆，如圖 2/3(*e*) 所示，作用力 **R** 的垂直投影量 F_a 與 F_b 分別作用於 *a* 軸與 *b* 軸上，並且平行於圖 2/3(*a*) 之向量分量 F_1 與 F_2。由圖 2/3(*e*) 我們可以看出，各向量分量不一定相等於投影在相同軸上的投影量。而且因為投影量 F_a 與 F_b 使用平行四邊形法做向量合成之合力並不等於向量 **R**，所以投影量 F_a 與 F_b 的向量和並不是向量 **R**。唯有在直角座標時，即軸與軸垂直，**R** 的向量分量才會與投影量相等。

向量相加的特例

如圖 2/4 所示，當兩作用力 F_1 與 F_2 互相平行時，我們可使用一種特殊的向量相加方法去得到合力。首先，我們增加兩個大小相等、方向相反並作用於同一直線上的作用力 **F** 與 −**F**。**F** 與 −**F** 的大小以適當便利為原則。由於它們同時作用於物體上，所以沒有新增的外效應產生。將 F_1 與 **F** 相加產生 R_1，然後再與 F_2 和 −**F** 相加產生之 R_2 做合成，即可得到向量合力 **R**，並且不改變 **R** 的大小、方向和作用線。對於幾乎平行的兩個作用力，若具有一個相距甚遠且不明顯的共交點時，這是一個非常有用的圖形合成方法。

在著手三維分析之前，有效熟讀二維作用力系統的分析，通常是非常有幫助的，因此在第二章之後的內容將區分成這兩個範疇來說明。

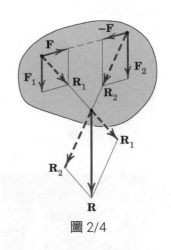

圖 2/4

第一部份：二維作用力系統 (TWO-DIMENSIONAL FORCE SYSTEMS)

2/3　直角分量 (Rectangular Components)

直角分量是一作用力在二維系統中最常被分解的形式。如圖 2/5，我們依據平行四邊形法規則，可以將向量 **F** 表示成以下的形式。

....

* 垂直投影量又可稱為正交投影量 (orthogonal projections)。

$$\mathbf{F} = \mathbf{F}_x + \mathbf{F}_y \qquad (2/1)$$

其中，$\mathbf{F}_x$ 與 $\mathbf{F}_y$ 分別為在 x 與 y 方向的向量分量 (vector components)。我們可以將這兩個向量，以純量乘上合適之單位向量來表示。如圖 2/5，分別使用 $\mathbf{i}$ 與 $\mathbf{j}$ 為 x 與 y 方向的單位向量，因此 $\mathbf{F}_x = F_x \mathbf{i}$ 而且 $\mathbf{F}_y = F_y \mathbf{j}$，所以我們可以寫成

$$\mathbf{F} = F_x \mathbf{i} + F_y \mathbf{j} \qquad (2/2)$$

其中純量 F_x 與 F_y，分別為向量 $\mathbf{F}$ 在 x 與 y 方向的純量分量 (scalar components)。

這個純量分量可以為正也可以為負，取決於向量 $\mathbf{F}$ 指向哪一個象限。如圖 2/5 之作用力向量，其 x 與 y 方向的純量分量皆為正值，而且 $\mathbf{F}$ 的大小與方向的關係如下

$$F_x = F \cos\theta \quad F = \sqrt{F_x^2 + F_y^2}$$
$$F_y = F \sin\theta \qquad \theta = \tan^{-1}\frac{F_y}{F_x} \qquad (2/3)$$

圖 2/5

向量分量的表示規則

本書將使用細斜體字來表示一個向量的大小，也就是使用 F 來表示 $|\mathbf{F}|$，而且它恆為非負值。不過純量分量同樣地使用細斜體字來表示，而且它可以是正值或負值。從例題 2/1 與 2/3 以數值計算的範例中，我們看見其中包含了正與負值的純量分量。

當一作用力和其向量分量同時在一圖中出現時，如圖 2/5 所示，我們習慣以虛線表示分量，並以實線表示作用力，反之亦然。使用此種慣用方式將可清楚的表示出一作用力與其分量，而並非表示有三個個別的力存在，若是有三個個別的力存在，則全部須使用實線表示。

由於在實際問題裡沒有先預定參考座標軸，所以可依計算方便為原則而任意指定，因此經常由學生選擇。合乎邏輯的選擇通常是經由問題中所具有之幾何性質而透露出來。例如，當一個物體的主要尺寸位於水平及垂直方向時，那麼選用這兩個方向進行計算與分析通常最為便利。

在照片中前方的構造組件，會將集中起來的力量傳遞到兩端的托架。

作用力分量的求解

　　當然物體的尺寸並非總是位在水平與垂直的方向上,而角度也並非須以軸之逆時針方向測量,而且座標的原點也並非會在一個力量的作用線上。因此,不管參考軸的方向為何或角度如何量取,要能夠求出作用力的正確分量才是重要的。在圖2/6 中,則為一些典型二度空間向量分解的例子。所以,記住2/3 式並不能取代對平行四邊形定律的瞭解,而且也不能取代將一個向量正確地投影到參考軸上。一個適切的圖形有助於明瞭幾何關係與避免錯誤。

　　在求同平面上兩共點力的合力 **R** 時,使用直角分量通常較為便利。考慮作用於 O 點上的兩共點力 $\mathbf{F}_1$ 與 $\mathbf{F}_2$。如圖 2/7 所示,若將 $\mathbf{F}_2$ 的作用線由 O 移到 $\mathbf{F}_1$ 的頂端,依據圖 2/3 之三角形定律,作用力向量 $\mathbf{F}_1$ 與 $\mathbf{F}_2$ 相加為

$$\mathbf{R} = \mathbf{F}_1 + \mathbf{F}_2 = (F_{1_x}\mathbf{i} + F_{1_y}\mathbf{j}) + (F_{2_x}\mathbf{i} + F_{2_y}\mathbf{j})$$

或

$$R_x\mathbf{i} + R_y\mathbf{j} = (F_{1_x} + F_{2_x})\mathbf{i} + (F_{1_y} + F_{2_y})\mathbf{j} \qquad (2/4)$$

其中 ΣF_x,即代表 " x 方向純量分量的代數和 "。如圖 2/7 所示的範例中,需注意純量 F 分量 F_{2_y} 是負值。

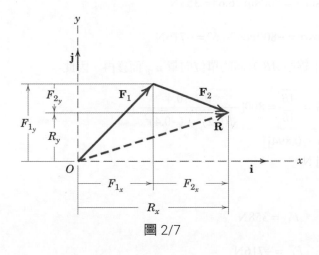

圖 2/7

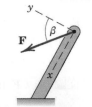

$$F_x = F \sin \beta$$
$$F_y = F \cos \beta$$

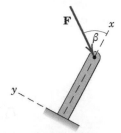

$$F_x = - F \cos \beta$$
$$F_y = - F \sin \beta$$

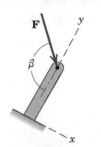

$$F_x = F \sin (\pi - \beta)$$
$$F_y = - F \cos (\pi - \beta)$$

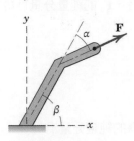

$$F_x = F \cos (\beta - \alpha)$$
$$F_y = F \sin (\beta - \alpha)$$

圖 2/6

範例 2/1

作用力 $\mathbf{F}_1$、$\mathbf{F}_2$ 與 $\mathbf{F}_3$ 施加在托架上之 A 點上，其作用方向如圖所示，試求此三個作用力在 x 與 y 方向的純量分量。

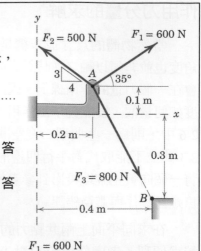

解　從圖 (a)，$\mathbf{F}_1$ 的純量分量為

$$F_{1_x} = 600\cos 35° = 491\text{N} \qquad 答$$

$$F_{1_y} = 600\sin 35° = 344\text{N} \qquad 答$$

從圖 (b)，$\mathbf{F}_2$ 的純量分量為

$$F_{2_x} = -500(\frac{4}{5}) = -400\text{N} \qquad 答$$

$$F_{2_y} = 500(\frac{3}{5}) = 300\text{N} \qquad 答$$

請注意，在此並未計算 $\mathbf{F}_2$ 與 x 軸的夾角，藉由檢查三角形邊長之 3-4-5 關係，我們可得其正弦與餘弦值，並且注意 $\mathbf{F}_2$ 在 x 方向的純量分量為一負值。

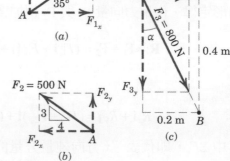

而 $\mathbf{F}_3$ 的純量分量則需先計算角度 α，如圖 (c) 所示

$$\alpha = \tan^{-1}[\frac{0.2}{0.4}] = 26.6°$$

① 於是 　　　　　$$F_{3_x} = F_3\sin\alpha = 800\sin 26.6° = 358\text{N} \qquad 答$$

$$F_{3_y} = -F_3\cos\alpha = -800\cos 26.6° = -716\text{N} \qquad 答$$

或者，$\mathbf{F}_3$ 的純量分量可藉由 $\mathbf{F}_3$ 的大小乘上線段 AB 方向的單位向量 $\mathbf{n}_{AB}$ 而獲得，因此

② 　　　$$\mathbf{F}_3 = F_3\mathbf{n}_{AB} = F_3 = \frac{\overrightarrow{AB}}{AB} = 800[\frac{0.2 - 0.4}{\sqrt{(0.2)^2 + (-0.4)^2}}]$$

$$= 800[0.447\mathbf{i} - 0.894\mathbf{j}]$$

$$= 358\mathbf{i} - 716\mathbf{j} \ \text{N}$$

所需的純量分量為

$$F_{3_x} = 358\text{N} \qquad 答$$

$$F_{3_y} = -716\text{N} \qquad 答$$

結果與前述的答案相同。

提示

① 你應該小心地檢查所求的每一個分量之幾何關係，而不要盲目的依賴使用 $F_x = \cos\theta$ 與 $F_y = \sin\theta$ 等公式。

② 將任何向量除以其長度或大小即可得到單位向量，如以幾何位置向量 $\overline{AB}$ 除以其長度。此處我們使用的箭頭是表示向量由 A 指向 B，而橫線則是表示 A 與 B 之間的距離。

範例 2/2

試將作用在固定結構 B 點上的 **P** 與 **T** 兩作用力，合併成單一等效作用力 **R**。

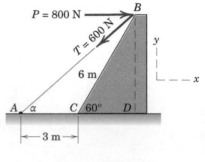

圖解法 ①

如圖 (a) 所示，使用平行四邊形法將作用力 **P** 與 **T** 的向量相加。其比例為 1 cm = 800 N；若使用 1 cm = 200 N 的比例則更符合於一般紙張之規格並且較為準確。注意，在構成平行四邊形之前，角度 α 必須先求得。從給定的圖可知

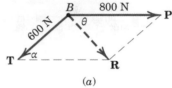

$$\tan\alpha = \frac{\overline{BD}}{\overline{AD}} = \frac{6\sin 60°}{3 + 6\cos 60°} = 0.866 \qquad \alpha = 40.9°$$

量測 **R** 的長度 R 與方向 θ，則得到的近似值為

$$R = 525\text{N} \qquad \theta = 49°$$

(a)

幾何解 ②

向量 **P** 與 **T** 相加所形成的三角形如圖 (b) 所示，而角度 α 則已求出。藉由餘弦定理可得

$$R^2 = (600)^2 + (800)^2 - 2(600)(800)\cos 40.9° = 274300$$

$$R = 524\ \text{N}$$

從正弦定律我們可求出 **R** 所指向的角度 θ，因此

$$\frac{600}{\sin\theta} = \frac{524}{\sin 40.9°} \qquad \sin\theta = 0.750 \qquad \theta = 48.6°$$

代數解

對於已知圖形使用 x-y 座標系統，我們可以寫成

$$R_x = \Sigma F_x = 800 - 600\cos 40.9° = 346\ \text{N}$$

$$R_y = \Sigma F_y = -600\sin 40.9° = -393\ \text{N}$$

合力 **R** 的大小與作用方向如圖 (c) 所示，於是

$$R = \sqrt{R_x^2 + R_y^2} = \sqrt{(346)^2 + (-393)^2} = 524\text{N}$$ 答

$$\theta = \tan^{-1}\frac{|R_y|}{|R_x|} = \tan^{-1}\frac{393}{346} = 48.6°$$ 答

合力 **R** 可以用向量符號表示為

$$\mathbf{R} = R_x\,\mathbf{i} + R_y\,\mathbf{j} = 346\mathbf{i} - 393\mathbf{j}\ \text{N}$$ 答

提示

① 注意，改變 **P** 的位置以使在 B 點可作平形四邊形相加。

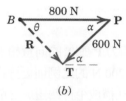

(b)

② 注意，改變 **F** 的位置以使合力 **R** 能維持在正確的作用線上。

(c)

範例 2/3

如圖所示，500 N 的作用力 **F** 施加在一垂直桿上。(1) 試將 **F** 以單位向量 **i** 及 **j** 表示，並寫出其向量及純量分量。(2) 試求 **F** 在 x' 及 y' 軸上的純量分量。(3) 試求 **F** 在 x 及 y' 軸上的純量分量。

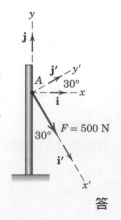

解 問題 **(1)**：由圖 (a)，我們可以將 **F** 寫成

$$\mathbf{F} = (F\cos\theta)\,\mathbf{i} - (F\sin\theta)\,\mathbf{j}$$
$$= (500\cos 60°)\,\mathbf{i} - (500\sin 60°)\,\mathbf{j}$$
$$= (250\mathbf{i} - 433\mathbf{j})\ \text{N}$$ 答

其純量分量分別為 $F_x = 250\ \text{N}$ 與 $F_y = -433\ \text{N}$，而向量分量則分別為 $\mathbf{F}_x = 250\mathbf{i}\ \text{N}$ 與 $\mathbf{F}_y = -433\mathbf{j}\ \text{N}$。

問題 (2)：由圖 (b)，我們可以將 **F** 寫成 **F** = 500**i'** N，則其所需的純量分量為

$$F_{x'} = 500\,\text{N} \qquad F_{y'} = 0 \qquad\qquad 答$$

問題 (3)：**F** 在 x 與 y' 方向的分量並非垂直分量，如圖 (c) 所示，因而可使用平行四邊形法來完成，而分量的大小則可用正弦定理計算求得，因此

①
$$\frac{|F_x|}{\sin 90°} = \frac{50}{\sin 30°} \qquad |F_x| = 1000\,\text{N}$$

$$\frac{|F_{y'}|}{\sin 60°} = \frac{500}{\sin 30°} \qquad |F_{y'}| = 866\,\text{N}$$

則所需的純量分量為

$$F_x = 1000\,\text{N} \qquad F_{y'} = -866\,\text{N} \qquad\qquad 答$$

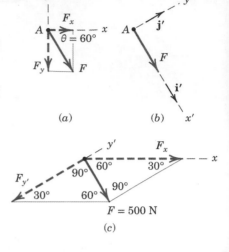

提示

① 試以圖解法求得 F_x 與 $F_{y'}$ 並比較你的計算結果。

範例 2/4

如圖所示，作用力 **F₁** 與 **F₂** 作用在托架上，試求其合力 **R** 在 b 軸上的投影量 F_b。

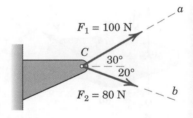

解 如圖所示 **F₁** 與 **F₂** 依平行四邊形法合成，使用餘弦定理我們可以得到

$$R^2 = (80)^2 + (100)^2 - 2(80)(100)\cos 130 \qquad R = 163.4\,\text{N}$$

圖中亦顯示合力 **R** 在 b 軸的正交投影量 F_b，其長度大小為

$$F_b = 80 + 100 \cos 50° = 144.3\,\text{N} \qquad\qquad 答$$

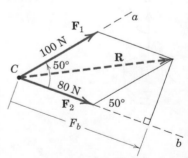

需要注意的是，向量分量不一定相等於投影在相同軸上的投影量。如果 a 軸與 b 軸垂直，則 **R** 的分量與投影量才會相等。

2/4 力矩 (Moment)

一作用力除了會使物體有朝著其作用方向移動的傾向外，並有使物體繞著某一軸旋轉的傾向，而只要此軸不與力之作用線相交或平行，則任何軸線都可使物體有旋轉的傾向。此種旋轉的傾向即為作用力對該軸所產生之力矩 (moment) **M**，力矩又可稱為扭矩 (torque)。

對於力矩觀念的一個常見的例子為圖 2/8(a) 所示的管扳手。從圖中我們可明顯的看出，管鉗把手上的垂直作用力對管子之軸所產生的一個效應是使管子有繞著其軸旋轉的傾向。這個傾向的大小，取決於作用力 F 之大小與管鉗把手的有效長度 d 而定，由一般經驗得知，當拉力未與管鉗把手垂直時，其效率較垂直作用時為差。

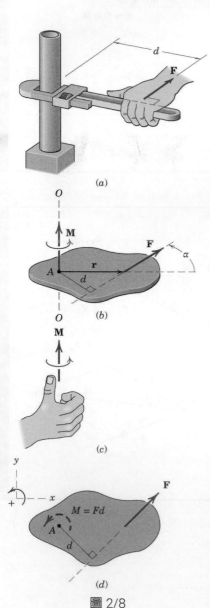

(a)

(b)

(c)

(d)

圖 2/8

一力對一固定點之力矩

圖 2/8(b) 所示，力量 **F** 作用於二維物體的平面上。其力矩的大小，或是力量繞著垂直於物體平面之 O-O 軸旋轉的傾向，明顯地與力量的大小及力矩臂 (moment arm) d 成比例，其中 d 為 O-O 軸到力量之作用線間的垂直距離。因此，力矩的大小可定義為

$$M = Fd \tag{2/5}$$

其中，力矩 **M** 為一個垂直於物體平面的向量。而 **M** 的指向，則取決於作用力對物體旋轉傾向的方向而定。如圖 2/8(c) 所示，我們可以使用右手定則來確認力矩向量 **M** 的指向。我們以姆指所指的方向來表示 **F** 對 O-O 軸之力矩方向，而其餘手指的彎曲方向則表示物體之旋轉傾向。

力矩 **M** 遵守所有向量合成的規則，並且可視為是作用線與力矩軸重合的一個滑動向量。在 SI 單位中，力矩的基本單位是牛頓 - 米 (N-m)，而在 U.S. 慣用單位系統中則使用磅 - 呎 (lb-ft)。

當討論的作用力全部施加在一給定的平面上時，我們通常稱此為對某一點的力矩。但實際上，是指相對於通過該點且與平面垂直之軸線的力矩而言。因此，如圖 2/8(d) 所示，作用力 **F** 對點 A 之力矩的大小為 M = Fd，並且為逆時針。

我們可使用一符號規則來表示力矩的方向，如正數 (+) 表示逆時針的力矩，而負 (−) 則表示順時針的力矩，反之亦然。對於一給定問題而言，此種符號規則的一致性是頗重要的。對圖 2/8(d) 的符號規定來說，**F** 對點 A (或對通過 A 點之 z 軸) 的力矩為一正值。在二維分析力矩時，使用圖中所示的彎曲箭頭表示力矩是一相當便利的方式。

叉積

在一些二維與之後許多的三維問題中，力矩的計算若使用向量的方式表示會較為便利。如圖 2/8(b) 所示，**F** 對點 A 的力矩藉由叉積 (cross-product) 可表示成

$$\mathbf{M} = \mathbf{r} \times \mathbf{F} \qquad (2/6)$$

其中 **r** 是一個位置向量，其由力矩參考點 A 指到 **F** 之作用線上的任意點。上式的大小為 *

$$M = Fr \sin \alpha = Fd \qquad (2/7)$$

上式相同於 2/5 式的力矩大小。需要注意的是，力矩臂 $d = r \sin \alpha$ 與 **r** 向量所指到 **F** 作用線上之特定點無關。**M** 的指向與方向可應用右手定則依 $\mathbf{r} \times \mathbf{F}$ 之次序而正確地得知，那麼大姆指的指向將在 **M** 的正向上。

我們必須維持 $\mathbf{r} \times \mathbf{F}$ 的順序，因為 $\mathbf{F} \times \mathbf{r}$ 的順序將會產生一個與正確力矩反向的力矩向量。當此用純量表示的時候，力矩 M 可視為是相對於 A 點的力矩，或相對於通過 A 點且垂直於向量 **r** 與 **F** 所在平面之 O-O 軸的力矩。當我們在求一作用力對一已知點的力矩值時，要選擇向量叉積法或使用純量表示法，是依題目所描述的幾何關係來決定。假如力量的作用線與力矩中心間的垂直距離是已知或容易求得時，通常使用純量法較為簡單。然而，如果 **F** 與 **r** 不互相垂直並且容易以向量表示時，則更適合使用叉積來計算力矩。

在本章的第二部份中，之前的力矩向量公式也會被應用到求解三維力矩的問題上。

....
* 請參閱附錄 C 的 C/7 節第 7 項中有關叉積的其他資訊。

伐立崗定理

　　力學上一個非常有用的原理為伐立崗定理 (Varignon's theorem)，該定理說的是一作用力對任意點的力矩等於此作用力的分量對相同點之力矩和。

　　為證明這個定理，我們考慮作用在如圖 2/9(a) 所示之物體平面上的作用力 **R**。其中，作用力 **P** 與 **Q** 代表 **R** 之任意兩個並非垂直的分量。因此，對 O 點的力矩為

$$M_O = \mathbf{r} \times \mathbf{R}$$

因為 **R** = **P** + **Q**，我們可將上式寫成

$$\mathbf{r} \times \mathbf{R} = \mathbf{r} \times (\mathbf{P} + \mathbf{Q})$$

使用叉積的分配律 (distributive law)，我們可以得到

$$M_O = \mathbf{r} \times \mathbf{R} = \mathbf{r} \times \mathbf{P} + \mathbf{r} \times \mathbf{Q} \qquad (2/8)$$

上式說明 **R** 對 O 的力矩等於其分量 **P** 與 **Q** 對 O 的力矩和，故得到證明。

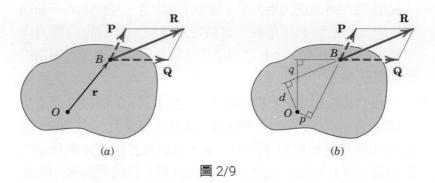

圖 2/9

　　伐立崗定理並不侷限在兩個分量的情形，對於三個或更多的分量而言此定理一樣適用。因此，任何數目之 **R** 的共點分量都可使用於前述的證明中 *。

　　圖 2/9(b) 中說明了伐立崗定理的有效性。**R** 對點 O 的力矩為 Rd。然而，如果 d 決定起來比 p 和 q 困難的話，我們能夠將 **R** 分解成 **P** 與 **Q** 兩分量，並以下列的方式計算力矩

$$M_O = Rd = -pP + qQ$$

其中，我們取順時針方向之力矩為正值。

....

* 如同原先所說的，伐立崗定理被侷限在一個已知的力的兩個共點分力的情形。請參看由 Ernst Mach 所撰寫的 The Science of Mechanics。

　　在範例 2/5 中，我們可以看出爲何伐立崗定理能夠幫助我們更容易地去計算力矩值。

範例 2/5

試此用五種不同方法去計算 600 N 的作用力相對於點 O 的力矩之大小。

解　(1) 這 600 N 作用力之力矩臂爲

$$d = 4 \cos 40° + 2 \sin 40° = 4.35 \text{ m}$$

① 藉由 $M = Fd$，力矩爲順時針方向且大小爲

$$M_O = 600(4.35) = 2610 \text{ N} \cdot \text{m} \qquad \text{答}$$

(2) 使用位於 A 點的直角分量取代此作用力

$$F_1 = 600 \cos 40° = 460 \text{ N} \text{ ，} F_2 = 600 \sin 40° = 386 \text{ N}$$

使用伐立崗原理，力矩成爲

$$M_O = 460(4) + 386(2) = 2610 \text{ N} \cdot \text{m} \qquad \text{答}$$

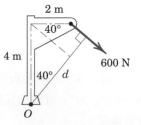

(3) 藉由可移性原理，將 600N 的作用力沿其作用線移至 B 點，可消去分量 F_2 的力矩，而 F_1 的力矩臂則爲

$$d_1 = 4 + 2 \tan 40° = 5.68 \text{ m}$$

而且，力矩成爲

$$M_O = 460(5.68) = 2610 \text{ N} \cdot \text{m} \qquad \text{答}$$

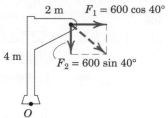

③ (4) 將作用力移到 C 點上，可消去分量 F_1 形成的力矩，而 F_2 的力矩臂爲

$$d_2 = 2 + 4 \cot 40° = 6.77 \text{ m}$$

力矩則爲

$$M_O = 386(6.77) = 2610 \text{ N} \cdot \text{m} \qquad \text{答}$$

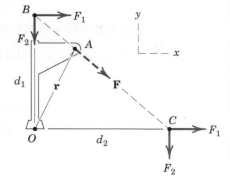

(5) 使用力矩的向量表示式，並藉由圖示的座標系統計算叉積，我們可得

④　　　$$\mathbf{M}_O = \mathbf{r} \times \mathbf{F} = (2\mathbf{i} + 4\mathbf{j}) \times 600(\mathbf{i} \cos 40° - \mathbf{j} \sin 40°) = -2610\mathbf{k} \text{ N} \cdot \text{m}$$

其中，負號係表示力矩向量是在負的方向上，而向量的大小則爲

$$M_O = 2610 \text{ N} \cdot \text{m} \qquad \text{答}$$

提示

① 如果小心地繪製簡圖，那麼在本範例與相類似之題目中，其所需之幾何關係並不難找出。

② 此法通常是最簡潔的方法。

③ B 點與 C 點事實上並不在物體上，此點不必顧慮，因一作用力的力矩在數學的計算上，並不要求力量必須作用在物體上。

④ 位置向量 **r** 亦可選擇為 $\mathbf{r} = d_1 \mathbf{j} = 5.68\mathbf{j}$ m 與 $\mathbf{r} = d_2 \mathbf{i} = 6.77\mathbf{i}$ m。

範例 2/6

地板門經由一條鋼索 AB 提起，鋼索通過位於 B 點的無摩擦小滑輪。鋼索中的均勻張力 T 作用於 A 點上，並相對於鉸鏈 O 產生力矩 M_O。試畫出 M_O/T 對地板門提起角度 θ 的函數關係圖，其範圍為 $0 \le \theta \le 90°$，並說出其最大與最小值。請問這個比值的物理意義為何？

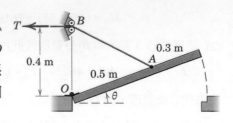

解 首先，我們先畫出地板門在任意開啟角度 θ 時，張力 **T** 直接作用在門上的示意圖。明顯的，**T** 的方向會隨著 θ 的變化而改變。為了處理這個變化，我們先列出 **T** 的單位向量 $\mathbf{n}_{AB}$：

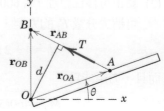

①
$$\mathbf{n}_{AB} = \frac{\mathbf{r}_{AB}}{r_{AB}} = \frac{\mathbf{r}_{OB} - \mathbf{r}_{OA}}{r_{AB}}$$

從我們圖上的 x-y 座標系統，我們可列出：

②
$$\mathbf{r}_{OB} = 0.4\mathbf{j} \text{ m} \text{ 且 } \mathbf{r}_{OA} = 0.5(\cos\theta\,\mathbf{i} + \sin\theta\,\mathbf{j}) \text{ m}$$

因此，

$$\mathbf{r}_{AB} = \mathbf{r}_{OB} - \mathbf{r}_{OA} = 0.4\mathbf{j} - (0.5)(\cos\theta\,\mathbf{i} + \sin\theta\,\mathbf{j})$$
$$= -0.5\cos\theta\,\mathbf{j} + (0.4 - 0.5\sin\theta)\,\mathbf{j} \text{ m}$$

而且

$$r_{AB} = \sqrt{(0.5\cos\theta)^2 + (0.4 - 0.5\sin\theta)^2}$$
$$= \sqrt{0.41 - 0.4\sin\theta} \text{ m}$$

單位向量為：

$$\mathbf{n}_{AB} = \frac{\mathbf{r}_{AB}}{r_{AB}} = \frac{-0.5\cos\theta\,\mathbf{i} + (0.4 - 0.5\sin\theta)\,\mathbf{j}}{\sqrt{0.41 - 0.4\sin\theta}}$$

張力向量則可求出為：

$$\mathbf{T} = T\mathbf{n}_{AB} = T\left[\frac{-0.5\cos\theta\,\mathbf{i} + (0.4 - 0.5\sin\theta)\,\mathbf{j}}{\sqrt{0.41 - 0.4\sin\theta}}\right]$$

③ 張力 **T** 對於 O 點的力矩，以向量表示爲 $\mathbf{M}_O = \mathbf{r}_{OB} \times \mathbf{T}$，其中的 $\mathbf{r}_{OB} = 0.4\mathbf{j}$ m。

$$\mathbf{M}_O = 0.4\mathbf{j} \times T[\frac{-0.5\cos\theta\mathbf{i} + (0.4 - 0.5\sin\theta)\mathbf{j}}{\sqrt{0.41 - 0.4\sin\theta}}]$$

$$= \frac{0.2T\cos\theta}{\sqrt{0.41 - 0.4\sin\theta}}\mathbf{k}$$

因此，$\mathbf{M}_O$ 的大小爲：

$$M_O = \frac{0.2T\cos\theta}{\sqrt{0.41 - 0.4\sin\theta}}$$

而我們所要的比值函數爲：

$$\frac{M_O}{T} = \frac{0.2\cos\theta}{\sqrt{0.41 - 0.4\sin\theta}}$$

答

於附圖中，畫出這個關係式。$\dfrac{M_O}{T}$ 的物理意義就是代表從 O 點到 **T** 的作用線的力矩臂 d（以 m 爲單位）。當 $\theta = 53.1°$ 時，它的值爲最大 0.4 m（在此時，**T** 的作用線是水平的），而當 $\theta = 90°$ 時，它的值爲最小的 0 m（在此時，**T** 的作用線是垂直的）。以上的公式不會因 T 的大小而有變化。
本範例先假設將力矩在二維的系統中處理。同時，它也說明了先導出對任意位置變化的解答，有助於了解位置在固定範圍的變化行爲。

提示

① 請記住，每一個單位向量都可由向量本身除以向量的大小得出。其時的分子應爲一個正的向量。

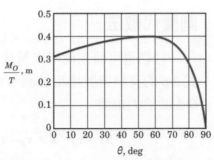

② 請記住，每一個向量都可以用它的大小乘上它的單位向量來表示。

③ 在 $\mathbf{M} = \mathbf{r} \times \mathbf{F}$ 式子中，位置向量 $\mathbf{r}$ 從力矩中心指向 $\mathbf{F}$ 作用線的任一點。在此例中，使用 $\mathbf{r}_{OB}$ 會比用 $\mathbf{r}_{OA}$ 方便。

2/5 　力偶 (Couple)

　　由兩個大小相等、方向相反且非作用於同一直線上之力所產生的力矩稱之為力偶。力偶有其獨特的性質,並且在力學上有許多的重要應用。

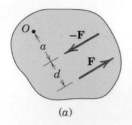

(a)

　　如圖 2/10(a) 所示,考慮兩個大小相等、方向相反且間隔為 d 的作用力 **F** 與 − **F**。這兩個作用力不能合併成為一單獨作用力,這是因為此兩力在每一方向的合力皆為零值。因而,旋轉傾向是它們唯一產生的效應,此兩力對垂直於其平面上且通過其平面上任意點(如:O 點)之軸所產生的合力矩為力偶 **M**,其小為

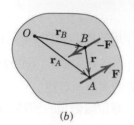

(b)

$$M = F(a+d) - Fa$$

或

$$M = Fd$$

由圖中觀察可知,此力偶為逆時針方向。需要特別注意的是,力偶的大小不受作用距離 a 所支配,其中 a 是指作用力對於力矩中心 O 之距離。所以對所有之力矩中心,力偶矩都是相同大小的。

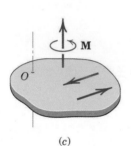

(c)

向量代數法

　　我們也可藉由使用向量代數法去表示一個力偶矩,將公式 2/6 的叉積符號應用於圖 2/10(b) 中,則力偶的各作用力對 O 點之合力矩為

$$\mathbf{M} = \mathbf{r}_A \times \mathbf{F} + \mathbf{r}_B \times (-\mathbf{F}) = (\mathbf{r}_A - \mathbf{r}_B) \times \mathbf{F}$$

其中,$\mathbf{r}_A$ 與 $\mathbf{r}_B$ 為位置向量,分別由點 O 指到 **F** 及 − **F** 作用線上之任意 A 及 B 點。由於 $\mathbf{r}_A - \mathbf{r}_B = \mathbf{r}$,我們可將其表示如下

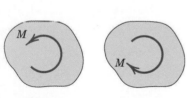

$$\mathbf{M} = \mathbf{r} \times \mathbf{F}$$

再一次得到力矩表示式,並且此式並未包含與力矩中心點 O 有關者,也就是說力偶對所有的力矩中心皆有相同的計算值,因此,如圖 2/10(c) 所示,我們可將 **M** 表示為一自由向量,其中 **M** 的方向垂直於力偶平面,而 **M** 的指向則可由右手定則來決定。

逆時針力偶　　順時針力偶

(d)

圖 2/10

因為力偶向量 **M** 總是與組成力偶之作用力所在的平面垂直，因此在二維分析時，我們可藉由如圖 2/10(*d*) 所示的規定，即以順時針或逆時針方向來表示力偶向量 **M** 的指向。往後在處理三維問題時，我們將完全使用向量符號來表示，而且數學式將自動地說明它們的指向。

等值力偶

對於已知力偶而言，只要 *Fd* 的乘積維持相同，雖然改變 *F* 與 *d* 的值亦不會改變此力偶的值。同樣地，如果這兩平行力的作用位置不同但維持在與原平面平行的平面上，也不會改變此力偶的值。如圖 2/11 所示，為相同力偶 **M** 的四種不同配置圖形，在這四種情形中的任一種，力偶都是等值的，它們皆可用同一個自由向量來描述，而這代表它們對物體具有相同的旋轉傾向。

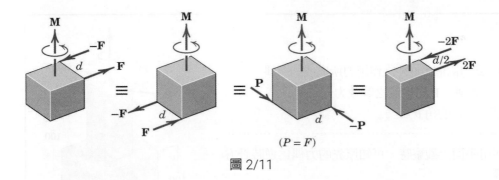

圖 2/11

力－力偶系統

力量作用在一物體上的效應，是使物體有沿著力量作用方向產生推或拉動的傾向，並且可使物體具有繞著不與力量作用線相交之任意固定軸旋轉的傾向。我們可以更輕易地使用後述的作法來表示此種雙重效應，那就是把一個給定的力以一相等的平行力及一力偶取代之，其中力偶係在補償此力之力矩變化量。

由圖 2/12 的說明可知，一力可藉由一平行力及一力偶加以取代，其中給定的力 **F** 係作用於 *A* 點上，它可藉由作用於另一點 *B* 之 **F** 及逆時針力偶 *M* = *Fd* 加以取代。由位於中間的圖可知，作用於 *B* 點的作用力 **F** 與 − **F** 並未對物體產生任何的淨外效應。現在我們可以看出，原先作用於 *A* 點的力與作

用於 B 點之相同且反向的力,剛好組成力偶 $M = Fd$,如右圖所示其為逆時針方向。因此,我們把原先作用在 A 點的力以作用在不同點 B 之相同力及一力偶加以取代,而且並未改變原先之力對物體的外效應。圖 2/12 右半部所示之力與力偶的組合,可稱之為力 - 力偶系統 (force-couple system)。

在力偶平面 (垂直於力偶向量) 上的力偶及一力,可以藉由與上述相反的步驟而合成一個單力。一力以一等效之力 - 力偶系統取代,以及逆轉上述的操作步驟,皆在力學的應用上經常使用到,故需充分的了解。

圖 2/12

範例 2/7

如圖所示的剛體結構受到由兩個 100 N 之作用力所形成的力偶作用,將此力偶藉由兩作用力 **P** 與 − **P** 所組成之等效力偶加以取代,其中 **P** 的大小為 400 N,試求適當的角 θ。

....

▌ **解**　當我們由力作用平面上觀察時,可知原先的力偶為逆時針方向,其大小為

[$M = Fd$] $\qquad M = 100(0.1) = 10 \text{ N} \cdot \text{m}$

而兩作用力 **P** 與 − **P** 所產生之逆時針方向力偶為

$$M = 400(0.040)\cos \theta$$

①令上面兩式相等,可得

$$10 = (400)(0.040)\cos \theta$$

$$\theta = \cos^{-1} \frac{10}{16} = 51.3°$$ 答

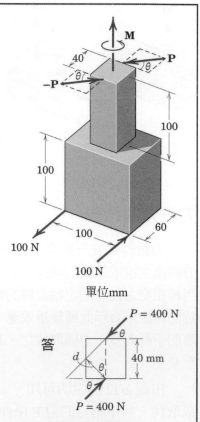

提示

① 由於這兩等值力偶為平行之自由向量,因此唯一有關的尺寸是它們平行作用力間的垂直距離。

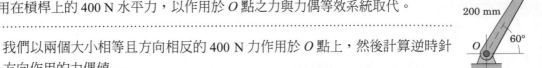

範例 2/8

試將作用在槓桿上的 400 N 水平力，以作用於 O 點之力與力偶等效系統取代。

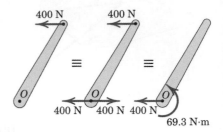

■ **解** 我們以兩個大小相等且方向相反的 400 N 力作用於 O 點上，然後計算逆時針方向作用的力偶值

$[M = Fd]$ $M = 400(0.200 \sin 60°) = 69.3 \ \text{N} \cdot \text{m}$ **答**

① 因此，由第三個等效圖可知，原力等效於作用在點 O 的 400 N 力及 69.3 N·m 的力偶。

提示

① 這個問題的相反步驟經常被使用到，即以一單力來取代一力及一力偶。相反的程序如同以兩個作用力來取代力偶，一為與 400 N 大小相等且反向作用於 O 點之作用力。第二個作用力的力矩臂為

$\dfrac{M}{F} = \dfrac{69.3}{400} = 0.1732 \text{m}$ ，即為 $0.2 \sin 60°$，因此求得單一合力 400 N 的作用線。

2/6　合力 (Resultants)

在前面的四節中，我們已討論了力、力矩與力偶的特性。基於這些特性的了解，現在我們將描述一組力或一力系的合成作用。機械力學中之大部份的問題都在處理一個作用力系統，而且通常必須依系統作用的描述來簡化其形式以達縮小系統之目的。一個作用力系統的合力，是原先所有作用力的合成所形成的單一作用力，而且此力對剛體的外效應與原先的諸力相同。

一物體的平衡條件為，作用於其上之所有作用力的合力為零，在靜力學中，會對這個條件加以研究。當作用於物體之所有作用力的合力不為零時，一物體的加速度值可以如此地求取，那就是將作用於其上之合力等於其質量乘以物體的加速度，而這個條件會在動力學中加以探討。因此，合力的求得對靜力學與動力學來說都是基本的工作。

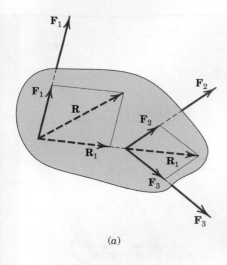

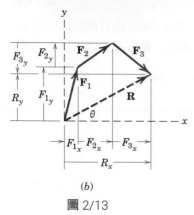

(b)

圖 2/13

力系最普遍的型式是當所有的作用力皆作用在同一個平面上，比如說 *x-y* 平面。圖 2/13(*a*) 即為位於同一個平面上且具有 $\mathbf{F}_1$、$\mathbf{F}_2$ 與 $\mathbf{F}_3$ 三個力量的力系，其合力 $\mathbf{R}$ 的大小與方向可由如圖 2/13(*b*) 所示之作用力多邊形 (force polygon) 方式求得，亦即將力以任意順序頭尾相加而得。因此，對任何同平面力系可寫成

$$\mathbf{R} = \mathbf{F}_1 + \mathbf{F}_2 + \mathbf{F}_3 + \cdots = \Sigma\mathbf{F}$$
$$R_x = \Sigma F_x \quad R_y = \Sigma F_y \quad R = \sqrt{(\Sigma F_x)^2 + (\Sigma F_y)^2}$$
$$\theta = \tan^{-1}\frac{R_y}{R_x} = \tan^{-1}\frac{\Sigma F_y}{\Sigma F_x}$$

(2/9)

利用圖解法同樣可以求得 $\mathbf{R}$ 的正確作用線，但需維持各分力之正確作用線，並且使用平行四邊形定律予以相加，我們由圖 2/13(*a*) 可知，將 $\mathbf{F}_2$ 及 $\mathbf{F}_3$ 的和 $\mathbf{R}_1$，與 $\mathbf{F}_1$ 相加即可得到合力 $\mathbf{R}$。請注意，在各分力合成的過程中，我們已使用到力的可移性原理。

代數法

我們亦能夠使用代數法去求得合力及其作用線：

1. 選擇一便利的參考點，並將所有作用力移到該點上。我們可由圖 2/14(*a*) 與 (*b*) 的一組三力系統來說明此一步驟，其中 M_1、M_2 與 M_3 是將 $\mathbf{F}_1$、$\mathbf{F}_2$ 與 $\mathbf{F}_3$ 從原先的作用線，平移到通過 *O* 點之作用線所產生的力偶。

2. 將所有作用於 *O* 點上的作用力相加得到合力 $\mathbf{R}$，並且把所有力偶相加得到合力偶 M_O，即能得到如圖 2/14(*c*) 所示的單一力與力偶系統。

3. 在圖 2/14(*d*) 中，將 $\mathbf{R}$ 平移到使 $\mathbf{R}$ 對 *O* 點能形成之力矩 M_O 的作用位置上。注意，圖 2/14(*a*) 與圖 2/14(*d*) 的作用力系是等效的，而且圖 2/14(*a*) 的 $\Sigma(Fd)$ 等於圖 2/14(*d*) 的 Rd。

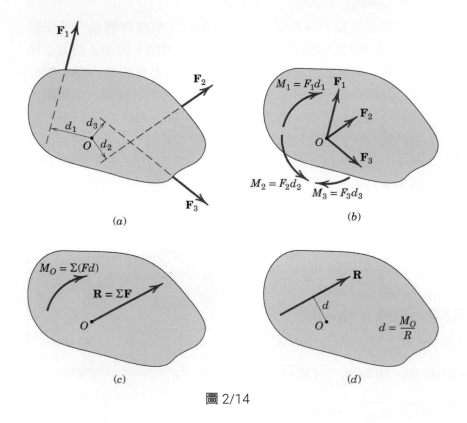

圖 2/14

力矩原理

　　我們可將上述的步驟歸納成如下的方程式，即

$$\mathbf{R} = \Sigma\mathbf{F}$$
$$M_O = \Sigma M = \Sigma(Fd) \qquad\qquad (2/10)$$
$$Rd = M_O$$

2/10 式的前兩項，是將給定的力系化簡為對任意便利點 O 之一個力與力偶系統。而最後一項則指出從 O 點到合力 $\mathbf{R}$ 作用線之間的距離 d，它說的是，合力相對於任意點 O 的力矩值，等於系統中原先之作用力對相同點的力矩和。此為將伐立崗定理擴展到非共點力系中，而且我們稱此經過擴展的原理為力矩原理 (principle of moments)。

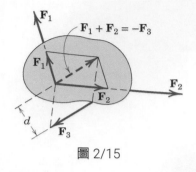

圖 2/15

對於共點力系而言，所有力量的作用線皆通過一共同點 O，因此相對於此點的力矩和 ΣM_O 爲一零值。因而，藉由 2/10 式的第一項所求出的合力 $\mathbf{R} = \Sigma \mathbf{F}$ 之作用線會通過 O 點。對於平行力系而言，我們可以在力量的作用方向上選擇一座標軸。如果一個已知的力系統之合力 $\mathbf{R}$ 爲零值，則此力系的合力並不必然爲零，這是因爲此力系的合成可能爲一力偶。例如在圖 2/15 中的三個作用力，其合力爲零，但合成爲一順時針的合力偶 $M = F_3 d$。

範例 2/9

如圖所示，試求作用在板子上之四個作用力與一個力偶的合力。

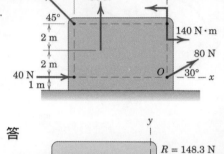

▌解 選擇點 O 爲力與力偶系統之便利的參考點，因而

$[R_x = \Sigma F_x]$ $\qquad R_x = 40 + 80\cos 30° - 60\cos 45° = 66.9 \text{ N}$

$[R_y = \Sigma F_y]$ $\qquad R_y = 50 + 80\sin 30° + 60\cos 45° = 132.4 \text{ N}$

$[R = \sqrt{R_x^2 + R_y^2}]$ $\qquad R = \sqrt{(66.9)^2 + (132.4)^2} = 148.3 \text{N}$ **答**

$[\theta = \tan^{-1}\dfrac{R_y}{R_x}]$ $\qquad \theta = \tan^{-1}\dfrac{132.4}{66.9} = 63.2°$ **答**

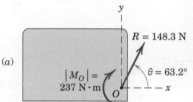
(a)

① $[M_O = \Sigma(Fd)]$

$\qquad M_O = 140 - 50(5) + 60\cos 45°\,(4) - 60\sin 45°\,(7) = -237\text{N} \cdot \text{m}$

如圖 (a) 所示，$\mathbf{R}$ 及 M_O 即爲簡化後的力與力偶系統。
我們接著再求 $\mathbf{R}$ 之作用線，以使 $\mathbf{R}$ 單獨取代原有的力系

$[Rd = |M_O|]$ $\qquad 148.3d = 237 \qquad d = 1.600 \text{ m}$ **答**

(b)

如圖 (b) 所示，$\mathbf{R}$ 可作用在與 x 軸夾 63.2° 之作用線的任意點上，並且與半徑爲 1.6 m 及圓心爲 O 的圓在點 A 相切。我們將 $Rd = M_O$ 的方程式應用在絕對值表示法 (忽略 M_O 的正負號)，並以圖 (a) 所描述的物理情況來指出 $\mathbf{R}$ 的最後位置。當 M_O 爲逆時針方向時，$\mathbf{R}$ 的正確作用線將相切於 B 點上。

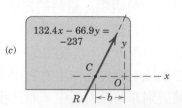
(c)

合力 $\mathbf{R}$ 的作用位置也可由其與 x 軸相交點 C 之距離 b 求得，如圖 (c) 所示 R_x 與 R_y 的作用線通過 C 點，且僅有 R_y 對 O 有力矩作用，所以

$$R_b b = |M_O| \qquad b = \frac{237}{132.4} = 1.792 \text{ m}$$

同樣的方法，我們也可以求得 y 方向的截距 (y-intercept)，且僅 R_x 對 O 有力矩。

求 **R** 的最後作用線亦可使用一較正式之方法，即以向量表示

$$\mathbf{r} \times \mathbf{R} = \mathbf{M}_O$$

其中 $\mathbf{r} = x\,\mathbf{i} + y\,\mathbf{j}$，是從 O 點指到 **R** 作用線上任意點之位置向量，將 **r**、**R** 與 $\mathbf{M}_O$ 代入向量式中，得到的叉積結果爲

$$(x\,\mathbf{i} + y\,\mathbf{j}) \times (66.9\mathbf{i} + 132.4\mathbf{j}) = -237\mathbf{k}$$

$$(132.4x - 66.9y)\,\mathbf{k} = -237\mathbf{k}$$

因此，所求之作用線如圖 (c) 所示爲

$$132.4x - 66.9y = -237$$

② 將 $y = 0$ 代入，我們得到 $x = -1.792$ m，而此值與先前所得到的距離 b 相同。

提示

① 注意，我們選擇 O 點爲力矩中心，可消去兩個通過 O 點之作用力所產生的力矩。若採用順時針符號爲正，則 M_O 值爲 $+237$ N · m，並且正號與符號規定相符。不論符號的規定爲何都會產生 M_O 爲順時針的結果。

② 注意，向量方法可以自動顯示符號，而純量表示法則較自然地顯現，你應熟悉此兩種方法。

第二部份：三維作用力系統 (THREE-DIMENSIONAL FORCE SYSTEMS)

2/7　直角分量 (Rectangular Components)

　　大部份的力學問題都需要使用三維來進行分析，而且常需把一個作用力分解成爲三個互相垂直的分量，如圖 2/16 所示，作用於 O 點之力 **F** 的三個直角分量 (rectangular components) 爲 F_x、F_y 與 F_z，其中

$$
\begin{aligned}
F_x &= F\cos\theta_x & F &= \sqrt{F_x^2 + F_y^2 + F_z^2} \\
F_y &= F\cos\theta_y & \mathbf{F} &= F_x\mathbf{i} + F_y\mathbf{j} + F_z\mathbf{k} \\
F_z &= F\cos\theta_z & \mathbf{F} &= F(\mathbf{i}\cos\theta_x + \mathbf{j}\cos\theta_y + \mathbf{k}\cos\theta_z)
\end{aligned}
\tag{2/11}
$$

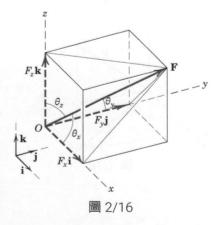

圖 2/16

在 x、y 與 z 方向上的單位向量分別為 **i**、**j** 與 **k**，若使用 **F** 的方向餘弦，$l = \cos\theta_x$、$m = \cos\theta_y$ 與 $n = \cos\theta_z$，其中 $l^2 + m^2 + n^2 = 1$，則我們可將作用力寫成

$$\mathbf{F} = F\,(l\,\mathbf{i} + m\,\mathbf{j} + n\,\mathbf{k}) \qquad (2/12)$$

式 2/12 的右邊部份，我們可視為是作用力的大小 **F** 乘上一表示 **F** 之方向的單位向量 $\mathbf{n}_F$，或

$$\mathbf{F} = F\,\mathbf{n}_F \qquad (2/12a)$$

由上面兩式我們知道 $\mathbf{n}_F = l\,\mathbf{i} + m\,\mathbf{j} + n\,\mathbf{k}$，其意謂單位向量 $\mathbf{n}_F$ 的純量分量即為 **F** 作用線之方向餘弦。

在求解三維問題的過程中，經常必須去計算作用力在 x、y 與 z 軸上的純量分量。在大部份的情況中，力量的作用線可藉由 (a) 力量作用線上之兩點或 (b) 指向於力量作用線的兩個角度所描述。

(a) 藉由力量作用線上的兩點：如果在圖 2/17 中 A 與 B 兩點的座標為已知，則作用力 **F** 可寫成

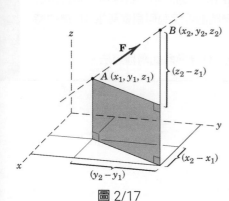

圖 2/17

$$\mathbf{F} = F\mathbf{n}_F = F\,\frac{\overrightarrow{AB}}{\overline{AB}} = F\,\frac{(x_2 - x_1)\mathbf{i} + (y_2 - y_1)\mathbf{j} + (z_2 - z_1)\mathbf{k}}{\sqrt{(x_2 - x_1)^2 + (y_2 - y_1)^2 + (z_2 - z_1)^2}}$$

因此，**F** 在 x、y 與 z 方向的純量分量，分別為單位向量 **i**、**j** 與 **k** 的純量係數。

(b) 藉由指向於力量作用線的兩個角度：考慮圖 2/18 的幾何關係，我們假設 θ 與 ϕ 的角度為已知，因此可先將 **F** 分解成水平與垂直兩個分量。

$$F_{xy} = F\cos\phi$$
$$F_z = F\sin\phi$$

然後再分解水平分量 F_{xy} 於 x 與 y 方向

$$F_x = F_{xy}\cos\theta = F\cos\phi\cos\theta$$
$$F_y = F_{xy}\sin\theta = F\cos\phi\sin\theta$$

其中，F_x、F_y 與 F_z 即為所求之 **F** 的純量分量。

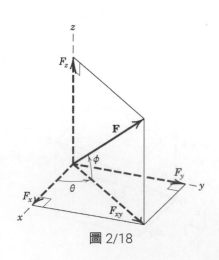

圖 2/18

座標系統的方位是可任意選擇的，主要是考慮其便利性。但我們必須使用右手座標組於三維問題上，以使能與叉積 (cross product) 之右手定則定義相符。當我們從 x 軸旋轉 $90°$ 至 y 軸時，在右手座標系統裡 z 之正方向如同右手螺旋之前進方向，因此它相等於右手定則。

點積

　　我們可以表達一作用力 **F**(或其它任何向量) 的直角分量，即使用著名的向量運算方式以點積 (dot product) 或純量積 (scalar product) 寫出 (如附錄 C 之 C/7 節第 6 項)。在圖 2/19(*a*) 中，兩向量 **P** 與 **Q** 的點積，被定義爲將其大小乘上兩者之間夾角 α 的餘弦。它可以寫成

$$\mathbf{P} \cdot \mathbf{Q} = PQ \cos \alpha$$

此種乘積可視爲 **P** 在 **Q** 方向的直角投影量 $P \cos \alpha$ 乘以 **Q** 的大小 Q，或是 **Q** 在 **P** 方向的直角投影量 $Q \cos \alpha$ 乘以 **P** 的大小 P，此兩種情況所得之兩個向量的點積皆爲一純量值。舉例來說，在圖 2/16 中，作用力 **F** 的純量分量 $F_x = F \cos \theta_x$，可寫成 $F_x = \mathbf{F} \cdot \mathbf{i}$，其中 **i** 爲 x 方向的單位向量。

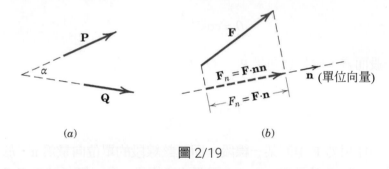

(*a*)　　　　　　　　(*b*)

圖 2/19

　　如果 **n** 是如圖 2/19(*b*) 所示中，某一特定方向的單位向量，那麼 **F** 在 **n** 方向的投影量大小爲 $F_n = \mathbf{F} \cdot \mathbf{n}$，若是我們要將此投影量以向量表示，那麼就必須將純量式 $\mathbf{F} \cdot \mathbf{n}$ 乘上單位向量 **n** 而成爲 $\mathbf{F}_n = (\mathbf{F} \cdot \mathbf{n})\mathbf{n}$。我們也可以寫成 $\mathbf{F}_n = \mathbf{F} \cdot \mathbf{nn}$，此種表示法意思並未不明確，因爲其中 **nn** 項並未定義，所以這完整的表示式並不會被誤解成 $\mathbf{F} \cdot (\mathbf{nn})$。

　　如果 **n** 的方向餘弦爲 α、β 與 γ，於是我們可將 **n** 如其它向量一般寫成向量分量的型式

$$\mathbf{n} = \alpha \mathbf{i} + \beta \mathbf{j} + \gamma \mathbf{k}$$

其中，**n** 的大小爲 1。如果 **F** 對參考軸 x-y-z 的方向餘弦分別爲 l、m 與 n，那麼 **F** 在 **n** 方向的投影成爲

$$F_n = \mathbf{F} \cdot \mathbf{n} = F(l\mathbf{i} + m\mathbf{j} + n\mathbf{k}) \cdot (\alpha\mathbf{i} + \beta\mathbf{j} + \gamma\mathbf{k})$$
$$= F(l\alpha + m\beta + n\gamma)$$

49

因為

$$\mathbf{i} \cdot \mathbf{i} = \mathbf{j} \cdot \mathbf{j} = \mathbf{k} \cdot \mathbf{k} = 1$$

與

$$\mathbf{i} \cdot \mathbf{j} = \mathbf{j} \cdot \mathbf{i} = \mathbf{i} \cdot \mathbf{k} = \mathbf{k} \cdot \mathbf{i} = \mathbf{j} \cdot \mathbf{k} = \mathbf{k} \cdot \mathbf{j} = 0$$

最後的兩組方程式是正確的，因為 **i**、**j** 與 **k** 具有其單位長度並且是相互垂直的。

兩向量間的夾角

如果作用力 **F** 與單位向量 **n** 之間的夾角為 θ，由點積的關係可知 $\mathbf{F} \cdot \mathbf{n} = Fn \cos \theta = F \cos \theta$。其中 $|\mathbf{n}| = n = 1$。因此，**F** 與 **n** 之間的夾角等於

$$\theta = \cos^{-1} \frac{\mathbf{F} \cdot \mathbf{n}}{F}$$

一般而言，兩任意向量 **P** 與 **Q** 之間的夾角為

$$\theta = \cos^{-1} \frac{\mathbf{P} \cdot \mathbf{Q}}{PQ}$$

假如作用力 **F** 垂直某一線段，而且該線段的單位向量為 **n**，於是 $\cos \theta = 0$ 並且 $\mathbf{F} \cdot \mathbf{n} = 0$。需要注意的是，此一關係並不表示 **F** 或 **n** 其中之一為零，然而在純量的乘法中 $(A)(B) = 0$，則必需要 A 或 B (或兩者) 為零。

點積關係適用於相交向量與非相交向量上。因此，在圖 2/20 中之 **P** 與 **Q** 兩非相交向量，其點積關係為將 Q 乘上 **P**' 在 **Q** 上的投影量，或 $P'Q \cos \alpha = PQ \cos \alpha$，因為 **P**' 與 **P** 在被視為自由向量時，兩者是相同的。

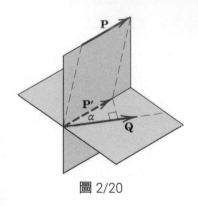

圖 2/20

範例 2/10

如圖所示，大小為 100N 的作用力 **F** 作用於做標原點 O 上。F 的作用線通過 A 點，而 A 點的座標為 3m、4m 與 5m，試求 (a) **F** 在 x、y 與 z 方向的純量分量 (b) **F** 在 x-y 平面的投影量 F_{xy} (c) **F** 在 OB 線段上的投影量 F_{OB}。

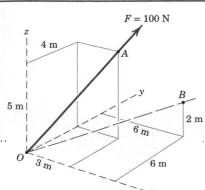

■ **解**　(a) 我們將作用力向量 **F** 的大小 F 乘上單位向量 $\mathbf{n}_{OA}$

$$\mathbf{F} = F\mathbf{n}_{OA} = F\frac{\overrightarrow{OA}}{\overrightarrow{OA}} = 100[\frac{3\mathbf{i}+4\mathbf{j}+5\mathbf{k}}{\sqrt{3^2+4^2+5^2}}]$$

$$= 100[0.424\mathbf{i}+0.566\mathbf{j}+0.707\mathbf{k}]$$

$$= 42.4\mathbf{i}+56.6\mathbf{j}+70.7\mathbf{k}\ \text{N}$$

則所求的純量分量分別為

① 　　　$F_x = 42.4\ \text{N}$　　　$F_y = 56.6\ \text{N}$　　　$F_z = 70.7\ \text{N}$　　**答**

(b) **F** 與 x-y 平面之間的夾角為 θ_{xy}，取其角度餘弦得

$$\cos\theta_{xy} = \frac{\sqrt{3^2+4^2}}{\sqrt{3^2+4^2+5^2}} = 0.707$$

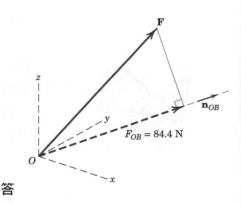

因而　　　　　$F_{xy} = F\cos\theta_{xy} = 100(0.707) = 70.7\ \text{N}$　　**答**

(c) OB 方向的單位向量 $\mathbf{n}_{OB}$ 為

$$\mathbf{n}_{OB} = \frac{\overrightarrow{OB}}{\overrightarrow{OB}} = \frac{6\mathbf{i}+6\mathbf{j}+2\mathbf{k}}{\sqrt{6^2+6^2+2^2}} = 0.688\mathbf{i}+0.688\mathbf{j}+0.229\mathbf{k}$$

F 在 OB 線段上的純量投影量為

② 　$F_{OB} = \mathbf{F} \cdot \mathbf{n}_{OB}$

　　　$= (42.4\mathbf{i}+56.6\mathbf{j}+70.7\mathbf{k}) \cdot (0.688\mathbf{i}+0.688\mathbf{j}+0.229\mathbf{k})$

　　　$= (42.4)(0.688)+(56.6)(0.688)+(70.7)(0.229)$

　　　$= 84.4\ \text{N}$　　**答**

如果將此投以量表示成向量的型式，則我們可寫成

$$\mathbf{F}_{OB} = \mathbf{F} \cdot \mathbf{n}_{OB}\mathbf{n}_{OB}$$

$$= 84.4(0.688\mathbf{i}+0.688\mathbf{j}+0.229\mathbf{k})$$

$$= 58.1\mathbf{i}+58.1\mathbf{j}+19.35\mathbf{k}\ \text{N}$$

提示

① 在這個範例中的所有純量皆為一正值。當方向餘弦為一負值，亦即純量分量為一負值時的處理方式，同學必須心理上先有所準備。

② 點積運算可以自動求出 **F** 在 OB 線上之投影量或純量分量。

2/8 力矩與力偶 (Moment and Couple)

在二維的分析中，使用力矩臂法的純量乘積所求得的力矩大小經常是較為便利的。然而，在三維的分析與計算中，求一個點或一線段與力作用線之間的垂直距離則將耗費較多的計算時間，因而使用叉積的向量乘法是較為有利的。

三維中的力矩

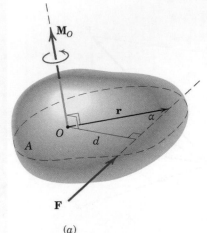

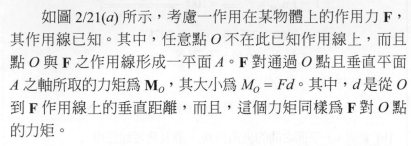

如圖 2/21(a) 所示，考慮一作用在某物體上的作用力 $\mathbf{F}$，其作用線已知。其中，任意點 O 不在此已知作用線上，而且點 O 與 $\mathbf{F}$ 之作用線形成一平面 A。$\mathbf{F}$ 對通過 O 點且垂直平面 A 之軸所取的力矩為 $\mathbf{M}_O$，其大小為 $M_O = Fd$。其中，d 是從 O 到 $\mathbf{F}$ 作用線上的垂直距離，而且，這個力矩同樣為 $\mathbf{F}$ 對 O 點的力矩。

向量 $\mathbf{M}_O$ 垂直於平面 A，而且方向是沿著通過 O 點之軸。$\mathbf{M}_O$ 的大小與方向，我們可藉由 2/4 節中之向量叉積的關係來描述 (請參考附錄 C 之 C/7 節第 7 項)，向量 $\mathbf{r}$ 是從 O 點延伸到 $\mathbf{F}$ 作用線上的任意點，如同 2/4 節所述，$\mathbf{r}$ 與 $\mathbf{F}$ 的叉積可寫成 $\mathbf{r} \times \mathbf{F}$，其大小為 $(r \sin \alpha)F$，並與 $\mathbf{M}_O$ 的大小 Fd 相同。

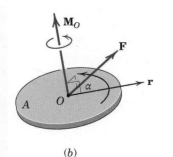

力矩的正確方向與指向可藉由右手定則建立之，如同 2/4 節與 2/5 節所描述的內容。因此，在圖 2/21(b) 中，將 $\mathbf{r}$ 與 $\mathbf{F}$ 視為源自點 O 的自由向量的同時，如果右手指之彎曲是由 $\mathbf{r}$ 經過 α 角度而到 $\mathbf{F}$ 之旋轉方向，那麼姆指就是指著 $\mathbf{M}_O$ 之方向。因而，$\mathbf{F}$ 對通過 O 點之軸的力矩可寫成

$$\mathbf{M}_O = \mathbf{r} \times \mathbf{F} \qquad (2/14)$$

注意，向量 $\mathbf{r} \times \mathbf{F}$ 的次序必須維持，因為 $\mathbf{F} \times \mathbf{r}$ 將產生一個與 $\mathbf{M}_O$ 相反指向的向量，亦即 $\mathbf{F} \times \mathbf{r} = -\mathbf{M}_O$。

圖 2/21

使用叉積求力矩值

$\mathbf{M}_O$ 的叉積表示式，我們可以將其寫成行列式的型式

$$\mathbf{M}_O = \begin{vmatrix} \mathbf{i} & \mathbf{j} & \mathbf{k} \\ r_x & r_y & r_z \\ F_x & F_y & F_z \end{vmatrix} \qquad (2/15)$$

(如果同學們對叉積的行列式展開並不熟悉的話，那麼請參考附錄 C 之 C/7 節第 7 項的說明)。請注意每一項的對稱性與次序，並且注意在此行列式計算中，必須使用到右手座標系統。展開此行列式得

$$\mathbf{M}_O = (r_y F_z - r_z F_y)\mathbf{i} + (r_z F_x - r_x F_z)\mathbf{j} + (r_x F_y - r_y F_x)\mathbf{k}$$

為了能進一步了解叉積的關係，我們檢查一作用力相對於點 O 的三個力矩分量，如圖 2/22 所示。此圖也顯示了，作用於 A 點的作用力 $\mathbf{F}$ 的三個分量，其中 A 點是由相對於 O 點的位置向量 $\mathbf{r}$ 所定出。藉由力矩臂法，我們可以得到這三個分量對通過 O 點之正 x、y 與 z 軸的力矩純量大小

$$M_x = r_y F_z - r_z F_y \qquad M_y = r_z F_x - r_x F_z \qquad M_z = r_x F_y - r_y F_x$$

上式與叉積 $\mathbf{r} \times \mathbf{F}$ 的行列式展開之各項相同。

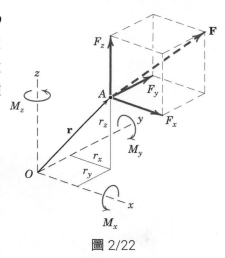

圖 2/22

相對於任意軸之力矩

如圖 2/23 所示，針對一個 $\mathbf{F}$ 相對於通過 O 點之任意軸 λ 所產生之力矩 $\mathbf{M}_\lambda$，現在我們已經能夠取得其表示式。如果 $\mathbf{n}$ 是 λ 方向的單位向量，那麼根據式 2/7 所描述的，我們能夠使用點積來表示一向量在某一方向的分量。例如：$\mathbf{M}_O$ 在 λ 方向的分量為 $\mathbf{M}_O \times \mathbf{n}$，而其純量則為 $\mathbf{F}$ 對 λ 軸之力矩 $\mathbf{M}_\lambda$ 的純量大小。

為獲得 $\mathbf{F}$ 對 λ 軸之力矩 $\mathbf{M}_\lambda$ 的向量表示式，則可將其大小乘上單位向量 $\mathbf{n}$，因此

$$\mathbf{M}_\lambda = (\mathbf{r} \times \mathbf{F} \cdot \mathbf{n})\mathbf{n} \qquad (2/16)$$

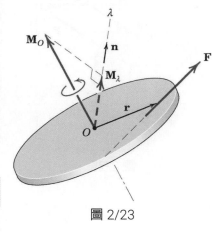

圖 2/23

其中，$\mathbf{M}_O$ 是由 $\mathbf{r} \times \mathbf{F}$ 所取代。而 $\mathbf{r} \times \mathbf{F} \cdot \mathbf{n}$ 則為著名的向量三重積 (triple scalar product，請參考附錄 C 之 C/7 節第 8 項)。我們不需要寫成 $(\mathbf{r} \times \mathbf{F}) \cdot \mathbf{n}$ 之型式，因為一叉積不能由一向量與一純量來做運算。因此，可知 $\mathbf{r} \times (\mathbf{F} \cdot \mathbf{n})$ 是沒有意義的。

這向量三重積可由行列式表示如下

$$|\mathbf{M}_\lambda| = M_\lambda = \begin{vmatrix} r_x & r_y & r_z \\ F_x & F_y & F_z \\ \alpha & \beta & \gamma \end{vmatrix} \qquad (2/17)$$

其中，α、β、γ 為單位向量 $\mathbf{n}$ 的方向餘弦。

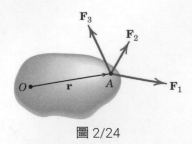

圖 2/24

三維中的伐立崗定理

在 2/4 節中，我們已對伐立崗定理在二維的分析做詳細的介紹。在此，我們可將此定理輕易地擴展到三維的分析上。如圖 2/24 所示為共點力系 $\mathbf{F}_1$、$\mathbf{F}_2$、$\mathbf{F}_3$……，這些作用力相對於 O 點的力矩和為

$$\mathbf{r} \times \mathbf{F}_1 + \mathbf{r} \times \mathbf{F}_2 + \mathbf{r} \times \mathbf{F}_3 + \cdots = \mathbf{r} \times (\mathbf{F}_1 + \mathbf{F}_2 + \mathbf{F}_3 + \cdots)$$
$$= \mathbf{r} \times \Sigma\mathbf{F}$$

其中，我們使用分配律於叉積的計算中，若使用符號 $\mathbf{M}_O$ 表示上式左邊之力矩和，則可得

$$\mathbf{M}_O = \Sigma(\mathbf{r} \times \mathbf{F}) = \mathbf{r} \times \mathbf{R} \qquad (2/18)$$

上式中陳述了一共點力系之各作用力對一已知點的力矩和，相等於其合力對相同點的力矩。如同 2/4 節中所提到的，此定理已多方面應用於機械力學中。

三維中的力偶

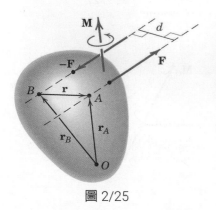

圖 2/25

在 2/5 節中，我們已介紹過力偶的觀念。在此，同樣將其擴展到三維的分析上。如圖 2/25 所示，為兩個大小相同且方向相反的力 $\mathbf{F}$ 與 $-\mathbf{F}$ 作用在一物體上。其中，向量 $\mathbf{r}$ 是從 $-\mathbf{F}$ 作用線上的任意點 B 指到 $\mathbf{F}$ 作用線上的任意點 A。而 A 點與 B 點的位置，則由任意點 O 指到其上之位置向量 $\mathbf{r}_A$ 與 $\mathbf{r}_B$ 所定出。此兩作用力對 O 點的力矩和為

$$\mathbf{M} = \mathbf{r}_A \times \mathbf{F} + \mathbf{r}_B \times (-\mathbf{F}) = (\mathbf{r}_A - \mathbf{r}_B) \times \mathbf{F}$$

然而，$\mathbf{r}_A - \mathbf{r}_B = \mathbf{r}$，因此所有相對於力矩中心 O 的量皆會消失，而力偶矩則成為

$$\mathbf{M} = \mathbf{r} \times \mathbf{F} \qquad (2/19)$$

因此對所有點 (力矩中心) 而言，其力偶矩都是相同的。如同 2/5 節所描述的那樣，$\mathbf{M}$ 的大小為 $M = Fd$，而 d 為兩力作用線之間的垂直距離。

力偶矩是一個自由向量。然而，一作用力對一點 (或對通過該點之特定軸) 的力矩為一滑動向量，並且其方向為沿著通過此點的軸。如同在二維的情況中，一力偶會使物體有繞著一軸旋轉的傾向，而此軸則是垂直於由作用力所組成之力偶平面。

由於力偶向量遵守所有的向量法則,因此在圖 2/26 中,由 $\mathbf{F}_1$ 與 $-\mathbf{F}_1$ 所組成的力偶 $\mathbf{M}_1$,可以和由 $\mathbf{F}_2$ 與 $-\mathbf{F}_2$ 所組成的力偶 $\mathbf{M}_2$ 相加而產生力偶 $\mathbf{M}$,而且 $\mathbf{M}$ 亦可表示成由 $\mathbf{F}$ 與 $-\mathbf{F}$ 所組成。

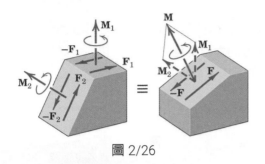

圖 2/26

在 2/5 節中,我們曾學習如何將一作用力以其等效之力與力偶系統來取代。因此在三維問題中,讀者應該也能夠輕鬆的完成此取代的程序。這個程序如圖 2/27 所示,力 $\mathbf{F}$ 作用在剛體的 A 點上,可藉由作用在 B 點的相等力 $\mathbf{F}$ 與力偶 $\mathbf{M} = \mathbf{r} \times \mathbf{F}$ 加以取代。藉由在 B 點加上大小相同且方向相反的兩力 $\mathbf{F}$ 與 $-\mathbf{F}$,則我們可以得到 $-\mathbf{F}$ 與原先之 $\mathbf{F}$ 所組成的力偶,因此我們知道,力偶僅是原先之力量對力量被移動後之點所產生的力矩,同時可知,$\mathbf{r}$ 是從 B 點指到原先力量作用線 (通過 A 點) 上任意點的位置向量。

在倫納德扎基姆堡高山大橋的三維纜線系統,很明顯可見到這種景象。

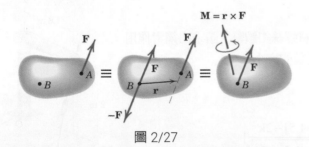

圖 2/27

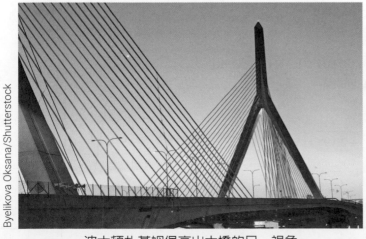

波士頓扎基姆堡高山大橋的另一視角

範例 2/11

使用下列兩個方法求出作用力 **F** 對 O 點的力矩。(a) 使用目視法，
(b) 使用正式的叉積定義式 $\mathbf{M}_O = \mathbf{r} \times \mathbf{F}$。

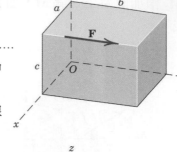

┃ 解　(a) 由於 **F** 平行於 y 軸，**F** 對於該軸不產生力矩。由圖中
可明顯的看出，力 **F** 的作用線與 x 軸的力矩臂為 c，
而且 **F** 對於 x 軸的力矩為負。同樣的，力 **F** 的作用線
與 z 軸的力矩臂為 a，而且 **F** 對於 z 軸的力矩為正。
因此，

$$\mathbf{M}_O = -cF\mathbf{i} + aF\mathbf{k} = F(-c\mathbf{i} + a\mathbf{k}) \qquad \text{答}$$

(b) 由正式定義，

① $$\mathbf{M}_O = \mathbf{r} \times \mathbf{F} = (a\mathbf{i} + c\mathbf{k}) \times F\mathbf{j} = aF\mathbf{k} - cF\mathbf{i}$$
$$= F(-c\mathbf{i} + a\mathbf{k}) \qquad \text{答}$$

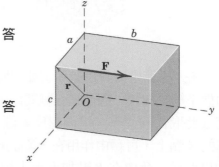

提示

① 再次強調，向量 r 從力矩中心指向 **F** 的作用線上。另一可行但較不方便的方法是，利用
$\mathbf{r} = a\mathbf{i} + b\mathbf{j} + c\mathbf{k}$。

範例 2/12

圖中鋼索 AB 中的張力必須為 2.4 kN 才能將螺絲釘鎖緊。請求出鋼索作用
於 A 點的力對 O 點所生的力矩，並求出其值的大小。

┃ 解　我們先列出圖示張力的向量表示，

$$\mathbf{T} = T\mathbf{n}_{AB} = 2.4[\frac{0.8\mathbf{i} + 1.5\mathbf{j} - 2\mathbf{k}}{\sqrt{0.8^2 + 1.5^2 + 2^2}}]$$
$$= 0.731\mathbf{i} + 1.371\mathbf{j} - 1.829\mathbf{k} \text{ kN}$$

此張力對 O 點的力矩為

① $$\mathbf{M}_O = \mathbf{r}_{OA} \times \mathbf{T} = (1.6\mathbf{i} + 2\mathbf{k}) \times (0.731\mathbf{i} + 1.371\mathbf{j} - 1.829\mathbf{k})$$
$$= -2.74\mathbf{i} + 4.39\mathbf{j} + 2.19\mathbf{k} \text{ kN} \cdot \text{m} \qquad \text{答}$$

其大小為

$$M_O = \sqrt{2.74^2 + 4.39^2 + 2.19^2} = 5.62 \text{kN} \cdot \text{m} \qquad \text{答}$$

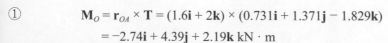
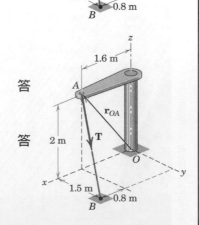

提示

① 同學可以由目測判斷出各力矩分量的正負號。

範例 2/13

如圖所示,張力 **T** 的大小為 10 kN,且繩索的一端連接於直立剛桿的 A 點上,而另一端則被固定於地面的 B 點上。試求 **T** 對通過基座 O 之 z 軸的力矩值 M_z。

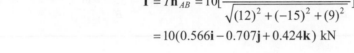

┃ 解　(a) 所求的力矩,可藉由 **T** 對 O 點之力矩 $\mathbf{M}_O$ 在 z 軸的分量而得。如附圖所示,向量 $\mathbf{M}_O$ 垂直於 **T** 點與點 O 所決定的平面。我們使用 2/14 式求解 $\mathbf{M}_O$,其中向量 **r** 是從 O 點指到 **T** 作用線上任意點的位置向量。

① 因此,最簡單的選擇是從 O 點到 A 點,並表示成 $\mathbf{r} = 15\mathbf{j}$ m。

因此向量 **T** 的表示式為

$$\mathbf{T} = T\mathbf{n}_{AB} = 10[\frac{12\mathbf{i} - 15\mathbf{j} + 9\mathbf{k}}{\sqrt{(12)^2 + (-15)^2 + (9)^2}}]$$
$$= 10(0.566\mathbf{i} - 0.707\mathbf{j} + 0.424\mathbf{k}) \text{ kN}$$

從 2/14 式可知

$$[\mathbf{M}_O = \mathbf{r} \times \mathbf{F}] \qquad \mathbf{M}_O = 15\mathbf{j} \times 10(0.566\mathbf{i} - 0.707\mathbf{j} + 0.424\mathbf{k}) = 150(-0.566\mathbf{k} + 0.424\mathbf{i}) \text{ kN} \cdot \text{m}$$

所求的力矩值 M_z 是 $\mathbf{M}_O$ 在 z 方向之純量分量,或 $M_z = \mathbf{M}_O \cdot \mathbf{k}$,因而

$$M_z = 150(-0.566\mathbf{k} + 0.424\mathbf{i}) \cdot \mathbf{k} = -84.9 \text{ kN} \cdot \text{m} \qquad\qquad \text{答}$$

② 上式的負號表示,力矩向量 $\mathbf{M}_z$ 是在負 z 的方向上。若以向量表示,此力矩為 $\mathbf{M}_z = -84.9\mathbf{k}$ kN·m。

③ (b)　將此作用力的大小 T,分解成 T_z 與 x-y 平面上的 T_{xy} 分量。由於 T_z 平行於 z 軸,所以它無法對 z 軸產生力矩。而力矩 M_z 僅由 T_{xy} 所產生,而且 $M_z = T_{xy}d$。其中,d 為 T_{xy} 到 O 點之間的垂直距離,而 T 與 T_{xy} 之間的角度餘弦則為 $\dfrac{\sqrt{15^2 + 12^2}}{\sqrt{15^2 + 12^2 + 9^2}} = 0.906$,因此

$$T_{xy} = 10(0.906) = 9.06 \text{ kN}$$

力矩臂 d,相等於 $\overline{OA}$ 線段的長度乘上 T_{xy} 與 OA 線段之間角度的正弦,或是

$$d = 15\frac{2}{\sqrt{12^2 + 15^2}} = 9.37\text{m}$$

因而,**T** 對 z 軸之力矩值的大小為

$$M_z = 9.06(9.37) = 84.9 \text{ kN} \cdot \text{m}$$

由 x-y 平面視之,力矩 M_z 為順時針方向。

(c)　我們可將分量 T_{xy} 再進一步分解成 T_x 與 T_y 兩分量。由圖中我們可以清楚地看出,由於 T_y 通過 z 軸,所以對 z 軸無力矩產生,因此所需力矩為由 T_x 所產生。T 在 x 方向之方向餘弦為

$\dfrac{12}{\sqrt{9^2 + 12^2 + 15^2}} = 0.566$,所以 $T_x = 10(0.566) = 5.66$ kN,因此

$$M_z = 5.66(15) = 84.9 \text{ kN} \cdot \text{m} \qquad\qquad \text{答}$$

提示

① 我們同樣可使用從 O 點到 B 點的單位向量 $\mathbf{r}$，而得到相同的解。但使用向量 OA 是較為便利的。

② 當使用向量法計算時，若能同時畫出一向量之圖形而使題目之幾何關係保持清晰，總是有所幫助的。

③ 畫出 $x\text{-}y$ 視圖，並將 d 表示出來。

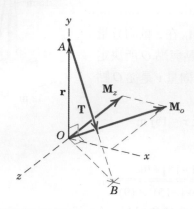 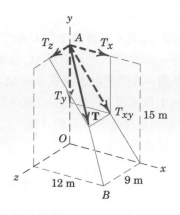

範例 2/14

如圖所示，試求可取代圖示中兩對力偶且對此物塊具有相同外效應之力偶 $\mathbf{M}$ 的大小與方向。並且指出可以取代圖示中四個作用力之 $\mathbf{F}$ 與 $-\mathbf{F}$，其作用在物塊的兩個平行之 $y\text{-}z$ 平面上。其中，30 N 的作用力平行於 $y\text{-}z$ 平面。

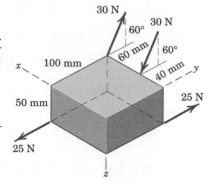

解 由 30 N 之兩作用力所產生之力偶大小為 $M_1 = 30(0.06) = 1.80$ N · m。如圖所示，$\mathbf{M}_1$ 的方向垂直於此兩作用力所決定的平面，其指向可由右手定則求出。而 25 N 之兩作用力所產生之力偶的大小則為 $M_2 = 25(0.10) = 2.50$ N · m。如圖所示，使用相同的方式決定其作用方向。將兩個力偶向量合成，因此

$$M_y = 1.80\sin60° = 1.559 \text{ N} \cdot \text{m}$$

$$M_z = -2.50 + 1.80\cos60° = -1.600 \text{ N} \cdot \text{m}$$

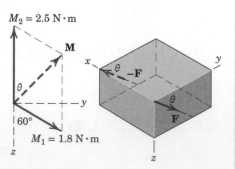

① 因此

$$M = \sqrt{(1.559)^2 + (-1.600)^2} = 2.23\text{N}\cdot\text{m}$$ 答

與

$$\theta = \tan^{-1}\frac{1.559}{1.600} = \tan^{-1}0.974 = 44.3°$$ 答

力偶 **M** 垂直於作用力 **F** 與 **−F** 所位於的平面上，而其力矩臂由右圖可以看出為 100 mm。因此，**F** 的大小為

$$[M = Fd] \qquad F = \frac{2.23}{0.10} = 22.3\text{N} \qquad \text{答}$$

而且方向角 $\theta = 44.3°$

提示

① 需要牢記，力偶向量為一自由向量，因而此向量沒有唯一的作用線。

範例 2/15

如圖所示，為一連接於固定軸 OB 的控制桿。若 400 N 的作用力施加在把手 A 點處，試求此作用力對軸截面 O 點的效應，我們可藉由作用於 O 點之等效力與力偶取代之，並將此力偶以向量表示。

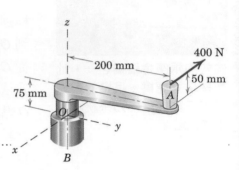

▍解　可將力偶表示成向量的型式 **M** = **r** × **F**，其中 **r** = $\overrightarrow{OA}$ = 0.2**j** + 0.125**k** m 及 **F** = −400**i** N，因此

$$\mathbf{M} = (0.2\mathbf{j} + 0.125\mathbf{k}) \times (-400\mathbf{i}) = -50\mathbf{j} + 80\mathbf{k} \text{ N} \cdot \text{m}$$

在另一方面，我們可看出將 400 N 的作用力平行移動一距離 $d = \sqrt{0.125^2 + 0.2^2} = 0.236$ m 到 O 點上，則所增加的力偶的大小為

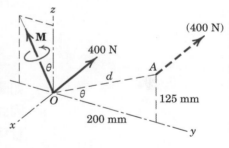

$$M = Fd = 400(0.236) = 94.3 \text{ N} \cdot \text{m} \qquad \text{答}$$

此力偶向量垂直於作用力移動所形成的平面，而其指向則與已知力對 O 點之力矩相同。因此 **M** 在 x-y 平面上的方向為

$$\theta = \tan^{-1} \frac{125}{200} = 32.0° \qquad \text{答}$$

倫敦的兩座金禧橋之一，毗鄰亨格福德橋。吊橋的纜繩施加三維的集中力系統給圖中的橋塔。

2/9 合力 (Resultants)

在 2/6 節中，我們曾定義過合力，合力即為取代原作用力系之最簡單的力量合成，而且它對剛體之外效應與原作用力系相同。對於二維的作用力系而言，我們可藉由 2/9 式的力矩原理求得合力作用線的位置。而這些相同的原理，則可以將其擴展到三維的應用上。

在前一節的證明中我們知道，將作用力平行移動到另一位置上時，必須增加伴隨而來的力偶。因此，如圖 2/28(*a*) 所示，力系 $\mathbf{F}_1$、$\mathbf{F}_2$、$\mathbf{F}_3$……作用在一剛體上時，我們可依序的將各個作用力平移到任意 *O* 點上，同時針對各個作用力之平行移動加入一伴隨的力偶。舉例來說，我們若將作用力 $\mathbf{F}_1$ 平移到 *O* 點上，則需加入一伴隨的力偶 $\mathbf{M}_1 = \mathbf{r}_1 \times \mathbf{F}_1$。其中，$\mathbf{r}_1$ 是從 *O* 點指到 $\mathbf{F}_1$ 作用線上任意點的位置向量。當所有的作用力皆依序使用此一方法平移到 *O* 點之後，我們可得到一作用於 *O* 點的共點力系與一力偶向量系統，如圖 2/28(*b*) 所示。其中，共點力系可由向量相加成為一合力 $\mathbf{R}$，而力偶系統亦可相加成為一合力偶 $\mathbf{M}$，如圖 2/28(*c*) 所示。這一般的作用力系統於是被簡化成

$$\mathbf{R} = \mathbf{F}_1 + \mathbf{F}_2 + \mathbf{F}_3 + \cdots = \Sigma\mathbf{F}$$
$$\mathbf{M} = \mathbf{M}_1 + \mathbf{M}_2 + \mathbf{M}_3 + \cdots = \Sigma(\mathbf{r} \times \mathbf{F}) \tag{2/20}$$

如圖所示，各力偶向量皆通過 *O* 點，但由於力偶為自由向量，因此它們可以平行移動到任何位置。這些合力的大小與其分量為

$$R_x = \Sigma F_x \quad R_y = \Sigma F_y \quad R_z = \Sigma F_z$$
$$R = \sqrt{(\Sigma F_x)^2 + (\Sigma F_y)^2 + (\Sigma F_z)^2}$$
$$\mathbf{M}_x = \Sigma(\mathbf{r} \times \mathbf{F})_x \quad \mathbf{M}_y = \Sigma(\mathbf{r} \times \mathbf{F})_y \quad \mathbf{M}_z = \Sigma(\mathbf{r} \times \mathbf{F})_z$$
$$M = \sqrt{M_x^2 + M_y^2 + M_z^2} \tag{2/21}$$

共點力所作用的 *O* 點是任意選擇的，而 $\mathbf{M}$ 的大小與方向則是取決於所選定之 *O* 點而定。而 $\mathbf{R}$ 的大小與方向，則不論所選的點為何其結果皆為相同。

一般而言，任何作用力系皆可藉由其合力 $\mathbf{R}$ 與合力偶 $\mathbf{M}$ 加以取代。在動力學中，我們通常選擇物體的質量中心為參考點，因此合力可決定物體的線性運動改變量，而物體的迴

轉運動改變量則由合力偶所決定。在靜力學中,當物體的合力 **R** 與合力偶 **M** 皆同時爲零值時,則物體處於完全的平衡狀態。因此,合力的決定對靜力學與動力學兩者而言都是相當重要的。

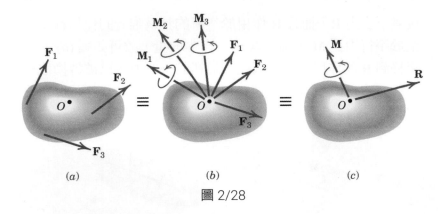

圖 2/28

我們將幾種特殊之作用力系的合力分析如下。

共點力系 (*concurrent forces*):當所有的作用力皆共交於同一點時,在 2/20 式中只有第一項需要被使用到,因爲各作用力對其共同點而言是沒有力矩產生的。

平行力系 (*parallel forces*):對於一個平行力系而言,並非所有的作用力皆作用在相同的平面上。平行力系之合力 **R** 的大小,僅由這些作用力之代數和即可求得,而其作用線的位置則可藉由力矩原理求出,即 $r \times R = M_O$。其中,**r** 爲一位置向量,它從力-力偶系統之參考點 O 一直延伸至 **R** 的最後作用線上,而 M_O 爲每一作用力對 O 點之力矩和,範例 2/17 即爲一平行力系的例子。

共面力系 (*coplanar forces*):於第 2/6 節已經討論過這種作用力系統。

扳鉗力 (*wrench resultant*):當合力偶向量 **M** 平行於合力向量 **R** 時,如圖 2/29 所示,此合成稱爲**扳鉗力 (*wrench*)**。根據扳鉗力之定義,如果力偶與作用力向量皆指向同一方向,則爲一正扳鉗力;反之,若是兩者的指向是相反的,則爲一負扳鉗力。一個最常見的正扳鉗力實例,即爲使用螺絲起子去鎖緊一右螺紋螺絲釘的應用。任何一般的作用力系,都可藉由通過唯一作用線的扳鉗力加以取代,這個取代的簡化過程說明於圖 2/30 中,其中圖 (*a*) 爲一般力系作用於某個 O 點之合力 **R** 與相對應之合力偶 **M**。雖然 **M** 是一個自由向量,但爲方便說明起見將其以通過 O 點表示。

在圖 (b) 中我們將 **M** 分解成，沿著 **R** 作用線方向的 $\mathbf{M}_1$ 分量與垂直於 **R** 的 $\mathbf{M}_2$ 分量。在圖 (c) 中，力偶 $\mathbf{M}_2$ 藉由等效的兩個作用力 **R** 與 − **R** 加以取代，兩作用力之間的距離為 $d = \dfrac{M_2}{R}$，而作用於 O 點的 − **R** 則與原力 **R** 相抵消。因而最後剩下合力 **R**，而且 **R** 作用於一新的且為唯一的作用線上。至於平行力偶 $\mathbf{M}_1$，由於其為一自由向量，故可如圖 (d) 所示平移到 **R** 的作用線上。因此，最初的一般力系已被轉換成一扳鉗力系 (本例為正扳鉗力)，並且具有 **R** 之新作用位置所決定的唯一軸。

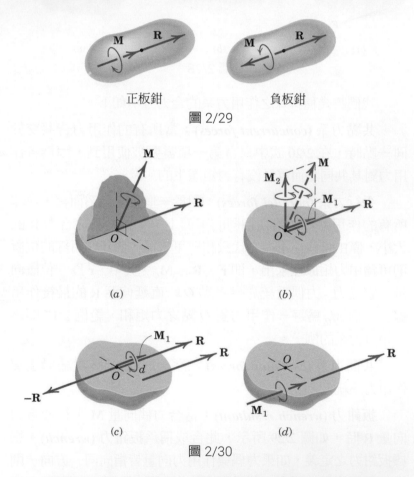

正板鉗　　　　　　　負板鉗

圖 2/29

(a)　　　　　　　　(b)

(c)　　　　　　　　(d)

圖 2/30

我們可從圖 2/30 看出，扳鉗合力之軸位於通過 O 點之一平面上，而且此平面與 **R** 及 **M** 所定義的平面垂直。扳鉗力系是一般作用力系之合成中所能表示之最簡單的型式。然而，此種合力的型式有其應用上之限制，通常使用物體的質心或是較方便的座標原點作為參考點 O 是較便利的，而不是選擇扳鉗軸上的點。

倫敦金禧橋的另一視角

範例 2/16

試求作用在長方形物體上之力與力偶系統的合力。

解　我們選擇一便利之參考點 O，以作爲簡化此力系成爲
力 - 力偶系統的初始步驟。圖中之力系的合力爲

① $\quad \mathbf{R} = \Sigma\mathbf{F} = (80 - 80)\,\mathbf{i} + (100 - 100)\,\mathbf{j} + (50 - 50)\,\mathbf{k} = \mathbf{0}$ N

對 O 點的力矩和爲

② $\quad \mathbf{M}_O = [50(1.6) - 70]\,\mathbf{i} + [80(1.2) - 96]\,\mathbf{j} + [100(1) - 100]\,\mathbf{k}$
$\quad\quad = 10\mathbf{i}\ \text{N} \cdot \text{m}$

合力中包括一個力偶，而這個力偶當然可作用於物體的任意
點上或是物體外部的點上。

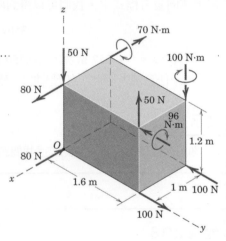

提示

① 因為作用力的總和為零，我們可以斷定，若是合力存在則必定為一力偶。

② 伴隨力 (force pairs) 所產生的力偶，可以使用 $M = Fd$ 的法則，藉由檢查及加上其單位向量而輕易地求出。在許多三維問題中，此法較 $\mathbf{M} = \mathbf{r} \times \mathbf{F}$ 簡單許多。

範例 2/17

試求作用於平板上之平行作用力系統的合力，過程中必須使用向量方式求解。

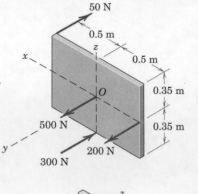

▌解 將所有作用力平移至 O 點上，而簡化成單一力 - 力偶系統

$$\mathbf{R} = \Sigma \mathbf{F} = (200 + 500 - 300 - 50)\mathbf{j} = 350\mathbf{j} \text{ N}$$

$$\mathbf{M}_O = [50(0.35) - 300(0.35)]\mathbf{i} + [-50(0.50) - 200(0.50)]\mathbf{k}$$
$$= -87.5\mathbf{i} - 125\mathbf{k} \text{ N} \cdot \text{m}$$

藉由力矩原理，我們以單獨之 $\mathbf{R}$ 來表示上述之單一力 - 力偶系統

$$\mathbf{r} \times \mathbf{R} = \mathbf{M}_O$$

$$(x\mathbf{i} + y\mathbf{j} + z\mathbf{k}) \times 350\mathbf{j} = -87.5\mathbf{i} - 125\mathbf{k}$$

$$350x\mathbf{k} - 350z\mathbf{i} = -87.5\mathbf{i} - 125\mathbf{k}$$

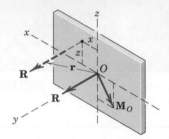

由上述向量方程式中，我們可以得到兩個純量方程式

$$350x = -125 \quad \text{及} \quad -350z = -87.5$$

① 因此，$x = -0.357$ m 與 $z = 0.250$ m 為 $\mathbf{R}$ 之作用線所通過的座標點。由力的可移性原理知，y 可為一任意值。因此，如預期的，變數 y 在以上的向量分析中並未出現。

提示

① 你應該也使用純量法來完成這個問題。

範例 2/18

如圖所示，試以作用在 A 點之單獨力 $\mathbf{R}$ 及相對應之力偶 $\mathbf{M}$ 來取代圖示中的兩個作用力及一負扳鉗力系。

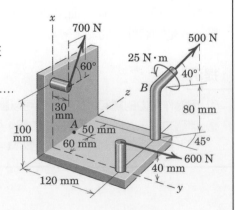

▌解 合力的分量為

$[R_x = \Sigma F_x]$ $R_x = 500\sin 40° + 700\sin 60° = 928$ N

$[R_y = \Sigma F_y]$ $R_y = 600 + 500\cos 40° \cos 45° = 871$ N

$[R_z = \Sigma F_z]$ $R_z = 700\cos 60° + 500\cos 40° \sin 45° = 621$ N

因此 $\mathbf{R} = 928\mathbf{i} + 871\mathbf{j} + 621\mathbf{k}$ N

及 $R = \sqrt{(928)^2 + (871)^2 + (621)^2} = 1416\text{N}$ **答**

500 N 之作用力對 A 點所增加之力偶為

①　　[$\mathbf{M} = \mathbf{r} \times \mathbf{F}$]

　　$\mathbf{M}_{500} = (0.08\mathbf{i} + 0.12\mathbf{j} + 0.05\mathbf{k})$

　　　　　　　$\times \, 500(\, \mathbf{i}\sin 40° + \mathbf{j}\cos 40° \cos 45° + \mathbf{k}\cos 40° \sin 45°\,)$

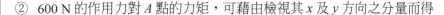

其中，$\mathbf{r}$ 為由 A 到 B 的位置向量。

使用一項乘一項或是由行列式將上式展開得

　　　　　　　　$\mathbf{M}_{500} = 18.95\mathbf{i} - 5.59\mathbf{j} - 16.90\mathbf{k} \; \text{N} \cdot \text{m}$

②　600 N 的作用力對 A 點的力矩，可藉由檢視其 x 及 y 方向之分量而得

　　　　　　　　$\mathbf{M}_{600} = (600)(0.060)\, \mathbf{i} + (600)(0.040)\, \mathbf{k}$

　　　　　　　　　　　$= 36.0\mathbf{i} + 24.0\mathbf{k} \; \text{N} \cdot \text{m}$

700 N 的作用力對 A 點之力矩，可由此作用力在 x 及 z 軸之分量而輕易求得，因此

　　$\mathbf{M}_{700} = (700\cos 60°)(0.030)\, \mathbf{i} - [(700\sin 60°)(0.060) + (700\cos 60°)(0.100)]\, \mathbf{j} - (700\sin 60°)(0.030)\, \mathbf{k}$

　　　　　$= 10.5\mathbf{i} - 71.4\mathbf{j} - 18.19\mathbf{k} \; \text{N} \cdot \text{m}$

③　同樣，已知的扳鉗力之力偶可以表示為

　　　　　　　　$\mathbf{M}' = 25.0(-\, \mathbf{i}\sin 40° - \mathbf{j}\cos 40° \cos 45° - \mathbf{k}\cos 40° \sin 45°)$

　　　　　　　　　　$= -\, 16.07\mathbf{i} - 13.54\mathbf{j} - 13.54\mathbf{k} \; \text{N} \cdot \text{m}$

因此，合力偶可由前述之四個力偶 $\mathbf{M}$ 的 $\mathbf{i}$、$\mathbf{j}$ 及 $\mathbf{k}$ 項分量相加而得

④　　　　　　　　$\mathbf{M} = 49.4\mathbf{i} - 90.5\mathbf{j} - 24.6\mathbf{k} \; \text{N} \cdot \text{m}$

及　　　　　　　　$M = \sqrt{(49.4)^2 + (90.5)^2 + (24.6)^2} = 106.0 \text{N} \cdot \text{m}$　　　　　　答

提示

①　建議：可直接計算 500 N 作用力之分量對 A 點的力矩，來核對叉積的計算結果。

②　對於 600 N 與 700 N 兩作用力而言，藉由圖中觀察其對通過 A 點座標方向之力矩分量比建立叉積關係要為簡單容易。

③　由圖中我們可知，扳鉗力系中 25N·m 力偶向量與 500 N 作用力的指向相反，並且我們必須將此力偶向量分解成 x、y 與 z 分量，使其可和其它力偶向量的分量相加。

④　雖然合力偶向量 $\mathbf{M}$ 通過圖示中的 A 點，但我們了解力偶向量是一個自由向量，因而其不需要有特定的作用線。

範例 2/19

試將作用於托架上的三個作用力化簡爲扳鉗力系，並計算扳鉗合力通過 x-y 平面上 P 點的座標值。試求扳鉗力偶 **M** 的大小。

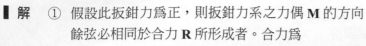

▌ **解** ① 假設此扳鉗力爲正，則扳鉗力系之力偶 **M** 的方向餘弦必相同於合力 **R** 所形成者。合力爲

$$\mathbf{R} = 20\mathbf{i} + 40\mathbf{j} + 40\mathbf{k} \text{ N} \qquad R = \sqrt{(20)^2 + (40)^2 + (40)^2} = 60\text{N}$$

其方向餘弦爲

$$\cos\theta_x = \frac{20}{60} = \frac{1}{3} \quad \cos\theta_y = \frac{40}{60} = \frac{2}{3} \quad \cos\theta_z = \frac{40}{60} = \frac{2}{3}$$

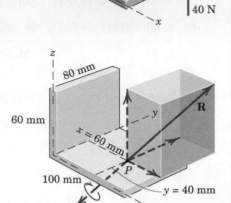

扳鉗力系的力偶矩必須相等於各力相對於 P 點的力矩和，而這三個作用力相對於 P 點的力矩則分別爲

$$(\mathbf{M})_{R_x} = 20y\mathbf{k} \text{ N·mm}$$

$$(\mathbf{M})_{R_y} = -40(60)\mathbf{i} - 40x\mathbf{k} \text{ N·mm}$$

$$(\mathbf{M})_{R_z} = 40(80 - y)\mathbf{i} - 40(100 - x)\mathbf{j} \text{ N·mm}$$

力矩和爲

$$\mathbf{M} = (800 - 40y)\,\mathbf{i} + (-4000 + 40x)\,\mathbf{j} + (-40x + 20y)\,\mathbf{k} \text{ N·mm}$$

M 的方向餘弦爲

$$\cos\theta_x = \frac{(800 - 40y)}{M}$$

$$\cos\theta_y = \frac{(-4000 + 40x)}{M}$$

$$\cos\theta_z = \frac{(-40x + 20y)}{M}$$

其中，**M** 的大小爲 M。接著使 **M** 與 **R** 之方向餘弦相等，則

$$800 - 40y = \frac{M}{3}$$

$$-4000 + 40x = \frac{2M}{3}$$

$$-40x + 20y = \frac{2M}{3}$$

這三個方程式的解爲

$$M = -2400 \text{ N·mm} \qquad x = 60 \text{ mm} \qquad y = 40 \text{ mm} \qquad\qquad 答$$

我們可以看出 M 變成爲一負值，其意謂力偶向量的指向與 **R** 相反，即得一負扳鉗力系。

提示

① 我們一開始假設此系統爲一正扳鉗力系。如果 **M** 之結果爲一負值，則意謂力偶向量的方向與合力相反。

2/10　本章複習

在本章中，我們已建立了力、力矩及力偶之特性，以及如何以正確程序來表現出它們的效應。若能熟讀與掌握這些特性，將有助於往後各章中平衡問題之學習。在應用平衡原理時若不能正確的使用第 2 章所述的程序，通常會造成許多錯誤發生。因此當困難發生時，讀者應該回過頭來參考本章之內容，以確定力、力矩及力偶被正確地表示出來。

作用力

我們經常需要用向量來表示作用力，例如將一單力分解成沿著所需方向之分量，或是將兩個或更多之共點作用力合成為一等效單力。具體來說讀者應該能：

1. 將一已知的作用力向量分解成沿著給定方向之分量，並且利用沿給定座標軸的單位向量來表示這個作用力向量。
2. 當已知一作用力之大小與作用線相關之資料時，我們可以使用向量來表示這個作用力。這個資料的形式可能是沿著作用線上的兩個點或是藉由指出作用線方向的角度。
3. 使用點積去計算向量在指定線段上的投影量與兩向量之間的夾角。
4. 計算兩個或更多之共點作用力之合力。

力矩

我們可以使用力矩 (或扭矩) 來形容一作用力對物體上之軸的旋轉傾向，其中力矩是一個向量。當我們在求解一作用力之力矩時，將作用力各分量之力矩相加通常是比較容易求得的。當使用到力矩求解時，讀者應該能：

1. 使用力矩臂之規則求解力矩。
2. 使用向量之叉積運算去計算力矩，其中需使用到作用力向量和位於此力作用線上的位置向量。
3. 可在純量與向量計算形式中，利用伐立崗定理 (Varignon's theorem) 去簡化力矩之計算。
4. 作用力向量相對於通過一給定點的一已知軸之力矩，可使用向量三重積 (triple scalar product) 來進行計算。

力偶

力偶是指由兩個大小相等、指向反向且非共線之作用力所產生之力矩。將作用於一點上之力由作用於不同點之力-力偶系統取代時,力偶將是十分有用的。當求解包含力偶之問題時,讀者應該能:

1. 若構成力偶之兩作用力與它們之間的間隔距離或位於此兩力作用線上之任意位置向量已知時,即可計算力偶矩。

2. 藉由一等效之力-力偶系統來取代原已知的作用力,反之亦然。

合力

我們可將任意之作用力及力偶系統,化簡成可作用於任意點上之單一合力與一對應之合力偶。我們還能夠進一步地將所合成的力與力偶,組合成沿著唯一作用線之單一合力與一平行之力偶向量的扳鉗力系。如果想要求解牽涉到合力的問題,讀者應該能:

1. 如果同平面作用力系之合力為一作用力,讀者應該能計算此合力的大小、方向與作用線;否則,讀者可計算其合力偶矩。

2. 應用力矩原理去簡化一同平面作用力系對一給定點之力矩計算。

3. 我們可以藉由一沿著給定作用線的扳鉗力系,來取代一給定的一般力系 (general force system)。

平衡

當同學們在往後的各章中學習平衡相關的問題時,你將會使用到之前所述的概念與方法。讓我們總結此平衡的基本概念:

1. 當作用於物體上的合力為零時,則此物體處於移動平衡 (translational equilibrium) 狀態,即物體的質心將保持靜止或做等速直線運動。

2. 當合力矩為零時,則物體處於旋轉平衡 (rotational equilibrium) 狀態,即物體將完全不會旋轉或以一等角速度旋轉。

3. 當合力與合力矩皆為零時,則物體為完全平衡 (complete equilibrium) 狀態。

CHAPTER **3**

平衡

Bialobrzeski/laif/Redux Pictures

在力學許多應用中,物體所受合力為零,而存在一平衡狀態。這個裝置設計用於在車輛生產過程中,將汽車車身保持在一定範圍的姿態平衡中。即使有運動,也是緩慢而穩定的,加速度極小,因此在機構設計過程中可以合理地假設處於平衡狀態。

3/1 簡介 (Introduction)

　　靜力學主要處理對維持工程結構平衡時,所需作用力之必要與充分條件之描述。本章所探討的平衡,將構成靜力學中最重要的一部份,其闡述推導之方法亦為靜力學與動力學問題之求解基礎。應用平衡原理時,亦將持續使用到第2章關於力、力矩、力偶與力系效果等所闡述之概念。

　　當物體處於平衡時,則其上所有作用力之力系效果為零。因此,合力 **R** 與合力偶 **M** 皆為零,且可得平衡方程式為

$$\mathbf{R} = \Sigma \mathbf{F} = 0 \qquad \mathbf{M} = \Sigma \mathbf{M} = 0 \tag{3/1}$$

上式為平衡狀態之必要與充分條件。

所有自然界的物體皆為三維，但當其受力均作用於單一平面或可投影於單一平面上時，可將許多物體視為二維來處理。若無法如此簡化時，則需以三維方式處理問題。如同第 2 章之配置，在 A 部份討論物體受二維力系作用時之平衡，而在 B 部份討論物體受三維力系作用時之平衡。

第一部份：二維平衡 (EQUILIBRIUM IN TWO DIMENSIONS)

3/2　系統分離與自由體圖 (System Isolation and the Free-Body Diagram)

使用式 3/1 前，須明確定義欲分析之特定物體或力學系統，並清楚與完整地標示出所有作用其上之作用力。若遺漏一個物體所受的作用力，或多考慮一個不作用於物體之作用力，均將導致錯誤結果。

力學系統 (*mechanical system*) 定義為可從其他物體中觀念上地分離出一個物體或一個包含多個物體之群組。一個系統可為一個單一物體，或是一個由多個物體連結之組合。這些物體可為剛體或非剛體。系統亦可為可識別出的流體質量系統，如液體或氣體，或流體與固體之組合。靜力學中主要研究靜止剛體之受力，但也有研究平衡流體之受力。

一旦決定欲分析之物體或物體組合，將視此物體或物體組合為自周遭**物體分離 (*isolated*)** 出之單一物體。此分離動作係以**自由體圖 (*free-body diagram*)** 來表示，其視為單一物體之分離系統的圖示呈像。此圖顯示系統與其他物體作力學接觸時之所有受力，且想像其他物體均被移除。如果有可估計之**超距力 (*body forces*)** 存在，如重力或磁力，同樣也必須顯示於分離系統之自由體圖上。僅在小心畫出自由體圖後，才可列平衡方程式。由於此圖非常重要，因此在此強調一次

　　　自由體圖是求解力學問題中最重要的一個步驟

　　嘗試繪製自由體圖前，須回顧力的基本特性。這些特性已在 2/2 節中描述，且主要關注在力的向量性質。力可藉由直接的自然接觸或是遠距作用而施於物體上。對所考慮之系統，作用力亦可能勿內力或外力。力之作用會伴隨著反作用力產生，而作用力與反作用力兩者可為集中或分佈。就作用力對剛體之外部效應而言，可傳性原理允許將作用力視為一滑動向量。

　　現在將使用這些力的特性來發展被分離的力學系統之觀念模型。藉助這些模型寫下適當的平衡方程式即可進行分析。

力之作用模式

　　圖 3/1 所示為二維分析中力學系統常見的受力情形。每個範例顯示出被移除之施力物體對分離物體之作用力。須謹慎依循牛頓第三定律，其指明每一作用力均有大小相等、方向相反之反作用力存在。接觸或支撐構件對所討論之物體的作用力，恆朝向可抵抗移除接觸或支撐構件時分離物體所產生之移動方向。

二維分析中力的作用模式	
接觸形式與作用來源	作用於分離物體之力量
1. 撓性鋼索、皮帶、鏈條或細繩 可忽略鋼索之重量 不可忽略鋼索之重量 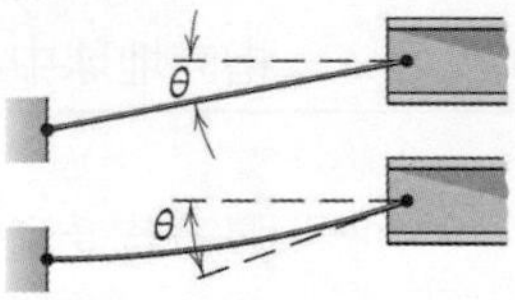 	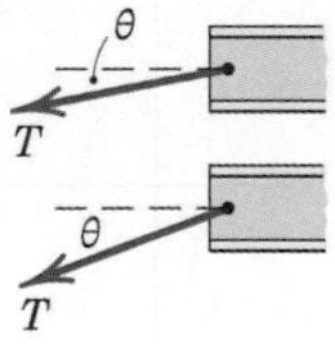 　經由撓性鋼索施加之作用力，永遠是一從物體指向鋼索方向之張力。
2. 光滑面  	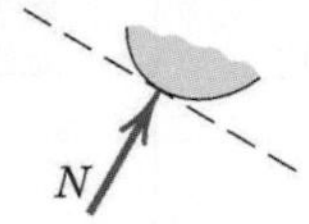 　接觸力為一壓力並且與表面垂直。
3. 粗糙面  	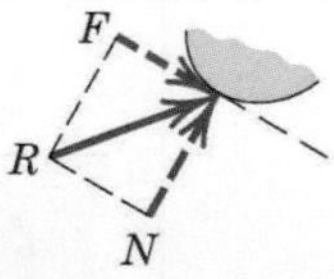 　粗糙面較能夠支撐由切線分 F (摩擦力) 與法線分量 N 所合成之接觸合力 R。
4. 滾子支撐  	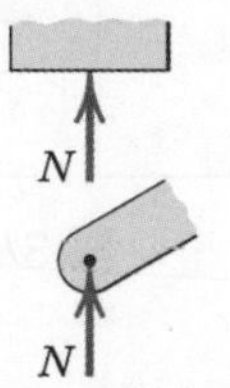 　滾子、搖臂桿或球支撐會傳遞一垂直於支撐表面之壓縮力。

圖 3/1

二維分析中力的作用模式	
接觸形式與作用來源	作用於分離物體之力量
5. 自由滑動導件 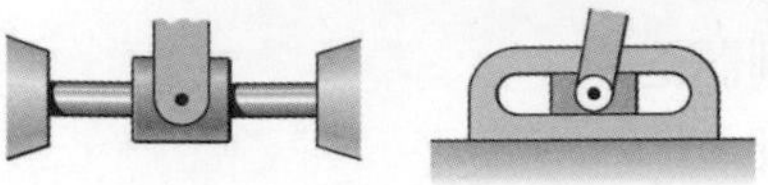	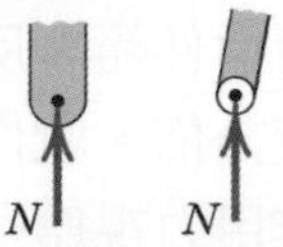 N　N　軸環或滑塊可自由地沿著光滑的導桿或滑溝移動,其只能支撐垂直於導桿或滑溝之作用力。
6. 銷連接 	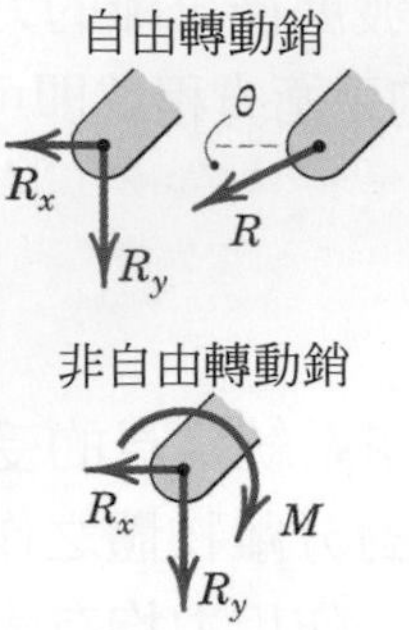 自由轉動銷 R_x　θ　R R_y 非自由轉動銷 R_x　M R_y　　自由轉動銷 自由轉動銷連結可以承受與軸垂直之平面上任意方向的作用力,一般常以 R_x 與 R_y 兩分量表示,非自由轉動的銷還能多承受一力偶 M。
7. 嵌入或固定支撐 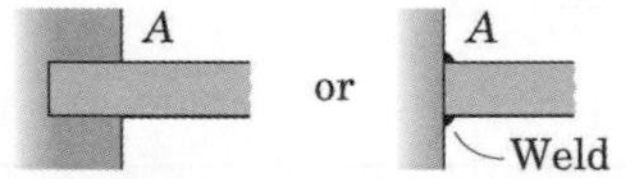 A　or　A Weld	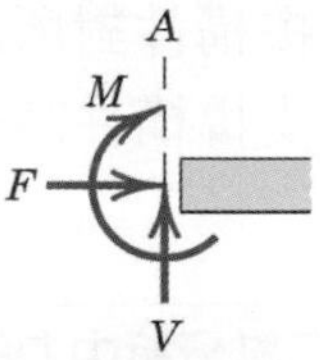 A M F V　　嵌入或固定支撐可承受一軸向力 F、一橫向力 V(剪力)與一力偶 M(彎曲力矩)以防止轉動。
8. 萬有引力 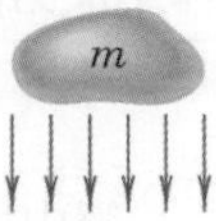 m	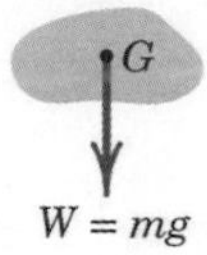 G $W = mg$　　質量為 m 的物體,對其上所有元素的萬有引力之合力為物體的重量 $W = mg$,這作用力通過質心 G 並指向地球中心。
9. 彈簧作用力 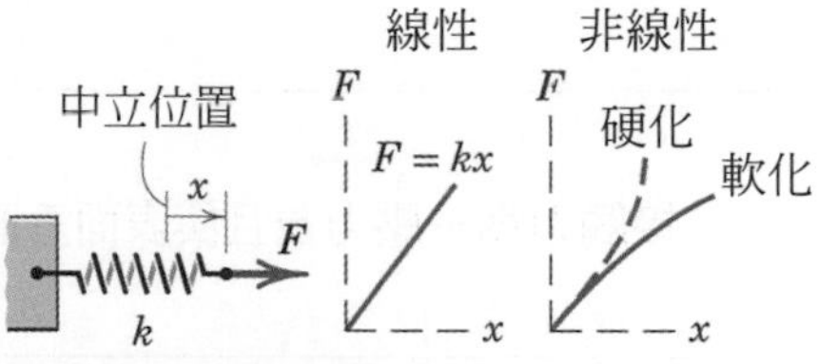 中立位置 線性　非線性 F　$F = kx$　F　硬化　軟化 x k　x　x	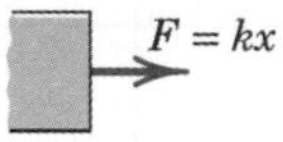 $F = kx$　彈簧若受到伸張則彈簧力為張力,若受到壓縮則彈簧力為壓力。 對線性彈性彈簧而言,勁度 k 是使彈簧變形一單位距離所需的力量。
10. 扭力彈簧作用力 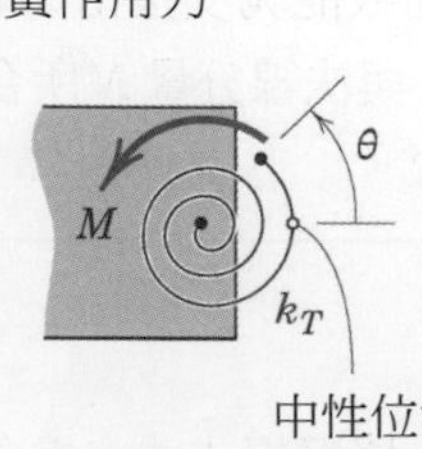 M　θ k_T 中性位置	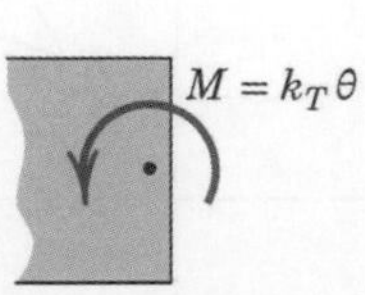 $M = k_T\theta$　　對於線性扭轉彈簧,施加的力矩 M 與角度偏移 θ(相對於中性位置)成正比。彈簧的剛度 k_T 是使彈簧彎曲一弧度所需的力矩。

圖 3/1(續)

在圖 3/1 中，範例 1 描述連結於物體之撓性鋼索、皮帶、細繩或鏈條對物體之作用。由於細繩或鋼索具有可撓性，所以無法提供彎曲、剪力或壓縮力之抵抗效果，因此僅施予一個於連接點處相切於繩索之張力。經由鋼索作用於與其連接之物體上之張力恆指離物體。當張力 T 遠大於鋼索重量時，可假設此鋼索形成一直線。但當鋼索重量相較其張力為不可忽略時，則鋼索之垂度成為重要因素，並且鋼索中之張力會沿不同長度位置而改變方向及大小。

如範例 2 所示，當兩物體的光滑表面相接觸時，一物體作用於另一物體上之作用力垂直於兩接觸面之切線方向，並且為一壓縮力。雖然沒有真實表面能達到完全光滑，但許多情形中可因應實用目的而作如此假設。

當接觸物體間之緊接面為粗糙時，如同範例 3 所示，接觸作用力不必然垂直於接觸面之切線方向，而可分解成切線分量或摩擦分量 F 及法線分量 N。

範例 4 說明了若干能有效消除切線摩擦力之機械支撐形式。這些情形中，淨反作用力皆垂直於支撐表面。

範例 5 所示為光滑導桿或滑溝作用在支撐物上之作用力。平行於導桿或滑溝方向上不會有任何的阻力

範例 6 說明了一銷連接之作用。此種連接能夠承受與銷之轉軸垂直平面上任意方向的作用力。通常將此作用力以兩個直角分量來表示。而這些分量之正確方向取決於特定問題中桿件如何受到負載。當沒有其他初始已知條件時，可先任意指定分量方向，並同時列出其平衡方程式。如果方程式之求解結果產生力分量之正數符號，則所指定方向正確。負號則表示方向與初始假設方向相反。

如果接點處的銷可以自由轉動，則此銷件只能承受作用力 R。若接點處的銷無法自由轉動，則銷件亦可承受一力偶 M。圖中係任意繪示 M 的方向，但其實際方向取決於桿件所受負載之情況。

範例 7 為利用嵌入或固定支撐之細長桿或樑的截面上的相當複雜之作用力分佈。反作用力 F 及 V 與彎曲力偶 M 之方向，當然也取決於給定問題中桿件所受負載之情況。

Friedrich Stark / Alamy Stock Photo

另一種設計用來在車輛生產過程中，讓車身在大範圍內的各種方向都能保持平衡的裝置。

範例 8 的萬有引力為最常見的作用力之一。此力會影響物體上所有的質量元素，因此遍佈於整個物體上。所有元素所受的萬有引力之合力為物體的重量 $W = mg$，其通過質心 G 並指向地球中心 (對地表結構而言)。G 的位置經常可由物體之幾何形態明顯得知，尤其對稱性時。當其位置並不顯而易見時，則須以計算或實驗決定。

類似論述亦適用於磁力與電力之遠距作用。這些遠距作用之力對剛體產生之整體效果與具有相同大小及方向並來自直接外部接觸之作用力相同。

範例 9 說明了一線性彈性彈簧與一具硬質或軟質特性之非線性彈簧的作用。線性彈簧在拉伸或壓縮時之作用力滿足 $F = kx$，其中 k 是彈簧的**勁度 (*stiffness*)** 或**模數 (*modulus*)**，x 是由中立或未變形之位置所量測之變形量。

範例 10 是介紹扭轉彈簧的作用，圖示的扭轉彈簧是線性的，類似範例 9 的彈簧被拉長。非線性的扭轉彈簧也是存在。

關鍵概念	繪製自由體圖

　　繪製用以分離出物體或系統之自由體圖時，完整程序包含以下步驟：

步驟一：決定欲分離之系統。所選系統通常應包含一個或多個欲求的未知量。

步驟二：接著繪製一呈現所選系統其完整外部邊界之圖示，以分離所選系統。此邊界係代表從所有其他吸引或接觸物體中分離出系統之動作，與其他吸引或接觸物體均視為移除。在所有步驟中，此步驟通常最為重要。在進行下一步驟前，務必確定已完全分離出系統。

步驟三：確認移除之吸引或接觸物體對分離系統之所有作用力，並各自標示於分離系統圖中之適當位置。對整個邊界做一次系統性檢視，以確認所有接觸力。若如重量等超距力可估計時亦需加以考慮。以正確的大小、方向與指向之向量箭頭各別表示所有已知之作用力。以向量箭頭表示各未知之作用力時，應用符號標示其未知之大小或方向。如果向量之方向也未知，須任意指定一方向。如果假設之方向為正確，則以平衡方程式進行之後續計算將產生正值，反之若假設之方向有誤，將產生負值。整個計算過程均須與對未知作用力所假定之特性一致。若能一致，則平衡方程式的解會顯示出力正確的方向。

步驟四：直接在圖上繪示所選之座標軸。為方便起見，亦能表示出相關尺寸。然而需注意的是，自由體圖用以將焦點集中在外力的作用上，因此，圖中不應充斥過多無關資訊。明確區分出表示作用力之箭頭與表示力之外的物理量之箭頭。為此，我們可使用彩色筆繪製。

在圖 3/1 中所示的並非自由體圖，僅爲用於架構自由體圖的要素。研究此 10 個範例，並在處理問題時加以辨認，以便能繪出正確的自由體圖。

完成前述的四個步驟後可得一個正確的自由體圖，並可將此圖使用在靜力學與動力學之統御方程式的應用上。切勿忽略自由體圖中的某些作用力，或許乍看下可能似乎與計算無關。唯有透過完整的分離動作及有系統地將所有外力表示出來，才能對所有作用力與反作用力所產生之效應做確實之計算。常常一個作用力乍看下似乎對欲得之結果沒有影響，然而其實卻有影響。因此，最安全的做法是將所有明顯不可忽略的大小作用力包含進自由體圖中。

自由體圖的方法在力學中非常重要，因其確保能正確定義出力學系統，且將焦點集中在靜力學與動力學中作用力定律之正確意義與應用上。研究圖 3/2 中簡單的自由體圖範例及下節之範例問題時，可回顧前述建構自由體圖的四個步驟。

自由體圖範例

圖 3/2 所示爲四個機構與結構之例子，連同其正確之自由體圖。爲清楚起見，省略尺寸與大小之標示。每個範例中均將整個系統視爲單一物體，故未繪示出內力。圖 3/1 中所示的各種接觸力之特性被使用在此四個範例中。

自由體圖範例	
力學系統	分離物體之自由體圖
1. 平面桁架 比較於作用力 P，可假設忽略桁架的重量	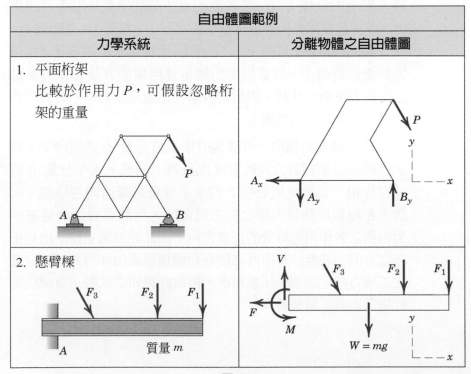
2. 懸臂樑	

圖 3/2

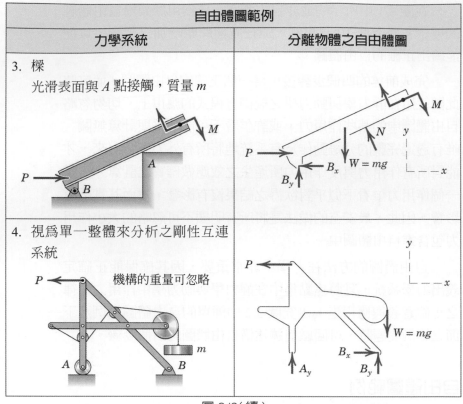

自由體圖範例	
力學系統	分離物體之自由體圖
3. 樑 光滑表面與 A 點接觸，質量 m	
4. 視為單一整體來分析之剛性互連 系統	

圖 3/2(續)

　　在範例 1 中的桁架是由結構元件經連結組合而成之一剛性構架。因此，可將整個桁架移離支撐座，並視為單一剛體。除了外部作用負載 P 以外，自由體圖尚須包含作用於桁架 A 與 B 點上的反作用力。在 B 點的滾子只能承受一個垂直作用力，並且此作用力被傳遞至結構的 B 點上 (見圖 3/1 之範例 4)。在 A 點的銷接點 (見圖 3/1 之範例 6) 能提供水平與垂直之作用力分量於桁架上。如果桁架的總重量相較於 P 及在 A 與 B 點之作用力下為可估計，則桁架各構件之重量須如同一般外部作用力，包含在自由體圖上。

　　在此簡單範例中，可清楚看出垂直分量 A_y 必須向下，以防止桁架以順時針方向繞著 B 點旋轉。同樣，水平分量 A_x 將往左作用，以避免桁架受 P 的水平分量影響而向右移動。因此，在繪製此簡單桁架之自由體圖時，可簡單看出 A 處基座對桁架之各作用力分量的正確方向，因此能於圖上標示出其正確之方向。若無法藉由直接觀察而簡單辨識出作用力或其分量之正確方向，則須先任意指定，再由計算值之代數正負號決定此指定方向正確與否。

在範例 2 中，懸臂樑被牢固於牆上並承受三個負載的作用。將樑在 A 處截面之右方部份分離出時，必須包含牆作用於樑上的反作用力。如圖所示於樑的截面上來自牆之各反作用力之合成作用 (見圖 3/1 之範例 7)。除了顯示抵抗樑上其它向下作用力的垂直作用力 V，亦需包含平衡樑上其它向右作用力的張力 F。接著，為防止樑繞著 A 點轉動，也需要一個逆時針方向的力偶 M。樑的重量 mg 則須表示成通過質心 (見圖 3/1 之範例 8)。

在範例 2 的自由體圖中，係藉由等效的力與力偶系統來表示實際作用在樑截面上稍微複雜的作用力系，並且將等效作用力分解成垂直分量 V (剪力) 與水平分量 F (張力)。力偶 M 則為樑中的彎矩。至此即完成自由體圖的繪製，且顯示樑在六個作用力與一個力偶的作用下而處於平衡狀態。

在範例 3 中，重量 W = mg 之作用如圖示通過樑的質心，而直心位置假設為已知 (見圖 3/1 之範例 8)。邊緣角 A 施加在樑上的作用力係垂直於樑的光滑表面 (見圖 3/1 之範例 2)。為更清楚理解此部份的作用，想像接觸點 A 的放大圖，此時點 A 將顯得略微圓弧狀，再考慮此圓弧邊緣角作用在樑之平質表面上的作用力，其中假設樑的表面為光滑。如果在邊緣角的接觸表面並非光滑，將存在一個切線方向的摩擦力分量。除了施力 P 與力偶 M 的作用之外，在 B 點的銷接對樑亦施加了 x 與 y 兩方向的作用力分量。這些分量之正方向為任意指定。

在範例 4 中，如果負載 mg 與 P 為已知，則整個分離機構的自由體圖包含有三個未知力。可任意設計對從質量 m 延伸出的繩索的內部固持形態，而不影響整體機構之外部反應，此可由自由體圖理解。此假設範例用以說明一個剛性構件組合的內力並不會影響外部反作用力的值。

在下一節的討論中，將使用自由體圖來列出平衡方程式。當解出這些方程式時，一些作用力之大小計算值可能為零。此時，即表示所假設的作用力並不存在。在圖 3/2 的範例 1 中，當桁架的幾何形態與所施加之負載 P 的大小、方向與指向為某些特定值時，任一反作用力 A_x、A_y 或 B_y 皆可能為零。一般不易藉由檢視而辨識出反作用力為零，但能藉由求解平衡方程式而加以決定。

Yan Lerval/Alamy Stock Photo

利用系統化的平衡分析便能簡單地處理複雜的滑輪系統。

類似論述亦適用於為負值之作用力之大小計算值。這種計算結果表示實際指向與假設指向相反。在範例 3 中 B_x 與 B_y 以及範例 4 中的 B_y，各自假設的正指向如自由體圖所示。而這些假設正確與否，則由實際問題之計算結果中所計算出的作用力值為正號或負號來加以驗證。

所考慮之力學系統的分離動作為數學模型之公式化中相當重要的步驟。在繪製至為重要的自由體圖時，最重要的一點是對欲包含和欲排除之部份能做一清楚截出和明確選定。只有當自由體圖的邊界表示出欲分離之物體或物體系統之完整橫越面時，即由邊界上任意一點開始而最後再回到相同點，才完成明確的選取動作。此封閉邊界內之系統即為所分離之自由體，須考慮所有穿過邊界而傳遞至系統的接觸力與超距力。

以下的習題將提共自由體圖的繪製練習。這些練習對於使用自由體圖於下節的力平衡原理應用時將有幫助。

自由體圖練習

3/A 在以下的五個練習範例中，欲分離物體示於左半部，而此分離物體之不完整的自由體圖示於右半部。在每個範例中，加入任何所需之作用力以形成完整的自由體圖。除非另有指示，物重均可忽略。為簡化起見，省略尺寸與數值。

	物體	不完整的自由體圖
1. 曲柄以 *A* 處之銷承座來支撐質量 *m*。		
2. 控制桿對 *O* 點之軸施一扭矩。		
3. 吊桿 *OA* 的質量比較於質量 *m* 時可忽略，吊桿鉸接於 *O* 點並由 *B* 點之鋼索將其提起。		

圖 3/A

	物體	不完整的自由體圖
4. 質量 m 的均勻條板箱，傾斜倚靠於垂直的光滑牆面，且由粗糙之水平地面所支撐。	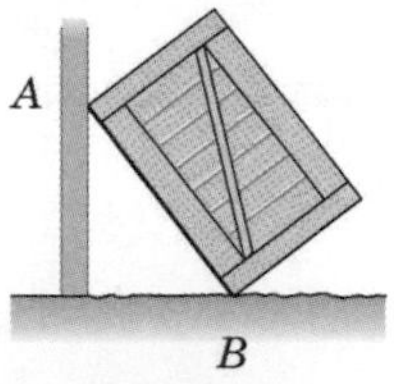	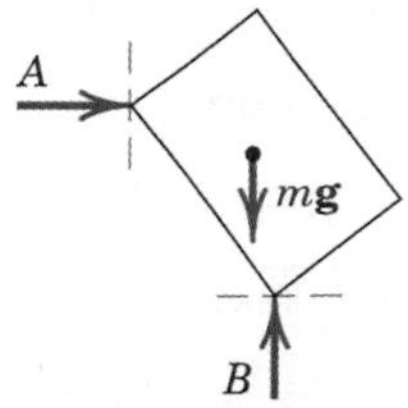
5. 載重托架在 A 點以銷連接與 B 點以光滑槽內之固定銷所支撐。	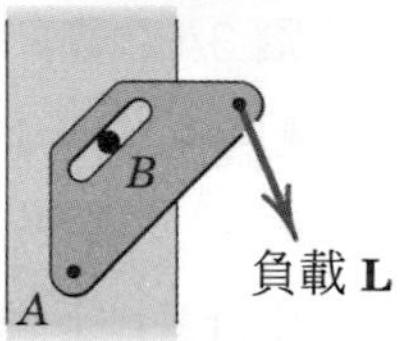	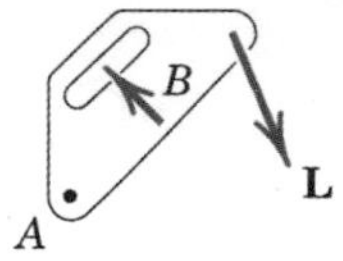

圖 3/A(續)

3/B 以下五個練習範例中，欲分離物體示於左半部，而此分離物體之錯誤或不完整的自由體圖示於右半部。每個範例中，修改或加入任何所需之作用力以形成正確且完整的自由體圖。除非另有指示，物重均可忽略。為簡化起見，省略尺寸與數值。

	物體	錯誤或不完整的自由體圖
1. 壓草機的滾輪質量為 m，被推上一傾角 θ 的斜面。	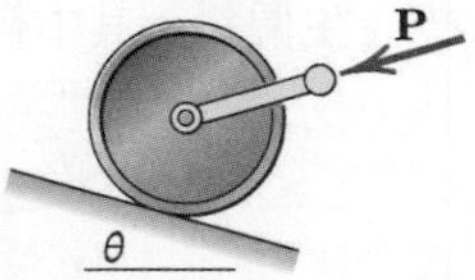	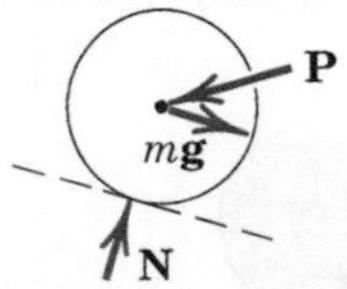
2. 以槓桿撬起具有光滑水平面的物體 A，其中桿子的支撐點倚靠在粗糙的水平面上。	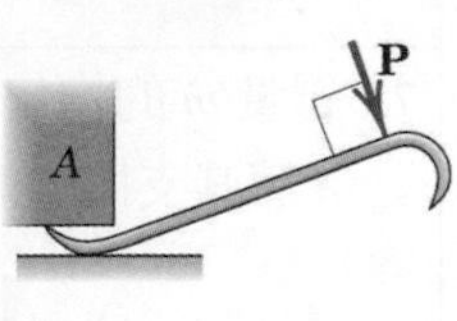	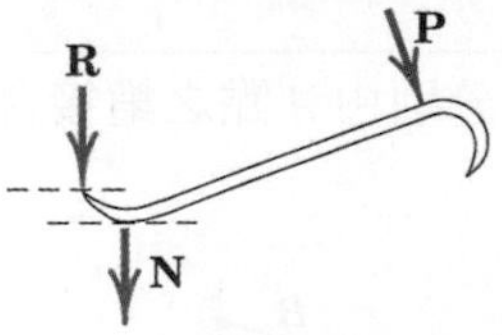
3. 質量 m 的均勻柱子被鉸盤以繩索吊起，水平表面上挖一凹槽以支撐柱子並防止下滑。	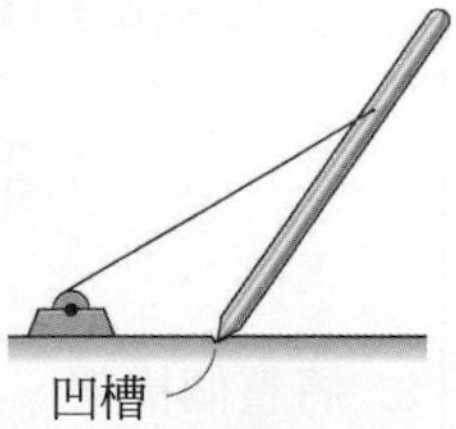	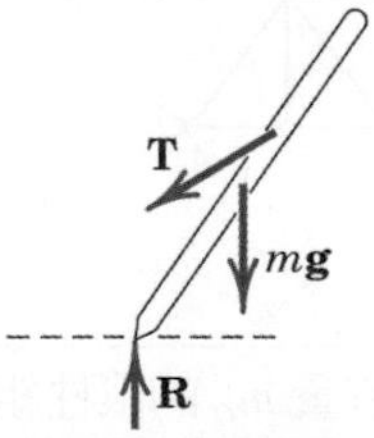
4. 結構支撐用角架 (angle bracket)，以銷接合	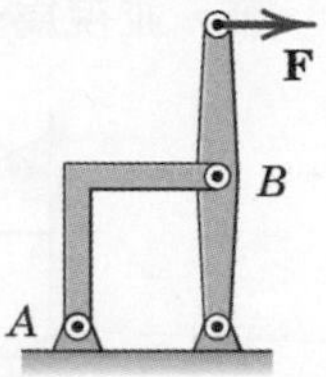	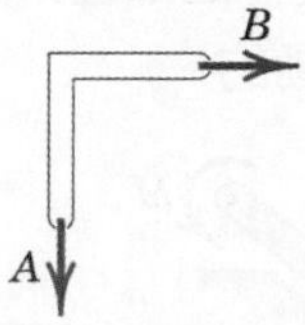

圖 3/B

	物體	錯誤或不完整的自由體圖
5. 彎桿被焊接於支撐點 A，並承受兩個作用力與一個力偶之作用。		

圖 3/B(續)

3/C　依所述情形，繪製各例中物體之完整且正確之自由體圖。僅當述及質量時，才須考慮物體的重量。標示出所有已知或未知之作用力。(注意：未經數值計算，可能無法決定出某些反作用力分量的指向。)

1. 質量 m 的均勻水平桿件，在 A 點被一垂直鋼索懸吊，而 B 點則由一傾斜之粗糙表面所支撐。 	5. 質量 m 的均勻溝槽滾輪，受到粗糙表面與水平作用的鋼索支撐。 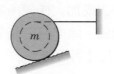
2. 質量 m 的輪子在一階梯之邊緣，欲藉由拉力 **P** 之作用越過階梯。 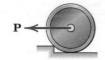	6. 起初為水平的桿件，在受到負荷 **L** 的作用下產生偏斜，其中桿件兩端皆為剛性銷接合支撐。 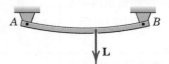
3. 受到負載的桁架，分別由 A 點之銷接合與 B 點之鋼索支撐。 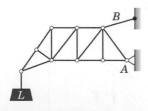	7. 質量 m 的均勻重型平板，藉由鋼索 C 與鉸鏈 A 將其支撐於垂直平面上。 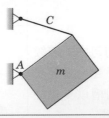
4. 質量 m 的均勻桿件與質量 m_O 的滾柱組合，受到力偶 M 之作用。被支撐之部位如圖所示，其中滾柱是可以自由轉動的。 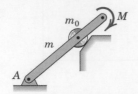	8. 將整個構架、滑輪及接觸作用之鋼索予以隔離，並視為一物體。 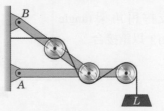

圖 3/C

3/3　平衡條件 (Equilibrium Conditions)

在 3/1 節中，將平衡定義爲作用於物體上之所有力與力矩其合成效果皆爲零。換言之，如果作用於物體上之所有力及力矩均達成平衡時，則物體處於平衡狀態。這些條件包含在向量平衡方程式 3/1 中，而在二維時可寫成如下之純量形式

$$\Sigma F_x = 0 \quad \Sigma F_y = 0 \quad \Sigma M_O = 0 \qquad (3/2)$$

第三項表示所有作用力對物體上或物體外的任意點 O 之力矩和爲零。式 3/2 爲二維情形時達完全平衡之必要與充分條件。若其不被滿足，則不可能達成力或力矩之平衡，故爲必要條件。一旦其被滿足，則力或力矩之不平衡消失而確保物體處於平衡。

剛體運動之力與加速度之關係方程式，將於第二冊動力學中從牛頓第二運動定律推導之。這些方程式指出，物體的質心加速度正比於作用其上之合力 $\Sigma \mathbf{F}$。因此，如果物體以等速 (零加速度) 移動，則作用其上之合力必爲零，且物體可視爲處於移動平衡狀態。

對於二維下的完全平衡，式 3/2 中的三個條件均須成立。然而這些條件要求彼此獨立，可各自成立或不成立。例如，一受力之物體沿著水平面加速滑動。因垂直方向之加速度爲零，遂滿足垂直方向之力平衡方程式，但水平方向則否。同樣，如一個飛輪繞其固定之質心軸轉動並逐漸增加角速度，則不處於轉動平衡，但滿足兩個力平衡方程式。

平衡種類

式 3/2 之應用可自然地分爲幾個易於辨識的種類。圖 3/3 彙整出作用於二維平衡之物體上的力系種類，以下並做進一步說明。

種類 1. 共線作用力之平衡，明顯僅需一條在作用力方向 (x 方向) 之作用力方程式，因其他方程式將自動被滿足。

種類 2. 同平面 (x-y 平面) 且於 O 點共點 (concurrent) 之作用力的平衡，則僅需要兩條作用方程式，因爲作用力對 O 點，即對通過 O 點之 z 軸的力矩和必爲零。質點的平衡情形即屬於此類。

種類 **3.** 同平面之平行作用力之平衡,則需要一個在作用方向 (x 方向) 的作用力方程式與一對垂直於作用力平面之軸 (z 軸) 的力矩方程式。

種類 **4.** 同平面 (x-y 平面) 之一般力系的平衡,則需要兩個在此平面上的作用力方程式與一個對垂直於此平面之軸 (z 軸) 的力矩方程式。

二維的平衡種類		
作用力系	自由體圖	獨立方程式
1. 共線力系	F_3 x F_2 F_1	$\Sigma F_x = 0$
2. 共點力系	F_1 F_2 O F_4 F_3 y x	$\Sigma F_x = 0$ $\Sigma F_y = 0$
3. 平行力系	F_1 F_2 F_3 F_4 y x	$\Sigma F_x = 0 \quad \Sigma M_z = 0$
4. 一般力系	F_1 M F_2 F_3 y F_4 x	$\Sigma F_x = 0 \quad \Sigma M_z = 0$ $\Sigma F_y = 0$

圖 3/3

二力與三力構件

應留意兩種經常發生的平衡情況。第一個情況是物體只受到兩個力量之作用。如圖 3/4 的兩個範例所示,可知欲使此種二力**構件** (*two-force member*) 處於平衡,兩作用力須大小相等、方向相反並且共線。構件外形並不影響此條件。圖示中係考慮與作用力相較之下構件重量可以忽略。

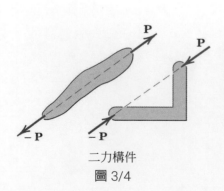

二力構件
圖 3/4

第二種情況則是**三力構件** (*three-force member*)，如圖 3/5(*a*) 所示，物體受到三個力量之作用。可看出平衡狀態之達成需三個力量之作用線為共點。若不共點，則其中一個作用力將會對另外兩個作用力之交點產生一力矩效果，而違反了對任一點皆為零力矩之要求。唯一例外為三個作用力互相平行。此時可視為共點處在無窮遠。

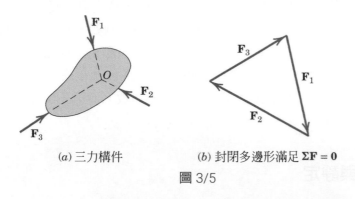

(*a*) 三力構件　　　(*b*) 封閉多邊形滿足 $\Sigma \mathbf{F} = \mathbf{0}$

圖 3/5

平衡三力之共點原理對進行作用力方程式之圖解法時相當有用。即如圖 3/5(*b*) 所示，畫出一封閉之力的多邊形。一物體受到超過三個以上之力量作用而處於平衡時，通常可藉由結合兩個或更多的已知力來簡化成三力構件。

替代平衡方程式

除了式 3/2 以外，尚有兩種方法可表示在二維時作用力平衡的一般條件。第一個方法說明在圖 3/6 中的 (*a*) 與 (*b*) 部份。如圖 3/6(*a*) 所示的物體，如果 $\Sigma M_A = 0$，且若仍存在合成效果，其必為一通過 A 點的力 $\mathbf{R}$，而不能為一力偶。現若方程式 $\Sigma F_x = 0$ 被滿足，其中 x 軸方向為任意，由圖 3/6(*b*) 可知，如果仍存在合力 $\mathbf{R}$，不僅其必通過 A 點且必垂直於 x 方向。現在，如果 $\Sigma M_B = 0$，其中 B 點為不使 AB 線垂直 x 方向之任意點，可看出 $\mathbf{R}$ 必須為零，物體遂為處於平衡狀態。因而，另一組替代方程式為

$$\Sigma F_x = 0 \qquad \Sigma M_A = 0 \qquad \Sigma M_B = 0$$

其中，A、B 兩點的連線不可垂直於 x 方向。

對共平面力系而言，尚有第三種平衡條件的表示法。如圖 3/6 中的 (*c*) 與 (*d*) 部份所示。同樣，如圖 3/6(*c*) 所示的任意物體，如果 $\Sigma M_A = 0$，若有任何合力，則必為通過 A 點之力

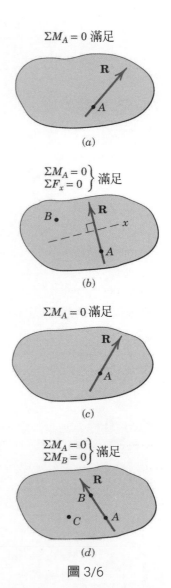

$\Sigma M_A = 0$ 滿足

(*a*)

$\left.\begin{matrix} \Sigma M_A = 0 \\ \Sigma F_x = 0 \end{matrix}\right\}$ 滿足

(*b*)

$\Sigma M_A = 0$ 滿足

(*c*)

$\left.\begin{matrix} \Sigma M_A = 0 \\ \Sigma M_B = 0 \end{matrix}\right\}$ 滿足

(*d*)

圖 3/6

R。另外,如果 $\Sigma M_B = 0$ 且合力仍然存在,則必通過 B 點,如圖 3/6(*d*) 所示。然而,如果 $\Sigma M_C = 0$,且 C 不與 A、B 共線,則此作用力不可能存在。因此,可將平衡方程式寫為

$$\Sigma M_A = 0 \qquad \Sigma M_B = 0 \qquad \Sigma M_C = 0$$

其中,A、B 和 C 為不共線之任意三點。

當平衡方程式彼此並不相互獨立時,會得到多餘的計算資料,而正確求解方程式時將產生 $0 = 0$。例如,處理有三個未知數的一般二維問題時,分別對共線之三點寫出的三個力矩方程式即非相互獨立。此時這些方程式將包含重複的計算資料,其中二個方程式最多可解得二個未知數,而第三個方程式僅會得到 $0 = 0$ 之等式。

拘束與靜定

本節所闡述之平衡方程式均為建立物體之平衡狀態之必要且充分條件。然而,這些方程式並不必然能提供計算平衡物體上之所有未知力所需之所有資訊。方程式是否足以求解所有未知數係取決於物體的支撐形態對物體可能運動之拘束特性。**拘束 (constraint)** 意指對運動之限制。

在圖 3/1 的範例 4 中,滾子、球及搖臂桿提供接觸面法線方向的拘束,但對接觸面切線方向則無拘束。因此無法支撐切線力。對於範例 5 中的軸環及滑塊,拘束只存在於垂直於導桿或滑槽的方向上。在範例 6 中,固定銷接點提供兩個方向的拘束,但銷不能提供對繞銷轉動之抵抗,除非銷不能自由轉動。然而範例 7 的固定支撐除了能抵抗轉動之拘束外,也提供了對側向運動之拘束。

在圖 3/2 的範例 1 中,若支撐桁架的搖桿換成如 A 處之銷接點,則對於支撐此一平衡形態而使其不能自由移動時,尚需額外一個拘束條件。式 3/2 的三個純量平衡條件無法提供足夠之資訊來決定四個未知數,因為 A_x 與 B_x 不能分開求解;只能決定兩者總和。這兩個作用力分量將取決於桁架各構件之變形而定,而構件之變形則受各自材料剛性之影響。水平反作用力 A_x 與 B_x 也舉決於使結構配合 A 及 B 間支座之尺寸所需之任何初始變形。因此,無法以剛體分析決定出 A_x 與 B_x。

再參考圖 3/2，可看出如果範例 3 中銷 B 是不能自由轉動，則支撐座將經由銷傳遞一力偶到樑上。因此，會有四個未知的支撐反力作用於樑上，亦即，A 點的作用力、B 點的兩個分力與 B 點的力偶。因此三個獨立的純量平衡方程式將無法提供足夠之資訊來計算出四個未知數。

當剛體或是剛性組合元件被視為單一物體，且其外部支撐或拘束多於維持平衡位置所需者時，稱為**靜不定 (*statically indeterminate*)**。若能不破壞物體的平衡條件地移除一支撐，則稱為**多餘支撐 (*redundant*)**。存在的多餘支撐數目即對應**靜不定程度 (*degree of statically indeterminate*)**，其等於所有未知外力之總數減去可用之獨立平衡方程式的數目。另一方面，當物體受到確保平衡形態所需之最少數量的拘束時，則稱物體為**靜定 (*statically determinate*)**，此時平衡方程式係足以決定出未知的外力。

本節與第一冊靜力學內之平衡問題一般均限制在靜定物體上，其拘束條件恰足以確保一穩定平衡形態，且可用之獨立平衡方程式可完全決定出未知的支撐力。

在嘗試求解平衡問題前，須先知道拘束的性質。當物體的未知外部反力比所涉及之力系可用的獨立平衡方程式多時，便可辨識出此物體為靜不定。建議在給定物體上計算其未知數的數目，並確定可寫出相同數目之獨立方程式；否則，僅藉助獨立方程式嘗試進行無法求解的計算實為徒勞無功。未知變數可能為力、力偶、距離或是角度。

拘束之足夠性

討論拘束與平衡之間的關係時，應進一步探討拘束之足夠性問題。對於二維問題時，存在三個拘束並不恆保證一穩定平衡形態。圖 3/7 為四種不同的拘束型式。在圖中的 (a) 部份，剛體的 A 點被兩根連桿固定而無法移動，而第三根連桿則是防止產生對 A 點之任何轉動。因此，在此三個足夠 (適當) 的拘束下，物體完全被固定住。

在圖中的 (b) 部份，第三根連桿所在之位置係使其支撐力傳遞至另外二個拘束力作用的 A 點上。因此，此種拘束形態無法提供外部負載作用在物體上時對 A 點轉動之初始抵抗。因此，可歸結出此物體在局部拘束下為不完全固定。

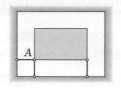

(a) 完全固定，適當拘束

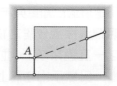

(b) 不完全固定，局部拘束

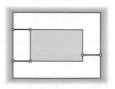

(c) 不完全固定，局部拘束

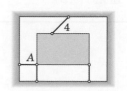

(d) 過度固定，多餘拘束

圖 3/7

而圖中 (*c*) 部份的形態亦為不完全固定之類似情形，因為互相平行之三根連桿無法提供外部負載垂直作用在物體上時對物體垂直方向微小移動之初始抵抗。上述兩種拘束通常稱為**不適當 (*improper*)**。

在圖 3/7 中 (*d*) 部份為一完全固定的情況，而保持固定位置並不需要連桿 4 的第四個拘束作用。因此連桿 4 為一多餘拘束，則此物體為靜不定。

如圖 3/7 的四個範例所示，一般可藉由直接觀察來推斷二維平衡物體上的拘束條件是否為足夠 (適當)、局部 (不適當)，或多餘。如前所述，本書中絕大多數問題均為足夠 (適當) 拘束之靜定問題。

| 關鍵概念 | 求解問題的方法 |

本節末的範例問題為自由體圖及平衡方程式在典型靜力學問題上的應用。建議徹底研讀這些解題方法。在處理本章與整個力學問題時，建立一套包含下列步驟的邏輯性與系統性的方法非常重要：

1. 清楚辨認已知量與末知量。
2. 明確選擇欲分離之物體 (或視為單一物體之一互連系統)，並繪製其完整之自由體圖，且標示出物體上所有已知及未知 (但可辨識出) 之外力與力偶。
3. 選擇一組方便之參考座標軸，若使用到向量叉積運算時，恆採右手座標軸系。選擇能夠簡化計算之力矩中心；一般而言，最好選取愈多未知力通過之點為力矩中心。而經常需對平衡方程式解聯立，但可藉由謹慎選擇參考軸及力矩中心而加以簡化或避免。

4. 確認及陳述統御問題中平衡條件之適當力和力矩原理或方程式。在隨後的範例中，這些關係式係示於方括弧內，並列於各主要計算之前。
5. 每一問題中，末知量與獨立方程式之數目需相符。
6. 求解並核對結果。在許多問題中進行工程判定時，可在計算前先對結果做合理猜測及估算，然後再比較估算值與計算值。

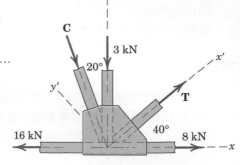

範例 3/1

如圖所示，橋樑桁架接頭上係有 **C**、**T** 與三個所示之力作用，試求 **C** 與 **T** 的大小。

┃ **解**　① 附圖即為問題中分離出接頭部份的自由體圖，並顯示五個呈平衡之作用力。

┃ **解 I** (純量代數)

由圖示之 x-y 軸可得

$[\Sigma F_x = 0]$　　　　　　　　　$8 + T\cos 40° + C\sin 20° - 16 = 0$

$$0.766T + 0.342C = 8 \quad (a)$$

$[\Sigma F_y = 0]$　　　　　　　　　$T\sin 40° - C\cos 20° - 3 = 0$

$$0.643T - 0.940C = 3 \quad (b)$$

聯立求解 (a) 及 (b) 兩式得

$$T = 9.09 \text{ kN} \qquad C = 3.03 \text{ kN} \qquad\qquad 答$$

┃ **解 II** (純量代數)

② 為避免解聯立，可使用 x'-y' 軸，且先求 y' 方向之和，以消去 T 的影響。因此

$[\Sigma F_{y'} = 0]$　　　　　$-C\cos 20° - 3\cos 40° - 8\sin 40° + 16\sin 40° = 0$

$$C = 3.03 \text{ kN} \qquad\qquad 答$$

$[\Sigma F_{x'} = 0]$　　　　　$T + 8\cos 40° - 16\cos 40° - 3\sin 40° - 3.03\sin 20° = 0$

$$T = 9.09 \text{ kN} \qquad\qquad 答$$

┃ **解 III** (向量代數)

使用 x 及 y 方向之單位向量 **i** 與 **j**。於平衡狀態下由合力為零之條件可得向量方程式為

$[\Sigma \mathbf{F} = 0]$　　$8\mathbf{i} + (T\cos 40°)\,\mathbf{i} + (T\sin 40°)\,\mathbf{j} - 3\mathbf{j} + (C\sin 20°)\,\mathbf{i} - (C\cos 20°)\,\mathbf{j} - 16\mathbf{i} = 0$

令 **i** 與 **j** 項之係數和為零，可得

$$8 + T\cos 40° + C\sin 20° - 16 = 0$$

$$T\sin 40° - 3 - C\cos 20° = 0$$

當然，上式結果與先前所得之兩式 (a) 及 (b) 相同。

┃ **解 IV** (幾何)

如圖所示的多邊形表示五個作用力的向量和為零。可立即看出 (a) 及 (b) 兩式即為向量在 x 與 y 方向之投影量。同樣，在解 II 當中之方程式即為在 x' 及 y' 方向之投影量。

③ 圖解法相當容易進行。將已知向量以適當比例使其頭尾相連後,再把 **T** 及 **C** 的方向畫出以形成閉合之多邊形。最後相交於 *P* 點而完成求解,因此能夠直接由圖中測量 **T** 及 **C** 的大小,而準確度則視作圖之準確程度而定。

提示

① 此為一共點力問題,無須使用力矩方程式。

② 選擇對計算有利之參考座標軸為一重要考量。此例中,亦能選取平行與垂直 **C** 之方向的座標軸,並在垂直於 **C** 之方向上作力之加總而消去 **C**。

③ 能以任意次序相加已知向量,但須在考慮未知向量前相加。

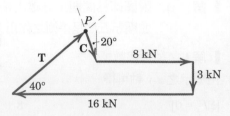

範例 3/2

如圖所示,滑輪組支撐 500 kg 的負載,試計算作用於繩索上之張力 *T*。每個滑輪皆可繞其軸承自由轉動,且各部份之重量與負荷相比時皆可忽略。另求作用在滑輪 *C* 之軸承上之總作用力的大小。

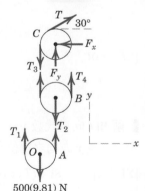

┃ 解 　各滑輪之自由體圖係根據與其他滑輪之相對位置而繪製。從包含唯一已知力的滑輪 *A* 開始。未指定之滑輪半徑標示為 *r*,則對 *O* 點之力矩平衡及垂直方向之作用力平衡為

① 　　　　　$[\Sigma M_O = 0]$ 　　$T_1 r - T_2 r = 0$ 　　$T_1 = T_2$

$[\Sigma F_y = 0]$ 　　$T_1 + T_2 - 500(9.81) = 0$ 　　$2T_1 = 500(9.81)$ 　　$T_1 = T_2 = 2450 \text{ N}$

可利用滑輪 *A* 的計算結果,經檢視得滑輪 *B* 上的作用力平衡結果為

$$T_3 = T_4 = \frac{T_2}{2} = 1226 \text{N}$$

在滑輪 *C* 中,角度 30° 並不影響 *T* 對滑輪中心之力矩,故力矩平衡為

　　　　　$T = T_3$ 　　或　　$T = 1226 \text{ N}$ 　　　　　　　　　　**答**

滑輪在 *x* 及 *y* 方向的平衡為

$[\Sigma F_x = 0]$ 　　　　　　　　$1226\cos 30° - F_x = 0$ 　　$F_x = 1062 \text{ N}$

$[\Sigma F_y = 0]$ 　　　　　　　　$F_y + 1226\sin 30° - 1226 = 0$ 　　$F_y = 613 \text{ N}$

　　　　$[F = \sqrt{F_x^2 + F_y^2}]$ 　　$F = \sqrt{(1062)^2 + (613)^2} = 1226 \text{N}$ 　　　　　**答**

提示

① 半徑 *r* 顯然不影響結果。一旦分析過一簡單滑輪,藉由檢視應可得完全清楚之結果。

範例 3/3

如圖所示 100 kg 的均質 I 型樑，原先由其兩端在水平面上的滾子 A 及 B 所支撐。若藉由 C 點之繩索欲將 B 點抬起，並使其位置高於 A 點 3 m。試求所需之張力 P、A 點的反力及樑抬高後的位置與水平面之夾角 θ。

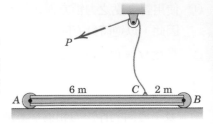

……………………………………………………………………………………

解　在繪製自由體圖時，注意到 A 點滾子的反力與重量都在垂直方向上。因此在沒有其他水平分力下，P 必定亦為垂直方向。由範例 3/2 可立即看出，繩索中的張力 P 等於作用於樑 C 點上的張力 P。

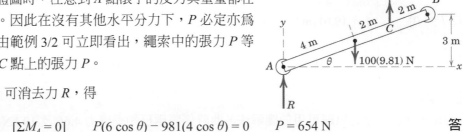

對 A 點取力矩平衡，可消去力 R，得

① $[\Sigma M_A = 0]$ $P(6\cos\theta) - 981(4\cos\theta) = 0$ $P = 654$ N   **答**

垂直方向的作用力平衡為

$[\Sigma F_y = 0]$ $654 + R - 981 = 0$ $R = 327$ N   **答**

角度 θ 只與呈現之幾何形態有關，即

$$\sin\theta = \frac{3}{8} \quad \theta = 22.0°$$ **答**

提示

① 此平行力系之平衡顯然與 θ 無關。

範例 3/4

如圖所示的鐵臂起重機，試求支撐鋼索中的張力 T 及作用在 A 銷的作用力大小。AB 樑為標準 0.5 m 之 I 型樑，其每米長度的質量為 95 kg。

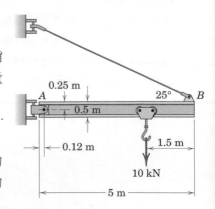

……………………………………………………………………………………

代數解

此系統對通過樑中心之 x-y 垂直平面呈對稱，故此題能以共平面力系之平衡來分析。如附圖所示為樑之自由體圖，且 A 點銷的反力以兩個直角分量來表示。樑的重量為 $95(10^{-3})(5)9.81 = 4.66$ kN，且作用於質心。注意圖中有三個未知數 A_x、A_y 及 T，可平衡方程式來求解。首先對 A 點取力矩方程式，藉此消去三個未知數中的兩個。

① 使用對 A 點之力矩方程式時，考慮 **T** 之 x 及 y 分量對 A 之力矩比求 **T** 到 A 之垂直距離來得簡單。因此，以逆時針方向為正，可寫成

② $[\Sigma M_A = 0]$ $(T\cos 25°)0.25 + (T\sin 25°)(5 - 0.12) - 10(5 - 1.5 - 0.12) - 4.66(2.5 - 0.12) = 0$

故 $T = 19.61 \text{ kN}$ 答

令 x 及 y 方向的作用力和為零，得

$[\Sigma F_x = 0]$ $A_x - 19.61\cos 25° = 0$ $A_x = 17.77 \text{ kN}$

$[\Sigma F_y = 0]$ $A_y + 19.61\sin 25° - 4.66 - 10 = 0$ $A_y = 6.37 \text{ kN}$

③ $[A = \sqrt{A_x^2 + A_y^2}]$ $A = \sqrt{(17.77)^2 + (6.37)^2} = 18.88 \text{kN}$ 答

自由體圖

圖解法

平衡三力必共點之原理可用於圖解法，此時係將兩已知垂直力 4.66 及 10 kN 合併為單一力 14.66 kN，作用位置如下圖之修正後自由體圖所示。此合成負載的位置可藉由圖解法或代數法而簡單決定。14.66 kN 與未知張力 **T** 之作用線所相交的點即定義出銷的反力 **A** 須通過之共點 O。此時，可將所有作用力向量依頭尾相加之方法，使其形成閉合之力多邊形以滿足向量和為零的平衡條件，從而求得 **T** 及 **A** 之未知大小。如圖所示，將已知垂直力以適當之比例畫出後，再把已知方向之張力 **T** 由向量 14.66 kN 之尖端畫出。同樣地，根據自由體圖上共點所決定之銷之反作用力 **A** 的方向，從向量 14.66 kN 之尾端沿此方向畫出代表銷反作用力 **A** 之線。此代表向量 **T** 及 **A** 之兩線的交點即建立出使力之向量和為零所需之大小 T 及 A。這些大小可由圖中向量長度的比例求得。若有需要亦可將 **A** 之 x 及 y 分量繪於力多邊形上。

提示

① 此步驟之正當性由 2/4 節之伐立崗定理可得。要有經常利用此原理優點的準備。

② 二維問題中的力矩計算通常以純量代數較向量外積來得較簡單。但三維時如後所見，情況則經常相反。

③ 若有需要可簡單算出 A 處作用力之方向。但在設計銷 A 或檢查其強度時，僅關注在作用力大小上。

圖解法

第二部份　三維平衡 (EQUILIBRIUM IN THREE DIMENSIONS)

3/4　平衡條件 (Equilibrium Conditions)

　　對於二維平衡所發展之原理及方法，現在將擴展到三維平衡之情形。在 3/1 節，物體的一般平衡條件陳述於式 3/1 中，其乃是要求平衡物體上的合力及合力偶均為零。這兩個平衡向量方程式及其純量分量式可寫成

$$
\mathbf{\Sigma F} = 0 \quad \text{或} \quad \begin{cases} \Sigma F_x = 0 \\ \Sigma F_y = 0 \\ \Sigma F_z = 0 \end{cases}
$$
$$
\mathbf{\Sigma M} = 0 \quad \text{或} \quad \begin{cases} \Sigma M_x = 0 \\ \Sigma M_y = 0 \\ \Sigma M_z = 0 \end{cases} \tag{3/3}
$$

前三個純量方程式說明物體在平衡狀態時，其任一三個座標方向上的合力為零。後三個純量方程式表示進一步的平衡要求，即物體上對座標軸之任一軸或對座標軸之平行軸上皆無合力偶產生。這六個方程式為完全平衡的必要且充分條件。可就方便性任意選取參考座標軸，唯一限制是當使用向量符號進行運算時，應選右手座標系統。

　　式 3/3 中的六個純量關係式皆為獨立條件，因為任一關係式的有效性不受其它式影響。舉例來說，一輛汽車在沿 x 方向的平直道路上加速。牛頓第二定律說明作用在車子的合力等於車子質量乘上其加速度。因此 $\Sigma F_x \neq 0$，但因其他方向之加速度分量為零，故滿足另外兩個作用力平衡方程式。同理，加速行駛中的汽車，如果引擎的飛輪以逐漸增加角度的方式繞 x 軸旋轉時，對 x 軸並不處轉動平衡。因此，單就飛輪而言，$\Sigma M_x \neq 0$ 且 $\Sigma F_x \neq 0$，但剩餘的四個平衡方程式皆為滿足 (以質心座標軸來看)。

　　在應用式 3/3 的向量形式時，首先將各作用力以座標軸之單位向量 $\mathbf{i}$、$\mathbf{j}$ 及 $\mathbf{k}$ 表示。關於第一個方程式 $\mathbf{\Sigma F} = 0$，只有當表示式之 $\mathbf{i}$、$\mathbf{j}$ 及 $\mathbf{k}$ 的係數分別皆為零時，向量和才為零。當關於係數的三個總和均使其等於零時，則恰得到三個平衡純量方程式，即 $\Sigma F_x = 0$、$\Sigma F_y = 0$ 及 $\Sigma F_z = 0$。

關於第二個方程式 $\Sigma \mathbf{M} = 0$，其中可對任意方便點 O 取力矩和，並將各作用力的力矩以叉積 $\mathbf{r} \times \mathbf{F}$ 表示，其中 $\mathbf{r}$ 為由 O 點指到力 $\mathbf{F}$ 作用線上任意點的位置向量。因此 $\Sigma \mathbf{M} = \Sigma\,(\mathbf{r} \times \mathbf{F}) = 0$。在所得之力矩方程式中，當 $\mathbf{i}$、$\mathbf{j}$ 及 $\mathbf{k}$ 之係數均使其為零時，則得到三個純量力矩方程式，即 $\Sigma M_x = 0$、$\Sigma M_y = 0$ 及 $\Sigma M_z = 0$。

自由體圖

式 3/3 中之加總係包含所考慮物體上所有受力之影響效果。於前一節已知，欲揭示平衡方程式內應包含的所有作用力與力偶時，自由體圖是唯一的可靠方法。在三維分析中，自由體圖的基本用途與二維分析相同，並應固定繪製出。可選擇繪製呈現所有外力作用之分離物體的實際視圖，或繪製自由體圖之正交投影圖。兩種表示方法將於本節末的範例中說明。

欲在自由體圖上正確表示作用力，須對接觸表面特性有所了解。二維問題之情形已在圖 3/1 中描述這些接觸特性，延伸到三維問題時，如圖 3/8 所示為最常見之作用力傳遞情形。示於圖 3/1 及 3/8 中的範例都將應用到三維分析中。

自由體圖的基本用途是形成一可靠的分析圖，用以呈現作用於物體上之所有作用力 (與力偶) 之物理作用。因此，可能的話，將作用力表示在其正確之物理指向上是有幫助的。藉此，相較於任意指定作用力或固定指定成與所選座標軸相同之數學指向下，前述所得之自由體圖能成為較接近實際物理問題之模型。

例如圖 3/8 的範例 4 中，未知作用力 R_x 及 R_y 之正確指向可已知或理解到應在與指定座標軸相反的指向上。類似情形也適用於範例 5 及範例 6 中的力偶向量的指向上，其指向依右手定則可指定到與各個座標軸相反的方向上。至此，應了解到未知作用力或力偶向量其計算結果為負值時僅表示其物理作用指向與自由體圖上的指定指向相反。當然，通常一開始並不知道正確的物理指向，因此須在自由體圖上先任意指定。

三維分析中力的作用模式	
接觸的型式與作用力的來源	對分離物體的作用力
1. 構件接觸於光滑表面，或球支撐構件 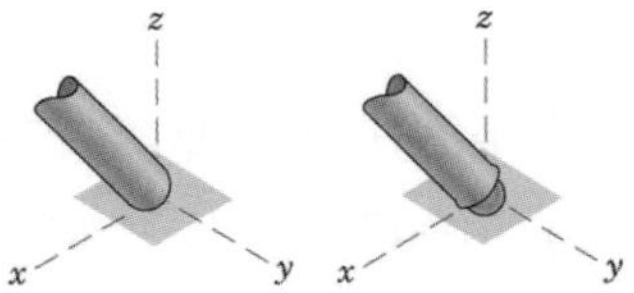	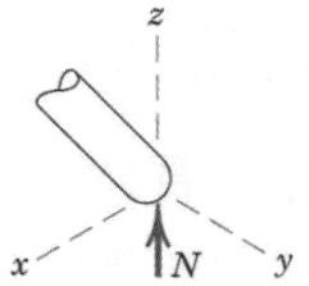 作用力必須與表面垂直並直接指向構件。
2. 構件接觸於粗糙表面 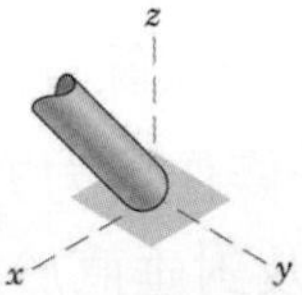	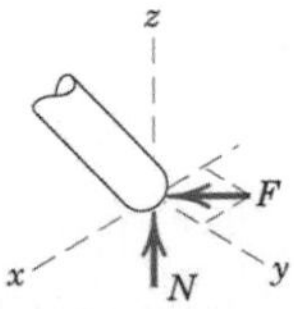 可能存在一個與表面相切的作用力 F（摩擦力）與正向力 N，一起作用於構件上。
3. 有橫向拘束的滾子或支撐輪 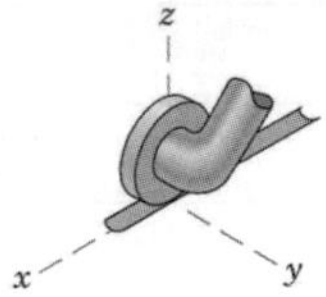	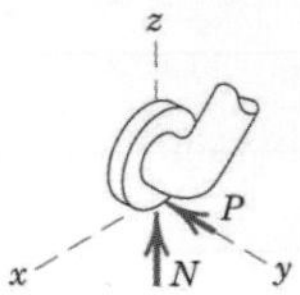 除了正向力 N 以外，還有一藉由導引槽作用於輪上的橫向力 P 存在。
4. 球窩 (Ball-and-socket) 接頭 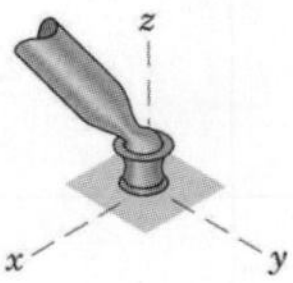	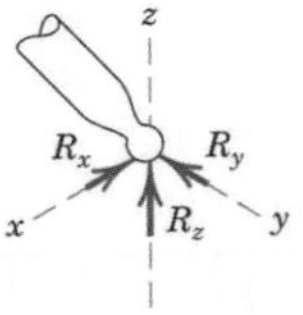 球窩接頭可對球心自由旋轉，並能承受作用力 **R** 的三個分量。
5. 固定連結（嵌入或和接） 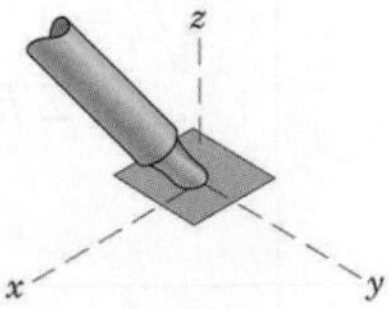	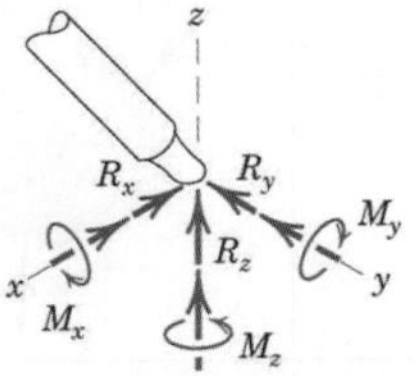 除了三個分力之外，固定連結還能承受一力偶 **M** 的三個分量。
6. 止椎軸承支撐 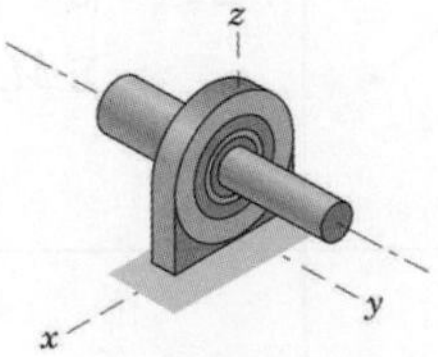	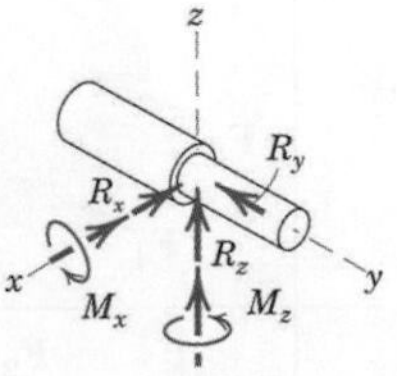 止椎軸承能承受軸向 R_y 以及徑向力 R_x 與 R_z，並可支撐 M_x 及 M_z。在某些靜定的問題中，M_x 及 M_z 被假設為零值。

圖 3/8

平衡種類

式 3/3 的應用分成四種,可藉助圖 3/9 加以辨認。這些種類的差異處在於求解時所需的獨立平衡方程式的數目與類別(力或力偶)。

種類 1. 所有作用力共點於 O 點之平衡,其需要所有三個作用力方程式,但因作用力對通過 O 點之任意軸的力矩為零,故無力矩方程式。

種類 2. 各作用力皆相交於同一直線上的平衡,除了對該直線之力矩方程式(自動滿足)之外,其餘方程式皆需考慮。

種類 3. 平行作用力之平衡,只需一條作用力方向 (圖示之 x 方向) 的作用力方程式,以及對垂直於作用力方向之座標軸 (y 及 z) 的兩個力矩方程式。

三維的平衡種類		
作用力系	自由體圖	獨立方程式
1. 共點力系	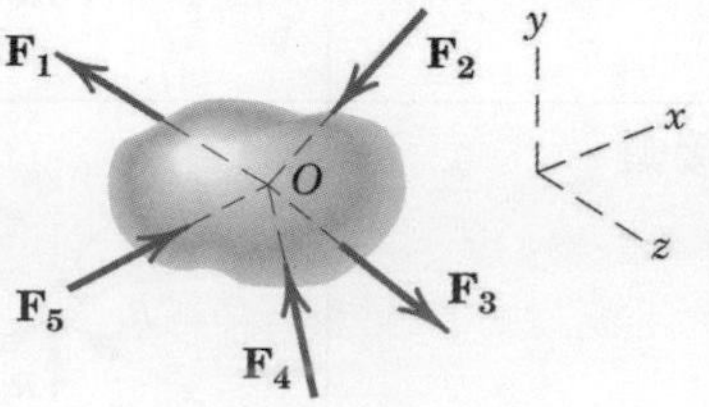	$\sum F_x = 0$ $\sum F_y = 0$ $\sum F_z = 0$
2. 共線力系	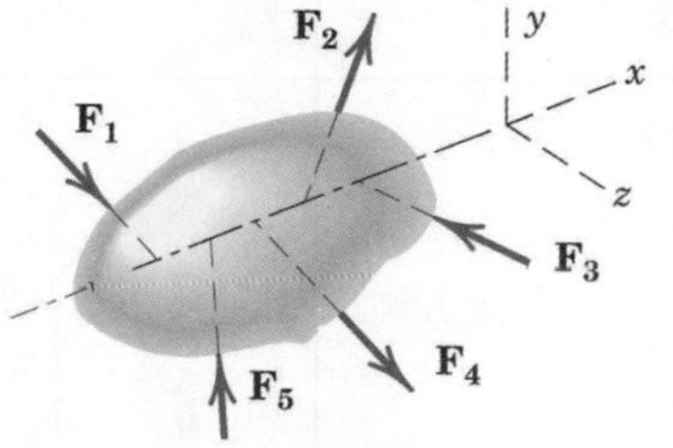	$\sum F_x = 0 \qquad \sum M_y = 0$ $\sum F_y = 0 \qquad \sum M_z = 0$ $\sum F_z = 0$
3. 平行力系	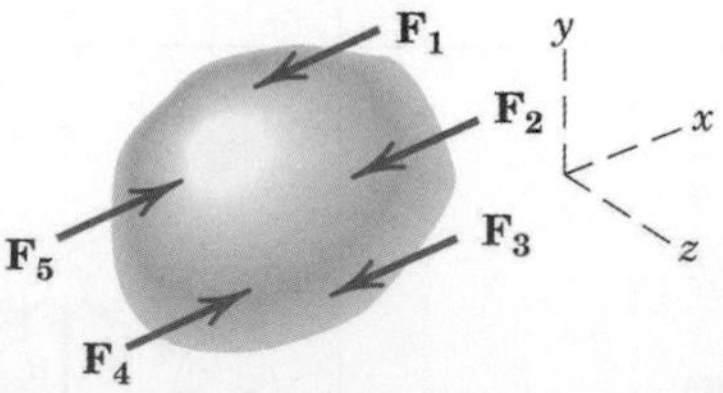	$\sum F_x = 0 \qquad \sum M_y = 0$ $\sum M_z = 0$
4. 一般力系	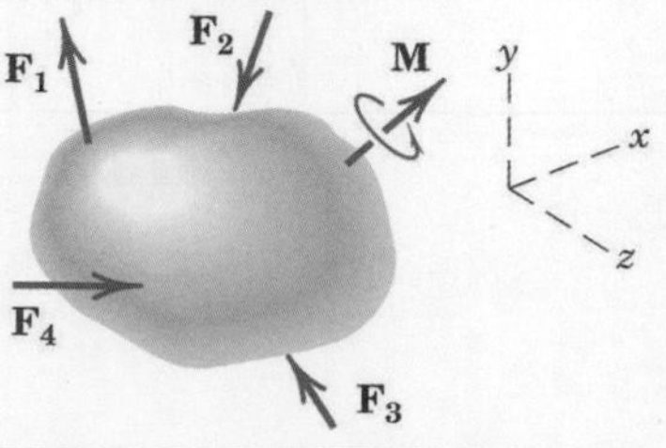	$\sum F_x = 0 \qquad \sum M_x = 0$ $\sum F_y = 0 \qquad \sum M_y = 0$ $\sum F_z = 0 \qquad \sum M_z = 0$

圖 3/9

種類 4. 一般力系的平衡，需要所有的三個作用力方程式及三個力矩方程式。

求解已知問題時，通常可相當明顯地觀察出上述四個種類說明中的觀察結果，包含於其中。

拘束與靜定

式 3/3 的六個純量關係式，雖然是建立平衡的必要且充分條件，但不必然能提供在三維平衡狀態下計算出未知作用力所需之所有資訊。同樣，如二維情形所見，支撐端所提供的拘束特性決定資訊之足夠性問題。雖有決定拘束適當性之分析準則，但超出此處處理範圍 *。然而，在圖 3/10 裡係舉出四個拘束條件的範例來提醒注意這問題。

如圖 3/10(*a*) 部份所示的剛體，其角 *A* 被連桿 1、2 及 3 給完全固定住。連桿 4、5 及 6 則分別防止繞連桿 1、2 及 3 的軸旋轉，因此剛體爲完全固定，此種拘束稱爲足夠。如圖 3/10(*b*) 部份所示，雖有相同數目的拘束，但可看出這些拘束無法抵抗可能施加於對 *AE* 軸的力矩。此時物體爲不完全固定，且僅爲局部拘束。

同樣地，在圖 3/10(*c*) 部份，拘束無法提供對 *y* 方向的不平衡作用力之抵抗，遂也是局部拘束之不完全固定的例子。在圖 3/10(*d*) 部份，如果一系統具有適當配置之六個拘束而達完全固定，且加入第七個拘束連桿時，則會提供超過建立平衡位置所需之支撐，此時連桿 7 爲多餘。具有這樣的第七根連桿之物體是爲靜不定。除了少數例外，在本書中之平衡剛體其支撐拘束皆爲足夠，且物體均爲靜定。

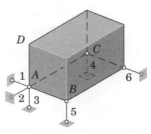

(*a*) 完全固定，適當拘束

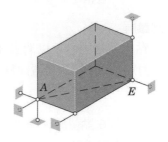

(*b*) 不完全固定，局部拘束

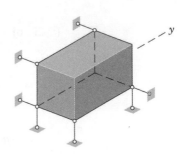

(*c*) 不完全固定，局部拘束

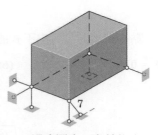

(*d*) 過度固定，多餘拘束

圖 3/10

▶圖中塔橋的三維平衡在設計時必須仔細分析，以避免纜繩系統施加的淨水平力不平衡，而造成塔橋彎曲。

Aleksandr Veremeev/Shutterstock

....

* 參閱第一位作者之靜力學 16 節，1975 年之 SI 制二版。

範例 3/5

如圖所示，7 m 長的均質鋼軸，質量爲 200 kg，其藉由水平地板 A 點的球窩接頭所支撐。球端 B 則靜靠在光滑的垂直牆壁上。試求由牆壁及地板作用在軸兩端的作用力。

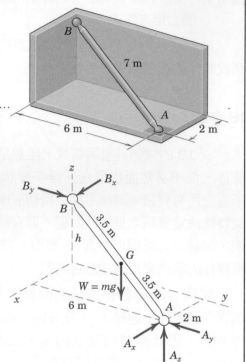

■ 解 ① 首先畫出軸的自由體圖，其中在軸的 B 端，牆壁作用在軸上的接觸力垂直於牆面。除了重量 $W = mg = 200(9.81) = 1962$ N，還有由地板作用在 A 點球接頭的作用力，並以 x、y 及 z 方向三個分量表示。如圖所示爲各分量的正確物理指向，由 A 點之固定條件應可明顯看出。B 點的垂直位置可由 $7 = \sqrt{2^2 + 6^2 + h^2}$ 求得 $h = 3$ m。圖中並指定右手座標系統。

■ 向量解

取 A 點爲力矩中心，以消去 A 點的作用力考量。計算對 A 點之力矩和時所需之位置向量爲

$$\mathbf{r}_{AG} = -1\mathbf{i} - 3\mathbf{j} + 1.5\mathbf{k} \text{ m} \qquad 及 \qquad \mathbf{r}_{AB} = -2\mathbf{i} - 6\mathbf{j} + 3\mathbf{k} \text{ m}$$

其中，質心 G 點位於 A 與 B 之中間一半位置。

向量力矩方程式爲

$$[\Sigma\mathbf{M}_A = \mathbf{0}] \qquad \mathbf{r}_{AB} \times (\mathbf{B}_x + \mathbf{B}_y) + \mathbf{r}_{AG} \times \mathbf{W} = 0$$

$$(-2\mathbf{i} - 6\mathbf{j} + 3\mathbf{k}) \times (B_x\mathbf{i} + B_y\mathbf{j}) + (-\mathbf{i} - 3\mathbf{j} + 1.5\mathbf{k}) \times (-1962\mathbf{k}) = 0$$

$$\begin{vmatrix} \mathbf{i} & \mathbf{j} & \mathbf{k} \\ -2 & -6 & 3 \\ B_x & B_y & 0 \end{vmatrix} + \begin{vmatrix} \mathbf{i} & \mathbf{j} & \mathbf{k} \\ -1 & -3 & 1.5 \\ 0 & 0 & -1962 \end{vmatrix} = 0$$

$$(-3B_y + 5890)\mathbf{i} + (3B_x - 1962)\mathbf{j} + (-2B_y + 6B_x)\mathbf{k} = 0$$

令 **i**、**j** 及 **k** 的係數爲零，並求解得

② $\qquad\qquad B_x = 654 \text{ N} \qquad 及 \qquad B_y = 1962 \text{ N}$ **答**

在 A 點的作用力，可由下式簡單求出

$$[\Sigma\mathbf{F} = \mathbf{0}] \qquad (654 - A_x)\mathbf{i} + (1962 - A_y)\mathbf{j} + (-1962 + A_z)\mathbf{k} = \mathbf{0}$$

即 $\qquad\qquad A_x = 654 \text{ N} \qquad A_y = 1962 \text{ N} \qquad A_z = 1962 \text{ N}$

最後 $\qquad A = \sqrt{A_x^2 + A_y^2 + A_z^2} = \sqrt{(654)^2 + (1962)^2 + (1962)^2} = 2850 \text{N}$ **答**

▌純量解

對通過 A 點且分別平行 x 及 y 軸的軸取純量力矩方程式，可得

$$[\Sigma M_{A_x} = 0] \qquad\qquad 1962(3) - 3B_y = 0 \qquad B_y = 1962 \text{ N}$$

③ $\quad[\Sigma M_{A_y} = 0] \qquad\qquad\quad -1962(1) + 3B_x = 0 \qquad B_x = 654 \text{ N}$

作用力方程式則給出

$$[\Sigma F_x = 0] \qquad\qquad\qquad -A_x + 654 = 0 \qquad A_x = 654 \text{ N}$$

$$[\Sigma F_y = 0] \qquad\qquad\qquad -A_y + 1962 = 0 \qquad A_y = 1962 \text{ N}$$

$$[\Sigma F_z = 0] \qquad\qquad\qquad A_z - 962 = 0 \qquad A_z = 1962 \text{ N}$$

▌提示

① 當然能將所有未知力分量指定成座標之數學正指向，此時 A_x 及 A_y 之計算值將為負。自由體圖用以描述物體情況，所以可能的話一般最好以正確指向顯示出力。

② 注意到第三個方程式 $-2B_y + 0 - 2B_y + 6B_x = 0$ 僅驗證了前兩個方程式之結果。從共線力系之平衡僅需要兩條力矩方程式之事實便可預期此點 (見平衡種類之種類 2)。

③ 可觀察到由對於通過 A 且平行 z 軸之軸的力矩和僅得出 $6B_y - 2B_y = 0$，如前所述僅為一等式驗證。或者，可先從 $\Sigma F_z = 0$ 得出 A_z，再對通過 B 之軸取力矩方程式而得出 A_x 及 A_y。

範例 3/6

如圖所示方向，200 N 的作用力施加在起重機的把手上，軸承 A 可承受推力 (軸向作用力)，而軸承 B 只能承受徑向負載 (與軸向垂直之負載)。試求所能支撐的質量 m，及各軸承作用在軸上的總徑向力。假設無任何軸承能承受在垂直於軸向上的力矩。

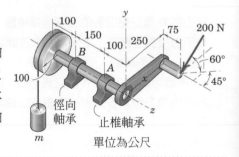

徑向軸承　止椎軸承

單位為公尺

▌解　① 此系統明顯沒有對稱軸或對稱面的三維情形，須以一般空間力系來分析問題。雖然向量求解法亦同樣可行，但此處以純量求解來說明分析方法。若需要則將軸、控制桿及滾筒視為單一物體之自由體圖並以空間視圖顯示出來，但此處以三個正交投影圖來表示。

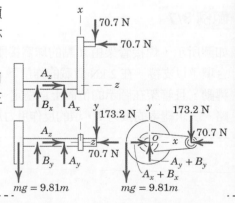

將 200 N 的作用力分解成三個分量，而三個投影圖各能顯示其中的兩個分量。藉由觀察兩個 70.7 N 作用力的合力作用線通過 A 及 B 兩點之間而檢視得出 A_x 及 B_x 的正確指向。至於作用力 A_y 及 B_y 的正確指向，除非已得力矩大小否則無法決定，遂先任意指定。軸承作用力在 x-y 平面的投影圖，以未知之 x 及 y 分量和表示。再加入 A_z 及重量 $W = mg$，即完成自由體圖。注意到三個視圖係表示三個二維問題，分別涉及所對應的作用力分量。

② 由 x-y 平面的投影圖可得

$$[\Sigma M_A = 0] \qquad 150B_x + 175(70.7) - 250(70.7) = 0 \qquad B_x = 35.4 \text{ N}$$

$$[\Sigma F_x = 0] \qquad A_x + 35.4 - 70.7 = 0 \qquad A_x = 35.4 \text{ N}$$

③ 由 y-z 平面的視圖

$$[\Sigma M_A = 0] \qquad 150B_y + 175(173.2) - 250(44.1)(9.81) = 0 \qquad B_y = 520 \text{ N}$$

$$[\Sigma F_y = 0] \qquad A_y + 520 - 173.2 - (44.1)(9.81) = 0 \qquad A_y = 86.8 \text{ N}$$

$$[\Sigma F_z = 0] \qquad A_z = 70.7 \text{ N}$$

在軸承上的總徑向作用力為

$$\left[A_r = \sqrt{A_x^2 + A_y^2} \right] \qquad A_r = \sqrt{(35.4)^2 + (86.8)^2} = 93.5\text{N} \qquad\qquad 答$$

④ $$\left[B = \sqrt{B_x^2 + B_y^2} \right] \qquad B = \sqrt{(35.4)^2 + (520)^2} = 521\text{N} \qquad\qquad 答$$

提示

① 若不甚熟悉正交投影的三個標準視圖，則需複習及練習。想像物體對齊地置於一透明塑膠盒內，三視圖即為投影至前後、上下及左右表面之影像。

② 可從 x-z 投影開始，而非 x-y 投影。

③ y-z 視圖可緊隨在 x-y 視圖之後分析，因得出 m 後可決定 A_y 及 B_y。

④ 若不假設各軸承支撐對一條垂直於軸向之線的力矩為零，則將變成靜不定問題。

範例 3/7

如圖所示，焊接管架由 A 點的球窩接頭固定在 x-y 平面上，另在 B 處以鬆配合環予以支撐。在 2 kN 負載的作用下，藉由繩索 CD 來防止由 A 到 B 的直線轉動，且管架在圖示的位置上為穩定。相較於負載作用下，管架的重量可忽略。試求繩索的張力 T，環的反作用力及 A 點的反作用力分量。

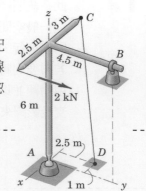

┃ 解 　此系統明顯為沒有對稱軸或對稱面的三維情形，須以一般空間力系來分析問題。如圖所示為管架的自由體圖，其中環之反力以兩個分量表示。對線段 AB 取力矩和時，除了 **T** 之外，所有未知數皆被消去。AB 方向的單位向量為

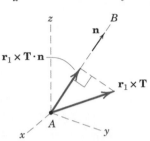

① $\quad \mathbf{n} = \dfrac{1}{\sqrt{6^2 + 4.5^2}}(4.5\mathbf{j} + 6\mathbf{k}) = \dfrac{1}{5}(3\mathbf{j} + 4\mathbf{k})$。**T** 對線段 AB 的力矩等於其對 A 點的力矩向量在 AB 方向的分量，即等於 $\mathbf{r}_1 \times \mathbf{T} \cdot \mathbf{n}$。同理，負荷 F 對線段 AB 之力矩為 $\mathbf{r}_2 \times \mathbf{F} \cdot \mathbf{n}$。其中 $\overline{CD} = \sqrt{46.2}$ m，而 **T**、**F**、$\mathbf{r}_1$ 及 $\mathbf{r}_2$ 的向量表示式為

$$\mathbf{T} = \frac{T}{\sqrt{46.2}}(2\mathbf{i} + 2.5\mathbf{j} - 6\mathbf{k}) \qquad \mathbf{F} = 2\mathbf{j} \text{ kN}$$

② $\qquad\qquad\qquad \mathbf{r}_1 = -\mathbf{i} + 2.5\mathbf{j} \text{ m} \qquad \mathbf{r}_2 = 2.5\mathbf{i} + 6\mathbf{k} \text{ m}$

力矩方程式成為

$[\Sigma M_{AB} = 0] \qquad (-\mathbf{i} + 2.5\mathbf{j}) \times \dfrac{T}{\sqrt{46.2}}(2\mathbf{i} + 2.5\mathbf{j} - 6\mathbf{k}) \cdot \dfrac{1}{5}(3\mathbf{j} + 4\mathbf{k}) + (2.5\mathbf{i} + 6\mathbf{k}) \times (2\mathbf{j}) \cdot \dfrac{1}{5}(3\mathbf{j} + 4\mathbf{k}) = \mathbf{0}$

完成向量運算得

$$-\frac{48T}{\sqrt{46.2}} + 20 = 0 \qquad T = 2.83 \text{ kN}$$

T 的分量為

$$T_x = 0.833 \text{ kN} \qquad T_y = 1.042 \text{ kN} \qquad T_z = -2.50 \text{ kN}$$

可由力矩和與作用力和求得剩餘的未知量：

$[\Sigma M_z = 0] \qquad\qquad 2(2.5) - 4.5B_x - 1.042(3) = 0 \qquad B_x = 0.417 \text{ kN}$ 　　　　答

$[\Sigma M_x = 0] \qquad\qquad 4.5B_z - 2(6) - 1.042(6) = 0 \qquad B_z = 4.06 \text{ kN}$ 　　　　答

$[\Sigma F_x = 0] \qquad\qquad A_x + 0.417 + 0.833 = 0 \qquad A_x = -1.250 \text{ kN}$ 　　　　答

③ $[\Sigma F_y = 0] \qquad\qquad A_y + 2 + 1.042 = 0 \qquad A_y = -3.04 \text{ kN}$ 　　　　答

$\quad [\Sigma F_z = 0] \qquad\qquad A_z + 4.06 - 2.50 = 0 \qquad A_z = -1.556 \text{ kN}$ 　　　　答

提示

① 此題中使用向量符號之優點為可對任意軸自由的直接取力矩。本題即自由選取可消去五個未知量之軸。

② 注意力矩表示式 $\mathbf{r} \times \mathbf{F}$ 中的 $\mathbf{r}$ 係為力矩中心到力之作用線上任一點之向量。若不使用 $\mathbf{r}_1$，向量 $\overrightarrow{AC}$ 可為同樣簡單之選擇。

③ A 之分量為負號，表示與自由體圖中的假設方向相反。

3/5　本章複習

　　在第 3 章中係應用於第 2 章習得的力、力矩及力偶等所知性質,來求解剛體的平衡問題。完全平衡的物體需滿足作用於物體上之所有作用力的向量和為零 (ΣF = 0),及對任一點 (或軸) 之所有力矩的向量和為零 (ΣM = 0)。應不難理解這兩個條件之物理意涵及求解所有問題時均需仰賴兩條件之引導。

　　呈現困難的,常常不是理論而是其應用。至此應相當熟悉應用平衡原理時的幾個重要步驟。這些步驟為:

1. 明確選出欲分析之平衡系統 (單一物體或物體集合)。

2. 繪製自由體圖以從所有相接觸的物體中分離出考慮系統,圖上並顯示所有外部作用於分離系統之力與力偶。

3. 指定作用力的指向時,需遵循作用力與反作用力原理 (牛頓第三定律)。

4. 標示出所有已知及未知的作用力與力偶。

5. 選定並標示參考軸,若使用向量符號時 (通常在三維分析中),需採用右手座標軸系。

6. 檢查拘束 (支撐) 的足夠性,且確保未知量的數目與可用的獨立平衡方程式數目相符。

　　求解平衡問題時,應先檢查物體是否為靜定。如果物體的支撐超過維持固定位置所需量,則物體為靜不定,利用這些平衡方程式本身將不足以解出所有的外部反力。在應用平衡方程式時,可根據喜好與經驗來選擇純量代數、向量代數和圖解分析;向量代數對許多三維問題係特別有效。

　　選擇盡可能消去越多未知量的力矩軸,或選擇在無須考慮某些未知量之方向來作力之加總,藉此簡化求解時的代數運算。略微思索如何利用這些簡化技巧,能節省可觀時間和計算工作。

　　在第 2 章與第 3 章中所涵蓋的原理及方法構成靜力學的最基本部份,且為之後的靜力學及動力學奠定基礎。

CHAPTER **4**

結構

本章綱要

Myimagefiles/Alamy Stock Photo

馬來西亞布城的 Seri Wawasan Bridge 總長 787 英尺，高 279 英尺。它於 2003 年開放。

4/1 簡介 (Introduction)

在第三章中已學習單一剛體或視爲單一剛體之連結物體系統的平衡。首先繪製物體的自由體圖，顯示分離物體上所有外部作用力，然後再應用作用力及力矩之平衡方程式。在第四章中，則是關注如何決定結構內部的作用力問題，即連接構件間的作用力與反作用力。工程結構爲任意連接構件之系統，以用來支撐或傳遞作用力，並能穩固承受施於其上之負載。在決定工程結構的內部作用力時，須將結構分解，並個別分析各構件或各構件組合所對應之自由體圖。分析時需謹慎應用牛頓第三定律，即每一作用力伴隨產生一大小相等且方向相反的反作用力。

第四章將分析作用於數種結構中的內力,即**桁架** (*trusses*)、**構架** (*frames*) 與**機構** (*machines*)。且本章的處理僅考慮靜定結構,即結構之支撐拘束條件未多於維持平衡形態所需。因此,如前所知,平衡方程式係足以決定所有未知的反作用力。

桁架、構架與機構及樑等受集中負載作用時之分析係為直接應用前兩章所闡述內容。第三章中對分離物體繪製正確之自由體圖的基本方法為分析靜定結構的基礎。

4/2 | 平面桁架 (Plane Trusses)

將各桿件的兩端互相連接所形成之剛性結構骨架稱之為桁架。橋樑、屋頂支撐架、油井鐵架塔與其他此類結構等皆為常見之桁架例子。常用的結構構件有 I 型樑、槽鋼、角鋼、鐵條與特殊用構件等,並利用銲接、鉚接、大型螺栓或銷釘等方式將彼此端點互相固接。當桁架構件實際上位在單一平面時,此種桁架稱為平面桁架。

對於橋樑或類似結構,通常係將兩相同的平面桁架組件分別設置在結構兩側。如圖 4/1 所示為典型橋樑結構的局部示意圖。橋面道路與車輛的總重量被傳遞至縱樑上然後傳遞至橫樑上,最後再連同縱樑與橫樑的重量作用在形成橋樑結構兩垂直邊之平面桁架的上部接點上。圖中左側顯示一桁架結構的簡化模型;其中作用力 L 表示接點所承受的負載。

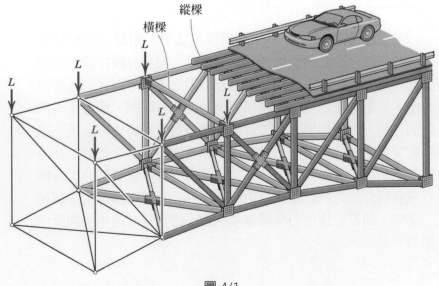

圖 4/1

如圖 4/2 所示為數種能以平面桁架分析的常用桁架例子。

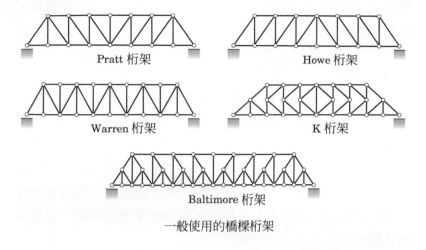

Pratt 桁架

Howe 桁架

Warren 桁架

K 桁架

Baltimore 桁架

一般使用的橋樑桁架

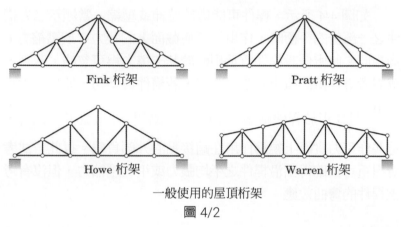

Fink 桁架

Pratt 桁架

Howe 桁架

Warren 桁架

一般使用的屋頂桁架

圖 4/2

簡單桁架

平面桁架的基本元件是三角形。如圖 4/3(a) 所示，藉由銷件連接三根桿件之端點係構成一剛體構架。**剛體 (*rigid*)** 一詞意指不會崩塌與可忽略內部應變所導致的桿件變形。另一方面，藉由銷件連接四根或更多根桿件之端點而形成一相同邊數之多邊形時，則為非剛體構架。在圖 4/3(b) 的非剛體構架中，可增加連接 A 及 D 或連接 B 及 C 的一對角桿件以形成兩個三角形，而藉此變成剛體 (穩定) 構架。此時，能再額外增加端點可連接之兩根桿件來擴充結構，如圖 4/3(c) 所示之 DE 及 CE 兩桿或 AF 及 DF 兩桿，其端點係銷接至兩固定接點上。如此一來，整個結構仍維持剛體。

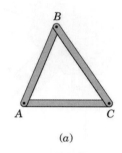

(a)

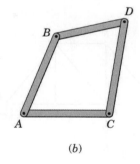

(b)

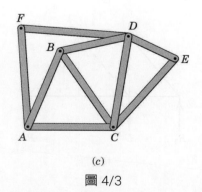

(c)

圖 4/3

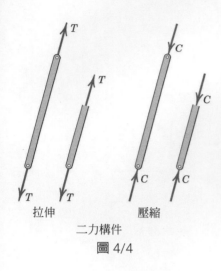

拉伸　　　　　　壓縮

二力構件

圖 4/4

由一基本三角形以上述方式加以擴充而成之結構稱爲**簡單桁架 (simple trusses)**。當桿件數量超過防止崩塌所需時，此桁架爲靜不定。一靜不定桁架無法僅憑平衡方程式來分析。無須藉以維持平衡形態之該些額外桿件或支撐稱爲**多餘 (redundant)**。

在設計桁架時，須先決定各構件中的作用力，再選擇適當尺寸與結構外形以承受作用力。簡單桁架的作用力分析有做若干假設。首先，假設桁架中所有構件爲二力構件。二力構件僅受兩力作用而維持平衡，如 3/3 節之圖 3/4 的一般定義。桁架中各構件通常爲連接於兩施力點間的平直連桿。作用在桿件兩端上的兩個作用力須大小相等、方向相反並且共線，以達平衡狀態。

如圖 4/4 所示，桿件可能處於拉伸或壓縮。當顯示二力構件之一部份的平衡時，作用於任何截面上的張力 T 或壓縮力 C 均相同。此處假設桿件重量相較於其支撐力爲可忽略。若否，或需考慮桿重的微小效應，此時，若構件爲均勻，能以兩大小

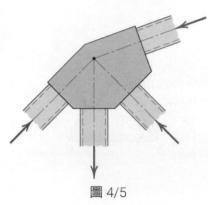

圖 4/5

爲 $\dfrac{W}{2}$ 且作用於桿件兩端的作用力來取代桿件重量 W。此時，這些作用力實際上視爲作用在銷接點的外部負載。以此方式考慮桿重可正確得出沿桿件之平均張力或平均壓縮力，但沒有考慮桿件的彎曲效應。

桁架的連結與支撐

以銲接或鉚接來連接結構桿件時，如圖 4/5 所示，如果每根桿件的中心線共點於接點時，通常假設連接爲銷連結。

在分析簡單桁架時，也假設所有外部作用力皆作用在銷接點上。大多桁架均滿足此條件。如圖 4/1 所示，橋樑桁架的橋面通常鋪設在由接點所支撐的橫樑上。

在大型桁架中，一支撐端點係裝置滾子、搖臂桿或某種滑動接點，以因應由溫度變化所產生的膨脹與收縮，及負載作用所產生的變形。無此種防備裝置之桁架和構架者爲靜不定，如 3/3 節所述。圖 3/1 顯示此種接點的例子。

以下將說明兩種簡單桁架之作用力分析方法。並以圖 4/6(*a*) 的簡單桁架來說明各方法。圖 4/6(*b*) 爲整個桁架的自由體圖。一般先應用平衡方程式至整個桁架來決定出外部反力。然後再進行桁架其餘桿件的作用力分析。

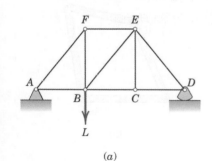

(*a*)

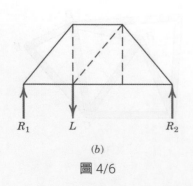

(*b*)

圖 4/6

4/3 接點法 (Method of Joints)

求解桁架中桿件的作用力時，**接點法** (*method of joints*) 係利用在每一接點之銷件的作用力滿足平衡條件。因而此方法處理共點力系的平衡，且僅涉及兩個獨立的平衡方程式。

可從任意接點開始分析，但該處至少存在一已知負載，且未知力不超過兩個。可從左端的銷接點開始求解。如圖 4/7 所示，為此銷接點的自由體圖。以字母表示接點時，通常使用定義桿件兩端的兩個字母來表示各桿件中的作用力。就此簡單例子而言，應能明顯看出作用力的正確方向。其中，亦繪示桿件 AF 及 AB 的部分自由體圖以清楚指出作用力與反作用力。桿件 AB 實際接觸銷件的左側，但作用力 AB 係從右側畫出且指離銷件。因此，若將作用力箭頭固定標示在桿件對銷件之同一側，則張力 (如 AB) 將恆以指離銷件的箭頭表示，而壓縮力 (如 AF) 恆以指向銷件的箭頭表示。AF 的大小可由方程式 $\Sigma F_y = 0$ 求得，而 AB 則可以再由 $\Sigma F_x = 0$ 求得。

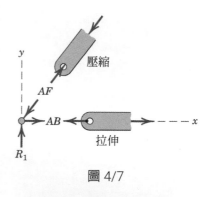

圖 4/7

接著可分析接點 F，因此時其僅包含兩未知力，即 EF 及 BF。繼續分析不超過兩個未知力的下一個接點時，係依序對 B、C、E 與 D 接點進行分析。如圖 4/8 所示，為每個接點的自由體圖與其對應的作用力多邊形，作用力多邊形為 $\Sigma F_x = 0$ 與 $\Sigma F_y = 0$ 此兩個平衡條件之圖形表示。而左上角的數字則代表該接點的分析順序。注意到最後進行至接點 D 時，計算出之反作用力 R_2 需與兩桿件 CD 及 ED 中的作用力達成平衡。其中，兩桿件的作用力已由鄰近兩接點之分析中決定。此要求遂可供檢驗計算之正確性。注意到孤立 C 點時，由方程式 $\Sigma F_y = 0$ 可知桿件 CE 的作用力為零。當然，若有外部垂直負載作用在接點 C 時，此桿件的作用力將不為零。

紐約市橋的結構即為簡單桁架之構件無須為平直之一例。

可方便將各構件之張力 T 及壓縮力 C 直接繪於原來的桁架圖，其中指離銷件之箭頭代表張力，而指向銷件的箭頭代表壓縮力。如圖 4/8 之底圖所示。

有時無法一開始即指出給定銷件上一個或兩個未知作用力之正確方向。此時可先任意指定。當作用力之計算值為負時，表示最初的假設方向不正確。

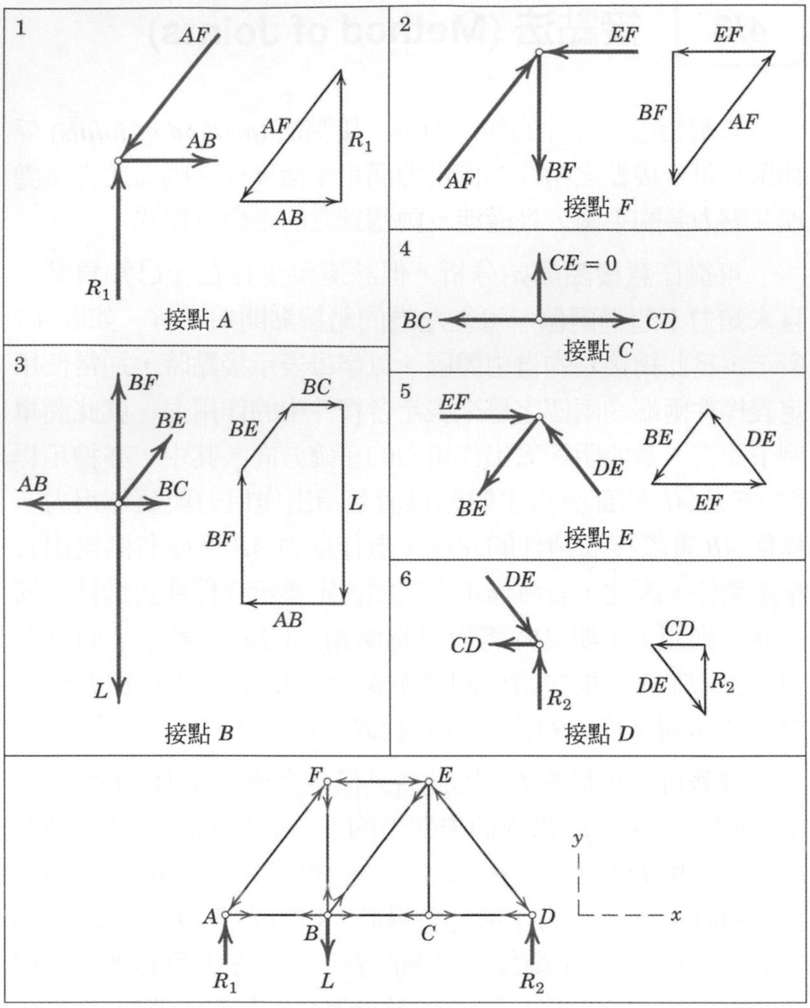

圖 4/8

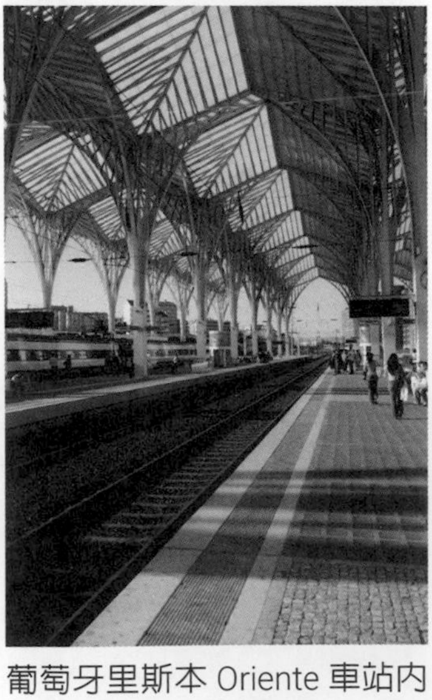

Pedro Pinto/Shutterstock

葡萄牙里斯本 Oriente 車站內有趣的桁架陣列結構。

內部與外部多餘

若一平面桁架的外部支撐超過確保穩定平衡形態所需數量時，整個桁架爲靜不定，這些額外支撐係構成**外部多餘** **(*external redundancy*)**。若桁架之內部構件超過防止桁架從其支撐移出時之崩塌所需數量時，這些額外構件係構成**內部多餘** **(*internal redundancy*)**，此時桁架亦爲靜不定。

對於一個外部靜定的桁架，其構件數量與內部穩定且無多餘時所需之接點數量兩者間存在一明確關係。因此能以兩條純量作用力方程式說明各接點之平衡，而具有 j 個接點的桁架遂共有 $2j$ 個此種方程式。對於由 m 個二力構件構成與具有最多三個未知之支撐反力的整體桁架，其共有 $m + 3$ 個未知量 (m 個張力或壓縮力，以及三個反力)。因此，對於任何平面桁架，若此桁架爲內部靜定，則滿足方程式 $m + 3 = 2j$。

簡單平面桁架，由一個三角形開始，每增加兩根新桿件即增加結構上一個新接點，即自動滿足上述關係式。初始的基本三角形，即 $m = j = 3$，係滿足此條件，而每增加一接點使 j 增加 1 時，m 則增加 2。其他一些靜定桁架 (非簡單)，如圖 4/2 中的 K 桁架，雖以不同方式設置，但可看出亦滿足相同關係式。

此關係式為穩定性的必要條件，但非充分條件，因 m 個構件中之一個或多個可用此方式排列且無助於整個桁架的穩定形態。如果 $m + 3 > 2j$，則桿件數目多於獨立方程式，桁架為多餘桿件存在之內部靜不定結構。如果 $m + 3 < 2j$，則桁架的內部桿件數量不足，桁架為不穩定且在負載作用下將發生崩塌。

特殊情況

在分析桁架時，經常遭遇幾種特殊情況。當兩根桿件共線且在壓縮力作用下時，如圖 4/9(a) 所示，必須加入第三根桿件來保持兩桿件之共線排列而避免發生**屈曲 (buckling)**。由 y 方向的作用力總合可知第三桿件之作用力須為零，且由 x 方向可知 $F_1 = F_2$。不論 θ 角為何，或共線桿件為處於張力，此結論均成立。如果具 y 方向分量之外部負載作用於此接點時，則 F_3 將不再為零。

如圖 4/9(b) 所示，當兩根非共線桿件相連接且沒有外部負載作用在連接點時，則由兩個作用力之加總可知兩桿件的作用力均須為零。

如圖 4/9(c) 所示，當兩對共線桿件相連接時，各對共線桿件中的作用力須大小相等且方向相反。可由圖示中的作用力加總得出此結論。

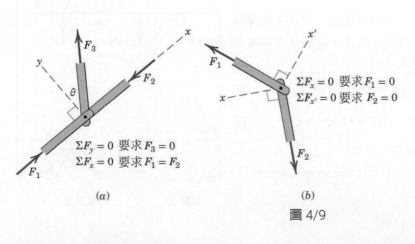

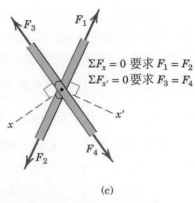

(a)　　　　　　　　(b)　　　　　　　　(c)

圖 4/9

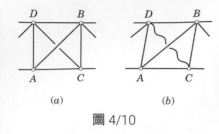

圖 4/10

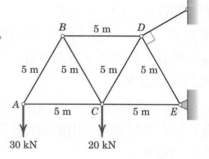

圖 4/11

如圖 4/10(*a*) 所示，桁架的**節間 (*panels*)** 常採用交叉支撐方式。如果每一根交叉桿件能承受張力或壓縮力，則此種節間為靜不定。然而，當交叉桿件為無法支撐壓縮力的撓性連結 (如繩索) 時，則只有承受張力的構件有作用，而不必考慮其他構件。經常可由負載作用的不對稱性明顯看出節間如何產生變形。如果為如圖 4/10(*b*) 所示之變形，則應仍考慮桿件 *AB* 而忽略桿件 *CD*。若無法藉由檢視而如上做選擇時，可先任意選擇其中一桿件。如果經計算得出假設張力為正，則表示選擇正確。如果假設張力之計算結果為負，則應選擇相對的交叉桿件並重新計算。

可藉由謹慎選擇參考座標軸來避免對作用在一接點上的兩個未知力求解聯立平衡方程式。因此，如圖 4/11 所示之接點其 *L* 為已知，F_1 與 F_2 為未知，則由 *x* 方向之作用力加總而消去 F_1，由 *x'* 方向之作用力加總而消去 F_2。當不易計算問題中的若干角度時，使用一組參考座標方向來聯立解出兩未知力可能較簡單。

範例 4/1

試以接點法計算圖示中受負載作用之懸臂桁架中各桿件的作用力。

解 如果不想計算在 *D* 及 *E* 兩點上的外部反力，則可由受負載作用的接點開始分析懸臂桁架。但需完整分析桁架，所以第一步將從整個桁架的自由體圖來計算 *D* 及 *E* 兩點的外部反力。平衡方程式為

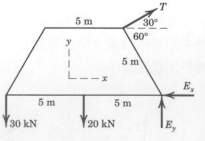

$[\Sigma M_E = 0]$ $\quad\quad$ $5T - 20(5) - 30(10) = 0$ $\quad$ $T = 80$ kN

$[\Sigma F_x = 0]$ $\quad\quad$ $80\cos 30° - E_x = 0$ $\quad$ $E_x = 69.3$ kN

$[\Sigma F_y = 0]$ $\quad\quad$ $80\sin 30° + E_y - 20 - 30 = 0$ $\quad$ $E_y = 10$ kN

其次，畫出顯示各連接銷件上作用力之自由體圖。當依序考慮各接點時即可檢驗所指定的作用力方向之正確性。接點 *A* 之作用力正確方向應無庸置疑。平衡條件要求

$[\Sigma F_y = 0]$ $\quad\quad$ $0.866AB - 30 = 0$ $\quad$ $AB = 34.6$ kN T $\quad\quad$ **答**

$[\Sigma F_x = 0]$ $\quad\quad$ $AC - 0.5(34.6) = 0$ $\quad$ $AC = 17.32$ kN C $\quad\quad$ **答**

① 其中，*T* 代表張力，*C* 代表壓縮力。

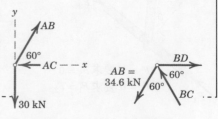

接點 *A* $\quad\quad\quad\quad\quad\quad$ 接點 *B*

接著須分析接點 B，因為接點 C 有超過兩個未知力。作用力 BC 須提供向上的作用力分量，而作用力 BD 須平衡向左之作用力。可得作用力為

$[\Sigma F_y = 0]$ $\qquad$ $0.866BC - 0.866(34.6) = 0$ $\qquad$ $BC = 34.6$ kN C $\qquad$ 答

$[\Sigma F_x = 0]$ $\qquad$ $BD - 2(0.5)(34.6) = 0$ $\qquad$ $BD = 34.6$ kN T $\qquad$ 答

接點 C 現在只包含兩未知力，並以相同方法得出為

$[\Sigma F_y = 0]$ $\qquad$ $0.866CD - 0.866(34.6) - 20 = 0$ $\qquad$ $CD = 57.7$ kN T $\qquad$ 答

$[\Sigma F_x = 0]$ $\qquad$ $CE - 17.32 - 0.5(34.6) - 0.5(57.7) = 0$ $\qquad$ $CE = 63.5$ kN C $\qquad$ 答

最後，由接點 E 得到

$[\Sigma F_y = 0]$ $\qquad$ $0.866DE = 10$ $\qquad$ $DE = 11.55$ kN C $\qquad$ 答

而方程式 $\Sigma F_x = 0$ 則可供核對結果。

提示

① 須強調的是，張力及壓縮力之指定係針對構件而言，而非接點。也注意到作用力箭頭係畫在產生此力之構件對接點之同一側。藉此可加以區分張力 (指離接點之箭頭) 與壓縮力 (指向接點之箭頭)。

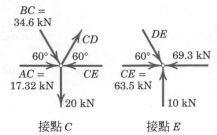

接點 C $\qquad$ 接點 E

範例 4/2

圖示之簡單桁架支撐有兩負載，大小各為 L。決定構件 DE、DF、DG 及 CD 中的作用力。

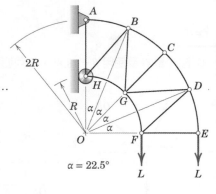

$\alpha = 22.5°$

■ 解 首先注意到此簡單桁架中的彎構件均為兩力構件，故桁架中每一彎構件之效應與平直構件相同。

可從接點 E 開始分析，因此處僅有兩未知構件作用力。利用自由體圖及接點 E 處之幾何關係，可注意到 $\beta = 180° - 11.25° - 90° = 78.8°$。

① $[\Sigma F_y = 0]$ $\qquad$ $DE\sin78.8° - L = 0$ $\qquad$ $DE = 1.020L$ T

$[\Sigma F_x = 0]$ $\qquad$ $EF - DE\cos78.8° = 0$ $\qquad$ $EF = 0.1989L$ C $\qquad$ 答

接著需分析接點 F，因接點 D 仍有三個未知構件作用。由幾何關係圖可知，

$$\gamma = \tan^{-1}\left[\frac{2R\sin22.5°}{2R\cos22.5° - R}\right] = 42.1°$$

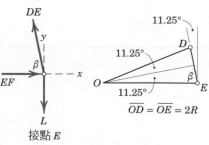

接點 E

由接點 *F* 之自由體圖可得，

$[\Sigma F_x = 0]$ $\qquad\qquad -GF\cos 67.5° + DF\cos 42.1° - 0.1989L = 0$

$[\Sigma F_y = 0]$ $\qquad\qquad GF\sin 67.5° + DF\sin 42.1° - L = 0$

兩式解聯立可得

$$GF = 0.646L \ T \qquad DF = 0.601L \ T$$ 答

對於構件 *DG*，則接著分析接點 *D* 之自由體圖及該處之幾何關係。

$$\delta = \tan^{-1}\left[\frac{2R\cos 22.5° - 2R\cos 45°}{2R\sin 45° - 2R\sin 22.5°}\right] = 33.8°$$

$$\varepsilon = \tan^{-1}\left[\frac{2R\sin 22.5° - R\sin 45°}{2R\cos 22.5° - R\cos 45°}\right] = 2.92°$$

由接點 *D* 可得：

$[\Sigma F_x = 0]$ $\qquad -DG\cos 2.92° - CD\sin 33.8° - 0.601L\sin 47.9° + 1.020L\cos 78.8° = 0$

$[\Sigma F_y = 0]$ $\qquad -DG\sin 2.92° + CD\cos 33.8° - 0.601L\cos 47.9° - 1.020L\sin 78.8° = 0$

聯立解得

$$CD = 1.617L \ T4$$

$$DG = -1.147L \qquad 或 \qquad DG = 1.147L \ C$$ 答

注意到附圖中的 ε 係經放大凸顯用。

提示

① 除了計算及使用 $\beta = 78.8°$，亦可直接使用 11.25°角。

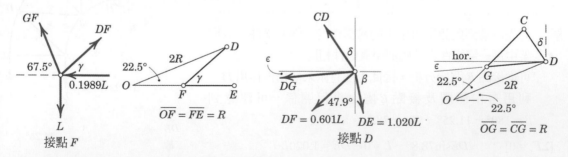

以接點法分析平面桁架時，僅需三個平衡方程式中的兩個，因爲各接點上所分析的爲共點作用力。其藉由選擇桁架的一整體截面來繪製在非共點力系作用下平衡之自由體圖，進而利用到第三個或力矩平衡方程式。**截面法 (*method of sections*)** 的基本優點爲，可藉由取切過一構件之截面來進行分析，而幾乎所有任意構件之作用力可直接求得。因此，無須對接點做逐一計算，直到所求構件爲止。需注意的是，在選擇桁架截面時，通常避免所截取過之所有構件中有超過三個未知作用力，因爲僅有三個獨立平衡方程式可使用。

截面法的實例說明

現在以圖 4/6 的桁架來說明截面法，此圖曾用以說明接點法。爲方便參考，此桁架重示於圖 4/12(*a*)。如同接點法，先將整個桁架視爲一體來計算外部反力。

以求解桿件 *BE* 的作用力爲例。如圖 4/12(*b*) 所示，一假想截面 (以虛線表示) 通過桁架而將其切成二部份。此截面切過三根初始作用力均未知之桿件。爲使截面兩邊的桁架部份均保持平衡，需對被切過之各桿件施加來自被切離桿件之作用力。對於由平直之二力構件所組成的簡單桁架，不論爲張力或壓縮力，作用力恆沿著各桿件方向。截面的左邊部份受到負載 *L*、支座反力 R_1 與三個來自右邊切離部份並作用在切過桿件上的作用力而處於平衡。

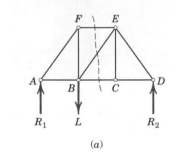

(*a*)

通常可藉由大略觀察平衡要求而畫出作用力之適當指向。因此，對 *B* 點取截面左邊部份的力矩平衡，作用力 *EF* 顯然向左，即爲壓縮力，因指向桿件 *EF* 之截面。由於負載 *L* 比支座反力 R_1 大，爲維持垂直方向的平衡，作用力 *BE* 須朝右上方以提供所需之垂直分量。故作用力 *BE* 爲張力，因指離桿件斷面。

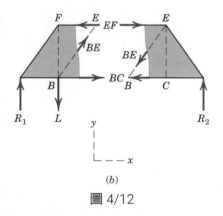

(*b*)

圖 4/12

有了 R_1 及 *L* 之概略大小感覺後，可看出對 *E* 點的力矩平衡係要求 *BC* 爲向右作用。若理解到桁架底部的水平桿件會受彎曲造成張力作用而被拉伸，則應可檢視出相同理論。對接點 *B* 取力矩方程式可從關係式中消去三個作用力，而直接決定 *EF*。然後，由 *y* 方向的平衡方程式來計算出 *BE*。最後，對 *E* 點取力矩平衡而決定 *BC*。由此，可分別獨立求解三個未知數中的任一個。

圖 4/12(*b*) 之桁架截面的右邊部份受到 R_2 與三個相同桿件中與左邊部份方向相反之作用力而處於平衡。對 *B* 及 *E* 兩點取力矩平衡即可簡單看出水平作用力之正確指向。

補充說明

使用截面法時須了解由桁架截取出的某一整體部份係視為平衡之單一物體。因此,分析截取部份整體時無須考慮在截取部份中的桿件內力。為清楚表示自由體圖與作用其上的外部作用力,截面建議取切過桿件而非接點。計算時,可選桁架的任一截取部份來進行,但作用力較少的那一邊通常較容易求解。

某些情形下,可結合接點法與截面法而有效求解。例如,設想欲求解一大型桁架中的中間桿件作用力。且假設切過此桿件的截面均至少會切過四根未知力桿件。因此,可能由截面法求解鄰近桿件的作用力,然後再由接點法求解該未知力桿件。兩種方法的結合使用可能比單獨使用任一種方法來得更方便有效。

截面法中,力矩方程式可發揮相當大的功效。選擇力矩中心時,不論該點是否位在截取部份上,盡可能選擇愈多未知力通過的點。

一開始繪製截取部份的自由體圖時,並非總是可以指定出未知力的正確指向。一旦任意指定後,答案為正值即表示假設指向正確,若為負值則表示作用力指向與假設指向相反。某些人較偏好的另一種符號表示方式為,任意地將所有未知力均指定為張力,其指向(指離截面)則為正號,再由計算結果的代數符號來區分張力與壓縮力。因此,正號表示張力,負號表示壓縮力。另一方面,盡可能將截取部份之自由體圖上的作用力指定為正確指向,其優點為可更直接強調這些作用力之物理作用,本書亦較建議練習此種方式。

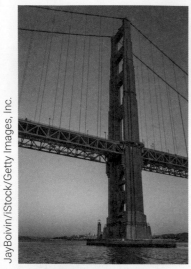

許多簡單的桁架具有週期性,其中是由重覆且相同的結構區段所組成。

範例 4/3

懸臂桁架在 200 kN 的負載作用下，試計算桿件 *KL*、*CL* 與 *CB* 中的作用力。

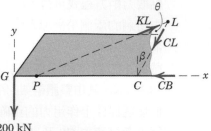

解　① 儘管在 *A* 及 *M* 兩點其反力的垂直分量為靜不定 (由於兩個固定支座的支撐)，但除了桿件 *AM*，其餘桿件皆為靜定。可取通過桿件 *KL*、*CL* 及 *CB* 的截面，並對做為一靜定剛體的截面左邊的部份桁架進行分析。

如圖所示為截面左邊部份之桁架的自由體圖。對 *L* 點取力矩和可立即驗證 *CB* 為壓縮力，而對 *C* 點取力矩和亦立即驗證 *KL* 為張力。但 *CL* 之作用方向並不很明顯，直到觀察出 *KL* 與 *CB* 相交於 *G* 點右方的 *P* 點。因此，可對 *P* 點取力矩和以消去 *KL* 與 *CB*，並顯示出 *CL* 須為一壓縮力以平衡 20 ton 對 *P* 點所產生的力矩。經由上述考慮分析後，將三個未知力分別獨立解出便顯得相當簡單明確。

② 對 *L* 點取力矩和時，須先計算力矩臂 $\overline{BL} = 4 + \dfrac{(6.5-4)}{2} = 5.25$ m。因此，

$$[\Sigma M_L = 0] \qquad 200(5)(3) - CB(5.25) = 0 \qquad CB = 571 \text{ kN } C \qquad \qquad 答$$

接著對 *C* 點取力矩和時，須先計算 $\cos\theta$ 值。從給定尺寸得知 $\theta = \tan^{-1}(\dfrac{5}{12})$，所以 $\cos\theta = \dfrac{12}{13}$。因此，

$$[\Sigma M_C = 0] \qquad 200(4)(3) - \dfrac{12}{13} KL(4) = 0 \qquad KL = 650 \text{ kN } T \qquad \qquad 答$$

最後，藉由對 *P* 點取力矩和來求得 *CL*，其中 *P* 與 *C* 之距離為 $\dfrac{\overline{PC}}{4} = \dfrac{6}{(6.5-4)}$ 或 $\overline{PC} = 9.6$ m。也須求解 θ 角，可得 $\beta = \tan^{-1}(\dfrac{\overline{CB}}{\overline{BL}}) = \tan^{-1}(\dfrac{3}{5.25}) = 29.7°$ 與 $\cos\beta = 0.868$。現在可得

③ $[\Sigma M_P = 0] \qquad 200(12 - 9.6) - CL(0.868)(9.6) = 0 \qquad CL = 57.6 \text{ kN } C \qquad$ 答

提示

① 注意到使用接點法時需分析八個接點來求解所求的三個作用力。因此，本題使用截面法係相當有效。

② 亦可對 *C* 或 *P* 取力矩來開始分析。

③ 亦可由 *x* 或 *y* 方向之作用力加總來決定 *CL*。

範例 4/4

圖示所示，試求Howe屋頂桁架中桿件 DJ 的作用力。其中，
支座上的任何水平分力可忽略之。

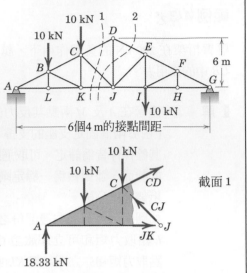

解 切過桿件 DJ 的截面至少會切過四根未知力桿件。
雖然截面 2 的切過桿件中有三根共點於 J，故對 J
點取力矩方程式可得 DE，但桿件 DJ 的作用力無法
由所剩的兩個平衡原理求得。因此在分析截面 2 之
前，須先考慮鄰近的截面 1。

截面 1 的自由體圖如圖所示，並包含 A 點的反力
18.33 kN，其由整體桁架的平衡分析求得。在指定三
個切過桿件上作用力的正確方向時，可對 A 點取力

矩平衡以消去 CD 及 JK，且顯然 CJ 需指向左上方。接著，對 C 點取力矩平衡則消去共點
於 C 的三個作用力，得出 JK 向右作用以提供足夠的逆時針力矩。再者，因為桁架有彎曲傾
向，故應可明顯得知桁架底部的弦桿為張力桿件。雖然桁架頂部的弦桿明顯可看出為一壓縮
力桿件，但為說明起見，任意假設桿件 CD 的作用力為張力。

① 藉由藉面 1 的分析，可得 CJ 為

$$[\Sigma M_A = 0] \qquad\qquad 0.707CJ(12) - 10(4) - 10(8) = 0$$

$$CJ = 14.14 \text{ kN } C$$

此式係考慮 CJ 作用於 J 點的水平與垂直作用分量來計算 CJ 之力矩值。對 J 點取力矩平衡可得

$$[\Sigma M_J = 0] \qquad\qquad 0.894CD(6) + 18.33(12) - 10(4) - 10(8) = 0$$

$$CD = -8.63 \text{ kN}$$

② 其中，考慮 CD 作用於 D 點的水平與垂直作用分量來計算 CD 對 J 之力矩值。負號表示假設的
 CD 方向錯誤。

因此，

$$CD = 18.63 \text{ kN } C$$

③ 再利用現在 CJ 為已知的截面 2 之自由體圖，對 G 點取力矩平衡以消去 DE 及 JK。因此，

$$[\Sigma M_G = 0] \qquad 12DJ + 10(16) + 10(20) - 18.33(24) - 14.14(0.707)(12) = 0$$

$$DJ = 16.67 \text{ kN } T \qquad\qquad\qquad\qquad\qquad\qquad 答$$

同樣考慮 CJ 作用於 J 之分量來決定 CJ 之力矩。DJ 之**答**案為正號，因此假設的張力方向是正確的。
此題的另一種解法是利用截面 1 求解 CD，然後再於 D 點使用接點法求 DJ。

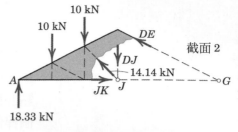

提示

① 將一個或多個作用力方向假設錯誤均無妨，只要計算時與假設一致。負值之答案即表示需將作用力反向。

② 若有需要，亦可改變自由體圖上的 CD 方向，而算式中的 CD 符號亦需反號，或也可就圖所示無須更動，但加上關於正確方向之標注。

③ 觀察到可取通過構件 CD、DJ 及 DE 之截面，其僅切過三個未知構件。但因這些構件中之力均共點於 D，對 D 取力矩方程式並無進一步之資訊可得。剩下兩作用力方程式則不足以求解三個未知量。

4/5　空間桁架 (Space Trusses)

空間桁架為前三節所述之平面桁架三維一般情形。理想的空間桁架係由球窩接點 (如 3/4 節圖 3/8 所示之接點) 將剛性連桿的兩端點相互連接而成。平面桁架中，使用銷接方式將桿件連接成的三角形係形成基本的不崩塌單位。另一方面，對空間桁架而言，則需要六根端點相連的桿件以形成一四面體之各邊，此四面體即為不崩塌的基本單位。圖 4/13(a) 中，連接於 D 點之兩桿件 AD 與 BD 需第三個支撐 CD 以避免三角形 ADB 對 AB 轉動。在圖 4/13(b) 中，支撐底座換成多出之三根桿件 AB、BC 及 AC，而與原先的三根桿件形成一無須底座而本身有剛性之四面體。

接著可另將三根共點桿件之端點設置於既有結構上的三固定點而形成新的剛體單元，藉此擴充結構。因此，在圖 4/13(c) 中，桿件 AF、BF 及 CF 係設置於基座，從而將 F 點固定在空間中。同樣地，可藉由 AH、DH 及 CH 三根桿件將 H 點固定在空間中。而三根附加的桿件 CG、FG 及 HG 則設置於三固定點 C、F 及 H 上，藉此將 G 點固定在空間中。固定點 E 亦能以類似方式建構。現在可看出此結構為一完全剛體。如圖所示的兩個施加負載將導致所有桿件產生作用力。以上述方式形成之空間桁架稱為簡單空間桁架。

理想上，於空間桁架之連接點須有如球窩接頭所提供之點支撐，以避免桿件彎曲。如同平面桁架中的鉚接與銲接情形，如果各相接桿件的中心線交於一點，則可合理接設桿件為僅受張力或壓縮力的二力構件。

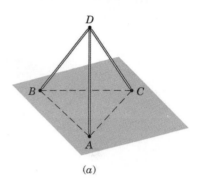

(a)

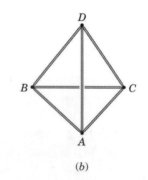

(b)

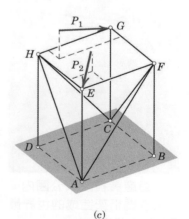

(c)

圖 4/13

靜定空間桁架

當一空間桁架受外部支撐下整體爲靜定，其接點數量與使桁架爲內部穩定且無多餘之桿件數量兩者間存有一關係。因爲各接點之平衡使用到三個純量作用力方程式，故具有 j 個接點的簡單空間桁架共有 $3j$ 個純量力方程式。整個桁架包含 m 個桿件時，則有 m 個未知量 (即桿件中的張力或壓縮力) 加上六個未知支撐反力 (一般之靜定空間結構下)。因此，對於任何空間桁架來說，若此桁架爲內部靜定，則滿足方程式 $m + 6 = 3j$。簡單空間桁架則自動滿足此關係式。由一個基本的四面體 (係滿足關係式) 開始，擴充結構時一次係增加三根桿件及一個接點，藉以維持等式關係不變。

如同平面桁架之情形，此關係式爲穩定性之必要條件而非充分條件，因能重新安置 m 個桿件中的一根或多根且無助於整個桁架的穩定形態。如果 $m + 6 > 3j$，表示桿件數目多於獨立方程式，桁架爲有多餘桿件存在之內部靜不定結構。如果 $m + 6 < 3j$，則桁架的內部桿件數量不足，桁架爲不穩定且在負載作用下將發生崩塌。接點數與桿件數間的關係對穩定空間桁架的初步設計非常有幫助，因爲此時桁架幾何形態不如平面桁架般明顯，在平面桁架中靜定之幾何條件一般而言會相當顯而易見。

空間桁架之接點法

在 4/3 節對平面桁架中所闡述的接點法可直接延伸至空間桁架的情形，此時各接點均滿足以下的完整向量方程式

$$\Sigma \mathbf{F} = 0 \qquad\qquad (4/1)$$

通常從至少具有一已知力且未知力不超過三個的接點開始分析。然後可依序分析不超過三個未知力的鄰近接點。

當必須求解空間桁架中所有桿件的作用力時，上述逐步計算接點的技巧有助於減少聯立方程式的數目。基於此理由，儘管不易做爲固定求解法，但此法乃值得推薦。然而，另一個程式則是應用式 4/1 至空間桁架之所有接點，而直接寫出 $3j$ 個接點方程式。如果一個結構不會因將其從支撐座移開而發生崩塌，且支撐座提供六個外部反力，則未知數將爲 $m + 6$ 個。此外，如果沒有多餘構件，則方程式數目 ($3j$) 等於未知數數目

中國重慶黃石國家公園內，使用空間桁架造成的世界最長的天空步道。

$(m + 6)$，則整個系統的方程式可聯立求解出所有未知量。由於有大量耦合方程式，經常需使用電腦求解。後者方法無須從至少具有一已知力且未知力不超過三個之接點開始分析。

空間桁架之截面法

在上一節所闡述的截面法中也可應用於空間桁架中。桁架的任一截面須滿足以下兩個向量方程式

$$\Sigma \mathbf{F} = 0 \qquad 及 \qquad \Sigma \mathbf{M} = 0$$

其中，力矩和為零之關係對所有力矩軸均成立。因為兩個向量方程式相當於六個純量方程式。因此可推斷，取截面時一般避免切過六根以上的未知力桿件。然而，以截面法分析空間桁架並沒有被廣泛使用，因為其不像在平面桁架中可簡單找到能消去其他未知力而僅剩一未知力的力矩軸。

在空間桁架中，使用向量符號來表示力與力矩式中的各項具有極大優點，隨後範例即被使用。

範例 4/5

空間桁架由剛性四面體 $ABCD$ 所構成，此四面體藉由 A 處之球窩接頭加以固定，並分別以連桿 1、2 及 3 來防止桁架對 x、y 及 z 軸轉動。負載 L 作用在 E 點上，其中 E 點由另外的三根剛性連桿固定於四面體上。試求接點 E 上之各桿件的作用力，並說明桁架中剩下桿件的作用力求解步驟。

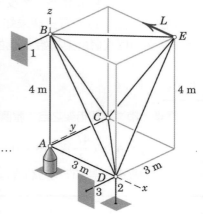

▌ **解**　首先注意到，此桁架由六個適當之拘束來支撐，即三個在 A 點，而另三個則分別為連桿 1、2 及 3。並且，桿件數 $m = 9$ 與接點數 $j = 5$，因此滿足 $m + 6 = 3j$ 的條件而有足夠的桿件數形成不崩塌之結構。

① 第一步可先簡單計算出 A、B 與 D 之外部反力，雖然亦可由連續求解每一接點上之作用力。

② 從至少具有一已知力且未知力不超過三個的接點開始分析，如本題中的接點 E。在接點 E 的自由體圖中，其上所有作用力向量皆任意指定為正的張力方向 (指離接點)。三個未知力的向量表示式為

$$\mathbf{F}_{EB} = \frac{F_{EB}}{\sqrt{2}}(-\mathbf{i} - \mathbf{j}) \; , \; \mathbf{F}_{EC} = \frac{F_{EC}}{5}(-3\mathbf{i} - 4\mathbf{k}) \; , \; \mathbf{F}_{ED} = \frac{F_{ED}}{5}(-3\mathbf{j} - 4\mathbf{k})$$

取接點 E 的作用力平衡可得

[$\Sigma F = 0$] $\qquad\qquad\qquad\qquad$ $\mathbf{L} + \mathbf{F}_{EB} + \mathbf{F}_{EC} + \mathbf{F}_{ED} = 0$

或

$$-L\mathbf{i} + \frac{F_{EB}}{\sqrt{2}}(-\mathbf{i} - \mathbf{j}) + \frac{F_{EC}}{5}(-3\mathbf{i} + 4\mathbf{k}) + \frac{F_{ED}}{5}(-3\mathbf{j} - 4\mathbf{k}) = \mathbf{0}$$

重新整理每一項，得

$$\left(-L - \frac{F_{EB}}{\sqrt{2}} - \frac{3F_{EC}}{5}\right)\mathbf{i} + \left(-\frac{F_{EB}}{\sqrt{2}} - \frac{3F_{ED}}{5}\right)\mathbf{j} + \left(-\frac{4F_{EC}}{5} - \frac{4F_{ED}}{5}\right)\mathbf{k} = \mathbf{0}$$

令 $\mathbf{i}$、$\mathbf{j}$ 與 $\mathbf{k}$ 三個單位向量的係數為零，得到三個方程式

$$\frac{F_{EB}}{\sqrt{2}} + \frac{3F_{EC}}{5} = -L \quad \frac{F_{EB}}{\sqrt{2}} + \frac{3F_{ED}}{5} = 0 \quad F_{EC} + F_{ED} = 0$$

解方程式，得

$$F_{EB} = -\frac{L}{\sqrt{2}} \quad F_{EC} = -\frac{5L}{6} \quad F_{ED} = \frac{5L}{6} \qquad\qquad 答$$

因此，得知 F_{EB} 與 F_{EC} 為壓縮力，而 F_{ED} 為張力。

除非已先計算出外部反力，否則接著應分析具有已知力 F_{EC} 與三個未知力 F_{CB}、F_{CA} 與 F_{CD} 之接點 C。
其分析方法與接點 E 相同。然後以相同方法依序分析接點 B、D 及 A，
其限制各接點上最多有三個未知力。從接點之分析所得外部反力的結
果，當然須與整個桁架初始求解之結果一致。

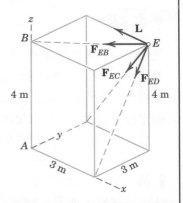

提示

① 建議：繪製整個桁架之自由體圖，並證明作用其上之外部力為 $\mathbf{A}_x = L\mathbf{i}$，

$\mathbf{A}_y = L\mathbf{j}$，$\mathbf{A}_z = (\frac{4L}{3})\mathbf{k}$，$\mathbf{B}_y = 0$，$\mathbf{D}_y = L\mathbf{j}$，$\mathbf{D}_z = -(\frac{4L}{3})\mathbf{k}$。

② 做此假設後若得出作用力為負值，則表示為壓縮力。

4/6 　構架與機構 (Frames and Machines)

當結構中至少有一構件為**多力構件** (*multiforce member*)
時，則此結構稱為**構架** (*frame*) 或**機構** (*machine*)。多力構件定
義為承受三個或更多作用力之構件，或承受兩個或更多作用力
以及一個或更多力偶之構件。構架為設計用以承受負載作用之
結構，並通常固定住位置。機構為包含可移動件之結構，並設
計用以傳遞輸入之作用力或力偶而輸出作用力與力偶。

因為構架與機構含有多力構件，構件中的作用力一般並不沿著構件方向。由於 4/3、4/4 與 4/5 節中所描述的方法，只適用於作用力在構件方向之二力構件所組成的簡單桁架，因此不能用來分析構架與機構。

具多力構件的互連剛體

在第 3 章討論過受多力作用的物體平衡分析，僅關注在單一剛體之平衡。而本節則關注於含有多力構件的互連剛體之平衡分析。雖然大多此種剛體皆可視為二維系統進行分析，但許多構架與機構例子為三維系統。

互連系統中每一構件上的作用力可藉自由體圖分離該構件並利用平衡方程式求解。在不同自由體圖上須僅慎依循作用力與反作用力原理標示相關之交互作用力。如果結構中包含超過避免崩塌所需的構件或支撐數量，則如同桁架的情況，此為一靜不定問題，此時雖為必要之平衡原理但不足以求解。儘管許多構架與機構為靜不定結構，但本章僅考慮屬靜定之情形。

如圖 4/14(*a*) 所示之 A 形構架，如果將支座移開而構架或機構本身仍能構成一剛性單元，則最好從此單一剛體之結構上的所有外力開始進行分析。接著分解結構，且考慮各分解部份之平衡。若干分解部份之平衡方程式彼此間存在關連，即式中包含交互作用力項。

如果結構本身並非一個剛體單元，而需有外部支撐才具有剛性，如圖 4/14(*b*) 所示，則需待結構分解後，對各分解部份進行分析時才能計算出外部支撐反力。

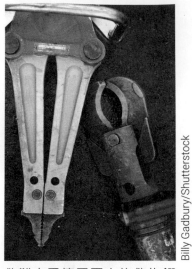

救難人員使用圖中的救生鍔 (jaws-of-life) 撬開事故殘骸。

Billy Gadbury/Shutterstock

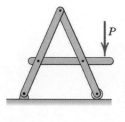
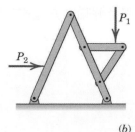

剛性
不會崩塌

(a)

非剛性
會崩塌

(b)

圖 4/14

作用力表示法與自由體圖

在大部份情形中，以直角分量表示作用力係有助於構架或機構的分析，尤其當已知之諸尺寸大小係位在相互垂直的方向時。此種表示法的優點在於能簡化力矩臂的計算。在某些三維問題中，特別是對不平行於座標軸的軸取力矩時，使用向量表示法相當有效。

繪製自由體圖時，並不總是能指定出各作用力或其分量之正確指向，因而需先任意指定。無論如何，對於有相互作用之物體，在自由體圖上表示相關的作用力時務必彼此一致。因此，如圖 4/15(*a*) 所示，對於藉由銷件來連接的兩個物體而言，在各自的自由體圖上之作用力分量須被一致地表示在彼此相反的方向上。

對於構件之間以球窩接頭連接的空間構架而言，必須利用作用力與反作用力原理於所有三個分量上，如圖 4/15(*b*) 所示。經由計算決定出分量的代數符號後，可能檢驗出當初的指定方向有誤。舉例來說，萬一 A_x 結果為負值，則表示其實際作用方向與先前的表示方向相反。因此，須同時將兩構件上之作用力做反向的修正，並修正方程式中對應的作用力項之符號。或可維持初始之表示方向，而從負號來理解作用力的正確指向。如果選擇使用向量符號來標示各作用力，則需謹慎使用正號來表示作用力，而使用負號來表示對應的反作用力，如圖 4/16 所示。

有時需聯立求解兩個或更多個方程式，以分開未知量。然而在大多情形中，可藉由謹慎選擇構件或一群構件來繪製自由體圖，以及謹慎選擇力矩軸消去方程式中不希望處理的項，以避免解聯立方程式。以下範例將說明上述的求解方法。

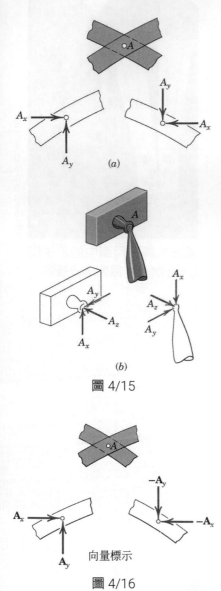

圖 4/15

圖 4/16

向量標示

範例 4/6

構架以如圖所示的方式支撐 400 kg 的負載。構件的重量相較於負載所導致構件的受力是可忽略的，並計算作用在每一個構件上的所有作用力之水平與垂直分量。

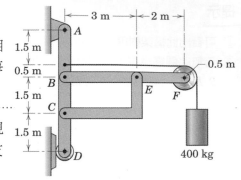

解　① 首先觀察到組成這個構架的三個支承構件能視為單一單元分析之剛體組合。也注意到外部支撐的配置使此構架為靜定。

從整個構架的自由體圖求解外部反力，因此

$[\Sigma M_A = 0]$　　　　　　$5.5(0.4)(9.81) - 5D = 0$　　　$D = 4.32$ kN

$[\Sigma F_x = 0]$　　　　　　$A_x - 4.32 = 0$　　　$A_x = 4.32$ kN

$[\Sigma F_y = 0]$　　　　　　$A_y - 3.92 = 0$　　　$A_y = 3.92$ kN

接著分解構架，並個別畫出每一構件的自由體圖。將所有的自由體圖安排至大致的彼此相對位置上，以助於標示構件之間相關的相互作用力。先前求得的外部反力亦標示在構件 AD 的自由體圖上。其它的已知作用力為滑輪之軸桿施加在構件 BF 上的 3.92 kN 作用力，此可由滑輪的自由體圖得之，而 3.92 kN 的繩索張力亦標示在對 AD 的連接作用點上。

② 然後，再標示所有未知力之分量於圖中。此處注意 CE 是二力構件。因此，作用在構件 CE 上的分力為大小相等且反向的反力，同時也將這些反力分別標示在構件 BF 的 E 處與構件 AD 的 C 處。
一開始尚無法確認 B 點上分力的實際指向，因此可任意指定，但標示方式需一致。

可從構件 BF 上的 B 或 E 點取力矩方程式開始求解，然後使用兩個作用力方程式，因此，

$[\Sigma M_B = 0]$　　　　$3.92(5) - \dfrac{1}{2}E_x(3) = 0$　　　$E_x = 13.08$ kN　　　**答**

$[\Sigma F_y = 0]$　　　　$B_y + 3.92 - \dfrac{13.08}{2} = 0$　　　$B_y = 2.62$ kN　　　**答**

$[\Sigma F_x = 0]$　　　　$B_x + 3.92 - 13.08 = 0$　　　$B_x = 9.15$ kN　　　**答**

未知力的計算結果為正值表示在自由體圖上的假設方向正確。由構件 CE 的自由體圖所檢視得出之 $C_x = E_x = 13.08$ kN 值連同剛得出之 B_x 及 B_y 標示在構件 AD 的自由體圖上。現可將平衡方程式應用到構件 AD 上來做檢查，因其上所有作用力皆已計算求得。方程式為

$[\Sigma M_C = 0]$　　　　　　$4.32(3.5) + 4.32(1.5) - 3.92(2) - 9.15(1.5) = 0$

$[\Sigma F_x = 0]$　　　　　　$4.32 - 13.08 + 9.15 + 3.92 + 4.32 = 0$

$[\Sigma F_y = 0]$　　　　　　$-\dfrac{13.08}{2} + 2.62 + 3.92 = 0$

提示

① 可看出此構架對應圖 4/14(a) 所示之種類。

② 若無此觀察結果，求解計算將冗長許多，因構件 BF 的三個平衡方程式將包含四個未知數：B_x、B_y、B_z 及 E_y。注意到兩施力點的連線 (並非構件外形) 係決定兩力構件上的作用力方向。

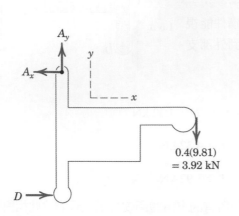

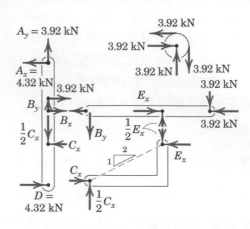

範例 4/7

忽略構架的重量，並計算作用在所有構件上的作用力。

解 ① 首先注意到，此構架從支撐座移開後不是一個剛體單元，因 BDEF 為可動的四邊形而非剛性三角形，因而需直到分析完個別構件後，才能完全求出支座作用在構架上的反力。然而，可由整體構架的自由體圖求解作用在 A 與 C 點上的反力垂直分量。因此，

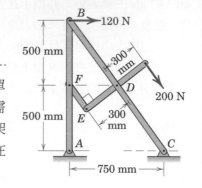

② $[\Sigma M_C = 0]$ $200(0.3) + 120(0.1) - 0.75A_y = 0$ $A_y = 240$ N   答

     $[\Sigma F_y = 0]$ $C_y - 200(\frac{4}{5}) - 240 = 0$ $C_y = 400$ N   答

③ 接著將構架分解，並畫出各分解部份的自由體圖。因 EF 為二力構件，因此在構件 ED 上 E 點與構件 AB 上 F 點的作用力方向為已知。假設 120 N 的作用力是施加在構件 BC 的銷件上，因此應可簡單指出作用力 E、F、D 及 B_x 之正確方向。然而 B_y 的作用方向無法藉由檢視而指定出正確方向，因而如圖所示任意指定向下作用在構件 AB 上與向上作用在構件 BC 上。

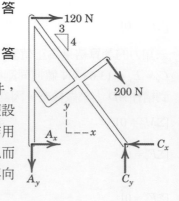

▌構件 ED

可簡單求得兩個未知力如下

$$[\Sigma M_D = 0] \qquad 200(0.3) - 0.3E = 0 \qquad E = 200 \text{ N} \qquad 答$$

$$[\Sigma F = 0] \qquad D - 200 - 200 = 0 \qquad D = 400 \text{ N} \qquad 答$$

▌構件 EF

顯然 F 的大小為 200 N，且與 E 大小相等方向相反。

▌構件 AB

由於 F 現為已知，因此可求解 B_x、A_x 及 B_y 三個未知力，

$$[\Sigma M_A = 0] \qquad 200(\frac{3}{5})(0.5) - B_x(1.0) = 0 \qquad B_x = 60 \text{ N} \qquad 答$$

$$[\Sigma F_x = 0] \qquad A_x + 60 - 200(\frac{3}{5}) = 0 \qquad A_x = 60 \text{ N} \qquad 答$$

$$[\Sigma F_y = 0] \qquad 200(\frac{4}{5}) - 240 - B_y = 0 \qquad B_y = -80 \text{ N} \qquad 答$$

▌構件 BC

④ 將 B_x、B_y 及 D 的計算結果代入構件 BC，因此可得剩下的未知力 C_x

$$[\Sigma F_x = 0] \qquad 120 + 400(\frac{3}{5}) - 60 - C_x = 0 \qquad C_x = 300 \text{ N} \qquad 答$$

可利用所剩的兩個平衡方程式來檢查計算結果。因此，

$$[\Sigma F_y = 0] \qquad 400 + (-80) - 400(\frac{4}{5}) = 0$$

$$[\Sigma M_C = 0] \qquad (120 - 60)(1.0) + (-80)(0.75) = 0$$

提示

① 可看出此構架對應圖 4/14(b) 所示之種類。

② A_x 及 C_x 的方向一開始並不明顯，可先任意指定，留待之後視計算結果做修正。

③ 120 N 之作用力亦能考慮成施加在 BA 之銷件上，但會改變反作用力 B_x 之方向。

④ 也可利用整個構架之自由體圖來求出 C_x。

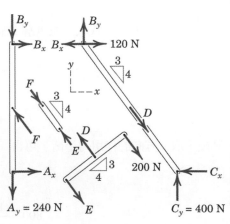

範例 **4/8**

如圖所示的機構係設計用來防止過載的保護裝置,當承受的負載超過預設值 T 時,此機構會鬆開負載。軟金屬剪切銷件 S 被插入下半部夾持構件的孔內,並且承受上半部夾持構件的剪切作用。當作用在銷件上的總作用力超過其強度時,則銷件將會被剪斷。此時,上下兩夾持構件在張力 BD 與 CD 的作用下,會對 A 產生轉動,如第二示意圖所示,並且滾子 E 與 F 會鬆開環首螺栓。如果銷件承受至 800 N 之總剪力而被剪斷,試求最大的容許張力 T。並計算銷件 A 所對應的受力。

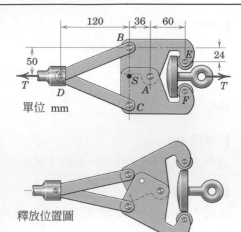

單位 mm

釋放位置圖

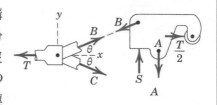

解 ① 因為此結構為對稱,所以只需分析其中一個夾持構件。選擇上半構件做分析,並且連同 D 處之連接部份一併繪製自由體圖。因為對稱,所以在 S 與 A 點上沒有 x 方向的作用力分量。並且,二力構件 BD 與 CD 施加相同大小的作用力 $B = C$ 於 D 處連接部份。由連接部份的平衡方程式可得

$[\Sigma F_x = 0]$ $\qquad$ $B\cos\theta + C\cos\theta - T = 0$ $\qquad$ $2B\cos\theta = T$

$$B = \frac{T}{2\cos\theta}$$

由上半部的自由體圖對 A 點取力矩平衡。並將 $S = 800$ N 與 B 之表示式代入計算可得

② $[\Sigma M_A = 0]$ $\qquad$ $\dfrac{T}{2\cos\theta}(\cos\theta)(50) + \dfrac{T}{2\cos\theta}(\sin\theta)(36) - 36(800) - \dfrac{T}{2}(26) = 0$

將 $\dfrac{\sin\theta}{\cos\theta} = \tan\theta = \dfrac{5}{12}$ 代入,並求解 T 值得

$$T[25 + \frac{5(36)}{2(12)} - 13] = 28800 \qquad\qquad 答$$

$$T = 1477 \text{ N} \qquad 或 \qquad T = 1.477 \text{ kN}$$

最後,取 y 方向的作用力平衡,可得

$[\Sigma F_y = 0]$ $\qquad\qquad\qquad$ $S - B\sin\theta - A = 0$

$$800 - \frac{1477}{2(\frac{12}{13})}\frac{5}{13} - A = 0 \qquad A = 492 \text{ N} \qquad\qquad 答$$

提示

① 善用對稱性常有助於分析。此處可藉此得知作用在兩半部之作用力係對 x 軸呈鏡對稱。因此，不能發生一構件上有正 x 方向之作用力，另一構件上有對應的負 x 方向之反作用力。使得 S 及 A 所受之作用力沒有 x 分量。

② 勿忘記 B 之 y 分量的力矩。注意到此處使用單位為 N·mm。

範例 4/9

在圖示之特定位置中，怪手挖土機施加 20 kN 之平行力於地表。有兩個液壓缸 AC 用以控制 OAB 臂，一個液壓缸 DE 用以控制 $EBIF$ 臂。(a) 決定液壓缸 AC 中的作用力及其活塞 (有效直徑 95 mm) 承受之壓力 p_{AC}。(b) 決定液壓缸 DE 中的作用力及其直徑 105 mm 之活塞所承受之壓力 p_{DE}。與 20 kN 作用力相較下可忽略構件重量。

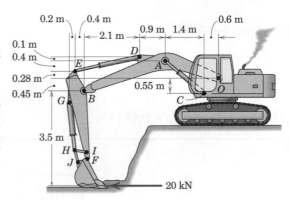

▌解　(a) 首先繪製出整個怪手機械臂的自由體圖。注意到的是僅標示出此小題所需要之尺寸，此處不需液壓缸 DE 及 GH 之細部描述。

$$[\Sigma M_O = 0] \qquad -20000(3.95) - 2F_{AC}\cos 41.3° (0.68) + 2F_{AC}\sin 41.3° (2) = 0$$

$$F_{AC} = 48800 \text{ N} \qquad 或 \qquad 48.8 \text{ kN}$$

① 由

$$F_{AC} = p_{AC} A_{AC} \, , \quad p_{AC} = \frac{F_{AC}}{A_{AC}} = \frac{48800}{(\pi \dfrac{0.095^2}{4})} = 6.89(10^6) \text{Pa}$$

$$或 \qquad 6.89 \text{ MPa} \qquad\qquad\qquad 答$$

(b) 分析液壓缸 DE 時，以圖示方式將整個機械臂做部份截取，使所求的液壓缸作用力成為截取部份自由體圖上的外力。亦即連同鏟斗與其施力來分離垂直臂 $EBIF$。

$$[\Sigma M_B = 0] \qquad -20000(3.5) + F_{DE}\cos 11.31° (0.73) + F_{DE}\sin 11.31° (0.4) = 0$$

$$F_{DE} = 88100 \text{ N} \qquad 或 \qquad 88.1 \text{ kN} \qquad\qquad 答$$

$$p_{DE} = \frac{F_{DE}}{A_{DE}} = \frac{88100}{(\pi \dfrac{0.105^2}{4})} = 10.18(10^6) \text{Pa} \qquad 或 \qquad 10.18 \text{ MPa} \qquad 答$$

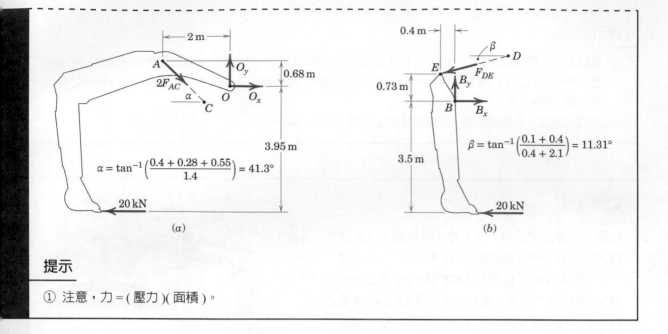

$$\alpha = \tan^{-1}\left(\frac{0.4 + 0.28 + 0.55}{1.4}\right) = 41.3°$$

$$\beta = \tan^{-1}\left(\frac{0.1 + 0.4}{0.4 + 2.1}\right) = 11.31°$$

(a)

(b)

提示

① 注意，力 = (壓力)(面積)。

4/7

本章複習

在第 4 章中將平衡原理應用至兩類問題：(a) 簡單桁架；(b) 構架與機構。因僅僅繪製所需的自由體圖，並應用熟悉的平衡方程式，所以不需要新的理論。然而藉由第 4 章所處理之結構，有機會進一步了解力學問題的系統化分析方法。

此兩種結構分析中，最基本之特性整理如下。

(a) 簡單桁架

1. 簡單桁架由能承受張力或壓縮力之二力構件以端點連接的方式所組成。因此，構件內力方向恆位在構件端點連線上。

2. 平面桁架中，簡單桁架由三角形的基本剛體 (不崩塌) 單元所擴充，空間桁架時則由四面體之基本剛體單元所擴充。藉由增加新的桿件，可形成桁架的額外單元。平面桁架時每增加兩根桿件至既有接點且兩桿件端點互連，即形成一新接點。而空間桁架則需增加三根桿件至既有接點且三桿件端點互連，即形成一新接點。

3. 簡單桁架的接點在平面桁架中假設為銷件連接，而在空間桁架中則假設為球窩接頭連接。因此，這些接頭能傳遞作用力但無法傳遞力矩。

4. 外部負載均假設只作用在接點上。

5. 當桁架的外部拘束未超過維持桁架平衡位置所需之數量時，桁架為外部靜定。

6. 以第 2 項所述的方式建構出之桁架為內部靜定。其中，內部桿件並未超過防止崩塌所需之數量。

7. 接點法乃利用每個接點上的作用力平衡方程式。而平面桁架一般從至少具有一已知力且未知力不超過兩個 (空間桁架為三個) 的接點開始分析。

8. 截面法利用到含有二個以上接點之桁架其某一完整截取部份之自由體圖。此方法一般涉及非共點力系的平衡。使用截面法時，力矩平衡方程式將特別有用。一般而言在平面桁架中，若截面切過超過三根的未知力桿件時，則無法完整求出截出部份上所受之作用力，因只有三個獨立的平衡方程式。

9. 表示作用在接點或截取部份上的作用力之箭頭係畫在傳遞該作用力的構件對接點或截去部份之同一側。依此規定，當作用力箭頭指離接點或截取部份時表示為張力，而當作用力箭頭指向接點或截取部份時則表示為壓縮力。

10. 當兩根用來支撐四邊形節間的交叉桿件為無法支撐壓縮力作用之撓性構件時，則分析僅需考慮承受張力作用的撓性構件，且此節間維持靜定。

11. 當受負載作用之兩根連接的桿件共線，且第三根桿件以不同方向連接於共線桿件之連接處時，則第三根桿件中的作用力必為零，除非有外力作用於此連接點上，且此外力具有垂直於共線桿件方向的分量。

(b) 構架與機構

1. 構架與機構為包含一根或多根多力構件之結構。多力構件是指構件上的作用力有三個以上，或是兩個以上作用力與一個以上之力偶。

2. 構架為設計用以支撐負載之結構，一般處於靜止狀態。而機構為可將輸入的作用力與力矩轉變為輸出的作用力與力矩之結構，通常包含可運動元件。有一些結構可以分力為構架或機構。

3. 本章僅考慮外部與內部皆爲靜定的構架與機構。

4. 如果構架或機構在移開外部支撐後，整體爲一剛性單元時 (不崩塌)，則計算從整個結構之外部反力開始分析。若構架或機構在移開外部支撐後，整體不爲剛性單元 (會崩塌)，則結構分解後才能分析求出外部反作用力。

5. 藉由將結構分解並個別畫出各分離部份之自由體圖來計算構架或機構其內部連結之作用力。須恪遵作用力及反作用力原理，否則會導致錯誤結果。

6. 計算欲求之未知量時，將作用力與力矩平衡方程式應用至相關構件上。

CHAPTER 5

分佈力

本章綱要

Graham Oliver/Alamy Stock Photo

蓋茨黑德千禧橋 (The Gateshead Millennium Bridge) 橫跨英國泰恩河。這座獲獎的橋樑可以沿者其橫跨的水平軸旋轉，以便讓船隻在下方通過。因此，在橋梁設計的過程中，其重量分佈的累積效應 (Cumulative Effect) 必須經過縝密且不同層面的考量。

5/1　簡介 (Introduction)

　　在前面幾章中，係將所有作用力視爲集中於施力點且沿著作用線來處理。此種處理方式爲這些作用力提供了一個合理模型。然實際上，就精確的角度來說，「集中」的作用力並不存在，因爲機械作用於物體的每一外力均分佈於一有限接觸面積上，不論面積多小。

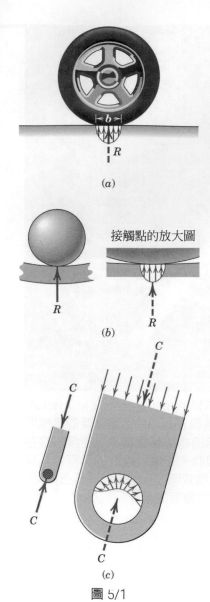

(a)

接觸點的放大圖

R   R

(b)

(c)

圖 5/1

例如,馬路作用於汽車輪胎的作用力為施加遍於輪胎上的整個接觸面積,如圖 5/1(a) 所示,若輪胎並未灌飽,接觸面積將相當可觀。當分析汽車整體之受力時,若接觸面積 b 在相較於其他相關尺寸 (例如輪距) 下為可忽略的話,則可將實際的分佈接觸力換成其合力 R,而視為一集中力。如圖 5/1(b) 所示,即使如硬化鋼珠與滾珠軸承之間的接觸作用力也為施加遍於一個雖然極小但仍有限的接觸面積上。如圖 5/1(c) 所示,桁架的二力構件其受力係施加遍於插銷對孔的實際接觸面積上,以及遍於圖示的內部截面上。在上述和其他類似情形中,當分析這些作用力對整體物體之外部效應時,可將這些作用力視為集中。

另一方面,若欲找出物體在接觸位置附近其材料的內力分佈情形,且該處可能具有可觀的內應力和內應變,此時則不能將所受負載視為集中,而須考慮其實際分佈。此處暫不討論此問題,因為尚需要對材料性質的了解,且其屬於材料力學、彈性及塑性理論等更進階的處理範疇。

當作用力係施加遍於一個區域面積其小在相較其他相關尺寸下無法忽略時,則須考慮作用力的實際分佈方式。考慮時係利用數學積分方法來將整個區域上的分佈力效果作相加。此時需知道任一位置上的作用力強度。此種問題可分成以下三類。

1. **線分佈 (*Line Distribution*)**:作用力係沿著一條線分佈,例如圖 5/2(a) 所示,由一條懸掛繩索所支持的連續垂直負載,負載強度 w 以該線中每單位長度的受力表示,單位為牛頓 / 公尺 (N/m) 或者磅 / 英尺 (lb/ft)。

2. **面分佈 (*Area Distribution*)**:作用力係分佈於一面積上,例如圖 5/2(b) 所示,水壩的某一段內部截面所承受的水壓力,此時強度以每單位面積的受力表示。此強度在流體作用力的情形時稱為**壓力 (*pressure*)**,而在固體的內部作用力分佈時稱為**應力 (*stress*)**。壓力和應力的 SI 基本單位為牛頓 / 平方公尺 (N/m^2),也稱為巴斯卡 (Pascal,Pa)。但這種單位對於大部份的應用來說太小 ($6895 \ Pa = 1 \ lb/in^2$)。因此流體壓力較常使用千巴斯卡 (kPa),即 $10^3 \ Pa$;而應力則使用百萬巴斯卡,即 $10^6 \ Pa$。在美國慣用單位系統中,流體壓力和機械應力一般均表示成磅 / 平方英吋 (lb/in^2)。

3. **體分佈 (Volume Distribution)**：作用力係分佈於物體的體積中，稱爲**體積力 (body force)**。最常見的體積力就是萬有引力，其作用於物體中所有的質量元素。例如圖 5/2(c) 所示，計算重型懸臂結構其基座上的作用力時，須先考慮遍及整個結構上的重力分佈情形。重力強度爲**比重 (specific weight)** ρg，其中 ρ 爲密度 (單位體積之質量)，而 g 是重力加速度。ρg 的 SI 單位爲 $(kg/m^3)(m/s^2) = N/m^3$，在美國慣用單位系統中則是 lb/ft^3 或 lb/in^3。

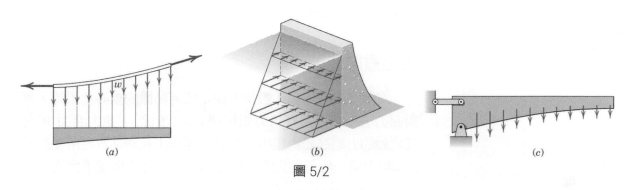

圖 5/2

　　起自地球萬有引力 (重量) 的體積力顯然爲最常遭遇的分佈力。本章 A 部份係處理如何決定重力合力在物體上的作用點，並討論線、面積和體積的相關幾何性質。B 部份則處理樑之內外及撓性纜繩上的分佈力，以及流體作用於物體表面的分佈力。

第一部份：質心與形心 (CENTERS OF MASS AND CENTROIDS)

5/2 質心 (Center of Mass)

　　考慮一任意大小與形狀的三維物體，其質量爲 m。如圖 5/3 所示，由任一點如 A 來懸吊物體，物體將在繩子張力與物體所有質點所受重力之合力 W 兩者作用下而達到平衡。此合力顯然與繩子共線。假設沿著作用線鑽出可忽略大小的假想孔，以標示合力位置。接著重複實驗，由其他點如 B 及 C 來懸吊物體，每次也標示出合力作用線。實際上，這些作用線將共點於一點 G，此點稱爲該物體的**重心 (center of gravity)**。

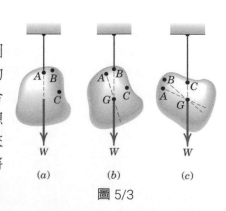

圖 5/3

　　然而精確分析時，會考慮到物體中不同質點所受的重力方向間的些微不同，因爲各質點的重力係指向地球的引力中心。此外，因爲各質點與地球間的距離也不相同，整個物體所處的地球重力場強度並不完全爲定值。結果會造成前述所做的實驗中，各重力作用線將不會完全共點的情形，因此就精確的角度來說，並不存在唯一的重心。但只要所處理的物體其大小與地球相較下甚小，共點與否的問題實際上便不太重要。因此，係假設地球之萬有引力造成一個均勻且平行的力場，而此假設即可產生唯一重心位置的概念。

決定重心位置

　　如圖 5/4(*a*) 所示，數學上決定任何物體的重心位置時，係對重力之平行力系應用力矩原理 (見 2/6 節)。重力合力 W 對任意軸的力矩等於物體中所有做爲無窮小元素之質點所受的重力 dW 對同一軸所產生的力矩總和。所有元素所受重力之合力即爲物重，且爲 $W = \int dW$。例如，若將力矩原理用於 y 軸，則元素重量對此軸產生的力矩爲 $x \, dW$，而將物體所有元素的力矩做加總可得 $\int x \, dW$。此力矩總和須等於 $W\bar{x}$，即重量合力之力矩。因此，$\bar{x} \, W = \int x \, dW$。

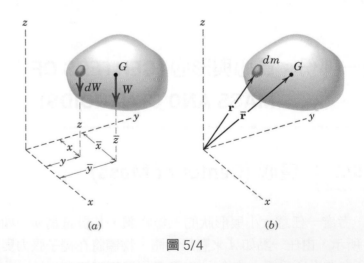

圖 5/4

　　另外兩個分量也使用類似表示方式時，可如下表示重心 G 的座標

$$\bar{x} = \frac{\int x \, dW}{W} \qquad \bar{y} = \frac{\int y \, dW}{W} \qquad \bar{z} = \frac{\int z \, dW}{W} \qquad (5/1a)$$

若欲想像第三個方程式中重力的物理力矩，可重新調整物體和所附座標軸的方位，使得 z 軸為水平。務需了解到各方程式中的分子代表的是力矩總和，而 W 和重心的對應座標兩者之積代表的是物體總重的力矩。力學中會反覆使用到此力矩原理。

將 $W = mg$ 與 $dW = gdm$ 代入，重心座標便成為

$$\bar{x} = \frac{\int x\,dm}{m} \qquad \bar{y} = \frac{\int y\,dm}{m} \qquad \bar{z} = \frac{\int z\,dm}{m} \qquad (5/1b)$$

利用圖 5/4(b)，式 5/1b 亦能表示成向量形式，於圖中質量元素及質心 G 分別具有位置向量 $\mathbf{r} = x\mathbf{i} + y\mathbf{j} + z\mathbf{k}$ 及 $\bar{\mathbf{r}} = \bar{x}\mathbf{i} + \bar{y}\mathbf{j} + \bar{z}\mathbf{k}$。因此，式 5/1b 為底下單一向量方程式的分量式

$$\bar{\mathbf{r}} = \frac{\int \mathbf{r}\,dm}{m} \qquad (5/2)$$

物體密度 ρ 為單位體積之質量。因此，一微分體積元素 dV 之質量為 $dm = \rho dV$。若整個物體的 ρ 並非定值，而是能表示成物體座標的函數，則計算式 5/1b 的分子和分母時須考慮此項變動。可將這些表示式寫成

$$\bar{x} = \frac{\int x\rho\,dV}{\int \rho\,dV} \qquad \bar{y} = \frac{\int y\rho\,dV}{\int \rho\,dV} \qquad \bar{z} = \frac{\int z\rho\,dV}{\int \rho\,dV} \qquad (5/3)$$

質心與重心

因並未出現 g，式 5/1b、5/2 和 5/3 遂與重力效應無關。因此，這些方程式定義出物體中唯一一點，該點僅為質量分佈的函數。此點稱為**質心 (center of mass)**，且只要重力場視為均勻及平行，則質心顯然與重心疊合。

將物體移出地球重力場時，討論物體的重心就沒有意義，因為此時沒有重力作用在物體上。但物體仍具有唯一的質心。往後的內容一般將採用質心而非重心。而且，計算當物體受不平衡作用力下的動力反應時，質心還有特殊的重要性。這類問題將在第二冊動力學中詳細討論。

在大多問題中，可藉由慎選參考座標軸而簡化質心位置之計算。一般而言，配置座標軸時，應盡可能簡化關於物體邊界之方程式。因此，處理具圓形邊界之物體時，**極座標 (polar coordinates)** 將相當有用。

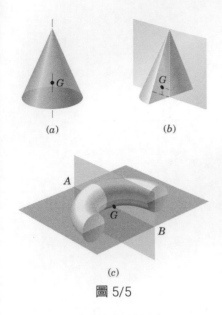

(a)　　　　　(b)

(c)

圖 5/5

另一重要著手處為考慮對稱性。每當均質物體內存在一條對稱線或對稱面時,則應將座標軸或座標面選為與此對稱線或對稱面疊合。質心恆位於此對稱線或對稱面上,因為對稱分佈的質量元素所產生的力矩將彼此相消,而物體可視為由這些成對的質量元素所組成。因此,圖 5/5(a) 之均質正圓錐體的質心 G 將位於中心軸某處上,此中心軸為一對稱軸。而圖 5/5(b) 之半正圓錐體的質心則位於其對稱平面上。圖 5/5(c) 的半圓環其質心則同時位在兩對稱面上,故位在直線 AB 上。當對稱性存在時,藉其找出質心位置是最簡單的方法。

5/3　線、面積和體積的形心 (Centroids of Lines, Areas and Volumes)

當物體的密度 ρ 處處均勻時,其為式 5/3 中分子和分母的常數因子而將消去。剩下的表示式定義出物體的一個純粹幾何特性,因為與質量特性相關之參數均已消去。當計算只與物體幾何形狀有關時,係使用**形心 (centroid)** 一詞。若論及真實物理物體時,係使用質心一詞。如果整個物體的密度均勻,則形心及質心兩者位置相同;但密度有變動時,兩點一般並不重合。

形心之計算分成三種不同類型,取決於將所處理之物體其形狀模擬為線、面積或是體積。

1. **線**:如圖 5/6 所示,一細桿或細線其長度為 L,截面積為 A 及密度為 ρ,此物體近似一個線段,且 $dm = \rho A\, dL$。如果細桿整個長度內的 ρ 和 A 均為常數,則質心座標也成為線段的形心座標 C,由式 5/1b 可寫成

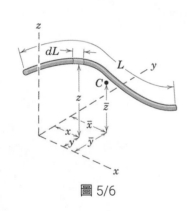

圖 5/6

$$\bar{x} = \frac{\int x\, dL}{L} \qquad \bar{y} = \frac{\int y\, dL}{L} \qquad \bar{z} = \frac{\int z\, dL}{L} \tag{5/4}$$

注意到,形心 C 一般不會落於線上。如果此細桿位於單一平面上,如 x-y 平面,則僅需計算兩個座標。

2. **面積**:當密度為 ρ 的物體具有一微小但均勻的厚度 t 時,則可將其模擬成一個表面積 A,如圖 5/7 所示。質量元素為 $dm = \rho t\, dA$。同樣,若整個面積內的 ρ 和 t 均為常數,則質心座標也成為表面積的形心座標 C,由式 5/1b 可寫成

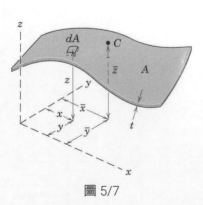

圖 5/7

$$\bar{x} = \frac{\int x\,dA}{A} \qquad \bar{y} = \frac{\int y\,dA}{A} \qquad \bar{z} = \frac{\int z\,dA}{A} \qquad (5/5)$$

式 5/5 中的分子稱為**面積一次矩 (first moments of area)**[*]。若表面為一曲面，如圖 5/7 所示的薄殼片段，則將使用到全部三個座標。曲面的形心 C 一般不會落於表面積上。如果面積為一平坦表面，例如 $x\text{-}y$ 平面，則僅需計算 C 點在該平面上的座標。

3. **體積**：對於體積 V 和密度 ρ 的一般物體，其質量元素為 $dm = \rho\,dV$。如果整個體積的密度 ρ 為常數，則其將從方程式中消去，而質心座標也成為物體的形心 C 座標。由式 5/3 或 5/1b 可得

$$\bar{x} = \frac{\int x\,dV}{V} \qquad \bar{y} = \frac{\int y\,dV}{V} \qquad \bar{z} = \frac{\int z\,dV}{V} \qquad (5/6)$$

關鍵概念　積分時元素的選擇

　　常常一個理論最困難的地方不在於其觀念，而在於應用上的方法。對於質心和形心而言，力矩原理的概念十分簡單；困難處在於如何選擇供積分的微分元素，以及如何進行積分。下列五個方針相當有用。

1. 元素變數次數：盡可能採用一次變數之微分元素而非高變數次數之元素，如此整個圖形僅需進行一次積分。如圖 5/8(a) 所示，選擇一次變數之水平條 (面積為 $dA = l\,dy$) 時，僅需對 y 積分一次即可涵蓋全部圖形。而二次變數元素 $dx\,dy$ 就需要兩次積分，先對 x 再對 y，以涵蓋全部圖形。再舉一例，如圖 5/8(b) 所示之實錐體，係以體積為 $dV = \pi r^2 dy$ 的圓薄片做為一次變數之元素形式。此時僅需積分一次，逐優於選擇需要進行三次困難積分的三次變數元素 $dV = dx\,dy\,dz$。

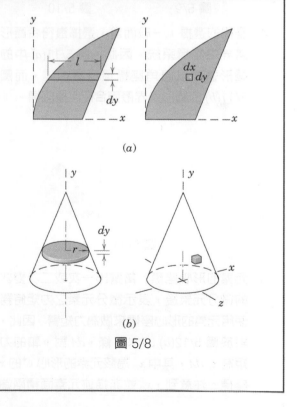

(a)

(b)

圖 5/8

---

[*] 面積二次矩 (一次矩之力矩) 將在附錄 A 之面積慣性矩中討論。

2. 連續性：盡可能選取能以一次連續積分運算即涵蓋整個圖形的元素。因此，圖 5/8(*a*) 中的水平條即優於圖 5/9 中的垂直條，若使用後者，其需要分開積分兩次，因為垂直條在 $x = x_1$ 處之高度表示式並不連續。

3. 略去高階項：和低階項相較時，恆可略去高階項 (見 1/7 節)。因此，在圖 5/10 中的曲線下的垂直條面積取到一階項 $dA = ydx$，而捨去二階項的三角形面積 $\frac{1}{2}dxdy$。取極限時則當然沒有誤差。

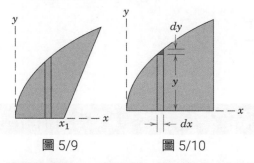

圖 5/9　　　圖 5/10

4. 座標的選擇：一般而言，選擇最符合圖形邊界之座標系統。因此，圖 5/11(*a*) 中的圖形邊界以直角座標最容易描述，而圖 5/11(*b*) 的扇形邊界最適合使用極座標。

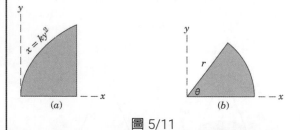

圖 5/11

5. 元素的形心座標：當選出一次或二次變數的微分元素後，表示微分元素之力矩時務必使用元素的形心座標來做為力矩臂。因此，對於圖 5/12(*a*) 的水平條，dA 對 y 軸的力矩為 $x_c\,dA$，其中 x_c 為該元素的形心 C 的 x 座標。注意到，x_c 並非描述元素面積兩端

邊界的 x 座標。在元素的 y 方向上，元素形心的力矩臂 y_c 與兩邊界取極限時的 y 座標相同。

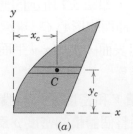

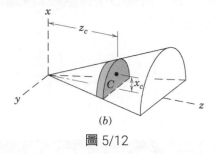

圖 5/12

第二個例子考慮如圖 5/12(*b*) 中實心半圓錐體，且取具微分厚度之半圓形薄片做為體積元素。元素在 x 方向的力矩臂為指到元素平面上形心的距離 x_C，而為到元素邊界的 x 距離。另一方面，在 z 方向上，元素形心的力矩臂 z_C 同於元素的 z 座標。

考慮這些範例後，可將式 5/5 與 5/6 寫成如下形式

$$\bar{x} = \frac{\int x_C\,dA}{A} \quad \bar{y} = \frac{\int y_C\,dA}{A} \quad \bar{z} = \frac{\int z_C\,dA}{A} \quad (5/5a)$$

與

$$\bar{x} = \frac{\int x_C\,dV}{V} \quad \bar{y} = \frac{\int y_C\,dV}{V} \quad \bar{z} = \frac{\int z_C\,dV}{V} \quad (5/6a)$$

務必理解到，下標 C 用以提醒分子的力矩積分式中的力矩臂係為所選的特定元素其形心座標。

　　至此應已經充分理解 2/4 節所介紹的力矩原理。當應用至圖 5/4(a) 中受平行重力之系統時，應理解此原理之物理意義。切記物體總重 W 之力矩與元素重量 dW 之力矩總和 (積分) 兩者間的等效，以避免建立所需數學式時發生錯誤。對力矩原理的理解有助於獲得所選的微分元素其形心的力矩臂 x_c、y_c 或 z_c 之正確表示式。

　　切記力矩原理的物理陳述後，將可理解到純幾何關係式的式 5/4、5/5 和 5/6 也能用以描述均質物理物體，因為消去了密度 ρ。如果物體密度不為常數，而是座標的某個函數在物體各處變動，則在質心的座標表示式中無法從分子和分母消去密度。此時，須使用先前解釋過的式 5/3。

　　隨後的範例 5/1 到 5/5 為精選出來用以說明式 5/4、5/5 與 5/6 的應用，即計算線段 (細桿)、面積 (平坦薄片) 與體積 (均質實心物體) 的形心位置。上述五種積分情形將詳細說明於這些範例中。

　　附錄 C 的 C/10 節列有一積分表，其包含本章和往後幾章的問題中所需之積分式。一些常用形狀的形心座標也整理列於附錄 D 的表 D/3 與 D/4 中。

範例 5/1

圓弧的形心。如圖所示之圓弧，試求其形心位置。

∙∙

▌解　① 將對稱軸選為 x 軸，使 $\bar{y} = 0$。圓弧上的一微分元素其長度以極座標表示為 $dL = r\,d\theta$，而其 x 座標為 $r\cos\theta$。

$$[L\bar{x} = \int x\,dL] \qquad (2\alpha r)\bar{x} = \int_{-\alpha}^{\alpha} (r\cos\theta)r\,d\theta$$

$$2\alpha r\bar{x} = 2r^2\sin\alpha$$

$$\bar{x} = \frac{r\sin\alpha}{\alpha} \qquad\qquad 答$$

對於半圓弧 $2\alpha = \pi$，可得 $\bar{x} = \dfrac{2r}{\pi}$。由對稱性可立即看出，若如圖示之配置方式進行測量，上述結果亦適用於四分之一圓弧上。

提示

① 表示圓弧長度時，極座標應非常明顯地優於直角座標。

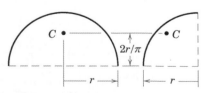

範例 5/2

三角形面積的形心。三角形的高度為 h，試求從三角形的底邊到三角形面積形心的距離 $\bar{h}$。

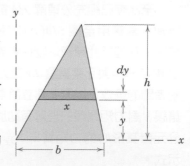

■ **解** ① 將 x 軸取為與底邊重合。並選取面積為 $dA = x\,dy$ 之微分條元素。由相似三角形可知 $\dfrac{x}{h-y} = \dfrac{b}{h}$。利用式 5/5a 的第二式可以得到

$$[A\bar{y} = \int y_C\,dA] \qquad \frac{bh}{2}\bar{y} = \int_0^h y\,\frac{b(h-y)}{h}\,dy = \frac{bh^2}{6}$$

及 $$\bar{y} = \frac{h}{3} \qquad\qquad 答$$

以三角形另外兩個邊分別重新做為底邊，以及對應之新高度下，上述結果仍成立。因此，三個中線的交點就是形心，因為此點與任何一邊的距離為以該邊為底邊時三角形高度的三分之一。

提示

① 此處藉由使用一次變數之面積元素而免於多做一次積分。注意到 dA 需以積分變數 y 表示，故需要 $x = f(y)$ 之關係。

範例 5/3

扇形面積的形心。試求出扇形面積的形心與其頂點之間的距離。

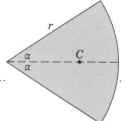

■ **解 I** ① x 軸取在對稱軸時，於是 $\bar{y}$ 自動為 0。如圖所示，能將為部份圓環形式之元素從圓心移向圓周而涵蓋整個面積。此圓環的半徑為 r_0，而厚度為 dr_0，故其面積為 $dA = 2r_0\alpha\,dr_0$。

② 從範例 5/1 可知此元素形心的 x 座標為 $x_C = \dfrac{r_0\sin\alpha}{\alpha}$，其中以 r_0 代換式中的 r。故由式 5/5a 的第一式可得

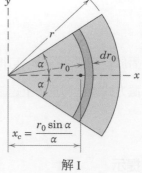

$$[A\bar{x} = \int x_C\,dA] \qquad \frac{2\alpha}{2\pi}(\pi r^2)\bar{x} = \int_0^r \left(\frac{r_0\sin\alpha}{\alpha}\right)(2r_0\alpha\,dr_0)$$

$$r^2\alpha\bar{x} = \frac{2}{3}r^3\sin\alpha$$

$$\bar{x} = \frac{2}{3}\frac{r\sin\alpha}{\alpha} \qquad\qquad 答$$

解 I

解 II 也能以具微分面積之三角形繞頂點旋轉過扇形的整個角度而涵蓋整個面積。如圖示之三角形其面積為 $dA = (\frac{r}{2})(r\,d\theta)$，其中已略去高階項。從範例 5/2 可知此三角形面積元素的形心位置與頂點的距離為三角形高度的三分之二，故元素形心的 x 座標由式 5/5a 的第一式可得

$$[A\bar{x} = \int x_C\,dA] \qquad\qquad (r^2\alpha)\bar{x} = \int_{-\alpha}^{\alpha} (\frac{2}{3}r\cos\theta)(\frac{1}{2}r^2\,d\theta)$$

$$r^2\alpha\,\bar{x} = \frac{2}{3}r^3\sin\alpha$$

如前所得 $\qquad\qquad\qquad\qquad\qquad \bar{x} = \frac{2}{3}\frac{r\sin\alpha}{\alpha} \qquad\qquad\qquad\qquad$ 答

對於一個半圓形面積 $2\alpha = \pi$ 時，可得 $\bar{x} = \frac{4r}{3\pi}$。由對稱性可立即看出，若如圖示之配置方式進行測量，上述結果亦適用於四分之一圓面積上。

應注意到，若選取二次變數之元素 $r_0\,dr_0\,d\theta$，對 θ 積分一次將產生解 I 開始時所選用的圓環。另一方面，若先對 r_0 積分一次，將得到解答 II 開始時所選用的三角形元素。

提示

① 仔細注意變數 r_0 及常數 r 的區別。
② 切勿使用 r_0 做為元素的形心座標。

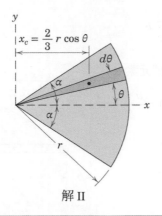

解 II

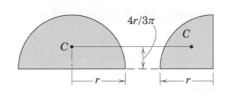

範例 5/4

試求從 $x = 0$ 到 $x = a$ 之間,位於曲線 $x = ky^3$ 下方的面積其形心位置。

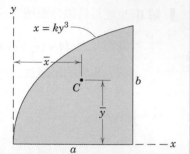

....

■ **解 I** 如圖所示選取一個垂直的面積元素 $dA = y\,dx$。可從式 5/5a 的
第一式得出形心的 x 座標。故

① $[A\bar{x} = \int x_C\,dA]$ 　　　　　　　$\bar{x}\int_0^a y\,dx = \int_0^a xy\,dx$

將 $y = (\frac{x}{k})^{\frac{1}{3}}$ 與 $k = \frac{a}{b^3}$ 代入,然後積分算出

$$\frac{3ab}{4}\bar{x} = \frac{3a^2 b}{7} \qquad \bar{x} = \frac{4}{7}a \qquad \textbf{答}$$

從式 5/5a 的第二式來解 $\bar{y}$ 時,矩形元素形心座標為 $y_C = \frac{y}{2}$,其中 y
為由曲線 $x = ky^3$ 所決定的長條面積之高度。因此,由力矩原理可得

$[A\bar{y} = \int y_C\,dA]$ 　　　　　　　$\frac{3ab}{4}\bar{y} = \int_0^a (\frac{y}{2})y\,dx$

將 $y = b(\frac{x}{a})^{\frac{1}{3}}$ 代入然後積分得出

$$\frac{3ab}{4}\bar{y} = \frac{3ab^2}{10} \qquad \bar{y} = \frac{2}{5}b \qquad \textbf{答}$$

■ **解 II** 如下方圖示,也可採用水平面積元素來代替垂直面積元素。

可看出此長條元素的形心 x 座標為 $x_C = x + \frac{1}{2}(a-x) = \frac{a+x}{2}$
,即兩端座標 a 和 x 的平均值。故,

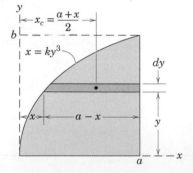

$[A\bar{x} = \int x_C\,dA]$ 　　　$\bar{x}\int_0^b (a-x)\,dy = \int_0^b (\frac{a+x}{2})(a-x)\,dy$

$\bar{y}$ 之值可如下得出

$[A\bar{y} = \int y_C\,dA]$ 　　　$\bar{y}\int_0^b (a-x)\,dy = \int_0^b y(a-x)\,dy$

其中,對於水平條狀面積時,$y_C = y$。這些積分之結果將可核對先前所得之 $\bar{x}$ 及 $\bar{y}$。

提示

① 注意到,對於垂直元素時,$x_C = x$。

範例 5/5

半球形體積。試求半徑為 r 之半球體其形心距離底部的位置。

解 I 利用如圖所選擇的座標軸，由對稱性可得 $\bar{x} = \bar{z} = 0$。最方便的元素即為厚度 dy 且平行 x-y 平面的圓形薄片。因為此半球與 y-z 平面相交於圓形 $y^2 + z^2 = r^2$，圓形薄片的半徑遂為 $z = +\sqrt{r^2 - y^2}$。則此圓形薄片元素的體積為

①
$$dV = \pi(r^2 - y^2)dy$$

由式 5/6a 的第二式可得

$$[V\bar{y} = \int y_C \, dV] \qquad \bar{y}\int_0^r \pi(r^2 - y^2)\,dy = \int_0^r y\pi(r^2 - y^2)\,dy$$

其中，$y_C = y$。積分後可得

$$\frac{2}{3}\pi r^3 \bar{y} = \frac{1}{4}\pi r^4 \qquad \bar{y} = \frac{3}{8}r$$

答

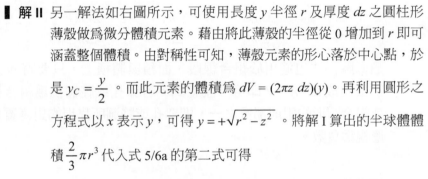

解 I

解 II 另一解法如右圖所示，可使用長度 y 半徑 r 及厚度 dz 之圓柱形薄殼做為微分體積元素。藉由將此薄殼的半徑從 0 增加到 r 即可涵蓋整個體積。由對稱性可知，薄殼元素的形心落於中心點，於是 $y_C = \dfrac{y}{2}$。而此元素的體積為 $dV = (2\pi z \, dz)(y)$。再利用圓形之方程式以 x 表示 y，可得 $y = +\sqrt{r^2 - z^2}$。將解 I 算出的半球體體積 $\dfrac{2}{3}\pi r^3$ 代入式 5/6a 的第二式可得

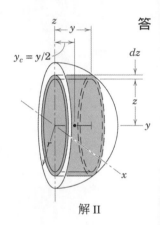

解 II

$$[V\bar{y} = \int y_C \, dV] \qquad (\frac{2}{3}\pi r^3)\bar{y} = \int_0^r \frac{\sqrt{r^2 - z^2}}{2}(2\pi z\sqrt{r^2 - z^2})\,dz = \int_0^r \pi(r^2 z - z^3)\,dz = \frac{\pi r^4}{4}$$

$$\bar{y} = \frac{3}{8}r$$

答

解 I 和解 II 的效果相近，因兩者均使用形狀簡單之元素，且僅需對單一變數積分一次。

解 III 或者，也可採用 θ 角做為變數，上下限為 0 及 $\dfrac{\pi}{2}$。此時上述兩種解法中所選元素的半徑均為 $r\sin\theta$，而解答 II 的圓柱形薄殼元素其厚度則為 $dz = (r\,d\theta)\cos\theta$。圓柱形薄殼元素的長度為 $y = r\cos\theta$。

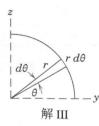

解 III

提示

① 試問自 dV 表示式中略去的高階體積元素為何？

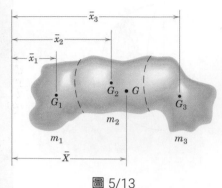

圖 5/13

5/4 組合體和組合圖形；近似值 (Composite Bodies and Figures；Approximations)

當物體或圖形可方便區分成容易決定質心的數個部份時，即可使用力矩原理，並將各部份視為整個物體的一有限元素。圖 5/13 係繪示此種情形中的物體。各部份之質量為 m_1、m_2、m_3，x 方向之質心座標為 $\overline{x_1}$、$\overline{x_2}$、$\overline{x_3}$。由力矩原理可得

$$(m_1 + m_2 + m_3)\overline{X} = m_1\overline{x_1} + m_2\overline{x_2} + m_3\overline{x_3}$$

其中 $\overline{X}$ 為整個物體其質心的 x 座標。另外兩個座標方向也適用類似關係式。

接著，將關係式推廣到物體具有任意區分數量的情形，並將加總以符號形式表示而得如下質心座標

$$\overline{X} = \frac{\Sigma m\overline{x}}{\Sigma m} \qquad \overline{Y} = \frac{\Sigma m\overline{y}}{\Sigma m} \qquad \overline{Z} = \frac{\Sigma m\overline{z}}{\Sigma m} \qquad (5/7)$$

類似關係式也適用於組合線段、面積與體積上，只要將 m 分別代換成 L、A、V 即可。注意到，若穿孔或腔洞視為組合體或組合圖形的組成部份之一，則穿孔或腔洞所呈現的對應質量應視為負數。

近似法

實際上，面積或體積的邊界可能無法以簡單的幾何形狀或用數學能描述的形狀加以表示。此時便須訴諸近似法的使用。例如，考慮圖 5/14 中不規則面積的形心位置。將此面積區分成數個寬度為 Δx 而高度 h 會變化的條狀面積。各條狀面積 A (如圖中陰影部份所示) 為 $h\Delta x$，然後分別乘上其形心座標 x_C 與 y_C 以獲得各面積元素的力矩。所有條狀面積的力矩總和除以總條狀面積後，將得出對應的形心座標。有系統地表列出各所得結果將可依次得出總面積 ΣA，兩加總 $\Sigma A x_C$ 及 $\Sigma A y_C$，以及形心座標

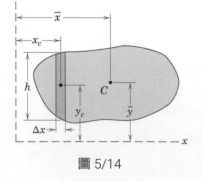

圖 5/14

$$\overline{x} = \frac{\Sigma A x_C}{\Sigma A} \qquad \overline{y} = \frac{\Sigma A y_C}{\Sigma A}$$

可藉由縮小條狀面積的寬度來提高近似結果的精確度。但各種情形中，做面積之近似時應估算各條狀面積的平均高度。此外，雖然採用一致的元素寬度通常較爲方便，但也不是非得如此。事實上，可使用任意大小與形狀的面積元素，其能夠近似給定面積至所要求的精確度即可。

不規則體積

決定不規則體積的形心位置時，可將問題簡化成決定面積的形心位置。考慮圖 5/15 中所示的體積，其垂直於 x 軸的截面積大小 A 隨 x 之變化關係如圖所示。在該曲線下方的條狀面積爲 $A\Delta x$，即等於對應的體積元素 ΔV。因此，曲線下方的面積係代表該物體的體積，而曲線下方的面積其形心位置的 x 座標爲

$$\bar{x} = \frac{\Sigma(A\Delta x)x_C}{\Sigma A\Delta x} \qquad 等於 \qquad \bar{x} = \frac{\Sigma V x_C}{\Sigma V}$$

即實際體積的形心座標。

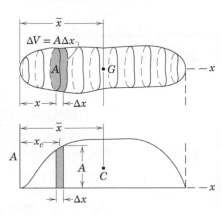

圖 5/15

範例 5/6

決定陰影面積的形心位置。

┃ **解**　此組合面積可分成四個基本形狀，如右下圖中所示。可從附錄 D 的表 D/3 得出這些基本圖形的形心位置。注意到「孔洞」(第三和第四部份) 在下表中寫成負值：

部份	A	$\bar{x}$	$\bar{y}$	$\bar{x}A$	$\bar{y}A$
	mm^2	mm	mm	mm^3	mm^3
1	12000	60	50	720000	600000
2	3000	140	$\dfrac{100}{3}$	420000	100000
3	-1414	60	12.73	-84800	-18000
4	-800	120	40	-96000	-32000
總計	12790			959000	650000

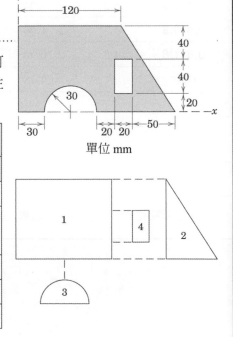

單位 mm

現利用面積情形下的式 5/7，可得

$$[\overline{X} = \frac{\Sigma A\overline{x}}{\Sigma A}] \qquad\qquad \overline{X} = \frac{959000}{12790} = 75.0\text{mm} \qquad\qquad 答$$

$$[\overline{Y} = \frac{\Sigma A\overline{y}}{\Sigma A}] \qquad\qquad \overline{Y} = \frac{650000}{12790} = 50.8\text{mm} \qquad\qquad 答$$

範例 5/7

某物體長度為 1 公尺，且其截面積相對於 x 軸的變化如圖所示，試求此物體的體積形心的近似 x 座標。

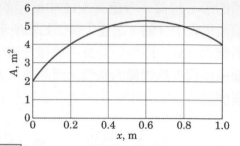

▌**解**　將此物體分為五個部份。下表並列出各部份的平均面積、體積與形心位置：

區間	A_{av} m^2	體積 V m^3	$\overline{x}$ m	$V\overline{x}$ m^4
0-0.2	3	0.6	0.1	0.060
0.2-0.4	4.5	0.90	0.3	0.270
0.4-0.6	5.2	1.04	0.5	0.520
0.6-0.8	4.2	1.04	0.7	0.728
0.8-1.0	4.5	0.90	0.9	0.810
總計		4.48		2.388

① $[\overline{X} = \frac{\Sigma V\overline{x}}{\Sigma V}]$ $\qquad\qquad \overline{X} = \frac{2.388}{4.48} = 0.533\text{m}$ $\qquad\qquad$ 答

提示

① 注意到物體的形狀 (y 及 z 的函數) 並不影響 $\overline{X}$ 。

範例 5/8

試求圖示的支架與軸之組合裝置的質心位置。其中，垂直面由 25 kg/m² 的金屬板製成。而水平底面的材料為 40 kg/m²，而鋼軸的密度則為 7.83 Mg/m³。

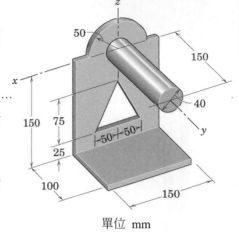

單位 mm

解　此組合物體可視為五個部份組合而成，如右下圖所示。三角形部份將取負的質量。就圖示的參考軸線，可由對稱性清楚看出質心的 x 座標為 0。

各部份的質量 m 不難算出，應無須進一步解釋。對於部份 1，從範例 5/3 得知

$$\bar{z} = \frac{4r}{3\pi} = \frac{4(50)}{3\pi} = 21.2 \text{mm}$$

至於部份 3，從範例 5/2 得知三角形的形心是位於底邊上方三分之一高度的位置。由座標軸所測得之結果可得

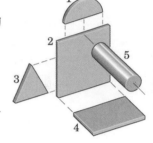

$$\bar{z} = -[150 - 25 - \frac{1}{3}(75)] = -100 \text{mm}$$

其餘部份中質心的 y 與 z 座標經檢視應可明顯看出。使用式 5/7 時，以下列表格方式處理相關各項為最佳：

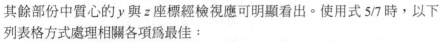

	m	$\bar{y}$	$\bar{z}$	$m\bar{y}$	$m\bar{z}$
部份	kg	mm	mm	kg · mm	kg · mm
1	0.098	0	21.2	0	2.08
2	0.562	0	− 75.0	0	− 42.19
3	− 0.094	0	− 100.0	0	9.38
4	0.600	50.5	− 150.0	30.0	− 90.00
5	1.476	75.0	0	110.7	0
總計	2.642			140.7	− 120.73

現使用式 5/7，並可得

$$[\bar{Y} = \frac{\Sigma m\bar{y}}{\Sigma m}] \qquad \bar{Y} = \frac{140.7}{2.642} = 53.3 \text{mm}$$ 答

$$[\bar{Z} = \frac{\Sigma m\bar{z}}{\Sigma m}] \qquad \bar{Z} = \frac{-120.73}{2.642} = -45.7 \text{mm}$$ 答

5/5 巴伯士定理(Theorems of Pappus)*

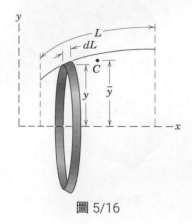

圖 5/16

當平面上的一段曲線,繞著位於此平面上但與曲線不相交的軸旋轉時,所產生的表面積可以用一個非常簡單的方法求出。如圖 5/16 所示,x-y 平面上有一長 L 之線段,其繞 x 軸旋轉時將產生一表面積。此表面積之一面積元素為 dL 所產生的環狀面積。此環狀面積大小等於其圓周長乘上傾斜高度,即 $dA = 2\pi y \, dL$。全部的曲面面積為

$$A = 2\pi \int y \, dL$$

又因 $\bar{y}L = \int y \, dL$,此面積變成

$$A = 2\pi \bar{y}L \qquad (5/8)$$

其中,$\bar{y}$ 為長度 L 之線段其形心的 y 座標。因此,所產生的曲面面積等於長度為 L 且半徑為 $\bar{y}$ 的正圓柱體其側向面積。

如果將平面上的某個面積,繞著位於此平面上但與此面積不相交的軸旋轉,也可用同樣簡單的關係式算出所產生的體積。如圖 5/17 所示,對於面積 A 繞 x 軸旋轉所產生的體積,其體積元素為截面積 dA 及半徑 y 之圓環。此體積元素大小等於圓周乘上 dA,即 $dV = 2\pi y \, dA$,而全部體積為

$$V = 2\pi \int y \, dA$$

因為 $\bar{y}A = \int y \, dA$,於是體積成為

$$V = 2\pi \bar{y}A \qquad (5/9)$$

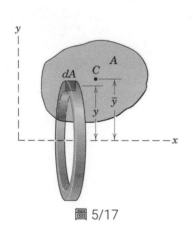

圖 5/17

其中,$\bar{y}$ 為作旋轉之面積 A 其形心 C 的 y 座標。因此,將原來面積乘上形心所畫出的圓周周長即得出所產生之體積。

式 5/8 與 5/9 所表述的兩個巴伯士定理 (Theorems of Pappus),在計算旋轉所產生的面積和體積時非常有用。也可用其決定平面曲線及平面面積的形心位置,若已知這些圖形繞不相交的軸旋轉時所產生的對應面積或體積。將已知面積或體積除以 2π 與對應的線段長或面積大小之乘積,即得出形心到旋轉軸的距離。

....

* 歸功於西元三世紀,亞歷山大里亞 (Alexandria) 的希臘幾何學家巴伯士 (Pappus)。此定理也常附有顧爾丁 (Paul Guldin,1577-1643) 的名字,儘管巴伯士的工作顯然為他所熟知,他仍宣稱自己為此定理原創者。

如果線段或面積的旋轉角度 θ 少於 2π，將式 5/8 和 5/9 中的 2π 換成 θ 即可得出產生之面積或體積。於是，更一般的關係式為

$$A = \theta \overline{y} L \qquad (5/8a)$$

與

$$V = \theta \overline{y} A \qquad (5/9a)$$

其中，角度 θ 以強度表示。

巴伯士定理 (The theorems of Pappus) 對於如圖中儲水槽的物體在計算其體積與面積是非常有用。

範例 5/9

試求如圖所示具有圓形截面積的完整圓環體的體積 V 和表面積 A。

■ 解 將半徑為 a 的圓面積繞 z 軸旋轉 $360°$ 即能形成此圓環體。利用式 5/9a，可得

① $\qquad V = \theta \overline{r} A = 2\pi (R)(\pi a^2) = 2\pi^2 R a^2$ 　　**答**

同樣，利用式 5/8a，可得

$$A = \theta \overline{r} L = 2\pi (R)(2\pi a) = 4\pi^2 R a$$ 　　**答**

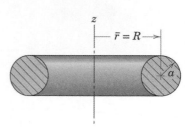

提示

① 注意到完整圓環體之旋轉角度 θ 為 2π。式 5/9 亦可得出此一常見但特別的結果。

範例 5/10

將兩股各長 60 mm 的直角三角形繞 z 軸旋轉 180°，試求所產生的實心體積。如果這個物體是由鋼料製成，則其質量 m 為何？

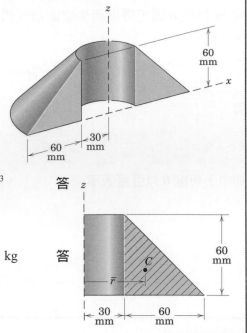

解　因旋轉角度 $\theta = 180°$，由式 5/9a 可得

① $$V = \theta \bar{r} A = \pi [30 + \frac{1}{3}(60)][\frac{1}{2}(60)(60)] = 2.83(10^5)\text{mm}^3 \qquad 答$$

此物體的質量為

$$m = \rho V = [7830 \frac{\text{kg}}{\text{m}^3}][2.83(10^5)\text{mm}^3][\frac{1\text{m}}{1000\text{mm}}]^3 = 2.21 \text{ kg} \qquad 答$$

提示

① 注意到 θ 需為弧度。

第二部份：特殊主題 (SPECIAL TOPICS)

5/6 樑之外部效應 (Beams-External Effects)

樑 (beams) 為能夠抵抗起自外加負載之彎矩的結構構件。大多數樑均為長形的稜截面桿，而負載施加方向通常與樑軸方向垂直。

樑無疑為最重要的結構構件，因此理解其設計的基礎原理相當重要。分析樑的荷重能力時，首先須建立樑的整體與其分開考慮的任意部份等所需的平衡條件。其次，須建立起外部合力與樑承受這些力時所產生的內部抗力兩者間的關係。前述分析中，第一部份需要應用靜力學原理。第二部份則涉及材料的強度特性，通常在固體力學或材料力學中處理。

本節主題為樑上的外部負載與支撐反力。在 5/7 節，則計算樑的內部作用力與力矩沿著樑的分佈情形。

樑的種類

　　若可僅用靜力學方法計算出樑的支撐反力，此時稱樑為**靜定樑 (statically determinate beams)**。當樑的支撐數多於平衡所需時，則稱之為**靜不定樑 (statically indeterminate beams)**，此時若欲計算其支撐反力，除了靜平衡方程式外，尚需考慮樑對負載的變形特性。圖 5/18 即顯示上述兩種樑之範例。本節僅將分析靜定樑。

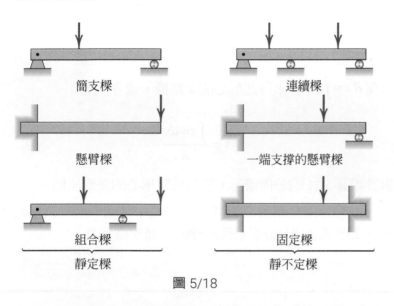

圖 5/18

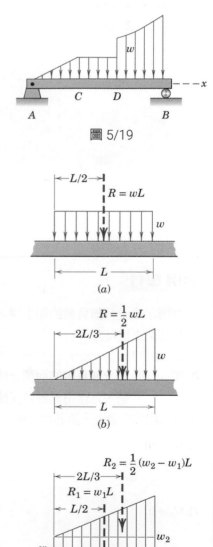

圖 5/19

圖 5/20

　　也可由支撐的外加負載類型來辨別樑的種類。圖 5/18 中的樑係承受集中負載，而圖 5/19 中的樑係承受分佈負載。分佈負載的強度 w 可表示成每單位長度所承受的作用力。且強度可為定值或變動，連續或不連續。圖 5/19 的負載強度在 C 到 D 之間為定值，而從 A 到 C 以及 D 到 B 之間則為變動值。在 D 點的強度則呈不連續，此處的強度係突然改變大小。雖然強度本身在 C 點為連續，但強度的變化率 $\dfrac{dw}{dx}$ 為不連續。

分佈負載

　　負載強度為定值或呈現性變化均易於處理。圖 5/20 中，說明三種最常見的情形，以及各種情形中分佈負載的合力。

　　在圖 5/20(*a*) 與 5/20(*b*) 中，以負載強度 w (樑單位長度之承受作用力) 與作用力的分佈長度 L 所形成的面積大小來表示負載合力 R。此合力通過此面積的形心。

在圖 5/20(c) 中，梯形面積分成一個矩形與一個三角形，並分別算出各子面積對應的合力 R_1 與 R_2。注意到，可利用 5/4 節討論過的以組合技巧找出形心來計算單一合力。但通常無須計算單一合力。

如圖 5/21，對於更一般的負載分佈情形，須從作用力 $dR = w\,dx$ 的微分增量開始。總負載力則為所有微分作用力的總和，或

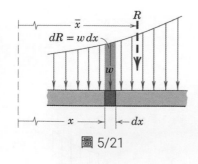

圖 5/21

$$R = \int w\,dx$$

如前所述，合力 R 作用於所計算面積的形心位置。可由力矩原理 $R\bar{x} = \int xw\,dx$ 求得此形心的 x 座標，或者

$$\bar{x} = \frac{\int xw\,dx}{R}$$

對於如圖 5/21 的分佈情形，無須決定形心的垂直座標。

一旦分佈負載簡化成其等效的集中負載，則可直接藉由第三章闡述之靜力分析來得出樑的外部支撐反力。

範例 5/11

如圖所示承受分佈負載的簡支樑，試求其等效集中負載以及外部支撐反力。

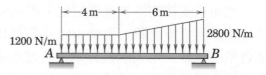

解 ① 將分佈負載的面積分成如圖所示的矩形和三角形。分別計算出面積，即可得出集中負載值，且作用於各自面積的形心位置。

一旦求出集中負載，將其加入樑的自由體圖中，並標示出 A 與 B 處的外部支撐反力。由平衡原理可得

$[\Sigma M_A = 0]$ 　　　　　　　　$12000(5) + 4800(8) - R_B(10) = 0$

　　　　　　　　　　　$R_B = 9840 \text{ N}$　　或　　9.84 kN　　　　　　　　答

$[\Sigma M_B = 0]$ 　　　　　　　　$R_A(10) - 12000(5) - 4800(2) = 0$

　　　　　　　　　　　$R_A = 6960 \text{ N}$　　或　　6.96 kN　　　　　　　　答

提示

① 注意到，通常無需將給定分佈負載簡化成單一集中負載。

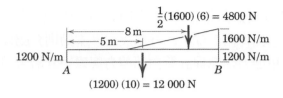

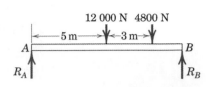

範例 5/12

試求荷載的懸臂樑在支點 A 的支撐反力。

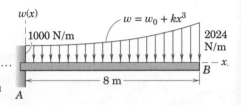

解 ① 負載分佈函數中的常數值可求出為 $w_0 = 1000$ N/m 與 $k = 2$ N/m^4。集中負載 R 遂為

$$R = \int w\,dx = \int_0^8 (1000 + 2x^3)\,dx = \left(1000x + \frac{x^4}{2}\right)\Big|_0^8 = 10050\,\text{N}$$

② 負載分佈面積的形心 x 座標為

$$\bar{x} = \frac{\int xw\,dx}{R} = \frac{1}{10050}\int_0^8 x(1000 + 2x^3)\,dx$$

$$= \frac{1}{10050}\left(500x^2 + \frac{2}{5}x^5\right)\Big|_0^8 = 4.49\,\text{m}$$

由樑的自由體圖可得

$[\Sigma M_A = 0]$ $\qquad\qquad\qquad M_A - (10050)(4.49) = 0$

$$M_A = 45100\,\text{N}\cdot\text{m} \qquad\qquad\qquad\qquad\qquad 答$$

$[\Sigma F_y = 0]$ $\qquad\qquad\qquad\qquad A_y = 10050\,\text{N} \qquad\qquad\qquad 答$

注意到由檢視可知 $A_x = 0$。

提示

① 注意常數 w_0 與 k 之單位。
② 應可理解到 R 及其作用位置 $\bar{x}$ 之計算僅為 5/3 節處理之
   形心問題的應用。

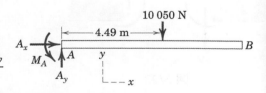

5/7 樑之內部效應 (Beams-Internal Effects)

前一節處理如何將分佈力簡化成一個或多個等效的集中力，然後再求出作用於樑上的外部反力。本節則介紹樑的內部效應，並利用靜力學原理計算內部剪力與彎矩其沿著樑長度位置的函數。

剪力、彎曲和扭力

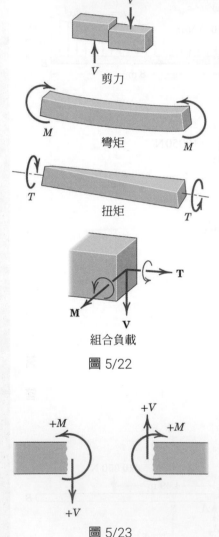

V
剪力

M 彎矩 M

T 扭矩 T

T
M
V
組合負載

圖 5/22

除了支撐張力或壓縮力，樑尚能抵抗剪力、彎矩與扭矩。圖 5/22 係繪示這三種效應。作用力 V 稱為**剪力** (*shear force*)，力偶 M 稱為**彎矩** (*bending moment*)，而力偶 T 稱為**扭矩** (*torsional moment*)。如圖 5/22 下半部所示，上述三種效應係代表樑橫斷面上的作用力其合成負載效果的向量分量。

現考慮樑受力時單一平面上的剪力與彎矩。對圖 5/23 中剪力 V 與彎矩 M 其正值方向之標示慣例即為一般使用的標示方式。從作用力與反作用力原理可看出兩截面上的 V 與 M 方向恰好相反。如果未經過計算，通常無法判定某特定截面上的剪力與彎矩之正負。因此，建議在自由體圖中將 V 與 M 表示在正值方向，然後由計算值的正負符號指出正確的方向。

為幫助說明彎矩 M 的物理意義，考慮圖 5/24 所示的樑，其由兩大小相等方向相反的正值力矩分別作用於兩端而彎曲。此樑的橫截面為 H 形截面，中間的腹板 (web) 極窄，而上下的凸緣 (flange) 極重。此時，相較於上下兩凸緣的荷載，可忽略中間腹板之荷載。樑的上凸緣明顯為變短且處於壓縮力，而下凸緣為伸長且處於張力。這兩個作用力 (一張力一壓縮力) 於任何截面之合成效果為一力偶，其值即為對此截面的彎矩。若為其他橫截面形狀的樑也以相同方式荷載，則在橫截面上的作用力分佈情形將會不同，但合成效果仍為相同的力偶。

+M
+V
+M
+V

圖 5/23

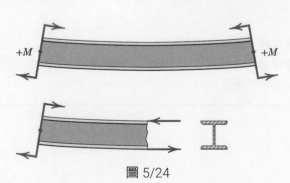

+M
+M

圖 5/24

剪力與彎矩圖

　　剪力 V 和彎矩 M 沿著樑長度方向的變化提供了進行樑的設計分析時的所需資訊。尤其是彎矩的最大值經常爲樑的設計或選擇中的首要考量，且應求出其值及作用位置。剪力和力矩的變化情形以圖示呈現爲最佳，沿著樑長度繪出 V 和 M 時即得到樑的剪力與**彎矩圖** (*shear-force and bending-moment diagrams*)。

　　決定剪力和力矩之關係式時，第一步先將平衡方程式應用至整個樑的自由體圖，以確立作用於樑上的所有外部支撐反力值。接著，以自由體圖孤立出樑的一部份，可爲任一橫截面的左邊或右邊，再應用平衡方程式於此孤立部份。這些方程式將可產生樑之孤立部份其截面上的剪力 V 和彎矩 M 之表示式。不論是截面的左邊還是右邊，取樑中作用力數量較少的部份來孤立通常求解較簡單。

　　應避免取與集中負載或力偶所在位置相重合的截面，因爲此種位置代表剪力或彎矩其變化的不連續點。最後，務必注意到，計算每一所選截面上之 V 和 M 時，須與圖 5/23 所示之慣用正值標示一致。

負載、剪力與彎矩的一般關係式

　　對於任何承受分佈負載的樑皆可建立某些一般關係式，其甚有助於計算剪力和彎矩在樑方向的分佈情形。圖 5/25 繪示一荷載之樑的局部情形，且孤立樑的一元素 dx。負載強度 w 表示每單位長度上樑的負載作用力。在位置 x 處，作用於此元素上的剪力 V 和彎矩 M 在圖中係繪示於正方向。在元素另一邊其座標爲 $x + dx$ 處，這些量也繪示於其正方向。但因 V 和 M 隨 x 變動，故需標示爲 $V + dV$ 和 $M + dM$。在此元素長度內之負載 w 可視爲常數，因爲元素長度爲一微分量，故在取極限時，w 的任何改變效應與 w 本身之效應相較下均會消去。

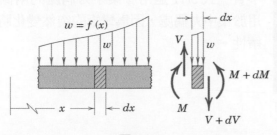

圖 5/25

此元素之平衡要求垂直作用力的總和為零。於是，可得

$$V - w\,dx - (V + dV) = 0$$

或

$$w = -\frac{dV}{dx} \tag{5/10}$$

從式 5/10 可看出剪力圖的斜率必處處等於所施負載的負值。試 5/10 適用於集中負載處的兩側，但不適用於集中負載處，因為剪力的突然變化將造成不連續性。

將式 5/10 積分後，即能以負載 w 來表示剪力 V。因此，

$$\int_{V_0}^{V} dV = -\int_{x_0}^{x} w\,dx$$

或

$$V = V_0 + (\text{從 } x_0 \text{ 到 } x \text{ 之間，位於負載曲線下之面積負值})$$

此表示式中，V_0 為 x_0 處的剪力，而 V 為 x 處之剪力。將負載曲線下的面積加總起來通常是繪製剪力圖的簡單方法。

圖 5/25 中的元素其平衡也要求力矩和為零。對元素左邊取力矩和可得

$$M + w\,dx\frac{dx}{2} + (V + dV)\,dx - (M + dM) = 0$$

式子中的兩個 M 可消去，而 $\dfrac{w(dx)^2}{2}$ 和 $dVdx$ 這兩項因較剩下的其他項為更高階之微分量，故亦可略去。最後可得

$$V = \frac{dM}{dx} \tag{5/11}$$

上式表示各處之剪力係等於彎矩曲線的斜率此一事實。式 5/11 適用於集中力偶處的兩側，但不適用於集中力偶處，因為彎矩的突然變化將造成不連續性。

I 型樑為非常常見之結構元件，因其能節省材料之使用而達到所需之彎曲勁度。

將式 5/11 積分後，即能以剪力 V 來表示彎矩 M。因此，

$$\int_{M_0}^{M} dM = \int_{x_0}^{x} V \, dx$$

或

$M = M_0 + ($ 從 x_0 到 x 之間，位於剪力圖下之面積 $)$

此表示式中，M_0 為 x_0 處的彎矩，而 M 為 x 處之彎矩。對於在 x_0 處沒有外加彎矩 M_0 之樑，其任意截面之總彎矩等於剪力圖下到該截面之面積。將剪力圖下的面積加總起來通常是繪製彎矩圖最簡單的方法。

當 V 通過剪力圖的零軸，且為 x 的連續函數及 $\dfrac{dV}{dx} \neq 0$ 時，因在此點 $\dfrac{dM}{dx} = 0$，故彎矩在此點為最大或最小值。當樑承受集中負載時，V 將不連續地通過零軸，此時 M 也將有極值。

從式 5/10 與 5/11 可看出，V 比 w 對 x 多積分一次。M 也比 V 對 x 多積分一次，於是 M 比 w 對 x 多積分兩次。因此，樑的負載若為 $w = kx$，即其 x 為一次，則剪力 V 之 x 為兩次，而彎矩 M 之 x 為三次。

式 5/10 和 5/11 可結合成

$$\frac{d^2 M}{dx^2} = -w \tag{5/12}$$

因此，若 w 為 x 的已知函數，積分兩次即可得出彎矩 M，只要每次都能正確計算積分上下限。但只有當 w 為 x 的連續函數時，才適用此方法 *。

當樑在不只一平面上發生彎曲時，可對各平面分別做分析，再向量相加所得結果。

....

* 當 w 為 x 之不連續函數時，可採用一套稱為奇異函數 (singularity functions) 之特別表示式，其允許在包含不連續性之區間上寫出剪力 V 及彎矩 M 之解析表示式。但這些函數不在本書討論範圍內。

範例 5/13

如圖所示,剪之樑承受 4 kN 的集中負載,試求其剪力與彎矩的分佈情形。

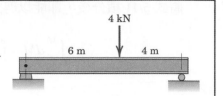

■ **解**　由整個樑的自由體圖可求得支撐反力為

$$R_1 = 1.6 \text{ kN} \qquad R_2 = 2.4 \text{ kN}$$

接著將樑中長度位置為 x 的截面孤立出,且其自由體圖上係將剪力 V 及彎矩 M 標示於正值方向。由平衡條件得知

$$[\Sigma F_y = 0] \qquad 1.6 - V = 0 \qquad V = 1.6 \text{ kN}$$

$$[\Sigma M_{R_1} = 0] \qquad M - 1.6x = 0 \qquad M = 1.6x$$

① 上式中的 V 和 M 值適用於 4 kN 負載左方的所有截面。其次再將樑中位於 4 kN 負載右方的截面孤立出,且其自由體圖上係將剪力 V 及彎矩 M 標示於正值方向。由平衡條件得知

$$[\Sigma F_y = 0] \qquad V + 2.4 = 0 \qquad V = -2.4 \text{ kN}$$

$$[\Sigma M_{R_2} = 0] \qquad -(2.4)(10-x) + M = 0 \qquad M = 2.4(10-x)$$

所得結果僅適用於樑中 4 kN 負載右方的截面。

也繪出 V 和 M 的數值變化圖。彎矩最大值發生於剪力改變方向處。從 $x = 0$ 開始沿著正 x 方向移動時,可看出彎矩 M 僅為剪力圖曲線下方的累積面積。

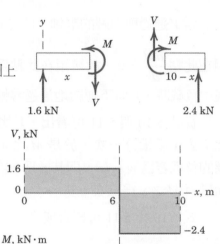

提示

① 切勿將截面取在集中負載處 (如 $x = 6$ m),因為剪力及彎矩關係式在此點發生不連續。

範例 5/14

如圖所示，懸臂樑承受的負載強度 (單位長度所承受的作用力)

係按照 $w = w_0 \sin(\dfrac{\pi x}{l})$ 變化。試將剪力 V 和彎矩 M 表示成比值

$\dfrac{x}{l}$ 的函數。

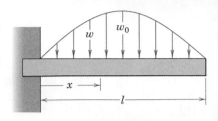

解 首先繪出整個樑的自由體圖，以計算位於支撐端點 $x = 0$ 處的剪力 V_0 和彎矩 M_0。按慣例將 V_0 和 M_0 標示於正數學指向。

平衡時，垂直作用力之加總結果為

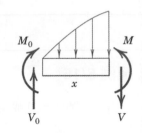

$[\Sigma F_y = 0]$ $\qquad V_0 - \int_0^l w\,dx = 0$ $\quad V_0 = \int_0^l w_k \sin \dfrac{\pi x}{l}\,dx = \dfrac{2w_0 l}{\pi}$

① 而平衡時，對 $x = 0$ 處的左方端點取力矩加總可得

$[\Sigma M = 0]$ $\qquad -M_0 - \int_0^l x(w\,dx) = 0$ $\qquad M_0 = -\int_0^l w_0 x \sin \dfrac{\pi x}{l}\,dx$

$$M_0 = \dfrac{-w_0 l^2}{\pi^2}\left[\sin \dfrac{\pi x}{l} - \dfrac{\pi x}{l}\cos \dfrac{\pi x}{l}\right]_0^l = -\dfrac{w_0 l^2}{\pi}$$

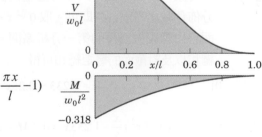

利用在長度位置為 x 處之截面其自由體圖，將式 5/10 加以積分後即可得出樑內部的剪力。因此，

② $[dV = -w\,dx]$ $\qquad \int_{V_0}^V dV = -\int_0^x w_0 \sin \dfrac{\pi x}{l}\,dx$

$V - V_0 = \left[\dfrac{w_0 l}{\pi}\cos \dfrac{\pi x}{l}\right]_0^x$ $\quad V - \dfrac{2w_0 l}{\pi} = \dfrac{w_0 l}{\pi}(\cos \dfrac{\pi x}{l} - 1)$

或以無因次形式表示為

$$\dfrac{V}{w_0 l} = \dfrac{1}{\pi}(1 + \cos \dfrac{\pi x}{l}) \qquad\qquad 答$$

將式 5/11 積分後可得彎矩，即

$[dM = V\,dx]$ $\qquad \int_{M_0}^M dM = \int_0^x \dfrac{w_0 l}{\pi}(1 + \cos \dfrac{\pi x}{l})\,dx$

$$M - M_0 = \dfrac{w_0 l}{\pi}\left[x + \dfrac{l}{\pi}\sin \dfrac{\pi x}{l}\right]_0^x$$

$$M = -\dfrac{w_0 l^2}{\pi} + \dfrac{w_0 l}{\pi}[x + \dfrac{l}{\pi}\sin \dfrac{\pi x}{l} - 0]$$

或者以無因次形式表示為

$$\frac{M}{w_0 l^2} = \frac{1}{\pi}\left(\frac{x}{l} - 1 + \frac{1}{\pi}\sin\frac{\pi x}{l}\right)$$ 答

$\dfrac{V}{w_0 l}$ 與 $\dfrac{M}{w_0 l^2}$ 隨 $\dfrac{x}{l}$ 之變化關係如最後一圖所示。而 $\dfrac{M}{w_0 l^2}$ 之負值表示彎矩方向實際上與原先圖示方向相反。

提示

① 利用此例之對稱性可清楚看出，分佈負載之合力 $R = V_0 - \dfrac{2w_0 l}{\pi}$ 作用於中點。故力矩條件僅為

$M_0 = -\dfrac{R}{2} = -\dfrac{w_0 l^2}{\pi}$，負號表示 $x = 0$ 處之彎矩方向實際上與自由體圖所示方向相反。

② 自由體圖可提醒需注意到 V 及 x 的積分上下限。因 V 之表示式為正，故剪力即如自由體圖所示。

範例 5/15

試畫出如圖所示負載樑的剪力和彎矩圖，並求出彎矩的最大值和其與左端的距離 x。

....

解 支撐反力最易求出，只需考慮整個樑的自由體圖中，分佈負載之等效合力即可。取 $0 < x < 2$ m 範圍內之截面自由體圖做為樑的第一分析區間。由垂直作用力的總和以及對截面的彎矩總和可得

$[\Sigma F_y = 0]$ $\qquad V = 1.233 - 0.25x^2$

$[\Sigma M = 0]$ $\quad M + (0.25x^2)\dfrac{x}{3} - 1.233x = 0 \quad M = 1.233x - 0.0833x^3$

這些 V 和 M 的值適用於 $0 < x < 2$ m，並繪於所示的剪力和彎矩圖中對應之區間。

利用位於 $4 < x < 4$ m 的截面自由體圖，由垂直方向的力平衡及對截面的力矩總和可得

$[\Sigma F_y = 0]$ $\qquad V + 1(x-2) + 1 - 1.233 = 0 \qquad V = 2.23 - x$

$[\Sigma M = 0]$ $\qquad M + 1(x-2)\dfrac{x-2}{2} + 1[x - \dfrac{2}{3}(2)] - 1.233x = 0$

$$M = -0.667 + 2.23x - 0.50x^2$$

這些 V 和 M 的值繪於所示的剪力和彎矩圖中 $4 < x < 4$ m 之區間。

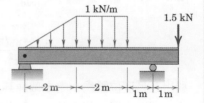

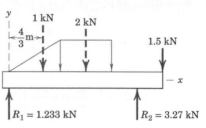

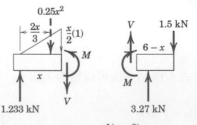

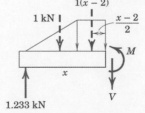

分析樑剩餘部份時，從樑的下一個區間，即截面右邊部份的自由體圖開始。應注意到 V 和 M 仍標示於其正方向。由垂直力的總和及對截面的彎矩總和可得

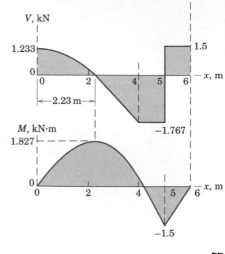

$$V = -1.767 \text{ kN} \qquad \text{及} \qquad M = 7.33 - 1.767x$$

這些 V 與 M 的值繪於所示的剪力和彎矩圖中 $8 < x < 5$ m 之區間。

最後一個區間則可由檢視來分析。剪力維持固定值 + 1.5 kN，而彎矩則是直線關係，從樑的右端以零開始。

最大彎矩發生在 $x = 2.23$ m 的位置，剪力曲線於此處通過零軸，且 M 的最大值可由此 x 值代入第二區間 M 的表示式而得出。彎矩的最大值為

$$M = 1.827 \text{ kN} \cdot \text{m}$$

答

如前所述，注意到對於任何截面的彎矩 M 之改變量，就等於從原點到此截面位置在剪力圖曲線下方的面積。例如，對於 $x < 2$m 的區間，

$$[\Delta M = \int V \, dx] \qquad\qquad M - 0 = \int_0^x (1.233 - 0.25x^2) \, dx$$

而如前所得，$M = 1.233x - 0.0833x^3$。

5/8　撓性纜繩 (Flexible Cables)

　　撓性纜繩是一種重要的結構構件類型，常出現在吊橋、輸配電纜、重型纜車和電話線的支撐鋼纜，以及許多其他應用。在設計這些結構時，須知道張力、跨距、垂度及纜繩長度等關係式。藉由檢驗纜繩 (處平衡狀態的一物體) 來決定這些物理量。在分析撓性纜繩時，係假設忽略任何對彎曲之抗力。這項假設意指在纜繩中的作用力恆沿著纜繩方向。

　　撓性纜繩可支撐一連串不同集中負載，如圖 5/26(a) 所示，或可支撐本身長度範圍內成連續分佈之負載，如圖 5/26(b) 所示的變動強度負載 w。在一些情形中，纜繩重量相較於所支撐的負載下可忽略。但其他情形時，纜繩重量可能為可觀負載或是唯一負載，而無法忽略。不論處理何種情形，均能以相同方式列出纜繩之平衡條件。

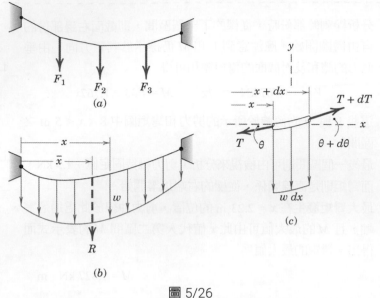

圖 5/26

一般關係式

如圖 5/26(b) 所示,若作用於纜繩的變動且連續之負載其強度 w 表示成每單位水平長度 x 所承受的作用力,則垂直負載的合力 R 為

$$R = \int dR = \int w\,dx$$

其中可對所需區間取積分。由力矩原理可求得合力 R 的位置,故

$$R\bar{x} = \int x\,dR \qquad \bar{x} = \frac{\int x\,dR}{R}$$

負載元素 $dR = w\,dx$ 係表示成負載圖中垂直長度 w 且寬度 dx 之條狀陰影面積,而合力 R 則以全部面積表示。由前述表示式可知,合力 R 通過陰影面積的形心。

當纜繩的每一無窮小元素均處於平衡,則纜繩即滿足平衡條件。圖 5/26(c) 所示一微分元素之自由體圖。位於一般位置 x 處的纜繩張力為 T,而纜繩與水平 x 方向成 θ 角。在 $x + dx$ 處的截面時,張力為 $T + dT$,而夾角則為 $\theta + d\theta$。注意到,隨 x 的增加,T 和 θ 的改變量均取為正值。然後再加入垂直負載 $w\,dx$ 而完成自由體圖。垂直和水平方向作用力之平衡分別要求如下

$$(T + dT)\sin(\theta + d\theta) = T \sin \theta + w \, dx$$

$$(T + dT)\cos(\theta + d\theta) = T \cos \theta$$

利用三角正弦及餘弦函數的和角展開公式，以及利用當 $d\theta$ 趨近於零取極限時可代入 $\sin d\theta = d\theta$ 和 $\cos d\theta = 1$，可得

$$(T + dT)(\sin \theta + \cos d\theta) = T \sin \theta + w \, dx$$

$$(T + dT)(\cos \theta - \sin \theta \, d\theta) = T \cos \theta$$

將二階項捨去，化簡可得

$$T \cos \theta \, d\theta + dT \sin \theta = w \, dx$$

$$- T \sin \theta \, d\theta + dT \cos \theta = 0$$

接著改寫成

$$d(T \sin \theta) = w \, dx \qquad 及 \qquad d(T \cos \theta) = 0$$

上述第二個關係式陳述 T 之水平分量保持不變此一事實，這可以從自由體圖清楚看出。若採用符號 $T_0 = T \cos \theta$ 來代表此一固定水平分力，則可將 $T = \dfrac{T_0}{\cos \theta}$ 代入剛推導之兩式第一項，而得到 $d(T_0 \tan \theta) = w \, dx$。因為 $\tan \theta = \dfrac{dy}{dx}$，於是平衡方程式可以寫成下述形式

$$\frac{d^2 y}{dx^2} = \frac{w}{T_0} \tag{5/13}$$

式 5/13 為撓性纜繩的微分方程式。方程式的解為同時滿足方程式本身及纜繩兩固定端之**邊界條件 (boundary conditions)** 的函數關係 $y = f(x)$。此關係式定義出纜繩的形狀，且將用來求解纜繩負載的兩個重要的限制情形。

拋物線纜繩

當垂直負載的強度 w 為固定值時，係與吊橋的情況非常接近，此時吊橋上均勻的道路重量可表示成定值 w。纜繩本身的質量並非在水平上均勻分佈，但相對而言甚小故忽略其重量。對於此種限制情形，將證明纜繩依拋物線懸掛。

首先將纜繩懸掛在位於不同水平高度的 A 和 B 兩點之間，如圖 5/27(a) 所示。座標原點設於纜繩最低點，該處張力 T_0 為水平。將式 5/13 對 x 積分一次可得

$$\frac{dy}{dx} = \frac{wx}{T_0} + C$$

其中，C 為積分常數。就所選座標軸，當 $x = 0$ 時 $\frac{dy}{dx} = 0$，因此 $C = 0$。則

$$\frac{dy}{dx} = \frac{wx}{T_0}$$

上式定義曲線之斜率為 x 的函數。再積分一次可得

$$\int_0^y dy = \int_0^x \frac{wx}{T_0} dx \qquad \text{或} \qquad y = \frac{wx^2}{2T_0} \qquad (5/14)$$

或者，也能以不定積分及之後求解積分常數來得到完全相同的結果。式 5/14 給出之纜繩形狀可看出為一位於垂直面的拋物線。纜繩張力的固定水平分量即為纜繩在原點的張力。

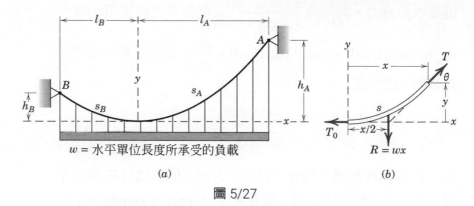

w = 水平單位長度所承受的負載

(a)　　　　(b)

圖 5/27

將對應值 $x = l_A$ 和 $y = h_A$ 代入式 5/14 可得

$$T_0 = \frac{w l_A^2}{2 h_A} \qquad \text{或} \qquad y = h_A \left(\frac{x}{l_A}\right)^2$$

可從圖 5/27(b) 所示之部份纜繩的自由體圖得出張力 T。從畢氏定理可得

$$T = \sqrt{T_0^2 + w^2 x^2}$$

消去 T_0 可得

$$T = w\sqrt{x^2 + (\frac{l_A^2}{2h_A})^2} \qquad (5/15)$$

在 $x = l_A$ 處有最大張力值，爲

$$T_{max} = wl_A\sqrt{1 + (\frac{l_A}{2h_A})^2} \qquad (5/15a)$$

可對纜繩的一微分長度 $ds = \sqrt{(dx)^2 + (dy)^2}$ 之表示式做積分而求得纜繩從原點到 A 點之長度 s_A。因此，

$$\int_0^{s_A} ds = \int_0^{l_A}\sqrt{1 + (\frac{dy}{dx})^2}\,dx = \int_0^{l_A}\sqrt{1 + (\frac{wx}{T_0})^2}\,dx$$

雖然此表示式可積成解析形式，但爲計算用途時，將根號表示成收斂級數再逐項積分將更爲方便。爲此，採用二項式展開

$$(1 + x)^n = 1 + nx + \frac{n(n-1)}{2!}x^2 + \frac{n(n-1)(n-2)}{3!}x^2 + \cdots$$

上式在 $x^2 < 1$ 時收斂。將級數中的 x 換成 $(\frac{wx}{T_0})^2$，並取 $n = \frac{1}{2}$，可得表示式如下

$$\begin{aligned}
s_A &= \int_0^{l_A}(1 + \frac{w^2x^2}{2T_0^2} - \frac{w^4x^4}{8T_0^4} + \cdots)\,dx \\
&= l_A[1 + \frac{2}{3}(\frac{h_A}{l_A})^2 - \frac{2}{5}(\frac{h_A}{l_A})^4 + \cdots] \qquad (5/16)
\end{aligned}$$

此級數在 $\frac{h_A}{l_A} < \frac{1}{2}$ 時收斂，大多實際情形均爲如此。

　　纜繩從原點至 B 點所適用之關係式則可將 h_A、l_A、s_A 換成 h_B、l_B、s_B 後而簡單得出。

　　如圖 5/28 所示的吊橋，吊索兩端的支撐塔頂位於相同的高度，總跨距爲 $L = 2l_A$，吊索垂度爲 $h = h_A$，而纜繩全長爲 $S = 2s_A$。將這些值代入，則最大張力值和總長度爲

$$T_{max} = \frac{wL}{2}\sqrt{1 + (\frac{L}{4h})^2} \qquad (5/15b)$$

$$S = L[1 + \frac{8}{3}(\frac{h}{L})^2 - \frac{32}{5}(\frac{h}{L})^4 + \cdots] \qquad (5/16a)$$

此級數在 $\frac{h}{L} < \frac{1}{4}$ 時均收斂。在大多數情形中，h 係遠小於 $\frac{L}{4}$，因此式 5/16a 的前三項即能提供足夠精確之近似值。

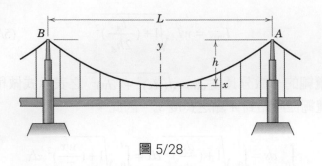

圖 5/28

懸鍊線纜繩

現考慮如圖 5/29(a) 所示的均勻纜繩，懸掛在 A 和 B 兩點之間，且僅在本身重量作用下懸垂。在此種限制情形下，將可證明纜繩係呈現稱為**懸鍊線 (*catenary*)** 之曲線形狀。

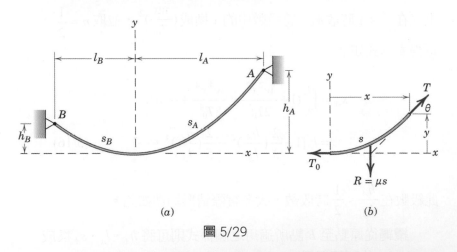

(a)   (b)

圖 5/29

圖 5/29(b) 所示為，從原點量起長度為 s 的一有限段纜繩其自由體圖。此自由體圖與圖 5/27(b) 的自由體圖間的不同處在於，現總垂直支撐力等於此段長 s 之纜繩段的重量，而非沿水平均勻分佈的負載。如果纜繩每單位長度的重量為 μ，則負載合力 R 為 $R = \mu s$，因此圖 5/26(c) 中的垂直負載增量 $w\,dx$ 換成 $\mu\,ds$。將其置換後，微分方程式 5/13 成為

$$\frac{d^2y}{dx^2} = \frac{\mu}{T_0}\frac{ds}{dx} \qquad (5/17)$$

因為 $s = f(x, y)$，須將此方程式轉換成只含此兩個變數。

可將等式 $(ds)^2 = (dx)^2 + (dy)^2$ 代入，得

$$\frac{d^2y}{dx^2} = \frac{\mu}{T_0}\sqrt{1+(\frac{dy}{dx})^2} \qquad (5/18)$$

式 5/18 為由纜繩所形成之曲線 (懸鍊線) 的微分方程式。再利用 $p = \frac{dy}{dx}$ 之置換可較簡單求解此方程式，此時

$$\frac{dp}{\sqrt{1+p^2}} = \frac{\mu}{T_0}dx$$

將此式積分可得

$$\ln(p + \sqrt{1+p^2}) = \frac{\mu}{T_0}x + C$$

因為 $x = 0$ 時 $\frac{dy}{dx} = p = 0$，所以常數 C 為為零。將 $p = \frac{dy}{dx}$ 代回，並改成指數形式及消去根號可得

$$\frac{dy}{dx} = \frac{e^{\frac{\mu x}{T_0}} - e^{-\frac{\mu x}{T_0}}}{2} = \sinh\frac{\mu x}{T_0}$$

為方便起見已採用雙曲線函數 *。對此斜率式積分後可得

$$y = \frac{T_0}{\mu}\cosh\frac{\mu x}{T_0} + K$$

由 $y = 0$ 時 $x = 0$ 之邊界條件來算出積分常數 K。代入後可得 $K = -\frac{T_0}{\mu}$，因此

$$y = \frac{T_0}{\mu}(\cosh\frac{\mu x}{T_0} - 1) \qquad (5/19)$$

式 5/19 即為纜繩僅在本身重量作用下懸垂時所形成的曲線 (懸鍊線) 方程式。

....
* 見附錄 C 之 C/8 及 C/10 節的雙曲線函數的定義及積分。

從圖 5/29(b) 的自由體圖可看出 $\frac{dy}{dx} = \tan\theta = \frac{\mu s}{T_0}$。因此，從之前的斜率表示式可得

$$s = \frac{T_0}{\mu} \sinh \frac{\mu x}{T_0} \qquad (5/20)$$

由圖 5/29(b) 中的三個作用力之平衡三角形可得張力 T。因此，

$$T^2 = \mu^2 s^2 + T_0^2$$

再結合式 5/20 可得

$$T^2 = T_0^2 (1 + \sinh^2 \frac{\mu x}{T_0}) = T_0^2 \cosh^2 \frac{\mu x}{T_0}$$

或

$$T = T_0 \cosh \frac{\mu x}{T_0}$$

亦可利用式 5/19 將張力以 y 表示，代入式 5/21 後可得

$$T = T_0 + \mu y \qquad (5/22)$$

式 5/22 顯示從最低位置開始，纜繩張力的變化量僅取決於 μy。

大部份關於懸鍊線的問題需對式 5/19 到 5/22 進行求解，可使用圖解近似法或由電腦計算。本節隨後之範例 5/17 係說明圖解近似或電腦求解的方法。

如果垂度與跨距的比率甚小時，能以對拋物線纜線所推得之關係式來對懸鍊線問題的求解做近似。垂度與跨距的比率甚小時，表示為一條緊繃之纜繩，此時重量沿著纜繩的均勻分佈情形與沿著水平方向均勻分佈的相同負載強度差異不大。

許多有關懸鍊線和拋物線形的纜繩問題中，懸吊點並非位於相同高度。此時，可將剛推導之關係式應用至纜繩最低點的兩側繩段。

除了纜繩本身的分佈重量，纜車也對纜繩施加了集中型負載。

範例 5/16

30 m 長的測量帶子具有質量 280 g。當帶子拉伸於同
一高度的兩點間,且兩端張力均 45 N,試計算中間
的下垂距離 h。

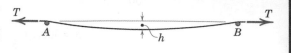

解 每單位長度的重量為 $\mu = \dfrac{0.28(9.81)}{30} = 0.0916 \text{N/m}$。總長度為 $2s = 30$ 或 $s = 15$ m。

① $[T^2 = \mu^2 s^2 + T_0^2]$ $\qquad\qquad 45^2 = (0.0916)^2(15)^2 + T_0^2$

$$T_0 = 44.98 \text{ N}$$

$[T = T_0 + \mu y]$ $\qquad\qquad 45 = 44.98 + 0.0916h$

$$h = 0.229 \text{ m} \qquad 或 \qquad 229 \text{ mm} \qquad\qquad 答$$

提示

① 此處為清楚起見,顯示的是特別加大的圖。

範例 5/17

輕質纜繩支撐水平每公尺 12 公斤的質量,此纜繩懸掛在位
於相同高度且相距 300 公尺的兩點之間。如果纜繩下垂 60
公尺,求纜繩中央處的張力、最大張力和纜繩的總長度。

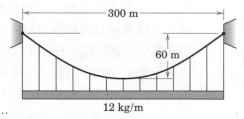

解 因負載為沿著水平方向均勻分佈,遂適用 5/8 節第二段課文的
求解,可得纜繩為拋物線形狀。因 $h = 60$ m,$L = 300$ m,和

$w = 12(9.81)(10^{-3})$ kN/m,由式 5/14 及 $l_A = \dfrac{L}{2}$ 可得中點張力為

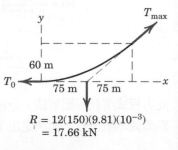

$[T_0 = \dfrac{wL^2}{8h}]$ $\qquad T_0 = \dfrac{0.1177(300)^2}{8(60)} = 22.1$ kN $\qquad$ **答**

支點處的張力為最大值,由式 5/15b 可得。因此,

① $[T_{\max} = \dfrac{wL}{2}\sqrt{1+(\dfrac{L}{4h})^2}]$ $\qquad T_{\max} = \dfrac{12(9.81)(10^{-3})(300)}{2}\sqrt{1+[\dfrac{300}{4(60)}]^2} = 28.3$ kN $\qquad$ **答**

垂度與跨距的比率為 $\frac{60}{300} = \frac{1}{5} < \frac{1}{4}$。因此,式 5/16a 中的級數表示式為收斂,纜繩總長度遂可寫成

$$S = 300[1 + \frac{8}{3}(\frac{1}{5})^2 - \frac{32}{5}(\frac{1}{5})^4 + \cdots]$$
$$= 300[1 + 0.1067 - 0.01024 + \cdots]$$
$$= 329 \text{ m}$$

答

提示

① 建議:直接由纜繩右半部的自由體圖來檢驗 $T_{\max}$ 值,可由其畫出作用力多邊形。

範例 5/18

此處將範例 5/17 中沿水平均勻荷載之纜繩換成一本身每公尺長的質量是 12 kg 的纜繩,且僅支撐本身重量。此纜繩懸掛位於相同高度且相距 300 m 的兩點,而垂度為 60 m。求纜繩中央處的張力、最大張力和纜繩的總長度。

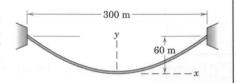

解 因負載沿著纜繩本身長度均勻分佈,遂適用 5/8 節第三段課文的求解,可得此纜繩為懸鍊線形狀。求纜繩總長度和張力的式 5/20 和 5/21 均需要纜繩中央處的最小張力值 T_0,其需利用式 5/19 式來先求出。因此,當 $x = 150$ m、$y = 60$ m 以及 $\mu = 12(9.81)(10^{-3}) = 0.1177$ kN/m 時,可得

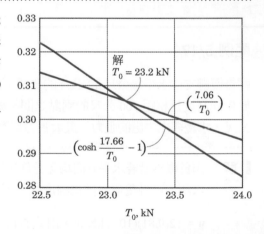

$$60 = \frac{T_0}{0.1177}[\cosh \frac{(0.1177)(150)}{T_0} - 1]$$

或

$$\frac{7.06}{T_0} = \cosh \frac{17.66}{T_0} - 1$$

此方程式可利用圖解法。分別對將方程式等號兩邊的式子求值,並繪成 T_0 的函數圖形。兩曲線的交點即使等號成立,而決定出 T_0 的正確值。上述求解步驟如附圖所示,求得的解為

$$T_0 = 23.2 \text{ kN}$$

或者,可將方程式寫成

$$f(T_0) = \cosh \frac{17.66}{T_0} - \frac{7.06}{T_0} - 1 = 0$$

然後建立一電腦程式求解,計算使 $f(T_0) = 0$ 之 T_0 值。可適用的數值方法可見附錄 C 的 C/11 節中的說明。

在 y 最大時，張力爲最大值，由式 5/22 可得

$$T_{max} = 23.2 + (0.1177)(60) = 30.2 \text{ kN}$$

答

① 由式 5/20 可得纜繩總長度爲

$$2s = 2\frac{23.2}{0.1177}\sinh\frac{(0.1177)(150)}{23.2} = 330\text{m}$$

答

提示

① 注意到，雖然垂度相當大，但範例 5/17 中拋物線纜繩之求解結果相當接近此處懸鍊線纜繩之相關數值。當垂度與跨距之比率更小時，可得更佳之近似。

5/9 流體靜力學 (Fluid Statics)

　　本章目前爲止已處理了作用於固體上或固體之間的作用力效應。本節中將考慮物體在流體壓力之作用力下的平衡。**流體 (fluid)** 爲靜止狀態下無法承受剪力的連續物質。剪力切於其作用之表面，且當相鄰流體層間存在速度差時就會產生剪力。因此，靜止流體僅能產生垂直於界面的作用力。流體可爲氣體或液體。當討論流體爲液體時，流體靜力學一般稱爲**液體靜力學 (hydrostatics)**，而當流體爲氣體時，稱爲**氣體靜力學 (aerostatics)**。

流體壓力

　　給定流體內任一點，其所受來自各方面的壓力均相同 (Pascal's Law，巴斯卡定律)。其證明可利用如圖 5/30 所示，考慮流體中一無限小的三角稜形體之平衡。垂直此元素表面的流體壓力爲圖示之 p_1、p_2、p_3 與 p_4。因作用力等於壓力乘上面積，故由 x 和 y 方向的作用力平衡可得

$$p_1 \, dydz = p_3 \, dsdz \sin\theta \qquad p_2 \, dxdz = p_3 \, dsdzc \cos\theta$$

因 $ds \sin\theta = dy$ 及 $ds \cos\theta = dx$，上面式子要求

$$p_1 = p_2 = p_3 = p$$

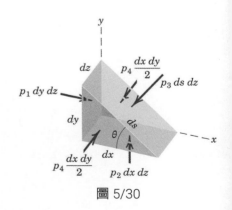

圖 5/30

將此元素旋轉 90° 後，可看出 p_4 亦等於其他壓力。因此，靜力流體內的任意點在所有方向的壓力皆相同。在此分析時，無須考慮此流體元素的重量，因為當單位體積的重量 (密度 ρ 乘 g) 乘上元素體積時，所產生的三階微分量在取極限時與二階之壓力作用力項相較下將消去。

在所有的靜止流體中，壓力為垂直深度的函數。欲求出此函數，考慮如圖 5/31 所示，流體中一具有截面積 dA 的垂直柱狀微分元素。在垂直方向的量測值 h 其正向取向下。作用於上方表面的壓力為 p，而作用在底面的壓力則為 p 加上變動量，亦即 $p + dp$。此元素的重量等於 ρg 乘上其體積。作用於側面的正向力為水平，並不影響垂直方向的作用力平衡，遂圖中未繪示。此流體元素在 h 方向之平衡要求為

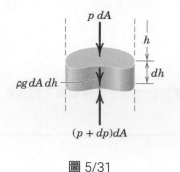

圖 5/31

$$p\, dA + \rho g\, dA dh - (p + dp)\, dA = 0$$

$$dp = \rho g\, dh \qquad (5/23)$$

此微分關係式顯示流體中的壓力隨深度增加，或隨增加高度而減少。式 5/23 均適用於液體或氣體，並與對空氣和水壓的一般觀察結果吻合。

基本上無法壓縮之流體稱為**液體 (liquids)**，在大部份實際情況中，可考慮液體各部份的密度 ρ 為常數 *。在 ρ 為常數下，將式 5/23 積分可得

$$p = p_0 + \rho gh \qquad (5/24)$$

壓力 p_0 為 $h = 0$ 處作用於液體表面的壓力。若 p_0 為大氣壓力所造成，則測量儀器僅記錄超過大氣壓力的增量部份 *，測量結果稱為**錶壓力 (gage pressure)**。其由 $p = \rho gh$ 所計算出。

在 SI 單位系統中，一般的壓力單位為仟巴斯卡 (kPa)，等於每平方公尺仟牛頓 (10^3 N/m^2)。在計算壓力時，如果 ρ 使用 Mg/m^3 的單位，而 g 使用 m/s^2，h 使用 m，則 ρgh 的乘積結果直接即為以 kPa 為單位的壓力。例如，在淡水水深 10 公尺處的壓力為

$$p = \rho gh = (1.0\,\frac{\text{Mg}}{\text{m}^3})(9.81\,\frac{\text{m}}{\text{s}^2})(10\text{m}) = 98.1(10^3\,\frac{\text{kg} \cdot \text{m}}{\text{s}^2}\,\frac{1}{\text{m}^2})$$
$$= 98.1\ \text{kN/m}^2 = 98.1\ \text{kPa}$$

....

* 見附錄 D 之表 D/1 的密度表。

* 海平面之大氣壓力可取為 101.3 kPa 或 14.7 lb/in^2。

在美國慣用單位系統中，流體壓力一般以 lb/in² 爲單位，或偶爾以 lb/ft² 爲單位。因此，在淡水水深 10 ft 處的壓力爲

$$p = \rho g h = (62.4\frac{\text{lb}}{\text{ft}^3})(\frac{1}{1728}\frac{\text{ft}^3}{\text{in}^2})(120\text{in}) = 4.33\,\text{lb/in}^2$$

沉體矩形表面上的液體靜壓力

　　沉沒於液體中的物體，例如水壩底部的洩水閥門或儲水桶的器壁，係承受垂直於表面且分佈於表面面積的流體壓力。當問題中的流體壓力無法忽視時，須計算分佈於表面的壓力所造成之合力，及合力的作用位置。對暴露在大氣中的系統，大氣壓力 p_0 作用於所有表面，故合力爲零。此時，僅需考慮錶壓力 $p = \rho g h$，即超過大氣壓力的增量。

　　考慮一特殊但常見的例子，即作用於沉沒在液體中的矩形板塊其表面的液體靜壓力。如圖 5/32(a) 所示，1-2-3-4 平板其頂邊爲水平，且平板平面與垂直面夾任意角度 θ。液體的水平表面以 x-y' 平面表示。垂直作用在平板點 2 位置的流體壓力 (錶壓力) 以箭頭 6-2 表示，且等於 ρg 乘上液體表面到點 2 的垂直距離。相同大小的壓力也作用在邊 2-3 上的每個點。在底邊的點 1 處，流體壓力等於 ρg 乘上點 1 的垂直深度，而沿著邊 1-4 的所有點均有此相同壓力。整個平板面積上壓力 p 的變化與水深呈線性關係，如圖 5/32(b) 之箭頭 p 所示，其值從 6-2 的值線性改變至 5-1 的值。由此壓力分佈所產生的合力表示爲 R，其作用在稱爲**壓力中心** (center of pressure) 的一點 P 上。

　　如圖 5/32(a) 所示，佈於垂直截面 1-2-6-5 上的所有條件均與截面 4-3-7-8 以及每個垂直此平板的截面上的條件相同。因此，可利用圖 5/32(b) 所示的 1-2-6-5 垂直截面的二維視圖來分析問題。此截面上的壓力分佈爲梯形。如果在垂直圖面方向所測得之平板水平寬度爲 b (亦即圖 5/32(a) 的 2-3 邊長)，則壓力 $p = \rho g h$ 作用在平板上的一條狀面積元素爲 $dA = b\,dy$，此壓力造成的得力增量爲 $dR = p\,dA = bp\,dy$。但 $p\,dy$ 僅爲梯形面積 dA' 的陰影增量面積，因此 $dR = b\,dA'$。故可將作用在整個平板上的合力表示成梯形面積 1-2-6-5 乘上平板的寬度 b，

$$R = b\int dA' = bA'$$

切勿將平板的實際面積 A 與由壓力的梯形分佈所定義的幾何面積 A' 互相混淆。

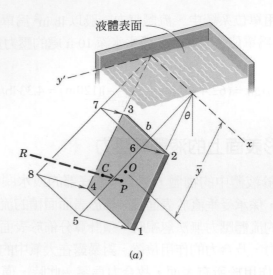

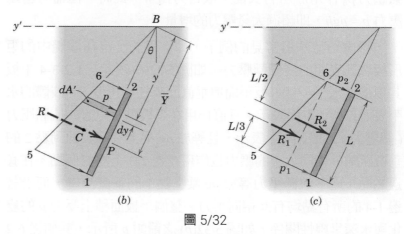

圖 5/32

　　代表壓力分佈的梯形面積能以其平均高度簡單表示。產生的合力 R 也因此可用平均壓力乘上平板面積 A 來表示。而平均壓力即平均深度處 (量至平板形心 O) $p_{av} = \frac{1}{2}(p_1 + p_2)$ 的壓力。合力 R 的另一表示式遂為

$$R = p_{av}A = \rho g \bar{h} A$$

其中，$\bar{h} = \bar{y} \cos\theta$。

　　合力 R 的作用線係利用力矩原理得出。以 x 軸 (圖 5/32(b) 之 B 點) 做為力矩軸，可得 $R\bar{Y} = \int y(pb\,dy)$。代入 $p\,dy = dA'$ 及 $R = bA'$，並消去 b，可得

$$\bar{Y} = \frac{\int y\,dA'}{\int dA'}$$

上式僅爲梯形面積 A' 的形心座標表示式。因此，在二維視圖中，合力 R 通過由垂直截面上的壓力分佈所定義之梯形面積的形心 C。顯然亦定出圖 5/32(a) 之斜截稜形體 1-2-3-4-5-6-7-8 的形心 C，合力係通過此點。

對於壓力呈梯形分佈時，可將梯形分成一矩形和一三角形，如圖 5/32(c) 所示，並分別考慮各部份得出之作用力而藉此簡化計算。矩形部份的作用力係作用在平板中心 O，且爲 $R_2 = p_2 A$，其中 A 是平板 1-2-3-4 的面積。而壓力分佈中的三角形部份所代表的作用力 R_1 爲 $\frac{1}{2}(p_1 - p_2)A$，且作用於所示之三角形部份的核心。

柱體表面上的液體靜壓力

決定沉沒曲面上由分佈壓力所產生的合力 R 時，比平板表面的情形需較多計算。例如，考慮如圖 5/33(a) 所示的沉於液體中的柱體表面，其曲面元素均平行於液體的水平表面 x-y'。所有垂直此表面的截面均顯示出相同曲線 AB 及相同的壓力分佈。因此，可使用圖 5/33(b) 的二維表示法。直接積分求 R 時，需沿著曲線 AB 對 dR 之 x 及 y 分量做積分，因爲 dR 不斷改變方向。因此，

$$R_x = b\int(p\,dL)_x = b\int p\,dy \quad 及 \quad R_y = b\int(p\,dL)_y = b\int p\,dx$$

欲求出 R 的位置時，則需使用力矩方程式。

第二種求 R 的方法通常較爲簡單。如圖 5/33(c) 所示，考慮曲面正上方之液體塊的平衡。此時合力 R 爲液體塊所受來自曲面的大小相等方向相反的反作用力。而沿著 AC 與 CB 的壓力合力分別爲 P_x 與 P_y，兩者可簡單求得。此液體塊的重量可由將其截面積 ABC 乘上常數 b 和 ρg 而算出。重量 W 通過面積 ABC 的形心。平衡力 R 遂可由應用至此流體塊之自由體圖的平衡方程式來完整求出。

任何形狀之平面上的液體靜壓力

如圖 5/34(a) 所示，爲沉於液體中的任意形狀平板。液體的水平表面爲 x-y' 平面，而平板平面與垂直夾 θ 角。沿著條狀面積上的壓力 p 均相等，因沿著條狀面積之深度均未改變。以積分算出暴露面積 A 上的總作用力，可得

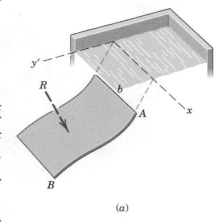

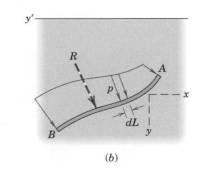

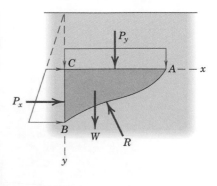

圖 5/33

$$R = \int dR = \int p\, dA = \rho g \int h\, dA$$

將形心關係式 $\overline{h}A = \int h\, dA$ 代入，可得

$$R = \rho g \overline{h} A \qquad\qquad (5/25)$$

其中 $\rho g \overline{h}$ 爲在此平板面積形心 O 深度的壓力，且爲整個面積上的平均壓力。

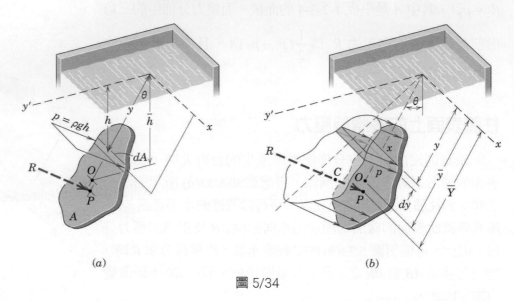

圖 5/34

也能以圖 5/34(b) 所示的體積 V' 來幾何表示合力 R。此時，流體壓力 p 表示成垂直於做爲底面之平板的一個高度。可看出產生的體積爲一斜截正柱體。作用在微分面積 $dA = x\, dy$ 的作用力 dR 係表示爲陰影區域的薄片體積 $\rho\, dA$，而總作用力則表示成柱體的總體積。從式 5/25 可看出此斜截柱體的平均高度爲平均壓力 $\rho g \overline{h}$，即承受壓力的平板面積其形心 O 所在深度的壓力。

對於其形心 O 或體積 V' 不易求出的問題，可直接積分求出 R。因此，

$$R = \int dR = \int p\, dA = \int \rho g h x\, dy$$

其中，微分水平條狀面積的深度 h 及長度 x 須以 y 表示來進行積分。

得出合力後，須求出作用位置。以圖 5/34(b) 中的 x 軸做爲力矩軸，利用力矩原理可得

$$R\overline{Y} = \int y\,dR \quad 或 \quad \overline{Y} = \frac{\int y(px\,dy)}{\int px\,dy} \qquad (5/26)$$

上述第二個關係式滿足量至由壓力和作用面積所表示之斜截柱體體積 V' 其形心的座標 $\overline{Y}$ 之定義。因此可歸結出，當以平板面積爲底部，且以線性變化的壓力爲垂直高度時所形成之體積，合力 R 係通過其體積形心 C。合力 R 在平板上的作用點 P 爲壓力中心。注意到，壓力中心 P 與平板面積的形心 O 不相同。

浮力

浮力原理 (*principle of buoyancy*) 的發現歸功於阿基米德。此原理能以任何處平衡之流體，不論氣體或液體，來簡單解釋。考慮一個想像的封閉曲面，如圖 5/35(*a*) 中的不規則虛線，以其界定出流體的一部份。如果能將此部份流體從封閉的空腔內吸取出，同時換成其對空腔壁的作用力，如圖 5/35(*b*) 所示，週遭流體的平衡即沒有被擾動。再者，如圖 5/35(*c*) 所示，在移出空腔前此部份流體之自由體圖顯示，分佈於其表面的壓力作用力之合力必與其重量 mg 大小相等方向相反，且通過此部份流體的質心。如果將此部份流體換成形狀大小完全相同之物體，則保持於此位置之物體所受的表面作用力將等於原先該部份流體之受力。因此，一物體沉沒在液體中時，其表面所受之合力係與排開之流體重量大小相等方向相反，且通過排開流體的質心。此合力即稱爲浮力

$$F = \rho g V \qquad (5/27)$$

其中，ρ 是流體密度，g 是重力加速度，V 是排開的流體體積。當流體密度是常數時，排開流體的質心與排開體積的形心重合。

迪亞伯水壩 (The Diablo Dam) 爲華盛頓州西雅圖提供電力。

高檔帆船的設計者必須同時考慮帆布上的氣壓分佈以及船體上的水壓分佈。

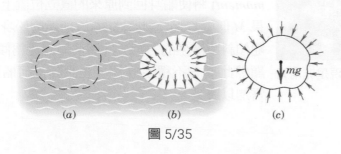

(*a*)   (*b*)   (*c*)

圖 5/35

因此，當物體密度小於其完全沉沒之流體密度時，垂直方向將有不平衡力出現，而物體上升。當沉入的流體是液體時，物體會持續上升直至液體表面為止，然後停在一平衡位置(假設在液體表面上的新流體密度小於物體密度)。當表面交界位於液體和氣體之間時，例如水和空氣，此時氣體壓力對漂浮物體高於液體表面之部份的作用效應係被液體的額外壓力所平衡，此額外壓力來自氣體對液體表面之作用。

關於浮力的一重要問題為決定浮體的穩定度，例如圖 5/36(*a*) 所顯示的直立船殼的截面圖。*B* 點為排開體積的形心，並稱為**浮力中心** (*center of buoyancy*)。水壓對船體的作用力合力即為浮力 *F*，其通過 *B* 點且與船體之重量 *W* 大小相等方向相反。如果使船身如圖 5/36(*b*) 所示傾斜一個角度 *α*，則排開體積形狀改變，於是浮力中心移到 *B'* 點上。

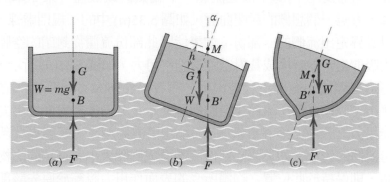

圖 5/36

culture-images GmbH/Alamy

風洞測試對於預測全尺寸汽車的性能表現是非常有用的。

通過 *B'* 點的垂直線與船身中心線之相交點稱為**定傾中心** (*meta-center*)，而 *M* 與離質心 *G* 之距離 *h* 稱為**定傾中心高** (*metacentric height*)。對大部份船體形狀，當傾斜角度在約 20° 以內時，*h* 幾乎均維持定值。如圖 5/36(*b*) 所示，當 *M* 高於 *G* 時，一**扶正力矩** (*righting moment*) 將使船身回到原來的直立位置上。如果 *M* 低於 *G* 時，如圖 5/36(*c*) 所示的船身，則隨傾斜所產生的力矩方向將使船身更為傾斜。顯然此為一不穩定條件，在設計任何船體時需加以避免。

範例 5/19

在圖中以截面 *AB* 表示之矩形閘門有 4 公尺高和 6 公尺寬 (垂直於紙面)，其用以擋在水深 3 公尺的淡水水道的末端。此道閘門的轉動軸為沿著閘門上端邊緣且通過 *A* 點的水平軸，並利用在水道底部的固定突出物 *B* 來水平撐抵閘門下緣，以防止被水沖開。求突出物對閘門所產生的作用力 *B*。

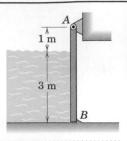

▌ **解** 　此閘門的自由體圖以截面圖顯示，且顯示出在 *A* 點處的垂直和水平分力，未指定的閘門重量 $W = mg$，未知的水平作用力 *B*，以及作用於垂直面上呈三角形分佈的水壓其合力 *R*。

淡水密度為 $\rho = 1.000 \text{ Mg/m}^3$，因此平均壓力為

① $[\rho_{av} = \rho g \bar{h}]$ 　　　　　$p_{av} = 1.000(9.81)(\frac{3}{2}) = 14.72 \text{kPa}$

作用於閘門的水壓合力遂為

$[R = p_{av}A]$ 　　　　　$R = (14.72)(3)(6) = 265 \text{ kN}$

此力通過水壓之三角形分佈的形心位置，即在閘門底部上方 1 公尺處。對 *A* 取力矩和為零即可求出未知的作用力 *B*。因此，

$[\Sigma M_A = 0]$ 　　　　　$3(265) - 4B = 0$ 　　$B = 198.7 \text{ kN}$ 　　　**答**

提示

① 注意到壓力 $\rho g h$ 的單位為 $(10^3 \frac{\text{kg}}{\text{m}^3})(\frac{\text{m}}{\text{s}^2})(\text{m}) = (10^3 \frac{\text{kg} \cdot \text{m}}{\text{s}^2})(\frac{1}{\text{m}^2}) = \text{kN/m}^2 = \text{kPa}$ 。

範例 5/20

在如圖所示密閉的淡水儲水槽中，上方的空氣空間保持在 5.5 kPa 的壓力 (超過大氣壓力的部份)。試求空氣和水作用於水槽末端的合力 *R*。

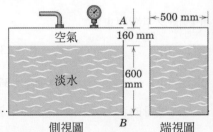

▌ **解** 　圖中顯示水槽末端表面的壓力分佈，其中 $p_0 = 5.5 \text{ kPa}$。
淡水的比重為 $\mu = \rho g = 1000(9.81) = 9.81 \text{ kN/m}^3$，故淡水部份的壓力增量 Δp 為

$$\Delta p = \mu \Delta h = 9.81(0.6) = 5.89 \text{ kPa}$$

① 由矩形和三角形之壓力分佈所產生的合力 R_1 和 R_2 分別為

$$R_1 = p_0 A_1 = 5.5(0.760(0.5)) = 2.09 \text{ kN}$$

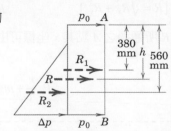

$$R_2 = \Delta p_{av} A_2 = \frac{5.89}{2}(0.6)(0.5) = 0.883\text{kN}$$

故總合力為

$$R = R_1 + R_2 = 2.09 + 0.883 = 2.97 \text{ kN} \qquad \text{答}$$

對 A 使用力矩原理來求 R 的作用位置時,注意到 R_1 作用於總深度 760 mm 的中心處,而 R_2 作用於三角形壓力分佈的形心位置,即水面下 400 mm 深,或 A 點下方 400 + 160 = 560 mm 處。因此,

$$[Rh = \Sigma M_A] \qquad 2.97h = 2.09(380) + 0.883(560) \qquad h = 433 \text{ mm} \qquad \text{答}$$

提示

① 將壓力分佈分成此兩部份顯然是最簡單的計算方法。

範例 5/21

試求水庫存水對圓柱形壩體表面產生的合力 R。淡水密度為 1.000 Mg/m^3,壩體垂直於紙面之長度 b 為 30 公尺。

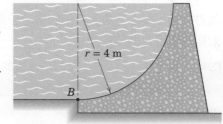

解 將圖中四分之一圓形水塊 BDO 做孤立,並繪出其自由體圖。作用力 P_x 為

① $$P_x = \rho g \bar{h} A = \frac{\rho g r}{2} br = \frac{(1.000)(9.81)(4)}{2}(30)(4) = 2350\text{kN}$$

水的重量 W 通過此四分之一圓截面的質心 G,且為

$$mg = \rho gV = (1.000)(9.81)\frac{\pi(4)^2}{4}(30) = 3700\text{kN}$$

此截面之平衡要求為

$$[\Sigma F_x = 0] \qquad R_x = P_x = 2350 \text{ kN}$$

$$[\Sigma F_y = 0] \qquad R_y = mg = 3700 \text{ kN}$$

流體對壩身的合力 R 與圖示中作用於流體之 R 係大小相等方向相反,且為

$$[R = \sqrt{R_x^2 + R_y^2}] \qquad R = \sqrt{(2350)^2 + (3700)^2} = 4380\text{kN} \qquad \text{答}$$

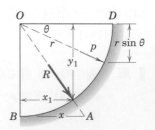

R 所通過之 A 點其 x 座標可由力矩原理求出。以 B 為力矩中心可得

$$P_x \frac{r}{3} + mg \frac{4r}{3\pi} - R_y x = 0 \quad , \quad x = \frac{2350(\frac{4}{3}) + 3700(\frac{16}{3\pi})}{3700} = 2.55\text{m}$$

② 另解

作用於水壩表面的力也可對分量直接積分算出即

$$dR_x = p\, dA \cos \theta \qquad 及 \qquad dR_y = p\, dA \sin \theta$$

及中，$p = \rho g r \sin\theta$ 及 $dA = b(r\, d\theta)$。因此，

$$R_x = \int_0^{\frac{\pi}{2}} \rho g r^2 b \sin\theta \cos\theta\, d\theta = -\rho g r^2 b \left[\frac{\cos 2\theta}{4} \right]_0^{\frac{\pi}{2}} = \frac{1}{2} \rho g r^2 b$$

$$R_y = \int_0^{\frac{\pi}{2}} \rho g r^2 b \sin^2\theta\, d\theta = \rho g r^2 b \left[\frac{\theta}{2} - \frac{\sin 2\theta}{4} \right]_0^{\frac{\pi}{2}} = \frac{1}{4} \pi \rho g r^2 b$$

於是，$R = \sqrt{R_x^2 + R_y^2} = \frac{1}{2} \rho g r^2 b \sqrt{1 + \frac{\pi^2}{4}}$。將數值代入，即得

$$R = \frac{1}{2}(1.000)(9.81)(4^2)(30)\sqrt{1 + \frac{\pi^2}{4}} = 4380\text{kN} \qquad 答$$

因 dR 恆通過 O 點，故 R 亦通過 O，因此 R_x 與 R_y 對 O 之力矩必相消。所以可寫成 $R_x y_1 = R_y x_1$，即得

$$\frac{x_1}{y_1} = \frac{R_x}{R_y} = (\frac{1}{2}\rho g r^2 b)(\frac{1}{4}\pi\rho g r^2 b) = \frac{2}{\pi}$$

由相似三角形可看出

$$\frac{x}{r} = \frac{x_1}{y_1} = \frac{2}{\pi} \qquad 及 \qquad x = \frac{2r}{\pi} = \frac{2(4)}{\pi} = 5.55\text{m} \qquad 答$$

提示

① 關於 $\rho g \bar{h}$ 之單位問題可見範例 5/19 之提示①。
② 此處可用積分方法主要是因為圓弧的簡單幾何關係。

範例 5/22

如圖所示灌滿水的半圓形水槽，試求作用於兩端半圓形側面的合力 R。以半徑 r 和水的密度 ρ 表示結果。

......

解 先直接積分來得出 R。取水平條狀面積 $dR = 2x\, dy$，其上壓力為 $p = \rho g y$，而合力增量 $dR = pdA$，故

$$R = \int p\, dA = \int \rho g y (2x\, dy) = 2\rho g \int_0^r y\sqrt{r^2 - y^2}\, dy$$

積分後可得

$$R = \frac{2}{3}\rho g r^3 \qquad 答$$

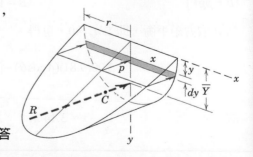

R 的作用位置以力矩原理求出。對 x 軸取力矩可得

$$[R\overline{Y} = \int y\,dR] \qquad\qquad \frac{2}{3}\rho g r^3 \overline{Y} = 2\rho g \int_0^r y^2 \sqrt{r^2 - y^2}\,dy$$

積分後可得

$$\frac{2}{3}\rho g r^3 \overline{Y} = \frac{\rho g r^4}{4}\frac{\pi}{2} \qquad 及 \qquad \overline{Y} = \frac{3\pi r}{16} \qquad\qquad 答$$

▌**解 II** 可直接以式 5/25 來求出 R，其中平均壓力為 $\rho g\overline{h}$，而 $\overline{h}$ 為壓力所作用之面積其形心座標。

對於半圓形面積可得 $\overline{h} = \dfrac{4r}{3\pi}$。

$$[R = \rho g\overline{h}A] \qquad\qquad R = \rho g\frac{4r}{3\pi}\frac{\pi r^2}{2} = \frac{2}{3}\rho g r^3 \qquad\qquad 答$$

此式即為由壓力及作用面積圖所形成的體積。

① 合力 R 係通過由壓力及作用面積圖所定義之體積的形心 C。計算形心距離 $\overline{Y}$ 時將用到解 I 中相同的積分。

提示

① 切勿錯將 R 假設為通過壓力所作用之面積形心。

範例 5/23

一根長 8 公尺，直徑 0.2 公尺的均勻棍形浮標，其質量有 200 公斤，且下端以 5 公尺的繩子固定於淡水湖底。如果湖水深度 10 公尺，試求此棍與水平之夾角 θ。

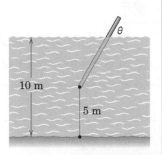

▌**解**　此浮標的自由體圖顯示出通過 G 之本身重量，固定用繩子的張力 T，以及通過浮標水中部份形心 C 之浮力 B。令 x 為 G 到吃水線的距離。淡水的密度 $\rho = 10^3\ \text{kg/m}^3$，因此浮力為

$$[B = \rho g V] \qquad\qquad B = 10^3(9.81)\pi(0.1)^2(4+x)\ \text{N}$$

對 A 取力矩平衡，即 $\Sigma M_A = 0$，可得

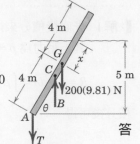

$$200(9.81)(4\cos\theta) - [10^3(9.81)\pi(0.1)^2(4+x)]\frac{4+x}{2}\cos\theta = 0$$

故 $\qquad\qquad x = 3.14\ \text{m} \qquad 及 \qquad \theta = \sin^{-1}(\frac{5}{4+3.14}) = 44.5° \qquad\qquad 答$

5/10 本章複習

第五章研究了各種常見的分佈在體積、面積或線上之作用力情形。在所有這些問題中，常常需要求出分佈力的合力與其作用位置。

求分佈力的合力

如何求出分佈力的合力與其作用線：

1. 首先，將作用力強度乘上相關之適當體積、面積或長度的積分元素。再於相關區域範圍內，將作用力增量做加總(積分)而得出合力。

2. 使用力矩原理計算合力的作用線。將所有作用力增量對一方便軸取力矩和。此力矩和並等於合力對相同軸之力矩。然後求解合力的未知力臂。

重力

當作用力分佈於整個質量體時，如萬有引力，其強度為單位體積所受之引力 ρg。其中，ρ 是密度，而 g 則是重力加速度。對於物體密度為常數之情形，如本章 A 部份所述，應用力矩原理時 ρg 將消去。所剩僅為求解圖形形心的幾何問題，且此時形心會與由邊界所定義出之實體物體的質心重合。

1. 對於均質且厚度均勻的平板和殼，即相當於求出一個面積之特性。

2. 對於密度均勻且截面積固定的細長桿和繩索，即相當於求一線段之特性。

微分關係式之積分

問題包含微分關係式之積分時，謹記下列事項：

1. 選擇能對積分區域之邊界提供最簡單描述方式的座標系統。

2. 保留低階微分量，而略去高階微分量。

3. 選取一次變數之微分元素而避免取到二次變數之微分元素，或選取二次變數之微分元素而避免取到三次變數之微分元素。

4. 盡量選擇在積分區域中能避免不連續性的微分元素。

樑、纜繩與流體中的分佈力

第二部份中係使用上述處理原則與平衡原理來求解樑、纜繩與流體中分佈力所產生的效應。另謹記：

1. 對於樑與纜繩，作用力強度表示成單位長度所承受的作用力。

2. 對於流體而言，作用力強度表示成單位面積上的作用力，或壓力。

雖然樑、纜繩與流體是物理上相當不同的應用，但其問題之公式化均利用到上述共同的處理原則。

CHAPTER **6**

摩擦

本章綱要

Courtesy of Alyse Gagne

在無段變速器 (CVT) 中，透過傳動輪和被傳動輪直徑的改變可調整不同的變速比。金屬皮帶與皮帶輪之間的摩擦是設計過程中的一個主要因素。

6/1　簡介 (Introduction)

　　在前面章節中，經常假設在接觸表面間的作用力與反作用力係垂直於該表面。此假設顯示平滑表面間的相互作用特性，如圖 3/1 的範例 2 所示。儘管此理想假設通常誤差相當小，但在許多問題中須考慮到接觸表面可同時提供切線及法線方向的作用力。接觸表面間所產生的切線作用力稱為**摩擦力** (*friction forces*)，所有真實表面間的相互作用中均存在某種程度的摩擦力。只要一接觸表面有沿著另一表面產生滑動的趨勢存在，則兩接觸面間產生的摩擦力方向恆抵抗此趨勢。

在某些種類的機構與製程中，希望將摩擦力的阻滯效應減到最少。例如所有種類的軸承、傳動螺桿、齒輪、管流問題與穿過大氣層的飛機和飛彈之推進設計。在其它情況時，則可能希望摩擦力影響充分發揮，例如制動器、離合器、皮帶傳動輪與楔。有輪載具的起動與刹車均仰賴摩擦力，而平常的行走也依靠鞋子與地面間的摩擦力。

摩擦力遍及整個自然界，並存在於所有機器中，不論如何精密製造或充分潤滑。機器或製程中的摩擦力小到足以忽略時，稱為**理想 (*ideal*)**。然而，當必須考慮靜摩擦力時，此機器或製程稱為**實際 (*real*)**。零件間有滑動運動時，摩擦力將造成能量損失並以熱的形式逸散。而物體磨損則是摩擦力的另一種效應。

第一部份：摩擦現象 (FRICTIONAL PHENOMENA)

6/2　摩擦的種類 (Types of Friction)

本節簡單討論力學中遇到之摩擦阻力類型。下一節中則對最常見的摩擦種類，即乾摩擦，有詳細說明：

(a) 乾摩擦：當兩個未潤滑的固體表面在相互滑動或有滑動趨勢下，將發生乾摩擦。當物體逐漸傾向即將滑動前的期間與滑動發生時，即有切於接觸表面之摩擦力。摩擦力方向恆抵抗運動或運動趨勢。此種摩擦亦稱為**庫倫摩擦 (*Coulomb friction*)**。乾摩擦或庫倫摩擦的原理主要由庫倫 (C.A. Coulomb) 於 1781 年的實驗與摩林 (Morin) 於 1831 到 1834 年間的研究工作所發展出。儘管尚無對乾摩擦的全面理論，然 6/3 節所描述的分析模型足以處理有關乾摩擦的絕大多數問題。此模型形成本章大半內容之基礎。

(b) 流體摩擦：流體摩擦發生於當兩相鄰流層 (液體或氣體) 以不同速度移動時。此時之運動將造成流體元素間產生摩擦力，摩擦力大小並取決於兩流層的相對速度。沒有相對速度時，則無流體摩擦產生。流體摩擦不僅取決於流層內

的速度梯度，亦取決於流體黏滯性，即對流層間之剪力作用的阻力度量。流體摩擦之處理留待流體力學的探討，本書不再進一步討論。

(c) 內部摩擦：內部摩擦發生在承受週期性負載作用的所有固體材料中。對於高彈性材料，由變形到恢復原狀的過程中內部摩擦僅造成極少的能量損失。對於低彈性限度的材料，在承受負載作用而產生可觀的塑性變形時，將有相當的內部摩擦隨變形而生。內部摩擦的機制與剪力變形作用有關，材料科學之參考書籍有相關討論。由於本書主要討論作用力的外部效應，遂不再進一步討論內部摩擦。

6/3　乾摩擦 (Dry Friction)

本章剩下部份將描述作用於剛體外部表面的乾摩擦效應。底下將利用一個相當簡單的實驗來解釋乾摩擦的機制。

乾摩擦的機制

如圖 6/1(*a*) 所示，考慮靜置於水平比面上且質量為 *m* 的固體物塊。假設相互接觸之表面具某種程度的粗糙度。實驗時，施以一水平作用力 *P*，其值不斷增加並由零增至足以移動物塊，使物塊獲得相當之速度。如圖 6/1(*b*) 所示為任意 *P* 值下之物塊自由體圖，其中，平面施於物塊上的切線摩擦力標示為 *F*。作用於物體的摩擦力方向恆抵抗物體運動或物體運動之趨勢。此例中亦有等於 *mg* 之正向力 *N*，支撐表面對物塊之作用總力 *R* 遂為 *N* 及 *F* 之合力。

圖 6/1(*c*) 為接觸表面的不規則面放大圖，藉以想像摩擦力的力學作用。支撐作用必然呈間歇分佈，且存在於相接觸的隆起部位上。對物塊之反作用力 R_1、R_2、R_3 等，其各自方向不僅取決於不規則面的幾何輪廓，也取決於每一接觸點的局部變形程度。總正向力 *N* 為所有對物塊之反作用力的 *n* 分量總和，而總摩擦力 *F* 為所有對物塊之反作用力的 *t* 分量總和。當接觸表面間有相對運動時，接觸作用更幾乎沿著隆起部位的頂部發生，且反作用力的 *t* 分量將較小於當接觸面相互靜止之情形。此觀察結果可幫助解釋保持運動所需之作用力 *P* 一般小於讓物塊發生運動所需之作用力 (此時不規則面更緊密嚙合)。

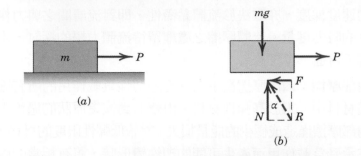

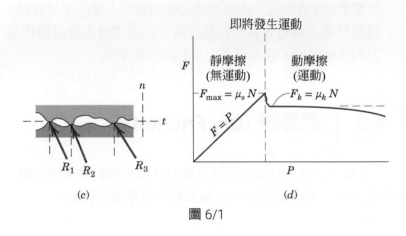

圖 6/1

　　如果執行此實驗，同時將摩擦力 F 記錄爲 P 的函數，可得圖 6/1(d) 所示的關係。當 P 等於零時，平衡狀態要求無摩擦力作用。當 P 增加時，只要物塊不滑動，摩擦力必與 P 大小相等方向相反。在此期間內，物塊處於平衡狀態，而物塊所受之所有作用力必滿足平衡方程式。最後，可達到一 P 值而使物塊產生滑動，並往施力方向移動。同時，摩擦力也將突然稍微地減少。之後一段時間內，摩擦力基本上保持定值，但當速度持續增加時，摩擦力將下降更多。

靜摩擦

　　圖 6/1(d) 中，在滑動或即將運動之瞬間前的區域稱爲**靜摩擦 (static friction)** 範圍，此區域內的摩擦力值由平衡方程式所決定。此時之摩擦力可爲零至最大值 (包含最大值) 內之任意值。給定兩接觸面下，實驗顯示最大靜摩擦力 F_{max} 與正向力 N 成正比。因此，可寫成

$$F_{max} = \mu_s N \qquad\qquad (6/1)$$

其中，μ_s 爲比例常數，稱爲**靜摩擦係數 (coefficient of static friction)**。

注意到式 6/1 僅描述靜摩擦力的極限值或最大值,而非任何較小的靜摩擦力值。因此,此式僅適用於摩擦力達最大值而即將發生運動之際。對於未即將發生運動的靜平衡情形,靜摩擦力為

$$F < \mu_s N$$

動摩擦

滑動發生後,隨運動而生的是**動摩擦** (*kinetic friction*) 情形。動摩擦力通常稍小於最大靜摩擦力。動摩擦力也正比於正向力。因此,

$$F_k = \mu_k N \tag{6/2}$$

其中,μ_k 為**動摩擦係數** (*coefficient of kinetic friction*)。也因此 μ_k 一般小於 μ_s。當物塊速度增加時,動摩擦力將略微減少,而在高速時,減少程度可能相當顯著。除了相對速度,摩擦係數亦大幅取決於表面的精確條件,遂有相當大的不確定性。

由於支配摩擦力作用的條件易變,在工程實務上經常難以區分靜摩擦係數和動摩擦係數,特別是在即將運動與運動之間的轉變區域。例如,充分潤滑的螺桿螺紋在輕微負載的作用下,不論在即將轉動之際或在轉動中,通常均呈現出相當之摩擦阻力。

在工程文獻中,經常發現最大靜摩擦力與動摩擦力的表示式均指寫為 $F = \mu N$。可從手邊問題來理解所描述的是最大靜摩擦力或動摩擦力。雖然我們常對靜摩擦與動摩擦係數加以區別,但在某些情況中則不做區分,摩擦係數僅寫為 μ。此時,需自行決定所涉及的摩擦情形為即將運動之際的最大靜摩擦力或是動摩擦力。再次強調,許多問題中的靜摩擦力係較小於即將運動時的最大值,因此這種情形下,不能使用摩擦力關係式 6/1。

如圖 6/1(*c*) 所示,粗糙表面的反作用力與 *n* 方向之夾角,更有可能比較光滑之表面時的夾角大。因此,對於兩接觸面,摩擦係數能反映之間的粗糙程度,即表面之幾何特性。以此種摩擦幾何模型,當接觸面能產生的摩擦力甚小時,則稱接觸面為「光滑」。此外,就單一表面談論摩擦係數並無意義。

圖中的樹木整型專家靠著繩索以及讓繩索於其中滑動的機構裝置兩者間的摩擦力進行工作。

摩擦角

在圖 6/1(*b*) 中,從正向力 N 之方向量起的合力 R 之方向係以 $\tan\alpha = \dfrac{F}{N}$ 表示。當摩擦力達到其最大靜摩擦力時 $F_{\max}$,角度 α 達到其最大值 ϕ_s,因此,

$$\tan\phi_s = \mu_s$$

當滑動發生時,則角度 α 有對應動摩擦力之值 ϕ_k。同樣地,

$$\tan\phi_k = \mu_k$$

實際上,可經常看到 $\phi = \mu$ 的表示式,此時摩擦係數可能指靜摩擦或動摩擦情形,視特定問題而定。角度 ϕ_s 稱爲**靜摩擦角** (*angle of static friction*),而 ϕ_k 稱爲**動摩擦角** (*angle of kinetic friction*)。各情形中的摩擦角清楚定義出兩接觸面間總反作用力 R 的極限方向。若爲即將運動之際,則 R 必落於頂角爲 $2\phi_s$ 之正圓錐表面,如圖 6/2 所示。若未即將運動,R 則位於此圓錐內。此頂角爲 $2\phi_s$ 的圓錐稱爲**靜摩擦圓錐** (*cone of static friction*),並呈現出即將運動之際,反作用力 R 的可能方向軌跡。當運動發生時,則換用動摩擦角,此時反作用力必位於頂角爲 $2\phi_k$、略微不同之正圓錐表面上。此圓錐稱爲**動摩擦圓錐** (*cone of kinetic friction*)。

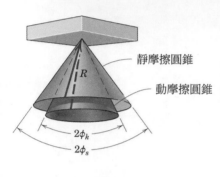

靜摩擦圓錐

動摩擦圓錐

$2\phi_k$
$2\phi_s$

圖 6/2

影響摩擦之因素

進一步的實驗顯示,摩擦力基本上與接觸的外觀面積或投影面積無關。眞實接觸面積遠小於投影值,因爲在不規則接觸表面上僅有隆起峰部在支撐負載。即使相當小的正向負載作用亦於這些接觸點上產生高應力。當正向力增加時,材料在接觸點處將發生崩塌、壓擠或撕裂等作用,而眞實接觸面積也隨之增加。

一個全面的乾摩擦理論必須超出此處所述之力學解釋。例如,有證據顯示,當接觸面非常緊密地接觸時,分子間的吸引力可爲摩擦力的重要肇因。其他影響乾摩擦的因素爲:接觸點處產生的局部高溫及黏著性、接觸表面間的相對硬度,以及存在由氧化物、油、塵土或其他物質形成的表面薄膜。

附錄 D 的表 D/1 列有若干典型的摩擦係數值。這些值僅為近似值，且有相當大的變動性，端視實際所處的精確條件，但可供作摩擦效應大小的典型例子。欲可靠地計算摩擦相關問題時，應進行實驗來盡可能幾乎一樣地重現應用情形中的表面條件，而決定適當的摩擦係數。

關鍵概念 摩擦問題的種類

有關乾摩擦的應用情形中，現在能辨別底下三種會遇到的問題。求解摩擦問題時，第一步即判別出其所屬類型。

1. 第一種問題：已知道物體為即將運度的情形。此時處平衡之物體係即將產生滑動，且摩擦力等於靜摩擦力極值 $F_{max} = \mu_s N$。平衡方程式當然也成立。

2. 第二種問題：不知道物體處於運動或即將運動之情形。為決定實際的摩擦情形，先假設為靜平衡，並解出平衡所需的摩擦力 F。可能有三種結果：

   (a) $F < (F_{max} = \mu_s N)$：亦即能提供平衡所需之摩擦力，因而物體如假設為處靜平衡。這裡須強調此實際的摩擦力 F 小

於式 6/1 所決定之極值 F_{max}，且可單獨由平衡方程式來決定。

   (b) $F = (F_{max} = \mu_s N)$：此時摩擦力 F 為最大值 F_{max}，因此如同第一種問題所述，物體為即將運動。所以靜平衡之假設是有效的。

   (c) $F > (F_{max}^* = \mu_s N)$：顯然不可能有此種情形，因表面無法提供比最大值 $\mu_s N$ 更多的作用力。因此平衡假設無效，有運動發生。摩擦力 F 等於式 6/2 之 $\mu_k N$。

3. 第三種問題：已知接觸表面間存在相對運動，因此顯然要使用動摩擦係數。對於此種問題，式 6/2 恆直接給出動摩擦力。

上述討論適用於所有乾接觸表面，且在有限程度上適用於部份潤滑的運動表面。

範例 6/1

在質量 m 的方塊開始滑動前，試求可調整斜面與水平面可能的最大夾角 θ。其中，方塊與傾斜面之間的靜摩擦係數為 μ_s。

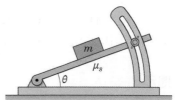

▌ **解** 在方塊的自由體圖標示出其重量 $W = mg$，斜面作用在方塊上的正向力 N 與摩擦力 F。摩擦力的作用方向為抵抗無摩擦時將發生之滑動。

① 在 x 與 y 方向上的平衡要求為

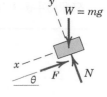

$[\Sigma F_x = 0]$ $\qquad mg \sin \theta - F = 0 \qquad F = mg \sin \theta$

$[\Sigma F_y = 0]$ $\qquad -mg \cos \theta + N = 0 \qquad N = mg \cos \theta$

第二式除第一式後得到 $\dfrac{F}{N} = \tan\theta$。因爲最大角度發生在 $F = F_{\max} = \mu_s N$，即方塊即將發生運動時，因此

② $$\mu_s = \tan\theta_{\max} \qquad 或 \qquad \theta_{\max} = \tan^{-1}\mu_s$$ 答

提示

① 選擇平行與垂直於 F 方向之參考座標軸，以避免需同時將 F 及 N 分解爲分量。

② 此題描述一非常簡單的方法，可決定靜摩擦係數。θ 的最大值即爲休止角 (*angle of repose*)。

範例 6/2

當如圖所示的 100 kg 方塊，既不開始向斜面上移動也不往斜面下滑動的情形下，試求質量 m_0 的範圍。其中，接觸面的靜摩擦係數爲 0.30。

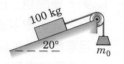

解 m_0 之最大值可由方塊即將向上運動之條件求出。因此，施加在方塊上的摩擦力往斜面下作用，如情形 I 的自由體圖所示。重量 $mg = 100(9.81) = 981$ N，由平衡方程式可得

$[\Sigma F_y = 0]$ $\qquad N - 981\cos 20° = 0 \qquad N = 922$ N

$[F_{\max} = \mu_s N]$ $\qquad F_{\max} = 0.30(922) = 277$ N

$[\Sigma F_x = 0]$ $\qquad m_0(9.81) - 277 - 981\sin 20° = 0 \qquad m_0 = 62.4$ kg 答

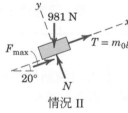

① m_0 之最小值可由方塊即將下滑之條件求出。施加在方塊上的摩擦力將抵抗方塊的移動趨勢而向斜面上作用，如情形 II 的自由體圖所示。在 x 方向上的平衡要求爲

$[\Sigma F_x = 0]$ $\qquad m_0(9.81) + 277 - 981\sin 20° = 0 \qquad m_0 = 6.01$ kg 答

因此，m_0 可有 6.01 至 62.4 kg 之間的任意值，而方塊保持靜止。

兩種情形中，平衡條件要求 $F_{\max}$ 及 N 之合力須與 981 N 的重量及張力 T 共點。

提示

① 由範例 6/1 的結果可看出，沒有連接 m_0 之拘束時方塊將下滑，因 $\tan 20° > 0.30$。因此，需要一 m_0 值來保持平衡。

範例 6/3

當 (I) $P = 500$ N 與 (II) $P = 100$ N 時，試求作用在 100 kg 物塊上之摩擦力的大小與方向。其中，靜摩擦係數爲 0.20，動摩擦係數爲 0.17。物塊受力之初處於靜止狀態。

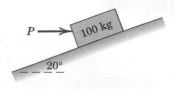

解 由題目敘述無法判別物塊將維持平衡或在 P 施加後將開始滑動。因此需先做一假設，假設摩擦力是沿著斜面向上作用，並以如圖所示的實線箭頭標示。從自由體圖中取 x 與 y 方向上的作用力平衡，可得

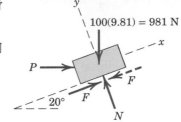

$[\Sigma F_x = 0]$ $\qquad$ $P\cos20° + F - 981\sin20° = 0$

$[\Sigma F_y = 0]$ $\qquad$ $N - P\sin20° - 981\cos20° = 0$

情況 I：$P = 500$ N
代入第一式中可解得

$$F = -134.3 \text{ N}$$

由負號可知，若物塊處於平衡，則摩擦力作用的方向與假設相反，即摩擦力應沿著斜面向下作用，並以虛線箭頭標示。但還不能推斷 F 的大小，直到檢驗表面能支撐 134.3 N 的摩擦力。藉由將 $P = 500$ N 代入第二式，得到

$$N = 1093 \text{ N}$$

則接觸面所能支撐的最大靜摩擦力爲

$[F_{max} = \mu_s N]$ $\qquad$ $F_{max} = 0.20(1093) = 219$ N

因爲此力大於平衡所需，所以可歸結平衡假設爲正確。故，

$$F = 134.3 \text{ N 沿斜面向下} \qquad\qquad \text{答}$$

情況 II：$P = 100$ N
代入兩個平衡方程式中可解得

$$F = 242 \text{ N} \qquad N = 956 \text{ N}$$

但可能的靜摩擦力最大值爲

$[F_{max} = \mu_s N]$ $\qquad$ $F_{max} = 0.20(956) = 191.2$ N

① 結果無法支撐 242 N 的摩擦力。因而無法存在平衡狀態，並且使用隨往斜面下滑動的動摩擦係數去獲得摩擦力的正確值。因此，

$[F_k = \mu_k N]$ $\qquad$ $F = 0.17(956) = 162.5$ N 沿斜面向上 $\qquad\qquad$ 答

提示

① 應注意到即使 ΣF_x 不再等於零，y 方向仍平衡，故 $\Sigma F_y = 0$。因此，正向力 N 爲 956 N 不論物塊平衡與否。

範例 6/4

放置在水平表面上的均質矩形物體，質量為 m、寬度為 b 與高度為 H，並且承受一水平力 P 的作用而沿著平面等速滑動。物體與平面之間的動摩擦係數為 μ_k。試求：(a) 使物體滑動而不至於傾倒的 h 最大值；

(b) 如果 $h = \dfrac{H}{2}$，則在接觸面上摩擦力與正向力之合力作用在物體底面 C 點的位置。

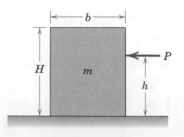

解 ① (a) 當物體在接近傾倒之際時，則在平面與物體之間的所有反力必將作用在 A 點，如物體的自由體圖所示。因為滑動已發生，所以摩擦力為極值 $\mu_k N$，並且角度 θ 成為 $\theta = \tan^{-1}\mu_k$。而 F_k 與 N 之合力所通過的 B 點，P 也必須通過，因為平衡之同平面三個作用力必共點。因而，由物體的幾何關係可知

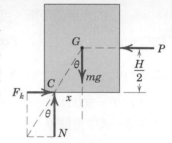

$$\tan \theta = \mu_k = \frac{\dfrac{b}{2}}{h} \qquad h = \frac{b}{2\mu_k} \qquad \textbf{答}$$

如果 h 大於此值，則不能滿足對 A 點的力矩平衡，因而物體將會傾倒。或者，也可藉由結合使用 x、y 兩方向的平衡方程式與對 A 點的力矩方程式去解出 h 值。因此，

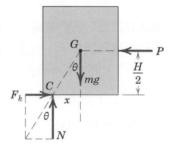

$[\Sigma F_y = 0]$ $\qquad\qquad N - mg = 0 \qquad N = mg$

$[\Sigma F_x = 0]$ $\qquad\qquad F_k - P = 0 \qquad P = F_k = \mu_k N = \mu_k mg$

$[\Sigma M_A = 0]$ $\qquad Ph - mg\dfrac{b}{2} = 0 \qquad h = \dfrac{mgb}{2P} = \dfrac{mgb}{2\mu_k mg} = \dfrac{b}{2\mu_k}$ $\qquad \textbf{答}$

(b) 當 $h = \dfrac{H}{2}$ 時，從情況 (b) 的自由體圖可知，F_k 與 N 的合力通過 C 點，而 C 點位於穿過 G 點之垂直中心線左方距離 x 處。並且只要物體處於滑動中，則角度仍 θ 為 $\theta = \tan^{-1}\mu_k$。因此，由圖形的幾何可知

② $$\frac{x}{\dfrac{H}{2}} = \tan \theta = \mu_k \qquad \text{故} \qquad x = \mu_k \frac{H}{2} \qquad \textbf{答}$$

如果使用靜摩擦係數 μ_s 取代 μ_k，則解所描述的情況為物體從靜止位置上：(a) 接近傾倒；(b) 接近滑動。

提示

① 注意到平衡方程式除了適用於靜止物體，也適用於等速移動物體（零加速度）。

② 或者，也能取對 G 之力矩和為零，可得 $F(\dfrac{H}{2}) - Nx = 0$。故，利用 $F_k = \mu_k N$，可得 $x = \mu_k \dfrac{H}{2}$。

範例 6/5

如圖所示，三個平塊放置在 30°斜面，並且中間的平塊受到平行於斜面的拉力 P 作用。上面的平塊由一條連接於固定支撐面的金屬線來防止移動。三接觸面之間的靜摩擦係數分別標示在圖示中。試求在任何滑動發生之前，P 可能的最大值。

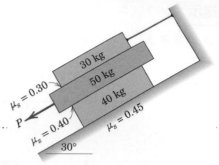

解　① 畫出每一個平塊的自由體圖。摩擦力的作用方向係抵抗如果沒有摩擦存在時平塊將產生的相對運動。有兩種即將滑動的可能情況。可能是 50 kg 的平塊開始滑動而 40 kg 的平塊保持在原位置上，或是 50 kg 的平塊連同 40 kg 的平塊滑動，而 40 kg 的平塊與斜面之間發生滑動。

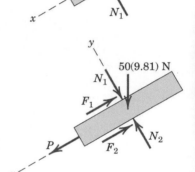

可解出 y 方向之正向力而無需涉及 x 方向之摩擦力值。因此，

$[\Sigma F_y = 0]$　　(30-kg) $N_1 - 30(9.81)\cos30° = 0$　　$N_1 = 255$ N

(50-kg) $N_2 - 50(9.81)\cos30° - 255 = 0$　　$N_2 = 680$ N

(40-kg) $N_3 - 40(9.81)\cos30° - 680 = 0$　　$N_3 = 1019$ N

將任意假設只有 50 kg 的平塊發生滑動，所以 40 kg 的平塊保持在原位置上。因此，在 50 kg 平塊的兩個接觸面上皆即將滑動，可得

$[F_{\max} = \mu_s N]$　　$F_1 = 0.30(255) = 76.5$ N　　$F_2 = 0.40(680) = 272$ N

即將滑動的 50 kg 平塊，由假設作用力平衡可得

$[\Sigma F_x = 0]$　　$P - 76.5 - 272 + 50(9.81)\sin30° = 0$　　$P = 103.1$ N

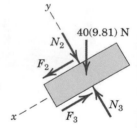

現在檢驗初始假設是否正確。對於 $F_2 = 272$ N 的 40 kg 平塊而言，摩擦力 F_3 可藉由下式求得

$[\Sigma F_x = 0]$　　$272 + 40(9.81)\sin30° - F_3 = 0$　　$F_3 = 468$ N

但是 F_3 可能的最大值為 $F_3 = \mu_s N_3 = 0.45(1019) = 459$ N。因此，無法承受 468 N 而初始假設有誤。因而歸結滑動先發生於 40 kg 平塊與斜面之間。將 $F_3 = 459$ N 的正確值，代入即將滑動之 40 kg 平塊的平衡計算中，可得

② $[\Sigma F_x = 0]$　　$F_2 + 40(9.81)\sin30° - 459 = 0$　　$F_2 = 263$ N

最後，由 50 kg 平塊的平衡可得

$[\Sigma F_x = 0]$　　　　$P + 50(9.81)\sin30° - 263 - 76.5 = 0$

$$P = 93.8 \text{ N}$$　　　　答

因此，當 $P = 93.8$ N 時，則 50 kg 與 40 kg 的平塊以一整體而即將滑動。

提示

① 沒有摩擦力下，中間平塊在 P 作用下將比 40 kg 平塊有較大移動，故摩擦力 F_2 將為圖示方向以抵抗此運動。

② 現可看出 F_2 小於 $\mu_s N_2 = 272$ N。

第二部份：摩擦的機械應用(APPLICATIONS OF FRICTION IN MACHINES)

第二部份將探討摩擦力在各種機械應用中的作用。因為這些應用中通常為處於最大靜摩擦或動摩擦之情形，故一般將使用變量 μ (而非 μ_s 或 μ_k)。視運動即將發生或實際上已發生，可將 μ 解釋成靜摩擦或動摩擦係數。

6/4　楔 (Wedges)

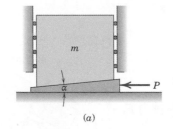

楔 (*wedge*) 為最簡單且最有用的機械之一。楔用以小幅調整物體的位置，或用以產生大作用力。楔大量仰賴摩擦力來發揮作用。當楔即將滑動之際，則楔的每一滑動面上之合力對該滑動面法線之傾角等於摩擦角。沿著滑動表面的合力分量為摩擦力，其方向恆抵抗楔相對於接觸面的運動。

如圖示 6/3(*a*) 所示，楔用來定位或升起一個大質量 m，其垂直負載為 mg。每一對接觸面間的摩擦係數為 $\mu = \tan \phi$。要開始移動楔所需之施力 P 可從負載與楔上的作用力平衡三角形求得。如圖 6/3(*b*) 所示，為負載與楔的自由體圖。其中，反作用力對各自法線之傾角均為 ϕ，且朝向抵抗運動之方向，楔的質量則可忽略。利用自由體圖，令各物體上的作用力向量和等於零而寫出力平衡條件。這些方程式的解如圖 (*c*) 部份所示，其中使用已知值 mg 先解出上圖之 R_2。解出 R_2 值後，作用力 P 值可由楔的平衡三角形求得。

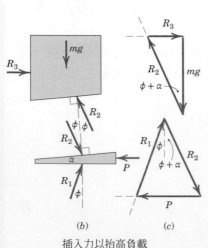

插入力以抬高負載

圖 6/3

如果移去 P 且楔仍留在原位置，則楔的平衡要求爲反力 R_1 與 R_2 必須相等且共線，如圖 6/4 所示，其中設楔的角度 α 小於 ϕ。圖中 (a) 部份表示楔的上表面即將發生滑動，而 (c) 部份則表示楔的下表面即將發生滑動。爲使楔其位置滑出，則兩表面需同時發生滑動；否則楔爲**自鎖 (self-locking)**，而 R_1 與 R_2 的角度位置在一可能有限範圍內時，楔將維持在原位置上。圖 6/4(b) 繪示此範圍，並顯示出若 $\alpha > 2\phi$ 時不可能同時發生滑動。建議另外繪製 $\alpha > \phi$ 的情況，並證明只要 $\alpha < 2\phi$ 則楔爲自鎖。

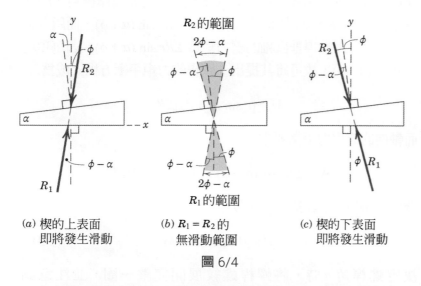

(a) 楔的上表面 即將發生滑動

(b) $R_1 = R_2$ 的 無滑動範圍

(c) 楔的下表面 即將發生滑動

圖 6/4

如果楔爲自鎖，若要將楔從重物下拉出，則需在楔上施加一拉力 P。爲抵抗此新的即將發生之運動，反力 R_1 與 R_2 需作用於其法線另一側，而與插入楔時的情況相反，其求解方式與抬高負載的情況相同。此時之自由體圖與向量多邊形如圖 6/5 所示。

楔的問題本身即暗示圖解法的使用，如上述三圖示。圖解法的精確度一般可維持在與摩擦係數不確定性相符的公差範圍內；此外也可從力平衡多邊形的三角關係求得代數解。

拉出楔以降低負載

圖 6/5

6/5　螺桿 (Screws)

螺桿用於固定目的，或用於傳遞動力或運動。在每一種情況中，在螺紋上產生的摩擦力爲決定螺桿作用的主要因素。對於傳遞動力或運動，方螺紋比 V 形螺紋更有效率，而此處分析侷限在方螺紋上。

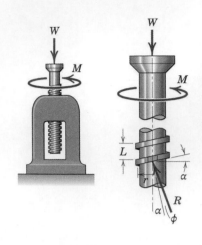

圖 6/6

作用力分析

考慮圖 6/6 所示的方螺紋千斤頂，其承受軸向負載 W 與對螺桿軸施加之力矩 M 的作用。螺桿的導程爲 L(旋轉一周所前進的距離)，而平均半徑爲 r。千斤頂框架之螺紋對螺桿的一微小代表部份之作用力 R 係顯示於螺桿之自由體圖上。與基座螺紋相接觸之所有螺桿螺紋部份均存在類似的反作用力。

如果 M 剛好足以使螺桿轉動，則螺桿螺紋將繞著基座的固定內螺紋向上滑動。R 與螺紋法線之夾角 ϕ 爲摩擦角，因此 $\tan \phi = \mu$。又 R 對螺桿垂直軸的力矩爲 $Rr \sin (\alpha + \phi)$，而所有螺紋上的反力對螺桿垂直軸的總力矩爲 $\Sigma Rr \sin (\alpha + \phi)$。因每項均有 $r \sin (\alpha + \phi)$，故可將其提出。螺桿的力矩平衡方程式成爲

$$M = [r \sin (\alpha + \phi)]\Sigma R$$

而軸向的作用力平衡要求

$$W = \Sigma R \cos (\alpha + \phi) = [\cos (\alpha + \phi)]\Sigma R$$

合併 M 與 W 之兩表示式可得

$$M = Wr \tan (\alpha + \phi) \qquad (6/3)$$

決定螺桿角 α 時，將螺桿螺紋展開完整一圈，並注意到

$$\alpha = \tan^{-1}(\frac{L}{2\pi r}) \ 。$$

可使用展開後的螺桿螺紋做爲另一種模擬整個螺桿作用的模型，如圖 6/7(*a*) 所示。將可移動螺紋推上固定斜面所需施加的等效作用力爲 $P = \dfrac{M}{r}$，而作用力三角形立即給出式 6/3。

鬆開的條件

若將 M 移去，則摩擦力方向改變，而 ϕ 則定義至螺紋法線之另一側。倘若 $\alpha < \phi$，則螺桿將保持在原位置上並爲自鎖，而當 $\alpha = \phi$ 時，則將處於接近鬆開狀態。

當鬆開螺桿來降低負載時，只要 $\alpha < \phi$，則需反轉 M 的作用方向。此情況如圖 6/7(*b*) 以模擬螺紋在固定斜面上時所示。因此，等效力 $P = \dfrac{M}{r}$ 須作用在螺紋上將其拉下斜面。從向量三角形可得，降低螺桿所需施加的力矩爲

$$M = Wr \tan (\phi - \alpha) \qquad (6/3a)$$

如果 $\alpha > \phi$，則螺桿將自動鬆開，而圖 6/7(c) 所示則為防止螺桿鬆開所需施加的力矩為

$$M = Wr \tan (\alpha - \phi) \qquad (6/3b)$$

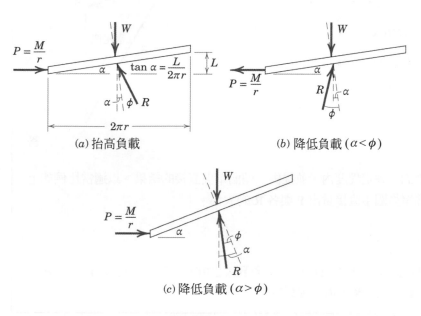

(a) 抬高負載　　　　　　(b) 降低負載 $(\alpha < \phi)$

(c) 降低負載 $(\alpha > \phi)$

圖 6/7

範例 6/6

500 kg 之矩形水泥塊藉由 5 度角之楔在施力 **P** 作用下來調整其水平位置。假設楔塊兩邊接觸面間的靜摩擦係數均為 0.30，而水泥塊與水平表面的靜摩擦係數為 0.60，試求移動水泥塊所需的最小作用力 P 值。

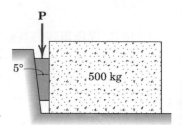

▌解　① 如楔塊與水泥塊的自由體圖所示，反作用力 $\mathbf{R}_1$、$\mathbf{R}_2$ 與 $\mathbf{R}_3$ 對其各法線之傾角為即將運動摩擦角的值。對於極限靜摩擦的摩擦角為 $\phi = \tan^{-1}\mu$。兩摩擦角之值經計算示於圖中。

從一方便點 A 開始分析表示水泥塊平衡的向量圖，並畫出唯一已知向量即水泥塊重量 **W**。接著，加入 $\mathbf{R}_3$，已知其對垂直線之傾角為 31.0 度。再畫出同樣已知對水平線之傾角為 16.70 度之向量 $-\mathbf{R}_2$。藉此，由 $\mathbf{R}_3$ 與 $-\mathbf{R}_2$ 的已知方向之交點決定下方多邊形之 B 點，而可得知其大小。

對於楔塊時，畫出現為已知的 $\mathbf{R}_2$，然後畫出已知方向的 $\mathbf{R}_1$。$\mathbf{R}_1$ 與 P 的方向相交在 C 點，因此可得 P 的大小。

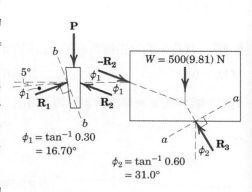

▋ **代數解** ② 就水泥塊的計算部份而言，最簡單的參考軸選擇爲垂直於 $\mathbf{R}_3$ 的 a-a 方向；就楔則是垂直於 $\mathbf{R}_1$ 的 b-b 方向。$\mathbf{R}_2$ 與方向之間的夾角爲 16.70° + 31.0° = 47.7°，因此，對於水泥塊而言

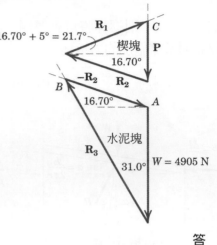

$[\Sigma F_a = 0]$ $\qquad$ $500(9.81)\sin 31.0° - R_2\cos 47.7° = 0$

$$R_2 = 3750 \text{ N}$$

對於楔塊，$\mathbf{R}_2$ 與 b 方向之間的夾角爲 $90° - (2\phi_1 + 5°) = 51.6°$，而 $\mathbf{P}$ 與 b 方向之間的夾角爲 $\phi_1 + 5° = 21.7°$。因此，

$[\Sigma F_b = 0]$ $\qquad$ $3750\cos 51.6° - P\cos 21.7° = 0$

$$P = 2500 \text{ N} \qquad\qquad 答$$

▋ **圖解** 圖解法精確度在摩擦係數的不確定程度內，並提供一個簡單與直接的結果。以適當比例如上述依序將向量畫出，可簡單從圖中直接量出 $\mathbf{P}$ 與各 $\mathbf{R}$ 的大小。

提示

① 務注意到反力自其法線傾斜之方向係抵抗運動。此外，也注意到大小相等方向相反之反力 $\mathbf{R}_2$ 與 $-\mathbf{R}_2$。

② 應可明顯看出，係以消去水泥塊的 $\mathbf{R}_3$ 及楔之 $\mathbf{R}_1$ 來避免解聯立。

範例 6/7

老虎鉗的螺桿爲單線方螺紋，其平均直徑爲 25 mm，螺紋每 (牙) 間距爲 5 mm。螺紋間的靜摩擦係數是 0.20。若 300 N 的拉力垂直施加在把手的 A 點上，而使老虎鉗的鉗口之間產生 5 kN 的夾持力。(a) 試求因螺桿抵抗鉗口物體時的推進，而在 B 處所產生之摩擦力矩 M_B。(b) 試求鬆開老虎鉗所需垂直施加在把手 A 點處的作用力 Q。

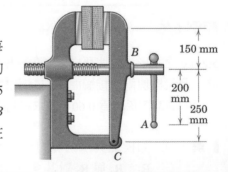

▋ **解** 從鉗口的自由體圖可先求出螺桿的張力值。

$[\Sigma M_C = 0]$ $\qquad$ $5(400) - 250T = 0$ $\qquad$ $T = 8 \text{ kN}$

螺紋的螺桿角 α 與摩擦角 ϕ 可如下得出

①
$$\alpha = \tan^{-1}\frac{L}{2\pi r} = \tan^{-1}\frac{5}{2\pi(12.5)} = 3.64°$$

$$\phi = \tan^{-1}\mu = \tan^{-1}0.20 = 11.31°$$

其中，螺紋的平均半徑 $r = 12.5$ mm。

(a) 旋緊　藉由自由體圖模擬孤立之螺桿，其中使用單一力 R 來表示所有施加在螺紋上的作用力，其傾斜於螺紋法線的角度為摩擦角 ϕ。施加在螺桿軸的力矩為 $300(0.200) = 60$ N 方向。摩擦力矩 M_B 是由作用在 B 處軸環上之摩擦力所產生，為逆時針方向以抵抗即將發生運動。使用 T 代替式 6/3 中的 W，則作用在螺桿上的淨力矩為

$$M = Tr \tan(\alpha + \phi)$$

$$60 - M_B = 8000(0.0125)\tan(3.64° + 11.31°)$$

$$M_B = 33.3 \text{ N} \cdot \text{m} \qquad \text{答}$$

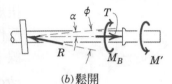

(a) 旋緊

② **(b) 鬆開**　如圖所示，為螺桿接近鬆開時的自由體圖，其中 R 作用在與法線成一摩擦角度的方向上，以抵抗即將發生的運動；此外摩擦力矩 $M_B = 33.3$ N · m 為一順時針方向以抵抗運動，而 R 與螺桿軸之間的角度為 $\phi - \alpha$，將淨力矩 (等於施加力矩 M' 減去 M_B) 代入式 6/3a 中而得到

$$M = Tr \tan(\phi - \alpha)$$

$$M' - 33.3 = 800(0.0125)\tan(11.31° - 3.64°)$$

$$M' = 46.8 \text{ N} \cdot \text{m}$$

因而，將老虎鉗放鬆所需施加在把手上的作用力為

$$Q = \frac{M'}{d} = \frac{46.8}{0.2} = 234\text{N} \qquad \text{答}$$

提示

① 務正確計算螺桿角。其切線為導程 L (一圈之前進距離) 除以平均圓周 $2\pi r$，而非 $2r$。

② 注意到當即將發生之運動反向時，R 亦換至法線之另一側。

6/6 軸頸軸承 (Journal Bearings)

軸頸軸承 (*Journal bearing*) 提供軸的側向支撐，與軸向或推力支撐不同。對乾軸承或許多部份潤滑的軸承，可應用乾摩擦原理來分析。這些原理提供設計上令人滿意的近似結果。

如圖 6/8 所示為，乾性或部份潤滑的軸頸軸承其軸與軸承之間的接觸或接近接觸的情形。其中，為使作用方式清楚，將軸與軸承之間的間隙大幅擴大呈現。當軸在如圖所示方向開始轉動時，軸將沿軸承內表面翻滾爬升直到軸發生滑動為止。而在轉動期間，軸大概維持在一固定位置左右。維持轉動所需之扭矩 M 與作用在軸上的徑向負載 L 將造成接觸點 A 上產生一反作用力 R。對垂直方向的平衡時，R 須等於 L，但不是在共線。因此，R 將切於一半徑為 r_f 的小圓，稱為**摩擦圓 (*friction circle*)**。R 與其法線分量 N 之夾角為摩擦角 ϕ。由對 A 點的力矩總和等於零可得

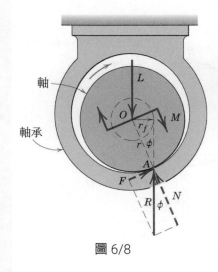

圖 6/8

$$M = Lr_f = Lr \sin \phi \qquad (6/4)$$

當摩擦係數很小時，摩擦角 ϕ 也很小，因而正弦值與正切值可誤差不大地互換。由於 $\mu = \tan \phi$，可得到扭矩良好的近似結果

$$M = \mu Lr \qquad (6/4a)$$

對於乾性或部份潤滑的軸頸軸承而言，此關係式給出需施加在軸上以克服摩擦力之扭矩或力矩值。

6/7 止推軸承；圓盤摩擦 (Thrust Bearings；Disk Friction)

止推軸承 (*Thrust bearing*) 之應用如在樞軸承、離合器片與碟式剎車中，兩圓形表面在分佈之正向壓力作用下，於表面間產生摩擦力。為檢視這些應用，考慮在圖 6/9 中的兩個平圓盤。兩圓盤的連接軸安裝在軸承 (未示出) 內，故兩者可在軸向作用力 P 的作用下而接觸。離合器所能傳遞的最大扭矩係等於使一圓盤相對另一圓盤產生滑動時所需的扭矩 M。假如 p 是兩接觸面間任何位置上的正向壓力，則作用在一元素面積上

的摩擦力為 $\mu p\,dA$，其中 μ 為摩擦係數，而 dA 為元素面積大小 $r\,drd\theta$。因此，元素面積上的摩擦力對連接軸軸心的力矩為 $\mu pr\,dA$，而總力矩則成為

$$M = \int \mu pr\,dA$$

其中，係對整個圓盤之面積做積分。積分時，則須知道 μ 與 p 隨 r 的變化關係。

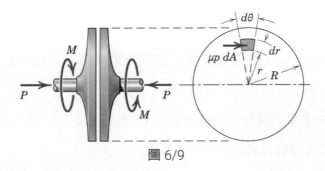

圖 6/9

　底下範例將假設 μ 為常數。再者，若兩接觸面嶄新、平坦且受良好支撐，可合理假設壓力 p 均勻遍及整個表面，因而 $\pi R^2 p = P$。將常數 p 代入 M 的表示式中，可得

$$M = \frac{\mu P}{\pi R^2} \int_0^{2\pi} \int_0^R r^2\,drd\theta = \frac{2}{3}\mu PR \qquad (6/5)$$

可將此結果解釋成相當於由摩擦力 μP 作用於離軸心 $\frac{2}{3}R$ 處所產生的力矩。

　若摩擦盤為環形時，如圖 6/10 所示的軸環軸承，則積分上下限分別為內徑 R_i 與外徑 R_o，而摩擦扭矩成為

$$M = \frac{2}{3}\mu P \frac{R_o^3 - R_i^3}{R_o^2 - R_i^2} \qquad (6/5a)$$

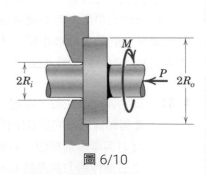

圖 6/10

當最初的磨耗期結束後，接觸面將保持新的相對形狀，因而進一步的磨耗將均勻遍及整個表面。磨耗取決於行經的周長距離與壓力 p。由於行經距離與 r 成比例，因而可寫出表示式 $rp = K$，其中 K 為常數。可從軸向作用力的平衡條件求得 K 值，即

$$P = \int p\,dA = K \int_0^{2\pi} \int_0^R dr d\theta = 2\pi KR$$

從碟式煞車的例子可明顯看出將機械能轉化成熱能的過程。

得出 $p = K = \dfrac{P}{2\pi R}$ 後，可寫出 M 的表示式為

$$M = \int \mu p r \, dA = \frac{\mu P}{2\pi R} \int_0^{2\pi} \int_0^R r \, dr \, d\theta$$

即

$$M = \frac{1}{2}\mu P R \tag{6/6}$$

因此，對於磨合接觸面來說，摩擦力矩僅為新接觸面的 $\dfrac{\frac{1}{2}}{\frac{2}{3}}$ 或

$\dfrac{3}{4}$。如果摩擦圓盤為內徑 R_i 與外徑 R_o 的環形時，代入這些上下限即可得磨合表面的摩擦扭矩為

$$M = \frac{1}{2}\mu P (R_o + R_i) \tag{6/6a}$$

建議應準備好處理其它圓盤摩擦問題，其中壓力 p 為 r 的某種函數。

範例 6/8

如圖所示，雙臂曲柄安裝在一直徑為 100 mm 且無法轉動的固定軸上。在垂直力 $P = 100$ N 的作用下，水平力 P 用以保持曲柄的平衡。若不使這個曲柄在任一個方向產生轉動，試求 T 的最大與最小值。其中，在軸與曲柄軸承表面之間的靜摩擦係數 μ 為 0.20。

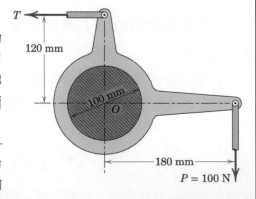

解　即將轉動發生於，固定軸作用在雙臂曲柄上的反力 R 與軸成表面的法線所構成的夾角為 $\phi = \tan^{-1}\mu$，即反力與摩擦圓相切。平衡條件則需要作用在曲柄上之三個作用力共點於 C。上述情況皆示於兩種即將發生運度的自由體圖。

需要以下計算：

摩擦角 $\phi = \tan^{-1}\mu = \tan^{-1} 0.20 = 11.31°$

摩擦圓半徑 $r_f = r \sin\phi = 50 \sin 11.31° = 9.81$ mm

角度 $\theta = \tan^{-1} \dfrac{120}{180} = 33.7°$

角度 $\beta = \sin^{-1} \dfrac{r_f}{OC} = \sin^{-1} \dfrac{9.81}{\sqrt{(120)^2 + (180)^2}} = 2.60°$

(a) 即將發生逆時針方向之運動：畫出作用力的平衡三角形，可得

$$T_1 = P \cot (\theta - \beta) = 100 \cot (33.7° - 2.60°)$$

$$T_1 = T_{max} = 165.8 \text{ N} \qquad 答$$

(b) 即將發生順時針方向之運動：由此時的作用力平衡三角形可得

$$T_2 = P \cot (\theta + \beta) = 100 \cot (33.7° + 2.60°)$$

$$T_2 = T_{min} = 136.2 \text{ N} \qquad 答$$

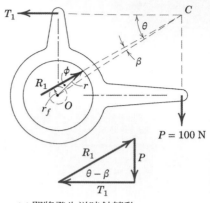

(a) 即將發生逆時針轉動

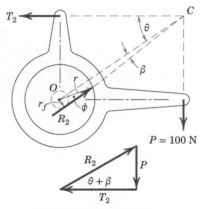

(b) 即將發生順時針轉動

6/8　撓性皮帶 (Flexible Belts)

在所有型式的皮帶驅動、帶狀剎車與舉升索具的設計中，撓性繩索與皮在槽輪與鼓輪上的即將運動分析係相當重要。

如圖 6/11(a) 所示為，受到 T_1 與 T_2 兩個皮帶張力作用的鼓輪、防止旋轉所需的扭矩 M 與軸承的反作用力 R。就如圖所示 M 的作用方向，T_2 係大於 T_1。而長度為 $r\,d\theta$ 的皮帶元素其自由體圖則如圖 6/11(b) 所示。對此微分元素上的作用力之分析係藉由建立元素的平衡，類似其他可變力問題所使用的方法。張力從角度 θ 處之 T 增加至角度 $\theta + d\theta$ 處之 $T + dT$。正向力為微分量 dN，因其作用在一微分面積元素上。同樣地，須作用於皮帶上以抵抗滑動之摩擦力為微分量，且當即將滑動時為 $\mu\,dN$。

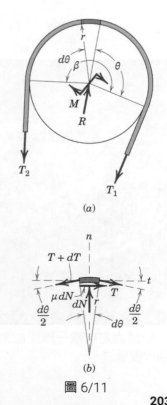

圖 6/11

由 t 方向的平衡方程式可得

$$T\cos\frac{d\theta}{2} + \mu\,dN = (T + dT)\cos\frac{d\theta}{2}$$

或

$$\mu dN = dT$$

因為取極限時,微分量的餘弦值為 1。在 n 方向的平衡方程式要求

$$dN = (T + dT)\sin\frac{d\theta}{2} + T\sin\frac{d\theta}{2}$$

或

$$dN = T\,d\theta$$

其中已使用取極限時微分角度的正弦值等於該角度值,且相較於保留的一階微分量下可忽略兩微分量之乘積。

結合兩平衡關係式,可得

$$\frac{dT}{T} = \mu\,d\theta$$

在對應之上下限間做積分可得

$$\int_{T_1}^{T_2}\frac{dT}{T} = \int_0^\beta \mu\,d\theta$$

或

$$\ln\frac{T_2}{T_1} = \mu\beta$$

其中,$\ln\dfrac{T_2}{T_1}$ 為自然對數 (基底 e)。解得 T_2 值為

$$T_2 = T_1 e^{\mu\beta} \tag{6/7}$$

注意到,β 是皮帶接觸的總角度,且須以弳度來表示。如果繩索在鼓輪上纏繞 n 圈,則 β 角為 $2\pi n$(弳度)。對於非圓形截面但總接觸角為 β 之情形,式 6/7 同樣有效適用。此結論可明顯由圖 6/11 之鼓輪半徑 r 未涉入皮帶的微分元素其平衡方程式中來得知。

Media Bakery

只要繞固定柱體一圈即能大幅改變張力。

式 6/7 所表之關係式亦適用於皮帶與皮帶輪皆等速轉動的皮帶傳動情形。此時，該式描述滑動或即將發生滑動的皮帶張力比。當轉動速度較快時，則皮帶將有脫落傾向，此時式 6/7 將包含若干誤差。

6/9　滾動阻力 (Rolling Resistance)

滾動輪子與其支承面間之接觸點處的變形將造成一滾動阻力，在此僅簡要說明。此阻力不是因為切線摩擦力所造成，因此為完全不同於乾摩擦的現象。

為描述滾動阻力，考慮如圖 6/12 所示的車輪，其輪軸受到負載 L 的作用且承受施加在軸心使其滾動的作用力 P。如圖所示係將車輪和支承面的變形大幅放大。分佈在接觸面上的壓力 p 類似於圖示分佈方式。分佈力的合力 R 作用在某一點 A 上，且須通過車輪中心使車輪處於平衡。藉由所有作用力對 A 點取力矩和為零，可求出維持車輪等速滾動所需的作用力 P 值。可得

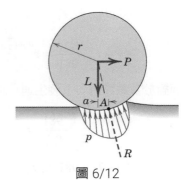

圖 6/12

$$P = \frac{a}{r}L = \mu_r L$$

其中，P 的力矩臂取為 r。而比值 $\mu_r = \frac{a}{r}$ 稱為**滾動阻力係數** (*coefficient of rolling resistance*)。此係數為阻力與正向力的比值，逐類似靜摩擦或動摩擦係數。另一方面，解釋 μ_r 時沒有分滑動或即將發生滑動。

因為尺寸 a 取決於許多難以量化的因素，尚無全面的滾動阻力理論。距離 a 為接觸材料之彈性及塑性特性、輪子半徑、移動速度及表面粗糙度等的一個函數。一些測試指出，a 隨輪子半徑之變化甚小，因此通常將 a 視為與輪子半徑無關。不幸地，在某些參考資料中 a 亦被稱為滾動摩擦係數。然而 a 有長度之因次，因此不是通常所稱之無因次係數。

範例 6/9

支撐 100 kg 負載的撓性繩索跨繞在固定鼓輪上，並由施力 P 維持平衡。其中，在繩索與固定鼓輪之間的靜摩擦係數 μ 為 0.30。(a) 當 $\alpha = 0$，試求負載既不上升亦不下降時，P 的最大值與最小值。(b) 當 $P = 500$ N，試求在負載開始滑動之前，角度 α 的最小值。

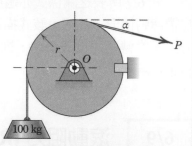

┃ 解   對於固定鼓輪上的繩索其即將滑動情形可藉由式 6/7 給出，即

$$\frac{T_2}{T_1} = e^{\mu B} \text{ 。}$$

① (a) 當 $\alpha = 0$ 時，接觸角 $\beta = \dfrac{\pi}{2}$ rad 。對於負載即將向上發生運動時，

$T_2 = P_{\max}$ 及 $T_1 = 981$ N，可得

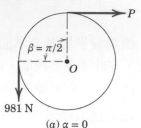

(a) $\alpha = 0$

② $$\frac{P_{\max}}{981} = e^{0.30(\frac{\pi}{2})} \qquad P_{\max} = 981(1.602) = 1572 \text{N} \qquad \text{答}$$

而對於負載即將向下發生運動時，$T_2 = 981$ N 及 $T_1 = P_{\min}$。因此，

$$\frac{981}{P_{\min}} = e^{0.30(\frac{\pi}{2})} \qquad P_{\min} = \frac{981}{1.602} = 612 \text{N} \qquad \text{答}$$

(b) $P = 500$ N

③ (b) 利用 $T_2 = 981$ 及 $T_1 = P = 500$ N，由式 6/7 可得

$$\frac{981}{500} = e^{0.30\beta} \qquad 0.30\beta = \ln \frac{981}{500} = 0.674$$

$$\beta = 2.25 \text{ rad} \qquad 或 \qquad \beta = 2.25(\frac{360}{2\pi}) = 128.7°$$

$$\alpha = 128.7° - 90° = 38.7° \qquad\qquad\qquad 答$$

提示

① 務需注意到 β 需表為弧度。

② 推導式 6/7 時，務需注意到 $T_2 > T_1$。

③ 如推導式 6/7 時可注意到，鼓輪半徑未涉入計算中。繞於曲面上之撓性皮帶其即將運動之極限情形僅由接觸角及摩擦係數來決定。

範例 6/10

試求使系統處於靜力平衡的質量 m 範圍。繩子與頂部曲面間的靜摩擦係數為 0.20，物塊與斜面間的則為 0.40。忽略樞點 O 處的摩擦。

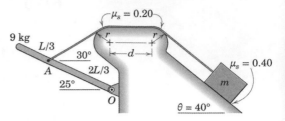

▌**解**　由均質細桿的自由體圖，我們可求出繩子 A 處的張力 T_A。

$$[\Sigma M_O = 0] \qquad -T_A(\frac{2L}{3}\cos 35°) + 9(9.81)(\frac{L}{2}\cos 25°) = 0$$

$$T_A = 73.3 \text{ N}$$

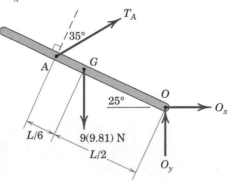

I. 物塊恰將沿斜面上移。

張力 $T_A = 73.3$ N 是頂部曲面的兩個張力中的較大者。由公式 6/7 可得

① $[T_2 = T_1 e^{\mu_s \beta}]$ $\qquad 73.3 = T_1 e^{0.20[30°+40°]\frac{\pi}{180°}}$ $\qquad T_1 = 57.4$ N

由第一種情況的物塊自由體圖：

$$[\Sigma F_y = 0] \qquad N - mg\cos 40° = 0 \qquad N = 0.766mg$$

$$[\Sigma F_x = 0] \qquad -57.4 + mg\sin 40 + 0.40(0.766mg) = 0$$

$$mg = 60.5 \text{ N} \qquad m = 6.16 \text{ kg}$$

II. 物塊恰將沿斜面下移。

$T_A = 73.3$ N 沒有改變，但現在變成公式 6/7 中兩張力的較小者。

$$[T_2 = T_1 e^{\mu_s \beta}] \qquad T_2 = 73.3 e^{0.20[30°+40°]\frac{\pi}{180°}} \qquad T_2 = 93.5 \text{ N}$$

考慮第二種情況的物塊自由體圖，我們看到正向力 N 跟第一種情況一樣。

$$[\Sigma F_x = 0] \qquad -93.5 - 0.4(0.766mg) + mg\sin 40° = 0$$

$$mg = 278 \text{ N} \qquad m = 28.3 \text{ kg}$$

② 所以所求範圍為 $\qquad 6.16 \le m \le 28.3$ kg $\qquad$ **答**

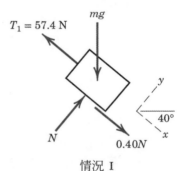

情況 I

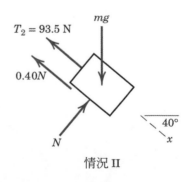

情況 II

提示

① 公式 6/7 只需要總接觸角度 (即 β)。所以所得結果跟 r 及 d 無關。

② 將斜面角度 θ 改成 20°，其餘已知資訊都不變，然後重解整個問題。結果會讓你吃驚。

6/10	本章複習

探討摩擦時，本章係關注在乾摩擦或庫倫摩擦的情形，其如圖 6/1 所述之接觸物體間表面不規則性之簡單力學模型可就多數工程目的而言適當解釋摩擦現象。此模式可幫助想像實務中遇到的三種乾摩擦問題。三種問題為：

1. 靜摩擦力小於可能的最大靜摩擦值，且由平衡方程式決定其值 (通常需做檢查以看出 $F < \mu_s N$)。

2. 即將發生滑動時的最大靜摩擦力 ($F = \mu_s N$)。

3. 接觸面之間已發生滑動的動摩擦 ($F = \mu_k N$)。

求解乾摩擦問題時，謹記下列要點：

1. 摩擦係數係用於給定之成對接觸表面。就單一表面談論摩擦係數並無意義。

2. 在一對接觸面間的靜摩擦係數 μ_s 通常略大於動摩擦係數 μ_k。

3. 作用於物體上的摩擦力方向恆抵抗物體已發生之滑動或無摩擦力時將發生之滑動。

4. 當摩擦力分佈在一表面或一線段上時，選擇此表面或線段的一代表元素，並計算作用在元素上的摩擦力其力與力矩效應。接著在整個表面或線段上積分這些效應。

5. 摩擦係數具有相當大的變異可能，取決於接觸面間的精確條件。當摩擦係數計算至三位有效數字時，實驗並不容易重現此精確度。引用時，僅為計算檢驗之用才將其納入。在工常實務的設計計算中，任何手冊上的靜摩擦或動摩擦係數須當成一參考近似值。

本章介紹之中提及的其他摩擦形式在工常中亦相當重要。例如，涉及流體摩擦的問題為工程中所遇到之最重要的摩擦問題之一，而這部份屬流體力學的研究範疇。

CHAPTER **7**

虛功

BuildPix/(c)Construction Photography/Photoshot

分析可變組態之多連桿結構時,一般以虛功法處理為最佳。

7/1 簡介 (Introduction)

在前面章節中,分析物體之平衡時係藉由自由體圖將其孤立,並列出作用力和為零與力矩和為零的平衡方程式。當物體之平衡位置為已知或被指定,且其中一個或多個外力為欲求解之未知量時,通常使用這種方法。

另有一種不同類問題,為物體由互連構件所組成,且構件間能相互移動。因此可能有各種平衡組態,而須加以檢驗。對於這類型的問題,雖然作用力與力矩平衡方程式仍有效且充分,但經常不是最直接與方便的方法。

基於力所作之功此種概念的方法即更直接。此外,此方法提供對力學系統之行為更深入的洞察,且能檢驗系統在平衡時的穩定性。此方法稱為**虛功法** (*method of virtual work*)。

7/2 功 (Work)

首先須從定量角度定義**功 (work)** 一詞,以對比於一般非技術性的用法。

力的作功

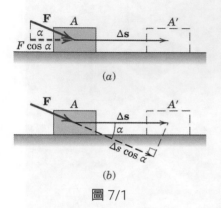

(a)

考慮一定值作用力 **F** 施加在物體上,如圖 7/1(a) 所示,物體沿著平面從 A 移動至 A' 之距離以向量 Δ**s** 表示,其稱為**物體的位移 (displacement)**。作用力 **F** 在此位移期間對物體所做之功 U,定義為作用力在位移方向的分量乘上位移,或

$$U = (F \cos \alpha)\Delta s$$

從圖 7/1(b) 可看出,如果將作用力大小乘以在作用力方向的位移分量,也可得到相同結果。此時

$$U = F (\Delta s \cos \alpha)$$

(b)

圖 7/1

因為無論將向量分解至何方向上,均獲得相同結果,逐歸結出功 U 為一純量。

當力的作功分量與位移同向時,則功為正。當力的作功分量與位移反向時,如圖 7/2 所示,則所作之功為負。因此

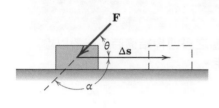

圖 7/2

$$U = (F \cos \alpha)\Delta s = - (F \cos \theta)\Delta s$$

現在推廣功的定義,以考慮位移方向及作用力之大小與方向皆可變之情形。

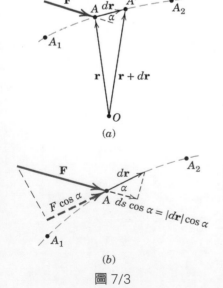

(a)

如圖 7/3(a) 所示,作用力 **F** 施加在物體的 A 點上,其沿著圖示路徑由 A_1 移動到 A_2。可藉由任意但方便之原點來測得 A 點之位置向量 **r** 而決定 A 點位置。從 A 運動至 A' 之無窮小位移由位置向量之微分改變量 d**r** 給出。在位移 d**r** 期間,作用力 **F** 所作的功定義為

$$dU = \mathbf{F} \cdot d\mathbf{r} \qquad (7/1)$$

如果 F 表示作用力 **F** 的大小,而 ds 表示微分位移量 d**r** 的大小,則使用點積的定義可得

$$dU = Fds \cos \alpha$$

(b)

圖 7/3

可再次將此表示式解釋為在位移方向之作用力分量 $F \cos \alpha$ 乘上位移，或在作用力方向的位移分量 $ds \cos \alpha$ 乘上該作用力，如圖 7/3(b) 所示。如果將 **F** 與 $d\mathbf{r}$ 以其直角分量來表示，可得

$$dU = (\mathbf{i}F_x + \mathbf{j}F_y + \mathbf{k}F_z) \cdot (\mathbf{i}dx + \mathbf{j}dy + \mathbf{k}dz)$$
$$= F_x\, dx + F_y\, dy + F_z\, dz$$

欲求 A 點從 A_1 至 A_2 的有限移動期間內 **F** 之總作功 U，如圖 7/3(a) 所示，係將 dU 在這些位置間作積分。因此

$$U = \int \mathbf{F} \cdot d\mathbf{r} = \int (F_x\, dx + F_y\, dy + F_z\, dz)$$

或

$$U = \int F \cos \alpha\, ds$$

積分時，須知道作用力分量與其相關座標之間的關係，或是 F 與 s 之間及 $\cos \alpha$ 與 s 之間的關係。

在共點力作用於物體上任意特定點時，其合力之作功等於各作用力之作功總和。因為在位移方向的合力分量等於各作用力在相同方向的分量總和。

力偶的作功

除了作用力的作功，力偶也能作功。在圖 7/4(a) 中，力偶 M 作用在物體上，並使物體的角度位置產生 $d\theta$ 的變化量。力偶所作的功可由構成力偶的兩個作用力所作的功相加而簡單求得。在圖 7/4(b) 中，以施加在兩任意點 A 與 B 上的兩大小相等方向相反之作用力 **F** 與 $-\mathbf{F}$ 來表示力偶，並且 $F = \dfrac{M}{b}$。在圖示平面上的無窮小移動期間，線段 AB 移動到 $A''B'$。現將 A 點的位移分成兩階段，首先，是與 B 點相同的位移 $d\mathbf{r}_B$；其次，是對 B 點轉動而起的位移 $d\mathbf{r}_{A/B}$ (讀成 A 相對於 B 的位移)。因此，**F** 在 A 到 A' 之位移期間所作的功與 $-\mathbf{F}$ 在 B 到 B' 的相同位移期間所作的功係大小相等但符號相反。逐歸結出力偶在平移期間 (無轉動地移動) 不作功。

然而在轉動期間，**F** 的作功則等於 $\mathbf{F} \cdot d\mathbf{r}_{A/B} = Fb\,d\theta$。其中，$dr_{A/B} = b\,d\theta$ 且 $d\theta$ 為以弳度表示的無窮小轉動角度。因為 $M = Fb$，故

$$dU = N\,d\theta \qquad\qquad (7/2)$$

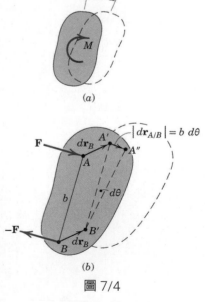

圖 7/4

如果 M 與 $d\theta$ (圖中為順時針方向) 有相同指向時,則力偶之作功為正,而 M 之指向與轉動指向相反時則作負功。力偶在其平面上一有限轉動期間所作之總功為

$$U = \int M \, d\theta$$

功的因次

功的因次為 (力) × (距離)。在 SI 單位中,功的單位為焦耳 (J),即一牛頓之力在力的作用方向移動一米時所作之功 $(J = N \cdot m)$。在美國慣用系統中,功的單位為呎 - 磅 (ft-lb),即一磅之力在力的作用方向移動一呎時所作的功。

力之作功及力產生之力矩具有相同因次,儘管兩者為完全不同的物理量。注意到,功為點積所給出之純量,包含之力與距離的乘積係沿同一線上測得。另一方面,力矩則為叉積所給出之向量,包含力與垂直於力的距離之乘積。為加以區別兩種量,在寫單位時,在 SI 單位中使用焦耳 (J) 表示功,而力矩則保留使用結合單位牛頓 - 米 (N · m)。在美國慣用系統中,通常使用呎 - 磅 (ft-lb) 的順序表示功,而使用磅 - 呎 (lb-ft) 表示力矩。

虛功

現考慮一質點其靜平衡位置由作用其上之作用力所決定。任何遠離此自然位置的任意小之假想位移 $\delta\mathbf{r}$,並符合系統拘束條件者,稱為**虛位移 (*virtual displacement*)**。其中,使用虛一詞來指出此位移並非實際存在,而僅為假定存在,遂可比較各種可能的平衡位置以求出正確者。

在虛位移 $\delta\mathbf{r}$ 區間,任何作用力 $\mathbf{F}$ 對質點所作的功稱為**虛功 (*virtual work*)**,亦即

$$\delta U = \mathbf{F} \cdot \delta\mathbf{r} \qquad 或 \qquad \delta U = F \, \delta s \cos\alpha$$

其中,$\mathbf{F}$ 與 $\delta\mathbf{r}$ 之間的夾角為 α,而 $\delta\mathbf{r}$ 的大小則為 δs。而 $d\mathbf{r}$ 與 $\delta\mathbf{r}$ 之間的差別為,$d\mathbf{r}$ 係指真實的無窮小位置變化量,並能積分,而 $\delta\mathbf{r}$ 則指一虛的或假想的無窮小位移,且不能積分。數學上,此兩種量皆為一階微分量。

虛位移也可為物體的一旋轉量 $\delta\theta$。根據式 7/2，力偶 M 在虛角位移 $\delta\theta$ 區間所作的功為 $\delta U = M\delta\theta$。

在任何無窮小的虛位移期間，可將作用力 $\mathbf{F}$ 或力偶 M 視為保持定值。如果考慮在極小運動期間 $\mathbf{F}$ 或 M 的任何變化量，將產生取極限時會消去的高階項。此種情形數學上相同於將曲線 $y = f(x)$ 下之元素面積寫成 $dA = y\,dx$ 而忽略 $dx\,dy$ 之乘積。

7/3　平衡 (Equilibrium)

現在根據虛功來表示平衡條件，首先對一質點，其次對單一剛體，然後對一互連剛體系統。

質點之平衡

考慮如圖 7/5 所示的質點或小物體，其由連接其上的彈簧作用力而達到一平衡位置。如果質點具可觀質量，則重量 mg 也含在上述諸力之中。假設質點遠離其平衡位置之虛位移為 $\delta\mathbf{r}$，則作用在質點上的總虛功為

$$\delta U = \mathbf{F}_1 \cdot \delta\mathbf{r} + \mathbf{F}_2 \cdot \delta\mathbf{r} + \mathbf{F}_3 \cdot \delta\mathbf{r} + \cdots = \Sigma\mathbf{F} \cdot \delta\mathbf{r}$$

現以座標方向的純量和為項表示 $\Sigma\mathbf{F}$，而以座標方向的虛位移分量為項表示 $\delta\mathbf{r}$，因此：

$$\delta U = \Sigma\mathbf{F} \cdot \delta\mathbf{r} = (\mathbf{i}\Sigma F_x + \mathbf{j}\Sigma F_y + \mathbf{k}\Sigma F_z) \cdot (\mathbf{i}\delta x + \mathbf{j}\delta y + \mathbf{k}\delta z)$$
$$= \Sigma F_x\delta x + \Sigma F_y\delta y + \Sigma F_z\delta z) = 0$$

上式總和為零 (因為 $\Sigma\mathbf{F} = 0$)，而可得 $\Sigma F_x = 0$、$\Sigma F_y = 0$ 與 $\Sigma F_z = 0$。因此方程式 $\delta U = 0$ 為另一種質點平衡條件的陳述方式。零虛功為平衡之必要且充分條件，因為可將此條件應用至三個互相垂直的每一方向上之虛位移，一次計算一個方向，此時相當於得到已知的三個平衡純量條件。

單一質點平衡時的零虛功原理通常不會使此一已是簡易之問題更簡化，因為 $\delta U = 0$ 與 $\Sigma\mathbf{F} = 0$ 提供相同資訊。然而，介紹質點的虛功概念係為稍後能應用至質點系統上。

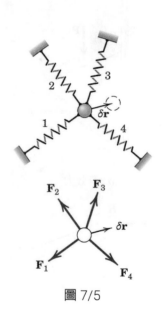

圖 7/5

剛體的平衡

可簡單將單一質點的虛功原理擴展至剛體 (視為由彼此剛性互連之小元素或質點所組成的系統)。因平衡剛體之每一質點上的虛功為零，可得整個剛體上的虛功為零。計算整個剛體之 $\delta U = 0$ 時，僅考慮外力之虛功項，因為所有內力以成對之大小相等方向相反之共線力方式發生，在任何移動期間這些作用力所作的淨功為零。

同質點情況，再次發現在求解單一剛體的平衡問題時，虛功原理並未提供特別優點。任何由線移動或角移動所定義的假想虛位移將出現在 $\delta U = 0$ 的每一項中，當消去後，所剩下的表示式與直接由一個作用力或力矩平衡方程式所得相同。

此情況說明於圖 7/6 中，其中忽略鉸接平板的重量，並在已知力 P 的作用下，求解滾子下方的反力 R。平板對 O 點的假想微小旋轉量 $\delta\theta$ 符合 O 點的鉸接拘束，且取為虛位移。由 P 所作的功為 $-Pa\,\delta\theta$，而由 R 所作的功則為 $+Pb\,\delta\theta$。因此，由虛功原理 $\delta U = 0$ 可以得到

$$-Pa\,\delta\theta + Pb\,\delta\theta = 0$$

消去 $\theta\delta$，剩下

$$Pa - Rb = 0$$

上式僅為對 O 點的力矩平衡方程式。因此，對單一剛體使用虛功原理並無額外所獲。然而，對互連剛體時，則可明顯看出虛功原理之優點，如下討論。

理想剛體系統的平衡

現將虛功原理擴展到互連剛體系統的平衡情形。且此處之處理限制於所謂的**理想系統 (*ideal systems*)**。這些系統中將二個或多個剛性構件連接在一起，其間無拉伸或壓縮導致的能量吸收，且其中之摩擦足夠小而可忽略。

圖 7/7(*a*) 所示為一理想系統的簡單範例，其中可能發生兩構件間的相對運動，且平衡位置由施加的外力 **P** 與 **F** 所決定。可判別出作用在互連系統上的三種作用力如下：

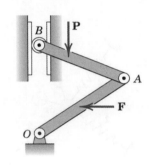

圖 7/6

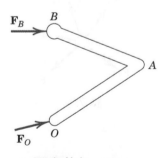

(*a*) 有效力

(*b*) 無效力

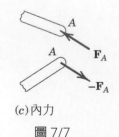

(*c*) 內力

圖 7/7

1. 有效力 (Active forces)，為在可能的虛位移期間能作虛功的外力。在圖 7/7(a) 中，作用力 **P** 與 **F** 即為有效力，因當構件移動時這些力會作功。

2. 無效力 (Reactive forces)，為作用在固定支撐位置之力，在力之作用上係無虛位移之發生。因此在虛位期間，無效力並不作功。在圖 7/7(b) 中，垂直導件作用在構件末端滾子上的水平力 $\mathbf{F}_B$ 不作功，因滾子在水平方向上並無位移產生。由 O 點之固定支撐座施加在系統上的無效力 $\mathbf{F}_O$ 因 O 點無法移動，故同樣不作功。

3. 內力 (Internal forces)，為構件間連接處上的作用力。在系統或其構件之任何可能的移動期間，連接處之內力所作的淨功為零。因為內力恆以成對之大小相等方向相反之作用力存在，如圖 7/7(c) 中在接點 A 之內力 $\mathbf{F}_A$ 與 $-\mathbf{F}_A$ 所示。在兩者的相同位移期間，其中一內力之作功與另一內力之作功必相消。

虛功原理

注意到，系統在任何可能的運動期間，僅外部有效力作功，現可將虛功原理敘述如下：

作用於處在平衡狀態之理想力學系統上的外部有效力，在符合拘束條件的任何與全部虛位移期間之作功為零。

其中，拘束指支撐環境對運動之限制。此原理之數學陳述為如下方程式

$$\delta U = 0 \tag{7/3}$$

其中，δU 代表在虛位移期間，所有有效力對系統所作的總虛功。

只有現在才能看出虛功法的真正優點。基本上有兩優點，第一，無須分解理想系統以建立有效力之間的關係式，如一般使用力與力矩總和時之平衡方法。第二，無須考慮無效力即可直接求解有效力之間的關係式。這些優點使虛功法在求解已知負載作用下之系統平衡位置時特別有效。可將此種問題與已知物體平衡位置下求解其上作用力之問題做一對比。

虛功法對於上述提及之考量特別有用，但需忽略在任何虛位移期間內部摩擦所作的功。因而，若力學系統具有可觀之內部摩擦，則虛功方法不能用於整體系統上，除非考慮進內部摩擦之作功。

使用虛功法時，應畫出分離所考慮系統之圖示。但不同於自由體圖顯示出所有作用力，虛功法之圖示僅需顯示有效力，因使用 $\delta U = 0$ 時不會出現無效力。此種圖示將稱為**有效力圖** (*active force diagram*)。圖 7/7(*a*) 即為所示系統的有效力圖。

自由度

力學系統的自由度數目為完全指明系統形態所需的獨立座標數目。如圖 7/8(*a*) 所示，為三個自由度為 1 之系統範例。僅需一個座標即可確定系統每一構件的位置。而此座標可為距離或角度。如圖 7/8(*b*) 所示，為三個自由度為 2 的系統範例，此時需兩個獨立座標來決定系統組態。若增加更多連桿於右圖機構中，則能引進的自由度數目沒有限制。

虛功原理 $\delta U = 0$ 的應用次數可與自由度數目一樣多。每次應用時，一次僅允許一個獨立座標為變量，而使其它座標保持不變。本章所處理的虛功問題僅考慮具有一個自由度的系統[*]。

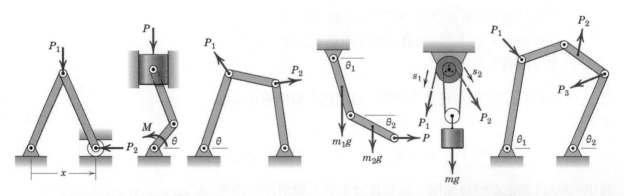

(*a*) 具有一個自由度的系統之範例　　　　　　(*b*) 具有兩個自由度的系統之範例

圖 7/8

[*] 求解兩個以上自由度系統之範例，可參閱第一位作者之靜力學第七章，1971 第二版或 1975 年之 SI 版。

具摩擦之系統

當力學系統中的滑動摩擦達到任何可觀程度時，此系統稱爲「眞實」。在眞實系統中，由外部有效力對系統所作之正功(輸入功)有一部份以熱的形式逸散掉，這些熱爲系統移動期間由動摩擦所產生。當接觸面間有滑動產生時，則摩擦力作負功，因其作用方向恆與所作用之物體的運度方向相反。且此負功無法回復。

因此，在圖 7/9(a) 中，作用在滑塊上的動摩擦力 $\mu_k N$，在位移 x 期間所作的功爲 $-\mu_k Nx$。而在虛位移 δx 期間，摩擦力之作功等於 $-\mu_k N\delta x$。另一方面，在圖 7/9(b) 中，如果滾輪在滾動時並未產生滑動，則作用在滾輪上的靜摩擦力不作動。

在圖 7/9(c) 中，兩構件間的任何相對角移動期間，由作用於接觸面之摩擦力而起的對銷接點中心的力矩 M_f 所作的功爲負。因此，對兩構件之間的虛位移 $\delta\theta$，如圖所示，構件個別的虛位移分別爲 $\delta\theta_1$ 與 $\delta\theta_2$，而所作的負功則爲 $-M_f\delta\theta_1 - M_f\delta\theta_2$ $= -M_f(\delta\theta_1 + \delta\theta_2)$，或簡單寫爲 $-M_f\delta\theta$。對每一構件而言，M_f 的指向係抵抗相對的轉動運動。

在本節稍前提過，虛功法的主要優點爲分析互連構件組成之整體系統時無須分解出構件。如果系統內部有可觀之動摩擦力存在，則便須分解系統以決定摩擦力。此時，虛功法之使用有限。

機械效率

由於摩擦造成能量損失，所以機器的輸出功恆小於輸入功。兩作功量的比值稱爲**機械效率 (mechanical efficiency)** e。因此，

$$e = \frac{輸出功}{輸入功}$$

對於具有一個自由度且以均勻方式運作的簡單機器，其機械效率可由在一虛位移期間，以虛功法計算表示式 e 中的分子與分母而求得。

例如，在圖 7/10 中考慮將物塊向斜面上移動的情形。對於圖示的虛位移 δs，輸出功爲使物塊上升所需的功或 $mg\delta s$ $\sin\theta$。輸入功則爲 $R\delta s = (mg\sin\theta + \mu_k mg\cos\theta)\delta s$。因此，此斜面的效率爲

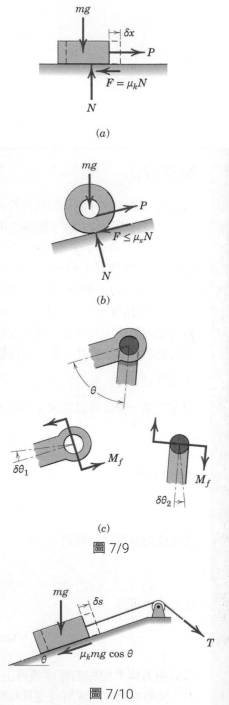

(a)

(b)

(c)

圖 7/9

圖 7/10

$$e = \frac{mg\delta s \sin\theta}{mg(\sin\theta + \mu_k \cos\theta)\delta s} = \frac{1}{1 + \mu_k \cot\theta}$$

第二個例子考慮 6/5 節中圖 6/6 所示的螺桿千斤頂。式 6/3 給出提升負載 W 所需的力矩 M，其中螺桿的平均直徑為 r、螺旋角為 α 與摩擦角為 $\phi = \tan^{-1}\mu_k$。在螺桿的一個小旋轉 $\delta\theta$ 期間，輸入功為 $M\delta\theta = Wr\delta\theta \tan(\alpha + \phi)$。輸出功則為提升負載所需的功或 $Wr\delta\theta \tan\alpha$。因此，千斤頂的效率可表示成

$$e = \frac{Wr\delta\theta \tan\alpha}{Wr\delta\theta \tan(\alpha + \phi)} = \frac{\tan\alpha}{\tan(\alpha + \phi)}$$

當摩擦減少時，ϕ 也變得較小，效率則接近 1。

範例 7/1

兩質量 m 與長度 l 的均勻鉸接桿件，受到如圖所示的支撐與負載。試對一已知力 P，求解平衡時的角度 θ。

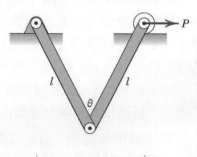

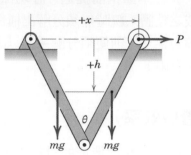

解 另外繪製由兩根構件所組成的系統其作用力圖，其中包含作用力 P 與每一根桿件的重量 mg。其它作用在系統的外力皆為無效力，在虛位移 δx 並不作功，遂無顯示出。

虛功原理要求所有外部有效力在任何符合拘束條件的虛位移期間所作的總功為零，因此，對一位移期間 δx 所作的虛功為

① $[\delta U = 0]$ $\qquad P\delta x + 2mg\, \delta h = 0$

現在將每一虛位移以欲求之變數 θ 來表示。因此，

$$x = 2l\sin\frac{\theta}{2} \quad 及 \quad \delta x = l\cos\frac{\theta}{2}\delta\theta$$

② 同樣地，

$$h = \frac{l}{2}\cos\frac{\theta}{2} \quad 及 \quad \delta h = -\frac{l}{4}\sin\frac{\theta}{2}\delta\theta$$

代入虛功方程式，得到

$$Pl\cos\frac{\theta}{2}\delta\theta - 2mg\frac{l}{4}\sin\frac{\theta}{2}\delta\theta = 0$$

從上式中可得

$$\tan\frac{\theta}{2} = \frac{2P}{mg} \quad 或 \quad \theta = 2\tan^{-1}\frac{2P}{mg} \qquad 答$$

若欲由力與力矩和的原理獲得上述結果，則需將此架構分解並考慮作用在每一構件上的所有作用力。使用虛功方法求解時運算較簡單。

範例 7/2

如圖所示，藉由力偶 M 施加於兩鉸接平行連桿之一的末端，而使質量 m 的物體達到一平衡位置上。若忽略連桿質量，並假設所有摩擦力均不存在。在給定 M 值下，試求連桿與垂直線段間的平衡角度 θ 的表示式。並考慮由力與力矩平衡的求解方法。

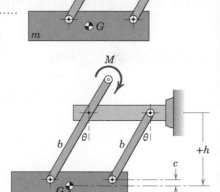

┃ **解**　如有效力圖所示，重量 mg 通過質心 G，而力偶 M 則施加在連桿末端上。並且在角度 θ 的變化期間，沒有其它外部有效力或力矩對系統作功。

質心 G 的垂直位置以固定水平參考線下方的距離 h 表示，且為 $h = b\cos\theta + c$。在 mg 方向的移動 δh 期間，mg 所作的功為

$$+ mg\,\delta h = mg\,\delta(b\cos\theta + c) = mg(-b\sin\theta\,\delta\theta + 0)$$
$$= -mgb\sin\theta\,\delta\theta$$

① 其中，負號表示由正值的 $\delta\theta$ 所得到的功為負。而常數 c 因不變故消去。

若 θ 使用順時針指向為正向，$\delta\theta$ 也同樣以順時針為正向。因此，順時針力偶 M 所作的功為 $+M\delta\theta$。代入虛功方程式，得到

$$[\delta U = 0]\qquad\qquad M\delta\theta + mg\,\delta h = 0$$
$$M\delta\theta = mgb\sin\theta\,\delta\theta$$

產生　　　　　　　　　　　　$\theta = \sin^{-1}\dfrac{M}{mgb}$　　　　　　　　　　　　**答**

由於 $\sin\theta$ 的值不能超過 1，可看出平衡時的 M 值不會超過 mgb。

觀察使用力與力矩平衡方程式求解本題時所涉及之運算處理，即可明顯看出使用虛功解法的優點。使用前者時，須分別畫出三個移動構件的自由體圖，並需考慮在銷接處的所有內部反力。進行這些步驟時，須將 G 點對於兩連桿連接處的水平位置考慮進分析中，即使此位置之相關項最後在求解方程式時將自方程式中消去。遂歸結出本題中的虛功法可直接處理因果關係並避免涉及不相關量。

提示

① 再一次，如範例 7/1，數學表示式與功的定義一致，且可看到產生之表示式其帥符號符合物理變化情形。

範例 7/3

連桿 OA 在如圖所示的水平位置上，試求作用在滑動軸環上的作用力 P，以阻止 OA 桿在力偶 M 的作用下發生轉動。其中，忽略所有移動件的質量。

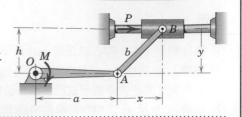

■ **解** 下圖做為此系統的有效力圖，而由於拘束條件，所有其它力為內力或不作功的無效力。

將給予曲柄 OA 微小的順時針角位移 $\delta\theta$ 以做為虛位移，並決定 M 與 P 所作的總虛功。從曲柄的水平位置開始，此角位移使 A 之向下位移等於

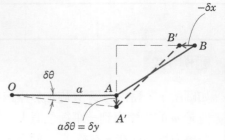

① $$\delta y = a\,\delta\theta$$

其中，$\delta\theta$ 當然以強度表示。

從連桿 OA 為固定斜邊的直角三角形中，可寫出

$$b^2 = x^2 + y^2$$

現在取上式的微分式並得到

② $$0 = 2x\,\delta x + 2y\,\delta y \qquad 或 \qquad \delta x = -\frac{y}{x}\delta y$$

因此，

$$\delta x = -\frac{y}{x}a\delta\theta$$

虛功方程式成為

③ $[\delta U = 0]$ $$M\delta\theta + P\delta x = 0 \qquad M\delta\theta + P(-\frac{y}{x}a\delta\theta) = 0$$

$$P = \frac{Mx}{ya} = \frac{Mx}{ha} \qquad\qquad 答$$

再一次，觀察到虛功法直接產生作用力 P 與力偶 M 之間的關係式，而無需涉及與此關係式無關的其它作用力。利用力與力矩平衡方程式之求解雖然就本題相當簡單，但一開始需考慮所有作用力，然後再消去不相關的部份。

提示

① 注意到，若曲柄 OA 不在水平位置，A 點的位移 $a\,\delta\theta$ 不再等於 δy。
② 長度 b 為定值，故 $\delta b = 0$。注意到負號，其僅表示若其中一改變量為正時，另一改變量需為負。
③ 曲柄也能使用逆時針之虛位移，此時僅相反所有項之符號。

位能與穩定性 (Potential Energy and Stability)

上一節探討了由假設爲完全剛性的個別構件所組成之力學系統的平衡組態。現將方法擴展到包含彈簧形式之彈性元件的力學系統。其中，引入位能的概念將有助於決定平衡狀態的穩定性。

彈性位能

對彈性元件作功時，功將以**彈性位能** (*elastic potential energy*) V_e 的形式儲存在此元件中。而在彈性元件從壓縮或伸張中的釋放期間，能以此潛在能量對其它物體作功。

考慮如圖 7/11 的彈簧，其受到作用力 F 之壓縮。假設此彈簧爲線性變化的彈性彈簧，即指受力 F 與變形量 x 成正比。遂將其關係寫成 $F = kx$，其中 k 爲彈簧常數或彈簧的**勁度** (*stiffness*)。在 dx 的移動期間，F 對彈簧之作功爲 $dU = F dx$，因此在一壓縮量 x 下彈簧的彈性位能爲作用在彈簧上的總功

$$V_e = \int_0^x F \, dx = \int_0^x kx \, dx$$

或

$$V_e = \frac{1}{2}kx^2 \qquad (7/4)$$

因此，彈簧的彈性位能等於 F 對 x 的關係圖中，從 0 到 x 的三角形面積。

彈簧壓縮量由 x_1 增加到 x_2 時，對彈簧之作功等於其彈性位能之變化量，或

$$\Delta V_e = \int_{x_1}^{x_2} kx \, dx = \frac{1}{2}k(x_2^2 - x_1^2)$$

上式則相等於由 x_1 到 x_2 的梯形面積。

彈簧在虛位移 δx 期間，作用在彈簧上的虛功爲虛彈性位能之虛改變量

$$\delta V_e = F\delta x = kx\delta x$$

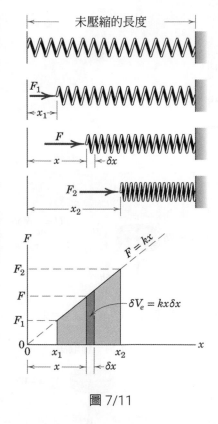

圖 7/11

當彈簧由 $x = x_2$ 放鬆到 $x = x_1$ 的減少壓縮量期間,彈簧位能的改變量(最終減初始)為一負值。因此,如果 δx 為負,則 δV_e 亦為負。

當彈簧處拉伸狀態而非壓縮時,功與能量的關係與壓縮情形相同,然此時 x 代表彈簧之伸長量而非壓縮量。當拉伸彈簧時,作用力同樣作用在位移方向而對彈簧作正功,並增加其位能。若彈簧的可動端與物體相連,則因作用在彈簧可動端的作用力與彈簧施加在物體上的作用力相反,彈簧對物體之作功即為彈簧其彈性位能變化量的負值。

一可抵抗軸或其它元件旋轉之**扭簧 (*torsional spring*)** 也能儲存和釋放位能。如果扭力勁度(表成每扭轉強度的扭矩)為一常數 K_T,且 θ 為以弳度表示的扭轉角,則抵抗扭矩為 $M = K_T\theta$。而位能則為 $V_e = \int_0^\theta K_T\theta\, d\theta$ 或

$$V_e = \frac{1}{2} K_T\theta^2 \qquad (7/4a)$$

上式類似線性伸展彈簧的表示式。

彈性位能的單位與功的單位相同,並且在 SI 單位中以焦耳 (J) 表示,而在美國慣用單位中則以呎 - 磅 (ft-lb) 表示。

重力位能

在上一節中,如同對任何其它有效力之作功般處理作用在物體上之重力或重量所作的功。因此,在圖 7/12 中的物體向上位移 δh 時,則重量 $W = mg$ 所作的負功為 $\delta U = - mg\delta h$。另一方面,如果物體向下位移 δh,而 h 係向下量起為正值,則重量所作的正功為 $\delta U = + mg\delta h$。

另一不同於上述處理的表示方法,係將重力之作功以物體位能的改變量來表示。當以總能量來描述一個力學系統時,此種處理方法為相當有用的表示法。物體的**重力位能 (*gravitational potential energy*)** V_g,定義為一與物體重量大小相等方向相反的作用力,在將物體從某任意基準面移至考慮位置的過程中對物體所作的功,其中此任意基準面的位能定義為零。因此,位能即為重量所作之功的負值。例如,當物體被升高時,作用力所作的功被轉換成可用的潛在位能,因為當此物體降回原較低位置時能對其它物體作功。如果在圖 7/12 中 $h = 0$ 處取 V_g 為零,則基準面上高度 h 處的物體重力位能為

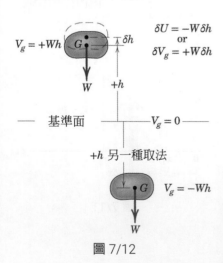

$V_g = +Wh$

$\delta U = -W\delta h$
or
$\delta V_g = +W\delta h$

$+h$

—— 基準面 —— $V_g = 0$ ——

$+h$ 另一種取法

$V_g = -Wh$

圖 7/12

$$V_g = mgh \qquad\qquad (7/5)$$

如果物體在基準面下距離 h 處,則其重力位能爲 $-mgh$。

注意到,零位能的基準面爲任意指定,因僅位能改變量攸關分析,且不論基準面設定於何處此改變量均相同。也注意到,重力位能與到達特定高度 h 所依循之路徑無關。因此,在圖 7/13 中不論從基準面 1 到基準面 2 所依循路徑爲何,質量 m 的物體均有相同的位能改變量,因爲三個路徑的 Δh 皆相同。

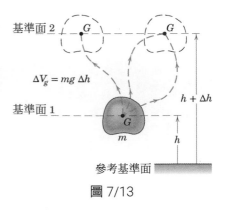

圖 7/13

重力位能的虛改變量僅爲

$$\delta V_g = mg\,\delta h$$

其中,δh 爲物體質心向上的虛位移。如果質心的虛位移向下,則 δV_g 爲負。

重力位能的單位與功及彈性位能的單位相同,在 SI 單位中以焦耳 (J) 表示,而在美國慣用單位中以呎 - 磅 (ft-lb) 表示。

能量方程式

已知線性彈簧對其可動端所連接之物體之作功等於彈簧之彈性位能改變量的負值。此外,重力或重量 mg 之作功等於重力位能的改變量負值。因而,當具有彈簧且構件垂直位置發生改變之系統應用虛功方程式時,可將彈簧與重量所作的功分別換成對應之位能改變量負值。

能利用上述置換將式 7/3 中的總虛功 δU 寫成除彈力與重力之外的所有有效力之作功 $\delta U'$,加上彈簧與重力所作之功 $-(\delta V_e + \delta V_g)$。式 7/3 於是成爲

$$\delta U' - (\delta V_e + \delta V_g) = 0 \qquad 或 \qquad \delta U' = \delta V \qquad (7/6)$$

其中,$V = V_e + V_g$ 代表系統的總位能。利用此式,彈簧成爲系統之內部元件,而彈簧與重力之作功包含在 δV 項中。

223

有效力圖

在應用虛功法時，繪製出所分析之系統的**有效力圖 (active force diagram)** 相當有用。系統邊界須清楚區分出屬於系統一部份的構件與不屬系統一部份的其它物體。當彈性構件包含在系統邊界內時，在彈性構件與其相連接的活動構件之間的相互作用力即屬於系統的內力。因此，這些作用力無須標示出，因其效應均考慮在 V_e 項中。重力也同樣未標示出，因其作功考慮在 V_g 項中。

圖 7/14 說明了使用式 7/3 與 7/6 時之間的差異。為簡化起見，將圖 7/14(*a*) 中之物體考慮為質點，並假設虛位移為沿著固定路徑。質點在施力 F_1 及 F_2、重力 mg、彈力 kx 以及一正向反力的作用下處於平衡。在圖 7/14(*b*) 中，單獨孤立出質點，δU 包含在質點有效力圖中所有作用力所作的虛功 (平滑導槽施加在質點上的正向反力不作功，故省略之)。在圖 7/14(*c*) 中，則將彈簧包含在系統裡，且 $\delta U'$ 僅為 F_1 及 F_2 之虛功，此二力為其作功未考慮進位能項中的僅存外部作用力。重量 mg 所作的功則考慮在 δV_g 項中，而彈簧力所作的功則考慮在 δV_e 項中。

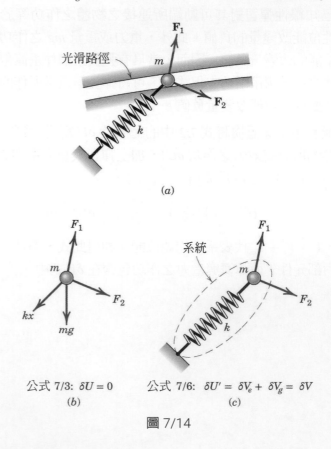

光滑路徑

(a)

公式 7/3: $\delta U = 0$

(b)

系統

公式 7/6: $\delta U' = \delta V_e + \delta V_g = \delta V$

(c)

圖 7/14

虛功原理

因此,對於一個包含彈性構件與構件位置發生改變的力學系統而言,可重述虛功原理如下:

> 對於符合拘束條件的任何及所有虛位移,所有外部有效力(除了納入位能項的重力與彈力)對處平衡狀態之力學系統所作之虛功等於系統之彈性與重力位能對應之改變量。

平衡的穩定性

現考慮一力學系統,其中,重力與彈性位能的變化會隨發生之移動而生,且無非位能作用力對系統作功。範例 7/6 中所處理的機構即為此種系統一例。由於 $\delta U' = 0$,式 7/6 之虛功關係式成為

$$\delta(V_e + V_g) = 0 \qquad 或 \qquad \delta V = 0 \qquad (7/7)$$

式 7/7 表示力學系統其平衡組態的條件為系統總位能 V 為一平穩值 (stationary value)。對於具有一個自由度的系統,且其位能與其導函數為描述系統組態之單一變數如 x 的連續函數時,平衡條件 $\delta V = 0$ 數學上等價於

$$\frac{dV}{dx} = 0 \qquad (7/8)$$

式 7/8 係陳述當力學系統其總位能之導函數為零時,則系統處於平衡。若系統具有多個自由度,則當系統平衡時,V 對各座標的偏導數均須為零 *。

有三種情形式 7/8 成立,即總位能為一極小值(穩定平衡)、一極大值(不穩定平衡)或一常數(隨遇平衡,neutral equilibrium)。圖 7/15 為此三個情況的簡單範例。在穩定位置時,滾輪明顯具有最小位能,在不平衡位置時,滾輪則具有最大位能,而在隨遇平衡位置時,滾輪位能為一常數。

穩定　　　不穩定　　　中立
圖 7/15

---

* 兩個以上自由度系統之範例,可參閱第一位作者之靜力學第七章 43 節,1975 年之 SI 制二版。

力學系統的穩定性亦可如此呈現,即注意到離開穩定位置一小位移後,將使位能增加並傾向回到較低能量之位置。另一方面,離開不穩定位置一小位移後,將使位能降低且傾向更遠離平衡位置而到能量更低之位置。對於隨遇平衡位置來說,任意小位移均不改變位能,且無向任一方移動的傾向。

當一個函數與其導數為連續時,此函數之二階導數在函數最小值位置時為正值,而在函數最大值位置時為負值。因此,具有單一自由度 x 的系統,其平衡與穩定性的數學條件為:

$$\text{平衡} \qquad \frac{dV}{dx} = 0$$

$$\text{穩定} \qquad \frac{d^2V}{dx^2} > 0 \qquad\qquad (7/9)$$

$$\text{不穩定} \qquad \frac{d^2V}{dx^2} < 0$$

函數 V 的二階導數在平衡位置上也可能為零,此時須檢驗更高階導數的符號以確定平衡類型。當導數不為零的最低階導數為偶數階時,將視此階導數值之正負而為穩定或不穩定平衡。若此階導數為奇數階時,則歸為不穩定平衡,此時之 V 對 x 關係圖中,於曲線的平衡值處出現一斜率為零之反曲點。

多個自由度之穩定性判準需更進階之處理。例如,對於兩個自由度時,係使用雙變數之泰勒級數展開。

Tracey Whitetoot/Alamy Stock Photo

這些圖示舉升平台即為以虛功法分析最為簡單之結構類型例子。

範例 7/4

如圖所示，由彈簧懸掛之 10 kg 圓柱，其勁度爲 2 KN/m。試畫出系統的位能 V，並指出在平衡位置時位能爲最小。

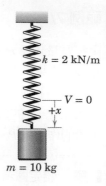

$k = 2$ kN/m

$V = 0$

$+x$

$m = 10$ kg

∎ **解**　① (儘管此簡單問題中的平衡位置相當清楚位在彈簧作用力等於圓柱重量 mg 之位置，但將在平衡位置視爲未知下進行分析，以透過最簡單的方法說明能量關係。) 選擇彈簧未伸張時的位置爲零位能的基準面。

任意位置 x 時的彈性位能爲 $V_e = \frac{1}{2} kx^2$，而重力位能則爲 $-mgx$，故總位能爲

$$[V = V_e + V_g] \qquad V = \frac{1}{2} kx^2 - mgx$$

平衡發生在

$$\left[\frac{dV}{dx} = 0\right] \qquad \frac{dV}{dx} = kx - mg = 0 \qquad x = \frac{mg}{k}$$

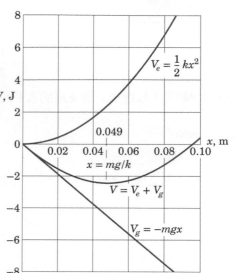

雖然此簡單範例中可知此平衡爲穩定，但仍計算 V 在平衡位置的二階導數之正負來驗證。因此，$\frac{d^2V}{dx^2} = k$，其爲一正值，證明平衡爲穩定。

代入數值後可得

$$V = \frac{1}{2}(2000)x^2 - 10(9.81)x$$

上式單位爲焦耳，而 x 的平衡位置數值則爲

$$x = \frac{10(9.81)}{2000} = 0.0490 \text{m} \qquad 或 \qquad 49.0 \text{ mm} \qquad\qquad 答$$

② 對各 x 值計算 V，並畫出如圖所示之 V 對 x 的關係圖。V 的最小值發生在 $x = 0.0490$ m 處，而此處的 $\frac{dV}{dx} = 0$ 與 $\frac{d^2V}{dx^2}$ 爲正值。

提示

① 基準面可任意選擇，但此處可簡化代數運算。

② 可分別對 V_e 及 V_g 選擇不同之基準面而不影響結論。不同選擇僅會上下移動 V_e 及 V_g 之個別曲線，而不影響 V 最小值之位置。

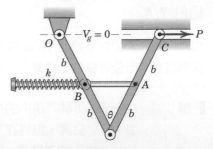

範例 7/5

兩根質量皆為 m 的均勻連桿位於垂直平面上,並受圖示方式之連接與拘束。兩連桿之間的夾角 θ 隨水平力 P 作用而增加時,連接於 A 點並通過 B 處樞軸環之輕質桿件係壓縮勁度為 k 之彈簧。如果在 $\theta = 0$ 的位置時,彈簧未受壓縮,試求在角度 θ 時將產生平衡的作用力 P。

解　給定圖示可供作此系統的有效力圖。彈簧的壓縮量 x 是 A 由 B 處遠離的距離,即

$x = 2b\sin\dfrac{\theta}{2}$ 。因此,彈簧的彈性位能為

$$[V_e = \frac{1}{2}kx^2] \qquad V_2 = \frac{1}{2}k(2b\sin\frac{\theta}{2})^2 = 2kb^2\sin^2\frac{\theta}{2}$$

為方便起見,取通過 O 點支座的水平面為零重力位能的基準面,因而 V_g 的表示式成為

$$[V_g = mgh] \qquad V_g = 2mg(-b\cos\frac{\theta}{2})$$

O 點與 C 點之間的距離為 $4b\sin\dfrac{\theta}{2}$,因此 P 所作的虛功為

$$\delta U' = P\delta(4b\sin\frac{\theta}{2}) = 2Pb\cos\frac{\theta}{2}\delta\theta$$

虛功方程式可寫成

$$[\delta U' = \delta V_e + \delta V_g] \qquad 2Pb\cos\frac{\theta}{2}\delta\theta = \delta(2kb^2\sin^2\frac{\theta}{2}) + \delta(-2mgb\cos\frac{\theta}{2})$$

$$= 2kb^2\sin\frac{\theta}{2}\cos\frac{\theta}{2}\delta\theta + mgb\sin\frac{\theta}{2}\delta\theta$$

最後化簡得到

$$P = kb\sin\frac{\theta}{2} + \frac{1}{2}mg\tan\frac{\theta}{2} \qquad\qquad 答$$

如果要求給定作用力 P 下表示對應之平衡角度 θ,在此特殊情況中不易解出 θ 的顯函數表示式。但以數值問題求解時,可訴諸電腦求解並畫出兩個 θ 函數總和的數值圖形,以決定函數總和等於 P 值時之 θ 值。

範例 7/6

質量爲 m 之均勻桿件的兩端點可在水平與垂直滑槽內自由滑動。檢驗平衡位置的穩定性條件。當 $x = 0$ 時，勁度 k 的彈簧未產生變形。

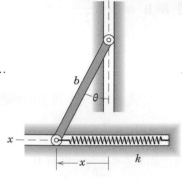

■ **解**　① 系統由彈簧與桿件所組成。由於沒有外部有效力，因此給定圖示可供作有效力圖。將取 x 軸爲零重力位能的基準面。在如圖所示的移開位置時，彈性與重力位能分別爲

$$V_e = \frac{1}{2}kx^2 = \frac{1}{2}kb^2\sin^2\theta \qquad 及 \qquad V_g = mg\frac{b}{2}\cos\theta$$

於是總位能爲

$$V = V_e + V_g = \frac{1}{2}kb^2\sin^2\theta + \frac{1}{2}mgb\cos\theta$$

平衡發生在 $\dfrac{dV}{d\theta} = 0$ 處，所以

$$\frac{dV}{d\theta} = kb^2\sin\theta\cos\theta - \frac{1}{2}mgb\sin\theta = (kb^2\cos\theta - \frac{1}{2}mgb)\sin\theta = 0$$

上式的兩個解分別爲

②　　　　　　　　　　　$$\sin\theta = 0 \qquad 及 \qquad \cos\theta = \frac{mg}{2kb}$$

現在就兩平衡位置來檢驗 V 之二階導函數之正負符號，以判定穩定性。二階導函數爲

$$\frac{d^2V}{d\theta^2} = kb^2(\cos^2\theta - \sin^2\theta) - \frac{1}{2}mgb\cos\theta$$

$$= kb^2(2\cos^2\theta - 1) - \frac{1}{2}mgb\cos\theta$$

■ **解 I**　$\sin\theta = 0$，$\theta = 0$

$$\frac{d^2V}{d\theta^2} = kb^2(2-1) - \frac{1}{2}mgb = kb^2(1 - \frac{mg}{2kb})$$

$$= 正 (穩定) 若 \ k > \frac{mg}{2b}$$

$$= 負 (不穩定) 若 \ k < \frac{mg}{2b}$$　　　　**答**

③　因此，如果彈簧有足夠勁度，則桿件將回到垂直位置上，雖然此位置時無彈簧作用力。

解 II $\cos\theta = \dfrac{mg}{2kb}$ ， $\theta = \cos^{-1}\dfrac{mg}{2kb}$

$$\frac{d^2V}{d\theta^2} = kb^2[2(\frac{mg}{2kb})^2 - 1] - \frac{1}{2}mgb(\frac{mg}{2kb}) = kb^2[(\frac{mg}{2kb})^2 - 1]$$ 答

因餘弦值必小於 1，可看出解限於 $k > \dfrac{mg}{2b}$ 的情況，此時 V 的二階導函數爲負值。因此，解 II 的平衡不可能穩定。

④ 如果 $k < \dfrac{mg}{2b}$，則解 II 亦不存在，因彈簧將太軟而無法在 0 到 90°間的 θ 範圍保持平衡。

提示

① 沒有外部有效力下，亦無 $\delta U'$ 項，而 $\delta V = 0$ 等價於 $\dfrac{dV}{d\theta} = 0$ 。

② 切勿忽略 $\sin\theta = 0$ 之解 $\theta = 0$ 。

③ 若不經穩定性的數學分析，可能不會預期此結果。

④ 再一次，若不藉助穩定性的數學分析，則可能誤認爲桿件能靜止於 0 到 90°間的某 θ 值而處於穩定平衡位置。

| 7/5 | 本章複習 |

　　本章闡述了虛功原理。在外力爲已知條件下，決定一物體或互連物體之系統的可能平衡組態時此原理相當有用。爲有效應用虛功法，務需理解虛位移、自由度與位能的概念。

虛功法

　　當受作用力之一物體或互連物體之系統可能具有多個平衡組態時，可應用虛功原理找出平衡位置。使用此方法時，謹記下列事項：

1. 求解平衡位置時，僅需考慮在物體或系統離開平衡位置時的假想微分移動期間內有作功之作用力 (有效力)。

2. 無須考慮不作功的外部作用力 (無效力)。

3. 因此，物體或系統的有效力圖 (非自由體圖) 對僅突顯虛位移期間有作功的外部作用力相當有用。

虛位移

　　虛位移爲線位置或角位置的一階微分改變量。此改變屬虛構，因其爲一假想移動而實際上無須發生。數學上，虛位移的處理方式與實際移動的微分改變量相同。使用符號 δ 表示虛微分變化，而慣用的符號 d 則表示實際移動的微分變化。

　　在符合拘束條件的虛位移期間，找出力學系統各構件的直線與角度虛位移間的關聯，經常爲分析中最難的部份。對此：

1. 先寫出描述系統組態的幾何關係式。
2. 將幾何關係式作微分而建立系統各構件的位置微分改變量，以得到微分虛位移的表示式。

自由度

　　第 7 章討論限制在構件位置可由單一變數指明之力學系統 (自由度爲 1 的系統)。對具有兩個或更多自由度時，虛功方程式的應用次數與自由度數目一樣多，且一次允許一變數改變而保持剩下變數不變。

位能法

　　位能概念，即重力 (V_g) 與彈性 (V_e) 兩者，在求解虛位移造成物體質心之垂直位置變化及彈性構件 (彈簧) 之長度變化等平衡問題時相當有用。應用此法時：

1. 以描述系統可能位置的變量來得出系統總位能 V 的表示式。
2. 檢驗 V 的一階與二階導數，以分別確立平衡位置與對應之穩定性條件。

APPENDIX **A**

面積慣性矩

附錄綱要

A/1　簡介 (Introduction)

　　當作用力連續分佈於其作用的面積上時，常須計算這些作用力對該面積平面上或垂直該面積平面之某軸的力矩值。常常作用力強度 (壓力或應力) 與作用線離力矩軸的距離呈一比例關係。因此，作用在面積元素上的元素作用力與距離乘上微分面積之乘積呈比例，而元素力矩遂與距離平方乘上微分面積之乘積呈比例。因而可看出，總力矩的積分形式為 $\int ($ 距離 $)^2 d($ 面積 $)$。此種積分稱為**面積慣性矩 (*moment of inertia*)** 或面積二次矩 (*second moment*)。此積分為面積幾何性質之函數，頻繁出現在力學的應用中。因此，較詳細探討其諸性質而供此種積分出現時即能方便使用實有裨益。

　　在圖 A/1 中，說明這些積分的物理起源。在圖 A/1(*a*) 中，表面積 *ABCD* 受到分佈壓力 *p* 的作用，其強度正比於距軸 *AB* 的距離 *y*。第五章 5/9 節已處理過此種情形，該節論述流體壓力對平面表面之作用。作用在面積元素 *dA* 上之壓力對 *AB* 軸的力矩為 $py\, dA = ky^2\, dA$。因此，當計算總力矩 $M = k \int y^2 dA$ 時，即出現上述積分形式。

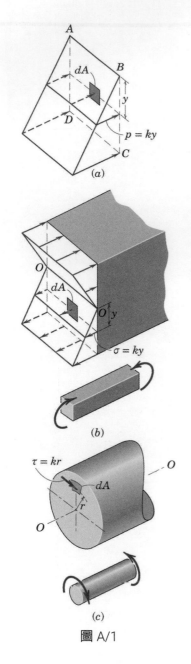

圖 A/1

在圖 A/1(*b*) 中，作用於簡單彈性樑其橫截面的應力分佈係藉由施於樑兩端的大小相等方向相反之力偶來顯示。在樑的任意截面上，作用力強度或應力 σ 係以 $\sigma = ky$ 呈現性分佈。其中在 *O-O* 軸下方的應力為正 (張力)，而在軸上方的應力則為負 (壓縮力)。可看出對 *O-O* 軸的元素力矩為 $dM = y(\sigma dA) = ky^2 dA$。因此，當計算總力矩 $M = k\int y^2\,dA$ 時，亦出現相同的積分形式。

第三個範例如圖 A/1(*c*) 所示，圓軸受到扭轉或扭矩的作用。在材料的彈性限度內，此力矩在軸的每一截面上受到切線或剪應力 τ 的分佈抵抗，其正比於中心之徑向距離 *r*。因此，$\tau = kr$，且對中心軸的總力矩為 $M = \int r(\tau\,dA) = k\int r^2\,dA$。此積分式與前面兩範例不同之處在於，此時面積垂直於力矩軸而非平行於力矩軸，以及 *r* 為徑向座標而非直角座標。

雖然前面範例中的積分式通常稱為對稱的面積慣性矩，但更適合稱為面積二次矩一詞，因為面積之一次力矩 $y\,dA$ 乘上力矩臂 *y* 而得到面積元素 *dA* 的二次力矩。**慣性 (*inertia*)** 一詞出現在術語中乃因面積二次矩與旋轉體上所謂慣性力之合力矩在數學上的積分形式間的相似性。一面積的面積慣性矩純粹為該面積的數學性質，本身並沒有物理意義。

A/2　定義 (Definitions)

以下定義形成面積慣性矩的分析基礎。

直角與極慣性矩

如圖 A/2 所示，考慮在 *x-y* 平面上的面積 *A*。依定義，元素 *dA* 對 *x* 與 *y* 軸的慣性矩分別為 $y^2 dA$ 與 $dI_y = x^2 dA$。因此，面積 *A* 對上述兩軸的慣性矩為

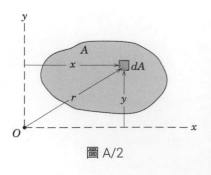

圖 A/2

$$I_x = \int y^2\,dA$$
$$I_y = \int x^2\,dA \qquad \text{(A/1)}$$

上式係對整個面積進行積分。

依類似定義，對極點 *O* (*z* 軸) 的慣性矩為 $dI_z = r^2 dA$。整

個面積對 O 的慣性矩則為

$$I_z = \int r^2 \, dA \qquad\qquad \text{(A/2)}$$

由式 A/1 所定義的表示式稱為直角慣性矩，而由式 A/2 所定義的表示式則稱為極慣性矩 [*]。因為 $x^2 + y^2 = r^2$，顯然

$$I_z = I_x + I_y \qquad\qquad \text{(A/3)}$$

當面積的邊界以直角座標描述比極座標描述更為簡單時，其極慣性矩可藉助式 A/3 而簡單得出。

　　一個元素的慣性矩涉及從慣性軸到元素之距離的平方。因此，具有負值座標的元素與一具有相同大小之正值座標的相同元素，兩者具有相同的面積慣性矩。所以，對任何軸的面積慣性矩恆為一正量。相對地，計算形心時之面積一次矩可為正值、負值或零。

　　面積慣性矩的因此顯然為 L^4，其中 L 代表長度的因次。因此，面積慣性矩在 SI 單位中以公尺的四次方 (m^4) 表示或公釐的四次方 (mm^4) 表示。而在 U.S. 慣用單位則以呎的四次方 (ft^4) 或吋的四次方 (in^4) 表示。

　　在計算慣性矩時，座標的選擇使用相當重要的。因此，當圖形邊界最容易以直角座標表示時，即應使用直角座標。若涉及之邊界易以 r 與 θ 來描述，則利用極座標經常能簡化問題。此外，選擇面積元素以盡可能簡化積分也同樣重要。上述考量相當類似於第五章中對形心計算的討論與說明。

迴轉半徑

　　考慮如圖 A/3(a) 所示的面積，其直角慣性矩為 I_x 與 I_y，而對 O 點的極慣性矩則為 I_z。如圖 A/3(b) 所示，現想像此面積集中於一狹長面積 A 上，而與 x 軸相距 k_x 的距離。依定義，若 $k_x^2 A = I_x$，則此 k_x 稱為此面積對 x 軸的**迴轉半徑** (*radius of gyration*)。對於 y 軸的類似關係式則考慮將此面積集中在與 y 軸平行的狹長面積上，如圖 A/3(c) 所示。同樣，若想像此一面積集中在半徑為 k_z 的狹長圓環上，如圖 A/3(d) 所示，可將極慣性矩表示成 $k_z^2 A = I_z$。總結如下

....

[*] 面積的極慣性矩有時在力學文獻中是以符號 J 表示。

$$I_x = k_x^2 A$$
$$I_y = k_y^2 A \qquad 或 \qquad \begin{matrix} k_x = \sqrt{\dfrac{I_x}{A}} \\[2mm] k_y = \sqrt{\dfrac{I_y}{A}} \\[2mm] k_z = \sqrt{\dfrac{I_z}{A}} \end{matrix} \qquad (A/4)$$
$$I_z = k_z^2 A$$

迴轉半徑遂為面積對考慮軸之一分佈情形度量。能以指明迴轉半徑與面積大小來表示直角慣性矩或極慣性矩。

將式 A/4 代入式 A/3 中時，可得

$$k_z^2 = k_x^2 + k_y^2 \qquad\qquad (A/5)$$

因此，對一極軸之迴轉半徑的平方等於對兩對應直角軸的迴轉半徑的平方總和。

切勿混淆面積的迴轉半徑與形心的座標。例如在圖 A/3(*a*) 中，形心與 x 軸之距離的平方為 $\bar{y}^2$，其為所有面積元素到 x 軸之距離的平均值再取平方。另一方面，k_x^2 則為這些距離平方後的平均值。慣性矩並不等於 $A\bar{y}^2$，因為平均的平方小於平方的平均。

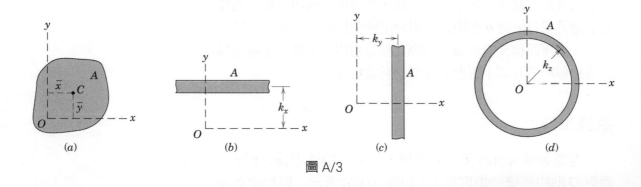

圖 A/3

軸的轉換

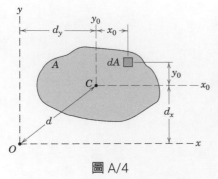

圖 A/4

面積對非形心軸的慣性矩可簡單以對平行形心軸的慣性矩表示。在圖 A/4 中，x_0-y_0 軸通過此一面積的形心。現在求解對平行之 x-y 軸的面積慣性矩。依定義，面積元素 dA 對 x 軸的慣性矩為

$$dI_y = (y_0 + d_x)^2 \, dA$$

將上式展開並積分，可得

$$I_x = \int y_0^2 \, dA + 2d_x \int y_0 \, dA + d_x^2 \int dA$$

由定義可知，第一項積分為對形心 x_0 軸的慣性矩 $\overline{I_x}$。而第二項積分則為零，因為 $\int y_0 \, dA = A\overline{y_0}$，而形心位在 x_0 軸上故 y_0 自動為零。第三項積分僅為 Ad_x^2。因此，關於 I_x 與 I_y 的表示式成為

$$I_x = \overline{I_x} + Ad_x^2$$
$$I_y = \overline{I_y} + Ad_y^2 \tag{A/6}$$

藉由式 A/3，上述兩式之總和得出

$$I_z = \overline{I_z} + Ad^2 \tag{A/6a}$$

式 A/6 與 A/6a 為所謂的**平行軸定理** (*parallel-axis theorems*)。需特別注意兩點，第一，進行轉換的兩組軸須為平行；第二，一組軸須通過面積的形心。

　　若欲在皆未通過形心之兩組平行軸間做轉換，則須先將一組軸轉換到平行的形心軸上，然後再由形心軸轉換到第二組軸。

　　平行軸定理同樣適用於迴轉半徑。將 k 的定義代入式 A/6 中，轉換關係式成為

$$k^2 = \overline{k}^2 + d^2 \tag{A/6b}$$

其中，$\overline{k}$ 是對形心軸的迴轉半徑，且形心軸平行於 k 所對應之軸，而 d 則為兩組軸之間的距離。這些軸可位於面積平面上或垂直於面積平面。

　　附錄 D 的表 D/3 整理列有一些常見平面圖形的慣性矩關係式。

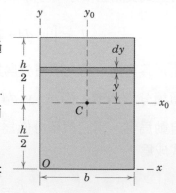

範例 **A/1**

試求矩形面積對形心軸 x_0 與 y_0、通過 C 點之形心極軸 z_0、x 軸與通過 O 點之極軸 z 的慣性矩。

▌ 解 ① 計算對 x_0 軸的慣性矩 $\overline{I_x}$ 時，選擇一水平面積帶 $b\ dy$，使面積帶上所有元素有相同 y 座標值。因此，

$$[I_x = \int y^2\, dA] \qquad \overline{I_x} = \int_{-\frac{h}{2}}^{\frac{h}{2}} y^2 b\, dy = \frac{1}{12} bh^3 \qquad\qquad 答$$

符號交換後，對形心 y_0 軸的慣性矩為

$$\overline{I_y} = \frac{1}{12} hb^3 \qquad\qquad 答$$

通過形心點的極慣性矩為

$$[\overline{I_z} = \overline{I_y} + \overline{I_y}] \qquad \overline{I_z} = \frac{1}{12}(bh^3 + hb^3) = \frac{1}{12} A(b^2 + h^2) \qquad\qquad 答$$

藉平行軸定理，對 x 軸的慣性矩為

$$[I_x = \overline{I_x} + Ad_x^2] \qquad I_x = \frac{1}{12} bh^3 + bh(\frac{h}{2})^2 = \frac{1}{3} bh^3 = \frac{1}{3} Ah^2 \qquad\qquad 答$$

藉由平行軸定理同樣可求得對 O 點的極慣性矩，可得

$$[I_z = \overline{I_z} + Ad^2] \qquad I_z = \frac{1}{12} A(b^2 + h^2) + A[(\frac{b}{2})^2 + (\frac{h}{2})^2]$$

$$I_z = \frac{1}{3} A(b^2 + h^2) \qquad\qquad 答$$

提示

① 若以二階元素 $dA = dxdy$ 開始，保持 y 固定對 x 之積分結果僅為乘上 b，而給出 $y^2b\ dy$ 之表示式，即最初採用之形式。

範例 A/2

試求三角形面積對底邊，以及通過形心與頂點之平行軸的慣性矩。

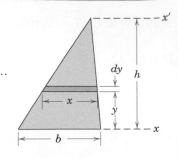

解 ①② 如圖所示，選擇一平行於底邊的面積帶，其面積為

$dA = xdy = [(h-y)\dfrac{b}{h}]dy$ 。依定義

$[I_x = \int y^2\, dA]$ $\qquad I_x = \int_0^h y^2 \dfrac{h-y}{h} b\, dy = b\left[\dfrac{y^3}{3} - \dfrac{y^4}{4h}\right]_0^h = \dfrac{bh^3}{12}$ 答

藉由平行軸定理，對通過形心軸 (在 x 軸上方距離 $\dfrac{h}{3}$ 處) 的慣性 I 矩 $\bar{I}$ 為

$[\bar{I} = I - Ad^2]$ $\qquad \bar{I} = \dfrac{bh^3}{12} - (\dfrac{bh}{2})(\dfrac{h}{3})^2 = \dfrac{bh^3}{36}$ 答

從形心軸轉換至通過頂點的 x' 軸，得到

$[I = \bar{I} + Ad^2]$ $\qquad I_{x'} = \dfrac{bh^3}{36} + (\dfrac{bh}{2})(\dfrac{2h}{3})^2 = \dfrac{bh^3}{4}$ 答

提示

① 此處同樣選用盡可能最簡單的面積元素。若選 $dA = dxdy$，將必須先對 x 積 $y^2\, dxdy$。可得 $y^2\, xdy$，即最初採用之形式。

② 以 y 表示 x 應無困難，可觀察相似三角形間的比例關係得出。

範例 A/3

試計算圓形面積對直徑軸與通過圓心之極軸的慣性矩，並指出各迴轉半徑。

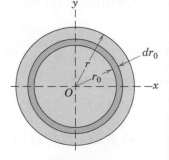

解 ① 可使用圓環形式之微分面積元素來計算對通過 O 點之 z 軸的極慣性矩，因圓環上所有元素與 O 點的距離皆相同。面積元素大小為 $dA = 2\pi r_0\, dr_0$，因此，

$[I_z = \int r^2\, dA]$ $\qquad I_z = \int_0^r r_0^2 (2\pi r_0\, dr_0) = \dfrac{\pi r^4}{2} = \dfrac{1}{2} Ar^2$ 答

極迴轉半徑為

$[k = \sqrt{\dfrac{I}{A}}]$ $\qquad k_2 = \dfrac{r}{\sqrt{2}}$ 答

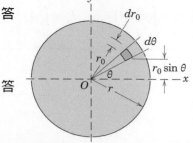

由對稱可知 $I_x = I_y$，故由式 A/3 可得

$[I_z = I_x + I_y]$　　　　　　　　　　$I_x = \dfrac{1}{2} I_z = \dfrac{\pi r^4}{4} = \dfrac{1}{4} Ar^2$　　　　　　　　答

對直徑軸的迴轉半徑為

$[k = \sqrt{\dfrac{I}{A}}]$　　　　　　　　　　　　$k_x = \dfrac{r}{2}$　　　　　　　　　　答

上述即為 I_x 的最簡單解法。也可由直接積分來求得此一結果，其使用下圖之面積元素 $dA = r_0\, dr_0$。依定義

② $[I_x = \int y^2\, dA]$　　　$I_x = \int_0^{2\pi} \int_0^r (r_0 \sin\theta)^2\, r_0\, dr_0 d\theta = \int_0^{2\pi} \dfrac{r^4 \sin^2\theta}{4} d\theta$

$$= \dfrac{4^4}{4} \dfrac{1}{2}\left[\theta - \dfrac{\sin 2\theta}{2}\right]_0^{2\pi} = \dfrac{\pi\, 4^4}{4}$$　　　　　　答

提示

① 此題明白指出極座標之使用。也同樣選擇最簡單最低階的面積元素，即微分面積環。由定義應可立即明顯看出此環之極慣性矩為其面積 $2\pi r_0\, dr_0$ 乘上 r_0^2。

② 此積分不難。但使用式 A/3 及所得之 I_z 求解明顯較簡單。

範例 **A/4**

試求拋物線下方之面積對 x 軸的慣性矩，求解時分別使用：
(a) 水平面積帶；(b) 垂直面積帶。

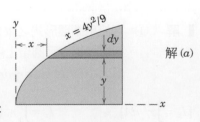

解　將 $x = 4$ 與 $y = 3$ 代入拋物的方程式中可先得到常數 $k = \dfrac{4}{9}$。

(a) 水平面積帶：

因水平帶上所有部份與 x 軸的距離皆相同，所以此面積帶對 x 軸的慣性為 $y^2\, dA$，其中 $dA = (4-x)\,dy = 4(1 - \dfrac{y^2}{9})dy$。對 y 積分可得

解 (a)

$[I_x = \int y^2\, dA]$　　　$I_x = \int_0^3 4y^2 (1 - \dfrac{y^2}{9})dy = \dfrac{72}{5} = 14.40$ 單位 ^{4}　　　答

(b) 垂直面積帶：

此時面積帶各部份與 x 軸的距離皆不相同，故須使用矩形元素對底邊之慣性矩正確表示式，而由範例 A/1 可知為 $\dfrac{bh^3}{3}$。對於寬度 dx 與高度 y 時，表示式成為

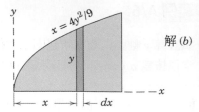

解 (b)

$$dI_x = \frac{1}{3}(dx)y^3$$

接著是對 x 積分，其中須將 y 以 x 表示，即 $y = \dfrac{3\sqrt{x}}{2}$，而積分式成為

① $$I_x = \frac{1}{3}\int_0^4 \left(\frac{3\sqrt{x}}{2}\right)^3 dx = \frac{72}{5} = 14.40 \text{ 單位}^4$$ 答

提示

① 解法 (a) 及 (b) 無明顯優劣。但解法 (b) 須知道矩形面積對底邊之慣性矩。

範例 A/5

試求半圓形面積對 x 軸的慣性矩。

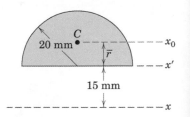

▌ **解** 半圓形面積對 x' 軸的慣性矩是完整圓形面積對同一軸之慣性矩的一半。因此，由範例 A/3 的結果可知

$$I_{x'} = \frac{1}{2}\frac{\pi r^4}{4} = \frac{20^4 \pi}{8} = 2\pi(10^4)\text{mm}^4$$

接著求解對平行之形心軸 x_0 的慣性矩 $\bar{I}$。藉由平行軸定理，此兩軸之間的轉換距離為 $\bar{r} = \dfrac{4r}{3\pi} = \dfrac{(4)(20)}{3\pi} = \dfrac{80}{3\pi}$。因而，

$[\bar{I} = I - Ad^2]$ $\qquad \bar{I} = 2(10^4)\pi - (\dfrac{20^2\pi}{2})(\dfrac{80}{3\pi})^2 = 1.755(10^4)\text{mm}^4$

① 最後，從形心軸 x_0 轉換至 x 軸。因此，

$[I = \bar{I} + Ad^2]$ $\qquad I_x = 1.755(10^4) + (\dfrac{20^2\pi}{2})(15 + \dfrac{80}{3\pi})^2$

$\qquad\qquad\qquad\qquad = 1.755(10^4) + 34.7(10^4) = 36.4(10^4) \text{ mm}^4$ 答

提示

① 因 x' 及 x 軸均無通過面積形心 C，由此題可看出使用兩次軸轉換時應留意之處。若為完整圓形而形心在 x' 軸之情形，僅需轉換一次。

範例 A/6

試計算 y 軸與兩圓弧所包圍之面積對 x 軸的慣性矩。其中，兩圓弧的半徑皆為 a，而圓心則分別為 O 與 A。

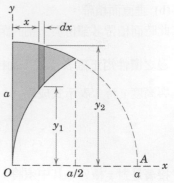

┃ 解 選擇垂直面積帶可一次積分即涵蓋整個面積。而水平面積帶則因不連續，因此須對 y 積分兩次。此垂直帶對 x 軸的慣性矩即為高 y_2 之垂直帶的慣性矩減去高 y_1 垂直帶之慣性矩。因此，由範例 A/1 的結果可寫成

$$dI_x = \frac{1}{3}(y_2\,dx)y_2^2 - \frac{1}{3}(y_1\,dx)y_1^2 = \frac{1}{3}(y_2^3 - y_1^3)\,dx$$

① y_2 與 y_1 的值係由兩圓弧之方程式求出，即 $x^2 + y_2^2 = a^2$ 與 $(x-a)^2 + y_1^2 = a^2$，遂得到 $y_2 = \sqrt{a^2 - x^2}$ 與 $y_1 = \sqrt{a^2 - (x-a)^2}$。因此，

$$I_x = \frac{1}{3}\int_0^{\frac{a}{2}} \{(a^2 - x^2)\sqrt{a^2 - x^2} - [a^2 - (x-a)^2]\sqrt{a^2 - (x-a)^2}\}\,dx$$

聯立求解此兩圓的弧線方程式，可得到兩圓弧線相交點的 x 座標值，可藉檢視得知為 $\frac{a}{2}$。計算積分式得

$$\int_0^{\frac{a}{2}} a^2 \sqrt{a^2 - x^2}\,dx = \frac{a^4}{4}\left(\frac{\sqrt{3}}{2} + \frac{\pi}{3}\right)$$

$$-\int_0^{\frac{a}{2}} x^2 \sqrt{a^2 - x^2}\,ax = \frac{a^4}{16}\left(\frac{\sqrt{3}}{4} + \frac{\pi}{3}\right)$$

$$-\int_0^{\frac{a}{2}} a^2 \sqrt{a^2 - (x-a)^2}\,dx = \frac{a^4}{4}\left(\frac{\sqrt{3}}{2} + \frac{2\pi}{3}\right)$$

$$\int_0^{\frac{a}{2}} (x-a)^2 \sqrt{a^2 - (x-2)^a}\,dx = \frac{a^4}{8}\left(\frac{\sqrt{3}}{8} + \frac{\pi}{3}\right)$$

將這些積分值相加，並乘上係數 $\frac{1}{3}$，可得

$$I_x = \frac{a^4}{96}(9\sqrt{3} - 2\pi) = 0.0969a^4 \qquad\qquad \text{答}$$

若從二階元素 $dA = dx\,dy$ 開始，則元素對 x 軸的慣性矩將寫為 $y^2\,x\,dy$。固定 x 不變，再從 y_1 積到 y_2 可得垂直帶之

$$dI_x = \left[\int_{y_1}^{y_2} y^2\,dy\right]dx = \frac{1}{3}(y_2^3 - y_1^3)\,dx$$

上式即為原先利用矩形面積慣性矩所得之表示式。

提示

① 此處根號取正號，因 y_1 及 y_2 均位於 x 軸上方。

A/3 組合面積 (Composite Areas)

　　經常需計算由若干不同部份的可計算簡單幾何形狀所組成之面積的慣性矩。因為慣性矩為距離平方與元素面積之乘積的積分或總和，所以正值面積之慣性矩恆為正量。組合面積對一特定軸的慣性矩遂僅為各組成部份對同一軸之慣性矩的總合。也常方便將組合面積視為由正面積部份與負面積部份所組合。即可將負面積的慣性矩視為一負量。

　　當組合面積由許多部份組成時，可方便將各組成部份之面積 A、形心慣性矩 $\bar{I}$、從形心軸到整個面積欲對其計算慣性矩之軸的距離 d，與乘積 Ad^2 的結果做整理列表。對任一組成部份時，其對欲求軸之慣性矩依平行軸定理為 $\bar{I} + Ad^2$。因此，整個組合面積所求之慣性矩為 $I = \Sigma\bar{I} + \Sigma Ad^2$。

　　例如，對於在 $x\text{-}y$ 平面上的組合面積，並使用圖 A/4 之符號，其中 $\overline{I}_x$ 同 I_{x_0}，$\overline{I}_y$ 同 I_{y_0}，而列表形式如下

組成部份	面積，A	d_x	d_y	Ad_x^2	Ad_y^2	$\overline{I}_x$	$\overline{I}_y$
總和	ΣA			ΣAd_x^2	ΣAd_y^2	$\Sigma\overline{I}_x$	$\Sigma\overline{I}_y$

然後，再由四欄總合得出組合面積對 x 與 y 軸的慣性矩為

$$I_x = \Sigma\overline{I}_x + \Sigma Ad_x^2$$
$$I_y = \Sigma\overline{I}_y + \Sigma Ad_y^2$$

雖然可相加組合面積各組成部份對給定軸的慣性矩，但不可將其迴轉半徑相加。組合面積對給定軸的迴轉半徑由 $k = \sqrt{\dfrac{I}{A}}$ 得出，其中 I 為總慣性矩，而 A 則為組合圖形的總面積。同樣地，對於通過某點之極軸的迴轉半徑 k 等於 $\sqrt{\dfrac{I_z}{A}}$，其中 $I_z = I_x + I_y$，當 $x\text{-}y$ 軸通過該點時。

範例 **A/7**

試求陰影區域的對 x 軸及 y 軸的慣性矩。直接使用表 D/3 中的表示式來求組成區域形心的慣性矩。

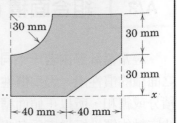

┃ 解 分成如圖三個區域：矩形 (1)，四分之一圓 (2)，三角形 (3)。其中兩個區域是「洞」，面積爲負。(2) 及 (3) 兩區域的形心軸如圖標示爲 x_0-y_0，再利用表 D/3 求形心 C_2 及 C_3。

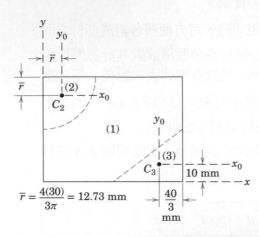

$$\bar{r} = \frac{4(30)}{3\pi} = 12.73 \text{ mm}$$

下表可幫助計算。

部份	A mm^2	d_x mm	d_y mm	Ad_x^2 mm^3	Ad_y^2 mm^3	$\overline{I_x}$ mm^4	$\overline{I_y}$ mm^4
1	$80(60)$	30	40	$4.32(10^6)$	$7.68(10^6)$	$\frac{1}{12}(80)(60)^3$	$\frac{1}{12}(60)(80)^3$
2	$-\frac{1}{4}\pi(30)^2$	$(60-12.73)$	12.73	$-1.579(10^6)$	$-0.1146(10^6)$	$-(\frac{\pi}{16}-\frac{4}{9\pi})30^4$	$-(\frac{\pi}{16}-\frac{4}{9\pi})30^4$
3	$-\frac{1}{2}(40)(30)$	$\frac{30}{3}$	$(80-\frac{40}{3})$	$-0.06(10^6)$	$-2.67(10^6)$	$-\frac{1}{36}40(30)^3$	$-\frac{1}{36}(30)(40)^3$
總計	3490			$2.68(10^6)$	$4.90(10^6)$	$1.366(10^6)$	$2.46(10^6)$

$[I_x = \Sigma\overline{I_x} + \Sigma Ad_x^2]$ $\qquad$ $I_x = 1.366(10^6) + 2.68(10^6) = 4.05(10^6) \text{ mm}^4$ $\qquad$ **答**

$[I_y = \Sigma\overline{I_y} + \Sigma Ad_y^2]$ $\qquad$ $I_y = 2.46(10^6) + 4.90(10^6) = 7.36(10^6) \text{ mm}^4$ $\qquad$ **答**

下一題範例會用不同技巧來求 I_x。例如，區域 (1) 及 (3) 對 x 軸的面積慣性矩通常就是會列出的量。上面的解法是從區域 (1) 及 (3) 的形心慣性矩開始，而下一題範例會更直接使用對參考軸 (x 及 y 軸) 所列出的慣性矩。

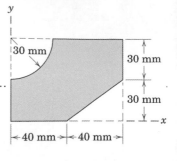

範例 A/8

如圖所示，試計算陰影面積對 x 軸的慣性矩與迴轉半徑。只要可以，便將慣性矩做列表來方便使用。

┃ **解**　此組合面積由正的矩形面積 (1) 與負的四分之一圓面積 (2) 以及負的三角形面積 (3) 所組成。從範例 A/1(或表 D/3) 可得矩形面積對 x 軸的慣性矩為

$$I_x = \frac{1}{3} Ah^2 = \frac{1}{3}(80)(60)(60)^2 = 5.76(10^6) \text{mm}^4$$

從範例 A/3(或表 D/3)，負的四分之一圓面積對其底邊 x' 軸的慣性矩為

$$I_{x'} = -\frac{1}{4}(\frac{\pi r^4}{4}) = -\frac{\pi}{16}(30)^4 = -0.1590(10^6) \text{mm}^4$$

現可藉平行軸定理將上述結果轉移一距離 $\bar{r} = \frac{4r}{3\pi} = \frac{4(30)}{3\pi} = 12.73$ mm 而得到第 (2) 部份對形心軸的慣性矩 (或直接使用表 D/3)。

① $[\bar{I} = I - Ad^2]$ 　$\bar{I}_x = -0.1590(10^6) - [-\frac{\pi(30)^2}{4}(12.73)^2] = -0.0445(10^6) \text{mm}^4$

四分之一圓面積對 x 軸的慣性矩現為

② $[I = \bar{I} + Ad^2]$ 　$I_x = -0.0445(10^6) + [-\frac{\pi(30)^2}{4}](60-12.73)^2 = -1.624(10^6) \text{mm}^4$

最後，負的三角形面積 (3) 對其底邊的慣性矩可從範例 A/2(或表 D/3) 得到為

$$I_x = -\frac{1}{12} bh^3 = -\frac{1}{12}(40)(30)^3 = -0.90(10^6) \text{mm}^4$$

因此，組合面積對 x 軸的總慣性矩為

③ 　　　　　　$I_x = 5.76(10^6) - 1.624(10^6) - 0.09(10^6) = 4.05(10^6) \text{ mm}^4$ 　　　　　答

所得結果符合範例 A/7 的結果。

此圖形的淨面積為 $A = 60(80) - \frac{1}{4}\pi(30)^2 - \frac{1}{2}(40)(30) = 3490 \text{mm}^2$，因此對 x 軸的迴轉半徑為

$$k_x = \sqrt{\frac{I_x}{A}} = \sqrt{\frac{4.05(10^6)}{3490}} = 34.0 \text{mm}$$ 　　　　　答

提示

① 注意到需將四分之一圓面積之慣性矩轉換至形心軸 x_0 後才能再轉換至 x 軸，如範例 A/5 所示。

② 此處留意符號。因面積為負，$\bar{I}$ 及 A 均帶有負號。

③ 遇到像這裡的關鍵點，就要保持常識的判斷。兩個負號符合區域 (2) 及 (3) 會減少矩形區域的慣性矩之值的事實。

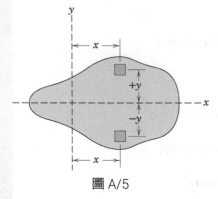

| A/4 | 慣性積與軸的旋轉 (Products of Inertia and Rotation of Axes) |

本節將就直角軸定義慣性積,並闡述形心或非形心軸的平行軸定理。此外亦討論軸的旋轉對慣性矩與慣性積的影響。

定義

在某些包含非對稱截面的問題中,與對旋轉軸的慣性矩計算上,會出現 $dI_{xy} = xy\,dA$ 的表示式,其積分形式為

$$I_{xy} = \int xy\,dA \qquad (A/7)$$

其中,x 與 y 為面積元素 $dA = dxdy$ 的座標。此量 I_{xy} 稱為面積 A 對 x-y 軸的**慣性積 (product of Inertia)**。不同於慣性矩在正面積下恆為正值,慣性積可為正、負或零。

當任一參考軸為對稱軸時,則慣性積為零,如圖 A/5 中的 x 軸對圖示面積。此處可看出,對稱位置之諸元素其 $x\,(-y)\,dA$ 與 $x\,(+y)\,dA$ 之項總和為零。因整個面積可視為由對稱之成對面積元素所組成,故整個面積的慣性積 I_{xy} 為零。

軸的轉換

依定義,圖 A/4 中的面積 A 其對 x 與 y 軸的慣性積以形心軸座標 x_0、y_0 表示時為

$$\begin{aligned} I_{xy} &= \int (x_0 + d_y)(y_0 + d_x)\,dA \\ &= \int x_0 y_0\,dA + d_x \int x_0\,dA + d_y \int y_0\,dA + d_x d_y \int dA \end{aligned}$$

由定義可知,第一項積分為對形心軸的慣性矩,寫成 $\overline{I_{xy}}$。中間兩項積分皆為零,因面積對其自身形心之一次矩必為零。第四項積分僅為 $d_x d_y A$。因此,慣性積的轉換軸定理成為

$$I_{xy} = \overline{I}_{xy} + d_x d_y A \qquad (A/8)$$

圖 A/4

圖 A/5

軸的轉動

需計算面積對傾斜軸的慣性矩時,慣性積將相當有用。此考量亦直接引導出決定對應最大與最小慣性矩之軸的重要問題。

在圖 A/6 中,面積對 x' 與 y' 軸的慣性矩爲

$$I_{x'} = \int y'^2\, dA = \int (y\cos\theta - x\sin\theta)^2\, dA$$

$$I_{y'} = \int x'^2\, dA = \int (y\sin\theta + x\cos\theta)^2\, dA$$

其中,x' 與 y' 已使用從圖中幾何關係可看出的等價表示式。

展開式子,並代入三角恆等式

$$\sin^2\theta = \frac{1-\cos 2\theta}{2} \qquad \cos^2\theta = \frac{1+\cos 2\theta}{2}$$

以及由 I_x、I_y 與 I_{xy} 的定義關係式,可得

$$I_{x'} = \frac{I_x + I_y}{2} + \frac{I_x - I_y}{2}cso 2\theta - I_{xy}\sin 2\theta$$

$$I_{y'} = \frac{I_x + I_y}{2} - \frac{I_x - I_y}{2}\cos 2\theta + I_{xy}\sin 2\theta$$

(A/9)

以類似方式,對傾斜軸的慣性積可寫成

$$I_{x'y'} = \int x'y'\, dA = \int (y\sin\theta + x\cos\theta)(y\cos\theta - x\sin\theta)\, dA$$

展開式子,並代入三角恆等式

$$\sin\theta\cos\theta = \frac{1}{2}\sin 2\theta \qquad \cos^2\theta - \sin^2\theta = \cos 2\theta$$

以及由 I_x、I_y 與 I_{xy} 的定義關係式,可得

$$I_{x'y'} = \frac{I_x - I_y}{2}\sin 2\theta + I_{xy}\cos 2\theta \qquad \text{(A/9a)}$$

將式 A/9 的兩式相加,可得 $I_{x'} + I_{y'} = I_x + I_y = I_z$,即對 O 點的極慣性矩,如式 A/3 的結果。

使 $I_{x'}$ 與 $I_{y'}$ 爲最大或最小的夾角,可設 $I_{x'}$ 與 $I_{y'}$ 對 θ 之導數爲零而求得。因此,

$$\frac{dI_{x'}}{d\theta} = (I_y - I_x)\sin 2\theta - 2I_{xy}\cos 2\theta = 0$$

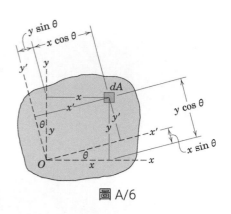

圖 A/6

使用 α 代表此臨界角,可得

$$\tan 2\alpha = \frac{2I_{xy}}{I_y - I_x} \tag{A/10}$$

式 A/10 可得到兩個相差 π 的 2α 值,因為 $\tan 2\alpha = \tan(2\alpha + \pi)$。因此,兩個 α 的解將相差 $\frac{\pi}{2}$。其中一值定義出最大慣性矩之軸,而此另一值則定義出最小慣性矩之軸。此兩個直角軸稱為**慣性主軸** (*principal axes of inertia*)。

將式 A/10 的 2θ 臨界值代入式 A/9a 時,可看出對慣性主軸的慣性積為零。將式 A/10 所得的 $\sin 2\alpha$ 與 $\cos 2\alpha$ 代入式 A/9 的 $\sin 2\theta$ 與 $\cos 2\theta$,則可得主慣性矩的表示式為

$$I_{\max} = \frac{I_x + I_y}{2} + \frac{1}{2}\sqrt{(I_x - I_y)^2 + 4I_{xy}^2}$$

$$I_{\min} = \frac{I_x + I_y}{2} - \frac{1}{2}\sqrt{(I_x - I_y)^2 + 4I_{xy}^2} \tag{A/11}$$

慣性莫爾圓

可應用稱為莫爾圓 (Mohr's circle) 的圖解法呈現式 A/9、A/9a、A/10 與 A/11 中的關係。對於給定的 I_x、I_y 與 I_{xy},可由圖中來決定任意角度下所對應的 $I_{x'}$、$I_{y'}$ 與 $I_{x'y'}$。如圖 A/7 所示,首先選擇一水平軸表示慣性矩的大小,與一垂直軸表示慣性積的大小。其次,地出 A 點的座標 (I_x, I_{xy}) 與 B 點的座標 $(I_y, -I_{xy})$。

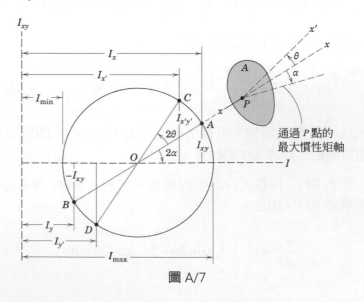

圖 A/7

　　現將這兩點當做直徑的兩端點而畫出一圓。從此圓的半徑 OA 到水平軸的夾角爲 2α，或爲考慮之面積中的 x 軸到對應最大慣性矩之軸間夾角的兩倍。如圖所示，莫爾圓上的角度與面積上的角度均沿相同指向測量。任意點 C 的座標爲 ($I_{x'}$, $I_{x'y'}$)，對應點 D 之座標爲 ($I_{y'}$, $-I_{x'y'}$)。同樣，OA 及 OC 間的夾角爲 2θ 或兩倍 x 至 x' 軸的角度。亦如圖所示沿相同指向測量各角度。可由莫爾圓的三角關係證明式 A/9、A/9a 與 A/10 與所述一致。

範例 A/9

試求矩形面積對平行於邊緣之 x-y 軸的慣性積。其中，矩形面積的形心在 C 點上。

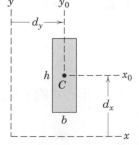

▌ **解**　由對稱可知，對 x_0-y_0 軸的慣性積 $\overline{I}_{xy}$ 爲零，而且由轉換軸定理可得

$$[I_{xy} = \overline{I}_{xy} + d_x d_y A] \qquad\qquad I_{xy} = d_x d_y b h \qquad\qquad \text{答}$$

本範例中圖示之 d_x 與 d_y 均爲正值。務使 d_x 與 d_y 之正向與定義一致，以使用正確符號。

範例 A/10

試求在拋物線下方的面積對 x-y 軸的慣性積。

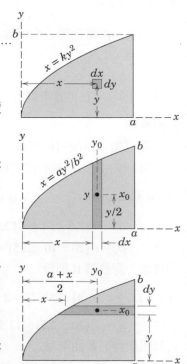

▌ **解**　將 $x = a$ 與 $y = b$ 代入，則曲線方程式成爲 $x = \dfrac{ay^2}{b^2}$。

▌ **解 I**　若從二階元素 $dA = dx\,dy$ 開始，則 $dI_{xy} = xy\,dx\,dy$。對整個面積的積分爲

$$I_{xy} = \int_0^b \int_{\frac{ay^2}{b^2}}^a xy\,dx\,dy = \int_0^b \frac{1}{2}\left(a^2 - \frac{a^2 y^4}{b^4}\right)y\,dy = \frac{1}{6}a^2 b^2 \qquad \text{答}$$

▌ **解 II**　或可從一階面積帶元素開始，並藉使用範例 A/8 的結果而少積分一次。取垂直面積帶 $dA = y\,dx$，則

① $dI_{xy} = 0 + (\dfrac{1}{2}y)(x)(y\,dx)$，其中到矩形元素形心軸的距離爲

$dx = \dfrac{y}{2}$ 與 $dy = x$。現可得

$$I_{xy} = \int_0^a \frac{y^2}{2}x\,dx = \int_0^a \frac{xb^2}{2a}x\,dx = \frac{b^2}{6a}x^3\Big|_0^a = \frac{1}{6}a^2 b^2 \qquad \text{答}$$

提示

① 若選擇水平面積帶，可得表示式 $dI_{xy} = y\frac{1}{2}(a+x)[(a-x)dy]$，其積分結果當然同上。

範例 A/11

試求半圓形面積對 x-y 軸的慣性積。

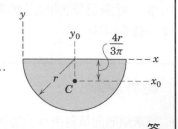

解 ① 使用式 A/8 的轉換軸定理，可得

$$[I_{xy} = \bar{I}_{xy} + d_x d_y A] \qquad I_{xy} = 0 + (-\frac{4r}{3\pi})(r)(\frac{\pi r^2}{2}) = -\frac{2r^4}{3} \qquad\text{答}$$

其中，形心 C 的 x 與 y 座標分別為 $d_y = +r$ 與 $d_x = -\frac{4r}{3\pi}$。因為 y_0 為對稱軸，故 $\bar{I}_{xy} = 0$。

提示

① 適當使用轉換軸定理能省下對慣性積的大量計算工作。

範例 A/12

試求通過角形截面形心之慣性主軸的方位，並求出對應之最大與最小慣性矩。

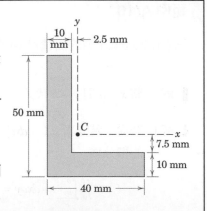

解 形心所在可簡單算出，其位置如圖所示。

慣性積

由對稱可知，每個矩形對其平行 x-y 軸之形心軸的慣性積為零。因此，第 I 部份對 x-y 軸的慣性積為

$$[I_{xy} = \bar{I}_{xy} + d_x d_y A] \qquad I_{xy} = 0 + (-12.5)(+7.5)(400) = -3.75(10^4)\text{ mm}^4$$

其中 $\qquad d_x = -(7.5+5) = -12.5$ mm

並且 $\qquad d_y = +(20-10-2.5) = 7.5$ mm

同樣地，對於第 II 部份

$$[I_{xy} = \bar{I}_{xy} + d_x d_y A] \qquad I_{xy} = 0 + (12.5)(-7.5)(400) = -3.75(10^4)\text{ mm}^4$$

其中 $\qquad d_x = +(20-7.5) = 12.5$ mm，$d_y = -(5+2.5) = -7.5$ mm

對於整個角形截面則為

$$I_{xy} = -3.75(10^4) - 3.75(10^4) = -7.50(10^4)\text{ mm}^4$$

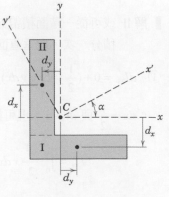

▍慣性矩

第 I 部份對 x 軸與 y 軸的慣性矩為

$$[I = \bar{I} + Ad^2] \qquad I_x = \frac{1}{12}(40)(10)^3 + (400)(12.5)^2 = 6.58(10^4)\,\text{mm}^4$$

$$I_y = \frac{1}{12}(10)(40)^3 + (400)(7.5)^2 = 7.58(10^4)\,\text{mm}^4$$

而第 II 部份對相同軸的慣性矩則為

$$[I = \bar{I} + Ad^2] \qquad I_x = \frac{1}{12}(10)(40)^3 + (400)(12.5)^2 = 11.58(10^4)\,\text{mm}^4$$

$$I_y = \frac{1}{12}(40)(10)^3 + (400)(7.5)^2 = 2.58(10^4)\,\text{mm}^4$$

因此，對於整個截面則為

$$I_x = 6.58(10^4) + 11.58(10^4) = 18.17(10^4)\,\text{mm}^4$$

$$I_y = 7.58(10^4) + 2.58(10^4) = 10.17(10^4)\,\text{mm}^4$$

▍主軸

由式 A/10 可得慣性主軸的傾角為

$$\left[\tan 2\alpha = \frac{2I_{xy}}{I_y - I_x}\right] \qquad \tan 2\alpha = \frac{2(-7.50)}{10.17 - 18.17} = 1.875$$

$$2\alpha = 61.9°\,, \quad \alpha = 31.0° \qquad\qquad 答$$

現由式 A/9 計算主慣性矩，並將 α 代入 θ，因而可從 $I_{x'}$ 求得 I_{max}，從 $I_{y'}$ 求得 I_{min}。因此，

$$I_{max} = \left[\frac{18.17 + 10.17}{2} + \frac{18.17 - 10.17}{2}(0.471) + (7.50)(0.882)\right](10^4) = 22.7(10^4)\,\text{mm}^4 \qquad 答$$

$$I_{min} = \left[\frac{18.17 + 10.17}{2} - \frac{18.17 - 10.17}{2}(0.471) - (7.50)(0.882)\right](10^4) = 5.67(10^4)\,\text{mm}^4 \qquad 答$$

提示

莫爾圓。或可使用式 A/11 求得 I_{max} 及 I_{min} 之結果，可由計算出之 I_x、I_y 與 I_{xy} 值繪製莫爾圓。這些數值繪於下圖中而定出 A 及 B 點，即此圓直徑之兩端點。而角度 2α、I_{max} 及 I_{min} 可由圖中得出，如圖所示。

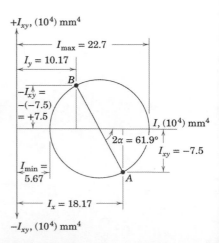

APPENDIX **B**

質量慣性矩

在第二冊動力學的附錄 B 中,將充分地處理質量慣性矩的概念與計算。因為此量對剛體動力學之研究甚為重要,且非靜力學之研究要素,因此本冊靜力學中僅簡略下定義,以辨別面積慣性矩和質量慣性矩間的基本差異。

考慮如圖 B/1 所示之質量 m 的三維物體,其對 $O\text{-}O$ 軸的質量慣性矩 I 定義為

$$I = \int r^2 \, dm$$

其中,r 為質量元素 dm 離 $O\text{-}O$ 軸的垂直距離,且積分範圍涵蓋整個物體體積。給定一剛體時,其質量慣性矩為其質量相對於考慮軸的分佈情形度量,且對該軸下為該物體之固定特性。注意到質量慣性矩的因次為 (質量)(長度)^2,在 SI 單位中為 kg · m^2,而在 U.S. 慣用單位中則為 lb-ft-sec^2。與因次為 (長度)^4 的面積慣性矩做對照,面積慣性矩在 SI 單位中為 m^4,而在 U.S. 慣用單位中則為 ft^4。

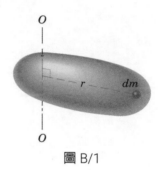

圖 B/1

APPENDIX **C**

數學論題選粹

附錄綱要

C/1	簡介 **(Introduction)**

　　附錄 C 簡要列出力學中常用到的基礎數學工具，可供輔助記憶。並僅引述這些關係式而不加以證明。學習力學時，將頻繁使用到許多這些關係式，但若沒有將其確切掌握住，將會有所學習障礙。有時亦需用到其他未選列出之主題。

　　複習與應用數學工具時，切記力學為描述真實物體與實際運動的應用科學。因此，推演理論及進行問題公式化及求解時，務清楚記住所使用之數學其幾何與物理闡釋。

C/2　平面幾何 (Plane Geometry)

1. 當兩相交線與另兩條直線分別垂直時，則其中一對直線所形成的角度相等於另一對。

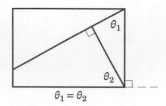

$$\theta_1 = \theta_2$$

2. 相似三角形

$$\frac{x}{b} = \frac{h-y}{h}$$

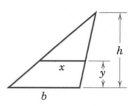

3. 任意三角形

$$面積 = \frac{1}{2}bh$$

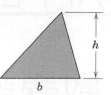

4. 圓

圓周長 $= 2\pi r$

面積 $= \pi r^2$

弧長 $s = r\theta$

扇形面積 $= \frac{1}{2}r^2\theta$

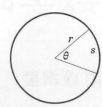

5. 內接於半圓的任意三角形皆為直角三角形

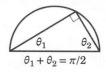

$$\theta_1 + \theta_2 = \pi/2$$

6. 三角形的內角與外角

$$\theta_1 + \theta_2 + \theta_3 = 180°$$

$$\theta_4 = \theta_1 + \theta_2$$

C/3　立體幾何 (Solid Geometry)

1. 球體

$$體積 = \frac{4}{3}\pi r^3$$

表面積 $= 4\pi r^2$

2. 球形楔

$$體積 = \frac{2}{3}r^3\theta$$

3. 正圓錐

$$體積 = \frac{1}{3}\pi r^2 h$$

側面積 $= \pi r L$

$$L = \sqrt{r^2 + h^2}$$

4. 任意角錐與圓錐體

$$體積 = \frac{1}{3}Bh$$

其中 $B =$ 底面積

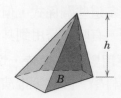

C/4　代數 (Algebra)

1. 二次方程式

$$ax^2 + bx + c = 0$$

$$x = \frac{-b \pm \sqrt{b^2 - 4ac}}{2a} \text{ , } b^2 \geq 4ac \text{ 具實根}$$

2. 對數

$$b^x = y \text{ , } x = \log_b y$$

自然對數

$$b = e = 2.718282$$

$$e^x = y \text{ , } x = \log_e y = \ln y$$

$$\log(ab) = \log a + \log b$$

$$\log(\frac{a}{b}) = \log a - \log b$$

$$\log(\frac{1}{n}) = -\log n$$

$$\log a^n = n \log a$$

$$\log 1 = 0$$

$$\log_{10} x = 0.4343 \ln x$$

3. 行列式

二階

$$\begin{vmatrix} a_1 & b_1 \\ a_2 & b_2 \end{vmatrix} = a_1 b_2 - a_2 b_1$$

三階

$$\begin{vmatrix} a_1 & b_1 & c_1 \\ a_2 & b_2 & c_2 \\ a_3 & b_3 & c_3 \end{vmatrix} = \begin{matrix} +a_1 b_2 c_3 + a_2 b_3 c_1 + a_3 b_1 c_2 \\ -a_3 b_2 c_1 - a_2 b_1 c_3 - a_1 b_3 c_2 \end{matrix}$$

4. 三次方程式

$$x^3 = Ax + B$$

令 $p = \frac{A}{3}$, $q = \frac{B}{2}$

情況 I：$q^2 - p^3$ 為負值 (具三個相異實根)

$$\cos u = \frac{q}{p\sqrt{p}} \text{ , } 0 < u < 180°$$

$$x_1 = 2\sqrt{p} \cos(\frac{u}{3})$$

$$x_2 = 2\sqrt{p} \cos(\frac{u}{3} + 120°)$$

$$x_3 = 2\sqrt{p} \cos(\frac{u}{3} + 240°)$$

情況 II：$q^2 - p^3$ 為正值 (一個實根，兩個虛根)

$$x_1 = (q + \sqrt{q^2 - p^3})^{\frac{1}{3}} + (q - \sqrt{q^2 - p^3})^{\frac{1}{3}}$$

情況 III：$q^2 - p^3 = 0$ (三個實根，其中兩個為重根)

$$x_1 = 2q^{\frac{1}{3}} \text{ , } x_2 = x_3 = -q^{\frac{1}{3}}$$

對一般三次方程式而言

$$x^3 + ax^2 + bx + c = 0$$

代入 $x = x_0 - \frac{a}{3}$ ，得 $x_0^3 = Ax_0 + B$ ，然後

按照上述的步驟由 $x = x_0 - \frac{a}{3}$ 求得 x_0。

C/5　解析幾何 (Analytic Geometry)

1. 直線

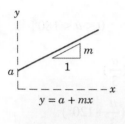

$$y = a + mx$$

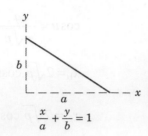

$$\frac{x}{a} + \frac{y}{b} = 1$$

2. 圓

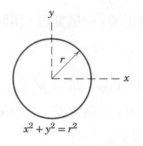

$$x^2 + y^2 = r^2$$

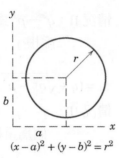

$$(x - a)^2 + (y - b)^2 = r^2$$

3. 拋物線

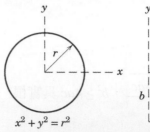

$$x^2 + y^2 = r^2$$

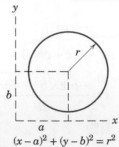

$$(x - a)^2 + (y - b)^2 = r^2$$

4. 橢圓

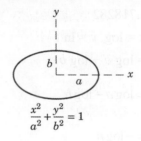

$$\frac{x^2}{a^2} + \frac{y^2}{b^2} = 1$$

5. 雙曲線

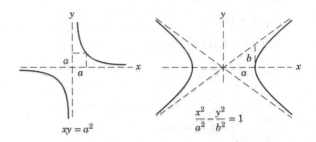

$$xy = a^2$$

$$\frac{x^2}{a^2} - \frac{y^2}{b^2} = 1$$

C/6　三角學 (Trigonometry)

1. 定義

$$\sin\theta = \frac{a}{c} \qquad \csc\theta = \frac{c}{a}$$

$$\cos\theta = \frac{b}{c} \qquad \sec\theta = \frac{c}{b}$$

$$\tan\theta = \frac{a}{b} \qquad \cot\theta = \frac{b}{a}$$

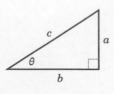

2. 四個象限中的符號

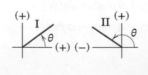

	I	II	III	IV
$\sin\theta$	+	+	−	−
$\cos\theta$	+	−	−	+
$\tan\theta$	+	−	+	−
$\csc\theta$	+	+	−	−
$\sec\theta$	+	−	−	+
$\cot\theta$	+	−	+	−

3. 其他關係式

$$\sin^2 \theta + \cos^2 \theta = 1$$
$$1 + \tan^2 \theta = \sec^2 \theta$$
$$1 + \cot^2 \theta = \csc^2 \theta$$
$$\sin \frac{\theta}{2} = \sqrt{\frac{1}{2}(1 - \cos\theta)}$$
$$\cos \frac{\theta}{2} = \sqrt{\frac{1}{2}(1 + \cos\theta)}$$
$$\sin 2\theta = 2\sin\theta\cos\theta$$
$$\cos 2\theta = \cos^2\theta - \sin^2\theta$$
$$\sin(a \pm b) = \sin a \cos b \pm \cos a \sin b$$
$$\cos(a \pm b) = \cos a \cos b \mp \sin a \sin b$$

4. 正弦定理

$$\frac{a}{b} = \frac{\sin A}{\sin B}$$

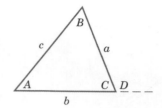

5. 餘弦定理

$$c^2 = a^2 + b^2 - 2ab\cos C$$
$$c^2 = a^2 + b^2 - 2ab\cos D$$

C/7　向量運算 (Vector Operations)

1. 向量符號：向量是以粗體印刷字表示，而純量則是以細斜體字表示。因此，向量 **V** 的純量大小為 V。在一般的寫法上，向量應使用一致的符號 $\underline{V}$ 或 $\vec{V}$ 表示出，以和純量有所區別。

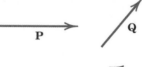

2. 加法：

三角形相加	$\mathbf{P} + \mathbf{Q} = \mathbf{R}$
平形四邊形相加	$\mathbf{P} + \mathbf{Q} = \mathbf{R}$
交換律	$\mathbf{P} + \mathbf{Q} = \mathbf{Q} + \mathbf{P}$
結合律	$\mathbf{P} + (\mathbf{Q} + \mathbf{R}) = (\mathbf{P} + \mathbf{Q}) + \mathbf{R}$

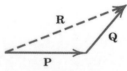

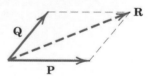

3. 減法：

$$\mathbf{P} - \mathbf{Q} = \mathbf{P} + (-\mathbf{Q})$$

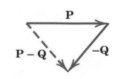

4. 單位向量：**i**、**j**、**k**

$$\mathbf{V} = V_x \mathbf{i} + V_y \mathbf{j} + V_z \mathbf{k}$$

其中　$|\mathbf{V}| = V = \sqrt{V_x^2 + V_y^2 + V_z^2}$

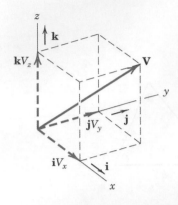

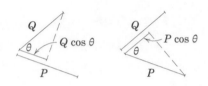

5. 方向餘弦：l、m、n 為 **V** 與 x-、y-、z- 軸之間夾角的餘弦。因此，

$$l = \frac{V_x}{V} \quad m = \frac{V_y}{V} \quad n = \frac{V_z}{V}$$

所以　$\mathbf{V} = V(l\mathbf{i} + m\mathbf{j} + n\mathbf{k})$

並且　$l^2 + m^2 + n^2 = 1$

6. 點積或純量積：

$$\mathbf{P} \cdot \mathbf{Q} = PQ \cos \theta$$

這個乘積可視為 **P** 的大小乘上 **Q** 在 **P** 方向上的分量 $Q \cos \theta$，也可視為 **Q** 的大小乘上 **P** 在 **Q** 方向上的分量 $P \cos \theta$。

交換律　$\mathbf{P} \cdot \mathbf{Q} = \mathbf{Q} \cdot \mathbf{P}$

由點積的定義知

$$\mathbf{i} \cdot \mathbf{i} = \mathbf{j} \cdot \mathbf{j} = \mathbf{k} \cdot \mathbf{k} = 1$$

$$\mathbf{i} \cdot \mathbf{j} = \mathbf{j} \cdot \mathbf{i} = \mathbf{i} \cdot \mathbf{k} = \mathbf{k} \cdot \mathbf{i} = \mathbf{j} \cdot \mathbf{k} = \mathbf{k} \cdot \mathbf{j} = 0$$

$$\mathbf{P} \cdot \mathbf{Q} = (P_x\mathbf{i} + P_y\mathbf{j} + P_z\mathbf{k}) \cdot (Q_x\mathbf{i} + Q_y\mathbf{j} + Q_z\mathbf{k})$$
$$= P_x Q_x + P_y Q_y + P_z Q_z$$

$$\mathbf{P} \cdot \mathbf{P} = P_x^2 + P_y^2 + P_z^2$$

當兩向量的點積為零時，即 $\mathbf{P} \cdot \mathbf{Q} = 0$，則由點積的定義可知向量 **P** 與 **Q** 為互相垂直。

兩向量 $\mathbf{P}_1$ 與 $\mathbf{P}_2$ 之間的夾角 θ，可從點積的表示式 $\mathbf{P}_1 \cdot \mathbf{P}_2 = P_1 P_2 \cos \theta$ 求出，因此

$$\cos \theta = \frac{\mathbf{P}_1 \cdot \mathbf{P}_2}{P_1 P_2} = \frac{P_{1_x} P_{2_x} + P_{1_y} P_{2_y} + P_{1_z} P_{2_z}}{P_1 P_2} = l_1 l_2 + m_1 m_2 + n_1 n_2$$

其中，l、m、n 代表各向量所對應的方向餘弦。同時我們可以注意到，當兩向量的方向餘弦遵守 $l_1 l_2 + m_1 m_2 + n_1 n_2 = 0$ 時，則此兩向量為互相垂直。

分配律　$\mathbf{P} \cdot (\mathbf{Q} + \mathbf{R}) = \mathbf{P} \cdot \mathbf{Q} + \mathbf{P} \cdot \mathbf{R}$

7. 叉積或向量積：兩向量 **P** 與 **Q** 的叉積 **P** × **Q** 為一向量，其大小為

$$|\mathbf{P} \times \mathbf{Q}| = PQ \sin \theta$$

並且，其方向可由圖示的右手定則來決定。若將兩向量的次序顛倒，則由右手定則可知 **Q** × **P** = − **P** × **Q**。

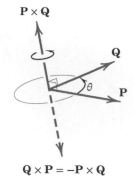

分配律   **P** × (**Q** + **R**) = **P** × **Q** + **P** × **R**

由叉積的定義及使用右手座標系統，我們得知

i × **j** = **k**	**j** × **k** = **i**	**k** × **i** = **j**
j × **i** = − **k**	**k** × **j** = − **i**	**i** × **k** = − **j**

$$\mathbf{i} \times \mathbf{i} = \mathbf{j} \times \mathbf{j} = \mathbf{k} \times \mathbf{k} = 0$$

由這些等式與分配律，向量積可寫成

$$\mathbf{P} \times \mathbf{Q} = (P_x \mathbf{i} + P_y \mathbf{j} + P_z \mathbf{k}) \times (Q_x \mathbf{i} + Q_y \mathbf{j} + Q_z \mathbf{k})$$
$$= (P_y Q_z - P_z Q_y) \mathbf{i} + (P_z Q_x - P_x Q_z) \mathbf{j} + (P_x Q_y - P_y Q_x) \mathbf{k}$$

叉積也可使用行列式表示為

$$\mathbf{P} \times \mathbf{Q} = \begin{vmatrix} \mathbf{i} & \mathbf{j} & \mathbf{k} \\ P_x & P_y & P_z \\ Q_x & Q_y & Q_z \end{vmatrix}$$

8. 其他關係式：

三重純量積 (Triple scalar product)(**P** × **Q**) · **R** = **R** · (**P** × **Q**)。只要式中向量的次序保持不變，則點積與叉積的位置可以互換。其中括號是不需要的，因為向量 **P** 無法與純量 **Q** · **R** 做叉積運算，所以 **P** × (**Q** · **R**) 是沒有意義的。因此，可將三重純量積的式子寫成

$$\mathbf{P} \times \mathbf{Q} \cdot \mathbf{R} = \mathbf{P} \cdot \mathbf{Q} \times \mathbf{R}$$

三重純量積可由行列式展開

$$\mathbf{P} \times \mathbf{Q} \cdot \mathbf{R} = \begin{vmatrix} P_x & P_y & P_z \\ Q_x & Q_y & Q_z \\ R_x & R_y & R_z \end{vmatrix}$$

三重向量積(Triple vector product) $(\mathbf{P} \times \mathbf{Q}) \times \mathbf{R} = -\mathbf{R} \times (\mathbf{P} \times \mathbf{Q})$ $= \mathbf{R} \times (\mathbf{Q} \times \mathbf{P})$。注意，此處的括號是不可省略的，因為 $\mathbf{P} \times \mathbf{Q} \times \mathbf{R}$ 是無法確定哪兩個向量先做叉積的。以下皆為三重向量積的相等式

$$(\mathbf{P} \times \mathbf{Q}) \times \mathbf{R} = \mathbf{R} \cdot \mathbf{PQ} - \mathbf{R} \cdot \mathbf{QP}$$

或 $$\mathbf{P} \times (\mathbf{Q} \times \mathbf{R}) = \mathbf{P} \cdot \mathbf{RQ} - \mathbf{P} \cdot \mathbf{QR}$$

以第一式的第一項為例，其為純量的點積 $\mathbf{R} \cdot \mathbf{P}$ 乘上向量 $\mathbf{Q}$。

9. 向量的導數：

向量導數與純量導數遵守相同的規則。

$$\frac{d\mathbf{P}}{dt} = \dot{\mathbf{P}} = \dot{P}_x\mathbf{i} + \dot{P}_y\mathbf{j} + \dot{P}_z\mathbf{k}$$

$$\frac{d(\mathbf{P}u)}{dt} = \mathbf{P}\dot{u} + \dot{\mathbf{P}}u$$

$$\frac{d(\mathbf{P} \cdot \mathbf{Q})}{dt} = \mathbf{P} \cdot \dot{\mathbf{Q}} + \dot{\mathbf{P}} \cdot \mathbf{Q}$$

$$\frac{d(\mathbf{P} \times \mathbf{Q})}{dt} = \mathbf{P} \times \dot{\mathbf{Q}} + \dot{\mathbf{P}} \times \mathbf{Q}$$

10. 向量的積分：

如果 $\mathbf{V}$ 是 x、y 與 z 的函數，且一體積元素為 $d\tau = dxdydz$，則 $\mathbf{V}$ 在整體體積上的積分可寫成其三個分量的積分向量和。因此，

$$\int \mathbf{V} d\tau = \mathbf{i} \int V_x\, d\tau + \mathbf{j} \int V_y\, d\tau + \mathbf{k} \int V_z\, d\tau$$

C/8 級數 (Series)

（方括弧內所示的範圍為下列級數的收斂範圍。）

$$(1 \pm x)^n = 1 \pm nx + \frac{n(n-1)}{2!}x^2 \pm \frac{n(n-1)(n-2)}{3!}x^3 + \cdots \qquad [x^2 < 1]$$

$$\sin x = x - \frac{x^3}{3!} + \frac{x^5}{5!} - \frac{x^7}{7!} + \cdots \qquad [x^2 < \infty]$$

$$\cos x = 1 - \frac{x^2}{2!} + \frac{x^4}{4!} - \frac{x^6}{6!} + \cdots \qquad\qquad [x^2 < \infty\,]$$

$$\sinh x = \frac{e^x - e^{-x}}{2} = x + \frac{x^3}{3!} + \frac{x^5}{5!} + \frac{x^7}{7!} + \cdots \qquad\qquad [x^2 < \infty\,]$$

$$\cosh x = \frac{e^x + e^{-x}}{2} = 1 + \frac{x^2}{2!} + \frac{x^4}{4!} + \frac{x^6}{6!} + \cdots \qquad\qquad [x^2 < \infty\,]$$

$$f(x) = \frac{a_0}{2} + \sum_{n=1}^{\infty} a_n \cos\frac{n\pi x}{l} + \sum_{n=1}^{\infty} b_n \sin\frac{n\pi x}{l}$$

其中 $a_n = \dfrac{1}{l}\displaystyle\int_{-l}^{l} f(x)\cos\frac{n\pi x}{l}\,dx$ ， $b_n = \dfrac{1}{l}\displaystyle\int_{-l}^{l} f(x)\sin\frac{n\pi x}{l}\,dx$

[在 $-l < x < l$ 的傅立葉展開]

C/9　微分 (Derivatives)

$$\frac{dx^n}{dx} = nx^{n-1} \;,\; \frac{d(uv)}{dx} = u\frac{dv}{dx} + v\frac{du}{dx} \;,\; \frac{d\left(\frac{u}{v}\right)}{dx} = \frac{v\dfrac{du}{dx} - u\dfrac{dv}{dx}}{v^2}$$

$$\lim_{\Delta x \to 0} \sin\Delta x = \sin dx = \tan dx = dx$$

$$\lim_{\Delta x \to 0} \cos\Delta x = \cos dx = 1$$

$$\frac{d\sin x}{dx} = \cos x \;,\; \frac{d\cos x}{dx} = -\sin x \;,\; \frac{d\tan x}{dx} = \sec^2 x$$

$$\frac{d\sinh x}{dx} = \cosh x \;,\; \frac{d\cosh x}{dx} = \sinh x \;,\; \frac{d\tanh x}{dx} = \operatorname{sech}^2 x$$

C/10　積分 (Integrals)

$$\int x^n\,dx = \frac{x^{n+1}}{n+1}$$

$$\int \frac{dx}{x} = \ln x$$

$$\int \sqrt{a+bx}\, dx = \frac{2}{3b}\sqrt{(a+bx)^3}$$

$$\int x\sqrt{a+bx}\, dx = \frac{2}{15b^2}(3bx-2a)\sqrt{(a+bx)^3}$$

$$\int x^2 \sqrt{a+bx}\, dx = \frac{2}{105b^3}(8a^2-12abx+15b^2x^2)\sqrt{(a+bx)^3}$$

$$\int \frac{dx}{\sqrt{a+bx}} = \frac{2\sqrt{a+bx}}{b}$$

$$\int \frac{\sqrt{a+x}}{\sqrt{b-x}}\, dx = -\sqrt{a+x}\sqrt{b-x} + (a+b)\sin^{-1}\sqrt{\frac{a+x}{a+b}}$$

$$\int \frac{x\, dx}{a+bx} = \frac{1}{b^2}[a+bx-a\ln(a+bx)]$$

$$\int \frac{x\, dx}{(a+bx)^n} = \frac{(a+bx)^{1-n}}{b^2}\left(\frac{a+bx}{2-n}-\frac{a}{1-n}\right)$$

$$\int \frac{dx}{a+bx^2} = \frac{1}{\sqrt{ab}}\tan^{-1}\frac{x\sqrt{ab}}{a} \ \ 或 \ \ \frac{1}{\sqrt{-ab}}\tanh^{-1}\frac{x\sqrt{-ab}}{a}$$

$$\int \frac{x\, dx}{a+bx^2} = \frac{1}{2b}\ln(a+bx^2)$$

$$\int \sqrt{x^2 \pm a^2}\, dx = \frac{1}{2}[x\sqrt{x^2 \pm a^2} \pm a^2 \ln(x+\sqrt{x^2 \pm a^2})]$$

$$\int \sqrt{a^2 - x^2}\, dx = \frac{1}{2}(x\sqrt{a^2-x^2} + a^2 \sin^{-1}\frac{x}{a})$$

$$\int x\sqrt{a^2-x^2}\, dx = -\frac{1}{3}\sqrt{(a^2-x^2)^3}$$

$$\int x^2 \sqrt{a^2-x^2}\, dx$$
$$= -\frac{x}{4}\sqrt{(a^2-x^2)^3} + \frac{a^2}{8}(x\sqrt{a^2-x^2} + a^2 \sin^{-1}\frac{x}{a})$$

$$\int x^3 \sqrt{a^2-x^2}\, dx = -\frac{1}{5}(x^2 + \frac{2}{3}a^2)\sqrt{(a^2-x^2)^3}$$

$$\int \frac{dx}{\sqrt{a+bx+cx^2}} = \frac{1}{\sqrt{c}} \ln(\sqrt{a+bx+cx^2} + x\sqrt{c} + \frac{b}{2\sqrt{c}})$$

或
$$\frac{-1}{\sqrt{-c}} \sin^{-1}(\frac{b+2cx}{\sqrt{b^2-4ac}})$$

$$\int \frac{dx}{\sqrt{x^2 \pm a^2}} = \ln(x + \sqrt{x^2 \pm a^2})$$

$$\int \frac{dx}{\sqrt{a^2 - x^2}} = \sin^{-1} \frac{x}{a}$$

$$\int \frac{x\,dx}{\sqrt{x^2 - a^2}} = \sqrt{x^2 - a^2}$$

$$\int \frac{x\,dx}{\sqrt{a^2 \pm x^2}} = \pm\sqrt{a^2 \pm x^2}$$

$$\int x\sqrt{x^2 \pm a^2}\,dx = \frac{1}{3}\sqrt{(x^2 \pm a^2)^3}$$

$$\int x^2\sqrt{x^2 \pm a^2}\,dx$$
$$= \frac{x}{4}\sqrt{(x^2 \pm a^2)^3} \mp \frac{a^2}{8}x\sqrt{x^2 \pm a^2} - \frac{a^4}{8}\ln(x + \sqrt{x^2 \pm a^2})$$

$$\int \sin x\,dx = -\cos x$$

$$\int \cos x\,dx = \sin x$$

$$\int \sec x\,dx = \frac{1}{2}\ln\frac{1+\sin x}{1-\sin x}$$

$$\int \sin^2 x\,dx = \frac{x}{2} - \frac{\sin 2x}{4}$$

$$\int \cos^2 x\,dx = \frac{x}{2} + \frac{\sin 2x}{4}$$

$$\int \sin x\cos x\,dx = \frac{\sin^2 x}{2}$$

$$\int \sinh x \, dx = \cosh x$$

$$\int \cosh x \, dx = \sinh x$$

$$\int \tanh x \, dx = \ln \cosh x$$

$$\int \ln x \, dx = x \ln x - x$$

$$\int e^{ax} \, dx = \frac{e^{ax}}{a}$$

$$\int x e^{ax} \, dx = \frac{e^{ax}}{a^2}(ax - 1)$$

$$\int e^{ax} \sin px \, dx = \frac{e^{ax}(a \sin px - p \cos px)}{a^2 + p^2}$$

$$\int e^{ax} \cos px \, dx = \frac{e^{ax}(a \cos px + p \sin px)}{a^2 + p^2}$$

$$\int e^{ax} \sin^2 x \, dx = \frac{e^{ax}}{4 + a^2}(a \sin^2 x - \sin 2x + \frac{2}{a})$$

$$\int e^{ax} \cos^2 x \, dx = \frac{e^{ax}}{4 + a^2}(a \cos^2 x + \sin 2x + \frac{2}{a})$$

$$\int e^{ax} \sin x \cos x \, dx = \frac{e^{ax}}{4 + a^2}(\frac{a}{2} \sin 2x - \cos 2x)$$

$$\int \sin^3 x \, dx = -\frac{\cos x}{3}(2 + \sin^2 x)$$

$$\int \cos^3 x \, dx = \frac{\sin x}{3}(2 + \cos^2 x)$$

$$\int \cos^5 x \, dx = \sin x - \frac{2}{3}\sin^3 x + \frac{1}{5}\sin^5 x$$

$$\int x \sin x \, dx = \sin x - x \cos x$$

$$\int x\cos x\,dx = \cos x + x\sin x$$

$$\int x^2\sin x\,dx = 2x\sin x - (x^2 - 2)\cos x$$

$$\int x^2\cos x\,dx = 2x\cos x + (x^2 - 2)\sin x$$

曲率半徑
$$\begin{cases} \rho_{xy} = \dfrac{[1 + (\dfrac{dy}{dx})^2]^{\frac{3}{2}}}{\dfrac{d^2y}{dx^2}} \\[4ex] \rho_{r\theta} = \dfrac{[r^2 + (\dfrac{dr}{d\theta})^2]^{\frac{3}{2}}}{r^2 + 2(\dfrac{dr}{d\theta})^2 - r\dfrac{d^2r}{d\theta^2}} \end{cases}$$

C/11 以牛頓法解棘手的方程式 (Newton's Method for Solving Intractable Equations)

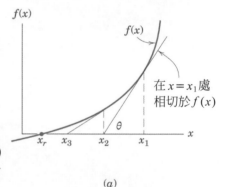

(a)

使用力學的基本原理時，常導致一個不可解 (或不容易解) 的代數方程式或超越方程式。此時，如牛頓法等疊代法即為有效估算方程式之根的有力工具。

令待解方程式之形式為 $f(x) = 0$。在附圖 (a) 中係繪示任意函數 $f(x)$ 其欲求根 x_r 鄰近之 x 值。注意到 x_r 僅為函數與 x 軸相交的 x 值。

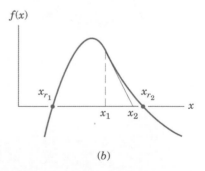

(b)

假設可得此根之一粗估值 x_1 (可能藉由徒手繪圖)。若 x_1 不接近於函數 $f(x)$ 所對應的最大值或最小值，則可延伸函數在 x_1 處的切線，使其與 x 軸相交於 x_2 點，而得到 x_r 根的較佳估算值。由圖中的幾何關係，可寫成

$$\tan\theta = f'(x_1) = \frac{f(x_1)}{x_1 - x_2}$$

其中，$f'(x_1)$ 即為 $f(x)$ 對 x 之導函數在 $x = x_1$ 的值。由上式可解得 x_2 值為

$$x_2 = x_1 - \frac{f(x_1)}{f'(x_1)}$$

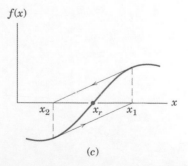

(c)

267

上式的 $-\dfrac{f(x_1)}{f'(x_1)}$ 爲根之初始估算值 x_1 的修正量。因而，一旦求得 x_2，可如上重複來得到 x_3，依此類推。

因此，將上式一般化爲

$$x_{k+1} = x_k - \frac{f(x_k)}{f'(x_k)}$$

其中 　x_{k+1} = 欲求根 x_r 的第 $(k+1)$ 次估算值

x_k = 欲求根 x_r 的第 k 次估算值

$f(x_k)$ = 函數 $f(x)$ 在 $x = x_k$ 之值

$f'(x_k)$ = 導函數在 $x = x_k$ 之值

重複使用此方程式，直到 $f(x_{k+1})$ 足夠接近於零且 $x_{k+1} \cong x_k$。建議檢驗此方程式對 x_k、$f(x_k)$ 與 $f'(x_k)$ 所有可能的正負號組合情形均有效。

若干注意事項如下：

1. 明顯地，$f'(x_k)$ 不能爲零或接近零。如前述及之限制，此時代表 x_k 即爲或接近 $f(x)$ 之極小值或極大值。如果斜率 $f'(x_k)$ 爲零，則曲線的切線不會與 x 軸相交。如果 $f'(x_k)$ 很小，則對 x_k 的修正量會過大，而使得估算值 x_{k+1} 比 x_k 更糟。因此，有經驗的工程師通常會限制修正量項的大小；亦即，如果 $\dfrac{f(x_k)}{f'(x_k)}$ 的絕對值大於一個預選的最大值時，則使用預選最大值。

2. 若方程式 $f(x) = 0$ 有數個根，則需在欲求根 x_r 鄰近進行演算，以能實際收斂至此根。圖 (b) 部份係繪示了以初始估算值 x_1 進行而收斂至 x_{r_2} 而非 x_{r_1} 之情形。

3. 如果函數對某一爲反曲點之根呈反對稱的話，則可能發生在此根兩側往復的振盪現象。此時，修正量取一半通常可避免此種現象，如附圖 (c) 部份所示。

範例 C/1

以初始估算值 $x_1 = 5$ 開始，試計算方程式 $e^x - 10 \cos x - 100 = 0$ 的單一根值。

下表列出對此給定問題應用牛頓法所得之數據結果。當修正量 $-\dfrac{f(x_k)}{f'(x_k)}$ 的絕對值小於 10^{-6} 時即停止疊代運算。

k	x_k	$f(x_k)$	$f'(x_k)$	$x_{k+1} - x_k = -\dfrac{f(x_k)}{f'(x_k)}$
1	5.000000	45.576537	138.823916	-0.328305
2	4.671695	7.285610	96.887065	-0.075197
3	4.596498	0.292886	89.203650	-0.003283
4	4.593215	0.000527	88.882536	-0.000006
5	4.593209	$-2(10^{-8})$	88.881956	$2.25(10^{-10})$

C/12 數值積分的若干技巧 (Selected Techniques for Numerical Integration)

1. 面積求法

如圖 (a) 部份所示，考慮求解 $x = a$ 到 $x = b$ 之間，曲線 $y = f(x)$ 下方的陰影面積，並假設無法做解析積分。此函數可能為實驗量測數據的列表形式或為解析形式。在 $a < x < b$ 的區間內，此函數取為一連續函數。將此面積細分成 n 個垂直薄帶面積，各薄帶寬度為 $\Delta x = \dfrac{b-a}{n}$，然後將所有薄帶的面積相加而得到 $A = \int y\,dx$。一代表薄帶面積 A_i 示於圖中以較暗陰影表示之部份。以下列舉三種有用的數值近似方法。不論何者，薄帶的分割數目越多，則近似結果幾何上會更精確。一般做法可從較少的薄帶數量開始，然後增加薄帶數目直到面積近似值的精度不再有顯著的增加為止。

(1) 矩形法 [圖 (*b*)]：將薄帶面積取爲一矩形面積，如圖中
代表薄帶所示，並以目測選取其高度 y_m，使得圖中兩
較深陰影區域之面積盡可能接近相同。因此，可得有效
高度的總合 Σy_m，再乘以 $\triangle x$。若已知函數之解析形式，
則可取中點 $x_i + \dfrac{\triangle x}{2}$ 的函數值做爲 y_m，而進行加總。

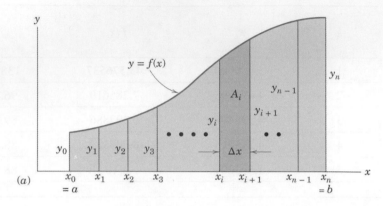

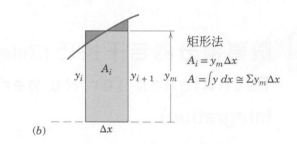

矩形法
$A_i = y_m \Delta x$
$A = \int y\, dx \cong \Sigma y_m \Delta x$

(2) 梯形法 [圖 (*c*)]：將薄帶面積取成一梯形面積，如圖中
代表薄帶所示。其面積 A_i 爲兩邊的平均高度 $\dfrac{y_i + y_{i+1}}{2}$
乘以 $\triangle x$。將梯形面積相加後可得圖中所列結果之面積
近似。以圖示曲率爲例，顯然近似面積會較小。但對相
反的曲率而言，近似面積將較大。

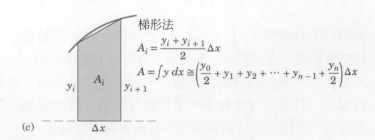

梯形法
$A_i = \dfrac{y_i + y_{i+1}}{2}\Delta x$
$A = \int y\, dx \cong \left(\dfrac{y_0}{2} + y_1 + y_2 + \cdots + y_{n-1} + \dfrac{y_n}{2}\right)\Delta x$

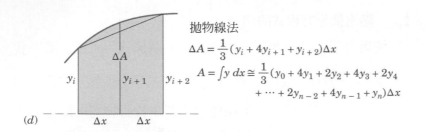

拋物線法

$$\Delta A = \frac{1}{3}(y_i + 4y_{i+1} + y_{i+2})\Delta x$$

$$A = \int y\, dx \cong \frac{1}{3}(y_0 + 4y_1 + 2y_2 + 4y_3 + 2y_4 + \cdots + 2y_{n-2} + 4y_{n-1} + y_n)\Delta x$$

(3) 拋物線法 [圖 (d)]：考慮在弦與曲線間的面積時 (即梯形法所忽略的部份)，能以通過三個連續 y 值所定義的點之拋物線來對函數做近似。利用拋物線幾何性質得出此部份面積後，再加上兩相鄰薄帶梯形面積，即得到圖中關於此兩薄帶部份所示之面積 ΔA。將所有 ΔA 相加即得圖中所列結果之面積近似，即所知之辛普生法則 (Simpson's rule)。使用此法則時，薄帶數目 n 需為偶數。

範例 C/2

試求曲線 $y = x\sqrt{1+x^2}$ 在 $x = 0$ 到 $x = 2$ 間所涵蓋的面積。(此處選用可積分函數，以將上述三種方法之近似結果與精確值做比較。精確值為

$$A = \int_0^2 x\sqrt{1+x^2}\, dx = \frac{1}{3}(1+x^2)^{\frac{3}{2}}\Big|_0^2 = \frac{1}{3}(5\sqrt{5}-1) = 3.393447 \ )$$

所分割區間的數目	近似面積		
	矩形法	梯形法	拋物線法
4	3.361704	3.456731	3.392214
10	3.388399	3.403536	3.393420
50	3.393245	3.393850	3.393447
100	3.393396	3.393547	3.393447
1000	3.393446	3.393448	3.393447
2500	3.393447	3.393447	3.393447

注意到即使只有分割四個薄帶區間，最差之近似值的誤差還不到 2%。

2. 一階常微分方程式的積分

使用力學基本原理時，常導致微分關係式。考慮一階形式

之 $\dfrac{dy}{dt} = f(t)$，其中函數 $f(t)$ 可能不易積分或僅知其數據列

表形式。如圖所示，可採簡單之斜率投影技巧，即尤拉積

分法 (Euler integration)，來做數值積分。

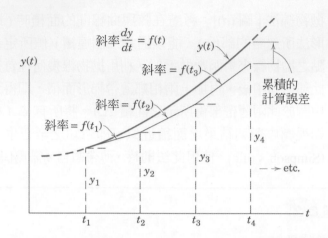

由 t_1 開始，其對應之函數值 y_1 為已知，然後將斜率投經一

水平子區間或 $(t_2 - t_1)$ 段，而可得到 $y_2 = f(t_1)(t_2 - t_1)$。在 t_2 時，

可從 y_2 重複相同步驟，直到達到所需之 t 值。因而，一般

式可寫成

$$y_{k+1} = y_k + f(t_k)(t_{k+1} - t_k)$$

如果 y 對 t 為線性，即 $f(t)$ 為一常數，則此方法可得精確

結果，不需用到數值方法。各子區間對應之斜率變化會帶

來誤差。以圖示例子而言，估算值 y_2 明顯小於函數 $y(t)$ 在

t_2 的實際值。更精確的積分技巧 (如 Runge-Kutta 法) 係考

慮到斜率在不同子區間時之變化，遂能提供較佳結果。

如同進行面積求法之情形，在處理解析函數時，可藉助經

驗來選取子區間或寬度大小。大致上，可先取較大之區間

寬度進行，然後逐漸減小寬度直到積分結果的對應變化比

所需之精度甚小為止。然而，若選取的區間寬度太小，也

可能因大量的電腦計算次數而產生漸增之誤差。此種誤差

通常稱為「捨去誤差 (round-off error)」，而區間寬度過大

所產生之誤差則稱為演算誤差 (algorithm error)。

範例 C/3

微分方程式 $\dfrac{dy}{dt} = 5t$ 的初始條件為當 $t = 0$ 時 $y = 2$，試求 $t = 4$ 時的 y 值。

應用尤拉積分技巧後產生以下結果：

微小區間的數目	微小區間的寬度	在 $t = 4$ 的 y 值	誤差百分比
10	0.4	38	9.5
100	0.04	41.6	0.95
500	0.008	41.92	0.19
1000	0.004	41.96	0.10

此簡單函數可做解析積分。結果為 $y = 42$(精確值)。

APPENDIX **D**

實用查表

表 D/1　物理性質

密度 (kg/m³) 與比重量 (lb/ft³)					
	kg/m³	lb/ft³		kg/m³	lb/ft³
空氣 *	1.2062	0.07530	鉛	11370	710
鋁	2690	168	水銀	13570	847
混凝土 (平均)	2400	150	油 (平均)	900	56
銅	8910	556	鋼	7830	489
泥土 (濕，平均)	1760	110	鈦	3080	192
泥土 (乾，平均)	1280	80	水 (淡水)	1000	62.4
玻璃	2590	162	水 (鹹水)	1030	64
黃金	19300	1205	木材 (軟松)	480	30
冰	900	56	木材 (硬橡)	800	50
鑄鐵	7210	450			

* 在 20℃ (68 ℉) 與大氣壓下

摩擦係數

(下表中所列之係數為正常工作條件下的典型數值。給定情形下的實際係數將視接觸表面的確切性質而定。實際應用時，視清潔度、表面拋光度、壓力、潤滑與速度等主要因素，摩擦係數可能會有 25% 到 100% 或更大的變動量。)

摩擦係數的典型值

接觸表面	靜摩擦，μ_s	動摩擦，μ_k	接觸表面	靜摩擦，μ_s	動摩擦，μ_k
鋼對鋼 (乾)	0.6	0.4	煞車來令片對鑄鐵	0.4	0.3
鋼對鋼 (油)	0.1	0.05	橡皮輪胎對光滑馬路 (乾)	0.9	0.8
鐵弗龍對鋼	0.04	0.04	線繩對鐵滑輪 (乾)	0.2	0.15
鋼對巴比合金 (乾)	0.4	0.3	麻繩對金屬	0.3	0.2
鋼對巴比合金 (油)	0.1	0.07	金屬對冰		0.02
黃銅對鋼 (乾)	0.5	0.4			

表 D/2　太陽系常數

萬有引力常數

$G = 6.673(10^{-11})$ m³/(kg · s²) $= 3.439(10^{-8})$ ft⁴/(lbf-s⁴)

地球的質量

$m_e = 5.976(10^{24})$ kg $= 4.095(10^{23})$ lbf-s²/ft $= 23$ h 56 min 4 s $= 23.9344$ h

地球自轉周期 (1 個恆星日)

地球的角速度

$\omega = 0.7292(10^{-4})$ rad/s

地球－太陽連線的平均角速度

$\omega' = 0.1991(10^{-6})$ rad/s $= 107200$ km/h $= 66610$ mi/h

地球對太陽的平均速度

物體	與太陽的平均距離 km(mi)	軌道離心率 e	軌道的周期（太陽日）	平均直徑 km(mi)	相對於地球的質量	表面重力加速度 $m/s^2(ft/s^2)$	脫離速度 km/s(mi/s)
太陽	—	—	—	1392000 (865000)	333000	274 (898)	616 (383)
月球	384398* (238854)*	0.055	27.32	3476 (2160)	0.0123	1.62 (5.32)	2.37 (1.47)
水星	57.3×10^6 (35.6×10^6)	0.206	87.97	5000 (3100)	0.054	3.47 (11.4)	4.17 (2.59)
金星	108×10^6 (67.2×10^6)	0.0068	224.70	12400 (7700)	0.815	8.44 (27.7)	10.24 (6.36)
地球	149.6×10^6 (92.96×10^6)	0.0167	365.26	12742‡ (7918)‡	1.000	9.821 ∶ (32.22) ∶	11.18 (6.95)
火星	227.9×10^6 (141.6×10^6)	0.093	686.98	6788 (4218)	0.107	3.73 (12.3)	5.03 (3.13)
木星†	778×10^6 (483×10^6)	0.0489	4333	139822 (86884)	317.8	24.79 (81.3)	59.5 (36.8)

* 到地球的平均距離 (中心到中心)。

‡ 與地球同體積的球體直徑，根據地球的兩極直徑 12714 km (7900 mi) 與赤道直徑 12756 km(7926 mi) 所計算。

∶ 對於不轉動球形之地球而言，相當於在海平面上與緯度 37.5° 處的絕對值。

† 請注意，木星不是固體。

表 D/3　平面圖形的性質

圖形	形心	面積慣性矩
弧線段	$\bar{r} = \dfrac{r\sin\alpha}{\alpha}$	—
四分之一圓及半圓弧	$\bar{y} = \dfrac{2r}{\pi}$	—
圓形面積	—	$I_x = I_y = \dfrac{\pi r^4}{4}$ $I_z = \dfrac{\pi r^4}{2}$
半圓形面積	$\bar{y} = \dfrac{4r}{3\pi}$	$I_x = I_y = \dfrac{\pi r^4}{8}$ $\overline{I_x} = \left(\dfrac{\pi}{8} - \dfrac{8}{9\pi}\right)r^4$ $I_z = \dfrac{\pi r^4}{4}$
四分之一圓面積	$\bar{x} = \bar{y} = \dfrac{4r}{3\pi}$	$I_x = I_y = \dfrac{\pi r^4}{16}$ $\overline{I_x} = \overline{I_y} = \left(\dfrac{\pi}{16} - \dfrac{4}{9\pi}\right)r^4$ $I_z = \dfrac{\pi r^4}{8}$
圓扇形面積	$\bar{x} = \dfrac{2}{3}\,\dfrac{r\sin\theta}{\alpha}$	$I_x = \dfrac{r^4}{4}\left(\alpha - \dfrac{1}{2}\sin 2\alpha\right)$ $I_y = \dfrac{r^4}{4}\left(\alpha + \dfrac{1}{2}\sin 2\alpha\right)$ $I_z = \dfrac{1}{2}r^4\alpha$
矩形面積	—	$I_x = \dfrac{bh^3}{3}$ $\overline{I_x} = \dfrac{bh^3}{12}$ $\overline{I_z} = \dfrac{bh}{12}(b^2 + h^2)$

圖形	形心	面積慣性矩
三角形面積 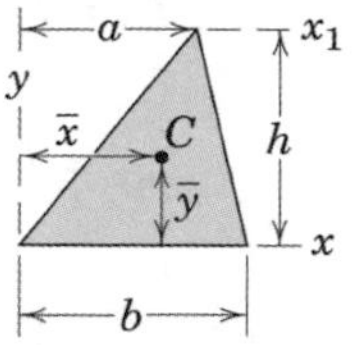	$\bar{x} = \dfrac{a+b}{3}$ $\bar{y} = \dfrac{h}{3}$	$I_x = \dfrac{bh^3}{12}$ $\overline{I_x} = \dfrac{bh^3}{36}$ $I_{x_1} = \dfrac{bh^3}{4}$
四分之一橢圓面積 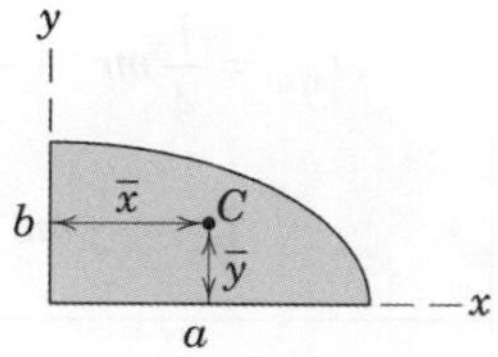	$\bar{x} = \dfrac{4a}{3\pi}$ $\bar{y} = \dfrac{4b}{3\pi}$	$I_x = \dfrac{\pi ab^3}{16}$, $\overline{I_x} = (\dfrac{\pi}{16} - \dfrac{4}{9\pi})ab^3$ $I_y = \dfrac{\pi a^3 b}{16}$, $\overline{I_y} = (\dfrac{\pi}{16} - \dfrac{4}{9\pi})a^3 b$ $I_z = \dfrac{\pi ab}{16}(a^2 + b^2)$
拋物線下的面積 $y = kx^2 = \dfrac{b}{a^2}x^2$ 面積 $A = \dfrac{ab}{3}$ 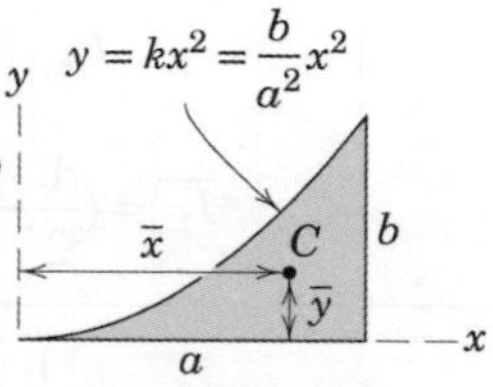	$\bar{x} = \dfrac{3a}{4}$ $\bar{y} = \dfrac{3b}{10}$	$I_x = \dfrac{ab^3}{21}$ $I_y = \dfrac{a^3 b}{5}$ $I_z = ab(\dfrac{a^3}{5} + \dfrac{b^2}{21})$
拋物線面積 $y = kx^2 = \dfrac{b}{a^2}x^2$ 面積 $A = \dfrac{2ab}{3}$ 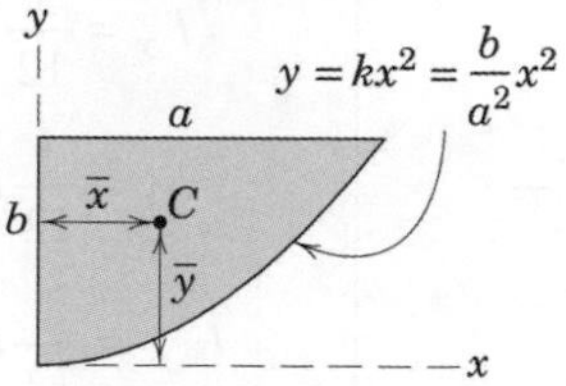	$\bar{x} = \dfrac{3a}{8}$ $\bar{y} = \dfrac{3b}{5}$	$I_x = \dfrac{2ab^3}{7}$ $I_y = \dfrac{2a^3 b}{15}$ $I_z = 2ab(\dfrac{a^2}{15} + \dfrac{b^2}{7})$

表 D/4　均質固體的性質 (m 為圖中所示物體的質量)

物體	質心	質量慣性矩
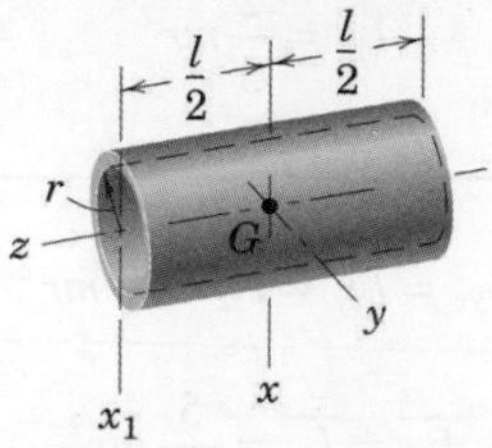 圓柱形薄殼	—	$I_{xx} = \dfrac{1}{2}mr^2 + \dfrac{1}{12}ml^2$ $I_{x_1 x_1} = \dfrac{1}{2}mr^2 + \dfrac{1}{3}ml^2$ $I_{zz} = mr^2$

物體	質心	質量慣性矩
半圓柱形薄殼	$\bar{x} = \dfrac{2r}{\pi}$	$I_{xx} = I_{yy} = \dfrac{1}{2}mr^2 + \dfrac{1}{12}ml^2$ $I_{x_1x_1} = I_{y_1y_1} = \dfrac{1}{2}mr^2 + \dfrac{1}{3}ml^2$ $I_{zz} = mr^2$ $\overline{I_{zz}} = (1 - \dfrac{4}{\pi^2})mr^2$
圓柱體	—	$I_{xx} = \dfrac{1}{4}mr^2 + \dfrac{1}{12}ml^2$ $I_{x_1x_1} = \dfrac{1}{4}mr^2 + \dfrac{1}{3}ml^2$ $I_{zz} = \dfrac{1}{2}mr^2$
半圓柱體	$\bar{x} = \dfrac{4r}{3\pi}$	$I_{xx} = I_{yy} = \dfrac{1}{4}mr^2 + \dfrac{1}{12}ml^2$ $I_{x_1x_1} = I_{y_1y_1} = \dfrac{1}{4}mr^2 + \dfrac{1}{3}ml^2$ $I_{zz} = \dfrac{1}{2}mr^2$ $\overline{I_{zz}} = (\dfrac{1}{2} - \dfrac{16}{9\pi^2})mr^2$
矩形體	—	$I_{xx} = \dfrac{1}{12}m(a^2 + l^2)$ $I_{yy} = \dfrac{1}{12}m(b^2 + l^2)$ $I_{zz} = \dfrac{1}{12}m(a^2 + b^2)$ $I_{y_1y_1} = \dfrac{1}{12}mb^2 + \dfrac{1}{3}ml^2$ $I_{y_2y_2} = \dfrac{1}{3}m(b^2 + l^2)$
球形薄殼	—	$I_{zz} = \dfrac{2}{3}mr^2$
半球殼	$\bar{x} = \dfrac{r}{2}$	$I_{xx} = I_{yy} = I_{zz} = \dfrac{2}{3}mr^2$ $\overline{I_{yy}} = \overline{I_{zz}} = \dfrac{5}{12}mr^2$

物體	質心	質量慣性矩
球體	—	$I_{zz} = \dfrac{2}{5} mr^2$
半球體	$\bar{x} = \dfrac{3r}{8}$	$I_{xx} = I_{yy} = I_{zz} = \dfrac{2}{5} mr^2$ $\overline{I_{yy}} = \overline{I_{zz}} = \dfrac{83}{320} mr^2$
均質細長桿	—	$I_{yy} = \dfrac{1}{12} ml^2$ $I_{y_1 y_1} = \dfrac{1}{3} ml^2$
四分之一圓的細桿	$\bar{x} = \bar{y} = \dfrac{2r}{\pi}$	$I_{xx} = I_{yy} = \dfrac{1}{2} mr^2$ $I_{zz} = mr^2$
橢圓柱體	—	$I_{xx} = \dfrac{1}{4} ma^2 + \dfrac{1}{12} ml^2$ $I_{yy} = \dfrac{1}{4} mb^2 + \dfrac{1}{12} ml^2$ $I_{zz} = \dfrac{1}{4} m(a^2 + b^2)$ $I_{y_1 y_1} = \dfrac{1}{4} mb^2 + \dfrac{1}{3} ml^2$
圓錐形薄殼	$\bar{z} = \dfrac{2h}{3}$	$I_{yy} = \dfrac{1}{4} mr^2 + \dfrac{1}{2} mh^2$ $I_{y_1 y_1} = \dfrac{1}{4} mr^2 + \dfrac{1}{6} mh^2$ $I_{zz} = \dfrac{1}{2} mr^2$ $\overline{I_{yy}} = \dfrac{1}{4} mr^2 + \dfrac{1}{18} mh^2$

物體	質心	質量慣性矩
半圓錐形薄殼	$\bar{x} = \dfrac{4r}{3\pi}$ $\bar{z} = \dfrac{2h}{3}$	$I_{xx} = I_{yy} = \dfrac{1}{4}mr^2 + \dfrac{1}{2}mh^2$ $I_{x_1x_1} = I_{y_1y_1} = \dfrac{1}{4}mr^2 + \dfrac{1}{6}mh^2$ $I_{zz} = \dfrac{1}{2}mr^2$ $\overline{I_{zz}} = \left(\dfrac{1}{2} - \dfrac{16}{9\pi^2}\right)mr^2$
正圓錐體	$\bar{z} = \dfrac{3h}{4}$	$I_{yy} = \dfrac{3}{20}mr^2 + \dfrac{3}{5}mh^2$ $I_{y_1y_1} = \dfrac{3}{20}mr^2 + \dfrac{1}{10}mh^2$ $I_{zz} = \dfrac{3}{10}mr^2$ $\overline{I_{yy}} = \dfrac{3}{20}mr^2 + \dfrac{3}{80}mh^2$
半圓錐體	$\bar{x} = \dfrac{r}{\pi}$ $\bar{z} = \dfrac{3h}{4}$	$I_{xx} = I_{yy} = \dfrac{3}{20}mr^2 + \dfrac{3}{5}mh^2$ $I_{x_1x_1} = I_{y_1y_1} = \dfrac{3}{20}mr^2 + \dfrac{1}{10}mh^2$ $I_{zz} = \dfrac{3}{10}mr^2$ $\overline{I_{zz}} = \left(\dfrac{3}{10} - \dfrac{1}{\pi^2}\right)mr^2$
$\dfrac{x^2}{a^2} + \dfrac{y^2}{b^2} + \dfrac{z^2}{c^2} = 1$ 半橢圓球體	$\bar{z} = \dfrac{3c}{8}$	$I_{xx} = \dfrac{1}{5}m(b^2 + c^2)$ $I_{yy} = \dfrac{1}{5}m(a^2 + c^2)$ $I_{zz} = \dfrac{1}{5}m(a^2 + b^2)$ $\overline{I_{xx}} = \dfrac{1}{5}m\left(b^2 + \dfrac{19}{64}c^2\right)$ $\overline{I_{yy}} = \dfrac{1}{5}m\left(a^2 + \dfrac{19}{64}c^2\right)$

物體	質心	質量慣性矩
橢圓拋物線體	$\bar{z} = \dfrac{2c}{3}$	$I_{xx} = \dfrac{1}{6}mb^2 + \dfrac{1}{2}mc^2$ $I_{yy} = \dfrac{1}{6}ma^2 + \dfrac{1}{2}mc^2$ $I_{zz} = \dfrac{1}{6}m(a^2 + b^2)$ $\overline{I_{xx}} = \dfrac{1}{6}m(b^2 + \dfrac{1}{3}c^2)$ $\overline{I_{yy}} = \dfrac{1}{6}m(a^2 + \dfrac{1}{3}c^2)$
直角四面體	$\bar{x} = \dfrac{a}{4}$ $\bar{y} = \dfrac{b}{4}$ $\bar{z} = \dfrac{c}{4}$	$I_{xx} = \dfrac{1}{10}m(b^2 + c^2)$ $I_{yy} = \dfrac{1}{10}m(a^2 + c^2)$ $I_{zz} = \dfrac{1}{10}m(a^2 + b^2)$ $\overline{I_{xx}} = \dfrac{3}{80}m(b^2 + c^2)$ $\overline{I_{yy}} = \dfrac{3}{80}m(a^2 + c^2)$ $\overline{I_{zz}} = \dfrac{3}{80}m(a^2 + b^2)$
半環形體	$\bar{x} = \dfrac{a^2 + 4R^2}{2\pi R}$	$I_{xx} = I_{yy} = \dfrac{1}{2}mR^2 + \dfrac{5}{8}ma^2$ $I_{zz} = mR^2 + \dfrac{3}{4}ma^2$

表 D/5

轉換單位

美國慣用單位轉換爲 SI 單位

美國慣用單位	換算爲 SI 單位	須乘以
（加速度）		
呎／秒² (ft/sec²)	公尺／秒² (m/s²)	$3.048 \times 10^{-1*}$
呎／秒² (in/sec²)	公尺／秒² (m/s²)	$2.54 \times 10^{-2*}$
（面積）		
呎² (ft²)	公尺² (m²)	9.2903×10^{-2}

美國慣用單位	換算為 SI 單位	須乘以
吋 ^{2} (in^2)	公尺 ^{2} (m^2)	$6.4516 \times 10^{-4*}$
(密度)		
磅質量 / 吋 ^{3} (lbm/in^3)	公斤 / 公尺 ^{3} (kg/m^3)	2.7680×10^4
磅質量 / 呎 ^{3} (lbm/ft^3)	公斤 / 公尺 ^{3} (kg/m^3)	1.6018×10
(力)		
仟磅 (1000 lb)	牛頓 (N)	4.4482×10^3
磅力 (lb)	牛頓 (N)	4.4482
(長度)		
呎 (ft)	公尺 (m)	$3.048 \times 10^{-1*}$
吋 (in)	公尺 (m)	$2.54 \times 10^{-2*}$
哩 (mi)(美國法定哩)	公尺 (m)	1.6093×10^3
浬 (mi)(國際海浬)	公尺 (m)	$1.852 \times 10^{3*}$
(質量)		
磅質量 (lbm)	公斤 (kg)	4.5359×10^{-1}
史拉格 (lb-sec^2/ft)	公斤 (kg)	1.4594×10
噸 (2000 lbm)	公斤 (kg)	9.0718×10^2
(力矩)		
磅 - 呎 (lb-ft)	牛頓 - 公尺 (N · m)	1.3558
磅 - 吋 (lb-in)	牛頓 - 公尺 (N · m)	0.11298
(面積慣性矩)		
吋 ^{4} (in^4)	公尺 ^{4} (m^4)	41.623×10^{-8}
(質量慣性矩)		
磅 - 呎 - 秒 ^{2} (lb-ft-sec^2)	公斤 - 公尺 ^{2} (kg · m^2)	1.3558
(線動量)		
磅 - 秒 (lb-sec)	公斤 - 公尺 / 秒 (kg · m/s)	4.4482
(角動量)		
磅 - 呎 - 秒 (lb-ft-sec)	牛頓 - 公尺 / 秒 (kg · m^2/s)	1.3558
(功率)		
呎 - 磅 / 分 (ft-lb/min)	瓦特 (W)	2.2597×10^{-2}
馬力 (550 ft-lb/sec)	瓦特 (W)	7.4570×10^2
(壓力，應力)		
大氣壓 (標準)(14.7 lb/in^2)	牛頓 / 公尺 ^{2} (N/m^2 或 Pa)	1.0133×10^5

美國慣用單位	換算為 SI 單位	須乘以
磅 / 呎 ^{2} (lb/ft^2)	牛頓 / 公尺 ^{2} (N/m^2 或 Pa)	4.7880×10
磅 / 呎 ^{2} (lb/ft^2 或 psi)	牛頓 / 公尺 ^{2} (N/m^2 或 Pa)	6.8948×10^3
（彈簧常數）		
磅 / 吋 (lb/in)	牛頓 / 公尺 (N/m)	1.7513×10^2
（速度）		
呎 / 秒 (ft/sec)	公尺 / 秒 (m/s)	$3.048 \times 10^{-1*}$
節 (nautical mi/hr)	公尺 / 秒 (m/s)	5.1444×10^{-1}
哩 / 小時 (mi/hr)	公尺 / 秒 (m/s)	$4.4704 \times 10^{-1*}$
哩 / 小時 (mi/hr)	公里 / 小時 (km/h)	1.6093
（體積）		
呎 ^{3} (ft^3)	公尺 ^{3} (m^3)	2.8317×10^{-2}
吋 ^{3} (in^3)	公尺 ^{3} (m^3)	1.6387×10^{-5}
（功，能量）		
英熱單位 (BTU)	焦耳 (J)	1.0551×10^3
呎 - 磅 (ft-lb)	焦耳 (J)	1.3558
千瓦 - 小時 (kW-h)	焦耳 (J)	$3.60 \times 10^{6*}$
* 正確值		

力學中使用的 SI 單位

物理量	單位	SI 符號
（基本單位）		
長度	公尺	m
質量	公斤	kg
時間	秒	s
（導出單位）		
線加速度	公尺 / 秒 ^{2}	m/s^2
角加速度	弧度 / 秒 ^{2}	rad/s^2
面積	公尺 ^{2}	m^2
密度	公斤 / 公尺 ^{3}	kg/m^3
力	牛頓	N $(= kg \cdot m/s^2)$
頻率	赫茲	Hz $(= 1/s)$
線衝量	牛頓 - 秒	N $\cdot$ s

物理量	單位	SI 符號
角衝量	牛頓 - 公尺 - 秒	$N \cdot m \cdot s$
力矩	牛頓 - 公尺	$N \cdot m$
面積慣性矩	公尺 ^{4}	m^4
質量慣性矩	公斤 - 公尺 ^{2}	$kg \cdot m^2$
線動量	公斤 - 公尺 / 秒	$kg \cdot m/s (= N \cdot s)$
角動量	公斤 - 公尺 ^{2} / 秒	$kg \cdot m^2/s (= N \cdot m \cdot s)$
功率	瓦特	$W (= J/s = N \cdot m/s)$
壓力，應力	巴斯卡	$Pa = N/m^2$
面積慣性積	公尺 ^{4}	m^4
質量慣性積	公斤 - 公尺 ^{2}	$kg \cdot m^2$
彈簧常數	牛頓 / 公尺	N/m
線速度	公尺 / 秒	m/s
角速度	弳度 / 秒	rad/s
體積	公尺 ^{3}	m^3
功，能量	焦耳	$J (= N \cdot m)$
(補充及其他可接受之單位)		
距離 (航海用)	海浬	$(= 1.852 \ km)$
質量	噸 (公制)	$t (= 1000 \ kg)$
平面角	度 (十進位)	$\circ$
平面角	弳度	—
速率	節	$(1.852 \ km/h)$
時間	天	d
時間	時	hr
時間	分	min

SI 單位字首

相乘因子	字首	符號
$1000000000000 = 10^{12}$	tera	T
$1000000000 = 10^9$	giga	G
$1000000 = 10^6$	mega	M
$1000 = 10^3$	kilo	K
$100 = 10^2$	hector	h
$10 = 10$	deka	da
$0.1 = 10^{-1}$	deci	d
$0.01 = 10^{-2}$	centi	c
$0.001 = 10^{-3}$	milli	m
$0.000001 = 10^{-6}$	micro	μ
$0.000000001 = 10^{-9}$	nano	n
$0.000000000001 = 10^{-12}$	pico	p

寫出公制量的一些規則：

1. (1) 使用於字首時，通常數值保持在 0.1 到 1000 之間。
   (2) 除了特定之面積或體積外，一般應盡量避免使用 hecto、deka、deci 及 centi 等字首。
   (3) 字首僅可使用在組合單位之分子中，但基本單位之公斤除外。(例如：寫成 kN/m，而非 N/mm；J/kg 而非 mJ/g)
   (4) 避免使用雙重字首。(例：寫成 GN 而非 kMN)
2. 單位表示
   (1) 用點號表示單位相乘。(如：寫成 N · m 而非 Nm)
   (2) 避免使用模稜兩可之雙斜線。(如：寫成 N/m^2 而非 N/m/m)
   (3) 指數係表示完整之單位。(如：mm^2 表示 $(mm)^2$)
3. 數字組
   以三個數字為一組，而且以空格將各數字組分開較使用逗點為佳，同時是以小數點向左右兩邊算起。(如：4 607 321.048 72)
   當一數值僅含有四個數字時，空格可以省略。(如：4296 或 0.0476)

Chapter 1　靜力學的介紹

* 電腦導向例題

▶ 深入題

SS 詳解請參考 WileyPLUS

1/1-1/9

1/1　試求向量 $\mathbf{V} = 40\mathbf{i} - 3\mathbf{j}$ 與正 x 及 y 軸之間的夾角，並表示此向量 $\mathbf{V}$ 的單位向量 $\mathbf{n}$。

1/2　試求合力向量 $\mathbf{V} = \mathbf{V}_1 + \mathbf{V}_2$ 的大小和 $\mathbf{V}$ 與正 x 軸之間的夾角 θ_x，請分別使用圖解法與代數法去計算。

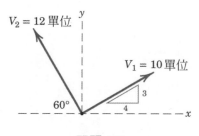

問題 1/2

1/3 **SS**　承上題，試求出向量差 $\mathbf{V'} = \mathbf{V}_2 - \mathbf{V}_1$ 的大小和 $\mathbf{V'}$ 與正 x 軸之間的夾角 θ_x，請分別使用圖解法與代數法去計算。

1/4　一個作用力使用向量的形式表示，即 $\mathbf{F} = 160\mathbf{i} + 80\mathbf{j} - 120\mathbf{k}$ N，試分別計算 $\mathbf{F}$ 與 x、y 及三軸之間的夾角。

1/5 **SS**　3000 1b 的車，其質量分別為多少 slug 與 kg ？

1/6　一 85 kg 的人坐在離地球表面 250 km 處之圓形軌道上運行的太空船中進行太空旅行，試由萬有引力定律計算此人的重量 W 為何，並同時使用牛頓與磅來表示 (萬有引力針對地球)。

1/7　一婦人的重量為 125 磅，試求其重量為多少牛頓，並算出她的質量分別為多少 slug 與多少 kg。試求出你自己的重量為多少牛頓。

1/8　假設兩個已知的無因次量分別為 $A = 8.67$ 與 $B = 1.429$，使用本章所陳述的有效位數規則，去計算以下四個數量 $(A + B)$、$(A - B)$、(AB) 與 (A/B)。

1/9　試計算地球作用在月亮上的作用力 F 之大小，首先使用牛頓為單位完成這個計算，然後再轉換你的結果為磅單位。需要的物理數據，請參考表 D/2。

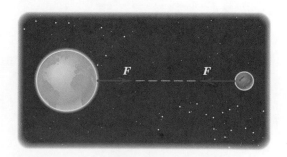

問題 1/9

1/10　確定銅球對鋼球產生的微小重力力量 **F**，兩個球體均勻，且 $r = 50$ mm。以向量形式表示你的結果。

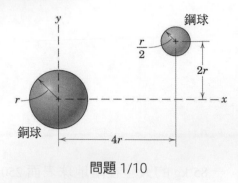

問題 1/10

1/11 SS　評估表達式 $E = 3 \sin^2\theta \tan\theta \cos\theta$，當 $\theta = 2°$。然後使用小角度的假設並重複計算。

1/12　給定一個一般表達式 $Q = kmbc/t^2$，其中 k 是一個無量綱常數，m 是質量，b 和 c 是長度，t 是時間。確定 Q 在 SI 制和 U.S. 制的單位，確保在每個系統中使用基本單位。

Chapter 2 作用力系統

* 電腦導向例題

▶ 深入題

SS 詳解請參考 WileyPLUS

2/1-2/3

基本問題

2/1 作用力 **F** 的大小為 600 N，試以單位向量 **i** 和 **j** 來表示 **F**。並計算 **F** 在 x 軸與 y 軸的純量分量。

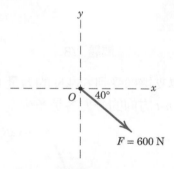

問題 2/1

2/2 作用力 **F** 的大小為 400 N，試以單位向量 **i** 和 **j** 來表示 **F**。並且同時計算 **F** 的純量分量與向量分量。

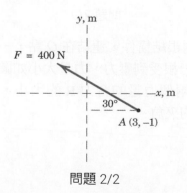

問題 2/2

2/3 **SS** 6.5 kN 的作用力 **F** 其斜率如圖所示，以單位向量 **i** 和 **j** 來表示 **F**。

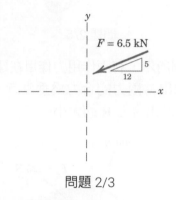

問題 2/3

2/4 一作用力 **F** 大小為 34 kN，其作用線方向為由 A 點指向 B 點，試求 **F** 在 x 軸與 y 軸上的純量分量。

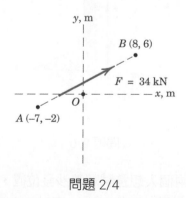

問題 2/4

2/5 如圖所示,控制桿 AP 施加作用力 **F** 於扇形片上。試求作用力的 x-y 分量及 n-t 分量。

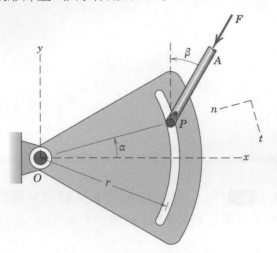

問題 2/5

2/6 如圖所示,有兩作用力作用在建築托架上。試求出當兩力的合力為垂直時,θ 的值為何。再求出合力 **R** 的大小。

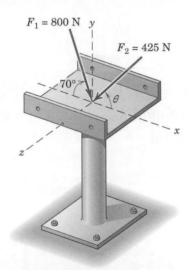

問題 2/6

2/7 有兩個人想嘗試調整沙發位置,施力如圖所示,如果 $F_1 = 500$ N、$F_2 = 350$ N,請計算這兩個作用力的合力,另外,請計算力與力偶的等效系統中,合力大小與合力正 x 軸的夾角。

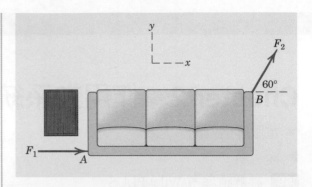

問題 2/7

2/8 某人施力 **F** 落在鈑手上,若是 **F** 在 y 方向的力大小是 320 N,求此力在 x 方向的分力與此施力 **F** 的大小。

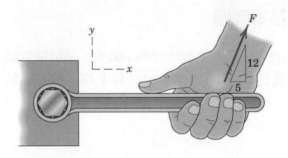

問題 2/8

2/9 簡單支撐樑受到 65 kN 的力量 F 計算在在 x-y 與 n-t 方向的分力各是多少?

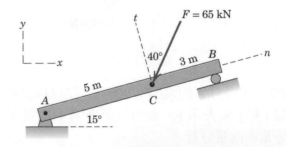

問題 2/9

2/10 兩根結構件,連結在 O 點,一根受張力,另一根受到壓力,力量大小如圖所示,計算此兩個力量的合力 **R** 的大小,還有 **R** 與正 x 的夾角。

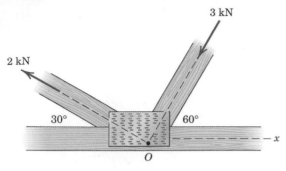

問題 2/10

2/11 **SS** 加固繩索 AB 與 AC 連接至傳輸塔的頂端,並且繩索 AC 的張力為 8 kN。試求在繩索 AB 中所需要的張力 T,以使得兩繩索張力的淨效應為對 A 點向下施加的作用力,並求出這個向下作用力的大小 R。

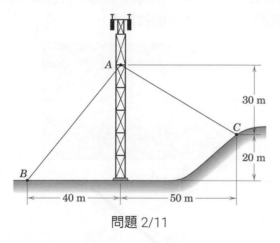

問題 2/11

2/12 若滑輪纜繩中的相等張力 T 為 400 N,試以向量表示法來表示兩張力施加於滑輪的作用力 $\mathbf{R}$。試求 $\mathbf{R}$ 的大小。

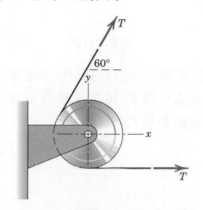

問題 2/12

2/13 $\mathbf{F}$ 力的大小為 800 N,施力在 AB 桿件的連結點 C 處,計算 $\mathbf{F}$ 力在 x-y 與 n-t 方向的分力。

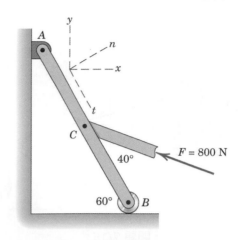

問題 2/13

2/14 T 形樑在截面處受到兩個力,此兩個力落在 x-y 平面,如圖所示,若是兩個力合力 $\mathbf{R}$ 的大小是 3.5 kN,且作用方向與負 x 軸上方夾角 15°,計算 $\mathbf{F_1}$ 力的大小與 $\mathbf{F_2}$ 與 x 軸的夾角。

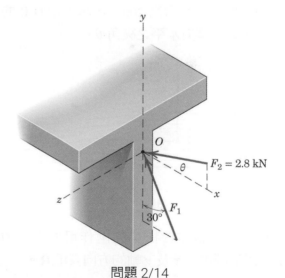

問題 2/14

2/15 試求作用於棒 OA 之 A 點的張力 T 其 x 及 y 分量。忽略 B 處的小滑輪影響。假設 r 及 θ 為已知。

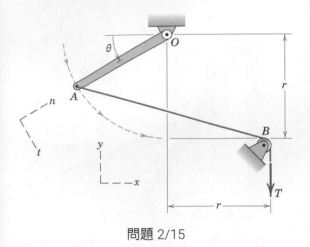

問題 2/15

2/16 參考前一題之情形。試求施加於點 A 之張力 T 其 n 與 t 分量之通式。再對通式代入 $T = 100$ N 及 $\theta = 35°$。

2/17 如圖所示為一機翼的剖面，機翼的升力 L 與阻力 D 之比值 $L/D = 10$。如果其中一截機翼所受之升力為 200 N，試求合力 $\mathbf{R}$ 的大小，以及其與水平之夾角 θ。

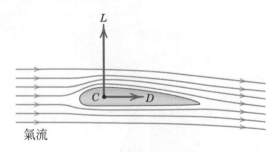

問題 2/17

2/18 試求施加於托架的兩作用力之合力 $\mathbf{R}$。以沿圖中之 x 及 y 軸的方向表示 $\mathbf{R}$。

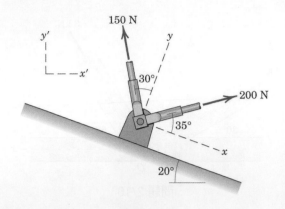

問題 2/18

2/19 如果有一塊複合材料進行拉力測試實驗以了解強度，若是纖維編織的放大細部圖如圖所示，且施力 $\mathbf{F} = 2.5$ kN，計算 $\mathbf{F}$ 在傾斜的座標 a 與 b 上的分量？也一併計算在傾斜的座標 a 與 b 上的投影量。

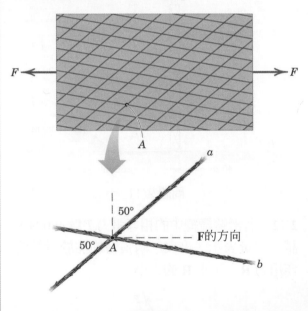

問題 2/19

2/20 試求圖中作用力 $\mathbf{R}$ 分別沿著非正交軸 a 與 b 上之分量 R_a 與 R_b。並求出 $\mathbf{R}$ 在 a 軸上之正交投影量 P_a。

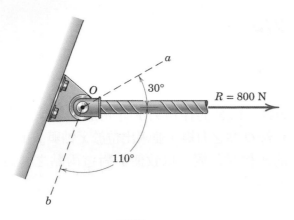

問題 2/20

2/21 試求 4 kN 作用力沿 a 及 b 兩軸之分量 F_a 及 F_b。試求 **F** 在 a 及 b 兩軸上的投影量 P_a 及 P_b。

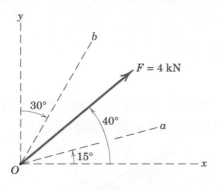

問題 2/21

2/22 力量 **F** 在傾斜的 a-b 軸座標系統中，若是在 a 軸的投影量是 F_a 與在 b 軸上的分量 F_b 都是 325 N，計算 **F** 力的大小及 b 軸與垂直線的夾角 θ。

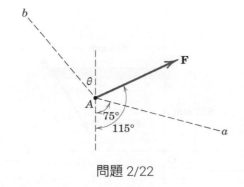

問題 2/22

2/23 如圖所示，想沿著水平軸方向從木板中拔出長釘，但因障礙物 A 而無法接近直接施力，因此以兩鋼索施力之，其一為 1.6 kN，另一為作用力 **P**。試求確保合力 **T** 可沿著長釘方向拔出所需之力 **P** 的大小，並同時求出 T 的大小。

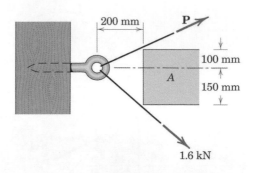

問題 2/23

2/24 圖中 400 N 作用力的施加角度 θ 的大小為多少時，才能導致兩力的合力 **R** 的大小為 1000 N？在此條件下，**R** 與水平方向的夾角 β 為何？

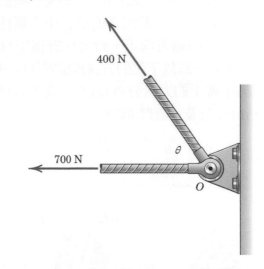

問題 2/24

2/25　某機械設備中，動力傳輸由 A 齒輪開始，最後傳遞到 C 齒輪，由於傳動需求與空件限制經由 B 齒輪 (惰輪)，若是 B 齒輪與兩側齒輪的接觸力大小均爲 $F_n = 5500$ N，使用作圖法與向量法計算兩個接觸力的合力 **R** 的大小。

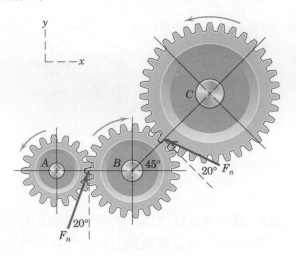

問題 2/25

2/26　在機械手臂的設計中，若要使小型圓柱形零件能插入一緊配合的圓孔中，則機械手臂在孔的軸方向上，對零件需施加 90 N 的作用力。試以下述的方式求出零件作用在機械手臂上的力量分重 (a) 平行及垂直臂 AB，(b) 平行及垂直臂 BC。

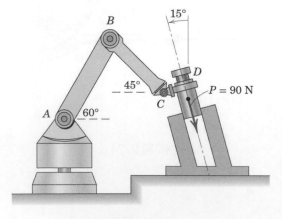

問題 2/26

2/4

基本問題

2/27　4 kN 的作用力 F 作用於 A 點，試求 F 對 O 點之力矩。並求出位於 x 軸與 y 軸上的座標點位置，以致使 F 對這兩點之力矩值爲零。

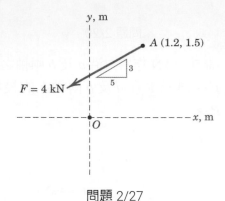

問題 2/27

2/28　圖中大小爲 F 的力量沿著三角形的一邊施力。請列出 **F** 對 O 點的力炬。

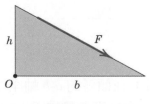

問題 2/28

2/29　計算 800 N 的力在 A 點與 O 點產生的力矩。

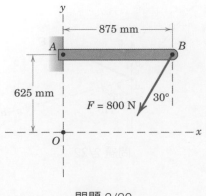

問題 2/29

2/30 如圖所示的活動扳手,試求把手上的 250 N 作用力對螺栓中心點的力矩值。

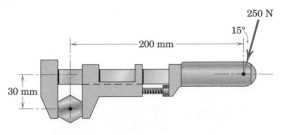

問題 2/30

2/31 **SS** 某實驗模擬灌籃過程的作用力,若是實驗力量大小 $F = 225$ N,方向如圖所示,計算此力量對於 O 點與 B 點所產生的力矩,最後相對於 O 點為基礎,找出剛好是零力矩的 C 點位置。

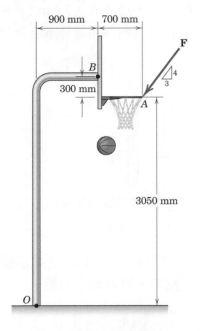

問題 2/31

2/32 如圖所示,大小為 60 N 的作用力 **F** 作用於齒輪上,試求 **F** 對 O 點的力矩值。

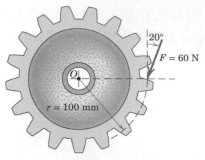

問題 2/32

2/33 如圖所示,一個撬棍被利用來拔釘子。試求 240 N 的力對 O 點所造成的力矩。O 點為撬棍與小支撐塊接觸的地方。

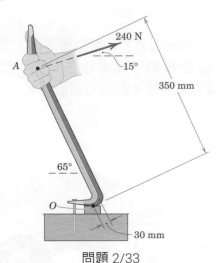

問題 2/33

典型實例

2/34 有一門由上方往下看的俯視圖,如果油壓關門器上面的連結桿上壓縮力 F 是 75 N,方向如圖所示,計算此力量對於絞鍊處 O 點所產生的力矩。

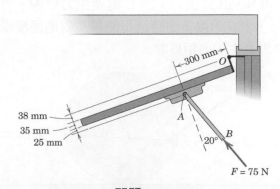

問題 2/34

297

2/35 30 N 的作用力 **P** 垂直施加於彎桿的 BC 部分。試求 **P** 對 B 點及 A 點的力矩。

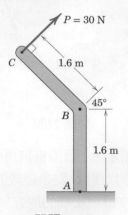

問題 2/35

2/36 某人施力 F，方向如圖所示，欲舉起重 85 kg 手推車，其重心在 G 點，僅讓輪子碰觸地面且對 B 點的力矩恰為零，計算 F 的大小。

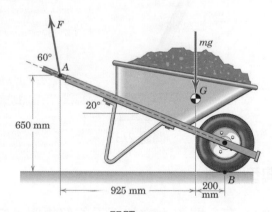

問題 2/36

2/37 絡車上的圓盤，重心在 C 處，若繩索綁緊在絡車內圈的輪鼓上，張力 T 大小為 150 N，計算張力 T 對 C 處產生力矩 M，另外，求 θ 角度多少時恰可使得 T 對地面接觸 P 點產生的力矩為零。

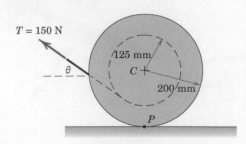

問題 2/37

2/38 當拖車被向前拖動時，一個 F = 500 N 的力以圖所示的方式作用於拖桿的球體部分。試求出此作用力對於 O 點的力矩。

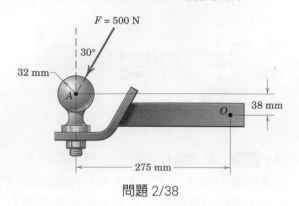

問題 2/38

2/39 如圖所示外力 F 施加在彎曲管件 A 處，計算對 (a)B 處和 (b)O 處產生的力矩表示式，若 F = 750 N，R = 2.4 m，θ = 30°，φ = 15°，評估上述兩個問題答案是否合理？

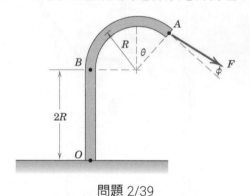

問題 2/39

2/40 繩 AB 具有張力 400 N。試求張力施加於細桿 A 點時，對 O 點之力炬。

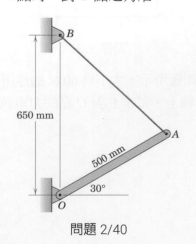

問題 2/40

2/41 若要舉升如圖所示的長桿，需要對 O 處施加力矩 72 kN-m，計算繩子的張力 T。

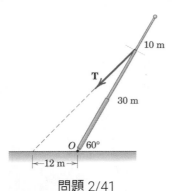

問題 2/41

2/42 脊椎的下腰區域 A 是抵抗作用力 F 對 A 之力矩造成過度彎曲時，脊椎中最容易受傷的部位。已知 F、b 及 h，試求造成最嚴重彎曲拉傷的外力角度 θ。

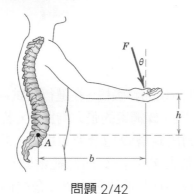

問題 2/42

2/43 如圖所示門板，繫在 A 處的繩索 AB 施力 6.75 kN，計算此力對於樞紐 O 處產生的力矩 M_O。

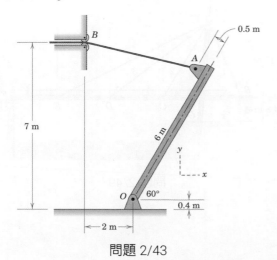

問題 2/43

2/44 如圖所示，手臂之下半部份的前臂，其重量為 2.3 kg 且質心位於 G 點處。試求前臂重量與 3.6 kg 的球重量對手肘 O 點處的整體力矩。試問當二頭肌所產生的張力為多少時，能使對 O 點的總力矩和為零？

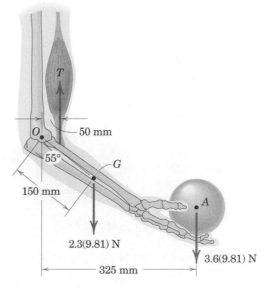

問題 2/44

2/45 計算 200 N 的外力，施加在 B 處，對物體 A 處產生的力矩 M_A，使用純量法與向單法進行求解。

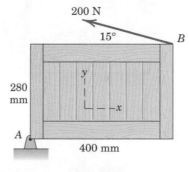

問題 2/45

2/46 一小型的起重機被架設在小卡車的貨物平台上，負載重物時的吊掛作業。當吊臂提高的角度 θ 為 40° 時，油壓缸 BC 作用於 C 點的力量為 4.5 kN，作用方向由 B 到 C（其中油壓缸為壓縮狀態）。試求此 4.5 kN 之作用力對吊臂軸 O 點的力矩。

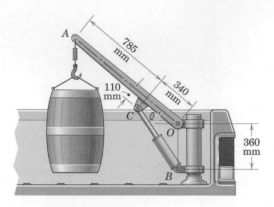

問題 2/46

2/47 如圖所示，120 N 的力量作用在 S 形板手之一端。假定 $\alpha = 30°$，試計算 F 對螺栓中心點 O 的力矩值。試求對 O 點產生最大力矩時的角度 α；並計算這個最大力矩值。

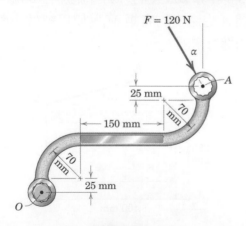

問題 2/47

2/48 如圖所示的升降機，可幫助行動不便的人移動到治療池，若未承載人的時候，機構與座位的重量讓油壓缸 AB 產生 575 N 的壓縮力（沿著 AB 方向以維持平衡，此力由 A 向 B 處），已知 $\theta = 30°$，計算作用在 B 的力對 (a)O 處與 (b)C 處；造成的力矩。

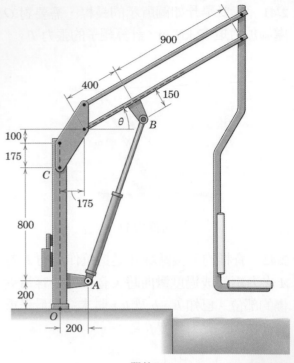

單位mm

問題 2/48

2/49 非對稱的斜張橋，在進行測試過程中，第 2、3 與 4 條繩索的張力均為 T，若全部四條繩索對固定塔 O 處合力矩為零，計算第 1 條繩索張力 T_1 並計算四條繩索繫在 A 處的張力對 O 處產生的壓縮力 P？忽略固定塔的重量。

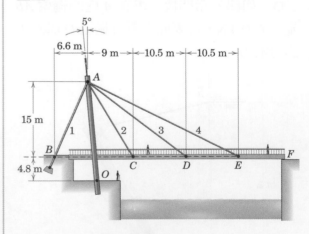

問題 2/49

*2/50 有位女性運動者，正進行上手臂三頭肌的訓練，擺動手臂角度範圍爲 135°，身後的砝碼對繩索產生的張力 *mg* = 50 N，計算並繪圖施力在 *A* 處的力對 *O* 處在 0 ≤ *θ* ≤ 135°產生的力矩關係，並找產生最大的力矩時候的值與此刻對應 *θ* 角。

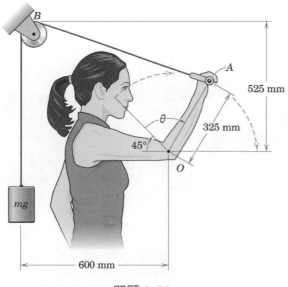

問題 2/50

2/5

基本問題

2/51 SS 計算這兩個 400 N 力對 (a)*O* 點、(b)*A* 點所造成之力矩和。

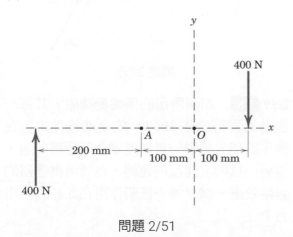

問題 2/51

2/52 如圖所示的腳輪，承受一對 400 N 的力量，計算產生的力矩。

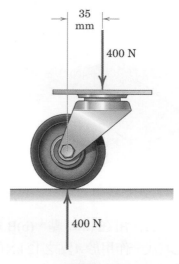

問題 2/52

2/53 *F* = 300 N，計算如圖所示的一對力量在 (a)*O* 處、(b)*C* 處和 (c)*D* 處產生的力矩。

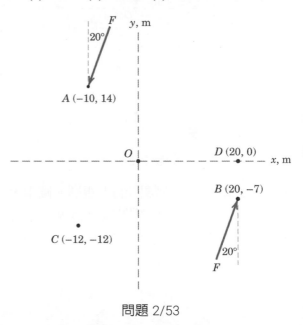

問題 2/53

2/54 如圖所示的力及力矩施加在平板上的圓柱，計算也產生相同的效果可取代的單一作用力，此力的作用方向與 x 軸交點座標落在 x 軸何處？

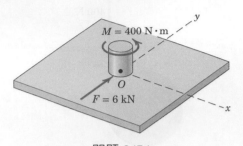

問題 2/54

2/55 以一個作用在 (a)O 點、(b)B 點的力 - 力偶系統取代一作用於 A 點之 12 kN 的單力。

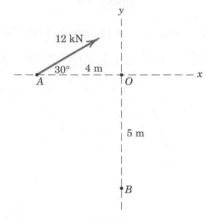

問題 2/55

2/56 如圖所示為旋轉門的上視圖。圖中，同時有兩個人接近並對門施以相等大小之力。如果在門軸 O 處產生 25 N-m 之力矩，試求 F 作用力的大小。

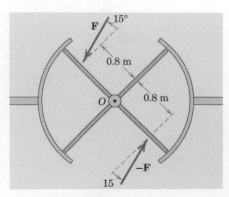

問題 2/56

2/57 飛機在測試時將兩具引擎加速運轉，並將推進器調整產生如圖所示之一向前及一向後的推力，為抵消兩推進器推力的迴轉效應，試求地面作用在主制動輪 A 與 B 的作用力。其中，鼻輪 C 被旋轉 90° 且無制動能力，並忽略鼻輪的任何效應。

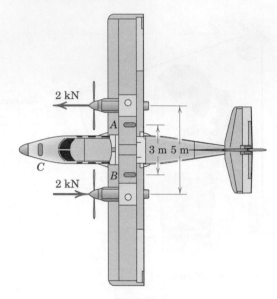

問題 2/57

2/58 懸臂樑 W530 × 150 承受 8 kN 的力量 F 作用落在與樑焊接一起的平板 A 處，計算在樑 O 處剖面上的中心位置之等效力與力偶。

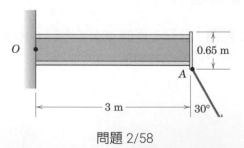

問題 2/58

2/59 SS 如圖所示的雙螺旋槳船，其每一個推進器可產生 300 kN 的全速推進力。在操作船時，其中一具推進器全速運轉前進，而另一具則全速反向運轉，為抵消推進器的迴轉效應，試求每一拖船作用在此船的作用力 P？

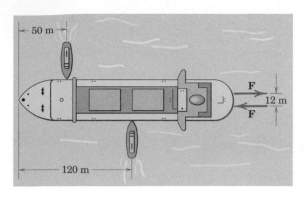

問題 2/59

2/60 圖中十字扳手用來鎖緊具有方形螺帽頭的螺絲，如果外力施加在扳手是 250 N，求作用在螺帽頭四個位置邊長 25 mm 的等效力是多少？恰可以等於兩個外力 250 N 的作用效果。

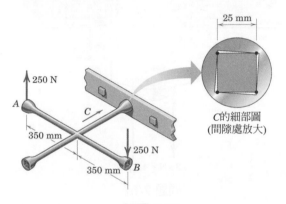

問題 2/60

2/61 如圖所示力量 F 施加在與垂直柱固定的旋臂 ACD 上，計算此力轉移到 B 處的等效力及力偶，接著將轉換後等效力及力偶，由 C 與 D 處位置的施力取代 (備註：C 和 D 處的施力與原來 F 的方向相同)，計算 C 與 D 處六角形螺栓的受力。上述解題 $F = 425$ N、$\theta = 30$、$b = 1.9$ m、$d = 1.9$ m、$h = 0.8$ m 和 $l = 2.75$ m。

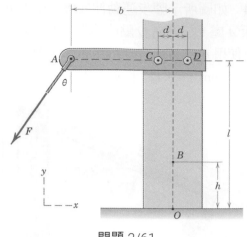

問題 2/61

2/62 俯視圖的運動訓練機，如果繩子上的張力 $T = 780$ N，計算 (a) 在 B 點和 (b) 在 O 點的等效力與力偶是多少？此問題答案要使用向量格式。

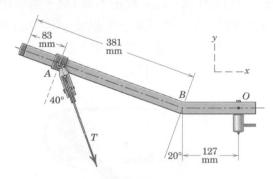

問題 2/62

2/63 如圖所示的施力狀況，計算 900 N 外力在 B 點所產生的力矩 M_B 是多少？可先將此繩子上的作用力替換成作用在 A 處的等效力與力偶。

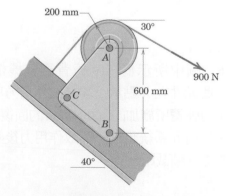

問題 2/63

2/64 如圖所示腳步運動伸展機，施力 F 在踏板 A 處，計算在 O 點的等效力與力偶是多少？使用 $F = 520\,N$、$b = 450\,mm$、$h = 215\,mm$、$r = 325\,mm$、$\theta = 15°$ 和 $\phi = 10°$。

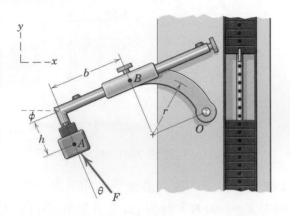

問題 2/64

2/65 如圖所示，此系統由木條 OA、兩個相同的滑輪以及一截細帶子所組成，其中細帶子兩端受到 180 N 張力之作用。試以 O 點之等效力與力偶系統取代之。

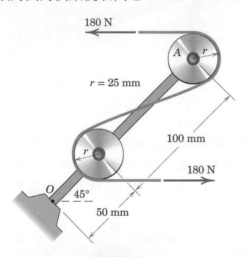

問題 2/65

2/66 圖中所示為汽車椅背調整機構的元件。此元件在 A 點承受 4 N 的作用力與一隱藏扭力彈簧所施加的 300 N-mm 的回復力矩。試求出將此系統化為一等效作用力後其作用方向之 y 軸截距。

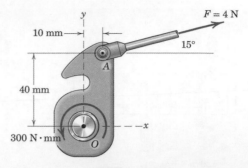

問題 2/66

2/67 如圖所示將作用在固定於 O 點滑輪上兩條纜繩的作用力替換成兩個作用於軌道輪 A 與 B 的平行施力，計算此兩力各是多少？

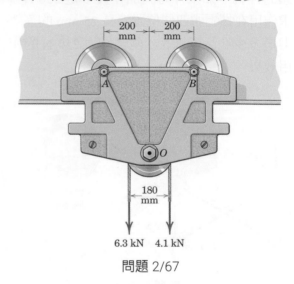

問題 2/67

2/68 一力 F 沿著 MA 線作用，M 為 x 軸上半徑的中點。若 $\theta = 40°$，試求 O 點的等效力-力偶系統。

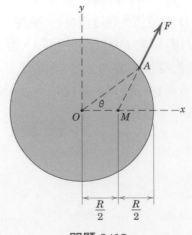

問題 2/68

2/6

基本問題

2/69 如圖的螺栓圓孔，穿過三條繩索，其中一條受力大小爲 T，與水平夾角 θ 度應該爲多少？可使的三個力量的合力作用恰等於垂直向下的 15 kN。

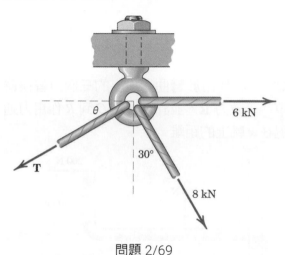

問題 2/69

2/70 桁架結構 O 處的受力狀況如圖所示，計算 F 的大小與正 y 軸的夾角 θ，恰可使得全部力量的合力 $\mathbf{R}$ 指向正右方且大小爲 9 kN。

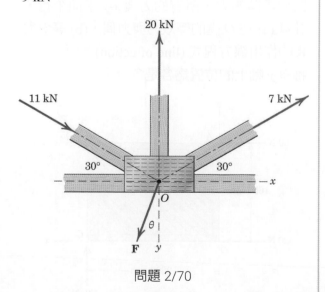

問題 2/70

2/71 將三個水平的外力與力矩對結構樑產生的影響，替換成在 O 處的等效力 $\mathbf{R}$ 與力偶 $\mathbf{M}_o$，另外，再計算找出等效力 $\mathbf{R}$ 的作用線方程式 (line of action)。

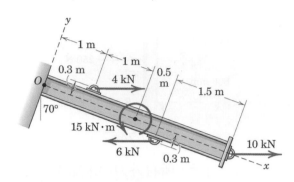

問題 2/71

2/72 邊長爲 d 的正方形，其中兩邊受著 F 的力。試分別求取如附圖所示的三種情形中，對於中心 O 的等效力 - 力偶系統。

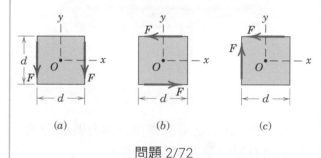

問題 2/72

2/73 寬度爲 d 的正六邊形其中，幾邊受著 F 的力。試分別求取如附圖所示的三種情形中，對於中心 O 的等效力 - 力偶系統。如果可以的話，用單一力取代力 - 力偶系統。

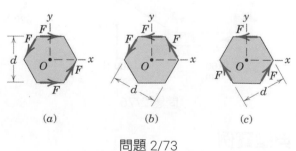

問題 2/73

2/74　計算受三個外力的結構其等效的合力作用在固定基座 B 上方高度 h 處為何。

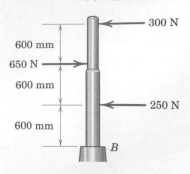

問題 2/74

2/75　如圖所示，所有外力與未知大小的力偶作用時合力矩作用通過 B 處，計算在 O 處等效力偶。

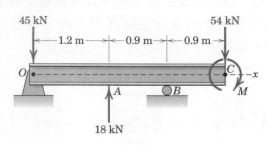

問題 2/75

2/76　如果圖示之兩個作用力與力偶 M 之合力通過 O 點，試求出 M 的值。

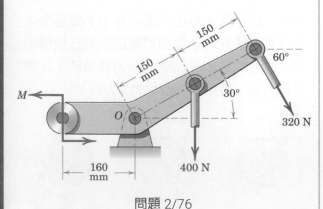

問題 2/76

典型實例

2/77　若所有的外力的合力恰通過 A 處，計算煞車輪左側繩索的未知張力 T_2？

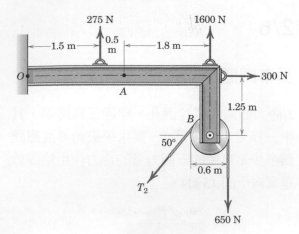

問題 2/77

2/78　將作用於彎曲管道上的三個力替換為單一等效力 **R**。並計算從點 O 到 R 作用力通過在 x 軸上的距離 x。

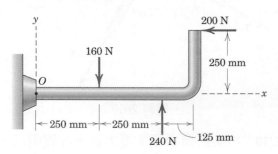

問題 2/78

2/79 SS　如圖所示，有四個人嘗試在舞台四個角落施力，所有的力與 x-y 平面平行，計算 (a) 在 O 處的等效力與力偶，(b) 等效力 **R** 的作用線方程式 (line of action) 恰通過在 x 軸與 y 軸上的位置為各是多少？

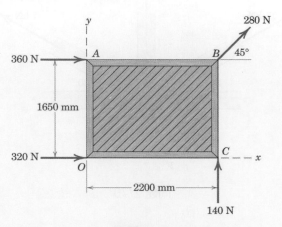

問題 2/79

2/80 如圖所示的結構受到三個力量作用，處在平衡狀態，其合力恰通過軸承 O 處，計算垂直力 P 的大小，P 的結果受到 θ 角度影響嗎？

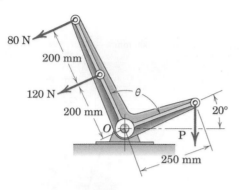

問題 2/80

2/81 崎嶇不平的地形造成四輪驅動的汽車不平衡失控，若駕駛的兩位朋友幫忙推車，分別在 E 及 F 處有推力，再加上車輛自身在輪胎上的動力一起作用之下，計算所有的力量的等效合力與力矩，並求等效合力作用線方程式與 x 與 y 軸的交點座標位置，注意：前車輪與後輪車兩輪間的距離相同 $\overline{AD} = \overline{BC}$，G 為汽車的重心，通過中心線，使用二維座標處理此題目。

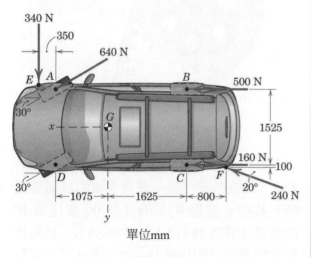

單位mm

問題 2/81

2/82 如圖所示的商用飛機具有四部噴射引擎，並且每部引擎向前產生的推力爲 90 kN。當 3 號引擎突然故障時，飛機仍以穩定之高度航行，試求所剩的三個引擎推力之合力，並求合力的作用位置。以二維分析的方式來處理此一問題。

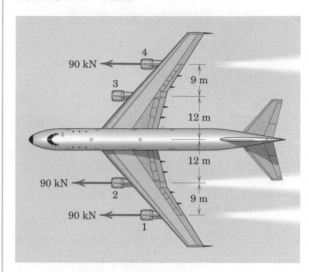

問題 2/82

2/83 試求齒輪組上三作用力的合力作用線與 x、y 軸之交點座標。

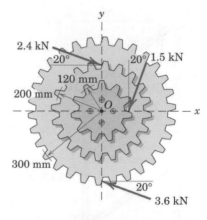

問題 2/83

2/84 太陽能裝置常設在不對稱的桁架上，利用其斜面 *ABC* 以獲得更好的日照。如圖所示，五個垂直的作用力代表桁架的重量以及所支撐的屋面材料所造成的影響。400 N 的作用力則為風壓所造成的影響。試求在 *A* 點的等效力 - 力偶系統。並計算系統的合力 **R** 作用線的 *x* 截距與軸交點座標位置。

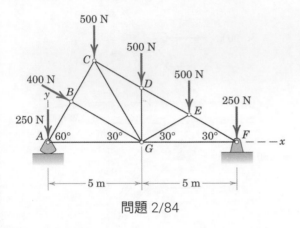

問題 2/84

2/85 如圖所示的受力桁架，結構內的所有三角形邊長關係 3-4-5，計算所有力的作用下，產生的等效單一合力 **R**，並找出此力的作用線方程式及 *x* 與 *y* 座標的交點位置。

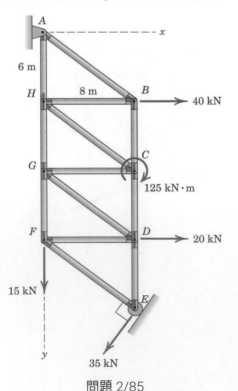

問題 2/85

2/86 如圖所示若 $F = 5$ kN，$\theta = 30°$，再加上纜繩上的四個力量一起作用在橫樑上的移動台車，計算所有的力量作用時轉換成單一合力的作用線方程式會通過 *y* 座標軸的位置？

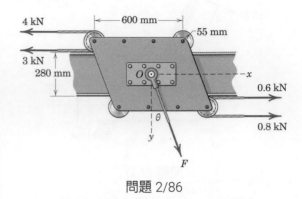

問題 2/86

2/87 測試車輛的曲柄傳動鏈輪，如圖所示有兩個力量透過皮帶施加在被固定的鏈輪上，請找出兩個力量的合力，並計算作用線通過 *x* 與 *y* 軸座標交點位置。

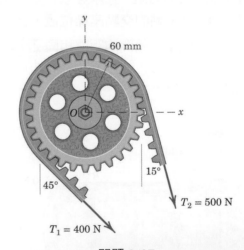

問題 2/87

2/88 如圖所示，為一載貨卡車的排氣管系統。其中，前管 W_h、消音器 W_m 與尾管 W_t 的重量分別為 10 N、100 N 與 50 N，且皆作用在如圖所示的位置上。如果排氣管在 *A* 點的懸掛環張力 F_A 被調整為 50 N，為求使對 *O* 點之力與力偶系統為零，試求位於 *B*、*C* 與 *D* 處所需的懸掛力。試問為何在 *O* 點之力與力偶系統需為零呢？

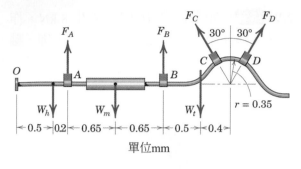

問題 2/88

2/7

基本問題

2/89 請將圖中的 900 N 作用力 **F** 以單位向量 **i**、**j**、**k** 來表示。試求 **F** 對 y 軸的夾角。

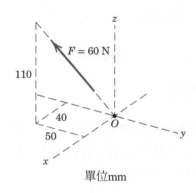

單位mm

問題 2/89

2/90 70 m 高的微波傳輸塔，使用三條纜繩固定，若纜繩 AB 的張力 12 kN，以向量表示式寫出在 B 處的張力。

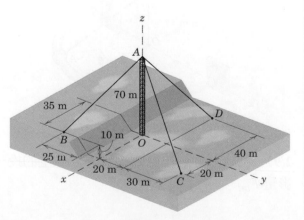

問題 2/90

2/91 將 **F** 以單位向量 **i**、**j** 和 **k** 相關的向量表示。並計算 **F** 在位於 x-y 平面上的線段 OA 上的投影量與向量表示式。

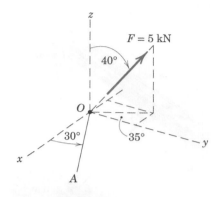

問題 2/91

2/92 力 **F** 的大小為 900 N，作用在如圖所示的平行六面體的對角線上。以其大小乘以適當的單位向量來表示 **F**，並確定其 x、y 和 z 分量。

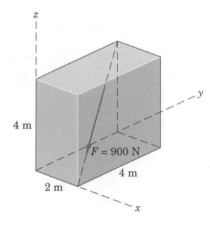

問題 2/92

2/93 SS 假設天車吊掛貨櫃，其繩索張力大小 $T = 14$ kN，計算張力 **T** 的單位向量 **n** 及以 **n** 求張力 **T** 向量表示式。(*B* 點位於貨櫃上方的幾何中心)

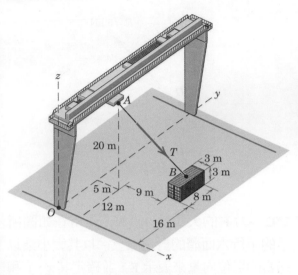

問題 2/93

2/94 當鋼索 *AB* 中的張力為 2.4 kN 時，圖中的螺絲扣才算扣緊。將此張力 **T** 視為一作用於元件 *AD* 上的力，試列出其向量表示式，並求出張力 **T** 在線段 *AC* 上之投影量的大小。

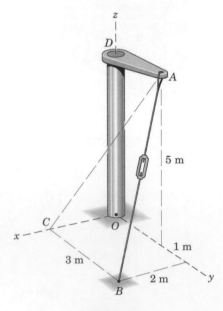

問題 2/94

2/95 SS 如果繩索 *AB* 張力大小 8 kN，作用在結構 *A* 處，計算此作用力與 x、y 與 z 軸的夾角？

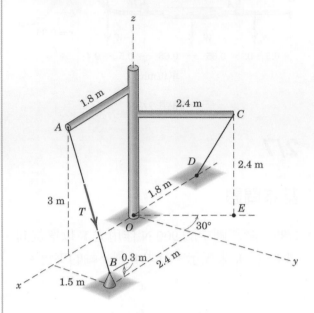

問題 2/95

典型實例

2/96 支撐纜繩 *AB* 的張力為 $T = 425$ N。寫出此張力向量表示式：(a) 作用於點 *A* 和 (b) 作用於點 *B*。假設 $\theta = 30°$。

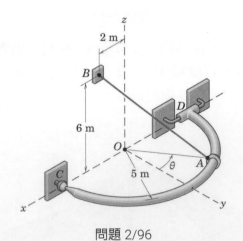

問題 2/96

2/97 推導力量 **F** 在從 *D* 點到 *C* 點線上的投影量 F_{DC}。

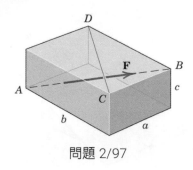

問題 2/97

2/98 如圖所示的結構，繩索 *CD* 張力大小 *T* = 3 kN，計算張力 **T** 在 *CO* 線上的投影量。

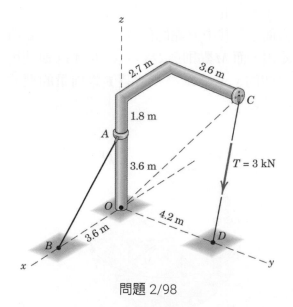

問題 2/98

2/99 一通道的出入口由鏈條 *AB* 維持在 30° 開啟的位置上，如果鏈條的張力為 100 N，試求此張力在門之對角軸 *CD* 上的投影量。

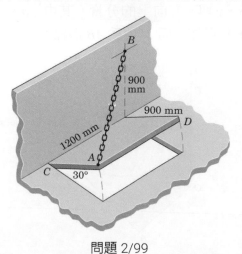

問題 2/99

2/100 請算出圖中 200 N 的力與線段 *OC* 之間的夾角 θ。

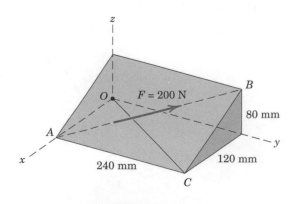

問題 2/100

2/101 矩形的平板邊長為 325 × 500 mm，*AB* 桿撐住此板呈現如圖所示的狀態，若已知 *AB* 桿受到的壓縮力為 320 N，計算此力 (作用於 *A* 點) 在平板上對角線 *OC* 上的投影量為何？

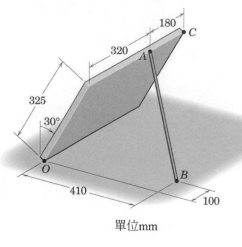

單位mm

問題 2/101

311

2/102　如圖所示的長方體的受到 **F** 力量的作用，若 M 點是長方體底部面積的幾何中心，計算 **F** 在直線 BD 上的投影量參數表示式，估算當 (a)$d = b/2$ 與 (b)$d = 5b/2$ 的結果。

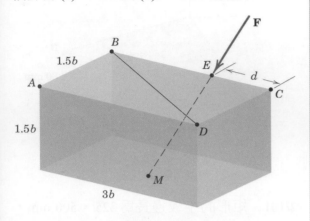

問題 2/102

2/103　如圖所示若 $b = 2$ m，**F** 投影在 OA 線上為零，計算 **F** 在 OB 線上的投影量。

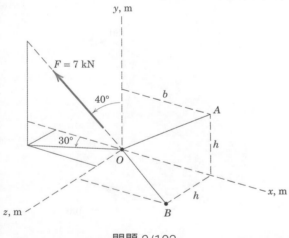

問題 2/103

2/104　矩形板藉由 BC 邊的鉸鏈與繩索 AE 所支撐，如果繩索的張力為 300 N，試求由作用在平板上之繩索張力對 BC 線段的投影量。注意，E 點為支承結構之水平上邊線的中點。

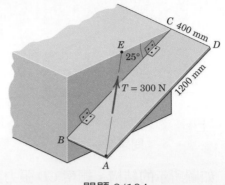

問題 2/104

2/105　如圖所示，作用力 **F** 施加在圓球的表面上。其中 P 點的位置是由角度 θ 與 ϕ 所定出，而 M 點則為 ON 線段的中點，試使用已知的 x、y 與 z 座標，將 **F** 以向量的型式表示之。

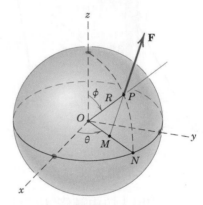

問題 2/105

2/106　如圖所示之四面體，試求 **F** 作用力在 x、y 與 z 方向上的分量。其中，a、b、c 與 F 為已知，而 M 則為 AB 邊線的中點。

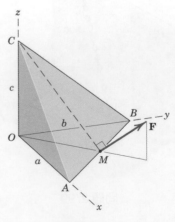

問題 2/106

2/8

基本問題

2/107　如圖所示，三個作用力垂直地施加在矩形板上。試求 $\mathbf{F}_1$、$\mathbf{F}_2$、$\mathbf{F}_3$ 對 O 點造成的力矩 $\mathbf{M}_1$、$\mathbf{M}_2$、$\mathbf{M}_3$。

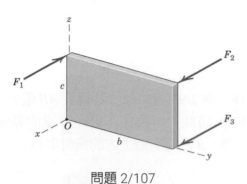

問題 2/107

2/108　計算 $\mathbf{F}$ 對 A 處產生的力矩。

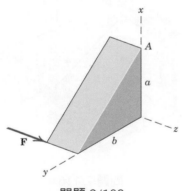

問題 2/108

2/109　試求出作用力 $\mathbf{F}$ 對於 O 點、A 點以及線段 OB 所造成的力矩。

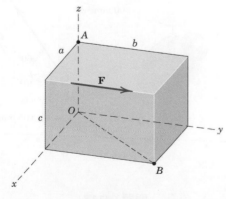

問題 2/109

2/110　如圖所示 24 N 的力量施加在 A 處，計算此力對於 O 處產生的力矩。

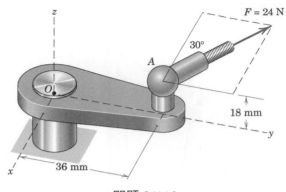

問題 2/110

2/111 **SS**　如圖所示，H 型鋼樑被設計用來當柱子，承受兩垂直作用力。將此二力以沿著柱子中心垂直線的單一等效力和力偶 $\mathbf{M}$ 來取代。

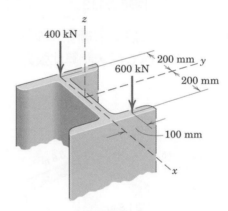

問題 2/111

2/112　T 型結構兩端受到 400 N 施力在 A 與 B 處，計算所產生的力矩。

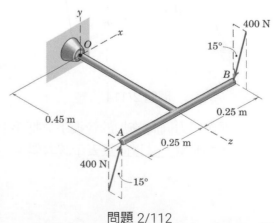

問題 2/112

313

2/113 纜線 AB 被轉扣拉緊，張力成為 1.2 kN。計算作用在 A 點的力對 O 點的力矩之大小。

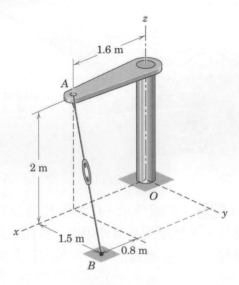

問題 2/113

2/114 與 2/98 題類似，繩索 CD 張力 $T =$ 3 kN，施力在結構 C 處，計算此張力對 O 處產生的力矩。

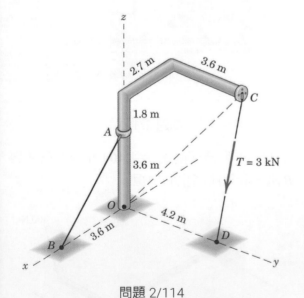

問題 2/114

2/115 兩作用力同時施加於管扳手之把手上而形成一力偶 $\mathbf{M}$，試以向量表示該力偶。

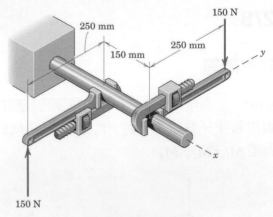

問題 2/115

2/116 與 2/93 題類似，若繩索 AB 張力 $T =$ 14 kN，將此力替換成作用在 O 處的等效力與力偶，B 點是貨櫃上方的幾何中心。

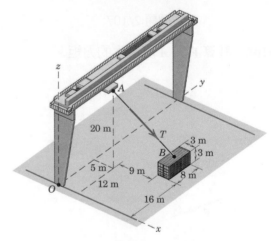

問題 2/116

2/117 計算 1.2 kN 的力對 O-O 軸產生的力矩 $\mathbf{M}_O$ 為何？

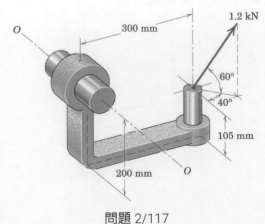

問題 2/117

典型實例

2/118 如所示的直昇機，在此以三維之幾何圖形呈現。在基地測試期間，氣體動力對尾槳之 P 點產生 400 N 之作用力。試求此作用力對機身 O 點的力矩。

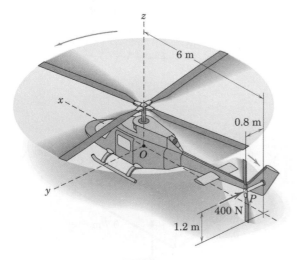

問題 2/118

2/119 2/96 題再次出現，繩索 AB 張力 425 N，$\theta = 30°$，計算此張力對在 x 軸造成的力矩大小。

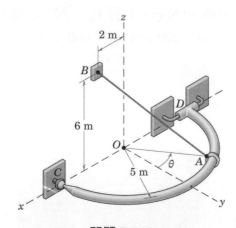

問題 2/119

2/120 如圖所示由圓棒所構成的結構，圓棒每公尺重量 7 kg，計算由結構重量對 O 處產生的力矩 $\mathbf{M}_O$，另外，找出力矩 $\mathbf{M}_O$ 的大小。

問題 2/120

2/121 如圖所示，若將兩個 4 N 的推進器同時點燃於非旋轉的衛星中，試計算此力偶所產生的力矩，並指出衛星在開始發生轉動時所繞的軸為何。

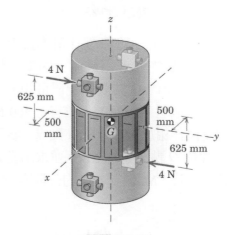

問題 2/121

2/122 方形結構分別受到兩個力量，計算 (a) 在 A 處，(b) 在 B 處產生的力矩。

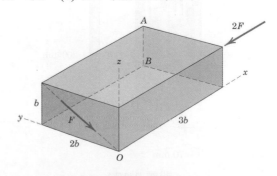

問題 2/122

2/123　一太空梭受到其五部反應控制系統引擎的推力作用。其中四部引擎的推力作用位置如圖所示。而第五部引擎的推力為向上作用且大小為的 850 N，其位於右後方與圖中所示之左後方 850 N 推力相對稱。試求這些力量對 G 點之力矩，並證明它們對所有點的力矩皆相同。

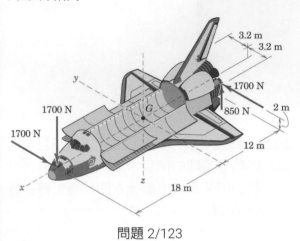

問題 2/123

2/124　如圖所示一特殊設計用的扳手，被使用於鎖緊某些汽車配電盤上的壓制螺桂 (hold-down bolt)。由其表面配置可知，其中扳手置於一個垂直平面上，並有一 200 N 的水平力垂直作用於把手上的 A 點處。試計算應用於螺栓 O 點之力矩 $\mathbf{M}_O$，並求出當 d 的距離為多少時，$\mathbf{M}_O$ 在 z 方向的分量等於零。

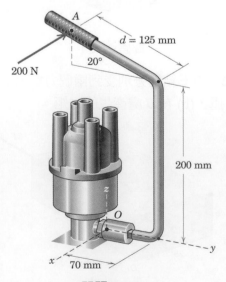

問題 2/124

2/125　使用第三章將闡述的平衡原理，我們能夠求出鋼索 AB 的張力為 143.4 N。試求此作用於 A 點的張力對 x 軸之力矩，然後再以重量 W 為 15 kg 的均勻板對 x 軸所取的力矩做比較。試問作用於 A 點的張力對線段 OB 之力矩值為多少？

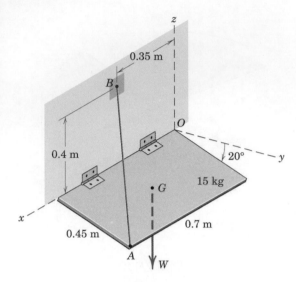

問題 2/125

2/126　如果 F_1 = 450 N，結構上的另一個力量 $\mathbf{F}_2$ 未知，若此兩力量對 AB 方向上產生的力矩為 30 N-m，計算 $\mathbf{F}_2$ 力的大小應該為多少？ a = 200 mm，b = 400 mm，c = 200 mm。

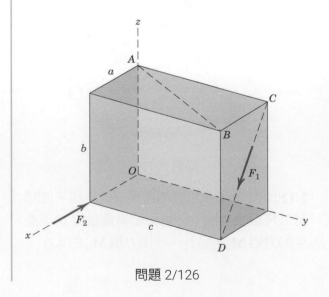

問題 2/126

2/127 **SS** 如圖所示，當曲柄 *BC* 在水平方向時，一 5 N 之垂直力作用於開窗機構的把手上，試求此作用力對 *A* 點與 *AB* 線段的力矩。

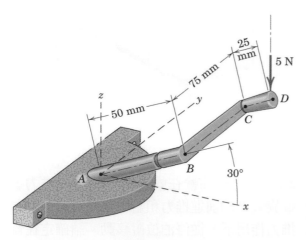

問題 2/127

2/128 如圖所示，特殊用途的磨碎機承受 1200 N 的力和 240 N-m 的力偶。試求此系統對 *O* 點的力矩。

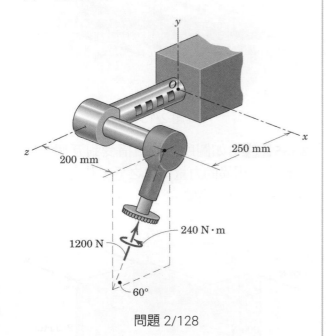

問題 2/128

2/129 如圖所示，作用力 *F* 沿著正圓錐的側邊作用。試求在 *O* 點的等效力 - 力偶系統。

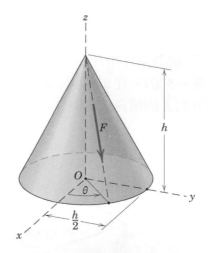

問題 2/129

*2/130 彈簧的彈力係數 *k*，未受力的彈簧原始長度 1.5*R*，*R* 是圓盤的半徑，*C* 為圓心，彈簧作用在 *A* 處，計算並繪圖隨著旋轉一圈 $(0 \leq \theta \leq 360)$ 彈簧張力對 *A* 處產生在三軸座標上的力矩；分別指出最大值發生再何角度？最後，整體力矩最大值與出現在何角度。

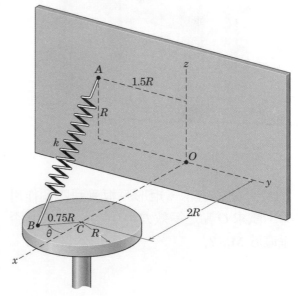

問題 2/130

2/9

基本問題

2/131 三個力量作用在 O 處，若合力 **R** 在 y 軸分量 -5 kN，在 z 軸的分量為 6 kN，計算 F_3、θ 和 R 的值各是多少？

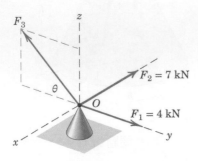

問題 2/131

2/132 如圖所示，桌子對地面施加四個作用力。以 O 點的力 - 力偶系統簡化此四力。證明 **R** 垂直於 $\mathbf{M}_O$。

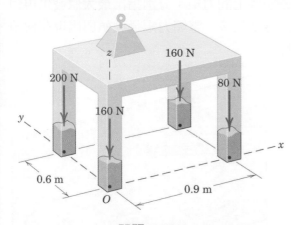

問題 2/132

2/133 如圖所示，矩形平板受到四個作用力，試求 O 點之等效力 - 力偶系統。**R** 是否垂直於 $\mathbf{M}_O$？

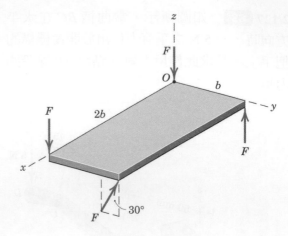

問題 2/133

2/134 一艘油輪在螺旋槳 A 的反向推力、螺旋槳 B 的前進推力和船艏推進器 C 的側向推力作用下，從停泊位置移動。請確定在質心 G 處的等效力矩系統。

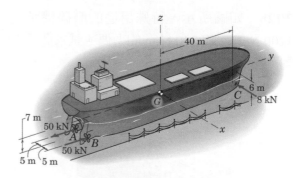

問題 2/134

2/135 **SS** 如圖所示的結構受到五個方向平行大小相異的力量作用之下，其合力通過 x-y 平面的位置座標。

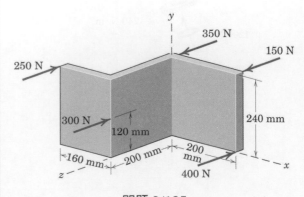

問題 2/135

典型實例

2/136 如圖所示的水管受到力量與力矩的作用，計算並找出對應的作用在 A 處的等效力 **R** 及力矩 **M**。

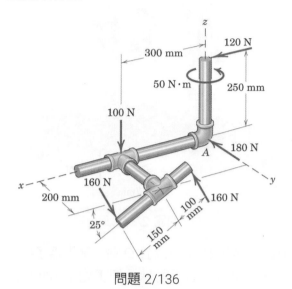

問題 2/136

2/137 請求出位於 O 點上，等值於作用於 AOB 軸上之兩個作用力之力 - 力偶系統。試問合力 **R** 是否垂直於力偶 $\mathbf{M}_O$？

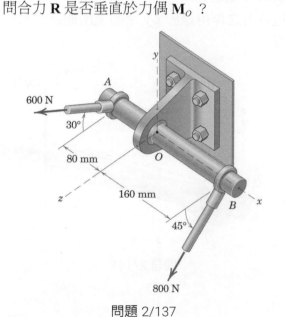

問題 2/137

2/138 如圖所示的橋樑下方桁架結構，受到數個力的作用，計算等效力通過 x-z 平面的位置座標。

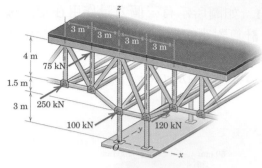

問題 2/138

2/139 **SS** 傳動機構的受力狀況如圖所示，計算這些力在 O 處產生的等效力與力偶。

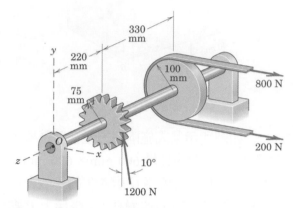

問題 2/139

2/140 如習題 2/82 所示之商用班機，以三維之圖形呈現於此。假如3號引擎突然故障，試以向量表示剩餘之三具引擎所產生推力之合力，其中每具引擎的推力大小為 90 kN。並求此合力之作用線所通過之 y 及 z 軸座標位置。當引擎失效時，上述的結果對於飛機性能之設計準則有決定性之影響。

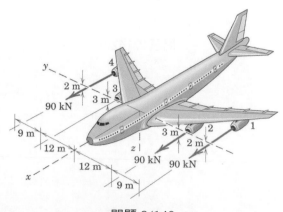

問題 2/140

319

2/141　如圖所示有三個力量作用在矩形塊上，計算對應的板手合力 (wrench)，指出作用力矩 M 的大小與描述其方向，並找出扳手的力會通過在 ABCD 面上的點位置與方向。

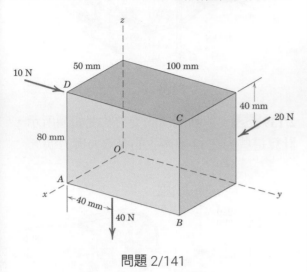

問題 2/141

2/142　如圖所示某人施兩個力量在剪紙機，若剪紙機的平面邊長是 600 mm × 600 mm，計算這兩個力量對角落 O 處產生的等效力與力偶，並說明等效力通過在 x-y 座標上 P 點的位置。

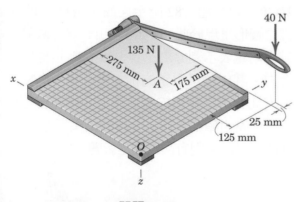

問題 2/142

2/143　工廠內的吊架吊重物時，在四個支撐點分別有大小不同的作用力，計算合力會通過 x-y 平面上的座標位置。

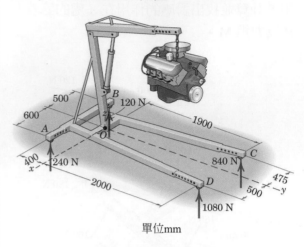

單位mm

問題 2/143

2/144　螺栓的中心位於 O 點。某人為了要鎖緊它，用他的右手對棘輪把手施了 180 N 的作用力，另外，使用他的左手於圖示之位置施了 90 N 的作用力以牢固螺栓上之套筒。試求 O 點之等效力 - 力偶系統，並求單一作用合力之作用線於 x-y 平面上所通過的點位置。

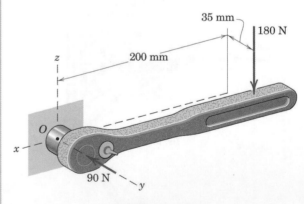

問題 2/144

2/145 以 O 點的合力 **R** 和力偶 $\mathbf{M}_O$，置換作用在鋼管構架的兩作用力與一力偶。

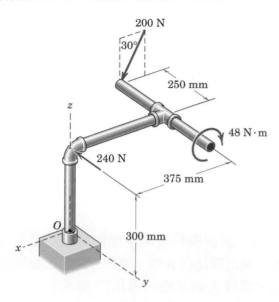

問題 2/145

2/146 試以扳鉗力系取代作用於桿上的兩個作用力，並以向量表示出扳鉗力矩 **M**，同時計算扳鉗力系作用線通過 y-z 平面上之 P 點座標值。

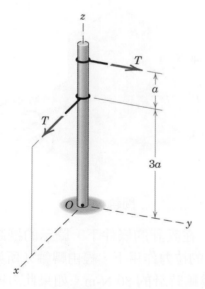

問題 2/146

2/10 第 2 章總複習

2/147 當負載 L 離樞軸 C 7 m 時，纜索的張力 **T** = 9 kN。使用單位向量 **i** 和 **j**，將 **T** 表示為一個向量。

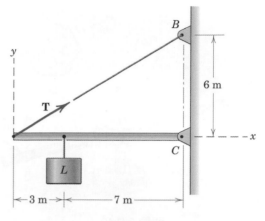

問題 2/147

2/148 如圖所示，三個作用力垂直地施加在矩形板上。試求 $\mathbf{F}_1$、$\mathbf{F}_2$、$\mathbf{F}_3$ 對 O 點造成的力矩 $\mathbf{M}_1$、$\mathbf{M}_2$、$\mathbf{M}_3$。

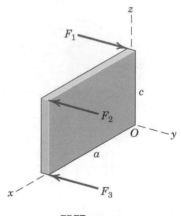

問題 2/148

2/149　如圖所示，螺絲模被使用在切削螺絲，其中使用之作用力各為 60 N。若作用於 6 mm 圓桿上之螺絲模上的四個切削面具有相同作用力 F，且其外效應與兩 60 N 之作用力相等，試求 F 的大小。

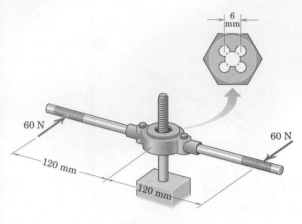

問題 2/149

2/150　如圖所示，攜帶式的電扇使用時，產生 4 N 的推力 $(T = 4 \text{ N})$，計算此力對地面 O 處產生的力矩，為了比較，也計算電扇重量 40 N，重心在 G 處，對 O 處產生的力矩。

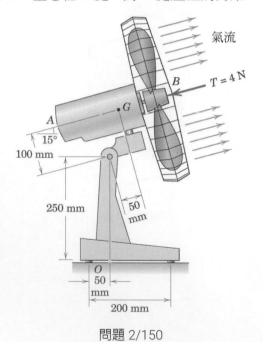

問題 2/150

2/151　計算力量 **P** 對 A 處的力矩。

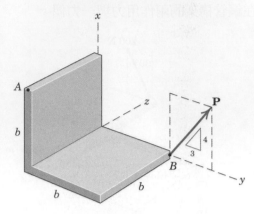

問題 2/151

2/152　蝸桿與蝸輪減速機的輸入端是在 A 軸，輸出端是在 B 軸，轉動方向如圖虛線所示，當輸入端 A 處的力矩為 80 N-m，而輸出端 B 處受到被驅動機械的作用與反作用力的影響為 320 N-m，計算此兩力矩對減速機的合力矩 **M**，並計算合力矩 **M** 對 x 軸的方向餘弦 (direction cosine)。

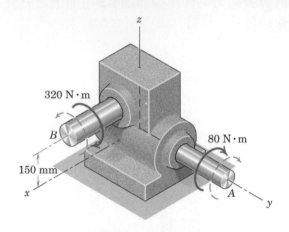

問題 2/152

2/153　在設計的條件下，圖示的控制桿在 200 N 的拉力作用下，經由轉軸 A 所施加的力偶為順時針的 80 N-m。如果此力與力偶的合力作用線通過 A 點，試求出控制桿的長度 x。

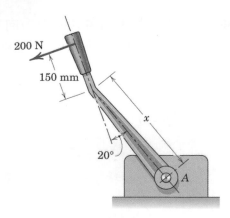

問題 2/153

2/154 試計算作用在機械手臂上之 250 N 的作用力，對其基座 O 點的力矩 M_O。

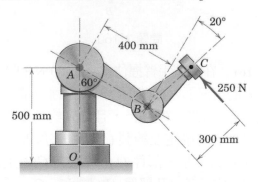

問題 2/154

2/155 機械手臂鑽孔機在鑽孔的過程中，在 C 處產生一個 800 N 的反作用力，方向如圖所示，以等效力與力偶的方法，取代此作用力改在 O 處。

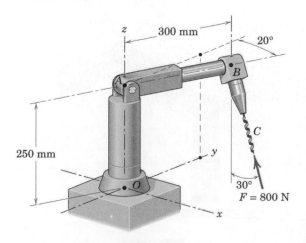

問題 2/155

2/156 如圖所示，兩作用力與一力偶施加在彎桿上，彎桿在 x-z 平面上。試表述並指出合力。

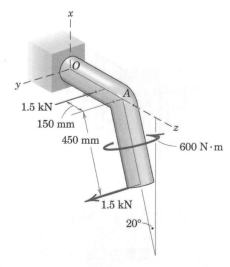

問題 2/156

2/157 當 OA 桿在如圖所示之位置時，鋼索 AB 的張力為 3 kN。(a) 將作用於 A 點之張力以向量表示並使用圖示之座標軸。(b) 試求這個作用力對 O 點之力矩並表示此力矩在 x、y 與 z 軸上之分量。(c) 試求此張力在線段 AO 上之投影量。

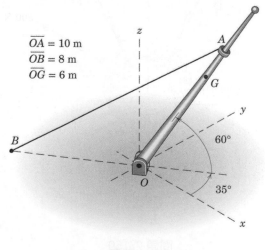

問題 2/157

323

2/158　如圖所示，三個作用力對基座 O 點之組合作用，可藉由對 O 點做力系合成而達成。試求合成後之作用力 **R** 與伴隨之力偶 **M** 的大小。

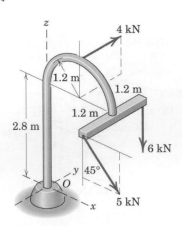

問題 2/158

* 電腦導向例題

*2/159　吊環螺栓上面有四個外力作用，若產生的合力恰在垂直方向 (正 y 軸) 上 1200 N 的拉力，計算 T 和 θ 的值為多少？

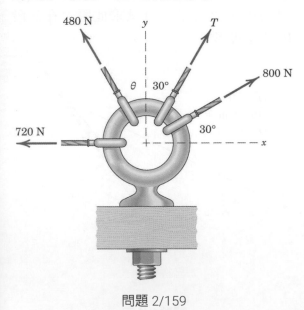

問題 2/159

*2/160　有一個力量 **F** 沿著 A 向 D 方向，若 D 點是在 BC 上可移動的且 BD 之距離為 s，計算並繪圖力量 **F** 在 EF 方向上的投影量大小佔 F 的比值 n (以 s/d 表示)。(備註：以 s/d 介於 $0 \sim 2\sqrt{2}$)

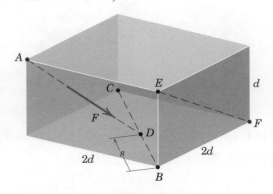

問題 2/160

*2/161　在機械手臂握住重為 1500 N 的圓柱體 P 的情況下，機械手臂繞著樞軸 O 擺動，範圍為 $-45° \le \theta \le 45°$，且點 A 的角度鎖定在 120°。請確定並繪製 (作為 θ 的函數) 由部件 P 的重量、部件 OA (質心在 G_1，重為 600 N) 的重量以及部件 AB (質心在 G_2，重為 250 N) 的重量共同產生的擺臂 O 力矩。末端握爪被視為部件 AB 的一部分。長度 L_1 和 L_2 分別為 900 mm 和 600 mm。M_O 的最大值是多少，這個最大值發生在 θ 的哪個值？

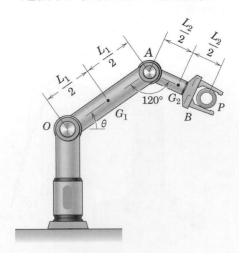

問題 2/161

*2/162　有一根旗杆在靠近旋轉點 O 附掛一個可略重量的三角形輕鋼架，鋼架上繫有繩索，張力固定輸出為 75 N，計算此張力在 $0 \le \theta \le 90°$ 之間產生的力矩表示式，並繪出隨 θ 變化的力矩圖，另外，計算力矩的最大值與旗杆旋轉可達最大角度，闡述其物理含義，不計滾輪 D 的直徑。

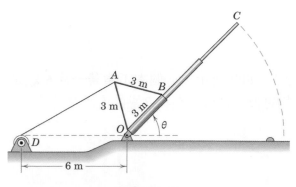

問題 2/162

*2/163　使用 $\phi = 75°$ 和 $\psi = 20°$ 已知 $0 \le \theta \le 360°$ 計算並繪圖三個力量的合力 **R** 的大小和 θ 的關係圖，並找出發生在何種 θ 角時 (a) 有最大值；(b) 有最小值。

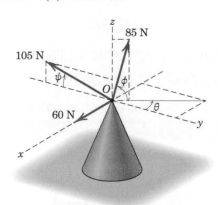

問題 2/163

*2/164　承上題，若是 $\psi = 20°$ 固定，計算以 θ 和 ϕ 表示三個力量合力 **R** 的大小並繪圖，另外，指出在何種角度時候 (a) 有最大值；(b) 有最小值。

*2/165　油門控制桿 OA 的旋轉範圍為 $0 \le \theta \le 90°$。一內部的扭力回復彈簧，對於 O 點施加的力矩 $M = K(\theta + \pi/4)$，其中 $K = 500$ N-mm/rad，且 θ 的單位為弳度 (radian)。試求使相對於 O 點的合力矩為零所需要的張力 T，並且將它表示成 θ 的函數，然後畫出此函數。其中請使用 $d = 60$ mm 以及 $d = 160$ mm 這兩個數值，並且針對其相對優點進行說明。忽略 B 處滑輪半徑的影響。

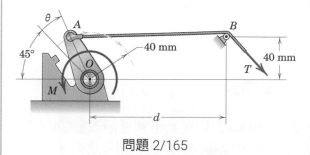

問題 2/165

*2/166　裝置於軸桿 O 點上的馬達驅使轉臂 OA 在 $0 \le \theta \le 180°$ 的範圍中旋轉。彈簧的未拉伸長度為 0.65 m，且其能承受拉力與張力。如果位於 O 點的力矩需為 0，試導出並畫出馬達所需求的扭矩 M 以 θ 的變數表示。

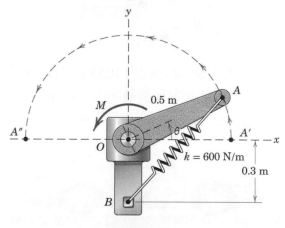

問題 2/166

Chapter 3　平衡

* 電腦導向例題
▶ 深入題
SS 詳解請參考 WileyPLUS

3/3

基本問題

3/1　50 kg 的均質光滑圓球靜置於 30° 的斜面 A 與光滑垂直的 B 牆之間。試求 A 點與 B 點的接觸力。

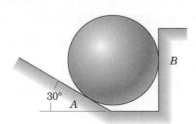

問題 3/1

3/2　後置引擎的汽車重 1400 kg 中心位置在 G 處，計算地面對每個輪胎的正向作用力，並描述解題過程的各種可能假設。

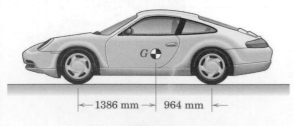

問題 3/2

3/3　如圖所示，一個木工拿著一片 6 kg 的均質板。試求 A 點和 B 點的作用力。

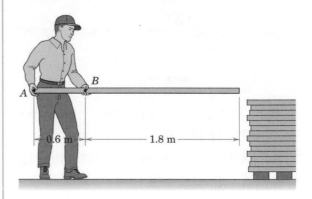

問題 3/3

3/4　450 kg 均勻的 I 形樑，如圖所示吊掛重物，計算樑兩支撐端的反作用力。

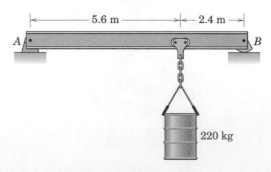

問題 3/4

3/5 SS　確定為了維持 200 kg 的引擎在 $\theta = 30°$ 的位置所需的力 P。點 B 處的滑輪直徑可以忽略不計。

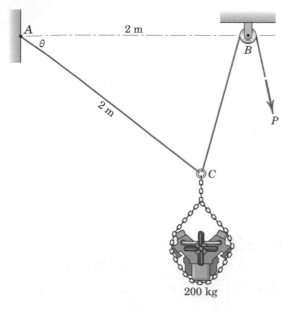

問題 3/5

3/6 均勻長度 15 m 且重量 150 kg 的細長桿，左右兩側光滑與牆面碰觸，並以垂直繩子吊掛張力為 T，計算細長桿在 A 與 B 處受到的作用力。

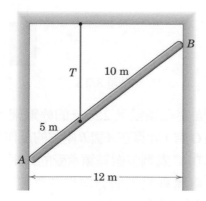

問題 3/6

3/7 **SS** 忽略結構自身的重量，若已經受到 4000 N 外力在 B 處，另外在 C 處受外力 P 維持平衡，當 P 等於 500 N，A 與 E 處反作用力是多少？若依舊保持平衡 P 容許最大的值可以是多少？

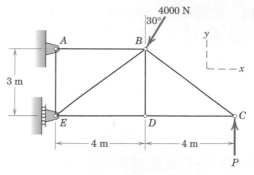

問題 3/7

3/8 重量為 54 kg 的木箱置於小卡車重量為 27 kg 的後門上。請求出兩條支撐鋼索中的張力 T，圖中只顯示兩條鋼索之一。已知兩者的重心分別為 G_1 與 G_2，而且木箱里於兩條鋼索相距之中點處。

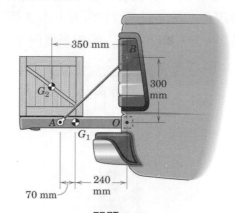

問題 3/8

3/9 20 kg 的均質矩形板，在 O 處以銷接方式和 A 處以彈簧支撐，若彈簧係數 $k = 2$ kN/m，計算彈簧原始長度 L 恰可在如圖所示的狀態下維持矩形板的平衡。

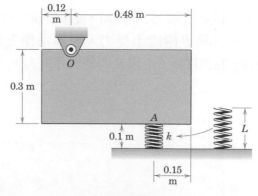

問題 3/9

3/10 如圖所示，500 kg 的均質樑受到三個外力。試計算支承點 O 的反作用力。x-y 平面是垂直的。

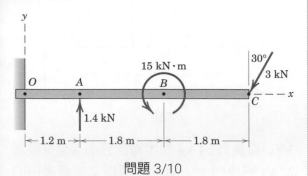

問題 3/10

3/11 SS 一位曾唸過機械的人希望能量測他自己的重量，但他只有能量測 400 N 的 A 秤和 80 N 的 B 彈簧秤。滑輪組如圖所示，他發現他拉 B 的力量為 76 N，而 A 秤的讀數為 286 N。請問他真正的重量為何？

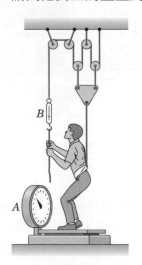

問題 3/11

3/12 如圖所示的天車掛勾，沒吊掛重物時，天車上 A 與 B 兩處不受力，計算吊掛質量 300 kg 的重物時，A 和 B 兩處的作用力。

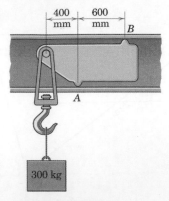

問題 3/12

3/13 SS 忽略摩擦力的影響，計算砝碼 B 的質量 m_B 為多少？恰可以維持平衡。也敘述各種假設條件。

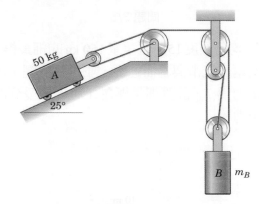

問題 3/13

3/14 固定在牆壁上 2.5 kg 的輕鋼架，中心位置在 G 處，計算在 A 與 B 兩處的反作用力，並計算在 C 處調整螺絲鎖承受的力矩，注意 A 與 B 兩處垂直紙面方向均有直徑 250 mm 的管件做為插銷。

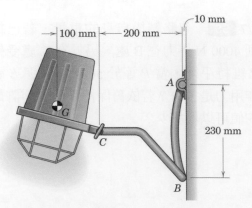

問題 3/14

3/15 若圓柱體重 100 kg，絞盤馬達以等速 200 mm/s 提升圓柱體，請計算纜繩1的張力。

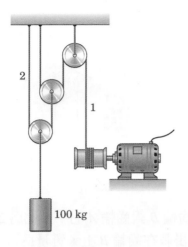

2

1

100 kg

問題 3/15

3/16 岸邊碼頭有浮動平台，平台上有座橋重量 300 kg，重心位置在 G 處，若是橋一端在 A；另一端在 B 處，均有滾輪支撐，一條纜繩水平的繫在 B 處，以維持平衡，計算纜繩的張力 T 為多少及在 A 處滾輪的受力。

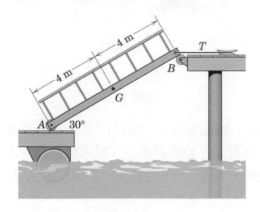

問題 3/16

3/17 0.05 kg 的支架位於如圖所示的位置，線性彈簧已被拉伸 10 mm。試求使 C 點不接觸支架的作用力 P。分別以 (a) 考慮支架重量、(b) 忽略支架重量計算。

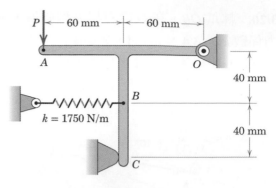

問題 3/17

3/18 0.05 kg 的支架位於如圖所示的位置，O 點的扭力彈簧受順時針 0.75 N-m 的預力力矩。試求使 C 點不接觸支架的作用力 P。分別以 (a) 考慮支架重量、(b) 忽略支架重量計算。

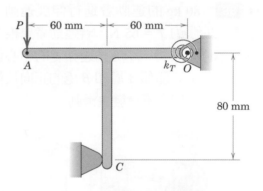

問題 3/18

3/19 車子被放在四個獨立的秤上，各自在一個輪子的下面，每個前輪的讀數為 4450 N，每個後輪的讀數為 2950 N，且保持著水平。試求質心 G 點在 x 座標位置以及此車的質量。

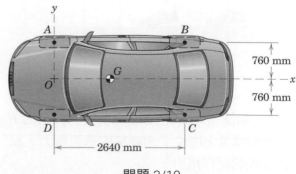

問題 3/19

3/20 棘爪 OB，在 O 處有扭力型彈簧，彈力係數 $k_T = 3.4$ N-m/rad，如圖所示彈簧已旋轉 25°，計算棘爪在 A 處施力 P 的大小，可以將棘爪從咬合狀以反時針時方向離開棘輪，忽略 B 處接觸的各種力量。

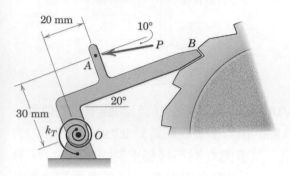

問題 3/20

3/21 **SS** 80 kg 的運動者進行伸展運動，機器產生的張力 $T = 65$ N，若運動者要維持如圖所示固定姿勢，G 處為運動者的中心位置，計算運動者腿部 A 處和 B 處的正向反作用力。充足摩擦力不會發生滑動。

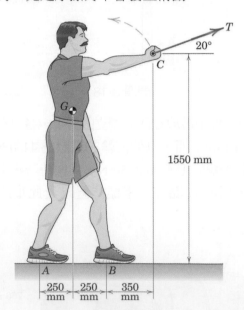

問題 3/21

3/22 如圖所示，定位桿把手上的作用力 P 在螺旋彈簧上產生了 300 N 的垂直壓力。試求 O 點的反作用力。

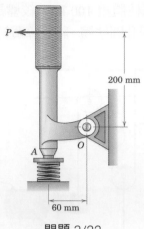

問題 3/22

3/23 齒輪 B 對齒輪 A 的半徑比為 2 倍，計算要將掛載在齒輪 B 上，質量為 m、長度 L 的均勻的長桿舉升旋轉任意 θ 角時，馬達所需要的力矩 M。

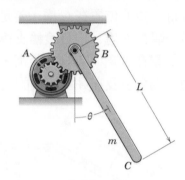

問題 3/23

3/24 如圖所示，一位自行車騎士施加 40 N 的作用力在她的煞車上。試求傳輸到煞車線上時，相對應的張力 T。忽略樞紐 O 的摩擦力。

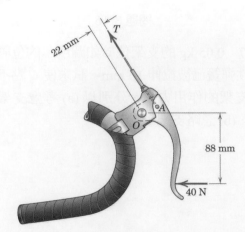

問題 3/24

典型實例

3/25 試求出相對於水平面的傾斜角 θ，此傾斜角使 B 點的接觸力會是 A 點接觸力的一半。

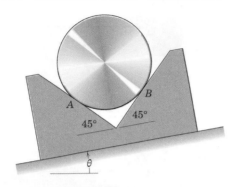

問題 3/25

3/26 齒條質量 75 kg，忽略摩擦力的影響，在 O 處有馬達驅動齒輪 (主軸未顯示)，驅動在 60° 的斜坡上面齒條產生升降，計算需要多大的力矩 M 可以等速穩定使齒條下移。

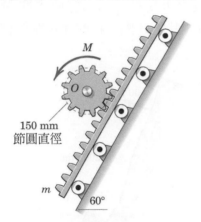

問題 3/26

3/27 如圖所示為割草機的輪子高調整器，輪軸穿越外殼 H 固定在 A(但為了能夠讓圖清楚簡單，並沒有畫出來)，透過托架的選轉調整，選轉樞紐在 O 處，B 插銷與七種孔位的搭配讓割草機的輪子可以上升與下降，計算圖示現況 B 插銷上的作用力和旋轉樞紐 O 處的反作用力，圖示的割草機重 W，共有四個輪子，每個輪子只乘載割草機重量的 $W/4$。

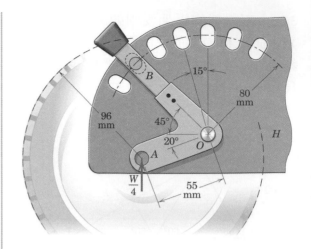

問題 3/27

3/28 纜線 AB 穿過一個小的理想滑輪 C，使得 AB 之張力固定。如圖所示，為達力平衡，纜線 CD 需要多長？纜線 CD 的張力 T 為何？

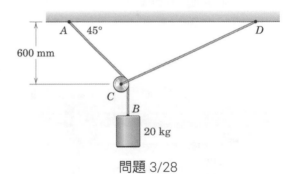

問題 3/28

3/29 圖示的圓管 P 正用彎管機加工中。如果液壓缸對圓管的 C 點施加了大小為 $F = 24$ kN 的作用力，請求出位於 A 點與 B 點處滾輪的反作用力。

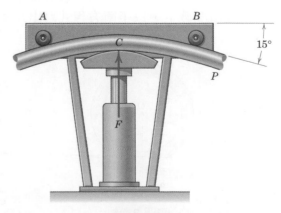

問題 3/29

3/30 不對稱的桁架受到如圖所示的作用力。試求 A、D 點的反作用力。與外力相比，結構的重量可以被忽略。有需要知道結構的尺寸嗎？

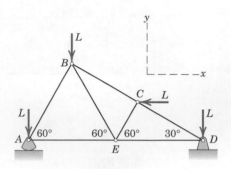

問題 3/30

3/31 重量 1600 kg 的小貨車在未承受負載時，其重心位於圖中指示的位置上。如果負載物的重心位於後輪軸後方 $x = 400$ mm 的位置上，試求要使前後輪下方之正向力相等所需的載重 m_L 為何。

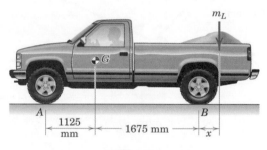

問題 3/31

3/32 均勻的鐵環質量為 M，半徑為 r，內部與垂直方 θ 角有一質量 m_0，距離圓心為 b，若是鐵環在斜坡上可維持平衡，且斜坡粗造沒有滑動情況發生，以平衡方程式寫出 θ 表示式。

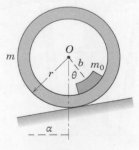

問題 3/32

3/33 計算繩索的張力 T 以舉升質量為 m，長度 L 的細長桿，再畫出 T 介於 $0 \leqq \theta \leqq 90°$ 的圖，並描述 $\theta = 40°$ 時的張力 T。

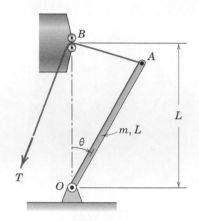

問題 3/33

3/34 如圖所示，將木塊置於釘錘頭部的下方能使拔釘子更容易。如果需要 200 N 的拉力作用於把手上以拔出釘子，試計算釘子承受的張力 T 及釘錘頭部施於木塊的作用力大小 A。其中 A 點的接觸面足夠粗糙以防止滑動。

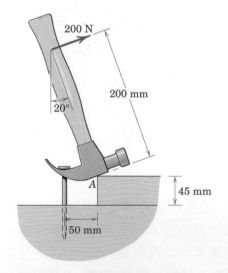

問題 3/34

3/35 SS 圖中的鐵鍊綑綁器常用來固定木頭、木料及圓管之類的承載物品。當 $\theta = 30°$ 時，張力 $T_1 = 2$ kN。請求出在此位置的壓桿上需施加的作用力 P 值與相關的張力 T_2 值。假設位於 A 點之下的表面是完全平滑的。

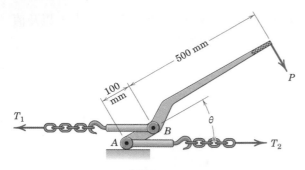

問題 3/35

3/36 在一個評估三頭肌強度的測試程序中，如圖所示此人將右手掌向下壓住荷重計 (load cell)。如果荷重計的感測讀數為 160 N，試求三頭肌所產生的垂直張力 F。其中前臂的重量為 1.5 kg，質心位於 G 點，並陳述任何假設。

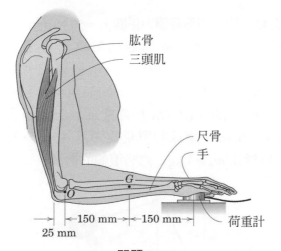

問題 3/36

3/37 帆船的風帆在風的作用下等速航行，若風在主帆產生 4 kN，在側帆產生 1.6 kN 的推力，水流動產生的摩擦力阻力為 R，計算施加在與船體垂直方向橫向合力矩大小。

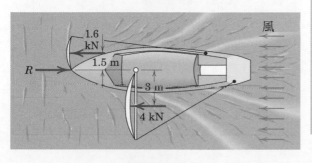

問題 3/37

3/38 如圖所示，此人手持 10 kg 的重物並緩慢將手臂彎曲。臂肌群 (由二頭肌與臂肌組成) 為此運動的主要關鍵因素。試求臂肌群作用力的大小 F 與手肘關節在 E 處之反力大小 E，前臂位置如圖所示。兩肌肉群之有效作用點位置如圖示尺寸；分別位於 E 點正上方 200 mm 與 E 點正右方 50 mm 處。須考慮前臂重量 1.5 kg，並作用於 G 點。陳述任何假設。

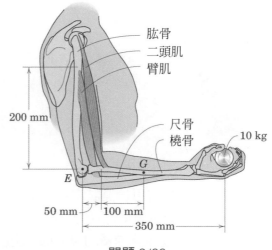

問題 3/38

3/39 具有輕質滑墊的健身器材，在滑墊上裝設滾輪使其能自由地於傾斜滑軌上移動。如圖所示，兩手握住的繩索分別連接於滑墊上。如果兩手一起握住繩索施力使繩索相互平行，且兩條繩索皆位於垂直平面上。為維持平衡位置，試求每一隻手施加於繩索的作用力 P。其中此人的質量為 70 kg、滑軌的傾斜角 θ 為 15°，β 角為 18°。另外，試計算滑軌施於滑墊上的作用力 R。

問題 3/39

3/40　長 L 的均質桿 OC 一端銷接在 O 點的水平軸上。若彈性係數為 k 的彈簧在 C 點與 A 點重疊時其長度未伸長，試求將 OC 拉到如圖所示的 45° 時，所需要的張力 T。忽略 D 點滑輪的直徑。

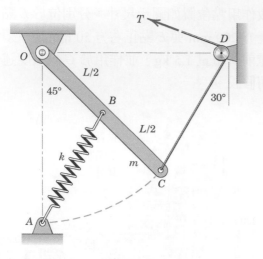

問題 3/40

3/41　圖示的工具常用於測試汽車引擎氣閥彈簧。扭矩量具表與測壓臂 OB 直接連結著。一般對汽車引擎進氣閥彈簧的規格為，施加 370 N 的作用力要使其長度從 50 mm(未加壓長度) 減至 42 mm。此時扭矩量具上的力矩讀數 M 應為多少？要得到此讀數，需於把手上施加的作用力 F 為何？可忽略因 OB 角度改變所致之微小作用。

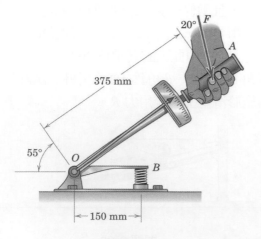

問題 3/41

3/42　修車廠的起重機吊起 100 kg 的引擎。如圖所示，計算 C 點支撐力的大小，以及直徑 80 mm 的液壓缸 AB 之油壓 p。

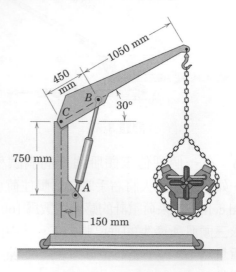

問題 3/42

*3/43　扭力型彈簧彈力係數 $k_T = 50$ N-m/rad，扭力型彈簧產生的力矩為 $k_T\theta$，$\theta = 0$ 彈簧不受力，若要維持如圖所示結構有傾斜角度的平衡狀態，計算 θ 的值為何？已知 $0 \leq \theta \leq 180$ 假設 OA 桿質量 $m_{OA} = 5$ kg、長度 $r = 0.8$m、鋼球的質量為 $m_A = 10$ kg、砝碼質量為 $m_B = 1$ kg，忽略滾輪的影響。

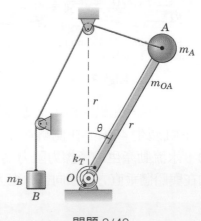

問題 3/43

3/44 假設扳手鎖緊螺栓,鎖緊力作用在六角形螺帽的 A 和 B 兩處角落,若需要用扭矩 24 N-m,計算在扳手另一側施力 P 及 A 和 B 兩處角落的作用力。假設扳手與螺帽僅接觸在 A 與 B 處。

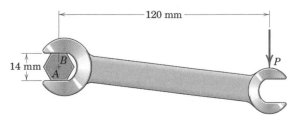

問題 3/44

3/45 質量為 1800 kg 的飛機,如圖所示其質心位於 G 點上。在陸地上進行引擎測試期間,螺旋槳產生 T = 3000 N 的推力。其中 B 點的前輪受制動器鎖住而不會滑動,而 A 點的尾輪則無裝設制動器。試計算此時 A 與 B 點的正向力與關掉引擎時所得之值的變化量百分比 n。

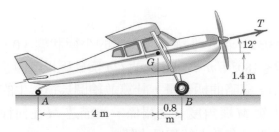

問題 3/45

3/46 為測試重為 100 kg 的均勻樑的撓曲度。一個 50 kg 重的男孩在圖示裝置的繩索上施加了 150 N 的拉力。請計算出鉸鏈插梢 O 所承受的作用力。

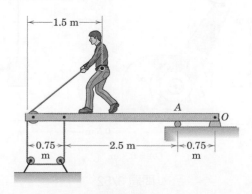

問題 3/46

3/47 如圖所示,為手排汽車變速器的排檔機構部份。在排檔桿的握柄上施予 8 N 的作用力時,試求連桿 BC 施於變速器 (未畫出) 的作用力 P。忽略在 O 點球窩接頭、B 點的接合處與滑動管件旁 D 點支撐座的摩擦力。注意圖中 D 點的軟性橡皮軸襯,允許滑動管件與連桿 BC 同在一直線上。

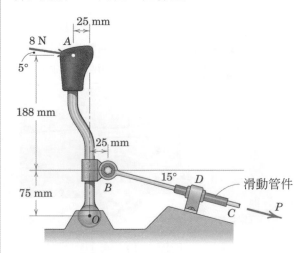

問題 3/47

3/48 圓形機身斷面的飛機其貨倉門包含了質量 m 的均質半圓整流罩 AB。如圖所示,試求為使倉門保持打開,B 點水平支柱所受的壓縮力 C。同時找出 A 點支撐力的表示式。(參考附錄 D 的表 D/3 以找出整流罩的質心。)

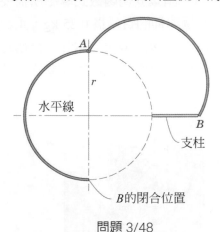

問題 3/48

3/49 設計要求為使用者能以 40 N 的垂直作用力 P 將置物箱門從圖示開啓位置關起。作為一設計練習，試求在車子兩邊的液壓支撐桿 AB 所需的作用力。其中箱門的重量為 40 kg，質心位於 A 點正下方 37.5 mm 處。以二維方式處理此問題。

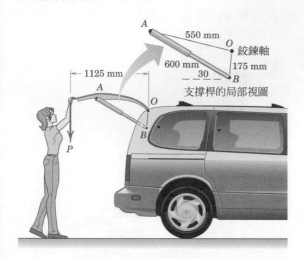

問題 3/49

3/50 圖示為冰箱中製冰塊機件的部份 (冰「塊」的形狀為圓筒形！) 當冰塊形成後，一個小加熱器 (圖中沒有顯示出) 會在冰塊與容器表面間形成一層薄水膜，由馬達轉動彈出臂 OA 將冰塊取出。假設共有 8 個製冰桶與彈出臂，請以 θ 為函數式導出所需要的扭矩 M。8 個製冰桶的質量為 0.25 kg，重心的距離 $\bar{r} = 0.55r$。忽略摩擦力不計，並假設製冰桶內分佈的正向作用力的合力通過 O 點。

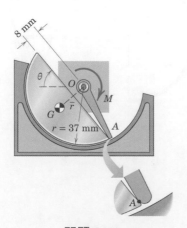

問題 3/50

3/51 人體脊椎的腰椎部支持整個上半身的重量以及施加於上半身的負載。這裡我們考慮腰椎部最下面 (L_5) 與脊椎骶骨部最上面之間的盤區 (紅色)。(a) 考慮 L = 0，試將盤區提供支稱的壓縮力 C 與剪力 S 以體重 W 的型式寫出來。上半身重 W_u 是全身重量 W 的 68%，且重心於 G_1 上。如圖所示，背部的直立肌施加在上半身的作用力為垂直力 F。(b) 如圖所示，考慮當此人拿著 L = W/3 重的東西時，重複此題。陳述任何假設。

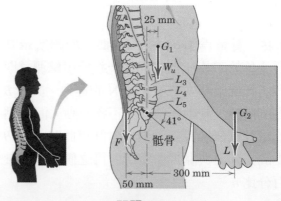

問題 3/51

*3/52 若要維持如圖所示的平衡狀態，$0 \leq \theta \leq 180°$，m = 5 kg 曲柄 OA 與砝碼以纜繩連結，忽略曲柄質量，計算並繪圖馬達產生的力矩 M 與角度 θ 之關係，並描述 M 在何種角度 θ 有最大值和最小值。

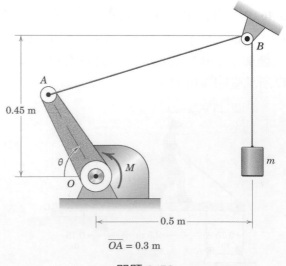

$\overline{OA} = 0.3$ m

問題 3/52

3/4

基本問題

3/53 SS 圖中一塊長 360 mm，重 15 kg 的正方形均勻鋼板由三條鋼索垂直懸吊成水平狀態，請計算出每條鋼索所承受的張力。

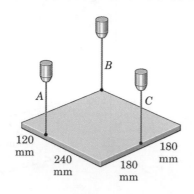

問題 3/53

3/54 重量 480 kg 鋼棒，有兩條繩索吊掛保持水平，吊掛方式如圖所示，計算 A 處繩索張力 T_1 與 B 處繩索張力 T_2。

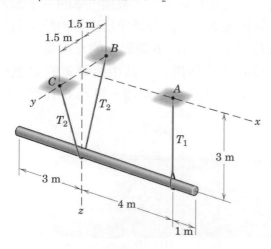

問題 3/54

3/55 SS 試求繩索 AB、AC 與 AD 中的張力。

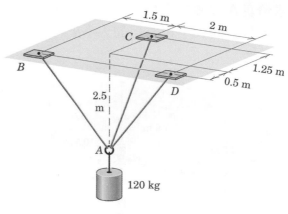

問題 3/55

3/56 36 kg 的木板由底部小木塊 A 跟 B 支撐，若有與木板面垂直的施力 P 作用之下，恰可維持 20° 的傾斜平衡，木塊 A 跟 B 下方摩擦力夠大，不會產生移動，計算施力 P 的大小與木塊 A 跟 B 垂直方向的支撐作用力。

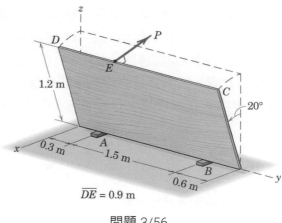

$\overline{DE} = 0.9$ m

問題 3/56

3/57 紅綠燈的水平與垂直桿原先就被設立好。再加上 50 kg 的燈具 B、C 與 D 後,試求燈具在 O 點所造成的反作用力與抵抗力矩。以力的大小和力矩的大小來報告求解結果。

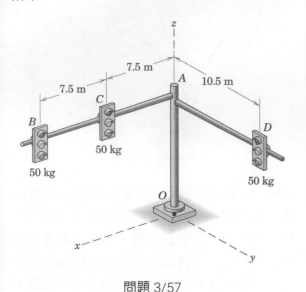

問題 3/57

3/58 實驗室的工作桌,桌面重量 40 kg,桌腳均為 5 kg,若有工程科系的學生嘗試進行平衡測試,將 D 桌腳移除,並用 6 公斤的書,重心在 E 處,放置靠近桌面的某個角落,計算 A、B 與 C 三根桌腳承受地面的反作用力。

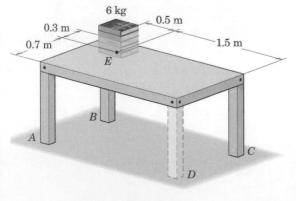

問題 3/58

3/59 **SS** 垂直的桅支撐著 4 kN 的作用力且頂端受到兩跟固定纜繩 BC 和 BD 的約束,底端 A 為球支承。計算 BD 的張力 T_1。試問以一條平衡方程式能否解出此題?

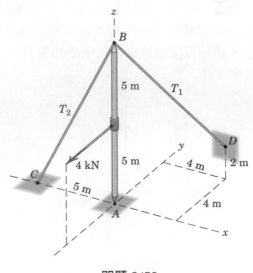

問題 3/59

3/60 如圖所示,為一輛汽車的上視圖。考慮使用千斤頂作用於 C 與 D 兩個不同的位置上。在每種情況下,整個汽車的右半部皆恰被抬離地面。試分別求出千斤頂於不同作用位置時,在 A、B 兩點上的正向反力與千斤頂的垂直作用力。其中這輛車的質量為 1600 kg,並考慮為剛體。質心 G 在汽車的中線上。

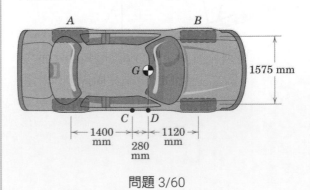

問題 3/60

3/61 均勻的矩形板，重量為 m，由三條繩索吊掛，計算每條繩索的張力。

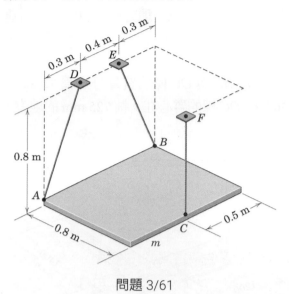

問題 3/61

3/62 一質量 m 平滑均質圓球之半徑 r，由長度 $2r$ 的 AB 線掛在 B 點，B 點位在兩直交平滑垂直牆面的交點。試求牆對球的反作用力 R。

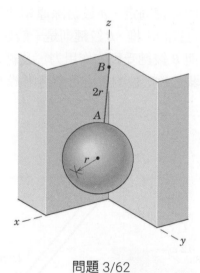

問題 3/62

3/63 圖中一個直徑 600 mm，重 50 kg 的均勻鋼圈，由三條各長為 500 mm 的鋼索在 A、B 及 C 三點處吊起。請計算出每條鋼索所承受的張力。

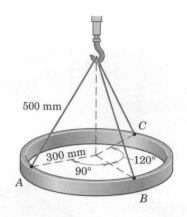

問題 3/63

3/64 與 3/5 題類似，將垂直的一牆面旋轉 $30°$，有 200 kg 重的主軸支撐在 B 端，另一 A 端固定在地面屬於球接頭，分別計算垂直牆面 C 與 D 作用在 B 端球形結構的作用力 $\mathbf{P}$ 與 $\mathbf{R}$ 各是多少？

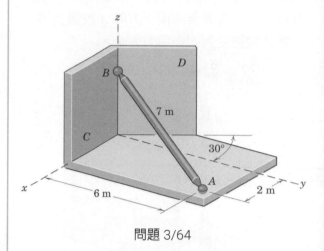

問題 3/64

3/65 SS 輕質直角彎桿支撐著 400 kg 的圓柱。此桿由三條纜繩及 O 點的球支承與垂直的 x-y 平面相連接。試求 O 點的反作用力與纜繩張力。

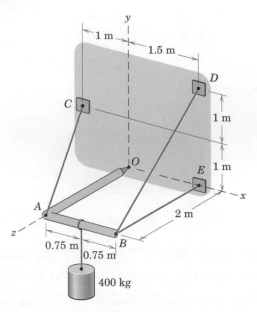

問題 3/65

3/66 質量 30 kg 的門板，重心在幾何形狀中心，若門板要全部由下方的 A 鉸鏈支撐，計算 B 鉸鏈受到的作用力大小。

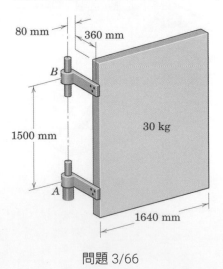

問題 3/66

3/67 兩根 I 型樑銲接在一起，由三條等長的纜繩自 A、B、C 三點上方垂吊。如圖所示，在偏離 O 點 d 距離的地方施加 200 N 的力達到新的力平衡。三條纜繩都在平行於 y-z 平面的平面產生了 θ 角的傾斜。試求傾角 θ 與偏移 d。AB 與 OC 樑的質量分別為 72 kg 與 50 kg。OC 樑的質心在 y 軸 725 mm 的地方。

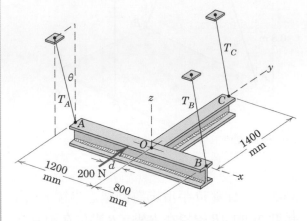

問題 3/67

3/68 50 kg 均勻的三角形版，有一側由 A 與 B 處的鉸鏈固定，A 鉸鏈除原本功能也具備軸向力量的止推，B 鉸鏈則是一般型鉸鏈，計算 A 與 B 鉸鏈受到的作用力，及繩索的張力，有關三角形板的重心可參考附錄 D 的表 D/3。

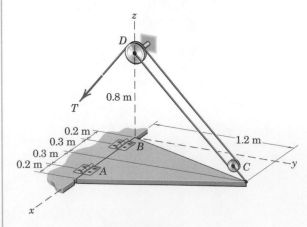

問題 3/68

3/69 每單位面積質量為 ρ 的重板組成了大托架。試求 O 點支承栓的反作用力與抵抗力矩。

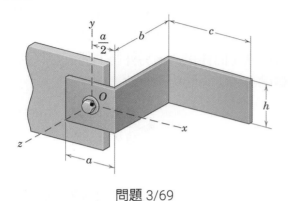

問題 3/69

典型實例

3/70 重 360 kg 的樹幹在點 O 附近已知有昆蟲損傷，所以使用所示的絞盤配置來將樹砍倒而無切割。如果將絞盤 W_1 拉緊到 900 N，絞盤 W_2 拉緊到 1350 N，請確定點 O 處的力和力矩反應。如果樹最終在此點因為 O 處的力矩而倒下，請確定表徵撞擊線 OE 的角度 θ。假設樹的基底在所有方向上都同樣堅固。

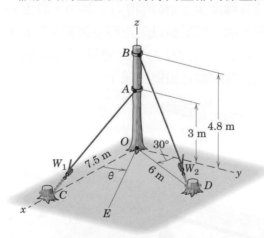

問題 3/70

3/71 如圖所示火星登陸車的腳架由三根連桿組合成，當登陸車降落在地面時，計算 AC、BC 與 CD 三根連桿的作用力。已知此機構對稱於 CD 桿件，恰好在 x-z 平面，登陸車的重量 600 kg。(備註：假設車重均勻地由腳架支撐，有需要請參考附錄 D 表 D/2。)

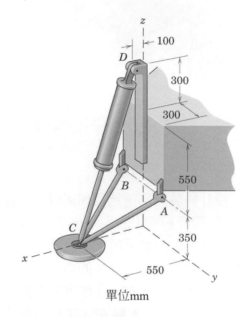

單位mm

問題 3/71

3/72 L 型托架鎖固在 O 處，如圖所示有受兩條纜繩拉力，要維持平衡計算托架在 O 處產生的作用力 **R** 與力矩 **M** 大小為多少？

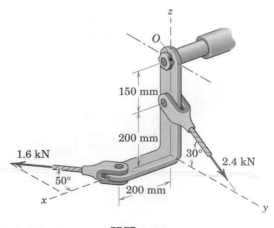

問題 3/72

341

3/73 25 kg 重的矩形門板，使用一根支撐桿 CD，固定成 90° 的打開狀態，計算這個支撐桿的作用力 F 及 A 與 B 處樞紐的作用力。

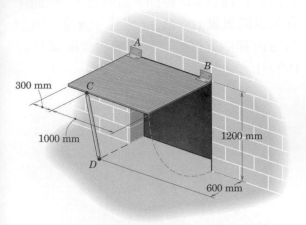

問題 3/73

3/74 設計檢驗的部份過程如圖所示，在下方的 A 型懸臂 (汽車懸吊系統的一部份) 藉由 A、B 兩點上的軸承所支撐，並受到一對作用於 C、D 兩點上 900 N 的作用力。懸吊彈簧 (為清楚起見未繪示) 作用於 E 點一力 F_s 如圖所示，其中 E 點在 $ABCD$ 平面上。試求懸吊彈簧作用力 F_s 的大小，及在 A、B 兩點上垂直於鉸鏈 AB 軸的軸承作用力 F_A 與 F_B 的大小。

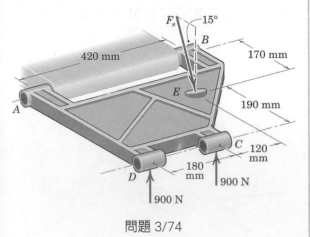

問題 3/74

3/75 SS　旋轉軸、連接臂與握桿銲接組裝成一體，整體重 28 kg，G 處為質量中心位置，旋轉軸在 A 與 B 處以軸承連結，並在 C 處有掛桿 CD 結合，避免轉動；計算握桿處施加 30 N-m 的力偶時，A 與 B 處軸承對轉軸產生的作用力。另外將力偶直接移到旋轉軸上，上述的結果會改變嗎？

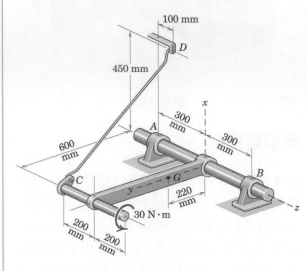

問題 3/75

3/76 在雙引擎飛機的測試期間，左邊引擎加速旋轉產生 2 kN 的推力。其中，將 B、C 兩個主輪予以制動以防止發生運動。試求 A、B 及 C 點上正向反力的改變量 (與兩個引擎皆熄火時的額定值做比較)。

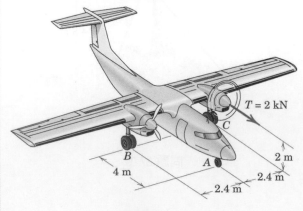

問題 3/76

3/77 忽略質量的彎曲桿 $ACDB$，A 端用套筒支撐，B 端用球接頭固定，計算在繩子上的張力及連接處的反作用力。

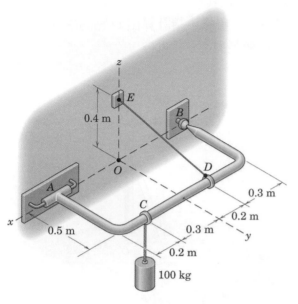

問題 3/77

3/78 忽略結構的重量，兩個伸縮器分別產生 T_1 張力等於 750 N 和 T_2 張力等於 500 N 的作用力，以防止結構旋轉，結構 O 處埋入地下，無法轉動也無法移動，計算在 O 處的反作用力及力矩。

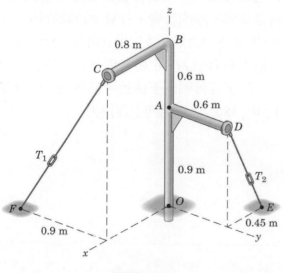

問題 3/78

3/79 SS 當機構在如圖所示的作用位置時，係數為 $k = 900$ N/m 的彈簧被拉伸 $\delta = 60$ mm 的距離。試計算繞鉸鏈軸 BC 產生初始旋轉所需的作用力 P_{min}，並求出垂直於 BC 軸之軸承作用力的大小。假如 $P = P_{min}/2$，D 處的正向反力為何？

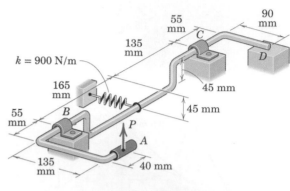

問題 3/79

3/80 考慮一個無線電控制模型飛機的方向舵。如圖所示在 15° 位置上，作用於矩形方向舵左面上的淨壓力為 $p = 4(10^{-5})$ N/mm^2。試求在控制桿 DE 中所需的作用力 P 值，與鉸接點 A、B 在平行於方向舵表面的水平反力分量。其中，假設氣動壓力 (aerodynamic pressure) 是均勻的。

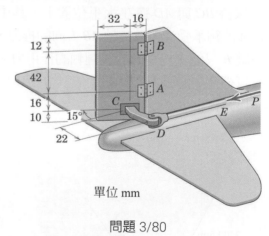

單位 mm

問題 3/80

3/81 長方形看板重 100 kg，中心位置恰好在看板的質量中心，兩條繩子繫在看板上，D 處的支撐僅限制 y 方向移動，另一支撐點 C 處作用類似球接頭方式支撐看板，計算兩條繩子的張力 T_1 與 T_2，C 處的整體作用力，D 處承受的橫向作用力 R。

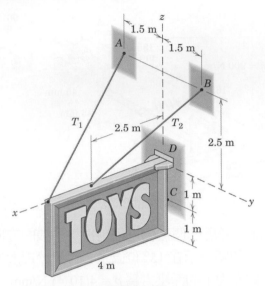

問題 3/81

3/82 質量為 40 kg 的均勻矩形平板 ABCD，其中使用鉸鏈將角 A 與 B 兩點固定於垂直表面上。而由 E 點連接至 D 點的細繩用以保持 BC 與 AD 邊在水平位置上。其中鉸鏈 A 能夠承受沿著鉸鏈軸 AB 方向的推力，而鉸鏈 B 只能支撐垂直於鉸鏈軸的作用力。試計算細繩中的張力 T 與藉由鉸鏈 B 所支撐的作用力大小 B。

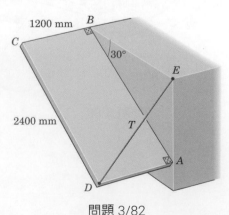

問題 3/82

3/83 圖中包含輸電纜的垂直平面對著垂直的電桿 OC 旋轉 30 度。張力 T_1 與 T_2 同為 950 N。電桿用 AD 與 BE 兩條鋼索拉住使其不會傾斜。假設兩條鋼索的張力可調整為同是 T，且在其作用下，在 O 點的扭矩減為 0。忽略電桿重量，請計算出 O 點的水平反作用力 O 與張力 T 的大小。

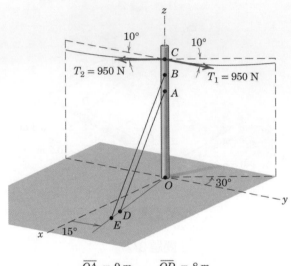

$\overline{OA}$ = 9 m	$\overline{OD}$ = 8 m
$\overline{OB}$ = 11 m	$\overline{OE}$ = 10 m
$\overline{OC}$ = 13 m	

問題 3/83

*3/84 已知 $0 \le \theta \le 180°$，彈簧彈力係數 k = 200 N/m，$\theta = 0$ 時彈簧未受力，忽略結構的質量與干涉的影響，計算並繪圖旋轉力臂 OA 所需要的力矩，並指出 θ 角在何數值時，有最大的力矩 M，C 處套環有止推軸承的功能，防止旋轉軸向下移動，另外也一併計算 $0 \le \theta \le 180°$ 時 C 處向上作用力。

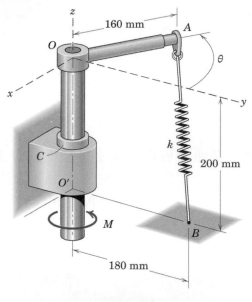

問題 3/84

3/5 第 3 章總複習

3/85 O 栓能支持的最大作用力爲 3.5 kN。能施加在托架 AOB 上的最大相對應負載 L 爲何？

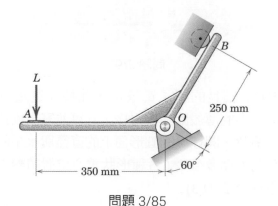

問題 3/85

3/86 輕托架 ABC 在 A 點鉸接且其滑槽被固定的 B 栓限制其運動。當施加 80 N-m 力偶時，計算 A 栓支撐力的大小 R。

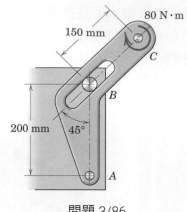

問題 3/86

3/87 試求質量 m、長度 L 的均質細長桿作用在垂直平滑牆面的正向力 N_A 的通式。圓柱的質量爲 m_1，且所有軸承爲理想軸承。試求當 (a)$N_A = mg/2$、(b)$N_A = 0$ 時的 m_1 值。

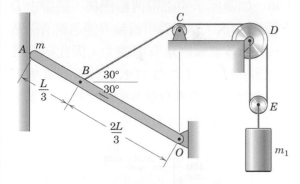

問題 3/87

3/88 直角三角形的均勻桌面重量 30 kg，每支桌腳重 2 kg，計算桌腳受到地板的支撐作用力爲多少？三角形桌面的中心位置參考附錄 D 的表 D/3。

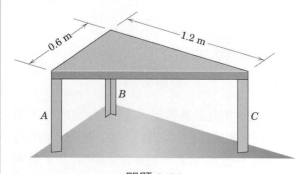

問題 3/88

3/89 在將壁板與水泥柱捆綁之前，圖示的機件可方便將壁板頂至定位。請估算出要將 25 kg 的壁板頂起所需施加的作用力 P，並說明你所作的假設。

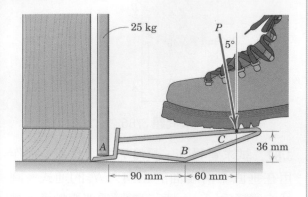

問題 3/89

3/90 如圖所示的磁帶傳輸機構，磁帶由 D 處張力 10 N，穿越導引滾輪等速進到消磁區 C，由於各滾輪軸承有摩擦力，因此磁帶最終離開的 E 處張力為 11 N，計算在 B 處，支撐彈簧所受的張力是多少？此機構為水平擺放，A 處是精密滾針軸承。

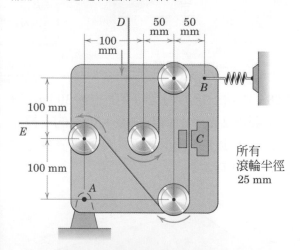

問題 3/90

3/91 圖中的工具常於木框組合完成後，用來將扭曲的組成木條調直。如果依圖示的方式在把手施加了 $P = 150$ N 的作用力。請求出其對已組好之木柱的 A 點與 B 點所加之正向作用力。忽略摩擦力。

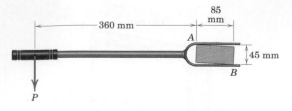

問題 3/91

3/92 交通看板與周圍支撐機構共重 300 kg，重心位置距離立柱左側 3.3 m，當風速 125 km/hr，平均風壓 700 Pa 作用在看板上面，計算對立柱產生的作用力與力矩大小。(此結果可作為設計立柱的底座強度參考)

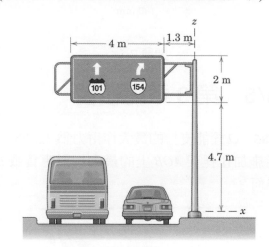

問題 3/92

3/93 細長的桿子質量 m_1，和接在質量 m_2 的一半的薄殼圓柱體邊緣，計算並寫出維持平衡時，圓柱體的圓形面上的直徑與水平的夾角 θ 為多少？(各種形狀重心位置請參考附錄 D 表 D/3)

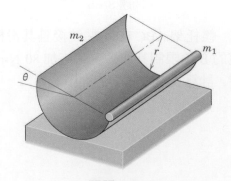

問題 3/93

3/94 曲形臂 *BC* 及附於其上的鋼索 *AB* 與 *AC* 支撐著一條處於垂直 *y-z* 平面上的輸電纜。在 *A* 點之上的絕緣子上，輸電纜的切線與水平的 *y* 軸成 15°。假設在絕緣子處輸電纜中的張力為 1.3 kN，請計算出電桿支架上之螺栓 *D* 所承受的作用力。相較於其它的作用力，曲形臂 *BC* 的重量可以忽略不計，並可假設螺栓 *E* 僅承受水平方向的作用力。

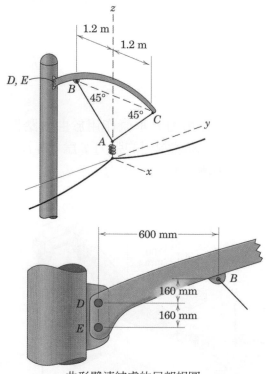

曲形臂連結處的局部視圖

問題 3/94

3/95 如圖所示的機構透過內部圓柱體 *D* 側邊的齒條和棘爪 *C* 配合，可做為調整和停止在任意高度的用途，如圖所示支撐平台上有荷重 *L* 向下，計算距離 *b* 應為多少？可使滾輪 *A* 與 *B* 的支撐作用力相同，平台重量與荷重 *L* 相比可以忽略不計。

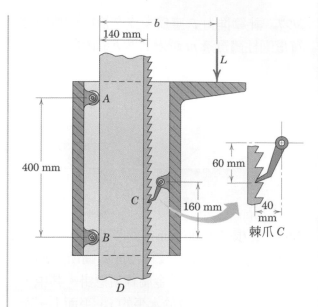

問題 3/95

3/96 如圖所示，一個大型對稱烘砂機由齒輪馬達驅動。如果砂的質量為 750 kg 且馬達的小齒輪 *A* 提供給 *B* 處垂直於接觸面的鐵桶齒輪之平均齒輪作用力為 2.6 kN，試求砂質心 *G* 距垂直中心的平均偏移量 $\bar{x}$。忽略所有滾輪的摩擦力。

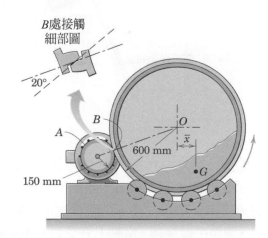

問題 3/96

3/97 計算推力 P 應為多少？恰可推動均勻質量圓柱體質量 m 越過高度 h 的障礙物。

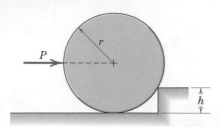

問題 3/97

3/98 三根長 1200 mm 的均質桿件，質量皆為 20 kg。這些桿件被銲接成如圖所示的結構，並被三條垂直的金屬線所懸掛。其中，桿件 AB 與 BC 皆位於水平的 x-y 平面上，而第三根桿件則平行於 x-z 平面。試計算每一條金屬線中的張力。

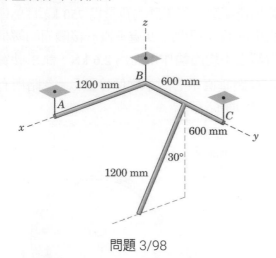

問題 3/98

3/99 **SS** 均勻的 15 kg 平板銲接在垂直軸，軸兩端安裝在 A 和 B 軸承，該軸不計重量，整體重量由 A 軸承支撐，C 到 D 處使用繩索固定，避免平板旋轉，當軸上方受到 120 N-m 力偶，計算 B 軸承支撐的力量大小。

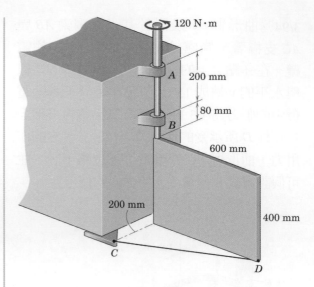

問題 3/99

3/100 當作用力 P 垂直作用於曲柄踏板上時，欲使垂直控制桿的張力 T 為 400 N。試求 A、B 兩軸承的反作用力。

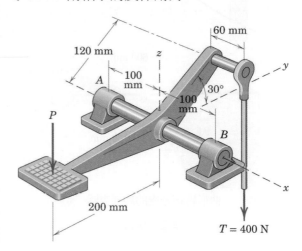

問題 3/100

3/101 滾筒與轉軸銲接成一體，共重 50 kg，中心在 G 處，當轉軸受到 120 N-m 力矩作用時，為避免滾動，使用繩索將繞住滾筒，另一端固定在平板 C 處，計算 A 與 B 處軸承支撐力的大小。

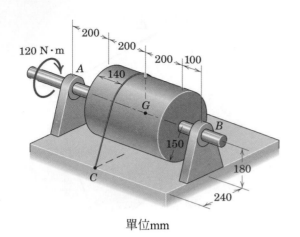

單位mm

問題 3/101

* 電腦導向例題

*3/102 試導出並畫出當 θ 的值在稍大於 0° 與稍少於 45° 之間作改變時，要讓圖中的均勻細長棒維持在平衡狀態下，所需的張力比 T/mg。細長棒的質量爲 m 且爲均勻的。

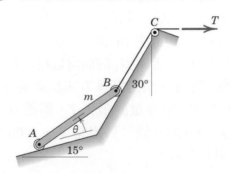

問題 3/102

*3/103 如圖所示的兩個交通號誌燈，以相等的間隔連接至 10.8 m 長的支撐鋼索上。試求此平衡架構的角度 α、β 與 γ，以及每一區間的鋼索張力。

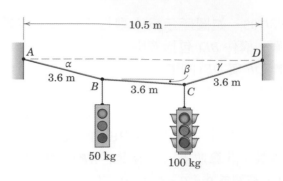

問題 3/103

*3/104 一位正在進行二頭肌訓練的運動員，上臂維持靜止，下臂以 O 爲旋轉點反覆擺動，已知運動角度 θ 範圍 $0 \le \theta \le 105°$，忽略手臂的重量，假設運動過程屬於慢速穩定，如圖所示手臂裡各位置定義的詳細構造圖，在所定義的運動角度範圍內，計算並繪圖二頭肌產生的張力 T_B，並闡述當 $\theta = 90°$ 時張力 T_B 的值。忽略手臂的重量，運動過程緩慢漸近。

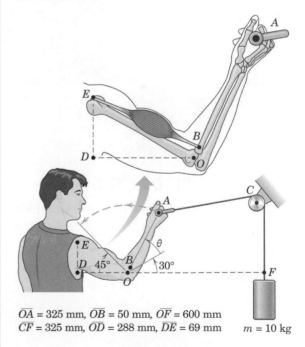

$\overline{OA} = 325$ mm, $\overline{OB} = 50$ mm, $\overline{OF} = 600$ mm
$\overline{CF} = 325$ mm, $\overline{OD} = 288$ mm, $\overline{DE} = 69$ mm
$m = 10$ kg

問題 3/104

*3/105 如圖所示爲小型挖土機的基本構架。構件 BE(包括液壓缸 CD、鏟斗控制連桿 DF 與 DE) 的重量爲 200 kg，質心位於 G_1 點上。其中鏟斗及其泥土負載的總重量爲 140 kg，質心位於 G_2 點上。爲揭示鏟斗操作的設計特性，試以構件 BE 的角度位置 θ 爲函數，計算並畫出在液壓缸 AB 中的作用力 T，範圍爲 $0 \le \theta \le 90°$。θ 值爲何時可使液壓缸 AB 中的作用力 T 爲零？在本題中 OH 爲固定構件，並注意 OH 的控制液壓缸 (未畫出) 是由 O 點附近延伸至銷件 I。同樣地，控制鏟斗的液壓缸 CD 亦保持一固定長度。

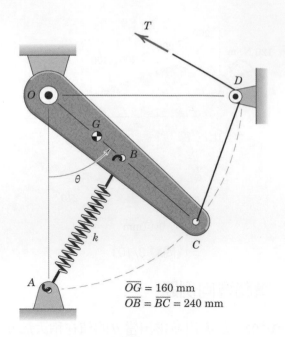

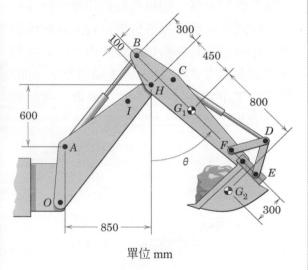

$$\overline{OG} = 160 \text{ mm}$$
$$\overline{OB} = \overline{BC} = 240 \text{ mm}$$

問題 3/106

單位 mm

問題 3/105

*3/106 1.5 kg 連桿 OC 的質心在 G 點，且彈簧常數 $k = 25$N/m 的彈簧在 $\theta = 0$ 時，恰好未拉伸。繪出 $0 \le \theta \le 90°$ 時，達成靜力平衡所需的張力 T，並求出 $\theta = 45°$ 和 $\theta = 90°$ 時，T 的值爲何？

*3/107 習題 3/83 的直立電桿、輸電纜及兩條支撐鋼索再出現於此。作爲設計研究的一部份，考慮下面的幾個條件：張力 T_2 是固定的 1000 N，其角度 10° 也是定值。T_1 的角度也固定爲 10°。但是 T_1 的值可以在 0 與 2000 N 之間作變化。請對每個 T_1 求出並畫出在鋼索 AD 與 BE 中等量的張力 T，與讓 O 點處之力矩爲 0 的 θ 值。列出當 $T_1 = 1000$ N 時的 T 與 θ 之值。

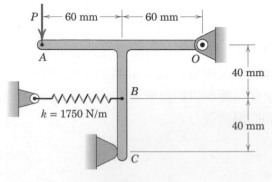

問題 3/107

*3/108 質量為 125 kg 的均勻長方體被拉索中的張力 T 保持在所示的任意位置。在範圍 $0 \le \theta \le 60°$ 內，確定並繪製以下數量作為 θ 的函數：T、A_y、A_z、B_x、B_y 和 B_z。點 A 處的鉸鏈無法產生軸向推力。假設所有鉸鏈力分量均在正座標方向上。點 D 處的摩擦可忽略。

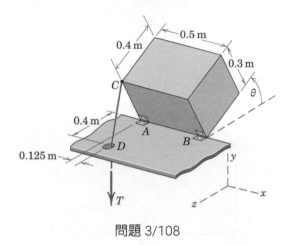

問題 3/108

Chapter 4　結構

* 電腦導向例題
▶ 深入題
SS 詳解請參考 WileyPLUS

4/1-4/3

基本問題

4/1 **SS**　計算每一根桿件受力的狀況,並解釋計算過程中為何與桿件長度無關。

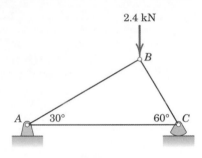

問題 4/1

4/2　計算受負載之桁架結構中,每根桿件的受力狀況。

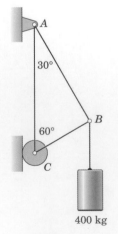

問題 4/2

4/3 **SS**　計算受負載之情況下,每根桿件的受力狀況。

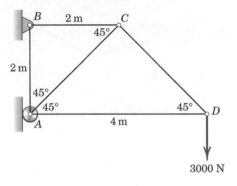

問題 4/3

4/4　計算受負載之桁架結構中 BE 與 BD 桿件的受力狀況。

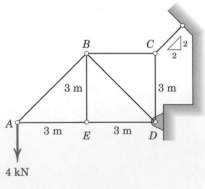

問題 4/4

4/5 計算受負載之桁架結構中，每根桿件的受力狀況。

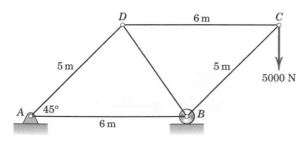

問題 4/5

4/6 計算受負載之桁架結構中，BE 與 CE 桿件的受力狀況。

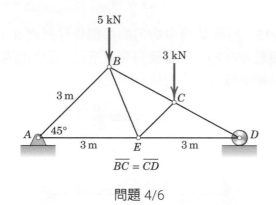

問題 4/6

4/7 **SS** 計算所負載之情況下，每根桿件的受力狀況。

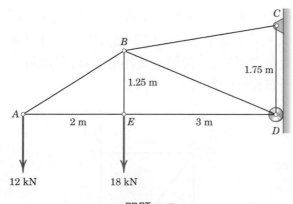

問題 4/7

4/8 計算受負載之桁架結構中，每根桿件的受力狀況。

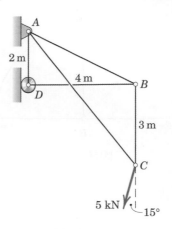

問題 4/8

4/9 試求負載桁架中，每一根桿件的受力。利用桁架與負載的對稱性。

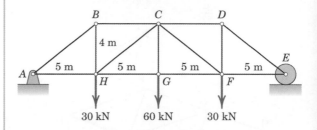

問題 4/9

4/10 若桁架結構中，各桿件可承載最大拉力為 24 kN，最大壓力為 35 kN，計算此桁架最大可安全吊掛的物體重量。

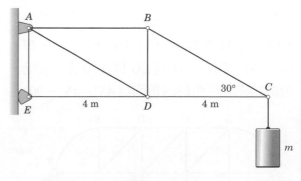

問題 4/10

4/11 試求出受負載的桁架中桿件 *AB*、*BC* 和 *BD* 的受力。

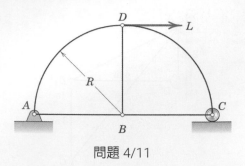

問題 4/11

典型實例

4/12 如圖所示的吊橋，藉由鋼索 *EI* 的作用而被拉高。其中，四個接點負載來自橋樑重量。試求桿件 *EF*、*DE*、*DF*、*CD* 及 *FG* 中的受力。

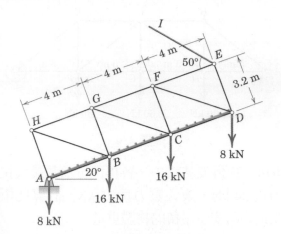

問題 4/12

4/13 計算受負載之桁架結構中 *BJ*、*BI*、*CI*、*CH*、*DG*、*DH* 與 *EG* 桿件的受力狀況，桁架結構中三角形內角均為 $45° - 45° - 90°$。

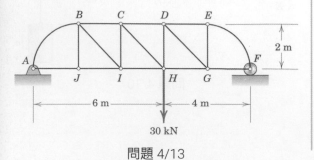

問題 4/13

4/14 計算受負載之桁架結構中 *BC* 與 *BG* 桿件的受力狀況。

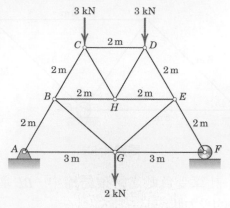

問題 4/14

4/15 桁架結構中均勻的每根桿件長度 8 m 重量 400 kg，計算受自身重量已引起的桁架結構中每根桿件的受力狀況。

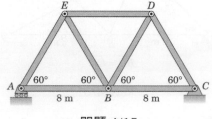

問題 4/15

4/16 如圖所示的長方形構架，是由四根圍繞四周的二力桿件與兩條繩索 *AC* 及 *BD* 組成，其中繩索無法支撐壓縮力作用。計算當負載作用於 (a) 位置，及作用於 (b) 位置時，所有桿件的受力。

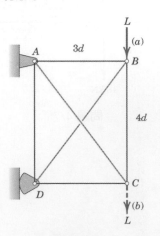

問題 4/16

4/17 計算受負載之桁架結構中 *BI*、*CI* 與 *HI* 桿件的受力狀況，桁架結構中三角形內角均為 30° – 60° – 90°。

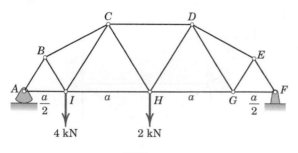

問題 4/17

4/18 可抵擋水平強風 4 kN 吹襲的看板桁架，若風力的 5/8 集中作用在 *C* 處，其餘平均分配在 *D* 與 *B* 處，計算桿件 *BE* 與 *BC* 桿件的受力狀況。

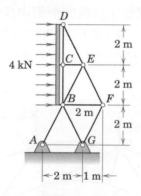

問題 4/18

4/19 計算受負載之桁架結構中 *AB*、*CG* 與 *DE* 桿件的受力狀況。

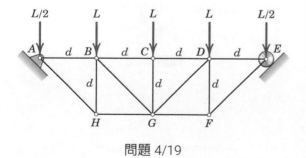

問題 4/19

4/20 如圖所示的 Pratt 屋頂桁架，桁架上層的接點受到屋頂積雪的負載作用力。其中忽略任何在支座上的水平反力，試計算所有桿件受力。

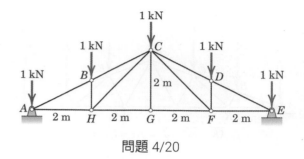

問題 4/20

4/21 承習題 4/20 的負載，現作用於 Howe 屋頂桁架。其中忽略任何在支座上的水平反力，試計算所有桿件受力。並與習題 4/20 的計算結果相比較。

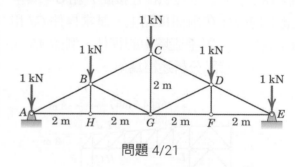

問題 4/21

4/22 計算受負載之桁架結構中，每根桿件的受力狀況。

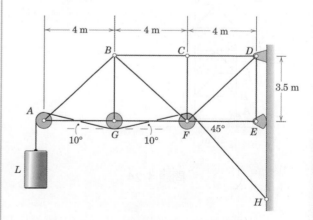

問題 4/22

4/23   在支撐處的水平反作用力忽略不計，連結點 E 與 F 剛好等分 $\overline{DG}$ 桿件成為三段，計算如圖受外力作用下 EH 和 EI 桿件的受力狀況。

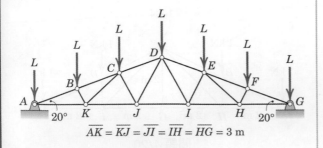

$$\overline{AK} = \overline{KJ} = \overline{JI} = \overline{IH} = \overline{HG} = 3 \text{ m}$$

問題 4/23

4/24   在火箭升空之前，此 72 m 的結構提供了各種支撐的功能。在一次測試中，一個 18 Mg 的質量塊懸掛在接點 F 和 G，其重量平均分佈在兩個接點上。試求桿件 GJ 和 GI 的受力。對垂直塔中的桿件，例如 AB 或 KL，你的接點分析途徑為何？

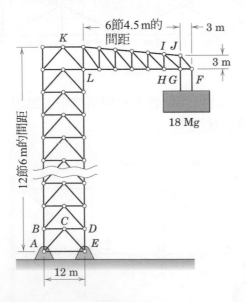

問題 4/24

4/25   矩形結構由四根二力桿件所構成，另外兩條纜繩 AC 與 BD 掛載於結構內，以支撐壓縮負載，計算外力 L 若在 (a) 與 (b) 處施加時，各桿件的受力狀況。

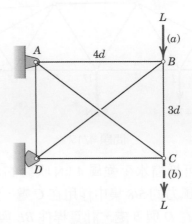

問題 4/25

▶**4/26**   試求受了負載的桁架中桿件 CG 的受力。假設 A、B、E 和 F 四個位置的外部反作用力大小相等且方向均垂直於各自支承所在的表面。

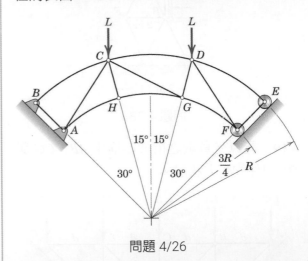

問題 4/26

4/4

基本問題

4/27 SS 試求桿件 CG 的受力。

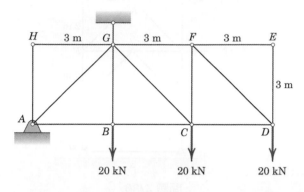

問題 4/27

4/28 計算受負載之桁架結構中 AE 桿件的受力。

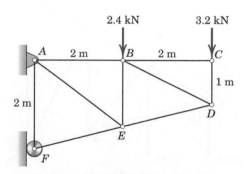

問題 4/28

4/29 計算受負載之桁架結構中 BC 與 CG 桿件的受力。

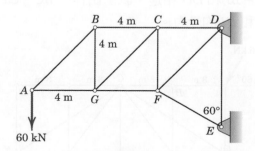

問題 4/29

4/30 試求出對稱負載的桁架中桿件 CG 和 GH 的受力。

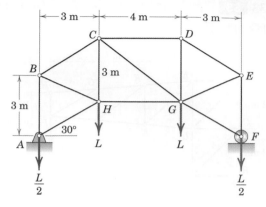

問題 4/30

4/31 試求出受負載的桁架中桿件 BE 的受力。

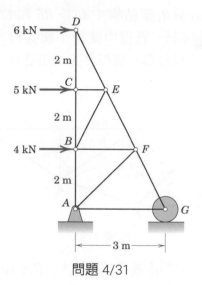

問題 4/31

4/32 計算受負載之桁架結構中 BE 桿件的受力。

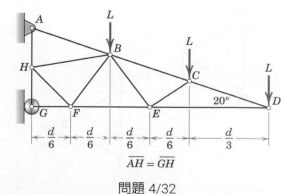

問題 4/32

典型實例

4/33 SS　計算桁架結構中 *DE* 與 *DL* 桿件的受力狀況。

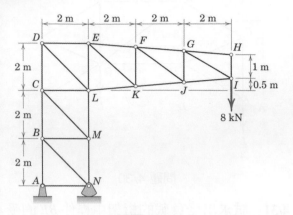

問題 4/33

4/34　計算桁架結構中 *BC*、*BE* 和 *EF* 桿件的受力狀況，過程中使用平衡方程式的方法，一次只計算一根桿件的未知受力。

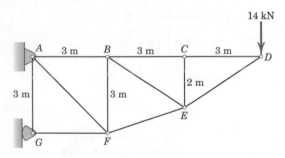

問題 4/34

4/35　此桁架由邊長為 *a* 的正三角形所組成，支承與負載如圖所示。試求出桿件 *BC* 和 *CG* 的受力。

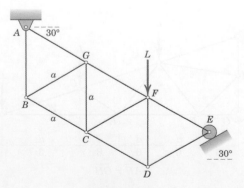

問題 4/35

4/36　試求對稱型負載桁架中，*BC* 與 *FG* 桿件的受力。試證明能以一截面與兩個方程式來計算，其中，每一個方程式僅含有一個未知力。底座支撐的靜不定有無影響結果？

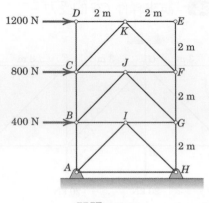

問題 4/36

4/37　計算桁架結構中 *BF* 桿件的受力狀況。

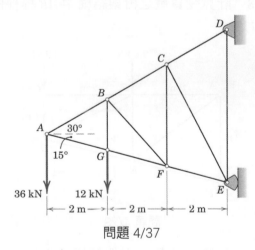

問題 4/37

4/38　受負載的桁架中桿件 *CJ* 和 *CF* 並不與桿件 *BI* 和 *DG* 相連。試求出桿件 *BC*、*CJ*、*CI* 和 *HI* 的受力。

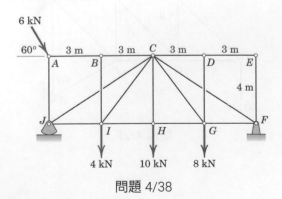

問題 4/38

4/39 SS 計算桁架結構中 *CD*、*CJ* 和 *DJ* 桿件的受力狀況。

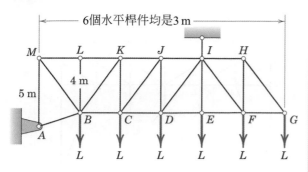

問題 4/39

4/40 鉸支的框架 *ACE* 與 *DFB* 分別由鉸桿 *AB* 與 *CD* 連接著。兩鉸桿交叉通過，但並未連接。試求出桿件 *AB* 的受力。

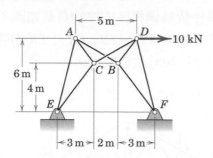

問題 4/40

4/41 桁架由 45° 的直角三角形組成。在桁架中間的兩節間使用的交叉桿件爲細長的拉桿 (tie rods)，不能承受壓縮力作用。保留其中兩根承受張力作用的桿件，並計算其張力大小及桿件 *MN* 的受力。

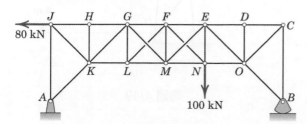

問題 4/41

4/42 試求出受負載的桁架中桿件 *BE* 的受力。

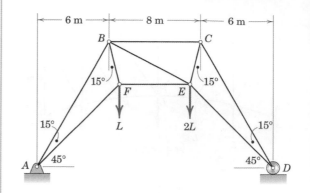

問題 4/42

4/43 SS 計算受負載之桁架結構中，*BF* 桿件的受力狀況與習題 4/22 重複。

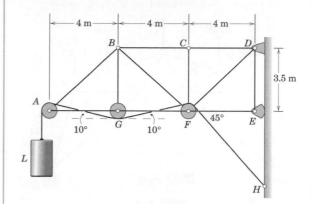

問題 4/43

4/44 不計算其他的桿件的受力情況下，直接計算 *CB*、*CG* 和 *FG* 桿件的受力狀況。

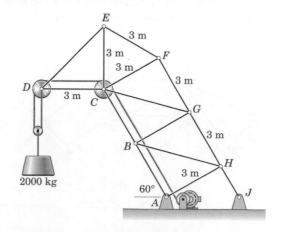

問題 4/44

4/45 計算對稱型桁架受力作用時，*GK* 桿件的受力狀況。

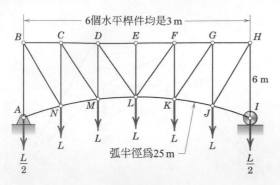

問題 4/45

4/46 試求拱形屋頂桁架中，*DE*、*EI*、*FI* 及 *HI* 桿件的受力。

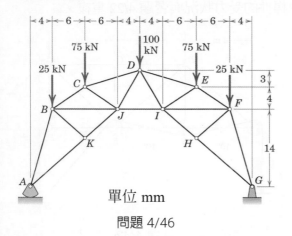

單位 mm

問題 4/46

4/47 重新回答習題 4/26，試求出受負載的桁架中桿件 *CG* 的受力。*A*、*B*、*E* 和 *F* 四個位置的外部反作用力大小相等且方向均垂直於各自支承所在的表面。

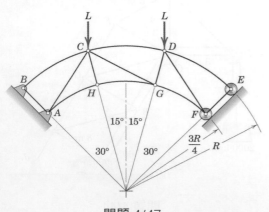

問題 4/47

▶4/48 計算高架型桁架受力作用時，*DK* 桿件的受力狀況。

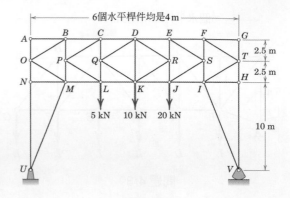

問題 4/48

▶4/49 輸配線電塔的設計模型如圖所示。其中，構件 *GH*、*FG*、*OP* 及 *NO* 為絕緣電纜，其餘構件皆為鋼桿。支撐的負載如圖所示，試計算桿件 *FI*、*FJ*、*EJ*、*EK* 及 *ER* 的受力。可結合使用接點法與截面法。

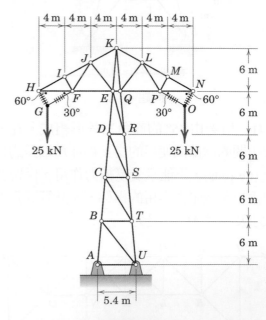

問題 4/49

▶**4/50** 試求複合桁架中，桿件 *DG* 的受力。其中，所有的接點皆位在間隔 15° 的半徑線上，且彎曲桿件等效二力構件。距離 $\overline{OC} = \overline{OA} = \overline{OB} = R$。

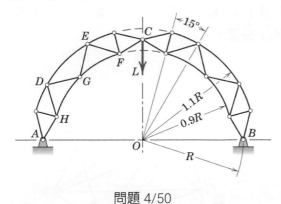

問題 4/50

4/5

4/51 如圖所示為汽車的車身頂架，其基座形成邊長為 250 mm 的等邊三角形，而三角形的中心在套環的下方。將此結構模擬成所有接點皆為球窩接頭，試求桿件 *BC*、*BD* 及 *CD* 的受力。其中，忽略腳座 *B*、*C* 及 *D* 下任何水平反力。

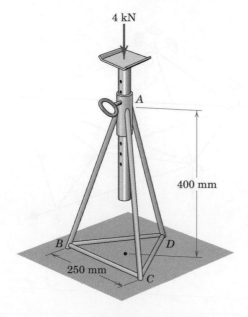

問題 4/51

4/52 試求 *AB*、*AC* 及 *AD* 桿件的受力。

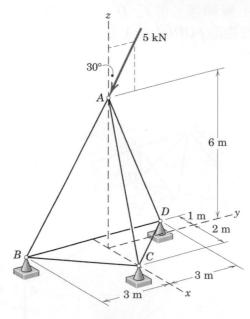

問題 4/52

4/53 計算如圖所示桁架受力作用時，*CF* 桿件的受力狀況。

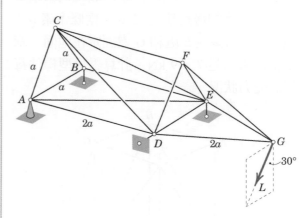

問題 4/53

4/54 圖示的結構被考慮用來當作傳輸線塔的上層結構，由 F、G、H 及 I 點支承。C 點在矩形 $FGHI$ 的正上方。試求 CD 桿件的受力。

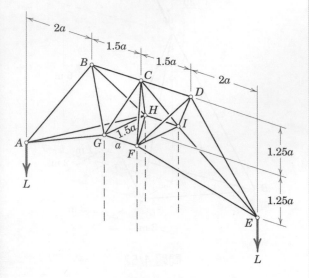

問題 4/54

4/55 長方體的空間桁架高 16 m，如果上下的正方形處的邊長都是 12 m；兩條牽索（或纜繩）分別繫從 E 處和 G 處固定在地面，牽索上的張力是 $T = 9$ kN，計算對角型桿件每根的受力狀況。

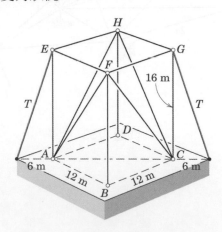

問題 4/55

4/56 如圖所示的空間桁架中，請檢查桁架的支承是否足夠，及桿件的數目和排列是否為一內部與外部均為靜定的結構。檢查的同時，試求出桿件 CD、CB 和 CF 的受力。計算出桿件 AF 的受力以及 D 點桁架反作用力的 x 分量。

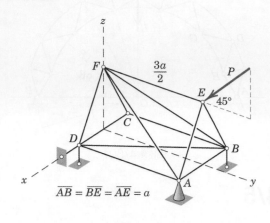

問題 4/56

4/57 立體型桁架受力作用時，先檢查周圍的固定方式與桿件數量是否可以維持桁架的靜定特性 (static determinacy)，計算 AE、BE、BF 和 CE 桿件的受力狀況。

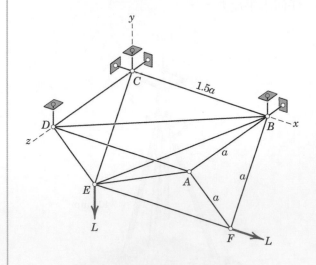

問題 4/57

4/58 底部為正方形的金字塔型結構,計算 *BD* 桿件的受力狀況。

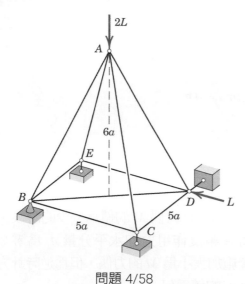

問題 4/58

4/59 試求出桿件 *AD* 和 *DG* 的受力。

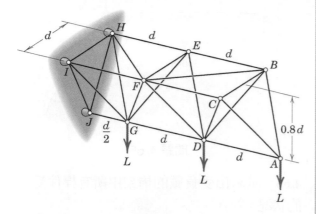

問題 4/59

4/60 如圖所示,角錐形桁架的 *BCDEF* 部分係對稱於 *x-z* 平面的。其中,繩索 *AE*、*AF* 及 *AB* 共同支撐 5 kN 的負載。試求桿件 *BE* 的受力。

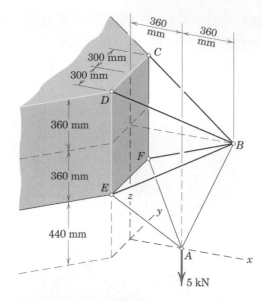

問題 4/60

4/61 如圖所示,空間桁架被牢固在 *A*、*B* 與 *E* 處的固定承座上,並且承受負載 *L* 的作用,其中 *L* 在 *x* 及 *y* 兩方向的分量大小相同,但沒有垂直 *z* 方向的分量。試指出此桁架有足夠的桿件以確保內部穩定,且在此要求下桿件的配置亦為適當。另求解桿件 *CD*、*BC* 及 *CE* 的受力。

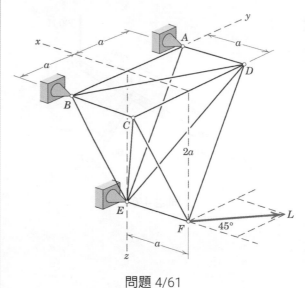

問題 4/61

363

4/62　如圖所示，一個空間桁架由具六個對角桿件的立方體組成。證明此桁架內部穩定。若桁架沿著對角線 *FD* 在 *F*、*D* 兩點受到壓縮力 *P* 的作用，試求出桿件 *EF* 和 *EG* 的受力。

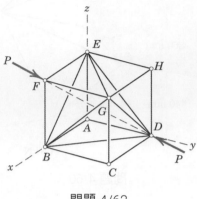

問題 4/62

4/6

基本問題

4/63　如圖所示結構受力作用時，計算所有銷的受力。

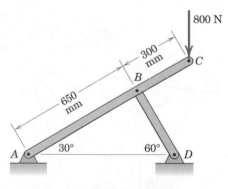

問題 4/63

4/64　計算 *CD* 桿件作用在 *C* 處銷的力。

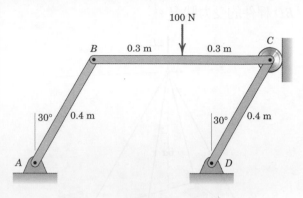

問題 4/64

4/65　順時針力偶 *M* 的值為多少的時候，會使得 *A* 銷反作用力的水平分量 A_x 為零？若同樣施加大小為 *M* 的力偶，但為逆時針方向時，A_x 的值為何？

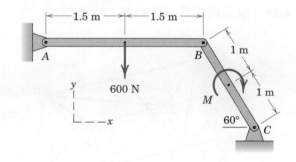

問題 4/65

4/66　試求出受負載的構架中所有桿件受力的狀況。

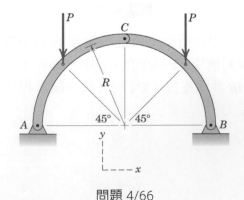

問題 4/66

4/67 SS 計算 A 處的銷的受力大小。

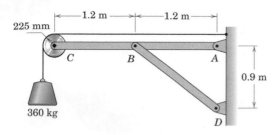

225 mm · 1.2 m · 1.2 m · 0.9 m · 360 kg · C · B · A · D

問題 4/67

4/68 結構吊掛 3000 kg 均勻的鋼梁，一處在 E，另一處在 D，不計結構自身重量，計算 A、B 與 C 三處的銷的受力。

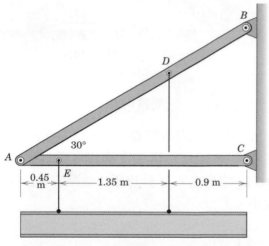

B · D · $30°$ · A · C · 0.45 m · E · 1.35 m · 0.9 m

問題 4/68

4/69 SS 尖咀鉗可在 A 處剪裁或在 B 處夾持物體，以施力 F 來表示計算 (a)A 處的剪裁力，(b)B 處的夾持力，另外，也要一併計算 O 點的銷的受力。計算過程忽略夾爪的變形。

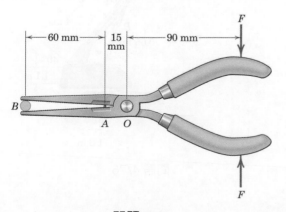

60 mm · 15 mm · 90 mm · F · B · A · O · F

問題 4/69

4/70 計算如圖所示的結構中，銷連接 B 處受力大小。

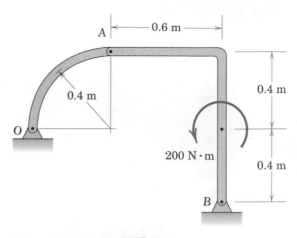

A · 0.6 m · 0.4 m · 0.4 m · O · 200 N·m · 0.4 m · B

問題 4/70

4/71 汽車保險桿起重機被設計用來支撐向下 4000 N 的負載。先繪製自由體圖，然後求出輪支承 C 的作用力。注意滾輪支承 B 並不與垂直柱接觸。

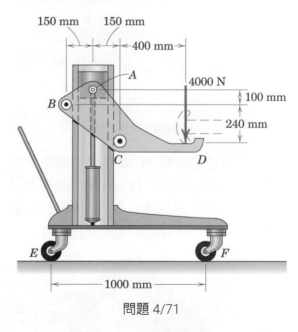

150 mm · 150 mm · 400 mm · A · 4000 N · B · 100 mm · 240 mm · C · D · E · F · 1000 mm

問題 4/71

4/72 試求出作用於銷件 D 的作用力。已知銷件 C 固定於 DE 上且經由光滑的狹縫掛著三角形板。

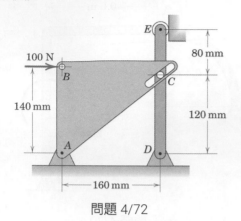

問題 4/72

4/73 施力 90 N 在夾鉗的握把處,計算夾鉗前端開口處作用在圓棒上的正向力 N,另計算夾鉗上在 O 處出銷連接處作用力。

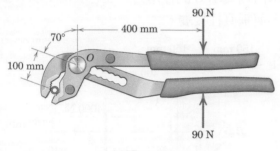

問題 4/73

4/74 卡鉗透過旋轉 BC 螺桿機構轉換,前端的兩個夾爪上產生一對 200 N 的壓縮力量作用在木板上,計算作用在 BC 螺桿的力量大小,另外計算銷連接 D 處的反作用力。

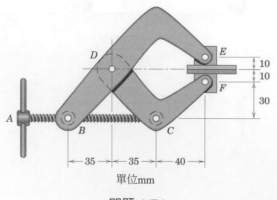

單位mm

問題 4/74

4/75 輪胎防滑器可避免停車在斜坡時車子會發生滑動,計算防滑器上 C 處銷需要承受的作用力 P 大小。(備註:地面上的摩擦力充足,可阻擋防滑器移動)

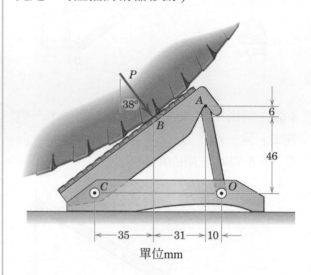

單位mm

問題 4/75

4/76 升降機的舉臂 OC 質量為 800 kg 中心在 G_1 點,工作台再加上操作者質量總和為 300 kg 中心在 G_2,計算單一油壓缸輸出力量大小。

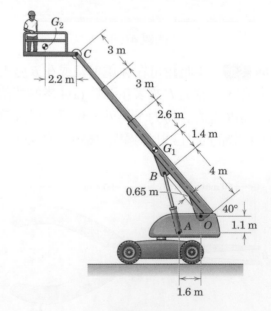

問題 4/76

4/77 **SS** 如圖所示的可摺疊式雙面鋸，其蝶形螺帽被旋緊直到桿件 *AB* 的張力爲 200 N。試求鋸片 *EF* 中的受力，與銷件 *C* 所支撐的作用力大小 *F*。

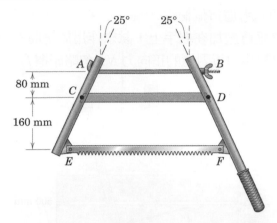

問題 4/77

4/78 試求施加在 *S* 的剪切力 *F*，請以施加在工具剪的作用力 *P* 型態表示。

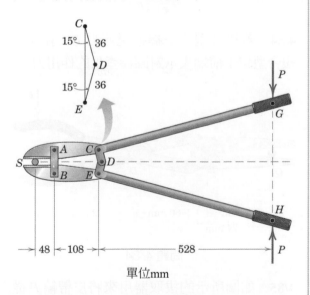

單位mm

問題 4/78

4/79 一對 80 N 的力施加在小型打孔機的把手上。*A* 點滑塊和其下方的插槽之間的摩擦力可以忽略。忽略彈簧 *AE* 微小的回彈力，試求施加在孔上的壓縮力 *P*。

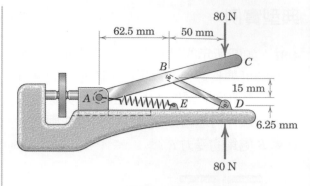

問題 4/79

4/80 如圖所示爲腳踏車中心式煞車的元件。兩個煞車臂可以對 *C* 點和 *D* 點的固定樞紐自由旋轉 (支承的托架不在圖中)。如果 *H* 點煞車線的張力 *T* = 160 N，試求煞車片 *E*、*F* 施加在輪上的正向力。

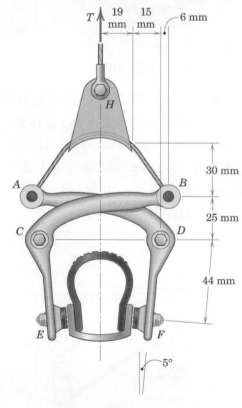

問題 4/80

367

典型實例

4/81 如圖所示的雙夾型夾具具備垂直與水平方向可調整螺桿，以提供精確充足的夾持力，若垂直向的螺桿產生 3 kN 夾持力之後，水平向螺桿再繼續鎖緊讓挾持力變成兩倍，計算 B 處銷的受力 R。

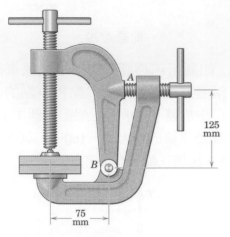

問題 4/81

4/82 移動式起重機的延伸支架被設計用來吊運船貨。AB 樑的質量為 8 Mg 且其重心在樑中點。檔 BC 的質量為 2 Mg，其質心距離 C 端點 5 m。2000 kg 的運輸滑車 D 對呈載纜線對稱。當負載 $m = 20$ Mg 時，試求 A 點軸承支持力的大小。

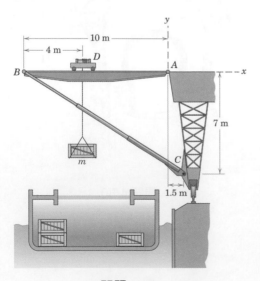

問題 4/82

4/83 如圖所示，這個裝置是用來把彎如弓的木板弄直，然後將木板釘牢而固定於欄柵上。其中，在 A 點處有一個固定托架 (未畫出)，其用來固定 OA 構件部份於欄柵。因此，可以考慮這個樞軸 A 為固定。若已知作用力 P 垂直施加在把手上，試求作用於彎曲木板 B 點處附近對應的正向力 N。忽略摩擦力。

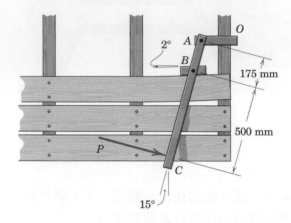

問題 4/83

4/84 若複合型鉗子握把處施力 P，計算在複合型鉗子前端夾爪對圓棒產生的作用力。

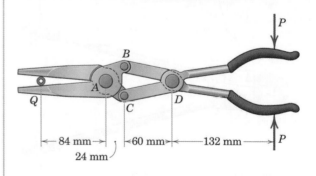

問題 4/84

4/85 如圖所示的拔取器用來將皮帶輪 P 從緊配合的傳動軸 S 取下，當拔取器中心處的螺桿產生 1.2 kN 向下的壓力，皮帶輪 P 開始移動，計算兩側夾爪 (例如右側夾爪的 A 處) 對皮帶輪 P 產生的向上作用力？(備註：D 處調整螺絲用以確保夾爪臂與中心處螺桿的平行)

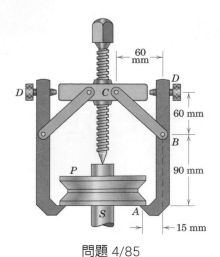

問題 4/85

4/86 一對 120 N 的力施加在壓接器的手把處，計算在前端夾爪 G 處的力量。

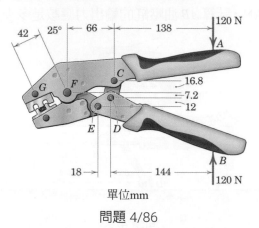

單位mm

問題 4/86

4/87 救生顎夾 (jaws-of-life) 被救援人員用來撬開失事殘骸，協助事故遇難者脫困。如果面積 13(10³) mm² 的活塞產生 55 MPa 的壓力，試求在圖示位置下兩顎尖端垂直作用於殘骸的作用力 R。注意，連桿 AB 與其相對連桿於圖中位置皆位於水平。

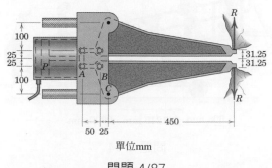

單位mm

問題 4/87

4/88 使用 250 N 的力量踩踏打氣筒 A 處，此刻狀態下復歸彈簧已經產生 3 N-m 的力矩，在 OBA 桿件上計算 BD 汽缸此刻壓縮力 C，如果汽缸活塞直徑 45 mm，估算氣壓壓力是多少？有任何解題過程的假設也一併敘述。

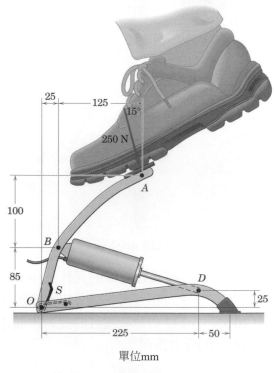

單位mm

問題 4/88

4/89 試計算舉重鉗中，連桿 AB 的受力。其中，互相交叉的構件並未接觸。

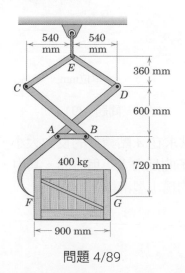

問題 4/89

4/90 80 kg 重的排氣門板，中心位置在 *G* 處，利用施加在連桿 *AB* 上的力矩 *M* 將門板打開 30°，已知連桿 *AB* 與門板 *OD* 平行計算 *M* 的大小。

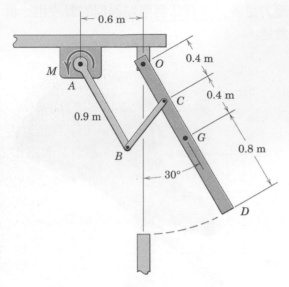

問題 4/90

4/91 圖示為地板式起重機的元件部份。圖形 *CDFE* 為一平行四邊形。試算出對應於所示的 10 kN 的支撐負載液壓缸的受力。而連接桿 *EF* 中的受力為何？

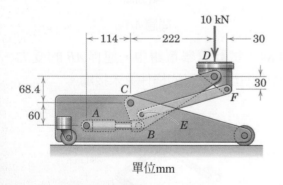

單位mm

問題 4/91

4/92 試求在 *A* 點銷件的反力大小，並且計算兩滾子的反力大小與方向。其中，在 *C* 與 *D* 點上的為小型滑輪。

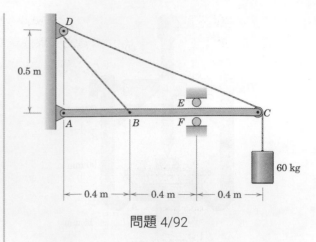

問題 4/92

4/93 SS 汽車後兩輪在升降檯上，升降檯重量可忽略，*BCD* 零件為 90 度彎角的桿件，以 *C* 處鎖在平檯，若汽車後兩輪重量為 6 kN，計算 *AB* 油壓缸的輸出力應該是多少？

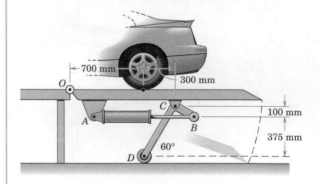

問題 4/93

4/94 活動梯用來讓旅客登上小型通勤客機。梯子與 6 位旅客的總質量為 750 kg，質心位於 *G* 點。試求出液壓缸 *AB* 的受力與銷件 *C* 上反作用力的大小。

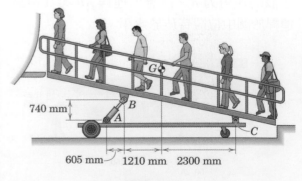

問題 4/94

4/95 圖中的手提擠壓器在類似擠壓鉚釘或是打孔的工作中，非常的方便。當 60 N 的力加於把手時，位於 E 點的金屬片所受的力 P 為何？

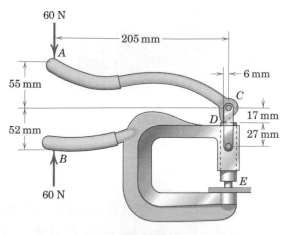

問題 4/95

4/96 圖示的卡車用來將食物輸送給飛機。升降機的部份重 1000 kg，其重心位於 G 點。試求出液壓缸 AB 中所需要的作用力。

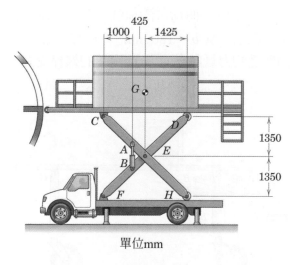

單位mm

問題 4/96

4/97 圖示的機器常用在建築工地中搬動像磚塊架之類的重物。在所示之水平桿的位置下，請求出 AB 處的兩個液壓缸中，每個的受力。水平桿的質量為 1500 kg，其質心位於 G_1，而磚塊堆的質量為 2000 kg，其質心位於 G_2。

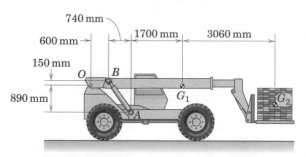

問題 4/97

4/98 圖示為問題 4/97 中的叉架部份的詳細尺寸說明。請求出單一液壓缸 CD 的受力。磚塊堆的質量為 2000 kg，其質心位於 G_2。你可以忽略叉架元件的質量所加的影響。

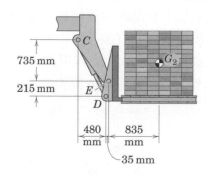

問題 4/98

4/99 施力 P，計算夾鉗在 E 處產生的垂直夾緊力。

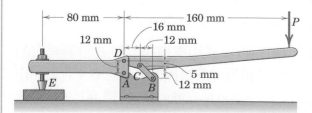

問題 4/99

4/100　如圖所示，木材起重機正處於一特別的位置，*AF* 和 *EG* 檔互成直角且 *AF* 與 *AB* 垂直。若起重機正搬運 2.5 Mg 的圓木，試求 *A* 點和 *D* 點銷件在此位置因木材重量所提供的支持力。

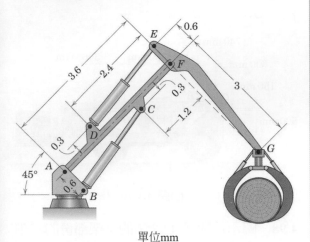

單位mm

問題 4/100

4/101 SS 　圖示的機件是用來在倉庫的地板上拖動裝上物品的木製棧板。圖中的木板是組合棧板底座的許多元件中的一塊。對於拖車叉架所施加 4 kN 的作用力，請求出銷件 *C* 的受力與在 *A* 點與 *B* 點上之正向夾力。

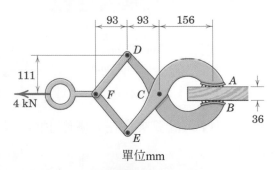

單位mm

問題 4/101

4/102　按壓式切換機的上顎 *D* 沿著固定的垂直柱滑動，其摩擦力可以忽略。若施加作用力 *F* = 200 N 在 θ = 75° 的把手上，試求施加在圓柱 *E* 的壓縮力 *R* 以及 *A* 點銷件的支撐力。

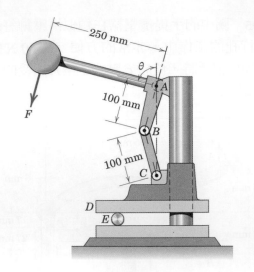

問題 4/102

4/103　如圖所示是一部具備可傾斜的台車側視圖，台車上的平台一端以銷接在 *G* 處，另外一端鎖付在 *O* 處，*O* 處下方有使用連桿機構設計的 (剪刀型機構) 透過搖臂旋轉螺桿改變 *C* 和 *D* 之間距離，可產生高度的改變。若此機構與平台中心線重疊，當平台在水平的時候擺放一個均勻的 50 kg 貨物放在平台中心線上，當 *b* = 180 mm；θ = 15°，計算 *E* 銷所受的力量與在 *C* 及 *D* 兩端的螺桿受力。

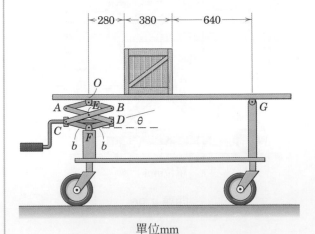

單位mm

問題 4/103

4/104 圖示爲一輛前輪驅動車的後方懸吊系統。如果一個大小爲 3600 N 的正向作用力 F 施加於輪胎時，請求出每一節點上的受力。

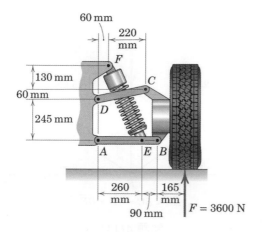

問題 4/104

4/105 如圖所示爲小卡車的雙軸懸吊系統。中央構架 F 的質量爲 40 kg，每一個輪胎與其連桿的質量爲 35 kg，質心則距垂直中心線 680 mm。當 L = 12 kg 的負載傳遞到構架 F 上時，試求 A 點銷件所受的總剪力。

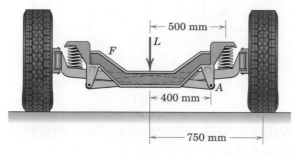

問題 4/105

4/106 當罐頭壓扁機位在如圖所示的位置時，受到 P = 50 N 的力量作用，試求施加在罐頭上的壓縮力 C。其中 B 點位於罐頭底部的中心點上。

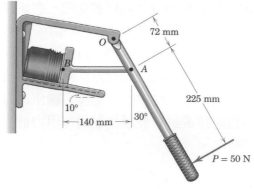

問題 4/106

4/107 **SS** 在圖示的位置上，試求出液壓缸 AB 中的作用力與銷件 O 上的反作用力。鏟斗及其中的負載物的總重量爲 2000 kg，而重心位於 G 點。可忽略其它元件的重量影響。

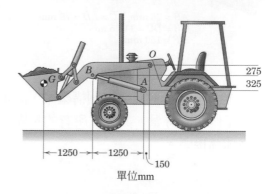

問題 4/107

4/108 考慮題目 4/107 中前面承載部份的詳尺寸，試求出液壓缸 CE 中的作用力。鏟斗及其中的負載物的總重量爲 2000 kg，而重心位於 G 點。可忽略其它元件的重量影響。

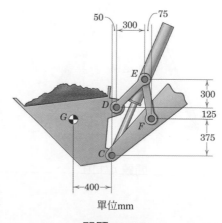

問題 4/108

4/109　具有柱形鋸片的修剪機構,在如圖所示的位置上剪斷樹枝 S。當在如圖所示的特定位置上時,施力繩索的張力為 120 N 且平行於木桿。試求藉由切割刀具施加在樹枝上的剪力 P,與 E 點銷件所支撐的總作用力。輕質復原彈簧對 C 點所施加的作用力很小,可忽略之。

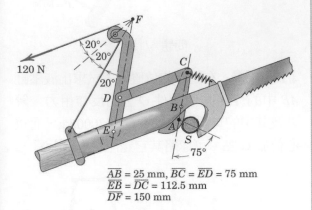

$$\overline{AB} = 25 \text{ mm}, \overline{BC} = \overline{ED} = 75 \text{ mm}$$
$$\overline{EB} = \overline{DC} = 112.5 \text{ mm}$$
$$\overline{DF} = 150 \text{ mm}$$

問題 4/109

4/110　在如圖所示的負載空間構架中,試求 A 處的反作用力分量。其中,所有的接點皆可視為球窩接頭。

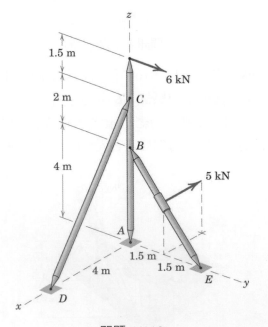

問題 4/110

4/7　第 4 章總複習

4/111　試求出受負載之桁架中,每一桿件所承受的力。

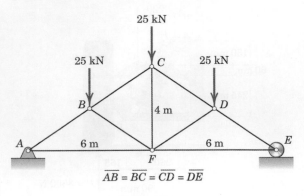

$$\overline{AB} = \overline{BC} = \overline{CD} = \overline{DE}$$

問題 4/111

4/112　計算受力矩之桁架結構中,桿件 CH 和 CG 的受力狀況。

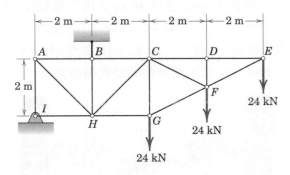

問題 4/112

4/113　計算受力矩之桁架結構中,所有桿件的受力狀況。

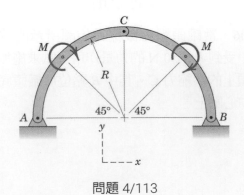

問題 4/113

4/114 橋樑是屬於桁架結構的設計，當進行受承載時是否安全 (挫曲分析)，假設桁架結構中，垂直型桿件可承受最大壓力 525 kN；水平型桿件可承受最大壓力 300 kN；對角型桿件可承受最大壓力 180 kN，計算在安全使用情況下，外力 L 的最大值可以到多少？

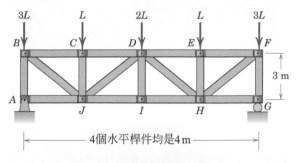

問題 4/114

4/115 樹樁研磨機 (將樹被砍下來之後的樹根表面研磨)，除了油壓缸 DF 與 CE 舉臂重量不計之外，整組機台的重量 300 kg，中心在 G 處，B 輪可自由轉動，如圖所示的狀態，連桿 CE 呈現水平，研磨盤鋸切樹根的作用力 **F** 為 400 N，計算油壓缸的出力 P，C 銷的受力大小。以二維方式計算此題。

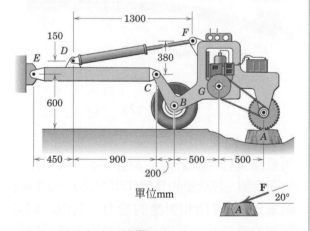

問題 4/115

4/116 所有負載的桁架中二力桿件的長度都相同。桿件 BCD 為剛體樑。試以負載 L 表桿件 BG 和 CG 的受力。

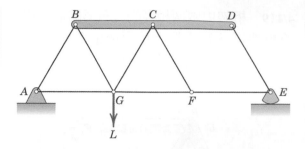

問題 4/116

4/117 可藉由在 B 處之連桿 BC 上施加一力矩 M 而使飛機的鼻輪組件抬高。如果組件之桿臂與機輪 AO 的總重量為 50 kg，並且重心位於 G 點上。試求當 D 位於 B 正下方 (此位置之 θ 為 30°) 時，所需施加的 M 值為何。

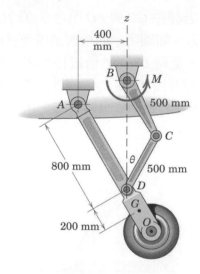

問題 4/117

4/118 試求受負載之桁架中，桿件 CH、AH 與 CD 所承受的力。

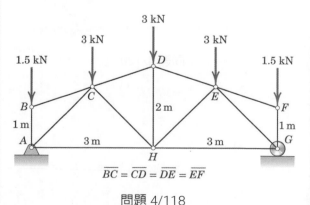

問題 4/118

4/119 桁架由兩個相等的三角形結構組成，若桿件可承載的最大拉力或壓力均限制在 42 kN，計算固定點繫在 A 處的繩子可吊掛物體的最大質量 m ？

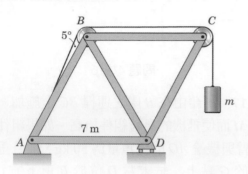

問題 4/119

4/120 若桿件 OB 與 BD 閉合垂直時扭力彈簧未受力，如圖所示的桁架結構受垂直力 F 在 E 處，此時 $\theta = 60°$ 恰維持平衡，其中 C 點為 BD 桿件的中點，AE 桿件的槽是光滑，計算恰可維持此平衡狀態之下，扭力彈簧的彈簧係數 k_T 值。

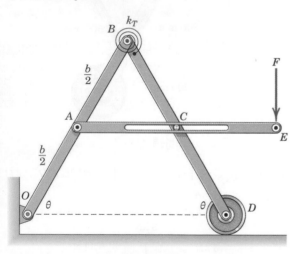

問題 4/120

4/121 計算對稱型桁架受力作用時，桿件 DM 和 DN 受力狀況。

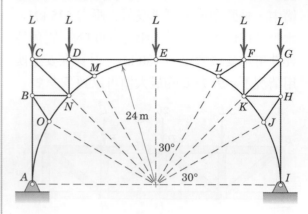

問題 4/121

4/122 伐木機切斷地平面附近的樹木，接著便抓住樹幹。若樹的質量為 3 Mg，試求如圖所示之位置時，液壓缸 AB 內的作用力。試求平衡時直徑 120 mm 的活塞所需之壓力。

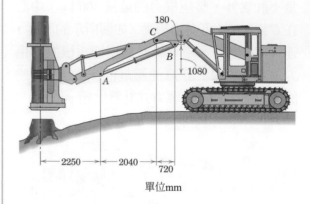

問題 4/122

▶**4/123** 如圖所示，行星探索太空船的每一個登陸支柱係設計成對稱於 x-z 垂直平面的空間桁架。若承受的登陸作用力為 F = 2.2 N，試求桿件 BE 所相對應的受力。其中，如果桁架的質量甚小，可允許假設桁架為一靜態平衡。假設在桁架對稱位置上的桿件均有相同的負載作用。

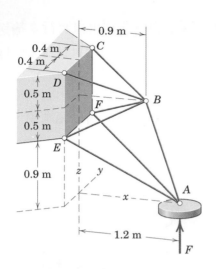

問題 4/123

▶**4/124**　如圖所示為高架型施工起重機之長型吊臂的一部份。此為週期結構的例子，由重複且相同的結構單元組合而成。試以截面法求解桿件 FJ 與 GJ 的內力。

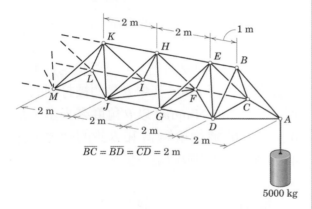

$\overline{BC} = \overline{BD} = \overline{CD} = 2$ m

問題 4/124

▶**4/125**　某空間桁架由兩個三角錐體所組成，兩者具有同處於 x-y 平面、具有共同邊 DG 之相同方形底座。桁架於頂點 A 施加了向下的負載力 F，並由圖示基角上的垂直反作用力支撐。除了兩個底部的對角線之外，所有桿件的長度皆為 b。利用兩個垂直對稱的平面，試求出桿件 AB 與 DA 的受力。(請注意，桿件 AB 是用來防止兩個三角錐體對 DG 作轉動。)

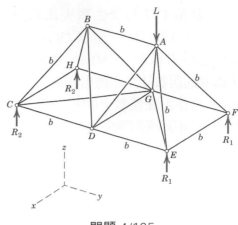

問題 4/125

* 電腦導向例題

*4/126　2/48 題目再次出現，如圖所示的升降機，可幫助行動不方便的人移動到治療池，若承載處受到 750 N 的力量作用時，油壓缸需要輸出壓力 P 以保持整體的平衡。已知油壓缸 AB 內活塞直徑 30 mm，計算並繪出油壓缸的壓力 P 與 θ 關係圖，已知 $-20° \leq \theta \leq 45°$ 之間。何時會有最大的壓力值 P。假設升降機機構中 CDEF 和 EFGH 都是平行的四邊形的機構，機構間無任何干涉。

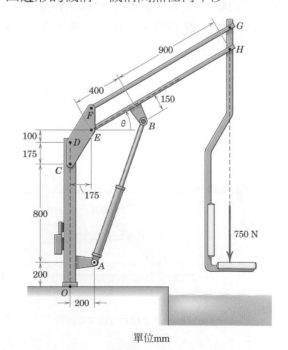

單位mm

問題 4/126

*4/127 習題 4/87 的救生顎夾在此再度出現，此次兩顎被打開。面積 13(10³) mm² 的活塞 P 之壓力維持 55 MPa。考慮 0 ≤ θ ≤ 45°，以 θ 的函數計算並繪出作用力 R，如圖所示，R 為作用在殘骸上的垂直力。試求 R 的最大值及相對應的顎夾角度。習題 4/87 為 θ = 0 時的尺寸及幾何。注意 θ = 0 時，連桿 AB 及其相對連桿均位於水平，但兩顎打開時便不為水平。

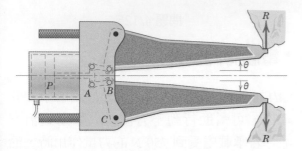

問題 4/127

*4/128 質量 30 kg 的均勻通風鬥藉由圖示機構開啟。試以門的開啟角度 θ 為函數，畫出壓力缸 DE 所需的作用力，範圍為 0 ≤ θ ≤ θ_max，而 θ_max 為門開啟的最大角度。試求此作用力的最小值與最大值，與此兩極值所對應的角度值。注意當 θ = 0 時，壓力缸不為水平。

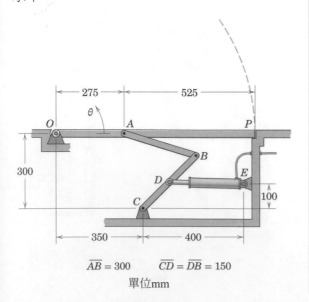

$\overline{AB} = 300$　　$\overline{CD} = \overline{DB} = 150$

單位mm

問題 4/128

*4/129 圖示的機器常用來將行李輸送入客機中。輸送器與行李的總質量為 100 kg，其質心位於 G 點。導出並畫出在 5° ≤ θ ≤ 30° 之範圍中，液壓缸中的作用力對角度 θ 之變化關係式，並找出在此角度範圍中，作用力的最大值。

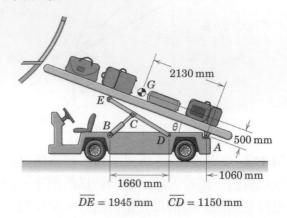

$\overline{DE} = 1945$ mm　　$\overline{CD} = 1150$ mm

問題 4/129

*4/130 如圖所示的開門機構 (俯視圖)A 處的馬達提供開門所需的扭矩 M，可安靜穩定慢速開門，在 O 處有留扭矩彈簧機構，可產生關門的力矩 $K_T \theta$，其中 θ 是門被打開的角度，K_T = 56.5 N-m/rad 以 θ 角度來表示，當 0 ≤ θ ≤ 90° 進行扭矩 M 和 B 銷的受力，當 45° 的時候 M 的數值是多少？

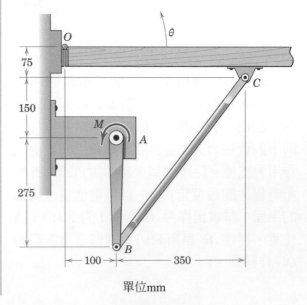

單位mm

問題 4/130

*4/131　圖中的「救生顎」設備常被搶救人員用來撬開失事的船隻殘骸。在半徑爲 50 mm 的活塞後面所生的壓力爲 35 MPa(35(10^6) N/m^2)。先求出在左圖之條件下，撬開的力 R，連桿 AB 上的力與在 C 點的水平反作用力。接著導出並畫出在 $0 \leq \theta \leq 45°$ 之範圍中，上述的值對張口角度 θ 的變化關係式 (如右圖所示)，並找出 R 的最小值及發生時所對應的 θ 值。

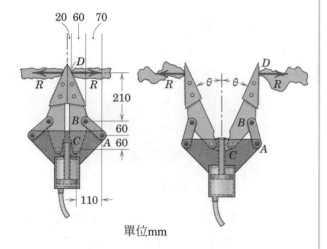

單位mm

問題 4/131

Chapter 5　分佈力

＊ 電腦導向例題

▶ 深入題

SS 詳解請參考 WileyPLUS

5/1-5/3

基本問題

5/1　試用目測方式決定圖中所示三角形面積的形心位置，並以鉛筆點出。請參考範例 5/2 及表 D/3 之結果來核對此目測之水平位置是否正確。

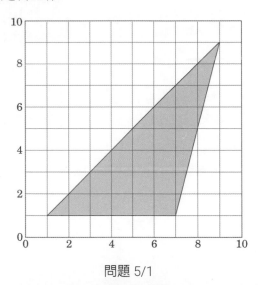

問題 5/1

5/2　試用目測方式決定圖中所示圓形區塊的形心位置，並以鉛筆點出。請參考範例 5/3 之結果來核對此目測位置是否正確。

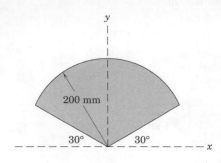

問題 5/2

5/3　圖中所示爲一四分之一的均質圓柱薄殼，試求其質心之 x、y、z 的坐標。

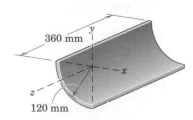

問題 5/3

5/4　圖中所示爲一四分之一的均質實心圓柱體，試求其質心的 x、y、z 的坐標。

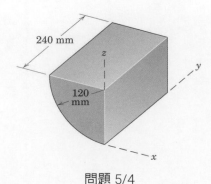

問題 5/4

5/5 試求出陰影區域形心位置的 x 坐標。

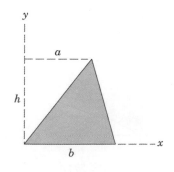

問題 5/5

5/6 試求圖示正弦曲線陰影區域形心位置的 y 坐標。

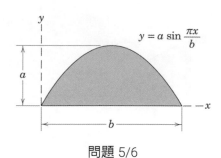

$$y = a \sin \frac{\pi x}{b}$$

問題 5/6

5/7 圖中所示為具有均勻截面且彎曲成半徑為 a 的均勻細長圓弧桿。試利用直接積分求出此弧桿質心的 x 與 y 坐標。

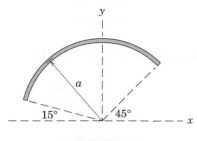

問題 5/7

5/8 試求出圖示梯形區域形心位置的 x 坐標和 y 坐標。

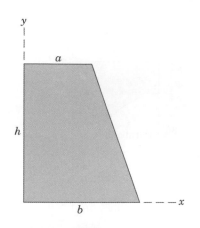

問題 5/8

5/9 SS 試求出圖所示均勻旋轉拋物面體質心的 z 坐標。

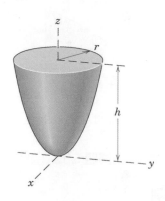

問題 5/9

5/10 試求出陰影區域形心位置的 x、y 坐標。

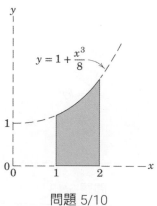

$$y = 1 + \frac{x^3}{8}$$

問題 5/10

5/11 若陰影區域對 y 軸旋轉 $360°$，試求出體積形心的 y 坐標。

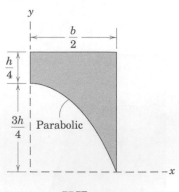

問題 5/11

5/12 試求出陰影區域形心位置的坐標。

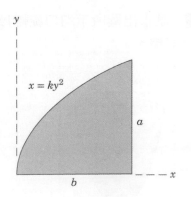

問題 5/12

典型實例

5/13 **SS** 試求出陰影區域形心位置的坐標。

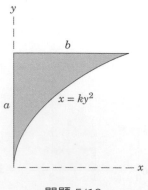

問題 5/13

5/14 試求出陰影區域形心位置的 y 坐標。

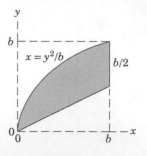

問題 5/14

5/15 試求出陰影區域形心位置的 x 坐標。

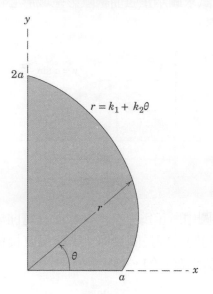

問題 5/15

5/16 試求出陰影區域形心位置的 y 坐標。

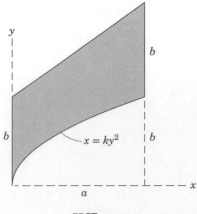

問題 5/16

5/17 SS 試求出由正圓錐體的頂點到體積形心的距離 $\bar{z}$。

問題 5/17

5/18 試利用直接積分求出矩形四面體型心的坐標。

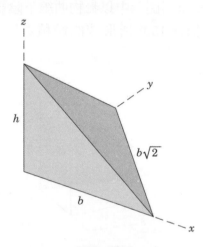

問題 5/18

5/19 如圖所示，試以直接積分法求出陰影區域的形心位置。（注意：仔細觀察根號的正確正負號。）

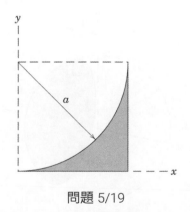

問題 5/19

5/20 試求出陰影區域形心位置的 x、y 坐標。

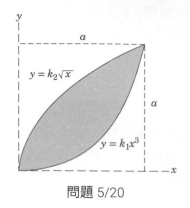

問題 5/20

5/21 試求出圖示具有均勻厚度 t 均勻版質心的 x、y 坐標。

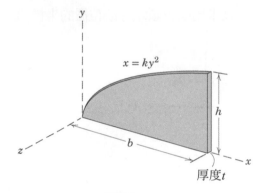

問題 5/21

5/22 若如習題 5/21 的平板密度會隨著位置而變化且依據的方程式為 $\rho = \rho_0(1 - \dfrac{x}{2b})$。試求此平板質心位置的 x、y 坐標。

5/23 試求出陰影區域形心位置的 x、y 坐標。

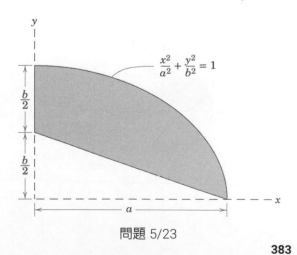

問題 5/23

5/24 試利用直接積分求出陰影區域形心位置的 x、y 坐標。(注意：請小心觀察所使用的根號正確符號。)

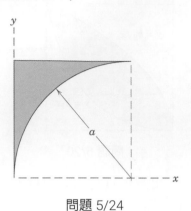

問題 5/24

5/25 試求出陰影區域形心位置的坐標。

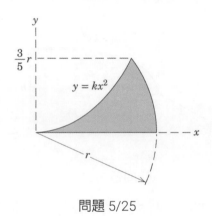

問題 5/25

5/26 試求出兩曲線之間陰影區域形心位置的坐標。

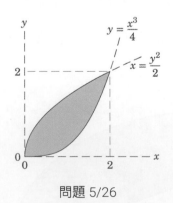

問題 5/26

5/27 試求出陰影區域形心位置的 y 坐標。

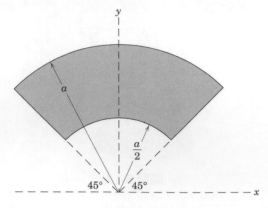

問題 5/27

5/28 試求出圖示中以拋物曲線下陰影區域繞著 z 軸轉 $180°$ 所形成的體積之形心的 z 坐標。

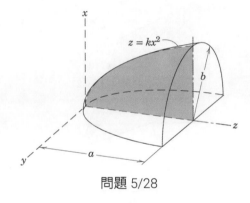

問題 5/28

5/29 試求出實心球體的部份體積形心位置的 x 坐標。以 $h = R/4$ 和 $h = 0$ 確認所求的表達式。

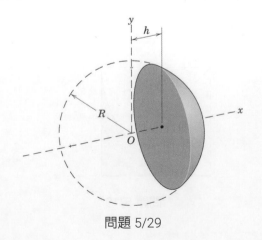

問題 5/29

5/30 試求出圖示中以三角形陰影區域繞著 z 軸轉 $360°$ 所形成的體積之形心的 z 坐標。

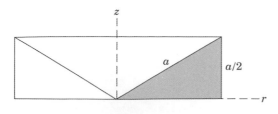

問題 5/30

5/31 SS 試求出圖示中陰影區域繞著 z 軸轉 $90°$ 所形成均勻實心體之質心的坐標。

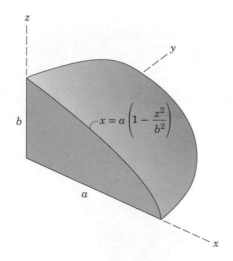

$$x = a\left(1 - \frac{z^2}{b^2}\right)$$

問題 5/31

5/32 圖中所示，三角形板的厚度隨著 y 軸線性變動，從底部 $(y = 0)$ 的厚度 t_0 到頂部 $(y = h)$ 的厚度 $2t_0$。試求此板質心的 y 坐標。

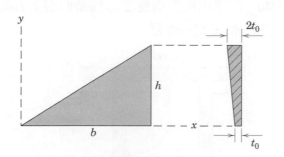

問題 5/32

▶**5/33** 試以圖示中 $h = 200$ mm 與 $r = 70$ mm 求出均勻拋物線薄殼質心的 y 坐標。

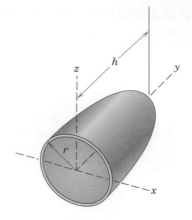

問題 5/33

▶**5/34** 試求圖中所示陰影面積形心的 y 坐標。在計算所得到的答案中，令 $h = 0$，然後與完整半圓形的形心位置 $\bar{y} = \frac{4a}{3\pi}$ 相比較 (見範例 5/3 和表 D/3)。此外，再計算 $h = \frac{a}{4}$ 和 $h = \frac{a}{2}$ 時的值。

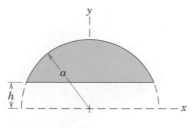

問題 5/34

▶**5/35** 將圖中的陰影區域繞 z 軸旋轉 $90°$，試求出其體積形心的坐標。

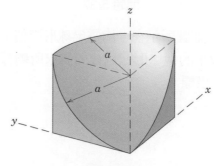

問題 5/35

▶**5/36** 將圖中的陰影區域繞 z 軸旋轉 $90°$，試求出其體積形心的 x 和 y 坐標。

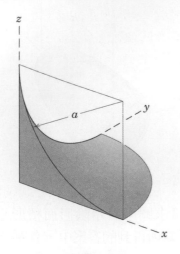

問題 5/36

▶**5/37** 確定小均勻厚度圓柱殼的質心的 x 坐標。

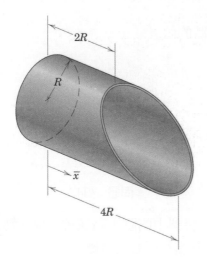

問題 5/37

▶**5/38** 如圖所示在一均質半球形體積中央挖出一較小的半球形凹洞後，試求所剩部分質心的 x 坐標。

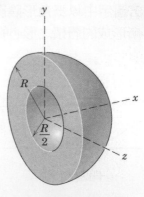

問題 5/38

5/4

基本問題

5/39 SS 試求出圖示梯形區域形心位置的坐標。

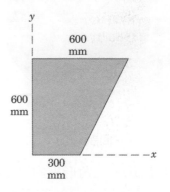

問題 5/39

5/40 試求出從對稱雙 T 形樑截面的上表面到形心位置的距離 $\overline{H}$ 。

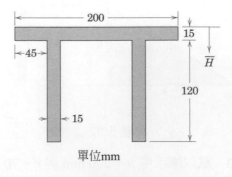

單位mm

問題 5/40

5/41 試求出圖中陰影區域形心位置的 x 坐標與 y 坐標。

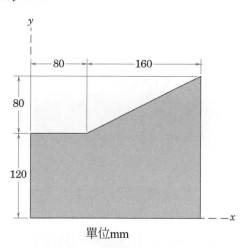

單位mm

問題 5/41

5/42 試求圖中所示鋼樑截面積的形心距離底部的高度。角縫部份可忽略掉。

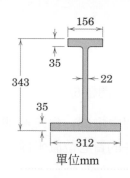

單位mm

問題 5/42

5/43 試求出陰影區域形心位置的 x、y 坐標。

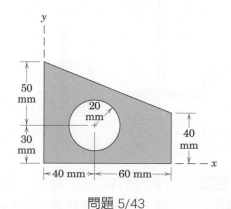

問題 5/43

5/44 試求出陰影區域形心位置的 x、y 坐標。

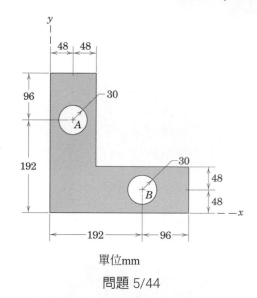

單位mm

問題 5/44

5/45 試求出陰影區域形心位置的 y 坐標。

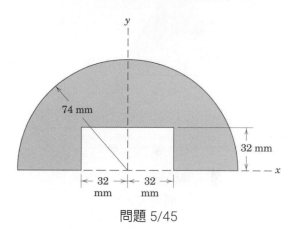

問題 5/45

5/46 試求出三片均勻薄板鉚接而成物件的質心坐標。

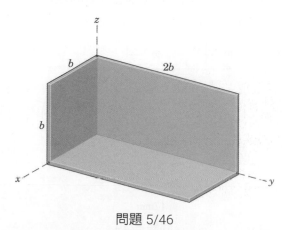

問題 5/46

5/47　試求出陰影區域形心位置的 y 坐標。

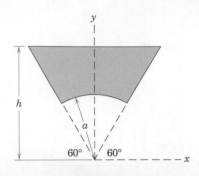

問題 5/47

5/48　試求出陰影區域形心位置的 y 坐標。此三角形是等邊三角形。

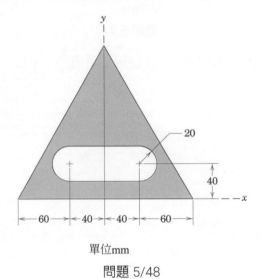

單位mm

問題 5/48

典型實例

5/49　試求出陰影區域形心位置的坐標。

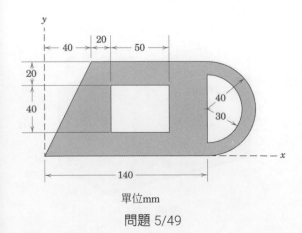

單位mm

問題 5/49

5/50　試求出陰影區域形心位置的 x、y 坐標。

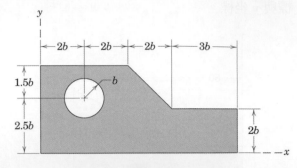

問題 5/50

5/51　均勻的金屬線彎成如圖所示的形狀，並以光滑無摩擦的插銷固定在 O 點。試求出使金屬線呈現所示方向懸掛的角度 θ。

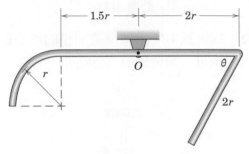

問題 5/51

5/52　試求出圖中由同一鋼塊製成的細長鋼棒所銲接成組件的質心位置坐標。

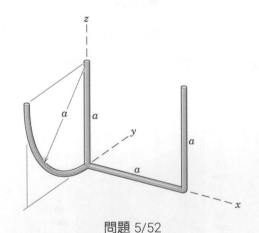

問題 5/52

5/53 SS　此剛性接合的工件是由一個 2 kg 的圓形盤、一個 1.5 kg 的圓柱與一個 1 kg 的正方形板所組成。試求出此工件質心位置的 z 坐標。

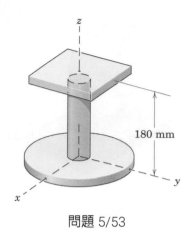

問題 5/53

5/54 試求出三片均勻薄板焊接而成物件之質心的 x、y、z 坐標。

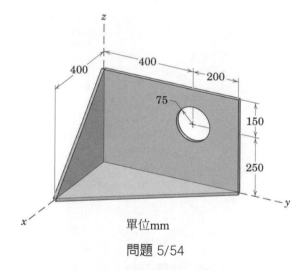

單位mm

問題 5/54

5/55 試求圖示均勻物件質心的 x、y、z 坐標。圖中上平面的孔洞為穿透孔。

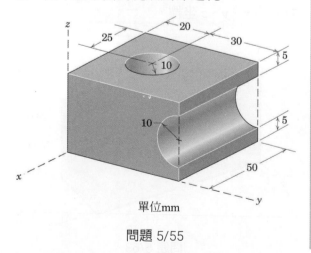

單位mm

問題 5/55

5/56 由單位長度質量為 0.5 kg/m 的均勻桿和單位面積質量為 30 kg/m² 的半圓板組成銲接組件。試求出此組件的質心坐標。

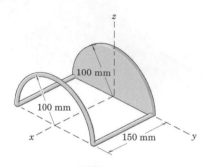

問題 5/56

5/57 試求出具半球洞之實心長方體形心的 z 坐標。球心位於長方體上表面的中央，z 軸從下表面開始算起，向上為正。

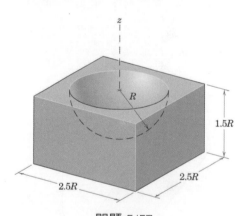

問題 5/57

5/58 試求均勻半球體中正方形切口的深度 h，使其質心位置的 z 坐標達到最大值。

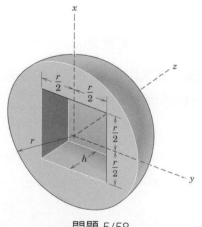

問題 5/58

5/59 試求由均勻鋼板所組成支架之質心的 x 坐標。

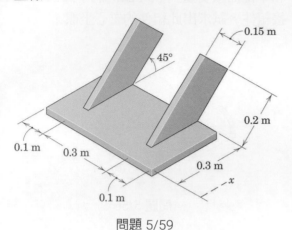

問題 5/59

5/60 試求薄片金屬支架之質心的 x、y、z 坐標,其中薄片厚度相較於其他規格尺寸小。

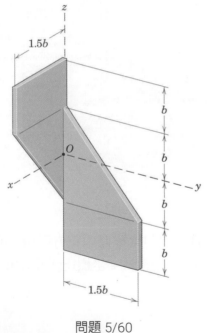

問題 5/60

5/61 SS 試求出由鑄件支架底座底部算起到物件質心位置的距離 $\overline{H}$。

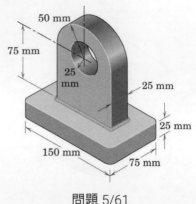

問題 5/61

5/62 此錳件是由一根 2 kg/m 質量的均勻桿與兩塊 18 kg/m² 質量的薄矩形板所組成。試計算此物件的質心坐標。

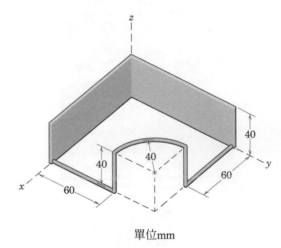

單位mm

問題 5/62

▶**5/63** 試求出由等厚金屬薄板製成的夾具之質心的 x、y、z 坐標。

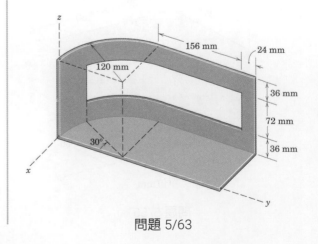

問題 5/63

▶5/64 圖中之圓柱形薄殼有一個開口，試求出此均質體之質心的 x、y 與 z 坐標。

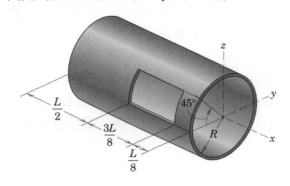

問題 5/64

5/5

基本問題

5/65 利用本節的方法，將一矩形面積繞 z 軸旋轉 360° 後，試求產生物體其表面積 A 和體積 V。

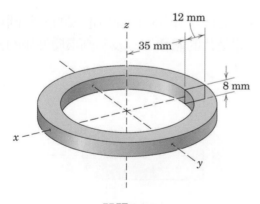

問題 5/65

5/66 將圖中所示的圓弧繞 y 軸旋轉 360° 後，試求所產生物體的外表面積 S，此外表面積是球面的一部分。

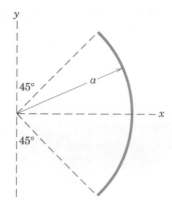

問題 5/66

5/67 圓環扇形區域繞著 y 軸旋轉了 180°，試求所產生物體的體積，此體積是球體的一部分。

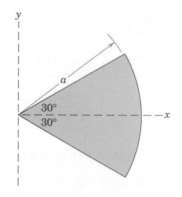

問題 5/67

5/68 將圖中所示兩邊長度為 60 mm 的直角三角形繞 z 軸旋轉 180° 後，試求所產生的實心物體的體積 V。

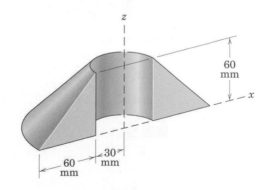

問題 5/68

5/69 試求面積為四分之一圓形區域繞著 z 軸旋轉 90°所產生的體積 V。

問題 5/69

5/70 試計算圖中截面所產生完整環形的體積 V。

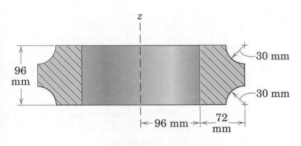

問題 5/70

5/71 圖示中的截面物件是由截面區繞著 z 軸旋轉 180°所形成的半圓環。試求此物件的表面積 A。

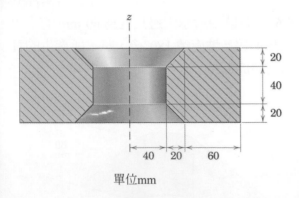

單位mm

問題 5/71

典型實例

5/72 圖中所示的儲水槽為一旋轉薄殼，若要在表面噴上兩層油漆，而每加侖油漆可漆 16 m^2 的面積。熟悉力學的工程師參考該儲水槽的尺寸圖，計算出曲線 ABC 的長度為 10 m，而其形心距離儲水槽的中心線 2.5 m。若包括直立的柱體表面，總共需要多少加侖的油漆？

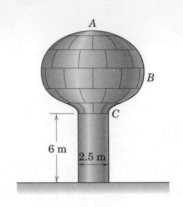

問題 5/72

5/73 試計算由半圓截面所形成的完整圓環體橡膠墊片的體積 V 以及其圓環體外側的表面積 A。

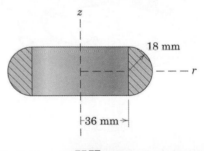

問題 5/73

5/74 如圖所示，燈罩由 0.6 mm 厚的鋼所構建，且對 z 軸對稱。上下緣均無蓋。試求燈罩的質量。將半徑視為從 z 軸到厚度中點。

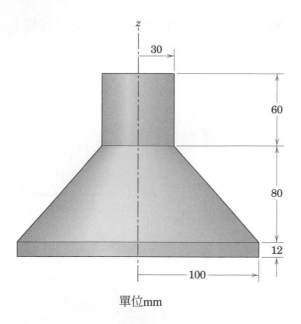

單位mm

問題 5/74

5/75 圖示中的截面物件是由截面區繞著 z 軸旋轉 180°所形成的完整圓環。試求此物件的表面積 A 以及體積 V。

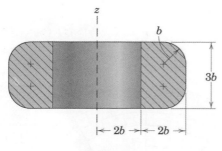

問題 5/75

5/76 試計算由圖示中截面積所形成完整圓環體的體積 V 與全表面積 A。

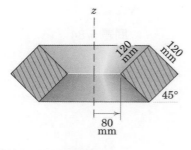

問題 5/76

5/77 試求均勻鐘形薄殼一側的表面積，其厚度可忽略。

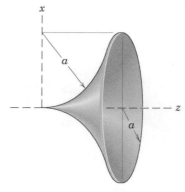

問題 5/77

5/78 圖示為薄殼體的截面，其完整環狀薄殼體是將弧線繞著 z 軸旋轉 360°所產生的。試求出殼體其中一側的表面積 A。

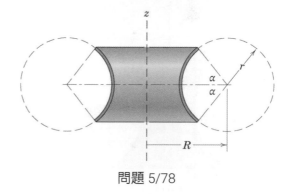

問題 5/78

5/79 試計算圖示中鋁鑄件的重量 W。此工件是將所示的梯形面積繞著 z 軸旋轉 180°所產生成的。

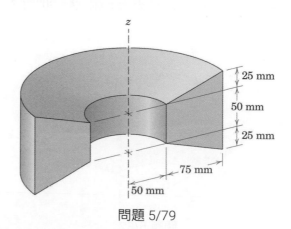

問題 5/79

5/80 將圖中所示面積繞 z 軸旋轉 180° 得到一實心物體，試求此物體的體積 V 與全部的表面積 A。

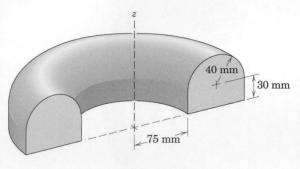

問題 5/80

5/81 半徑 0.8 m、對向角 120° 的圓弧對著 z 軸旋轉一整圈而形成一表面。頸部的半徑為 0.6 m。試求產生的表面積 A。

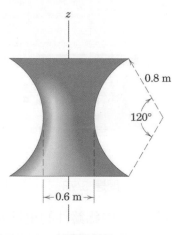

問題 5/81

5/82 試求由陰影區域繞著 z 軸旋轉 90° 所產生物件的體積 V。

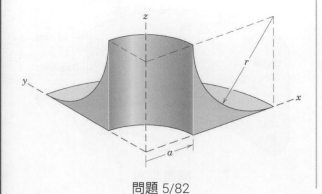

問題 5/82

5/83 試求圖中所示拱形水壩所需的混凝土質量 m。混凝土的密度是 2.40 Mg/m³。

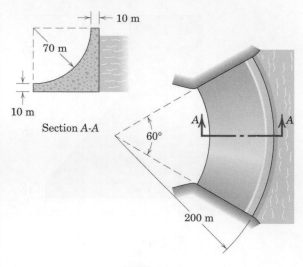

問題 5/83

5/84 為提供如圖示設計的拱形石橋足夠之支撐力，須知道其總重量 W。利用習題 5/8 的結果來計算 W。其中石料的密度是 2.40 Mg/m³。

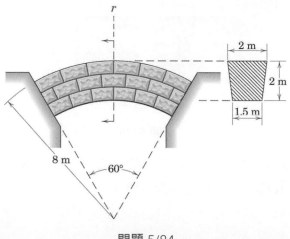

問題 5/84

5/6

基本問題

5/85 [SS] 試求承受載重的懸臂樑在支點 A 處的支撐力 R_A 與力矩 M_A。

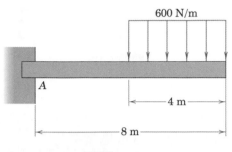

問題 5/85

5/86 試求載重樑在支點 A 與 B 處的支撐反力。

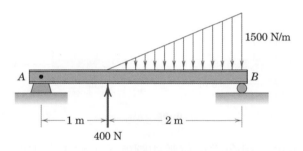

問題 5/86

5/87 [SS] 試求出受圖示負載下之樑，在支點處的支撐反作用力。

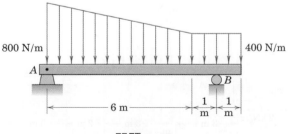

問題 5/87

5/88 試求出載重樑在支點 A 與 B 處的支撐反作用力。

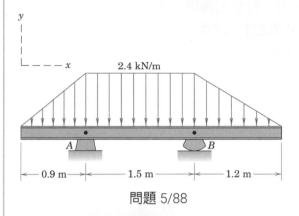

問題 5/88

5/89 試求出在圖示均勻負載與力偶之作用下，在 A 處的反作用力。

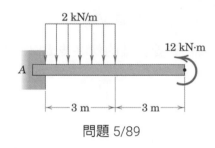

問題 5/89

5/90 試求同時承受分佈負載與點負載的懸臂樑在支點 A 處的支撐反作用力。

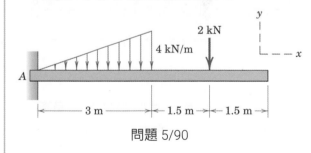

問題 5/90

5/91 [SS] 試求圖示中載重樑在支點 A 與 B 處的支撐反作用力。

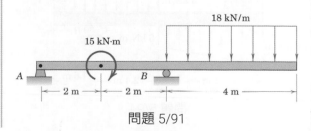

問題 5/91

典型實例

5/92　對於如圖所示承受正弦波形分佈負載的固定樑，試求在支點 A 處的支撐作用力與力矩。

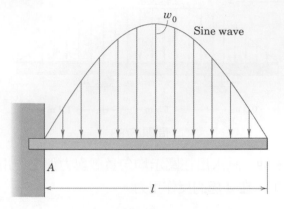

問題 5/92

5/93　試計算受負載的樑在支點 A、B 處的反作用力。

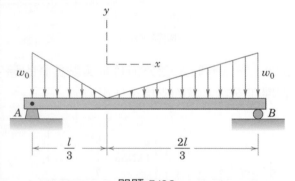

問題 5/93

5/94　試求出受圖示兩個線性分佈負載之樑，在支點 A 與 B 處的支撐反作用力。

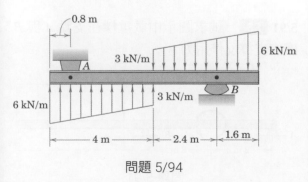

問題 5/94

5/95　試求圖示中承受分佈負載懸臂樑在支點 A 處的支撐力與力矩。

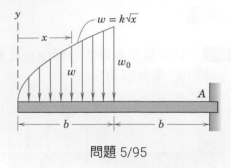

問題 5/95

5/96　試求圖示中承受分佈負載懸臂樑在支點 A 處的支撐力與力矩。最大分佈負載 2 kN/m 在距離 $x = 3$ m 處。

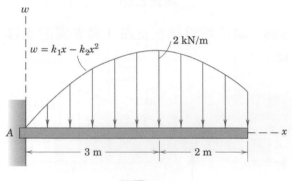

問題 5/96

5/97　組合梁和荷載如圖所示，試求力 F 的大小使支點 A 與 B 處的垂直支撐反作用力相等。試以所求出力 F 的大小計算支點 A 處支撐反作用力的大小。

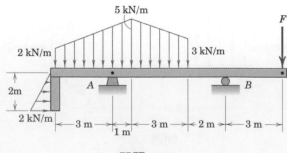

問題 5/97

5/98 如圖所示的樑同時承受分佈負載與集中負載，試求在 A 處及 B 處的支撐力。

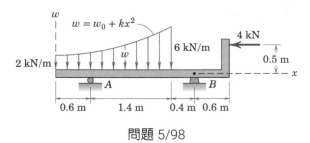

問題 5/98

5/99 如圖所示，樑的分佈荷重隨著位置而變化。當 $x = 3$ m，單位長度負載 $w = 3.6$ kN/m。當 $x = 0$，負載增加的比率為每公尺 2000 N/m。試求在支點 A、B 處的反作用力。

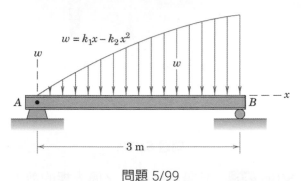

問題 5/99

5/100 圖中顯示的樑同時受均勻分佈負載和拋物線分佈負載，試求在樑的支點處的支撐反力。

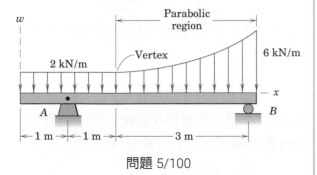

問題 5/100

5/101 試求出圖示中同時承受均勻分佈與拋物線分佈負載之懸臂樑在支點 A 處的支持反作用力。分佈負載的斜率是連續且作用在全懸臂樑上。

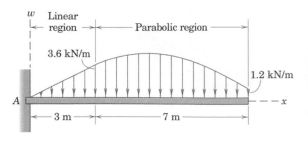

問題 5/101

5/102 試求同時承受點負載與分佈負載的懸臂樑在支點 A 與 B 處的支撐反作用力。

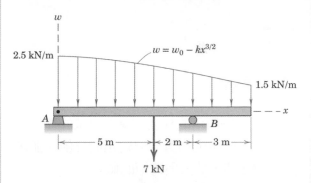

問題 5/102

▶**5/103** 如圖所示，四分之一圓弧旋臂樑的上表面受到均勻的壓力。壓力由每單位弧長長度的作用力 p 表示。試求在支點 A 處的反作用力，以壓縮力 C_A、剪力 V_A、彎矩 M_A 表示之。

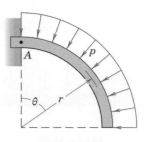

問題 5/103

5/104 圖中簡支樑的分佈負載轉變由 10 kN/m 到 37 kN/m 是透過立方函數 $w = k_0 + k_1x + k_2x^2 + k_3x^3$ 而轉變，該函數的斜率在端點 $x = 1$ m 與 $x = 4$ m 處為零。試求出此樑在支點 A 與 B 處的支撐反作用力。

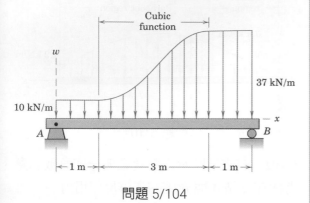

問題 5/104

5/7

基本問題

5/105 如圖所示的樑受到集中負載的作用，試求樑中所產生的剪力與彎矩的分佈。並求出 $x = l/2$ 時，剪力與彎矩的值。

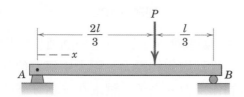

問題 5/105

5/106 試畫出負載懸臂樑的剪力圖與彎矩圖。試問位於樑中點處的彎矩值為何？

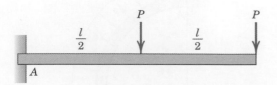

問題 5/106

5/107 試畫出受到端點力偶作用之懸臂樑的剪力圖與彎矩圖，並試求出在距離支點 B 處右側 0.5 m 截面處的彎矩 M 值為何？

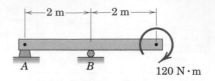

問題 5/107

5/108 圖中的板子正支撐著一位重 80 kg 準備要跳水的人，試畫出剪力與彎曲力矩圖，並找出彎曲力矩的最大值。

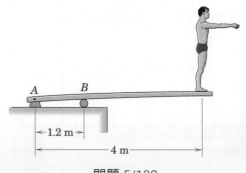

問題 5/108

5/109 SS 試畫出受負載之簡支樑的剪力圖與彎矩圖，並試求出在樑中間處剪力與彎矩的值為何？

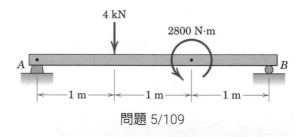

問題 5/109

5/110 試求出負載樑在距離支點 A 右側 200 mm 截面處之剪力 V 與彎矩 M 的值。

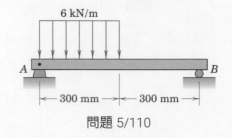

問題 5/110

5/111 試畫出負載樑的剪力圖與彎矩圖,並試求出在樑中間處剪力與彎矩的值。

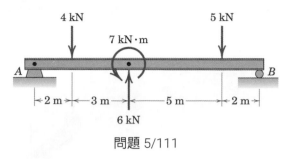

問題 5/111

典型實例

5/112 試求出負載樑在距離支點 A 右側 2 m 截面處之剪力 V 與彎矩 M 的值。

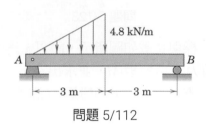

問題 5/112

5/113 試畫出受二點荷重負載之樑的剪力圖與彎矩圖。試求最大彎矩 M_{max} 及其位置。

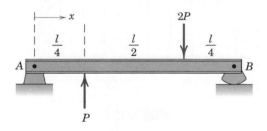

問題 5/113

5/114 試畫出受線性負載懸臂樑的剪力圖與彎矩圖,並找出支點 A 的彎矩 M_A。

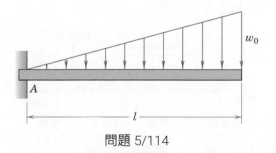

問題 5/114

5/115 試畫出同時承受分佈負載與點負載之負載樑的剪力圖與彎矩圖,並試求出在樑上距離支點 B 左側 3 m 處點 C 的剪力與彎矩的值。

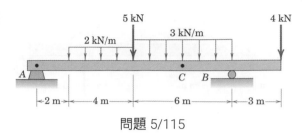

問題 5/115

5/116 試畫出如圖示之負載樑的剪力圖與彎矩圖,並找出在樑上最大剪力值與最大彎矩值的位置。

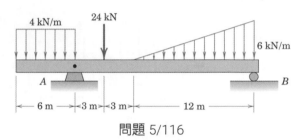

問題 5/116

5/117 試畫出如圖示之負載樑的剪力圖與彎矩圖,並找出從樑左端開始,距離 b 處與支撐端之間的彎矩值為零。

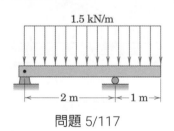

問題 5/117

5/118 試畫出如圖示之負載樑的剪力圖與彎矩圖,並試求出在樑 B 點處剪力與彎矩的值為何?以及試從支點 A 處右側距離 b 之首次彎矩值為零的位置。

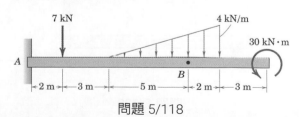

問題 5/118

5/119 試畫出同時承受集中應力、力偶與三角分佈負載之負載樑的剪力圖與彎矩圖,並在此樑中求出最大的彎矩值。

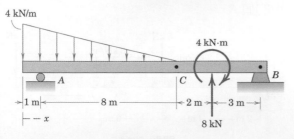

問題 5/119

5/120 試畫出同時承受分佈負載與點負載之懸臂樑的剪力圖與彎矩圖,並試從支點 A 處左側距離 b 之彎矩值為零的位置。

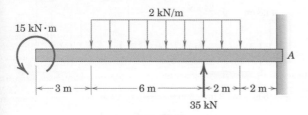

問題 5/120

5/121 試畫出圖中受線性分佈負載樑的剪力與力矩圖。並求出彎曲力矩 M 的最大值。

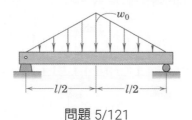

問題 5/121

5/122 試畫出受負載樑的剪力圖與彎矩圖,如圖所示,F 作用在鉸接於樑的支柱上。試求 B 點的彎矩。

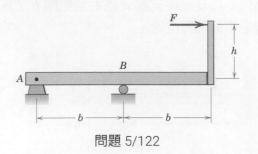

問題 5/122

5/123 在 I 型樑右端 C 點處鉸接一個角形支柱,並在其上施加 1.6 kN 的垂直力。試求在 B 點的彎矩,以及位於 C 點左方而彎矩為零的距離 x。畫出此樑的彎矩圖。

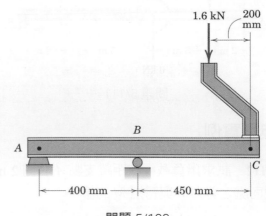

問題 5/123

5/124 樑與負載如圖所示,試以 x 為函數表示內剪力 V 與彎矩 M,並求出在 x = 2 m 與 x = 4 m 處之內剪力 V 與彎矩 M 的值。

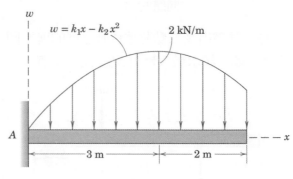

問題 5/124

5/125 **SS** 如圖所示的樑同時承受分佈負載和點負載,試畫出其剪力和彎矩圖。在 x = 6 m 處的剪力和彎矩值為何?另求彎矩最大值 M_{max}。

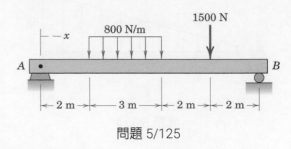

問題 5/125

5/126 承習題 5/125，但將 1500 N 的負載換成 4.2 kN-m 的力偶。

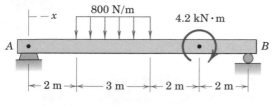

800 N/m

4.2 kN·m

A B

2 m   3 m   2 m   2 m

問題 5/126

5/127 **SS** 試畫出同時承受集中應力與分佈負載之負載樑的剪力圖與彎矩圖，並在此樑中求出最大的正彎矩值與最大的負彎矩值以及其發生的位置。

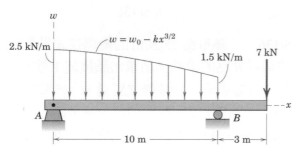

w

2.5 kN/m $w = w_0 - kx^{3/2}$

1.5 kN/m   7 kN

A B x

10 m   3 m

問題 5/127

5/128 如圖所示的樑同時承受集中力偶與分佈負載，試求出最大的內彎矩值及其位置。在 $x = 0$ 處，分佈負載會以每米 120 N/m 持續增加。

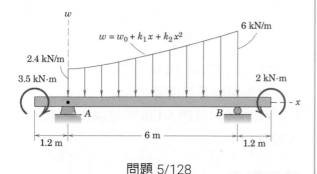

w

$w = w_0 + k_1 x + k_2 x^2$ 6 kN/m

2.4 kN/m

3.5 kN·m   2 kN·m

A B x

6 m

1.2 m   1.2 m

問題 5/128

5/8

基本問題

5/129 某一石匠在同一水平面、距離 15 m 的兩點間，以兩端各 45 N 的張力伸展了一條繩子。若繩子的質量爲 50 g，試求繩子中點的下垂高度 h。

5/130 自左向右流的河流對連接 A 與 B 間的浮索造成河流切面有每公尺 60 N 的曳引力。試求浮索張力的最大與最小值及其相對應的位置。

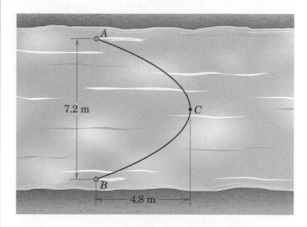

A

7.2 m C

B

4.8 m

問題 5/130

5/131 一廣告氣球被用一條每米質量爲 0.12 公斤的鋼纜固定在一個柱子上。在風中，固定點 A 和 B 處的纜繩張力分別爲 110 N 和 230 N。試求氣球的高度 h。

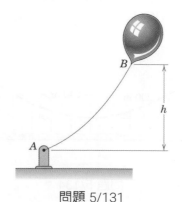

B

h

A

問題 5/131

5/132　如圖示一水平直徑爲 350 mm 的水管由纜繩支撐在一個深谷上。水管與其中的水的總質量爲每米長度 1400 公斤。試計算纜繩對每個支撐點的壓縮力 C。纜繩與水平線的夾角在每個支撐點的兩側是相同的。

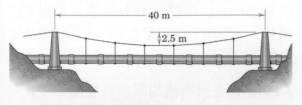

問題 5/132

5/133　日本的明石海峽大橋中央跨距爲 1991 m，弧垂與橋跨比爲 1：10，在水平方向每米長度需要承受總靜態負載 160 kN。兩條主纜繩的重量也包含在圖中且假設爲沿著水平方向均勻分佈。若主纜繩在塔頂端的兩邊與水平方向所夾的角度都相等。試求每條主纜繩在跨距中央處的張力 T_0 以及纜繩在塔頂所產生的壓縮力 C。

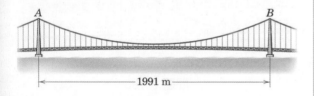

問題 5/133

5/134　在吊橋纜繩位置 A 放置一應變計，其測量顯示，橋樑經過重新鋪設後每條主纜繩的張力增加了 2.14 MN。試求出新鋪橋面每公尺所新增鋪面材料的總質量 m'。

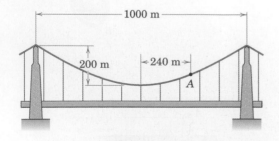

問題 5/134

*5/135　在建造吊橋過程中會使用直升機於在兩個橋墩之間拉一引導線，若直升機穩定懸停在如圖所示的位置，試求纜繩於 A 點與 B 點處的張力。纜繩的質量爲每公尺 1.1 公斤。

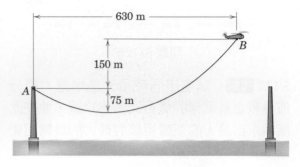

問題 5/135

5/136　一條重爲 25 N/m 的纜繩在 A 點懸掛並通過 B 點的滑輪。請求出讓纜繩下垂 9 m 時，所需掛載的圓柱體之質量 m。同時求出 A 與 C 間的水平距離。由於下垂與跨距的比值很小，可以將纜線設爲拋物線之近似法來求解。

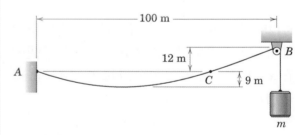

問題 5/136

*5/137　重作習題 5/136，不過在這一題裡面不能使用纜線是雙曲線這個近似方式。然後將計算結果與習題 5/136 所提供的解答進行比較。

典型實例

5/138　試求出在 9 m 長鋼梁上每單位長度的質量 ρ，使纜繩能產生最大的張力 5 kN，並試求出纜繩的最小張力和纜繩的總長度。

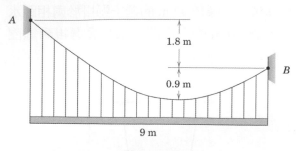

問題 5/138

*5/139 如圖所示一橫跨兩個懸崖且跨度爲
30 公尺的木索橋，若支撐纜繩與木板的總
質量爲每公尺 16 kg，試求纜繩於 A 點與 B
點處的張力以及 A 點和 B 點之間纜繩的總
長度 s。

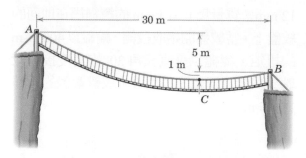

問題 5/139

*5/140 在門廊天花板上懸掛著一盞燈具。
總共有四條固定鏈條，圖上顯示出其中兩
條，當起風的時候，用來防止燈具過度搖晃。
如果鏈條每公尺長重 200 N，試求在 C 點鏈
條的張力以及 BC 鏈條的長度 L。

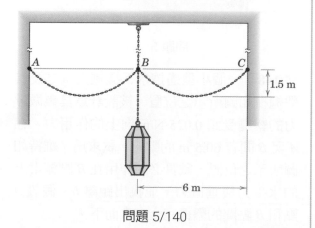

問題 5/140

*5/141 一空氣動力平衡狀態的 600 g 風箏
位在如圖所示的位置，除了風箏線本身重量
在 B 點處所提供的拉力外，無需提供額外的
拉力。若 120 m 的風箏線已完全展開且一水
平位置在 A 點處，試求風箏的高度 h 以及風
箏的垂直升力與水平阻力。假設風箏線的質
量爲每公尺 5 g 且風箏線空氣阻力忽略不計。

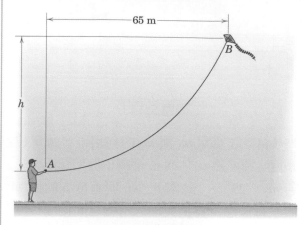

問題 5/141

*5/142 滑翔機 A 被水平的拖行著，其距離
拖曳飛機 B 的後方 120 m、下方 30 m 的位置。
於滑翔機處纜線的切線方向爲水平的。纜線
的重量爲每公尺長 0.75 kg。試計算出於滑翔
機處纜線的水平拉力 T_0。空氣的阻力可以忽
略不計，並將你的結果與假設纜線的形狀爲
拋物線所得近似值作比較。

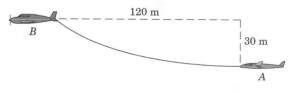

問題 5/142

5/143 爲了下錨到 30 m 深的水中，一艘小型動力船逆轉螺旋槳，產生了反向推力 $P = 3.6$ kN。總長 120 m 的錨鏈被從船首到錨展開。錨鏈的質量爲 2.4 kg/m，而水給予的向上浮力爲 3.04 N/m。試計算錨鏈觸底部分的長度 l。

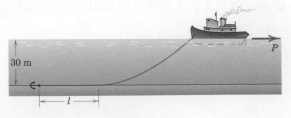

問題 5/143

*5/144 在質量 m_1 與 m_2 的作用下，每單位長度，質量爲 μ 的 18 m 纜繩位置如圖所示。若 $m_2 = 25$ kg，試求 μ、m_1 與垂度 h 的值。假設每個懸掛質量與理想滑輪之間接觸長度相對於總纜繩長度來得很小。

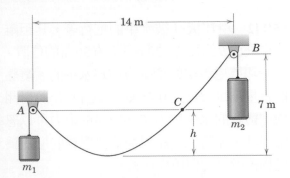

問題 5/144

*5/145 假設鏈條以水平方向進入 A 處導軌，試求鏈條從 B 點到 A 點所需要的長度 L 以及對應於 A 點的張力，鏈條的質量爲每公尺 140 N。

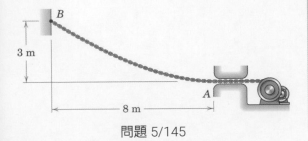

問題 5/145

*5/146 一條長 40 m 的繩子懸掛於兩相距水平距離 10 m 的點之間。試計算懸掛到繩圈最低點的距離 h。

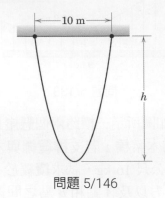

問題 5/146

5/147 一飛艇被一條長 100 m、直徑爲 12 mm、質量爲 0.51 kg/m 的纜繩綁在地面的絞盤上。當絞盤開始收纜繩，輪轂以 400 N-m 的扭矩，纜繩以垂直夾角 30° 的角度接近絞盤。試計算飛艇的高度 H。絞盤輪轂的直徑爲 0.5 m。

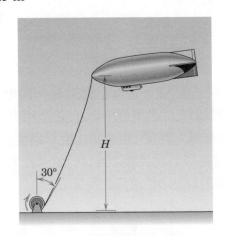

問題 5/147

*5/148 一個小型遙控水下機械人載具及其繫繩在如圖所示之位置。被設計爲具輕微浮力的繫繩受到 0.025 N/m 向上的作用力。在 A 與 B 間有 60.5 m 的繫繩。試求爲了維持如圖所示之位置，載具必須作用在 B 點繩索上的水平力與垂直力。並找出距離 h。假設 A 點和 B 點間的繫繩完全在水面下。

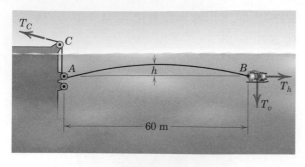

問題 5/148

*5/149 滑雪升降機的移動纜繩質量為
10 kg/m，乘載相同間隔的椅子與乘客，其
每纜繩長度下，平均增加質量為 20 kg/m，
該纜繩於支撐導輪 A 點處以水平方向引出。
試計算 A 點與 B 點的纜繩張力以及 A 點與 B
點之間的纜繩長度 s。

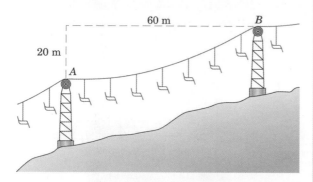

問題 5/149

*5/150 許多小浮球附著於如圖所示的繩索
上，浮力和重量的差值造成每公尺繩索受到
30 N 的淨向上力。試求所需施力 T，以使繩
索為如圖所示的形狀。

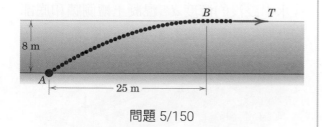

問題 5/150

*5/151 如圖所示為一纜繩放置於支點 A 處
與支點 B 處上且高度相差為 9 m，試畫出在
$1 \le h \le 10$ m 範圍內，最小張力 T_0、支點 A
處的張力 T_A 與支點 B 處的張力 T_B 對下垂高
度 h 的關係式。並試求當 $h = 2$ m 時，T_0、
T_A 與 T_B 的張力值。繩的質量每單位長度為
3 kg/m。

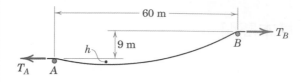

問題 5/151

*5/152 修樹工試圖拉倒部分被鋸斷的樹
幹。他施加了張力 $T_A = 200$ N 在繩索上，繩
索的質量為 0.6 kg/m。試求他施力時的角度
θ_A、A 和 B 間的繩索長度 L 以及 B 點的張力
T_B。

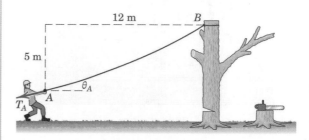

問題 5/152

*5/153 50 公斤的交通號誌燈，利用兩條長
21 公尺的繩索懸掛著，繩索每公尺長有 1.2
公斤的質量。試求繩索連結環 A 在加上交
通號誌燈後，相對於未加上號誌燈之前的位
置，在垂直方向下降的距離 δ 為若干？

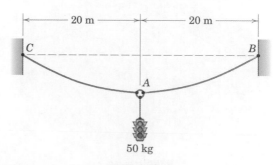

問題 5/153

*5/154 一電纜懸掛在同一水平線上相距 200 m 的兩座電塔上。該電纜的質量為每公尺 18.2 kg，中點處的垂度為 32 m。若電纜最大承受張力為 60 kN，試求出在電纜上每公尺結冰的質量 ρ 而不超過最大承受張力。

5/9

基本問題

5/155 圖中一杯置於秤上的清水中放入一個重 1 kg 的不銹鋼砝碼。試問砝碼加於量杯底部的垂直力量為何？當砝碼加入時，秤上的讀數增加多少？請說明你的答案。

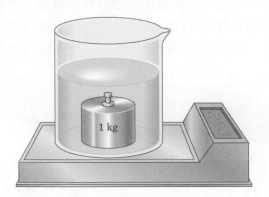

問題 5/155

5/156 密度為 ρ_1 的四方塊浮體漂浮在密度為 ρ_2 的液體中。如圖中所示，h 為方塊浸住水中的深度，試求 $r = h/c$ 的比值。分別計算橡木塊漂浮在淡水和鐵塊漂浮在水銀中的比值 r。

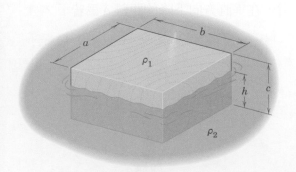

問題 5/156

5/157 試求出橡木錐實體在海水中浸沒的深度 d。

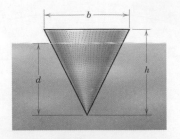

問題 5/157

5/158 包含了人員、裝備、以及壓載，潛水艙的總質量為 6.7 Mg。當潛水艙下降到 1.2 km 深的海洋，纜繩張力為 8 kN。試求潛水艙所佔的總體積 V。

問題 5/158

5/159 工程學生常被要求設計"混凝土船"作為設計計畫的一部分並用以展示水的浮力效應。為驗證此效應，試求出此混凝土槽在淡水中浸沒的深度 d。混凝土槽側牆和底部均為均勻厚度且厚度為 75 mm。

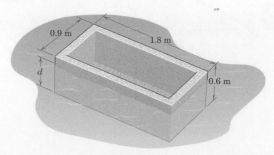

問題 5/159

5/160 在水道中，有一均勻 2.5 m 的閘門並自由鉸接在 A 處，此閘門設計若於水的高度達 0.8 m 時，閘門將會打開如圖所示，試求此時閘門的重量 w (以每米水平長度進入紙面的牛頓為單位) 須為多少方能開啓？

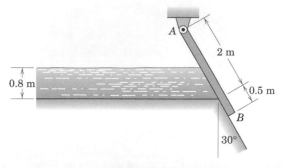

問題 5/160

5/161 於杜拜購物中心的水族箱擁有世界上最大的壓克力觀景窗之一。此觀景窗約有 33 m × 8.5 m，厚度為 750 mm。若開放式水族箱內海水上升到距離觀景窗頂部上 0.5 m 的高度時，試計算出海水對觀景窗所施加的壓力。

問題 5/161

5/162 直徑 150 mm 的均值 62 kg 桿於 A 點鉸接，較低點浸在淡水中。試求維持 C 在 1 m 深時，垂直纜繩所需的張力 T。

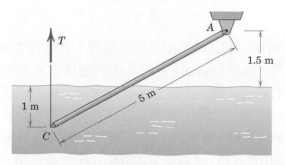

問題 5/162

5/163 如圖所示為一均質長實心圓柱體的端視圖，其為部分切割且漂浮於水面上，試證明 $\theta = 0°$ 與 $\theta = 180°$ 為中心線與垂直線的夾角且使該圓柱體於水中穩定漂浮的角度。

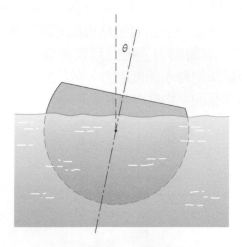

問題 5/163

5/164 當半球形容器內的海水達到如圖中所示的 0.6 公尺水位時，活塞會被升起，讓海水排入垂直管中。如圖中的水位，(a) 在活塞開啓前，求活塞所封住面積上的平均壓力 σ 為若干？(b) 將活塞升起的作用力 P 應為若干 (此作用力是除了支撐活塞本身重量外，還需的額外量)？假設當作用力 P 作用下而使接觸停止時，大氣壓力存在於所有空間及密封面積上。

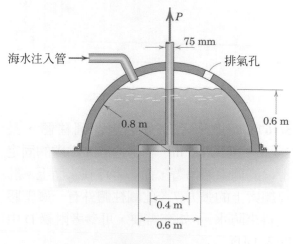

問題 5/164

407

典型實例

5/165　在深潛裝置的設計中，其中一至爲關鍵的問題是提供能夠承受巨大水壓而不破裂或滲漏的觀測窗。圖中顯示爲一在高壓液體腔體中測試壓克力實驗球形曲面觀測窗的截面圖。若將壓力 p 提升到模擬潛水深度至 1 公里深的海水深度壓力，試計算於密封墊 A 所承受的平均壓力 σ。

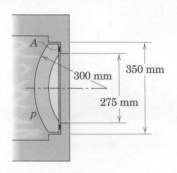

問題 5/165

5/166　有一閘門被質量爲 m 的平衡錘以垂直固定並阻擋淡水流動。若閘門的寬度爲 5 m 且質量爲 2500 kg，試求所需平衡錘的 m 值以及支點 A 處的作用力大小。

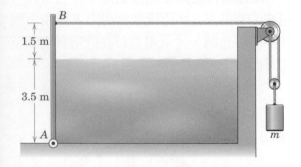

問題 5/166

5/167　如圖所示的實心水泥圓柱體，長 2.4 m、直徑 1.6 m，利用通過 A 點處的固定滑輪的繩索懸吊著，而一半浮在水面上。計算繩索上的張力 T。此圓柱體外有一層塑膠塗料來防水。(如有需要，可參考附錄 D 中的表 D/1)

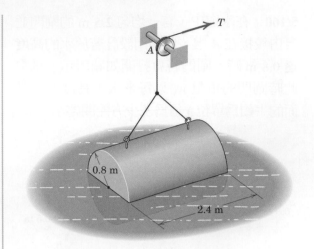

問題 5/167

5/168　如圖所示，航道標記浮標包括一長 2.4 m、直徑 300 mm、質量 90 kg 的中空鋼管且其底部以纜繩錨定。若漲潮時 $h = 0.6$ m，計算纜繩的張力 T。且當纜繩因潮降而鬆弛時，求出 h 的值。海水的密度爲 1030 kg/m³。假設浮標的重心在其底部以保持其垂直。

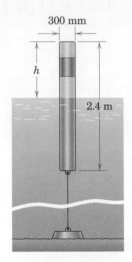

問題 5/168

5/169　如圖截面所示矩形閘門，寬度有 3 m 長 (垂直於紙面)，在上端的邊緣處 B 安裝有鉸鏈。閘門的左方通往淡水湖，右方則通到隨潮汐升降的海灣。當右方海水的水位降到 $h = 1$ m 時，試求對於閘門的軸於 B 處需施加的力矩 M 爲多少才能防止閘門被沖開。

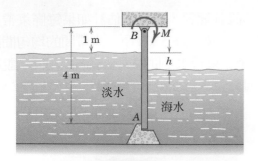

問題 5/169

5/170 圖示為一油底殼的垂直截面。其底部有一 600 mm × 400 mm 的矩形活門（垂直於圖片的平面），試計算作用在矩形活門上的總作用力 R 的大小與作用力 R 的相對位置 x。油的密度為 900 kg/m³。

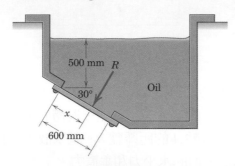

問題 5/170

5/171 一個半徑為 r 的均質球形實心體靜置於裝有密度為 ρ_l 液體的槽中。液體的密度高於球體的密度 ρ_s。當槽中的液體加入至高度為 h 時，球體開始浮起。試導出球體的密度 ρ_s 的表示式。

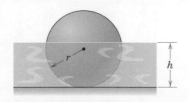

問題 5/171

5/172 有一液壓缸切換器控制垂直閘門以阻擋閘門另一面的淡水壓力。此閘門為 4 m × 2 m 的矩形閘門（垂直圖面）。當水深 $h = 3$ m，試計算作用在液壓缸直徑為 150 mm 的活塞上所需要油壓 p 的值。

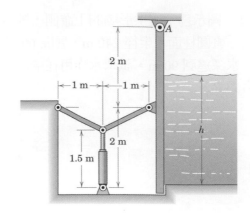

問題 5/172

5/173 一個浮動式石油鑽井平台的設計包括兩個矩形浮筒與六根用以支撐工作平台的圓柱。當背負載重時，整個結構的排水量為 26,000 公噸（1 公噸等於 1000 kg）。試計算該結構在海洋中停泊時的總吃水深度 h。海水的密度為 1030 kg/m³。忽略停泊力的垂直分量大小。

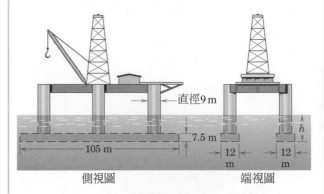

問題 5/173

5/174 如圖所示，半圓形浪板鐵皮屋承受水平方向的風力，圓形屋頂所受的壓力 p 約為 $p_0 \cos \theta$。在屋頂迎風面的壓力為正值，而在背風面則為負值。試求地基處所受之總水平剪力 Q，以沿著垂直紙面方向，每單位屋頂長的受力表示。

問題 5/174

5/175 圖示爲一座拱形壩的上游側，壩體表面爲垂直圓柱面，半徑 240 m，展開 60°角。如果水深達到 90 m，試求水作用在壩體表面的合力 R。

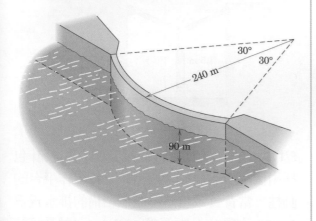

問題 5/175

5/176 混凝土水壩的存水側呈垂直拋物線形狀，其頂點位在 A 處。試求出於存水與水壩表面 C 的合力平衡下，B 點的相對距離 b 的值。

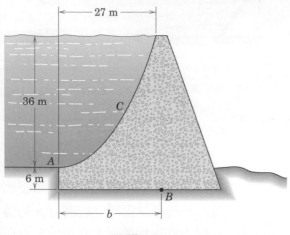

問題 5/176

5/177 圖中所顯示的是建造房屋混凝土基牆的一種新工法。當地基 F 設置後，再豎起聚苯乙烯材質的模板 A，然後在模板中間倒入薄混凝土，再將束帶綁緊來防止模板分離。等混凝土硬化後，模板留在原位供隔絕用。

作爲設計練習，試保守估計如果每條束帶上的拉力不超過 6.5 kN 下，束帶間的均勻間隔 d。至於束帶水平間隔與垂直間隔相同。說明任何假設。濕混凝土的密度爲 2400 kg/m³。

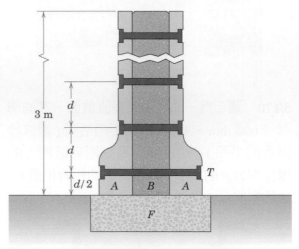

問題 5/177

▶5/178 水箱中的觀測窗是由一半徑爲 r 的四分之一的半球殼所製成，液體的表面離觀測窗最高點 A 的距離爲 h。試求液體作用於半球殼表面的水平力和垂直力。

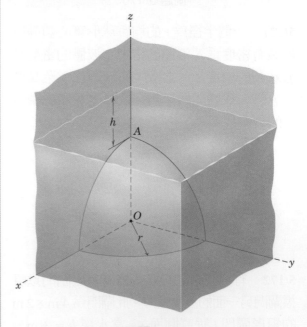

問題 5/178

5/179 試求出作用於淡水箱觀測窗的總作用力 R 與從水面到總作用力 R 的距離 $\bar{h}$。假設水位高度與觀測窗頂部齊平。

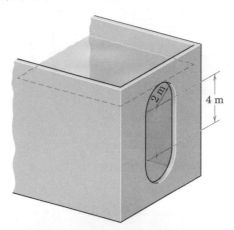

問題 5/179

5/180 要準確的計算出一艘船之質心 G 的垂直位置是非常的困難。對一個裝載的船作一個簡單的傾斜試驗，可以更簡單的求出這個位置。參考圖示，一個已知質量 m_0 置於距中心線 d 的位置。而傾斜角度 θ，可由垂重球的偏角來量出。其中船的位移及其定斜中心 M 為已知。當一艘 12,000 t 的船，在距其中心線 7.8 m 處放置 27 t 的重物時，6 m 長的垂重球偏移的距離 $a = 0.2$ m 時，試求出其定斜高度 $\overline{GM}$。重物置於 M 之上 $b = 1.8$ m 處。(請注意，公噸 (t) = 1000 kg，並且和仟萬克 (megagram)(Mg) 相同。)

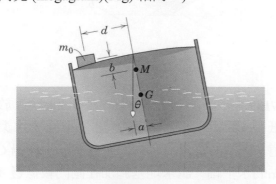

問題 5/180

5/10　第 5 章總複習

5/181 試求出陰影區域形心位置的 x、y 坐標。

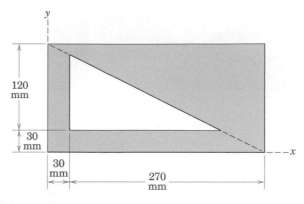

問題 5/181

5/182 試求出陰影區域形心的位置。

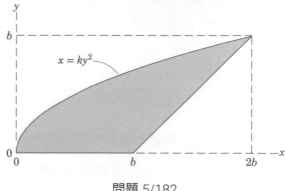

問題 5/182

5/183 如圖所示，試求出陰影區域形心位置的 y 坐標。(請注意根號的正確符號)

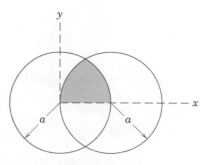

問題 5/183

411

5/184 試求出不同厚度之均勻拋物線薄板之質心的 z 坐標，$b = 750$ mm、$h = 400$ mm、$t_0 = 35$ mm 及 $t_1 = 7$ mm。

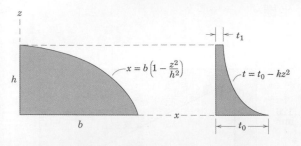

問題 5/184

5/185 試求出陰影區域形心位置的 x、y 坐標。(單位：mm)

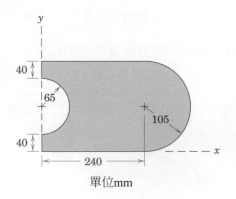

單位mm

問題 5/185

5/186 試求出圖示中旋轉體曲面 $ABCD$ 的面積。

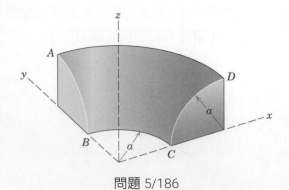

問題 5/186

5/187 試計算由均勻厚度鋼板組成支架之質心的 x、y 和 z 坐標。

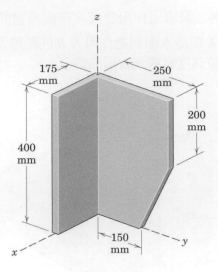

問題 5/187

5/188 一高度為 h，底部寬度為 b 的棱柱結構受到一水平風力，根據風壓函數 $p = k\sqrt{y}$，其風壓 p 會從底部為零增加到頂部的 p_0，試求結構底部的阻力矩 M。

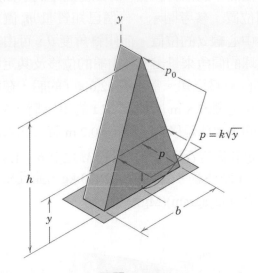

問題 5/188

5/189 如圖所示，高 4 m、長 6 m(垂直於紙張) 的矩形閘門切面阻斷了一條淡水渠道。閘門的質量為 8.5 Mg，鉸接於一穿過 C 點的水平軸。試求地基施加在閘門較低邊 A 的垂直作用力 P。忽略連接在閘門的框架之質量。

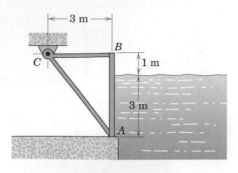

問題 5/189

5/190 試求出由建造木樑下緣到結構質心位置的垂直距離 $\overline{H}$ 。

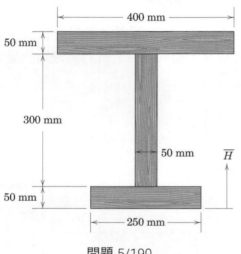

問題 5/190

5/191 試畫出同時承受兩集中應力與組合分佈負載之組合樑的剪力圖與彎矩圖，並在此樑中求出最大的正彎矩值與最大的負彎矩值以及其發生的位置。

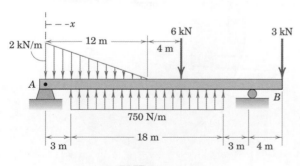

問題 5/191

5/192 圖中所示為均勻細長且彎曲成半徑為 r 的圓弧桿。試求出此弧桿質心之 x、y、z 的坐標。

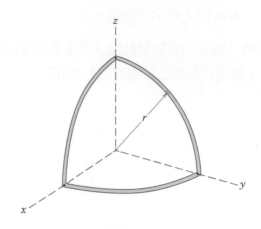

問題 5/192

5/193 作為初階設計研究的一部分，係探討風速對於 300 m 高的建築物所產生的負載效應。如圖所示的拋物線形分佈的風壓，試求因為風力造成的負載，在建築物基座處 A 反作用產生的作用力與彎矩。建築物寬度 (垂直於紙面) 為 60 m。

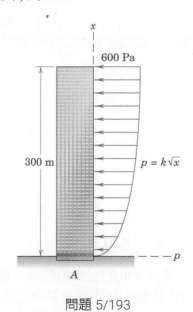

問題 5/193

▶**5/194**　將習題 5/193 的高建築物視爲一均勻直立樑柱。計算並繪製出此結構的剪力與彎矩，以距離地面之高度 x 表示。計算當 $x = 150$ m 時，表示式的値。

5/195　圖示均質的斜柱體，其水平切面爲圓形。試求出其質心距離底部的高度 $\bar{h}$。

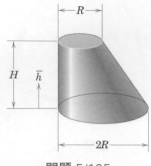

問題 5/195

5/196　試求同時承受力偶與分佈負載組合樑於支點 A 與 B 處的支撐反作用力。當 $x = 0$ 時，其分佈負載增加率爲 120 N/m。

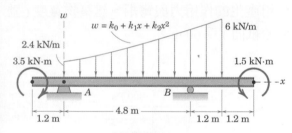

問題 5/196

5/197　如圖所示，試求出垂度與跨度比爲 1：10 的纜繩長度。

問題 5/197

5/198　一寬爲 5 m 的垂直閘門與一寬爲 3 m 的隔板剛性連接，該隔板於暴雨期間會將地下排水通道封閉。在上述的情況下，試求水深度 h 會使閘門開啓並將水排入地下排水通道。在正常操作情況下，1.5 m^3 的混凝土塊是用於保持 3 m 寬的隔板與地下排水通道封閉。

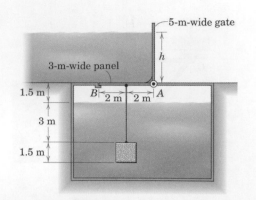

問題 5/198

* 電腦導向例題

***5/199**　畫出如下圖所示承受負載樑之剪力與力矩圖。並求出樑上剪力與彎矩的最大值和位置。

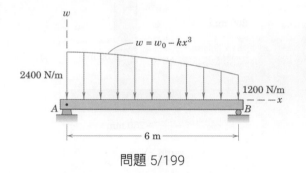

問題 5/199

***5/200**　如圖所示，銅製的 30° 扇形連接在鋁製的半圓柱上。試求圓柱靜置在水平面時，平衡位置的角度 θ。

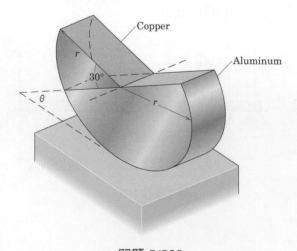

問題 5/200

*5/201 試找出使薄環質心位置於弧的中心距離 $r/10$ 處的角度 θ。

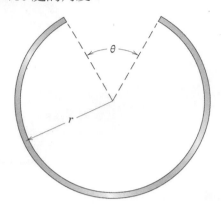

問題 5/201

*5/202 如圖所示為火箭使用的均質充量固體燃料棒，形狀是圓柱體，中央有一深度為 x 的同心孔。按照所顯示的尺寸，範圍從 $x = 0$ 至 $x = 600$ mm，畫出以孔的深度 x 表示此燃料棒質心的 x 軸坐標 $\overline{X}$。試求 $\overline{X}$ 的最大值，並證明該值等於對應的 x 值。

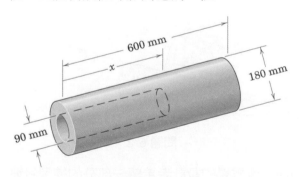

問題 5/202

*5/203 一水下探測儀 A 安裝於懸掛在兩艘距離為 50 m 的船、長度為 100 m 的纜繩中點。若探測儀的重量可忽略不計，試求出此探測儀深度 h，並探討此結果是否取決於纜繩的質量或是水的密度？

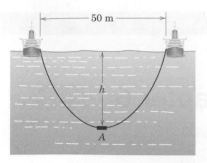

問題 5/203

*5/204 作為建設穿過風景秀麗的河川峽谷的電車軌道之初始步驟，一條質量 12 kg/m 的 505 m 纜繩被懸掛在 A 點和 B 點之間。試求從 A 點右邊到纜繩最低點的水平距離 x，並計算 A 點和 B 點的張力。

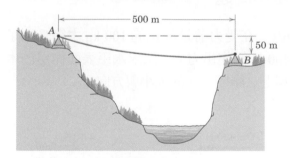

問題 5/204

*5/205 習題 5/148 的小型遙控水下機器人載具在此又出現了。200 m 的繫繩具有稍微為負的浮力，使得作用在繫繩的向下淨力為 0.025 N/m。利用載具上可變的水平和垂直推進器，當載具向右方緩慢移動時，維持定值 10 m 深。若最大水平推力為 10 N 且最大垂直推力為 7 N，試求所允許的距離 d 之最大值並指出是受哪個推進器所限制。

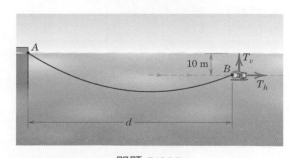

問題 5/205

Chapter 6　摩擦

＊ 電腦導向例題

▶ 深入題

SS 詳解請參考 WileyPLUS

6/1-6/3

基本問題

6/1　在受力前是靜止的 100 kg 木箱受到了 400 N 的作用力 P。試求水平表面作用於木箱上之摩擦力 F 的大小與方向。

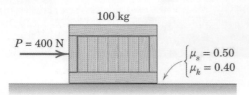

問題 6/1

6/2　在受力前是靜止的 100 kg 的物塊受到了 700 N 的作用力。試求水平表面作用於物塊上之摩擦力 F 的大小與方向。

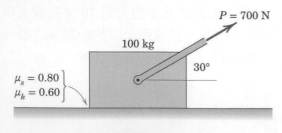

問題 6/2

6/3 **SS**　在受力前為靜止的 50 kg 物塊受到了 P 作用力。試求當 (a)$P = 0$、(b)$P = 200$ N 和 (c)$P = 250$ N 時，表面作用於物塊上之摩擦力 F 的大小與方向。(d) 使物塊開始朝斜面上運動所需之 P 值為何？物塊與斜面之間的靜摩擦係數 μ_s 和動摩擦係數 μ_k 分別為 0.25 和 0.20。

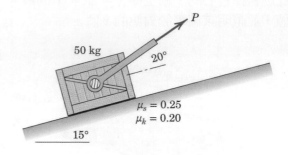

問題 6/3

6/4　滑雪場的設計者希望一部分的練習斜坡區間可供滑雪者的速度幾乎保持為常數。經由測試顯示，在滑雪板與雪地之間的平均摩擦係數分別為 $\mu_s = 0.10$ 與 $\mu_k = 0.08$。試問等速斜坡區間的傾斜角 θ 應為多少？

問題 6/4

6/5 習題 3/21 中 80 kg 的運動員，當他開始作二頭肌彎舉訓練時，對健身器 (未顯示) 拉伸產生了張力 $T = 65$ N。試求他的運動鞋與地面之間的最小靜摩擦係數應為多少以防止滑倒。

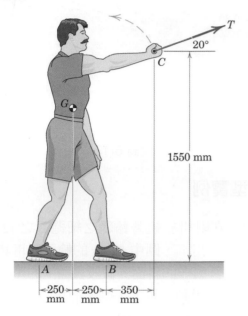

問題 6/5

6/6 具固定內樞紐的鐵桶被以一定速拉上 15° 的斜面且不致滑動，試求最小靜摩擦力係數 μ_s。此時對應的作用力 P 和摩擦力 F 值各為何？

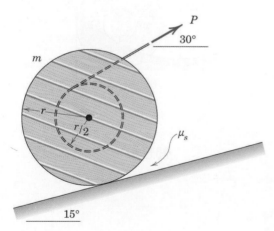

問題 6/6

6/7 鉗子被設計用來夾油浴熱處理後炙熱的鋼管。當顎嘴打開 20°，顎嘴與管子間的最小靜摩擦係數為何，可使得夾子能夾住管子而不滑動？

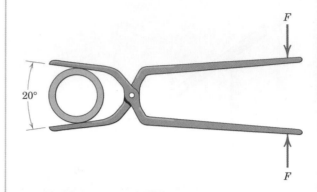

問題 6/7

6/8 一作用力 P 作用於 100 kg 木箱上之 200 kg 物塊 A，在受力前此系統為靜止狀態。試求當 (a)$P = 600$ N、(b)$P = 800$ N 和 (c)$P = 1200$ N 時，對每個物體會產生那些作用。

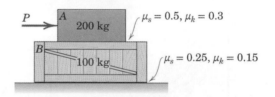

問題 6/8

6/9 試求均質物體以等速率沿著 30° 的斜坡向下運動的動摩擦系數 μ_k，並說明當理想滾輪和箱腳反轉時，此等速率運動就不可能發生。

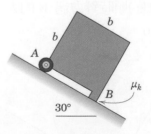

問題 6/9

6/10 一長 7 m、質量為 100 kg 均質細長桿如圖所示靜止放置中。當每個接觸點的靜摩擦係數為 0.40 時，試求移動該桿所需要的作用力 P。

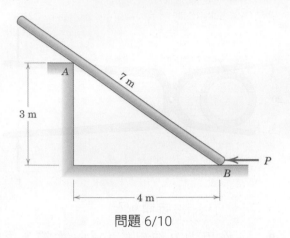

問題 6/10

6/11 試求出在下列情形下垂直牆面作用於 45 kg 方塊上之摩擦力的大小與方向：(a)$\theta = 15°$、(b)$\theta = 30°$。

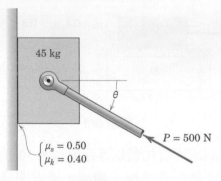

問題 6/11

6/12 試計算受轉動如圖示支撐的 50 kg 圓柱所需施加的順時針力偶 M 的大小。動摩擦係數為 0.30。

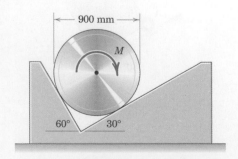

問題 6/12

6/13 試求使 100 kg 的物塊維持平衡狀態下，質量 m 的範圍。忽略所有輪子與滑輪上的摩擦影響。

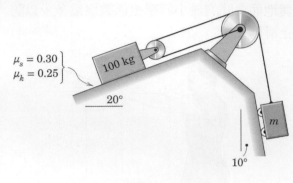

問題 6/13

典型實例

6/14 在附掛於繞著輪緣之細繩下之 12 kg 重物的作用下，圖中 50 kg 的輪子利用其輪轂滾上圓弧形的斜面。假設表面上的摩擦力足以防止滑動，試求出輪子靜止時，θ 角度的值。要達到此位置而不至於發生滑動的最小摩擦係數為何？

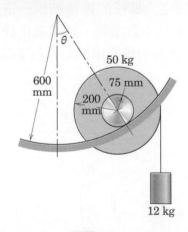

問題 6/14

6/15 為了維護懸掛在大教堂天花板上的燈具，均質梯子放置的位置如圖所示。試求在 A 點與 B 點防止滑動所需之最小靜摩擦係數。假設在 A 點與 B 點的摩擦係數相同。

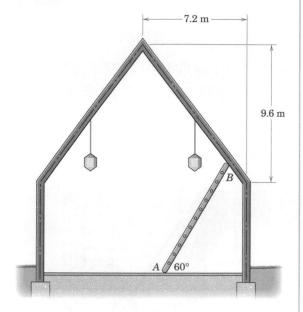

問題 6/15

6/16 質量為 m 的均質長方形方塊靜置於一斜面上，此斜面鉸支在通過 O 點的水平軸上。假設方塊與平面間的靜摩擦係數為 μ，試求出當角度 θ 慢慢變大時，在什麼條件下此方塊會先傾倒再下滑或會先下滑再傾倒。

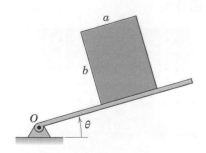

問題 6/16

6/17 如圖所示一重心在 G 處的 80 公斤男子搬運 34 公斤的鼓。若他的鞋子與地面之間的最小靜摩擦係數為 0.40 時，試求在不滑動情況下的最大距離 x。

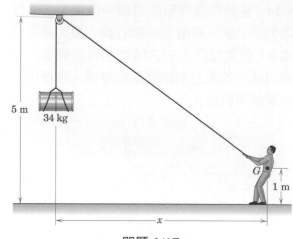

問題 6/17

6/18 均質細長桿的上端 A 具有一理想滾輪。若 B 點的靜摩擦係數 $\mu_s = 0.25$，試求平衡達成時角度 θ 的最小值。以 $\mu_s = 0.50$ 重複一次。

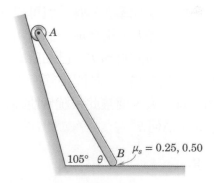

問題 6/18

6/19 試求圖中系統於平衡狀態下質量 m_2 的範圍。物塊和斜面之間的靜摩擦係數 $\mu_s = 0.25$ 並忽略與滑輪之間的摩擦力。

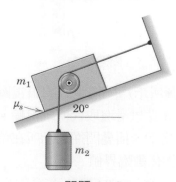

問題 6/19

6/20 欲將角塊從緊配滑槽中取出需施以作用力 P。試求距離水平中心線之最大垂直距離 y，使施以作用力 P 時而不產生彎曲。角塊以水平放置且忽略底部的摩擦。滑槽兩側靜摩擦係數為 μ_s。

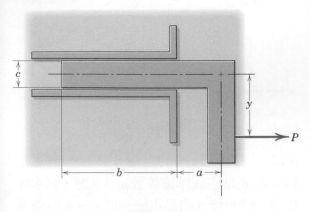

問題 6/20

6/21 圖中倒轉的彎軌 T 與一個可以向上自由轉動的圓柱體 C，組合成一個常用來固定住紙張或其它薄的材料 P。已知所有平面間的靜摩擦係數皆為 μ。試問不管所支撐的材料 P 的重量多大，要讓此系統皆能運作所需的最小 μ 值為何？

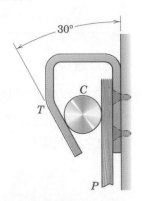

問題 6/21

6/22 如圖所示為一摺疊門的俯視圖。設計師考慮在 B 點以滑塊取代傳統滾輪。試求在外力 P 作用下，摺疊門從圖示所在位置到關閉的靜摩擦係數臨界值。

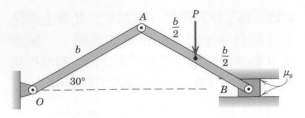

問題 6/22

6/23 一 82 kg 的男子以等速率將 45 kg 的手拉車拉上斜坡。試求該男子的鞋子在不滑動情況下的最小靜摩擦係數 μ_s，並試求出達到男子身體重心平衡所需的距離 s。

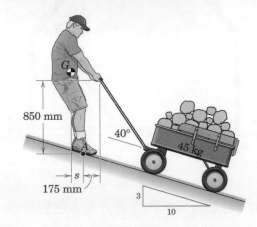

問題 6/23

6/24 試求產生滑動所需的水平作用力 P。三接觸面的摩擦係數如圖所示。頂部方塊可垂直自由移動。

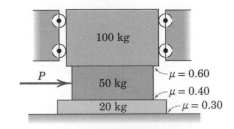

問題 6/24

6/25 **SS** 一 800 kg 垂直面板的重心於 G 點。該面板安裝於輪子上，使其可沿著固定軌道自由水平移動。若在 A 點處輪子的軸承被凍住，輪子則無法轉動，試求要將面板滑動所需的作用力 P。假設輪子與軌道之間的動摩擦係數為 0.30。

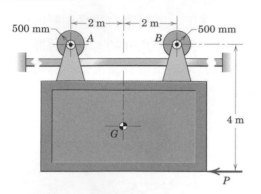

問題 6/25

6/26 為了將長 6 m 的均勻木板在上方的貨架上滑動，試求兩男子對繩子所需的作用力 P 為多少？此木板的質量為 100 kg，木板與每個支點之間的動摩擦係數為 0.50。

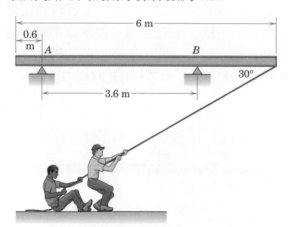

問題 6/26

6/27 質量為 $m = 75$ kg 的齒條。為了以緩慢穩定的速度在 60°且潤滑的軌道上 (a) 下降、(b) 上升齒條，試求需作用於齒輪上之力矩 M 的值。靜摩擦係數與動摩擦係數分別為 $\mu_s = 0.10$ 和 $\mu_k = 0.05$。驅動齒輪用的固定馬達未顯示於圖面中。

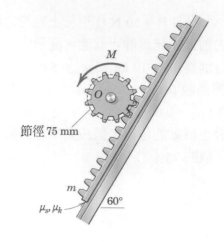

問題 6/27

6/28 試求使質量 m_0 的方塊初始運動所需之 (a) 向右作用與 (b) 向左作用的水平作用力 P 的大小。試先分別求出通用解，再以 $\theta = 30°$，$m = m_0 = 3$ kg，$\mu_s = 0.60$ 與 $\mu_k = 0.50$ 的條件求出特殊解。

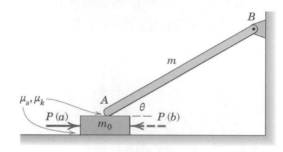

問題 6/28

6/29 如圖所示，順時針力偶 M 被施加在圓柱上。當 $m_B = 3$ kg、$m_C = 6$ kg、$(\mu_s)_B = 0.50$、$(\mu_s)_C = 0.40$ 且 $r = 0.2$ m。試求發生初始運動時所需的 M 之值。圓柱 C 與滑塊 B 間的摩擦力可以忽略。

問題 6/29

6/30 水平力 $P = 50$ N 作用於上方的方塊，在受力前此系統爲靜止狀態。圖示中方塊的質量分別爲 $m_A = 10$ kg 和 $m_B = 5$ kg。試求在靜摩擦係數 (a) $\mu_1 = 0.40$、$\mu_2 = 0.50$ 與 (b) $\mu_1 = 0.30$，$\mu_2 = 0.60$ 的條件下，是否發生滑動以及發生滑動的位置。假設動摩擦係數爲靜摩擦係數的 75%。

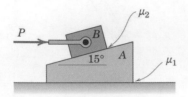

問題 6/30

6/31 SS 若不使 4 m 長之階梯的底部端點發生滑動，試求 90 kg 的油漆工所能爬上階梯的距離 x。15 kg 階梯的頂端有一個小滾輪，並且在地面上的靜摩擦係數爲 0.25。而油漆工的質心則位於她的腳正上方。

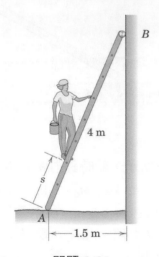

問題 6/31

6/32 圖中的 1600 kg 的汽車正開始要通過的 16° 的斜坡。如果此車爲後輪驅動，試求出在 B 點處需求之最小靜摩擦係數。

問題 6/32

6/33 均質正方形物體的位置如圖所示。若 B 點的靜摩擦係數爲 0.40，試求角度 θ 的臨界值，低於此角度會發生滑動。忽略 A 點的摩擦力。

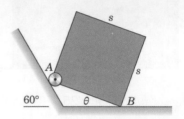

問題 6/33

6/34 質心位於 G 點的均勻桿件，藉由固定在輪盤上的兩圓形凸釘所支撐。如果桿件與凸釘之間摩擦係數爲 μ，並且這個輪盤從如圖所示的位置開始對通過 O 點的水平軸慢速轉動，試求桿件在開始滑動以前的轉動速度 θ。相較於其他尺寸時，可忽略桿子直徑。

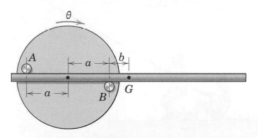

問題 6/34

6/35 如圖示一質量爲 m 且長度爲 L 的均勻細長桿初始水平靜置於半徑 $R = 0.6L$ 的固定圓形表面中心處。若施以垂直於細長桿末端的作用力 P 並逐漸增加，直到細長桿在角度 $\theta = 20°$ 時開始發生滑動，試求此靜摩擦係數 μ_s。

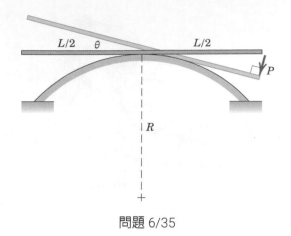

問題 6/35

6/36 一複合圓柱體由鋁製圓柱和半圓柱鋼所組成。試求坡道角度 θ，使得複合圓柱體於圖示所在位置放開且仍維持平衡狀態，其中半圓柱鋼的直徑截面為垂直的，並試計算所需的最小靜摩擦係數 μ_s。

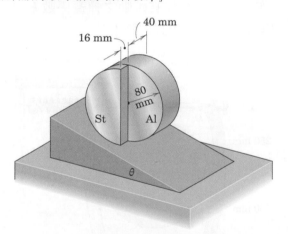

問題 6/36

6/37 C 型夾之左側夾爪為活動式，其能沿著支架滑動來增加夾持範圍。當夾鉗在負載作用下時，為防止活動夾爪在支架上產生滑動，則 x 的尺寸必須超過一個最小值。若給定 a、b 與靜摩擦係數 μ_s 之值，試決定 x 的最小值以防止活動夾爪產生移動。

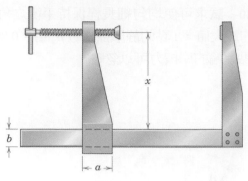

問題 6/37

6/38 圖中為質量 m 半徑 r 的半圓柱殼，在其邊緣上受水平拉力 P 的作用下，滾動了角度 θ。若摩擦係數為 μ_s，當水平拉力 P 逐漸增加時，試求出此半圓柱殼在水平表面上開始滑動的角度 θ。另試求出讓滑動角度 θ 達到 90° 時所需摩擦係數 μ_s 的值為何？

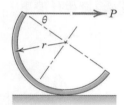

問題 6/38

6/39 系統從靜止開始運動。試求方塊 A 作用於方塊 B 的作用力方向與大小。當 $m_A = 2 \text{ kg}$、$m_B = 3 \text{ kg}$、$P = 50 \text{ N}$、$\theta = 40°$、$\mu_1 = 0.70$ 且 $\mu_2 = 0.50$ 時，其中 μ_1 與 μ_2 為靜摩擦係數且相應的動摩擦係數為靜摩擦係數的 75%。

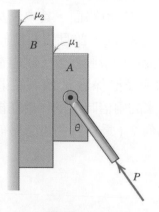

問題 6/39

423

6/40 試求可使均勻細長桿保持平衡之角度 θ 的最大值。A 點的靜摩擦係數 μ_A 為 = 0.80，B 點滾輪的摩擦力可以忽略。

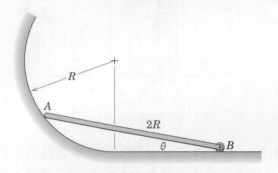

問題 6/40

6/41 單桿塊式制動器防止了受到逆時針扭矩 M 的飛輪發生旋轉。若靜摩擦係數為 μ_s，求出防止旋轉所需的作用力 P。解釋若幾何允許 b 等於 $\mu_s e$ 會發生什麼事。

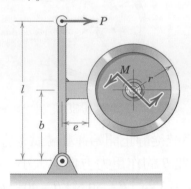

問題 6/41

6/42 女子騎著她的單車，以穩定速度爬上坡度為 5% 的易滑路面。其中，女子與單車的總質量為 82 kg，並且質心位於 G 點上。如果後輪接近於滑動狀態，試求在後輪胎與路面之間的摩擦係數 μ_s 值。如果摩擦係數增加為原來的兩倍時，則作用在後輪的摩擦力 F 又為何？（為何我們可忽略前輪的摩擦力？）

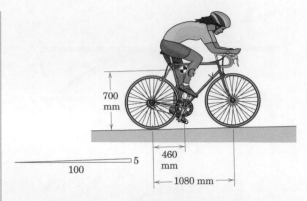

問題 6/42

6/43 圖中兩片式的煞車組利用彈簧的張力來制住飛輪的轉動。加於控制桿的力 P 可放開煞車。在 $P = 0$ 的作用位置下，彈簧被壓縮了 30 mm 的長度。已知兩個煞車片的摩擦係數為 0.20，試求出飛輪在 100 N-m 力偶 M 的作用下，可制住其轉動之彈簧係數 k。兩個煞車片的厚度可以忽略不計。

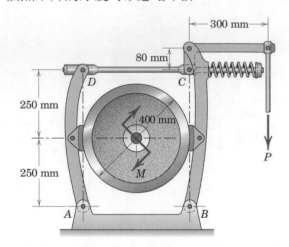

問題 6/43

6/44 長度 $L = 1.8$ m 的均質細長桿，其上端 A 處有一理想滾輪。此長桿沿著水平表面的靜摩擦係數 μ_s 為 $\mu_s = \mu_0(1 - e^{-x})$ 的函數，其中 x 的單位是 m，靜摩擦係數 $\mu_0 = 0.50$。試求達成平衡時的最小角度 θ。

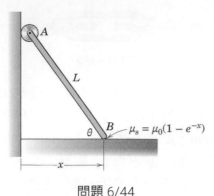

問題 6/44

6/4-6/5

基本問題

6/45 假設鋼型楔子與新砍伐木墩的濕潤纖維之間的摩擦係數爲 0.20，試求此楔子的最大角度 α，使其在被錘擊後不會從木墩中脫落。

問題 6/45

6/46 具有固定的支承支柱 C 且有彈簧加載的車輪在 10° 的楔形物上。若楔形物能停留在原地的話，試求最小靜摩擦係數 μ_s。忽略與輪子有關的所有摩擦力。

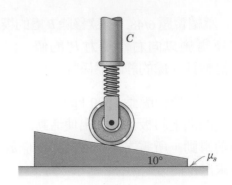

問題 6/46

6/47 在木結構建築中，經常使用兩個墊片來填滿框架 S 和較細的窗框或門框 D 之間的間隙。S 和 D 桿件如圖中截面所示，圖中所示爲 3° 的墊片，試求能夠使墊片留在原位所需要的最小靜摩擦係數。

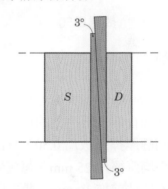

問題 6/47

6/48 一重心 G 點的質量爲 100 kg 工業用門於圖示 B 處以 5° 的楔子放置安排維修。A 處則以小鎚固定以防止水平滑動。假設楔子上下表面的靜摩擦係數均爲 0.60，試求於 B 處抬起門所需作用力 P 的值。

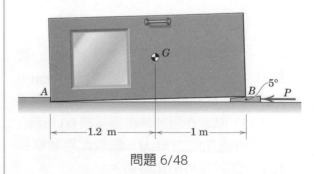

問題 6/48

6/49 承續習題 6/48，若欲移除 B 處的楔子，試求所需施以向右作用力 P′ 的值。假設 A 處不滑動且 A 處的靜摩擦係數為 0.60。

6/50 一輛後輪驅動 1600 kg 的車子正以低速穩定的開上斜板。試求出使活動的斜板不會向前滑動，所需之最小的靜摩擦係數 μ_s，並且求出每個後輪所需的摩擦力 F_A。

問題 6/50

典型實例

6/51 為了將 50 kg 的物塊推上的 15° 的斜面，試求必須施加在螺絲把手上的扭矩 M。物塊與斜面間的靜摩擦係數為 0.50，且此單線螺紋螺絲之平均直徑為 25 mm、每旋轉一圈可帶動其上的機件前進 10 mm。螺紋的靜摩擦係數也是 0.50。忽略 A 處球接點的摩擦力。

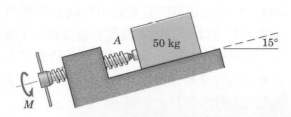

問題 6/51

6/52 一大型螺絲伸縮器可承受 40 kN 的纜繩拉力。此方牙螺絲的平均直徑為 30 mm、螺距為 3.5 mm。螺絲經潤滑後的摩擦係數不超過 0.25。試求作用於伸縮器本體 (a) 旋緊、(b) 鬆開所施加的力矩 M。假設此兩個螺絲均為單一螺紋且可防止轉動。

問題 6/52

6/53 如圖所示的兩塊木板，受到 C 型夾 600 N 的夾持壓縮力作用。螺桿的平均直徑為 10 mm，並且每轉前進 2.5 mm。而靜摩擦係數為 0.20。試求為 (a) 旋緊；(b) 鬆開，此夾具須垂直施加在把手 C 點上的作用力 F。忽略 A 點的摩擦力。

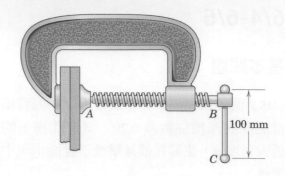

問題 6/53

6/54 如圖所示，兩個 5° 的楔形物被用來調整受到 5 kN 垂直負載的柱子位置。若所有表面的摩擦係數均為 0.40，試求提升柱高所需施加的作用力 P 之大小。

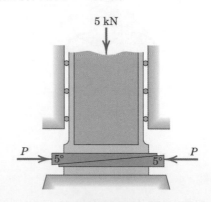

問題 6/54

6/55 若要降低習題 6/54 受負載的柱之高度，試計算拉開楔形物所需的水平力 P′。

426

6/56 試計算移動 20 kg 輪子所需要的作用力 P。A 點的摩擦係數爲 0.25，楔形表面兩側的摩擦係數爲 0.30，彈簧 S 受 100 N 的壓縮力，並忽略細桿對輪子的支撐。

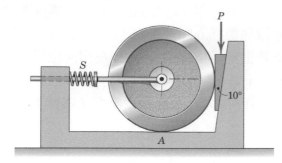

問題 6/56

6/57 楔形物兩個表面的靜摩擦係數爲 0.40，27 kg 的混凝土塊和 20° 的斜面間的靜摩擦係數爲 0.70。試求需要將混凝土塊往上升所需要的最小作用力 P。忽略楔形物的重量。

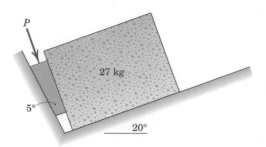

問題 6/57

6/58 重複習題 6/57，但如圖所示，改考慮 27 kg 的混凝土往 20° 的斜面下降。所有其他的條件和習題 6/57 相同。

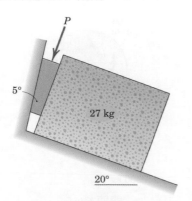

問題 6/58

6/59 工作檯上木工夾具常用以固定兩板材的膠合。試求欲在兩板材之間產生 900 N 的壓縮力時，在螺桿上所需要施加的扭矩 M 爲多少？其中螺桿直徑爲 12 mm，單一螺紋且每公分有 2 個方形螺牙，螺牙的摩擦係數可視爲 0.20。忽略於 A 點球形接觸的摩擦，並假設 A 點的接觸力作用爲沿著螺桿軸線的方向。另欲解開夾具，試求需要施加的扭矩 M' 爲多少？

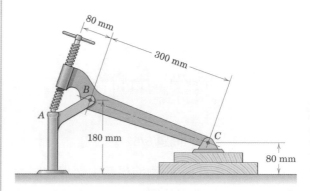

問題 6/59

6/60 在 100 kg 物體與 15° 之楔間的靜摩擦係數 μ_s 爲 0.20。試求將 100 kg 的物體抬高所需施加的作用力 P，如果：(a) 可忽略摩擦力之滾輪如圖所示位於楔下方；(b) 移去滾輪，且楔與底面之間的靜摩擦係數亦爲 0.20。

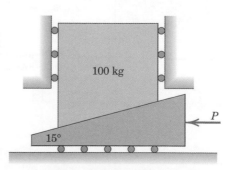

問題 6/60

6/61 對於習題 6/60 的 (a) 與 (b) 兩種情況而言，試求將 100 kg 的重物降下所需之作用力 P' 的大小與方向。

6/62 設計一透過 5° 平錐型銷連接兩軸的連接器，其設計如圖所示。假設兩軸承受 900 N 的恆定張力 T，試求欲移除並鬆開銷件所需作用力 P 的值。銷件與槽邊之間的摩擦係數為 0.20。忽略軸之間的水平摩擦。

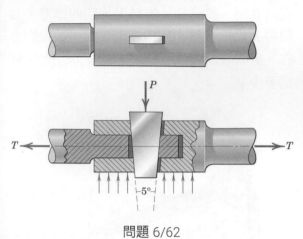

問題 6/62

6/63 質量 100 kg 的物塊係藉由螺桿控制之楔來調整物其垂直位置。試計算必須施加於螺桿把手上的力矩 M，以將物塊抬起。其中，螺桿為單線方螺紋、平均直徑 30 mm 與每轉前進 10 mm。螺紋間的摩擦係數為 0.25，而物塊與楔的所有接觸面間的摩擦係數為 0.40。忽略在球接頭 A 的摩擦影響。

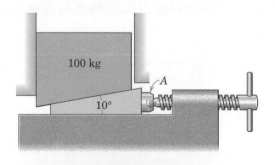

問題 6/63

6/64 如圖所示，為一設計用於托高小型汽車的千斤頂。螺桿的螺紋旋入樞接於 B 處的軸環內，而尾端軸則在 A 處的止推球軸承內轉動。螺紋的平均直徑為 10 mm、導程 (每轉的前進距離) 為 2 mm。並且，螺紋間的摩擦係數為 0.20。若將：(a) 質量 500 kg 的負載由圖示位置舉起；(b) 在相同位置將負載降下時，試求所需施加在垂直於把手 D 處上的作用力 P。忽略樞接處與 A 處軸承的摩擦力。

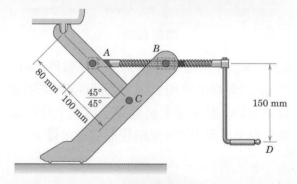

問題 6/64

6/4-6/5

基本問題

6/65 為了等速提高 500 kg 負載物的高度，1510 N-m 的扭矩 M 必須被施加在直徑 50 mm 起重卷筒的軸承上。卷筒和軸承的總質量為 100 kg。試計算軸承的摩擦係數 μ。

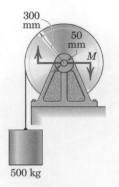

問題 6/65

6/66 兩個飛輪架設在藉由軸頸軸承所支撐的同一軸上。每個飛輪的質量皆為 40 kg，而軸的直徑則為 40 mm。若要飛輪與軸保持一低速的等速轉動，需對軸施加 3 N-m 的力偶時，試計算：(a) 軸承中的摩擦係數；(b) 摩擦圓的半徑 r_f。

問題 6/66

6/67 圓盤 A 置於圓盤 B 的上方，並且受到 400 N 的壓縮力作用。圓盤 A 與 B 的直徑分別為 225 mm 與 300 mm，並且每個圓盤下整個表面的壓力為常數。如果在 A 與 B 之間的摩擦係數為 0.40，試求將造成 A 對 B 產生滑動的扭矩值 M。並且，為防止 B 發生轉動，試計算 B 與支承面 C 之間的最小摩擦係數 μ 值。

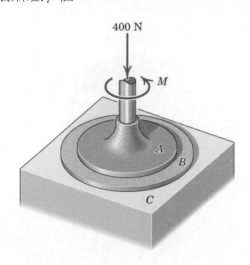

問題 6/67

6/68 如果 30 mm 軸承的摩擦係數是 0.25，試求要將 800 kg 的負載拉起之繩索中的張力值 T。並且，求出繩索靜止部份的張力值 T_0。其中，可忽略繩索和滑輪的小質量。

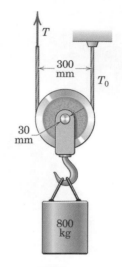

問題 6/68

6/69 承習題 6/68，試計算將 800 kg 的負載降下所需的張力值 T。也求出 T_0。

典型實例

6/70 內半徑 50 mm、外半徑 60 mm 的 20 kg 鋼環 A 靜止在半徑 40 mm 的固定水平軸承上。若施加在環外圍的向下作用力 P = 150 N 恰好可以使環滑動，試計算摩擦係數 μ 和角度 θ。

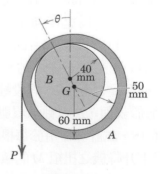

問題 6/70

429

6/71 鼓輪 D 與其繩索的質量爲 45 kg，而軸承的摩擦係數 μ 則爲 0.20。如果，軸承的摩擦：(a) 可忽略；(b) 考慮進分析，則試求將 40 kg 圓柱升起所需施加的作用力 P 值。軸重可忽略。

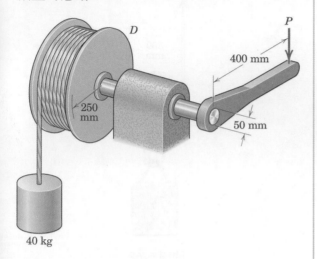

問題 6/71

6/72 若將習題 6/71 的 40 kg 圓柱降下時，試求所需的作用力 P 值。比較答案與習題 6/71 之結果。當沒有摩擦影響時，P 值是否相等於捲起與降下圓柱所需之作用力的平均值？

6/73 一 10 Mg 的木箱透過兩螺桿升降機搬運到一地下儲存裝置中，該升降機設計如圖所示。每根螺桿重 0.9 Mg、平均直徑爲 120 mm、螺距爲 11 mm 的單一方形螺紋。螺桿由設備底座的馬達作同步旋轉。而木箱、螺桿與 3 Mg 升降機平台的總重量則由 A 處的軸承環所支撐，每一軸承的外徑爲 250 mm、內徑爲 125 mm。假設軸承上的壓力均勻分佈於表面，B 處軸承環與螺桿的摩擦係數爲 0.15，試計算作用於每根螺桿在 (a) 升起 (b) 降下升降機之扭矩 M 的值。

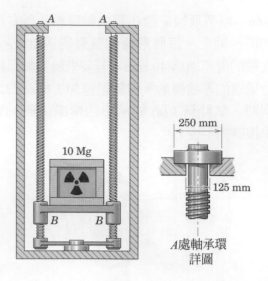

問題 6/73

6/74 兩個滑輪緊貼在一起且被用來提高質量 m 的圓柱之高度。分數 k 的範圍爲從 0 到 1。若半徑 r_0 的軸承之摩擦係數爲 μ，且此值夠小，可以用 $\sin\phi$ 來取代，其中 ϕ 爲摩擦角，試推導將圓柱提升所需施加的張力 T 之表示式。滑輪的質量爲 m_0。如果 $m = 50$ kg、$m_0 = 30$ kg、$r = 0.3$ m、$k = \frac{1}{2}$，$r_0 = 25$ mm 及 $\mu = 0.15$，試計算表示式 T 之值。

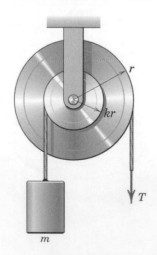

問題 6/74

6/75 考慮質量 m 的圓柱等速下降的情形，重複習題 6/74。

6/76 在作用力 P 的作用下，圖中薄板的一端正靠在盤式磨砂機上研磨。如果有效的動摩擦係數為 μ 且在板端的壓力基本上為定值。試求出讓圓盤維持定速轉動，馬達需提供的力矩 M。已知薄板的端點置於圓盤半徑的中心點。

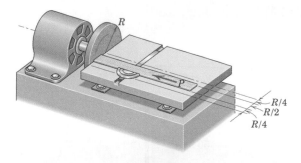

問題 6/76

6/77 如圖所示，為兩配合圓盤的軸向截面。如果圓盤之間的壓力關係為 $\rho = k/r^2$，試導出將上圓盤轉動於固定下圓盤上時所需扭矩 M 的表示式，其中 k 為一待求常數。其中，摩擦係數 μ 在整個表面上皆為常數。

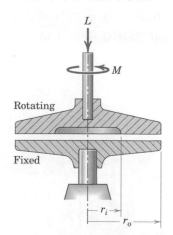

問題 6/77

6/78 汽車的碟刹盤由平面對平面接合式迴轉盤與在迴轉盤兩側皆含有盤狀式襯墊的刹車夾裝置所組成。兩個襯墊面上的均勻壓力由襯墊面後方相等的作用力 P 所產生，試證明施加於輪軸的力矩與襯墊的張開角度 β 無關。壓力隨 θ 變化時是否改變力矩？

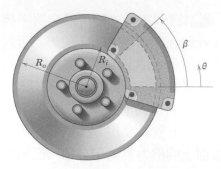

問題 6/78

6/79 對於半徑為 a 的平面式砂輪磨盤，磨盤與磨光面之間的壓力 p 隨 r 呈線性下降。如圖所示，從中心位置的 p_0 減少至 $r = a$ 的 $p_0/2$。如果摩擦係數為 μ，試推導在軸向力 L 的作用下，轉動軸桿所需施加扭矩 M 的表示式。

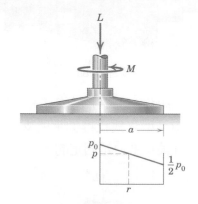

問題 6/79

6/80 如圖所示的運載車其四個輪子各為 20 kg 重，並且裝置在直徑 80 mm 的軸頸（軸）上。運載車的總重量為 480 kg（包含車輪），並且平均地分佈在所有四個輪子上。如果需要 P = 80 N 的作用力，使運載車在水平面上保持等低速度滾動，試計算在輪子軸承中存在的摩擦係數。（提示：畫出一個輪子的完整自由體圖。）

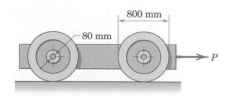

問題 6/80

6/81　圖示為一多碟式船用離合器系統，驅動盤 A 栓軸在驅動軸 B 上，使得它可以在軸上自由的滑動，卻必須與驅動軸一起轉動。轉盤 C 利用螺栓 E 帶動外殼 A，在螺栓 E 上，轉盤 C 可以自由的滑動。在圖示的離合器系統中，共有五對具摩擦力的表面。假設在所有轉盤面上的壓力為均勻分佈，已知摩擦係數為 0.15 且 $P = 500$ N 時，試求出此離合器可傳送的最大扭矩 M。

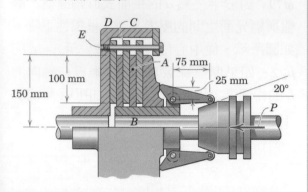

問題 6/81

▶**6/82**　試說明旋轉軸所需的扭矩 M，該軸的推力 L 由錐型立式止推軸承所支撐。摩擦係數為 μ 且軸承壓力是固定的。

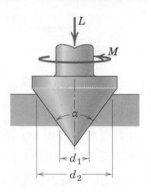

問題 6/82

6/8-6/9

基本問題

6/83　繩索與固定軸承間的最小摩擦係數 μ 為多少時，可防止不平衡的兩圓柱發生移動？

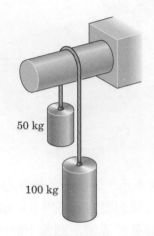

問題 6/83

6/84　試求出在穩定的低速下將 40 kg 圓柱 (a) 拉起、(b) 降下所需的作用力 P。繩索與支持表面間的摩擦係數為 0.30。

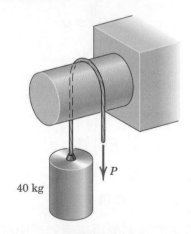

問題 6/84

6/85 SS 圖中碼頭工人調整彈性繩索來防止船隻漂離碼頭。如果他在繫船柱上繞了 $1\frac{1}{4}$ 圈的繩索上加了 200 N 的拉力，試問他可以支撐多少的力 T？繩索與鋼柱之繫船柱間的摩擦係數為 0.30。

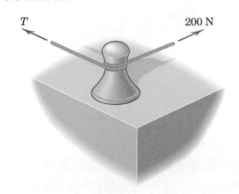

問題 6/85

6/86 50 kg 的包裹連接了一條繩索，繩索繞過形狀不規則但表面紋理均勻的鵲卵石。若要以等速降下包裹需要施加向下作用力 $P = 70$ N，則 (a) 試求繩索與鵝卵石間的摩擦係數 μ。(b) 將包裹等速上升所需要的作用力 P' 為何？

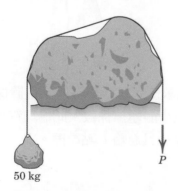

問題 6/86

6/87 如圖示對於一摩擦係數為 μ 與一角度為 α，升起質量 m 所需的拉力 P 為 4 kN，以及以相對緩慢速度降下質量 m 所需的拉力為 1.6 kN。試計算質量 m。

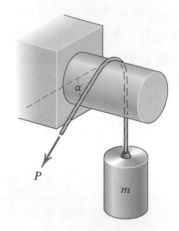

問題 6/87

6/88 試求將 40 kg 的方塊沿著 25° 的斜坡上方運動之作用力 P 的值。圓柱固定在方塊上且不會轉動。靜摩擦係數為 $\mu_1 = 0.40$，動摩擦係數為 $\mu_2 = 0.20$。

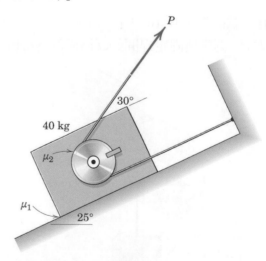

問題 6/88

6/89 SS 承續習題 6/88，試求將方塊沿著斜坡向下運動之作用力 P 的值。其他條件維持不變。

6/90 在西部電影中，經常看到牛仔隨意地將韁繩在水平木桿上捲繞幾圈來栓住馬匹，並且讓繩端如圖所示自由懸掛，而沒有將繩端打結！如果韁繩自由懸掛部分的質量為 0.060 kg，並且捲繞圈數如圖所示，試問馬匹若要獲得自由，則必須在如圖所示的方向上施加多少張力 T？其中，韁繩與木桿之間的摩擦係數為 0.70。

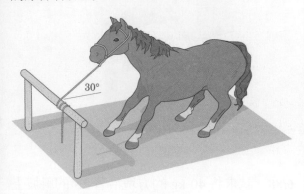

問題 6/90

典型實例

6/91 試計算提升 100 kg 負載所需施加的水平力 P。繩索與固定桿間的摩擦係數為 0.40。

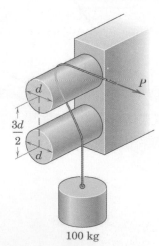

問題 6/91

6/92 80 公斤的攀岩者欲向下攀岩並由另外兩位同伴透過繩索同施以水平拉力 $T = 350$ N，試計算繩索與岩石之間的摩擦係數 μ。

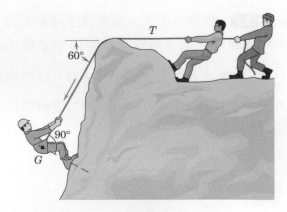

問題 6/92

6/93 **SS** 80 kg 的樹醫，使用繞過水平樹枝上的繩索來將自己放下。如果在繩索與樹枝之間的摩擦係數為 0.60，試計算此人必須對繩索施加的作用力，以使他能緩慢地被放下。

問題 6/93

6/94 試求使桿子能夠在所示位置保持靜態平衡之最小靜摩擦係數。此為均質桿子，固定樁 C 點小且忽略 B 點摩擦。

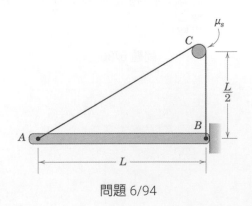

問題 6/94

6/95 A 和 C 為固定軸承而 B 軸承可靠著垂直插槽和鎖定螺栓改變位置。若所有介面的靜摩擦係數均為 μ，T 為將質量 m 的圓柱升起所需的張力，試求 T 對 y 坐標的相依性。

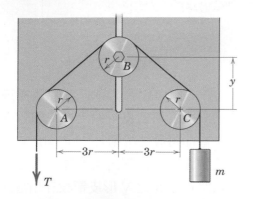

問題 6/95

*6/96 考慮 A 和 C 處的摩擦力為 0.60，B 處的摩擦力為 0.20，重作習題 6/95。在 $0 \leq y \leq 10r$ 的範圍，使用以 y 為變數的函數繪製 T/mg，其中 r 為三個軸承共同的半徑。當 $y = 0$ 以及當 y 很大時，T/mg 的極值各為何？

6/97 均勻 I 型樑每公尺長度質量為 74 g，並由纜繩懸掛於 300 mm 的固定滾筒上。若纜繩和滾筒之間的摩擦係數為 0.50，試計算將樑從水平位置傾斜之最小作用力 P 的值。

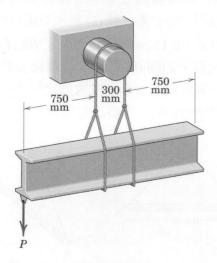

問題 6/97

6/98 圖中電扶梯循環式的傳送帶通過 A 點處的導輪，由加於導輪 B 上的扭矩 M 驅動。傳動帶上的拉力由 C 點的螺絲扣來調整。當電扶梯不受負載時，兩邊傳送帶上的起始拉力各為 4.5 kN。在此系統的設計上，如果此電扶梯上載有 30 個均勻分佈在輸送帶的人，每個人重 70 kg，試求出在防止導輪 B 與傳送帶間發生滑動，所需求的最小摩擦係數。(請注意：從圖中可以導出，傳送帶在導輪 B 上表面處所增加的拉力，與其在導輪 A 下表面處所減少的拉力，同樣等於所有旅客之重量在斜坡上的分量的一半。)

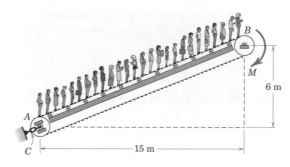

問題 6/98

6/99 重量為 W_1 的方塊上有一環形槽以放置輕纜繩。試求使方塊處於靜態平衡之最小比值 W_2/W_1。纜繩和槽之間的靜摩擦係數為 0.35，並敘明任何的假設。

問題 6/99

6/100 如圖所示爲一帶狀煞車的設計，試求在撓性帶子的作用下，轉動 V 形槽塊上的管子所需的力偶 M。而作用力 $P = 100$ N 則施加於樞接於 O 點的槓桿上。在帶子與管子之間的摩擦係數爲 0.30，而在管子與槽塊之間的摩擦係數則爲 0.40。其中，零件重量可忽略。

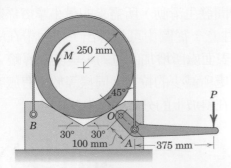

問題 6/100

6/101 試求使系統處於平衡狀態之質量 m_2 的範圍。斜坡面與方塊之間的靜摩擦係數爲 $\mu_1 = 0.25$，繩索與固定於方塊上的圓盤之間的靜摩擦係數爲 $\mu_2 = 0.15$。

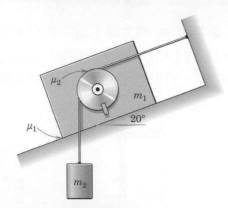

問題 6/101

6/102 如圖所示，爲一帶式油過濾器扳手的設計。如果橡皮帶與固定過濾器之間的摩擦係數爲 0.25，試求確定扳手不會在過濾器上滑動的 h 最小值，不管作用力 P 的大小爲何。其中忽略扳手的質量，並假設 A 處是小零件的效應相當於橡皮帶是由三點鐘位置以順時針的方向開始纏繞。

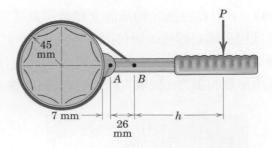

問題 6/102

6/103 圖 6/11 中的平皮帶與皮帶輪換成 V 形皮帶與配合的槽式皮帶輪，如此題的截面圖所示。當即將發生滑動時，試導出 V 形皮帶輪之皮帶張力、接觸角與摩擦係數之間的關係。試問 $\alpha = 35°$ 之 V 形皮帶設計相當於增加同材質平皮帶之摩擦係數多少倍因子 n？

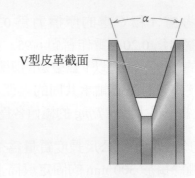

V型皮革截面

問題 6/103

▶**6/104** 輕纜繩連接到均勻橫桿 AB 的兩端並穿過固定樁 C 點。圖 (a) 爲水平起始位置，將長度 $d = 0.15$ m 的纜繩從固定樁的右側移動到左側，如圖 (b) 所示。若纜繩於此位置開始在固定樁上滑動，試求固定樁與纜繩之間的靜摩擦係數。忽略固定樁直徑的影響。

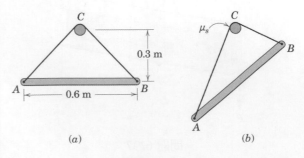

問題 6/104

6/10 第 6 章總複習

6/105 40 kg 的物體靜置於 30°的斜坡上。物體與斜面間的靜摩擦係數為 0.30。(a) 試求當物體放開後，不使物體滑動的狀況下，彈簧初始張力 T 的最大值與最小值。(b) 如果張力 $T = 150$ N，試求物體的摩擦力 F。

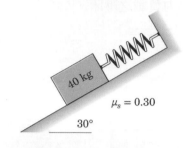

問題 6/105

6/106 (a) 船工以纜繩將 100 kg 的木箱並以緩慢且穩定的速度下降，試求所產生的張力 T。欄杆上的有效摩擦係數為 $\mu = 0.20$。(b) 若要提升木箱，張力 T 的值是多少？

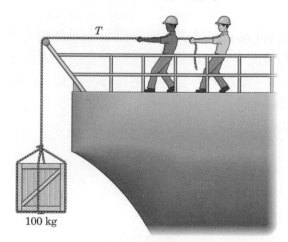

問題 6/106

6/107 質心在 G 的 2 Mg 重車床被放在 5°的鋼楔上。若所有接觸面的摩擦係數為 0.30，試求將鋼楔拿開所需要施加的水平力 P。並證明車床不會發生水平的位移。

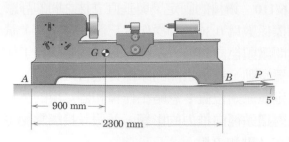

問題 6/107

6/108 如圖所示，質量為 m 的均質圓盤靜置在直角支承表面上。細繩中的拉力 P 由 0 非常緩慢地逐漸增加。如果 A 和 B 處的摩擦係數為 $\mu_s = 0.25$，試問此均勻圓盤會先在原地滑動還是先開始滾上斜面？試求首先發生之運動對應之 P 值。

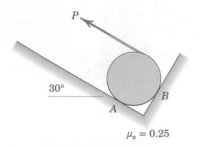

問題 6/108

6/109 扣楔 (Toggle-wedge) 為一使用於製造木船時，將兩塊木板之間的縫隙閉合的有效裝置。裝置組合如圖所示，若施以 1.2 kN 的作用力 P 來移動楔子，試求作用於扣楔上端 A 點的摩擦力 F。假設所有接觸表面的靜摩擦和動摩擦係數均為 0.40。

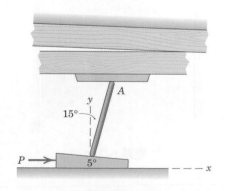

問題 6/109

6/110　鑽檯的固定環與垂直立柱之間的靜摩擦係數為 0.30。若操作者忘記固定夾具，試問鑽頭徑向的推力是否足以使固定環和工作檯滑動，或是之間的摩擦力是否足以將其固定在原始位置？忽略工作檯和固定環的重量對鑽頭徑向推力的影響，並假設接觸點發生在 A 點和 B 點。

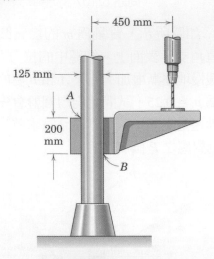

問題 6/110

6/111　試驗證若靜摩擦系數為 $\mu_s \leq 1$ 時，一等邊三角形的物體在垂直槽中移動不會被卡住，假設兩側的間隙很小，且在所有接觸點的靜摩擦係數皆相同。

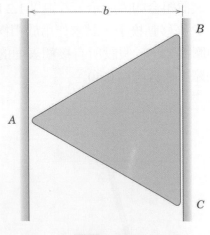

問題 6/111

6/112　圖中小型壓床上之螺桿的平均直徑為 25 mm，其具有導程為 8 mm 之單一方形螺紋。在 A 點處的平式止推軸承顯示於放大視圖中，其上之表面已大部份磨損。如果螺桿與軸承上 A 點處的摩擦係數皆為 0.25。請求出下列條件下，所需加以壓床轉輪的力矩 M，(a) 用來產生 4 kN 的壓力及 (b) 放開受 4 kN 之壓力負載之壓床。

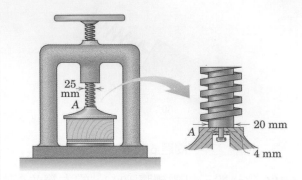

問題 6/112

6/113　一根質量為 $m = 3$ kg 且長度為 $L = 0.8$ m 的均勻細長桿以 O 點作為水平軸的支點。由於靜摩擦關係，此軸承可承受最大力矩 0.4 N-m。試求在沒有向右水平作用力 P 的情況下，使得細長桿保持平衡的最大角度 θ 值。並試求若要將此細長桿從該偏斜的位置移動，則需要於長桿下端施加多大作用力 P。此軸承摩擦亦稱為「靜態阻力」。

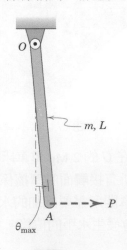

問題 6/113

6/114 (a) 若三個固定軸承的靜摩擦係數均為 0.20，(b) 若與 *B* 軸承相關的靜摩擦係數增加到 0.50，試求在系統平衡的狀態下，質量 *m* 的範圍爲何？

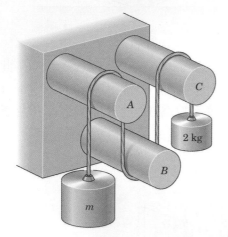

問題 6/114

6/115 如圖所示的夾具，用於夾緊兩塊木板而使兩者間的黏膠乾合。試求必須施加多少扭矩 *M* 於螺桿柄上，以在木板之間產生 400 N 的壓縮力。如圖所示的螺桿爲直徑 10 mm 的單線方螺紋、導程 (每轉一圈所前進的距離) 爲 1.5 mm，有效摩擦係數則爲 0.2。忽略在 *C* 處樞軸的任何接觸摩擦力。若要鬆開夾持，則所需施加的扭矩 *M'* 爲何？

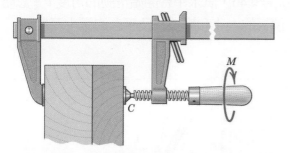

問題 6/115

6/116 圓柱的重量爲 36 kg，其與未知質量 *m* 的均勻細長桿連接。這個裝置在角度值 *θ* 到達的 45° 前爲一靜態平衡，但 *θ* 值超過 45° 即滑動。如果已知靜摩擦係數爲 0.30，試求 *m*。

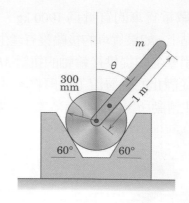

問題 6/116

6/117 凸輪式鎖鉗的設計提供了快速的鉗制力，其中凸輪與可動的 *A* 頷間之摩擦係數爲 0.30。(a) 當凸輪和槓桿被施以 *P* = 150 N 的力而順時針轉動到鎖上的位置，試求鉗制力 *C*。(b) 當 *P* 被移除，求上鎖位置的摩擦力 *F*。(c) 如果要解開鉗制，試求與 *P* 相反方向的作用力 *P'*。

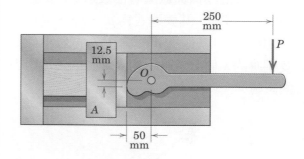

問題 6/117

6/118 質量 8 kg 的滑塊靜置在 20° 斜面上，並且兩者之間的靜摩擦係數值爲 $\mu_s = 0.50$。試求造成滑塊產生滑動的最小水平作用力 *P*。

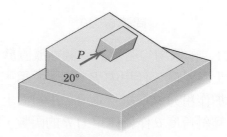

問題 6/118

6/119 載重貨車的質量為 1900 kg，而質心位於 G 點上。如果貨車的後輪沒有產生滑動，試計算引擎必須提供後輪軸的扭矩 M，使得前輪能從靜止的位置滾上障礙物。試求防止後輪產生滑動所需的最小有效摩擦係數值。

問題 6/119

* 電腦導向例題

*6/120 繪製開始將質量為 80 kg 的板箱從靜止狀態開始，沿著 15° 的坡道移動所需的力 P，並以 x 從 1 ～ 10 m 的各種值為依據。請注意，靜摩擦係數隨著沿坡道下行的距離 x 增加而增加，其表達式為 $\mu_s = \mu_0 x$，其中 $\mu_0 = 0.10$，x 的單位為 m。確定 P 的最小值以及相應的 x 值。忽略板箱沿坡道的長度對力的影響。

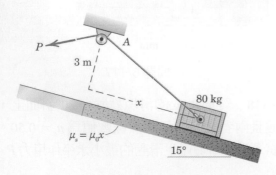

問題 6/120

*6/121 一個均勻密度的半圓柱放置於水平表面上並承受一作用力 P，如圖所示。若緩慢增加作用力 P 並維持垂直於平坦面上，試畫出傾斜角度 θ 作為作用力 P 的函數，直到開始滑動為止。並試求出開始滑動的最大傾斜角度 θ_{max} 與相對應的 P_{max} 值。靜摩擦係數為 0.35。

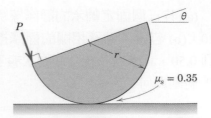

問題 6/121

*6/122 如習題 6/40 的均質細長桿在此重複出現，但 B 點的理想滾輪被移除了。A 處的靜摩擦係數為 0.70，B 處的靜摩擦係數為 0.50。試求能達成平衡的 θ 之最大值。

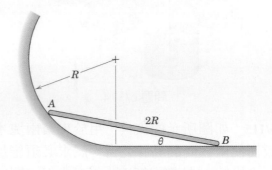

問題 6/122

*6/123 均勻細長桿以上端小滾輪靜靠在垂直表面的 A 點上，而其圓形的末端 B 則靜置在平台上，如圖所示平台水平位置開始緩慢地繞著樞紐向下轉動。若 B 點的靜摩擦係數 $\mu_s = 0.40$，試求平台開始滑動的角度 θ。忽略滾輪的大小和摩擦以及平台的微小厚度。

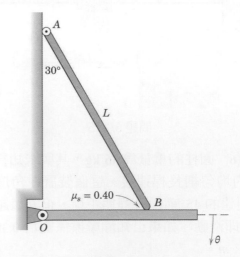

問題 6/123

*6/124 試求將 50 公斤的方塊向右移動所需的作用力 P 的值。其中摩擦係數 $\mu_1 = 0.60$ 和 $\mu_2 = 0.30$，試畫出範圍在 $0 \le x \le 10$ m 之間並說明 $x = 0$ 的結果。試求出當 $x = 3$ m 時作用力 P 的值。忽略 A 點直徑的影響。

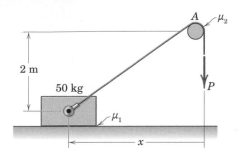

問題 6/124

*6/125 100 kg 的荷重被繞過固定桶的纜繩吊起，桶的摩擦係數為 0.50。纜繩另一端連接著 A 滑塊，A 滑塊在 P 的作用下，緩慢地延著水平導軌被拉動。從 $\theta = 90°$ 到 $\theta = 10°$，繪出以 θ 為變數的函數 P，並試求 P 的最大值以及此時所對應的角度 θ。以解析解確認你所繪出的 P_{max} 的值。

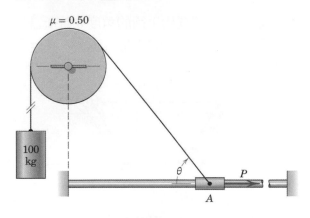

問題 6/125

*6/126 如圖所示，帶式扳手能鬆開與鎖緊像 E 全屋式淨水器那樣的東西。假設扳手的齒不會在 C 點的帶上滑動，而且帶子從 C 點到 D 點間是鬆的。當帶子不會對淨水器發生相對滑動，試求最小靜摩擦係數 μ。

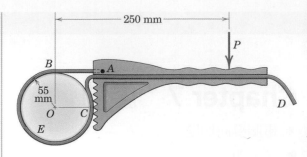

問題 6/126

*6/127 承續習題 6/104 的均勻橫桿和固定的輕纜繩。若輕纜繩和小固定樁之間的靜摩擦係數為 $\mu_s = 0.20$，試求可達到平衡的最大角度 θ。

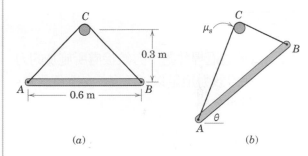

問題 6/127

441

Chapter 7　虛功

* 電腦導向例題
▶ 深入題
SS 詳解請參考 WileyPLUS

7/1-7/3

基本問題

7/1　試求透過桿件對下方鉸接處所施加的力矩 M，使得該力矩足以以角度 θ 支撐負載 P。桿件質量可忽略。

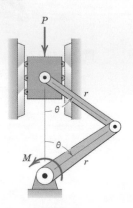

問題 7/1

7/2　圖示框架中之每一均勻桿件的質量為 m、長度為 b。此框架於垂直平面之平衡位置是由加於左邊桿件上之水平力 P 來決定，試求出平衡時之角度 θ。

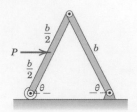

問題 7/2

7/3　若施加作用力 P 如圖示，試求出平衡時之角度 θ。桿件質量可忽略。

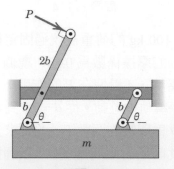

問題 7/3

7/4　試求要維持機構平衡的角度 θ 時所需的力偶 M。兩個均質桿的質量各為 m，長度各為 l。

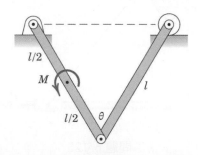

問題 7/4

7/5　一腳踏式升降機如圖示可升起質量 m 的平台。試求以垂直角度 10° 升起 80 kg 負載所需要施加的作用力 P。

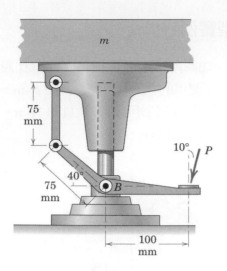

問題 7/5

7/6 圖中的軸型壓製機經由齒條與齒輪的作用可產生強大的力量，例如用於壓合工作上。如果小齒的平均半徑為 r，試求出在把手上施加 P 的作用力時，此壓製機可產生的力 R。

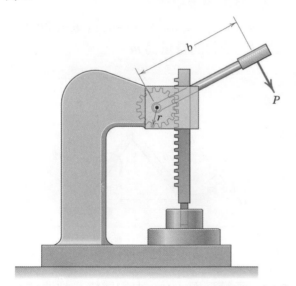

問題 7/6

7/7 肘節壓制器的上顎夾 D，可忽略其沿著固定垂直柱上滑動所產生的摩擦阻力。若要使滾柱上產生一壓縮力 R，試求在任何已知 θ 值下，所需施加在把手上的作用力 F。

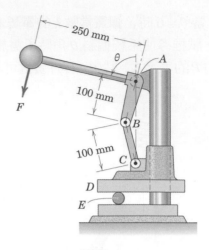

問題 7/7

7/8 如圖所示一質量為 m_0 的均勻平台，以 n 根質量為 m 且桿件長度為 b 均勻支撐。若一力偶 M 使平台與桿件維持平衡，試求所旋轉的角度 θ。

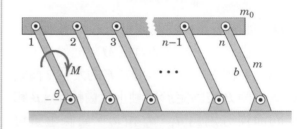

問題 7/8

7/9 如圖示為一液壓缸透過伸縮活塞連桿以升降負載 m。試求液壓缸中的壓縮力 C。質量 m 以外的零件質量可忽略。

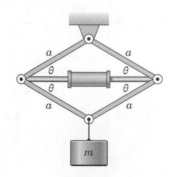

問題 7/9

7/10 當 $\theta = 0$ 時，彈簧常數 k 的彈簧未產生變形。試推導使系統偏斜 θ 角時所需施加之作用力 P 的表示式。其中，桿件質量可忽略。

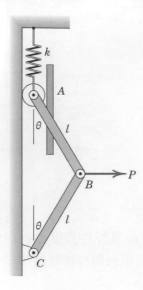

問題 7/10

7/11 如圖所示為齒輪傳動用於將運動傳輸到垂直齒條 D。若施加力矩 M 於齒輪 A，試求為達系統平衡所需作用力 F 的大小？齒輪 C 與齒輪 B 被固定於同軸上。齒輪 A、B 和 C 的節徑分別為 d_A、d_B 和 d_C。齒條重量可忽略。

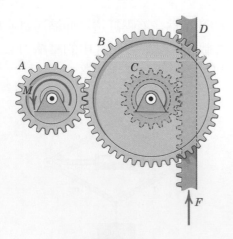

問題 7/11

典型實例

7/12 如圖所示的減速機，其齒輪比設計為 40：1。使用的輸入扭矩 $M_1 = 30$ N-m，而在輸出端測得的扭矩為 $M_2 = 1180$ N-m。試求裝置的機械效率 e。

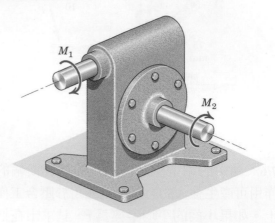

問題 7/12

7/13 試求要維持機構平衡的角度 θ 時所需的力偶 M。長度 $2l$ 均質桿的質量為 $2m$，而長度 l 均質桿的質量為 m。

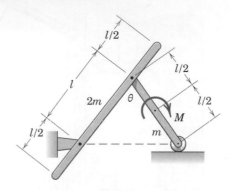

問題 7/13

7/14 承續習題 4/120 中的機構。當連槓 OB 和 BD 處於垂直重疊時，在 B 處的扭轉彈簧未變形。若施以一作用力 F 使連槓穩定平衡在 $\theta = 60°$的位置，試求扭轉彈簧的勁度 k_T。假設連桿滑槽在 C 處為光滑且連槓重量可忽略，C 處的固定栓位於滑槽中點。

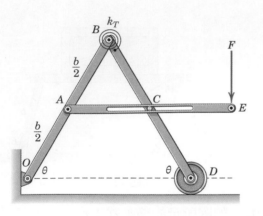

問題 7/14

7/15 肘桿式壓縮機如圖所示，A 蝸桿要轉 n 圈才能使 B 蝸輪轉動一圈，其中 B 蝸輪帶動著 BD 曲柄。可移動的柱塞質量為 m。忽略任何的摩擦力，並試求當 $\theta = 90°$ 時，若要在壓縮機內產生壓縮力 C，所需施加在蝸桿上的扭矩 M。(注意在 $\theta = 90°$ 時，塞柱與 D 點的虛位移相等。)

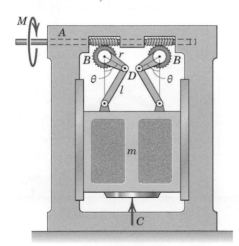

問題 7/15

7/16 試求圖中偏位曲柄滑塊在作用力 P 下所需要的力矩 M。

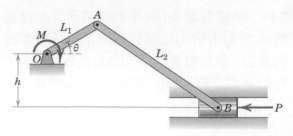

問題 7/16

7/17 試求圖中當角度 $\theta = 30°$ 時，於支點 O 處所需要的力偶 M。假設 C 點圓盤、OA 連槓和 BC 連槓的質量分別為 m_0、m 與 $2m$。

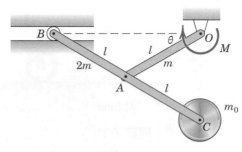

問題 7/17

7/18 在設計圖示螺桿起重機的測試工作中，把手必須旋轉 12 圈來將升降臺升高 24 mm。如果要升高質量 1.5 Mg 的負載，需在手把上施加 $F = 50$ N 的垂直作用力，試求出此螺桿在升高負載的效率 e。

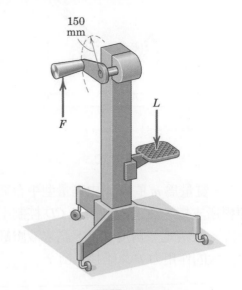

問題 7/18

445

7/19 承續習題 4/103 中的傾斜台。一質量為 m 均勻木箱的放置如圖所示。藉由本節的方法，試以質量為 m 和角度為 θ 求出於 C 點和 D 點之間螺桿的作用力。並試求當 $m = 50$ kg，$b = 180$ mm，$\theta = 15°$ 時作用力的值。

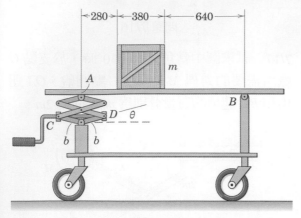

單位mm

問題 7/19

7/20 由四根相同的連桿支撐的平台質量為 m，其高度由在 A 點上旋轉的 AB 和 AC 液壓缸所控制。當支撐的角度為 θ 時，試求液壓缸內各自的壓縮力 P。

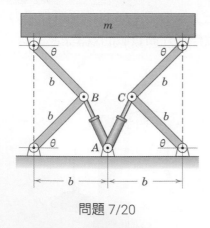

問題 7/20

7/21 一質量為 m 的木箱由輕量型平台與支撐連桿所支撐，並透過液壓缸 CD 控制上升或下降。在給定一角度 θ 下，試求液壓缸需產生多大的作用力 P 以維持平衡？

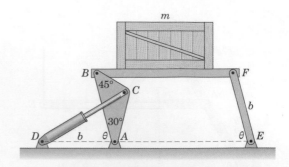

問題 7/21

7/22 如圖所示的移動式工作平台，其藉由連接在 C 點的兩個液壓缸而升高。每個液壓缸皆在液壓 p 的作用下，而其活塞的面積則為 A。試求支承這個平台所需的液壓 p，並證明其與角度 θ 無關。其中，工作平台、工人與貨物的總質量為 m，且可忽略所有連桿的質量。

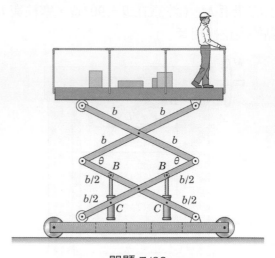

問題 7/22

7/23 如圖所示為一郵政用磅秤，其組成是由質量 m_0 的扇形體，鉸接固定於 O 點，其重心位於 G 點。秤盤和垂直連桿 AB 的質量為 m_1，並鉸接固定在扇形體上的 B 點。垂直連桿上 A 端鉸接在均勻連桿 AC 上，此 AC 連桿質量為 m_2，並鉸接在固定支架上。圖中 $OBAC$ 為一平行四邊形，角度 GOB 為直角。試求欲量測的質量 m 與角度 θ 之間的關係式，假設當 $m = 0$ 時 $\theta = \theta_0$。

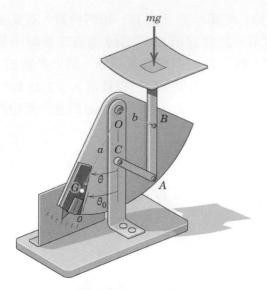

問題 7/23

7/24 試求藉由壁爐火鉗的每一顎夾施加在木塊上的作用力 N。

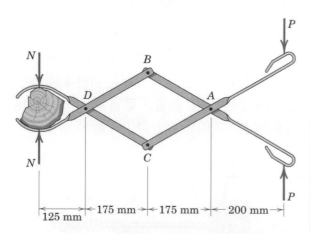

問題 7/24

7/25 如圖所示一水平力 P 作用於四連桿機構。若連桿重量與作用力 P 相較下可忽略不計，試求如圖中相對位置下維持機構平衡所需要之力偶 M 的值。(注意：爲了簡單表示起見，請以 θ、ϕ 和 ψ 表示。)

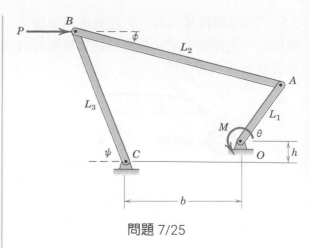

問題 7/25

7/26 如圖所示爲一升降平台，質量爲 m 的荷重可藉由節點 A 和節點 B 之間的可調整螺絲作升降。節點 AB 之間的距離爲螺絲旋轉一圈所行進距離等於螺距 L(每旋轉一圈前進的距離)。若需要施以一力矩 M 以克服螺絲與止推軸承上的摩擦力，試求提升負載所需調整螺絲之總力矩 M 的表達式。

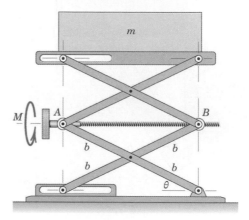

問題 7/26

447

7/27 試使用角度 θ 表示，在汽車起重機之液壓缸中的壓縮力 C。起重機的質量相較汽車質量 m 下為可忽略。

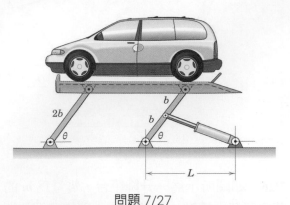

問題 7/27

7/28 試以施加在調整螺絲上的把手之扭矩 M 來表示兩顎間的作用力 F。螺絲的導程 (每轉一圈所前進的距離) 為 L，可以忽略摩擦力。

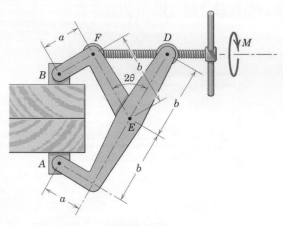

問題 7/28

7/4

基本問題

7/29 一個力學系統的位能已知為 $V = 6x^4 - 3x^2 + 5$，其中 x 是其單一自由度的位置座標。試求系統平衡位置與各平衡位置的穩定性條件。

7/30 如圖示於 A 處有一扭轉彈簧，其勁度為 k_T，且當連槓 OA 和 AB 垂直重疊時未變形。每一均勻連桿質量為 m。試求系統於 $0 \leq \theta \leq 90°$下的平衡位置以及當 $m = 1.25$ kg、$b = 750$ mm 與 $k_T = 1.8$ N-m/rad 時各平衡位置的穩定性條件。

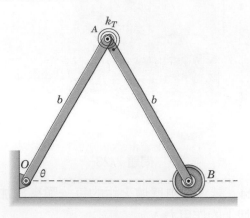

問題 7/30

7/31 當 $\theta = 0$ 時，如圖所示的機構中彈簧沒有被壓縮。試求平衡位置的角度 θ，並求出若要限制 θ 最多到 30°，彈簧勁度 k 的最小值。DE 桿通過 C 套管，且質量為 m 的圓柱可在固定的垂直軸承上自由滑動。

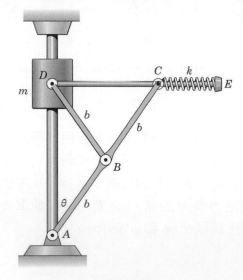

問題 7/31

7/32 質量 m、長度 L 之均勻桿件,其藉由兩個相同的彈簧支撐在垂直平面上,彈簧的勁度皆爲 k,並且在垂直位置 $\theta = 0$ 處的壓縮量皆爲 δ。爲確保在 $\theta = 0$ 的穩定平衡位置,試求最小的勁度 k 值。在桿件微小的角位移期間,彈簧可假設作用在水平方向上。

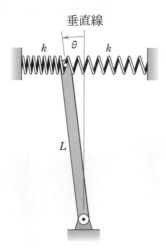

垂直線

問題 7/32

7/33 兩個相同的桿以 120° 的角度銲接且如圖所示的以 O 點爲旋轉中心。支撐件的質量遠小於桿的質量。試求圖示平衡位置的穩定性。

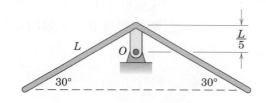

問題 7/33

7/34 質量爲 m、長度爲 l 之均勻條棒鉸支在通過其端點 O 的水平軸上,並附掛在一扭曲彈簧上。此彈簧對條棒施加了 $M = K\theta$ 的扭矩,其中 K 爲彈簧的扭力剛性係數,單位爲每一弧度的扭矩值,而 θ 爲對垂直線的偏斜角度,以弧度爲單位。試求出在 $\theta = 0$ 的位置下,可維持平衡之最大的長度 l。

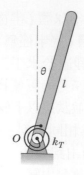

問題 7/34

7/35 質量 M、半徑 R 的圓柱體在不發生滑動的情況下,在半徑 $3R$ 的圓形表面上滾動。圓柱體上附著一個質量 m 的小物體。若此物體在圖示的平衡位置下是穩定的,試求 M 和 m 之間的關係。

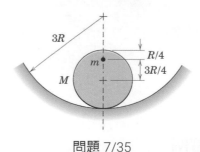

問題 7/35

7/36 如圖示爲一個質量爲 60 kg 的均勻通風門的截面圖,並鉸接於上端水平邊緣 **O** 點處。此門是由具彈簧加載的纜繩並通過 A 點滑輪所控制。該彈簧的彈簧勁度爲每公尺的 160 N 且當 $\theta = 0$ 時未變形。試求平衡角度 θ。

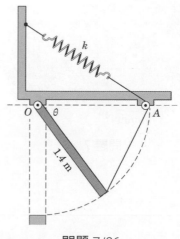

問題 7/36

7/37　由物體由半球體 (半徑爲 r 且密度爲 ρ_1) 與同心圓錐體 (底半徑爲 r、高度爲 h 且密度爲 ρ_2) 所並靜置於水平表面上。試求圓錐體的最大高度 h，仍可使物體如圖示直立位置維持穩定。並試以下條件求出：(a) 半球體與圓錐體爲相同材料、(b) 半球體由鋼製成，而圓錐體由鋁製成，以及 (c) 半球體由鋁製成，而圓錐體由鋼製成。

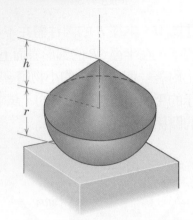

問題 7/37

典型實例

7/38　兩齒輪分別具有偏心質量 m，且可以對各自的軸承在垂直面自由轉動。試求平衡時 θ 的值，並指出對應的平衡種類。

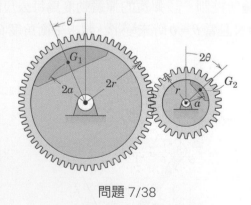

問題 7/38

7/39　供截肢者之義肢設計中有一重要條件，即腿伸直時需避免膝蓋接點在負載作用下發生挫屈 (buckling)。藉由兩根輕質的連桿與兩連桿共同接點上的扭轉彈簧，來初步近似模擬人造腿。若彈簧產生的扭矩爲 $M = K_T\beta$，即與接點上的彎曲角度 β 成比例。爲確保當 $\beta = 0$ 時，膝蓋接點的穩定性，試求 K_T 的最小值。

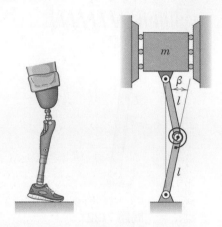

問題 7/39

7/40　圖中的把手鎖住在兩個由彈簧連結之齒輪的一個上，而齒輪掛在固定的軸承上。勁度爲 k 之彈簧連接著齒輪面盤上的兩個梢針。當把手在垂直位置時，$\theta = 0$ 且彈簧的力爲 0。試求出在已知的角度 θ 下，維持平衡所需的力 P。

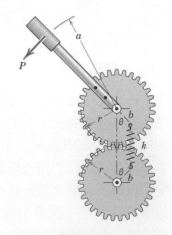

問題 7/40

7/41 試求質量 m 的最大高度 h，使得倒置擺錘在圖示的垂直位置中為穩定。兩彈簧的勁度皆為 k，並且在圖示的位置上有相同的預壓縮量。忽略此機構其餘部分的質量。

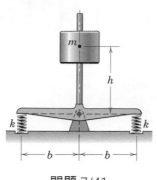

問題 7/41

7/42 如圖所示的機構，AC 桿穿過 B 樞紐的套管且可在其中滑動。當力偶 M 作用在 DE 連桿上時，C 端會壓縮彈簧。彈簧之勁度為 k 且在 $\theta = 0$ 時未被壓縮。試求平衡時的角度 θ。物件的質量可以忽略。

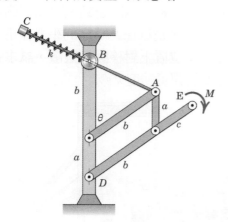

問題 7/42

7/43 扭轉彈簧的一端牢固在牆面的 A 點上，而另一端則固接於軸 B 處。彈性彈簧的扭轉勁度 K 是指將彈簧扭轉一個強度角所需的扭矩值。而一繩索繞過半徑 r 的鼓輪，並且繩索中的張力 mg 對軸所產生的力矩由扭轉彈簧所抵抗。試求從虛線位置（此處彈簧未受扭轉）所量測的平衡位置 h 值。

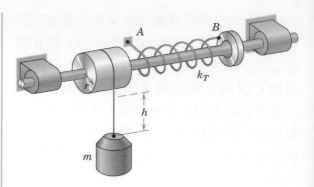

問題 7/43

7/44 圖示為一附有腳動放開裝置之小型工業用升高機。系統中共有四個相同的彈簧，中間軸桿的兩邊各有兩個。每一對彈簧的剛性係數各為 $2k$。當升高機支撐著 L 的負載（升高的重物）時，試設計 k 的值來確保其能在該位置下維持穩定的平衡。當踏板上施加的力 $P = 0$ 時 $\theta = 0$。起始狀態下，所有的彈簧皆處於相同的受壓狀態，並可假設彈簧在任何的時候僅作用於水平的方向。

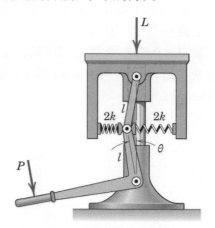

問題 7/44

7/45　兩均勻連桿質量均為 m 位於垂直平面中並相互連接和約束如圖所示。AB 桿 B 端連接於滾輪並鉸接於 A 端滾輪。當 $\theta = \theta_0$ 時，檔塊 C 靠著 A 端滾輪且彈簧未變形。當施一垂直於連桿 AE 上的作用力 P 時，角度 θ 會增加，彈簧勁度為 k 的彈簧會被壓縮。試求在任意角度 $\theta > \theta_0$ 下達到平衡所需的作用力 P。

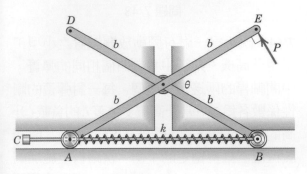

問題 7/45

7/46　質量為 m 之均勻連桿 AB，其左側 A 端可於固定的水平滑槽中自由滑動。B 端則連接於垂直活塞上，且當 B 端下降時會壓縮彈簧。當 $\theta = 0$ 時，彈簧未被壓縮。試求平衡角度 θ（除了不存在於 $\theta = 90°$ 外），並試求平衡穩定的條件。

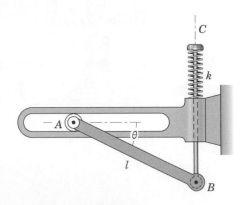

問題 7/46

7/47　試透過計算方式預測均質半圓柱體和半圓柱殼是否會如圖所示維持平衡，抑或是會滾落下方的半圓柱體。

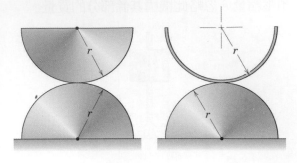

問題 7/47

▶7/48　如圖所示的截面圖，為質量 m 的均質車庫門 AB，其裝置有兩個負載彈簧機構，門的每邊各有一個。其中可忽略 OB 臂桿的質量，並且在門頂端的角 A 上，滾輪可在水平槽內自由移動。如果彈簧未拉伸的長度為 $r - a$，因此在 $\theta = \pi$ 的開啟位置時，彈簧的作用力為零。當車庫門達到垂直關閉的位置上時，$\theta = 0$，為確保此時門的平滑作用，欲使門在這個位置上對移動不靈敏，試求這個設計需要的彈簧勁度 k。

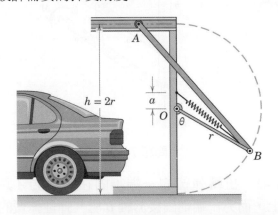

問題 7/48

7/49 一質量為 m_0 重心為 G 的工作平面，是透過螺桿傳動機制控制工作平面傾斜的位置。其傳動機制為透過具有方形螺紋之雙螺紋螺桿的螺距 (相鄰螺紋之間的軸向距離) 並施以一扭矩 M 於螺桿，作為控制螺紋套筒 C 水平移動的馬達 (未顯示)。螺桿是固定於 A 軸承和 B 軸承上。均勻的支撐連桿 CD 的質量為 m 和長度為 b。試求出調整傾斜工作平面到達給定角度 θ 所需扭矩 M 的值，為了簡化結果，假設 $d = b$ 且支撐連桿質量可忽略。

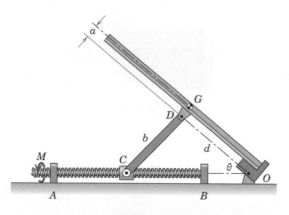

問題 7/49

7/50 雙軸前輪懸吊系統使用於小貨車上。在一設計效果之測試中，為鬆弛線圈彈簧中的壓力，車架 F 必須用千斤頂托起至 $h = 350$ mm 的高度。試求當移開千斤頂時的 h 值。其中，每一彈簧的勁度為 120 kN/m、負載 L 為 12 kN 與主要車架 F 的質量為 40 kg，並且每個輪子及其連桿的整體質量為 35 kg，而質心則距離垂直中心線 680 mm 處。

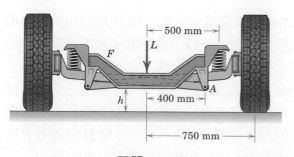

問題 7/50

7/5 第 7 章總複習

7/51 控制機構包含了位於 A 點、由力偶 M 控制的輸入軸承，以及沿 x 方向移動、抵著作用力 P 的輸出滑塊 B。此機構使得 B 點的線性運動與 A 點的轉動呈現正比，當 A 每轉動一圈，x 增加 60 mm。若 $M = 10$ N-m，試求平衡時的 P。忽略內摩擦力並假設所有元件為理想連接的剛體。

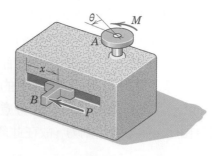

問題 7/51

7/52 輕質連桿 OC 鉸接於 O 點，並垂直平面擺動。當 $\theta = 0$ 時，勁度 k 的彈簧未受力。試求給定一垂直作用力 P 於連桿 OC 末端的平衡角度。忽略連桿的質量和小滑輪的直徑。

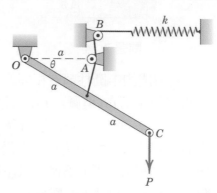

問題 7/52

7/53 一個質量 m、高度 h 的均勻長方形物體,以其中心點水平的靜置於半徑 r 的圓形平面上。試求出維持穩定時,最大的 h 值。

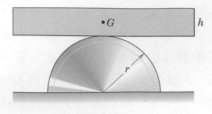

問題 7/53

7/54 此概念圖為火箭發射平台的四隻腳架其中一隻的設計。液壓缸作用,使活塞左側產生 20 MPa 的液壓,若 CE 連桿因此而承受張力,試計算 A 點的鉗制力 F。活塞的面積為 10^4 mm²。組件的重量雖然值得考慮,但與鉗制力相比,遠小於鉗制力,故在此忽略。

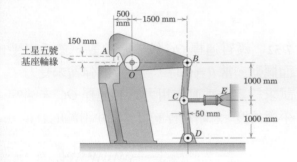

問題 7/54

7/55 兩金屬製成的半圓柱殼有相同的投影矩形,其構造如圖示 (a) 與圖示 (b)。此兩外殼皆放置於水平表面上。以構造 (a) 圖示為例,試求使半圓柱殼維持平衡穩定之最大尺寸 h 的值。以結構 (b) 圖示為例,試證明此位置平衡穩定性不受尺寸 h 的影響。

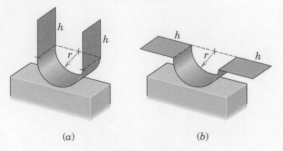

問題 7/55

7/56 試利用虛功法來求出 40 kg 箱子和爪子間能使箱子不發生滑動的最小摩擦係數 μ_s。以 $\theta = 30°$ 解出此題。

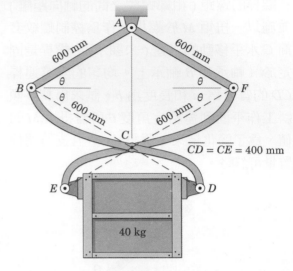

問題 7/56

7/57 若將不平衡輪置放在 10 度斜面上,試求平衡的 θ 值,以及每一平衡位置的穩定性。其中,靜摩擦足夠防止產生滑動,而此輪質心則位於 G 點上。

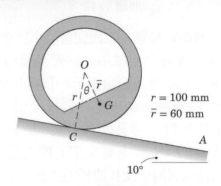

問題 7/57

7/58 質量為 m,重心在 G 點的均勻矩形面板並透過由滾輪引導移動,其中上部滾輪於水平軌道上運動,而下部滾輪於垂直軌道上運動。試求給定角度 θ 下,使矩形面板維持平衡所需施與於面板下方並垂直於面板之作用力 P 的值。(提示:為了計算作用力 P 所作的功,可試從水平和垂直分量計算。)

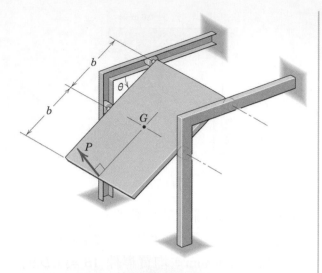

問題 7/58

7/59 承續習題 7/25 中的四連桿機構。若各連桿給定質量，並作用力 $P = 0$，試求如圖中相對位置下維持機構平衡所需要之力偶 M 的值。其中 $m_1 = 0.9$ kg、$m_2 = 3.6$ kg、$m_3 = 3$ kg、$L_1 = 250$ mm、$L_2 = 100$ mm、$L_3 = 800$ mm、$h = 150$ mm、$b = 450$ mm 和 $\theta = 30°$。

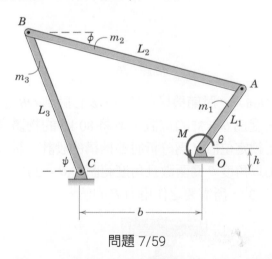

問題 7/59

7/60 一質量為 m 的圓柱體在三根輕連桿和 E 點附近的非線性彈簧的結構下以角度 θ 維持平衡。當連桿 OA 垂直時，彈簧未被壓縮，且彈簧的位能由 $V_e = k\delta^3$ 表示，其中 δ 為從彈簧未壓縮時算起的彈簧變形量，常數 k 為彈簧勁度。隨著角度 θ 增加時，連接到 A 處

的細杆通過樞紐套筒 E 處致使套筒和細杆末端之間的彈簧被壓縮。試求在 $0 \leq \theta \leq 90°$ 範圍內使系統平衡角度 θ 值，並說明系統在此範圍內之位置的穩定性，其中 $k = 35$ N/m^2、$b = 600$ mm 和 $m = 2$ kg。假設在一定的活動範圍內無機構干擾。

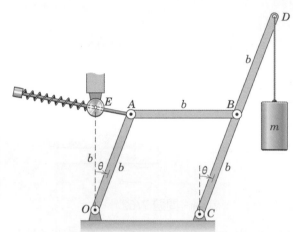

問題 7/60

7/61 如圖所示的機構，當 $\theta = 60°$ 時，勁度為 k 的彈簧恰好未被壓縮。與總質量為 m 的兩圓餅相比，其餘構件的質量很小。如右手邊的圖所示，力臂可以擺盪過垂直線。試求平衡時的 θ 值並檢查各位置機構的穩定性。忽略摩擦力。

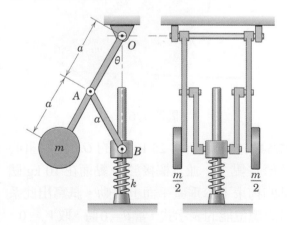

問題 7/61

* 電腦導向例題

*7/62 試求垂直於輕桿的 60 N 外力作用下，此機構平衡時 x 座標的值。彈簧勁度為 1.6 kN/m 且在 $x = 0$ 時恰未伸長。(提示：以 B 點的力 - 力偶系統取代外力。)

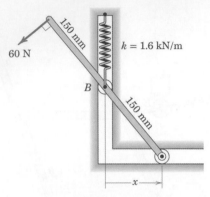

問題 7/62

*7/63 均質 25 kg 地板活門沿著下緣鉸接於 O-O 並與兩勁度 k = 800 N/m 的彈簧相連接。當 θ = 90° 時彈簧恰未伸長。試求通過 O-O 的水平面之 V_g = 0，並從 θ = 0 到 θ = 90°，以 θ 的函數繪出位能 $V = V_g + V_e$。另外，試求平衡角度 θ 以及此位置的穩定性。

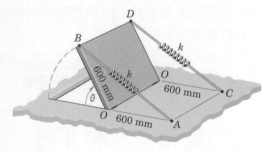

問題 7/63

*7/64 如圖所示，25 kg 重的 OA 桿件重心位於 G 點上，並且樞接於 O 點而在 10 kg 砝碼的拘束下於垂直平面上擺動。試寫出此系統之總位能的表示式，當 θ = 0 時，取 V_g = 0，並試以 θ 為函數，計算從 θ = 0 到 θ = 360° 的 V_g 值。畫出結果，試求平衡位置與各平衡位置的穩定性。

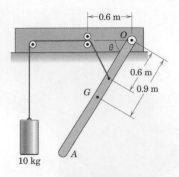

問題 7/64

*7/65 對於如圖所示的機構，試求平衡的角度 θ。其中，彈簧的剛度 k = 2 kN 與未拉伸的長度 200 mm。均質桿件 AB 與 CD 的質量皆為 4.5 kg，而構件 BD 及其上負載重 45 kg。討論運動皆位於垂直平面上。

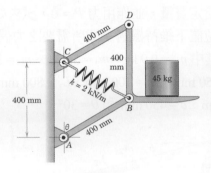

問題 7/65

*7/66 一肘節機構用於將 OB 移動到 OB' 且角度為 θ = 3° 的位置，並將 80 kg 的物體升至鎖定位置。為分析肘節機構的設計，試畫出以角度 θ 為函數且角度範圍從 θ = 20° 到 θ = −3°，所需要之作用力 P 的值。

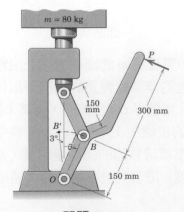

問題 7/66

Chapter A　面積慣性矩

* 電腦導向例題

▶ 深入題

SS 詳解請參考 WileyPLUS

A/1-A/2

基本問題

A/1　此細條對 x 軸的慣性矩為 $2.56(10^6)$ mm^4，試以概略的方式求出長條的面積 A。

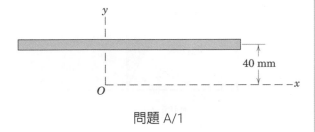

問題 A/1

A/2　試求矩形面積對 x 軸與 y 軸以及與通過 O 點之極慣性矩。

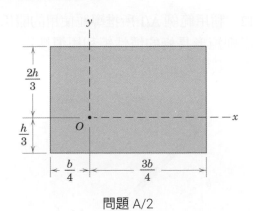

問題 A/2

A/3　試以直接積分法求出三角形區域對 y 軸的慣性矩。

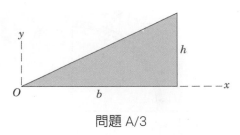

問題 A/3

A/4　試求出陰影區域對 y 軸的慣性矩。

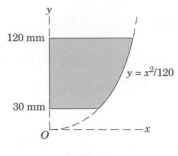

問題 A/4

A/5　試求出半圓區域對 A 點和 B 點的極慣性矩。

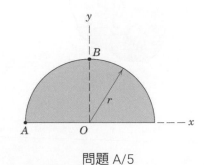

問題 A/5

A/6 試求四分之一圓區域對 x 軸和 y 軸的慣性矩，並求出對 O 點的極迴轉半徑。

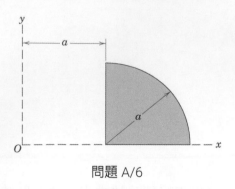

問題 A/6

A/7 試求四分之一圓板條對 y 軸的慣性矩。

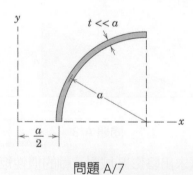

問題 A/7

典型實例

A/8 面積 A 對如圖所示之兩平行軸 p 與 p' 的慣性矩相差 $15\ (10^6)$ mm⁴，試求形心位於 C 點的面積 A。

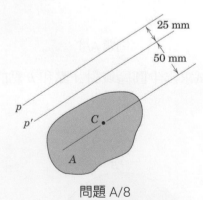

問題 A/8

A/9 SS 試求半圓形薄環對 x 軸與 y 軸的面積慣性矩 I_x 與 I_y，並且計算此環對其形心 C 點的極慣性矩 I_C。

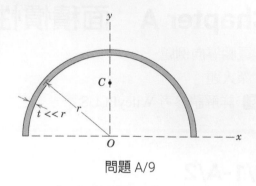

問題 A/9

A/10 試求陰影區域對 y 軸的慣性矩。

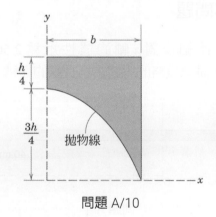

問題 A/10

A/11 承續前一習題，試求陰影區域對 x 軸的慣性矩。

A/12 利用範例 A/1 所推導並使用的關係來求出細矩形長條的慣性矩和極慣性矩 I_x、I_y 和 I_O，其中 t 遠小於 b。

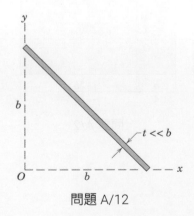

問題 A/12

A/13 試以直接積分法求出三角形區域對 x 與 x' 軸的慣性矩。

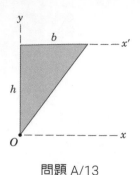

問題 A/13

A/14 試求陰影區域對 x 軸與 y 軸的慣性矩。令 $\beta = 0$ 並試參考附錄 D 表 D/3 的結果。

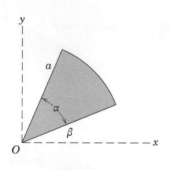

問題 A/14

A/15 試求出對通過直角三角形斜邊中點 A 的極軸之迴轉半徑。(提示:由觀察 30 × 40 mm 矩形區域的結果來簡化你的計算。)

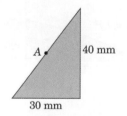

問題 A/15

A/16 試以直接積分法求出梯形區域對 x 軸與 y 軸的慣性矩。求出對 O 點的極慣性矩。

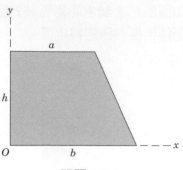

問題 A/16

A/17 試求兩邊長爲 b 之等邊三角形面積對質心 C 的極迴轉半徑。

問題 A/17

A/18 試求陰影區域對 x 軸的慣性矩。

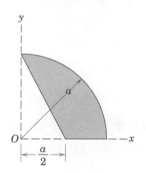

問題 A/18

A/19 試計算陰影區域對 x 軸的慣性矩。

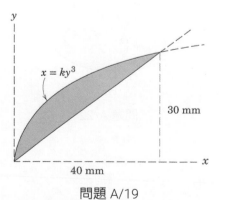

問題 A/19

459

A/20　如圖所示，試求陰影區域對圖中各軸的直角迴轉半徑與極迴轉半徑。

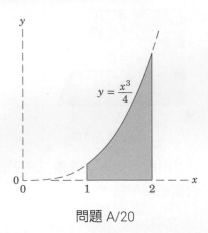

$$y = \frac{x^3}{4}$$

問題 A/20

A/21 SS 試求陰影區域對圖中各軸的直角慣性矩與極慣性矩。

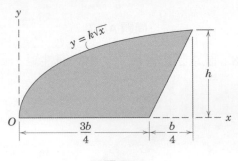

$$y = k\sqrt{x}$$

問題 A/21

A/22　試求出橢圓形區域對 y 軸的慣性矩，並找出對座標原點 O 的極迴轉半徑。

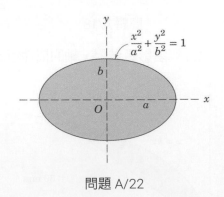

$$\frac{x^2}{a^2} + \frac{y^2}{b^2} = 1$$

問題 A/22

A/23　試求出正三角形對底邊中點 M 的極迴轉半徑。

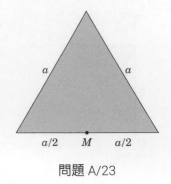

問題 A/23

A/24　試求出陰影區域對 x 軸的慣性矩。

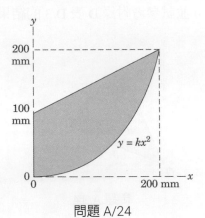

$$y = kx^2$$

問題 A/24

A/25　試求出陰影區域對 y 和 y' 軸的慣性矩。

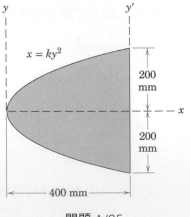

$$x = ky^2$$

問題 A/25

A/26　試以直接積分法計算陰影區域對 x 軸的慣性矩。解題時，先使用水平微分面積帶，其次使用垂直微分面積帶。

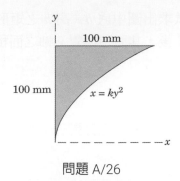

問題 A/26

A/27 試求出陰影區域對 x 軸的慣性矩。

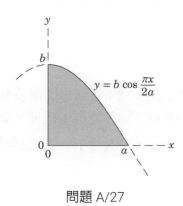

問題 A/27

A/28 試計算此陰影區域對 x 軸與 y 軸的慣性矩，並求出對 O 點的極慣性矩。

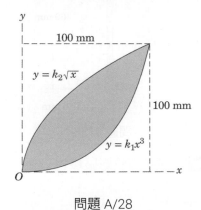

問題 A/28

A/29 分別使用 (a) 水平微分面積帶，(b) 垂直微分面積帶，求出陰影區域對 x 軸的慣性矩。

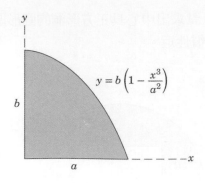

問題 A/29

A/30 根據本節方法，試求陰影面積對圖示各軸之直角迴轉半徑與極迴轉半徑。

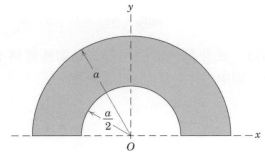

問題 A/30

A/3

基本問題

A/31 **SS** 試求出圖中之正方形板在挖了圓形孔後，其極慣性矩減少之百分比 n。

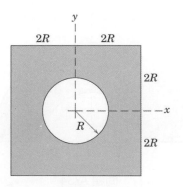

問題 A/31

A/32　試求出中心具正方形洞的圓形區域對 y 軸的慣性矩。

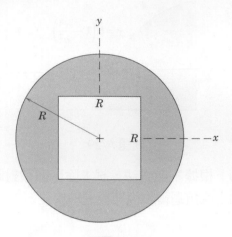

問題 A/32

A/33　試計算角形面積對 A 點的極迴轉半徑。圖中角材的寬度遠小於長度。

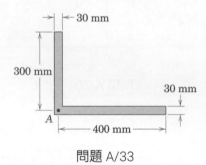

問題 A/33

A/34　根據本節方法，重複習題 A/30，試求陰影區域對如圖所示的軸之直角和極迴轉半徑。

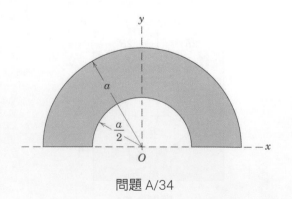

問題 A/34

A/35　試求出圖中底 b、高 h 之矩形板在挖了矩形孔後，其面積與對 y 軸之面積慣性矩減少之百分比。

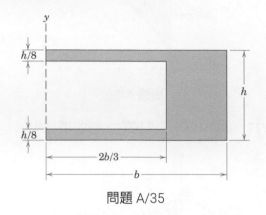

問題 A/35

A/36　圖示為一個 I 型樑之切面及其尺寸大小。假設其由三個長方形所組成，試求出其與手冊所列 $\overline{I_x} = 385(10^6)\text{mm}^4$ 的近似值。

問題 A/36

A/37 SS　試計算陰影區域對 x 軸的慣性矩。

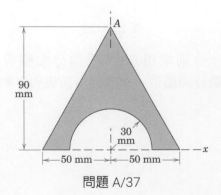

問題 A/37

A/38 圖示中的 h 為從矩形區域底部到矩形切口底部之間的任意垂直位置。試求當 (a)h = 1000 mm 與 (b)h = 1500 mm 時對 x 軸的面積慣性矩。

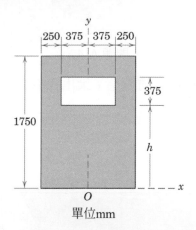

問題 A/38

A/39 圖示中的 h 為從半圓形區域底部到圓形切口中心之間的任意垂直位置。試求當 (a) $h = 0$ 與 (b)$h = R/2$ 時對 x 軸的面積慣性矩。

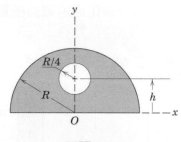

問題 A/39

A/40 試計算陰影區域對 x 軸的慣性矩。

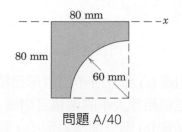

問題 A/40

A/41 SS 試計算圖示中樑截面對其中 x_0 軸的慣性矩。

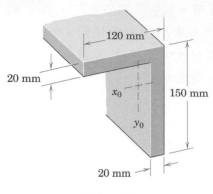

問題 A/41

典型實例

A/42 試求出 Z 形截面對其形心 x_0 軸與 y_0 軸的慣性矩。

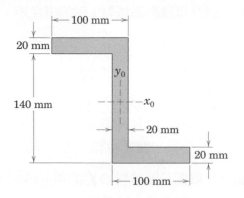

問題 A/42

A/43 試以兩種方法求出陰影區域對 x 軸的慣性矩。

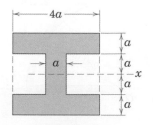

問題 A/43

463

A/44 如圖所示的托樑，其截面為 50 mm × 200 mm，並鑽有直徑為 25 mm 的小孔使能穿入水管。試對孔的位置在 $0 \leq y \leq 87.5$ mm 範圍內，求出樑截面積對 x 軸之慣性矩的減少百分比 n(相較於未鑽孔下)。計算 $y = 50$ mm 時之 n 值。

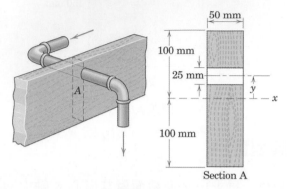

問題 A/44

A/45 試計算陰影區域對 x 軸的慣性矩。

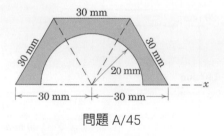

問題 A/45

A/46 計算圖示區域對 O 點的極迴轉半徑。注意元件的寬度遠小於長度。

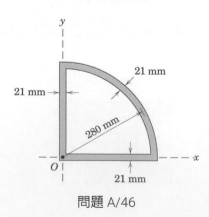

問題 A/46

A/47 試推導邊長為 a 之正六邊形面積對其中心 x 軸的慣性矩公式。

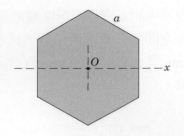

問題 A/47

A/48 根據本節方法，求出梯形區域對 x 軸與 y 軸的慣性矩。

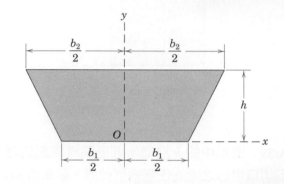

問題 A/48

A/49 試求圖示中強化通道截面積對 x 軸的慣性矩。

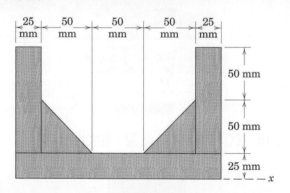

問題 A/49

A/50 如圖 (a) 部分所示的矩形面積，若將其分成三個相等大小的面積且如圖 (b) 所示排列，試求 (b) 部分面積對形心 x 軸之慣性矩表示式。如果 $h = 200$ mm 且 $b = 60$ mm，試問此重排動作對面積 (a) 之慣性矩增加多少百分比 n？

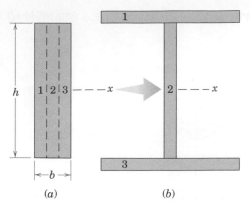

問題 A/50

A/51 試計算圖示中組合結構截面區域對 x 軸的面積慣性矩。

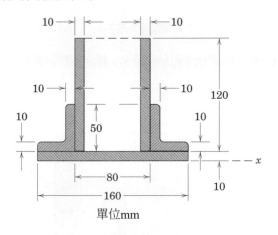

單位mm

問題 A/51

A/52 圖示為軸承座之截面，試計算陰影區域對基座底部 a-a 軸的慣性矩。

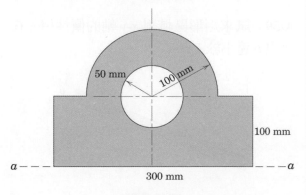

問題 A/52

A/53 **SS** 試計算陰影面積對其形心 C 點的極迴轉半徑。

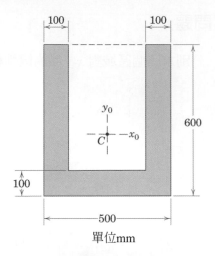

單位mm

問題 A/53

A/54 圖示圓形切面的中空旗桿要在其整個長度上，貼上兩條同一材質長方形切面的條塊來加強。請求出要使此旗桿對於 y-z 平面之彎曲強度增為兩倍 (對於 y-z 平面之彎曲強度與其面積對 x 軸之慣性矩成正比)，每一近似長方形面積之所需之尺寸 h。每一長方形條塊之內緣皆可視為直線。

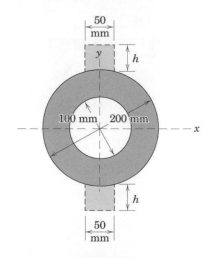

問題 A/54

A/4

基本問題

A/55 分別求四個區域對 x-y 軸的慣性積。

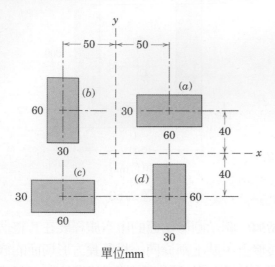

單位mm

問題 A/55

A/56 試求具有三個相同圓孔之矩形板的 I_x、I_y 與 I_{xy}。

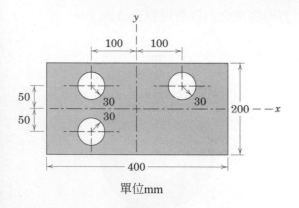

單位mm

問題 A/56

A/57 分別求四個區域對 x-y 軸的慣性積。

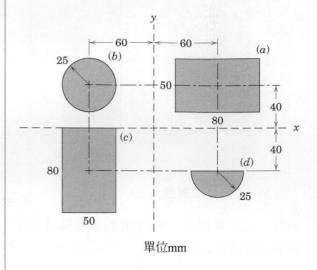

單位mm

問題 A/57

A/58 試求陰影區域對 x-y 軸的慣性積。

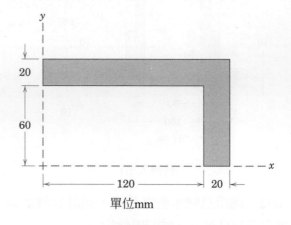

單位mm

問題 A/58

A/59 試求矩形區域對 x-y 軸的慣性積。在此視 b 遠小於 L。

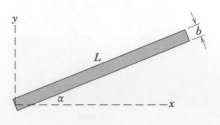

問題 A/59

A/60　試求陰影區對 x-y 軸的慣性積。圖示中均勻板條之寬度爲 $t = 12$ mm 且尺寸均以板條中心線起量測。

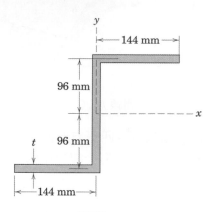

問題 A/60

A/61　試求出四分之一圓環面積對 x-y 軸之慣性積。在此視 b 遠小於 r。

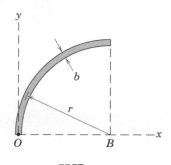

問題 A/61

典型實例

A/62　試推導直角三角形區域對 x-y 軸與對形心 x_0-y_0 軸之慣性積的表示式。

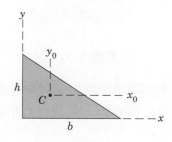

問題 A/62

A/63　試求出陰影區域對 x-y 軸之慣性積。

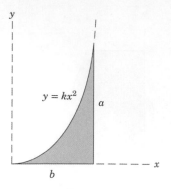

問題 A/63

A/64　試求出部分圓環對 x-y 軸之慣性積。

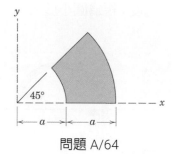

問題 A/64

A/65　試使用兩種不同的方式，求出半圓形區域對 x-y 軸的慣性積。

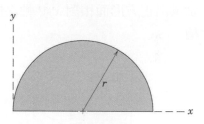

問題 A/65

A/66　試利用直接積分法求出圖示中陰影區域之慣性積 I_{xy}。

問題 A/66

A/67 試求出梯形區域對 *x-y* 軸的慣性積。

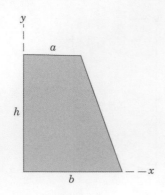

問題 A/67

A/68 試求 S 形圓板條對 *x-y* 軸的慣性積。此圓板條之寬度 *t* 視為圓小於 *r*。

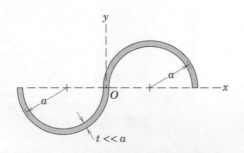

問題 A/68

A/69 試求出正方形面積對 *x'-y'* 軸之慣性矩和慣性積。

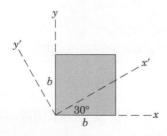

問題 A/69

A/70 試求出等腰三角形面積對 *x'-y'* 軸之慣性矩和慣性積。

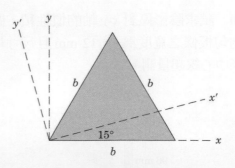

問題 A/70

A/71 試求如圖示中四正方形面積的組合對通過 *C* 點之形心軸的最大與最小慣性矩。並逆時鐘方向找出從 *x* 軸到最大慣性矩之軸的角度 *α*。

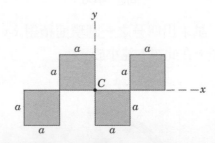

問題 A/71

A/72 試求四分之一圓形區域對 *x'-y'* 軸的慣性矩與慣性積。

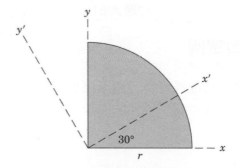

問題 A/72

A/73 試求如圖示中陰影區域對通過 *O* 點軸之最大與最小慣性矩，並找出最小慣性矩之軸的角度 *θ*。

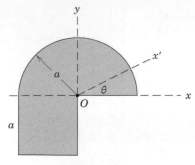

問題 A/73

A/74 試求如圖所示兩矩形區域的組合對通過 C 點的形心軸的最大與最小慣性矩。找出從 x 軸到最大慣性矩之軸的角度 α。

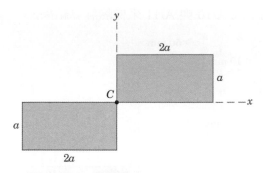

問題 A/74

A/75 試求出圖中矩形區域通過 O 點之慣性主軸的角度 α。畫出慣性莫爾圓並找出 I_{max} 與 I_{min} 的值。

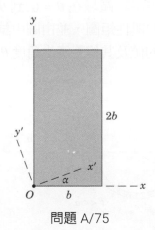

問題 A/75

A/76 試求出圖中三角形區域通過 O 點之軸所形成之最大慣性矩及此軸的角度 α。並畫出慣性莫爾圓。

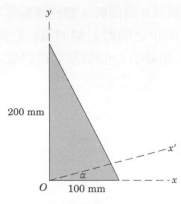

問題 A/76

A/77 試計算結構角材對通過 A 點軸之最大與最小慣性矩，並逆時鐘方向找出從 x 軸到最大慣性矩之軸的角度 α。導圓與導角可忽略。

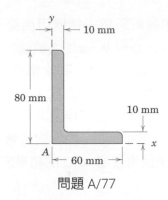

問題 A/77

*電腦導向例題

*A/78 試以 θ 為函數，畫出陰影面積在 $\theta = 0$ 到 $\theta = 90°$ 之間對 x' 軸的慣性矩圖形，並求出 $I_{x'}$ 的最小值與所對應的 θ 值。

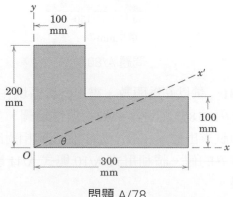

問題 A/78

*A/79 試以 θ 為函數，畫出陰影區域在 θ = 0°到 θ = 180°之間對 x' 軸的慣性矩圖，並試求出最大和最小 $I_{x'}$ 的值及其相對應之角度 θ 的值。

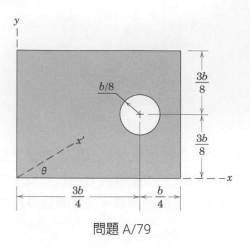

問題 A/79

*A/80 如圖所示為一結構用混凝土樑之切面圖。在 θ = 0 至 θ = $\pi/2$ 之範圍中，試求出並畫出切面區域對 x'-y' 軸之慣性積 $I_{x'y'}$ 對 θ 之變化關係式。試求出當 $I_{x'y'}$ = 0 時之 θ 值。此項資料在樑的設計工作上非常的重要，可用來定出樑在那一個平面上對於彎曲有最小的抗度。請使用習題 A/62 的結果來求解。

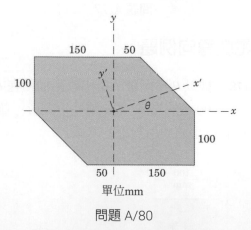

單位mm

問題 A/80

*A/81 試以 θ 為函數，畫出陰影區域在 θ = 0 到 θ = 180°之間對 x' 軸的慣性矩圖，並由圖中試求出最大和最小 $I_{x'}$ 的值及其相對應之角度 θ 的值。請利用式 A/10 與式 A/11 驗算結果。

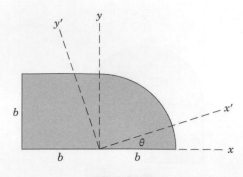

問題 A/81

*A/82 試以 θ 為函數，畫出 Z 形截面積在 θ = 0 到 θ = 90°之間對 x' 軸的慣性矩圖形，並由圖形求出 $I_{x'}$ 的最小值與所對應的 θ 值，再利用式 A/10 與 A/11 來檢驗計算結果。

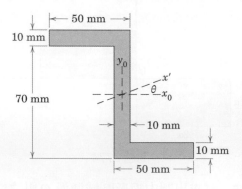

問題 A/82

*A/83 承續習題 A/68 之 S 形區域，試以 θ 為函數，畫出該區域在 θ = 0°到 θ = 180°之間對 x' 軸的慣性矩圖，並由圖中試求出最大和最小 $I_{x'}$ 的值及其相對應之角度 θ 的值。

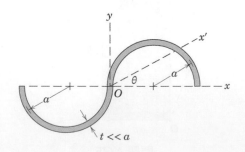

問題 A/83

* 電腦導向例題

▶ 深入題

Chapter 1

1/1 $\theta_x = 36.9°, \theta_y = 126.9°, \mathbf{n} = -0.8\mathbf{i} - 0.6\mathbf{j}$

1/2 $V = 16.51$ units, $\theta_x = 83.0°$

1/3 $V' = 14.67$ units, $\theta_x = 162.6°$

1/4 $\theta_x = 42.0°, \theta_y = 68.2°, \theta_z = 123.9°$

1/5 $m = 93.2$ slugs, $m = 1361$ kg

1/6 $W = 773$ N, $W = 173.8$ lb

1/7 $W = 556$ N, $m = 3.88$ slugs, $m = 56.7$ kg

1/8 $A + B = 10.10, A - B = 7.24, AB = 12.39,$

$\dfrac{A}{B} = 6.07$

1/9 $F = 1.984(10^{20})$ N, $4.46(10^{19})$ lb

1/10 $\mathbf{F} = (-2.85\mathbf{i} - 1.427\mathbf{j})10^{-9}$ N

1/11 Exact：$E = 1.275(10^{-4})$

Approximate：$E = 1.276(10^{-4})$

1/12 SI：$kg \cdot m^2/s^2$

U.S.：lb-ft

Chapter 2

2/1 $\mathbf{F} = 460\mathbf{i} - 386\mathbf{j}$ N, $F_x = 460$ N, $F_y = -386$ N

2/2 $\mathbf{F} = -346\mathbf{i} + 200\mathbf{j}$ N, $F_x = -346$ N

$F_y = 200$ N, $\mathbf{F}_x = -346\mathbf{i}$ N, $\mathbf{F}_y = 200\mathbf{j}$ N

2/3 $\mathbf{F} = -6\mathbf{i} - 2.5\mathbf{j}$ kN

2/4 $F_x = 30$ kN, $F_y = 16$ kN

2/5 $F_x = -F \sin \beta, F_y = -F \cos \beta$

$F_n = F \sin (\alpha + \beta), F^t = F \cos (\alpha + \beta)$

2/6 $\theta = 49.9°, R = 1077$ N

2/7 $\mathbf{R} = 675\mathbf{i} + 303\mathbf{j}$ N, $R = 740$ N, $\theta_x = 24.2°$

2/8 $F_x = 133.3$ N, $F - 347$ N

2/9 $F_x = -27.5$ kN, $F_y = -58.9$ kN

$F_n = -41.8$ kN, $F_t = -49.8$ kN

2/10 $R = 3.61$ kN, $\theta = 206°$

2/11 $T = 5.83$ kN, $R = 9.25$ kN

2/12 $\mathbf{R} = 600\mathbf{i} + 346\mathbf{j}$ N, $R = 693$ N

2/13 $F_x = -752$ N, $F_y = 274$ N

$F_n = -514$ N, $F_t = -613$ N

2/14 $F_1 = 1.165$ kN, $\theta = 2.11°$, or

$F_1 = 3.78$ kN, $\theta = 57.9°$

2/15 $T_x = \dfrac{T(1+\cos\theta)}{\sqrt{3 + 2\cos\theta - 2\sin\theta}}$

$T_y = \dfrac{T(\sin\theta - 1)}{\sqrt{3 + 2\cos\theta - 2\sin\theta}}$

2/16 $T_n = 66.7$ N, $T_t = 74.5$ N

2/17 $R = 201$ N, $\theta = 84.3°$

2/18 $\mathbf{R} = 88.8\mathbf{i} + 245\mathbf{j}$ N

2/19 $F_a = 0.567$ kN, $F_b = 2.10$ kN

$F_a = 1.915$ kN, $F_b = 2.46$ kN

2/20 $R_a = 1170$ N, $R_b = 622$ N, $P_a = 693$ N

2/21 $F_a = 1.935$ kN, $F_b = 2.39$ kN

$P_a = 3.63$ kN, $P_b = 3.76$ kN

2/22 $F = 424$ N, $\theta = 17.95°$ or $-48.0°$

2/23 $P = 2.15$ kN, $T = 3.20$ kN

2/24 $\theta = 51.3°, \beta = 18.19°$

2/25 $R = 8110$ N

2/26 $AB：P_t = 63.6$ N, $P_n = 63.6$ N

$BC：P_t = -77.9$ N, $P_n = 45.0$ N

2/27 $M_O = 2.68$ kN $\cdot$ m CCW, $\mathbf{M}_O = 2.68\mathbf{k}$ kN $\cdot$ m

$(x, y) = (-1.3, 0), (0, 0.78)$ m

2/28 $M_O = \dfrac{Fbh}{\sqrt{h^2 + b^2}}$ CW

2/29 $M_A = 606$ N $\cdot$ m CW, $M_O = 356$ N $\cdot$ m CW

2/30 $M_O = 46.4$ N $\cdot$ m CW

2/31　$M_O = 123.8$ N · m CCW,

　　　$M_B = 166.5$ N · m CW

　　　$d = 688$ mm left of O

2/32　$M_O = 5.64$ N · m CW

2/33　$M_O = 84.0$ N · m CW

2/34　$M_O = 23.7$ N · m CW

2/35　$M_B = 48$ N · m CW, $M_A = 81.9$ N · m CW

2/36　$F = 167.6$ N

2/37　$M_C = 18.75$ N · m CW, $\theta = 51.3°$

2/38　$M_O = 128.6$ N · m CCW

2/39　$M_B = 2200$ N · m CW, $M_O = 5680$ N · m CW

2/40　$M_O = 191.0$ N · m CCW

2/41　$T = 8.65$ kN

2/42　$\theta = \tan^{-1}\left(\dfrac{h}{b}\right)$

2/43　$\mathbf{M}_O = 39.9\mathbf{k}$ kN · m

2/44　$M_O = 14.25$ N · m CW, $T = 285$ N

2/45　$M_A = 74.8$ N · m CCW

2/46　$M_O = 0.902$ kN · m CW

2/47　$M_O = 41.5$ N · m CW, $\alpha = 33.6°$

　　　$(M_O)_{max} = 41.6$ N · m CW

2/48　$M_O = 71.1$ N · m CCW,

　　　$M_C = 259$ N · m CCW

2/49　$T_1 = 4.21T, P = 5.79T$

*2/50　$M_{max} = 16.25$ N · m at $\theta = 62.1°$

2/51　$M_O = M_A = 160$ N · m CW

2/52　$M = 14$ N · m CW

2/53　$M_O = M_C = M_D = 10\,610$ N · m CCW

2/54　$\mathbf{R} = 6\mathbf{j}$ kN at $x = 66.7$ mm

2/55　(a) $F = 12$ kN at $30°$ above horizontal

　　　$M_O = 24$ kN · m CW

　　　(b) $F = 12$ kN at $30°$ above horizontal

　　　$M_B = 76.0$ kN · m CW

2/56　$F = 16.18$ N

2/57　$F = 3.33$ kN

2/58　$F = 8$ kN at $60°$ CW below horizontal

　　　$M_O = 19.48$ kN · m CW

2/59　$P = 51.4$ kN

2/60　$F = 3500$ N

2/61　(a) $F = 425$ N at $120°$ CW below horizontal

　　　$M_B = 1114$ N · m CCW

　　　(b) $F_C = 2230$ N at $120°$ CW below

　　　　　horizontal

　　　$F_D = 1803$ N at $60°$ CCW above

　　　　　horizontal

2/62　(a) $\mathbf{T} = 267\mathbf{i} - 733\mathbf{j}$ N, $\mathbf{M}_B = 178.1\mathbf{k}$ N · m

　　　(b) $\mathbf{T} = 267\mathbf{i} - 733\mathbf{j}$ N, $\mathbf{M}_O = 271\mathbf{k}$ N · m

2/63　$M_B = 648$ N · m CW

2/64　$F = 520$ N at $115°$ CCW above horizontal

　　　$M_O = 374$ N · m CW

2/65　$M = 21.7$ N · m CCW

2/66　$y = -40.3$ mm

2/67　$F_A = 5.70$ kN down, $F_B = 4.70$ kN down

2/68　F at $67.5°$ CCW above horizontal

　　　$M_O = 0.462FR$ CCW

2/69　$R = 12.85$ kN, $\theta_x = 38.9°$

2/70　$F = 19.17$ kN, $\theta = 20.1°$

2/71　$\mathbf{R} = 7.52\mathbf{i} + 2.74\mathbf{j}$ kN,

　　　$M_O = 22.1$ kN · m CCW

　　　$y = 0.364x - 2.94$ (m)

2/72　(a) $\mathbf{R} = -2F\mathbf{j}, \mathbf{M}_O = 0$

　　　(b) $\mathbf{R} = 0, \mathbf{M}_O = Fd\mathbf{k}$

　　　(c) $\mathbf{R} = -F\mathbf{i} + F\mathbf{j}, \mathbf{M}_O = \mathbf{0}$

2/73　(a) $\mathbf{R} = 2F\mathbf{i}, M_O = Fd$ CCW

　　　　　$y = \dfrac{-d}{2}$

　　　(b) $\mathbf{R} = -2F\mathbf{i}, \ M_O = \dfrac{3Fd}{2}$ CCW

　　　　　$y = \dfrac{3d}{4}$

　　　(c) $\mathbf{R} = -F\mathbf{i} + \sqrt{3}F\mathbf{j}$, $M_O = \dfrac{Fd}{2}$ CCW

2/74　$h = 0.9$ m

2/75　$R = 81$ kN down, $M_O = 170.1$ kN · m CW

2/76　$M = 148.0$ N · m CCW

2/77　$T_2 = 732$ N

2/78　$\mathbf{R} = 200\mathbf{i} + 8\mathbf{j}$ N, $x = 1.625$ m (off pipe)

2/79　(a) $\mathbf{R} = 878\mathbf{i} + 338\mathbf{j}$ N,

　　　　　$M_O = 177.1$ N · m CW

(b) $x = -524$ mm (left of O)

$y = 202$ mm (above O)

2/80 $P = 238$ N, No

2/81 $\mathbf{R} = 1440\mathbf{i} + 144.5\mathbf{j}$ N

$(x, y) = (2.62, 0)$ m and $(0, -1.052)$ m

2/82 $R = 270$ kN left, $d = 4$ m below O

2/83 $(x, y) = (1.637, 0)$ m and $(0, -0.997)$ m

2/84 $\mathbf{R} = 346\mathbf{i} - 2200\mathbf{j}$ N

$M_A = 11\,000$ N $\cdot$ m CW

$x = 5$ m

2/85 $y = 1.103x - 6.49$ (m)

$(x, y) = (5.88, 0)$ m and $(0, -6.49)$ m

2/86 $(x, y) = (0, -550)$ mm

2/87 $\mathbf{R} = 412\mathbf{i} - 766\mathbf{j}$ N

$(x, y) = (7.83, 0)$ mm and $(0, 14.55)$ mm

2/88 $F_C = F_D = 6.42$ N, $F_B = 98.9$ N

2/89 $\mathbf{F} = 18.86\mathbf{i} - 23.6\mathbf{j} + 51.9\mathbf{k}$ N, $\theta_y = 113.1°$

2/90 $\mathbf{F} = -5.69\mathbf{i} + 4.06\mathbf{j} + 9.75\mathbf{k}$ kN

2/91 $\mathbf{F} = -1.843\mathbf{i} + 2.63\mathbf{j} + 3.83\mathbf{k}$ kN

$F_{OA} = -0.280$ kN

$\mathbf{F}_{OA} = -0.243\mathbf{i} - 0.1401\mathbf{j}$ kN

2/92 $\mathbf{F} = 900(\dfrac{1}{3}\mathbf{i} - \dfrac{2}{3}\mathbf{j} - \dfrac{2}{3}\mathbf{k})$N

$F_x = 300$ N, $F_y = -600$ N, $F_z = -600$ N

2/93 $\mathbf{n}_{AB} = 0.488\mathbf{i} + 0.372\mathbf{j} - 0.790\mathbf{k}$

$T_x = 6.83$ kN, $T_y = 5.20$ kN, $T_z = -11.06$ kN

2/94 $\mathbf{T} = 0.876\mathbf{i} + 0.438\mathbf{j} - 2.19\mathbf{k}$ kN

$T_{AC} = 2.06$ kN

2/95 $\theta_x = 79.0°$, $\theta_y = 61.5°$, $\theta_z = 149.1°$

2/96 $\mathbf{T}_A = 221\mathbf{i} - 212\mathbf{j} + 294\mathbf{k}$ N

$\mathbf{T}_B = -221\mathbf{i} + 212\mathbf{j} - 294\mathbf{k}$ N

2/97 $F_{CD} = \dfrac{(b^2 - a^2)F}{\sqrt{a^2 + b^2}\,\sqrt{a^2 + b^2 + c^2}}$

2/98 $T_{CO} = 2.41$ kN

2/99 $T_{CD} = 46.0$ N

2/100 $\theta = 54.9°$

2/101 $F_{OC} = 184.0$ N

2/102 $d = \dfrac{b}{2}$: $F_{BD} = -0.286F$

$d = \dfrac{5b}{2}$: $F_{BD} = 0.630F$

2/103 $F_{OB} = -1.830$ kN

2/104 $T_{BC} = 251$ N

▸**2/105** $\mathbf{F} = \dfrac{F}{\sqrt{5 - 4\sin\phi}}$

$[(2\sin\phi - 1)(\cos\theta\mathbf{i} + \sin\theta\mathbf{j}) + 2\cos\phi\mathbf{k}]$

▸**2/106** $F_x = \dfrac{2acF}{\sqrt{a^2 + b^2}\,\sqrt{a^2 + b^2 + 4c^2}}$

$F_y = \dfrac{2bcF}{\sqrt{a^2 + b^2}\,\sqrt{a^2 + b^2 + 4c^2}}$

$F_z = F\sqrt{\dfrac{a^2 + b^2}{a^2 + b^2 + 4c^2}}$

2/107 $\mathbf{M}_1 = -cF_1\,\mathbf{j}$, $\mathbf{M}_2 = F_2\,(c\mathbf{j} - b\mathbf{k})$,

$\mathbf{M}_3 = -bF_3\mathbf{k}$

2/108 $\mathbf{M}_A = F(b\mathbf{i} + a\mathbf{j})$

2/109 $\mathbf{M}_A = F_a\mathbf{k}$

$\mathbf{M}_{OB} = -\dfrac{Fac}{a^2 + b^2}(a\mathbf{i} + b\mathbf{j})$

2/110 $\mathbf{M}_O = -216\mathbf{i} - 374\mathbf{j} + 748\mathbf{k}$ N $\cdot$ mm

2/111 $\mathbf{M} = (-60\mathbf{i} + 40\mathbf{j})10^3$ N $\cdot$ m

2/112 $\mathbf{M} = 51.8\mathbf{j} - 193.2\mathbf{k}$ N $\cdot$ m

2/113 $M_O = 2.81$ kN $\cdot$ m

2/114 $\mathbf{M}_O = -11.21\mathbf{i} - 5.61\mathbf{k}$ kN $\cdot$ m

2/115 $\mathbf{M} = 75\mathbf{i} + 22.5\mathbf{j}$ N $\cdot$ m

2/116 $\mathbf{R} = 6.83\mathbf{i} + 5.20\mathbf{j} - 11.06\mathbf{k}$ kN

$\mathbf{M}_O = -237\mathbf{i} + 191.9\mathbf{j} - 55.9\mathbf{k}$ kN $\cdot$ m

2/117 $M_O = 348$ N $\cdot$ m

2/118 $\mathbf{M}_O = 480\mathbf{i} + 2400\mathbf{k}$ N $\cdot$ m

2/119 $(M_O)_x = 1275$ N $\cdot$ m

2/120 $\mathbf{M}_O = -192.6\mathbf{i} - 27.5\mathbf{j}$ N $\cdot$ m,

$M_O = 194.6$ N $\cdot$ m

2/121 $\mathbf{M} = -5\mathbf{i} + 4\mathbf{k}$ N $\cdot$ m

2/122 $F\begin{cases} \mathbf{M}_A = \dfrac{Fb}{\sqrt{5}}(-3\mathbf{j} + 6\mathbf{k}) \\ \mathbf{M}_B = \dfrac{Fb}{\sqrt{5}}(2\mathbf{i} - 3\mathbf{j} + 6\mathbf{k}) \end{cases}$

$2F\begin{cases} \mathbf{M}_A = -4Fb\mathbf{k} \\ \mathbf{M}_B = -2Fb(\mathbf{j} + 2\mathbf{k}) \end{cases}$

2/123　$\mathbf{M} = 3400\mathbf{i} - 51\,000\mathbf{j} - 51\,000\mathbf{k}$ N · m

2/124　$\mathbf{M}_O = -48.6\mathbf{j} - 9.49\mathbf{k}$ N · m, $d = 74.5$ mm

2/125　$M_{O_x} = 31.1$ N · m , $(M_{O_x})_W = -31.1$ N · m
Zero

2/126　$F_2 = 282$ N

2/127　$\mathbf{M}_A = -375\mathbf{i} + 325\mathbf{j}$ N · mm
$\mathbf{M}_{AB} = -281\mathbf{i} - 162.4\mathbf{k}$ N · mm

2/128　$\mathbf{M}_O = -260\mathbf{i} + 328\mathbf{j} + 88\mathbf{k}$ N · m

2/129　$\mathbf{F} = \dfrac{F}{\sqrt{5}}(\cos\theta\mathbf{i} + \sin\theta\mathbf{j} - 2\mathbf{k})$

$\mathbf{M}_O = \dfrac{Fh}{\sqrt{5}}(\cos\theta\mathbf{j} - \sin\theta\mathbf{i})$

*2/130　$|(M_O)_x|_{max} = 0.398kR^2$ at $\theta = 277°$
$|(M_O)_y|_{max} = 1.509kR^2$ at $\theta = 348°$
$|(M_O)_z|_{max} = 2.26kR^2$ at $\theta = 348°$
$|M_O|_{max} = 2.72kR^2$ at $\theta = 347°$

2/131　$F_3 = 10.82$ kN, $\theta = 33.7°$, $R = 10.49$ kN

2/132　$\mathbf{R} = -600\mathbf{k}$ N, $\mathbf{M}_O = -216\mathbf{i} + 216\mathbf{j}$ N · m,
$\mathbf{R} \perp \mathbf{M}_O$

2/133　$\mathbf{R} = F[\dfrac{1}{2}\mathbf{j} + (\dfrac{\sqrt{3}}{2} - 1)\mathbf{k}]$

$\mathbf{M}_O$
$= Fb[(1 + \dfrac{\sqrt{3}}{2})\mathbf{i} + (2 - \sqrt{3})\mathbf{j} + \mathbf{k}] \cdot \mathbf{R} \perp \mathbf{M}_O$

2/134　$\mathbf{R} = -8\mathbf{i}$ kN, $M_G = 48\mathbf{j} + 820\mathbf{k}$ kN · m

2/135　$(x, y) = (22.2, -53.3)$ mm

2/136　$\mathbf{R} = 120\mathbf{i} - 180\mathbf{j} - 100\mathbf{k}$ N
$\mathbf{M}_O = 100\mathbf{j} + 50\mathbf{k}$ N · m

2/137　$\mathbf{R} = -266\mathbf{j} + 1085\mathbf{k}$ N
$\mathbf{M}_O = -48.9\mathbf{j} - 114.5\mathbf{k}$ N · m

2/138　$(x, y, z) = (-1.844, 0, 4.78)$ m

2/139　$\mathbf{R} = 792\mathbf{i} + 1182\mathbf{j}$ N
$\mathbf{M}_O = 260\mathbf{i} - 504\mathbf{j} + 28.6\mathbf{k}$ N · m

2/140　$y = -4$ m, $z = 2.33$ m

2/141　$M = 0.873$ N · m (positive wrench)
$(x, y, z) = (50, 61.9, 30.5)$ mm

2/142　$\mathbf{R} = 175\mathbf{k}$ N, $\mathbf{M}_O = 82.4\mathbf{i} - 38.9\mathbf{j}$ N · m
$x = 222$ mm, $y = 471$ mm

2/143　$x = 98.7$ mm, $y = 1584$ mm

2/144　$\mathbf{R} = -90\mathbf{j} - 180\mathbf{k}$ N
$\mathbf{M}_O = -6.3\mathbf{i} - 36\mathbf{j}$ N · m
$(x, y) = (-160, 35)$ mm

2/145　$\mathbf{R} = 100\mathbf{i} - 240\mathbf{j} - 173.2\mathbf{k}$ N
$\mathbf{M}_O = 115.3\mathbf{i} - 83.0\mathbf{j} + 25\mathbf{k}$ N · m

2/146　$\mathbf{M} = -\dfrac{Ta}{2}(\mathbf{i} + \mathbf{j})$, $y = 0$, $z = \dfrac{7a}{2}$

2/147　$\mathbf{T} = 7.72\mathbf{i} + 4.63\mathbf{j}$ kN

2/148　$\mathbf{M}_1 = -cF_1\mathbf{i}$, $\mathbf{M}_2 = F_2\,(c\mathbf{i} - a\mathbf{k})$
$\mathbf{M}_3 = -aF_3\mathbf{k}$

2/149　$F = 1200$ N

2/150　$M_O = 1.314$ N · m CCW
$(M_O)_W = 2.90$ N · m CW

2/151　$\mathbf{M}_A = \dfrac{Pb}{5}(-3\mathbf{i} + 4\mathbf{j} - 7\mathbf{k})$

2/152　$\mathbf{M} = -320\mathbf{i} - 80\mathbf{j}$ N · m, $\cos\theta_x = -0.970$

2/153　$x = 266$ mm

2/154　$M_O = 189.6$ N · m CCW

2/155　$\mathbf{R} = -376\mathbf{i} + 136.8\mathbf{j} + 693\mathbf{k}$ N
$\mathbf{M}_O = 161.1\mathbf{i} - 165.1\mathbf{j} + 120\mathbf{k}$ N · m

2/156　$\mathbf{M} = 108.0\mathbf{i} - 840\mathbf{k}$ N · m

2/157　(a) $\mathbf{T}_{AB} = -2.05\mathbf{i} - 1.432\mathbf{j} - 1.663\mathbf{k}$ kN
(b) $\mathbf{M}_O = 7.63\mathbf{i} - 10.90\mathbf{j}$ kN · m
$(M_O)_x = 7.63$ kN · m,
$(M_O)_y = -10.90$ kN · m, $(M_O)_z = 0$
(c) $T_{AO} = 2.69$ kN

2/158　$R = 10.93$ kN, $M = 38.9$ kN · m

*2/159　$T = 409$ N, $\theta = 21.7°$

*2/160　$n = \dfrac{\sqrt{2}\,\dfrac{s}{d} + 1}{\sqrt{5}\sqrt{(\dfrac{s}{d})^2 + 5 - 2\sqrt{2}\,\dfrac{s}{d}}}$

*2/161　$M_O = 1845\cos\theta + 975\cos(60° - \theta)$ N · m
$(M_O)_{max} = 2480$ N · m at $\theta = 19.90°$

*2/162　$\mathbf{M}_O = \dfrac{1350\sin(\theta + 60°)}{\sqrt{45 + 36\cos(\theta + 60°)}}\mathbf{k}$ N·m
$(M_O)_{max} = 225$ N · m at $\theta = 60°$

*2/163　(a) $R_{max} = 181.2$ N at $\theta = 211°$
(b) $R_{min} = 150.6$ N at $\theta = 31.3°$

*2/164　(a) $R_{max} = 206$ N at $\theta = 211°$ and $\phi = 17.27°$

(b) $R_{min} = 35.9$ N at $\theta = 31.3°$ and

$\phi = -17.27°$

*2/165 $T = \dfrac{12.5(\theta + \frac{\pi}{4})\sqrt{d^2 + 80d\cos(\theta + \frac{\pi}{4})} - 3200\sin(\theta + \frac{\pi}{4}) + 3200}{s\sin(\theta + \frac{\pi}{4}) + 40\cos(\theta + \frac{\pi}{4})}$

M

*2/166 $= \dfrac{90\cos\theta(\sqrt{0.34 + 0.3\sin\theta} - 0.65)}{\sqrt{0.34 + 0.3\sin\theta}}$ N·m

Chapter 3

3/1 $N_A = 566$ N, $N_B = 283$ N

3/2 $N_f = 2820$ N, $N_r = 4050$ N

3/3 $N_A = 58.9$ N, $N_B = 117.7$ N

3/4 $A_y = 2850$ N, $B_y = 3720$ N

3/5 $P = 1759$ N

3/6 $N_A = N_B = 327$ N

3/7 $A_x = -1285$ N, $A_y = 2960$ N, $E_x = 3290$ N

$P_{max} = 1732$ N

3/8 $T = 577$ N

3/9 $L = 153.5$ mm

3/10 $O_x = 1500$ N, $O_y = 6100$ N

$M_O = 7560$ N · m CCW

3/11 $W = 648$ N

3/12 $N_A = 4.91$ kN up, $N_B = 1.962$ kN down

3/13 $m_B = 31.7$ kg

3/14 $A_x = 32.0$ N right, $A_y = 24.5$ N up

$B_x = 32.0$ N left, $M_C = 2.45$ N · m CW

3/15 $T_1 = 245$ N

3/16 $T = 850$ N, $N_A = 1472$ N

3/17 (a) $P = 5.59$ N, (b) $P = 5.83$ N

3/18 (a) $P = 6.00$ N, (b) $P = 6.25$ N

3/19 $m = 1509$ kg, $x = 1052$ mm

3/20 $P = 44.9$ N

3/21 $N_A = 219$ N, $N_B = 544$ N

3/22 $O = 313$ N

3/23 $M = \dfrac{mgL\sin\theta}{4}$ CW

3/24 $T = 160$ N

3/25 $\theta = 18.43°$

3/26 $M = 47.8$ N · m CCW

3/27 $B = 0.1615W$, $O = 0.1774W$

3/28 $T = 150.2$ N, $\overline{CD} = 1568$ mm

3/29 $N_A = N_B = 12.42$ kN

3/30 $D_x = L$, $D_y = 1.033L$, $A_y = 1.967L$

3/31 $m_L = 244$ kg

3/32 $\theta = \sin^{-1}[\dfrac{r}{b}(1 + \dfrac{m}{m_0})\sin\alpha]$

3/33 $T_{40°} = 0.342mg$

3/34 $T = 800$ N, $A = 755$ N

3/35 $P = 166.7$ N, $T_2 = 1917$ N

3/36 $F = 1832$ N

3/37 $M = 9.6$ kN · m CCW

3/38 $F = 753$ N, $E = 644$ N

3/39 $P = 45.5$ N, $R = 691$ N

3/40 $T = 0.1176kL + 0.366mg$

3/41 $M = 55.5$ N · m, $F = 157.5$ N

3/42 $C = 2980$ N, $p = 781$ KPa

*3/43 $\theta = 9.40°$ and $103.7°$

3/44 $P = 200$ N, $A = 2870$ N, $B = 3070$ N

3/45 $n_A = -32.6\%$, $n_B = 2.28\%$

3/46 $O = 3.93$ kN

3/47 $P = 26.3$ N

3/48 $C = \dfrac{mg}{2}(\sqrt{3} + \dfrac{2}{\pi})$, $F_A = 1.550mg$

3/49 $F = 803$ N

3/50 $M = 49.9\sin\theta$ N · mm CW

▶3/51 (a) $S = 0.669W$, $C = 0.770W$

(b) $S = 2.20W$, $C = 2.53W$

*3/52 $|M|_{min} = 0$ at $\theta = 138.0°$

$|M|_{max} = 14.72$ N · m at $\theta = 74.5°$

3/53 $T_A = T_B = 44.1$ N, $T_C = 58.9$ N

3/54 $T_1 = 1177$ N, $T_2 = 1974$ N

3/55 $T_{AB} = 569$ N, $T_{AC} = 376$ N, $T_{AD} = 467$ N

3/56 $P = 60.4$ N, $A_z = 128.9$ N, $B_z = 204$ N

3/57 $O = 1472$ N, $M = 12.18$ kN · m

3/58 $N_A = 263$ N, $N_B = 75.5$ N, $N_C = 260$ N

3/59 $T_1 = 4.90$ kN

3/60 Jacking at C : $N_A = 2350$ N

$N_B = 5490$ N, $N_C = 7850$ N

Jacking at $D : N_A = 3140$ N
$N_B = 4710$ N, $N_D = 7850$ N

3/61　$T_{AD} = 0.267mg$, $T_{BE} = 0.267mg$, $T_{CF} = \dfrac{mg}{2}$

3/62　$R = \dfrac{mg}{\sqrt{7}}$

3/63　$A = 224$ N, $B = 129.6$ N, $C = 259$ N

3/64　$P = 1584$ N, $R = 755$ N

3/65　$O_x = 1962$ N, $O_y = 0$, $O_z = 6540$ N
$T_{AC} = 4810$ N, $T_{BD} = 2770$ N, $T_{BE} = 654$ N

3/66　$B = 190.2$ N

3/67　$\theta = 9.49°$, $\overline{X} = 118.0$ mm

3/68　$A_x = 102.2$ N, $A_y = -81.8$ N, $A_z = 163.5$ N
$B_y = 327$ N, $B_z = 163.5$ N, $T = 156.0$ N

3/69　$O_x = 0$, $O_y = \rho gh(a + b + c)$, $O_z = 0$

$M_x = \rho gbh(\dfrac{b}{2} + c)$, $M_y = 0$

$M_z = \dfrac{\rho gh}{2}(ab + ac + c^2)$

3/70　$O_x = -1363$ N, $O_y = -913$ N, $O_z = 4710$ N
$M_x = 4380$ N · m, $M_y = -5040$ N · m, $M_z = 0$
$\theta = 41.0°$

3/71　$F_{AC} = F_{CB} = 240$ N tension
$F_{CD} = 1046$ N compression

3/72　$R = 1.796$ kN, $M = 0.451$ kN · m

3/73　$F = 140.5$ N, $A_n = 80.6$ N, $B_n = 95.4$ N

3/74　$F_S = 3950$ N, $F_A = 437$ N, $F_B = 2450$ N

3/75　$A = 167.9$ N, $B = 117.1$ N

3/76　$\Delta N_A = 1000$ N, $\Delta N_B = \Delta N_C = -500$ N

3/77　$A_x = 0$, $A_y = 613$ N, $A_z = 490$ N
$B_x = -490$ N, $B_y = 613$ N, $B_z = -490$ N
$T = 1645$ N

3/78　$O_x = 224$ N, $O_y = 386$ N, $O_z = 1090$ N
$M_x = -310$ N · m, $M_y = -313$ N · m
$M_z = 174.5$ N · m

3/79　$P_{min} = 18$ N, $B = 30.8$ N, $C = 29.7$ N
If $P = \dfrac{P_{min}}{2}$: $D = 13.5$ N

3/80　$P = 0.206$ N, $A_y = 0.275$ N, $B_y = -0.0760$ N

3/81　$T_1 = 0.347$ kN, $T_2 = 0.431$ kN,
$R = 0.0631$ kN, $C = 0.768$ kN

▶**3/82**　$T = 277$ N, $B = 169.9$ N

▶**3/83**　$O = 144.9$ N, $T = 471$ N

***3/84**　$M_{max} = 2.24$ N · m at $\theta = 108.6°$
$C = 19.62$ N at $\theta = 180°$

3/85　$L = 1.676$ kN

3/86　$R = 566$ N

3/87　$N_A = \sqrt{3}\, g(\dfrac{m}{2} - \dfrac{m_1}{3})$,

(a) $m_1 = 0.634m$, (b) $m_1 = \dfrac{3m}{2}$

3/88　$N_A = N_B = N_C = 117.7$ N

3/89　$P = 351$ N

3/90　$T = 10.62$ N

3/91　$N_A = 785$ N down, $N_B = 635$ N up

3/92　$R = 6330$ N, $M = 38.1$ kN · m

3/93　$\theta = \tan^{-1}(\dfrac{\pi m_1}{2m_2})$

3/94　$D = 7.60$ kN

3/95　$b = 207$ mm

3/96　$\overline{x} = 199.2$ mm

3/97　$P = \dfrac{mg\sqrt{2rh - h^2}}{r - h}$

3/98　$T_A = 147.2$ N, $T_B = 245$ N, $T_C = 196.2$ N

3/99　$B = 2.36$ kN

3/100　$A = 183.9$ N, $B = 424$ N

3/101　$A = 610$ N, $B = 656$ N

***3/102**　$T = \dfrac{mg}{\cos\theta}[\dfrac{\sqrt{3}}{2}\cos\theta - \dfrac{\sqrt{2}}{4}\cos(\theta + 15°)]$

***3/103**　$\alpha = 14.44°$, $\beta = 3.57°$, $\gamma = 18.16°$
$T_{AB} = 2600$ N, $T_{BC} = 2520$ N, $T_{CD} = 2640$ N

***3/104**　$T_B = 700$ N at $\theta = 90°$

***3/105**　$T = 0$ at $\theta = 1.488°$

***3/106**　$T_{45°} = 5.23$ N, $T_{90°} = 8.22$ N

***3/107**　$T = 495$ N at $\theta = 15°$

***3/108**　T
$= \dfrac{51.1\cos\theta - 38.3\sin\theta}{\cos\theta}\sqrt{425 - 384\sin\theta}$ N

Chapter 4

4/1 $AB = 1.2$ kN C, $AC = 1.039$ kN T,
$BC = 2.08$ kN C

4/2 $AB = 3400$ N T, $AC = 981$ N T,
$BC = 1962$ N C

4/3 $AB = 3000$ N T, $AC = 4240$ N C,
$AD = 3000$ N C, $BC = 6000$ N T,
$CD = 4240$ N T

4/4 $BE = 0$, $BD = 5.66$ kN C

4/5 $AB = 2950$ N C, $AD = 4170$ N T
$BC = 7070$ N C, $BD = 3950$ N C
$CD = 5000$ N T

4/6 $BE = 2.10$ kN T, $CE = 2.74$ kN C

4/7 $AB = 22.6$ kN T, $AE = DE = 19.20$ kN C
$BC = 66.0$ kN T, $BD = 49.8$ kN C
$BE = 18$ kN T, $CD = 19.14$ kN T

4/8 $AB = 14.42$ kN T, $AC = 2.07$ kN C
$BC = 6.45$ kN T, $BD = 12.89$ kN C

4/9 $AB = DE = 96.0$ kN C, $AH = EF = 75$ kN T
$BC = CD = 75$ kN C,
$BH = CG = DF = 60$ kN T
$CF = CH = 48.0$ kN C,
$FG = GH = 112.5$ kN T

4/10 $m = 1030$ kg

4/11 $AB = BC = \dfrac{L}{2}T$, $BD = 0$

4/12 $EF = 15.46$ kN C, $DE = 18.43$ kN T
$DF = 17.47$ kN C, $CD = 10.90$ kN T
$FG = 29.1$ kN C

4/13 $BI = CH = 16.97$ kN T, $BJ = 0$
$CI = 12$ kN C, $DG = 25.5$ kN C
$DH = EG = 18$ kN T

4/14 $BC = 3.46$ kN C, $BG = 1.528$ kN T

4/15 $AB = BC = 5.66$ kN T,
$AE = CD = 11.33$ kN C
$BD = BE = 4.53$ kN T, $DE = 7.93$ kN C

4/16   (a) $AB = 0$, $BC = L\,T$, $AD = 0$

$CD = \dfrac{3L}{4}C$, $AC = \dfrac{5L}{4}T$

4/17 $BI = 2.50$ kN T, $CI = 2.12$ kN T
$HI = 2.69$ kN T

4/18 $BC = 1.5$ kN T, $BE = 2.80$ kN T

4/19 $AB = DE = \dfrac{7L}{2}C$, $CG = L\,C$

4/20 $AB = BC = CD = DE = 3.35$ kN C
$AH = EF = 3$ kN T, $BH = DF = 1$ kN C
$CF = CH = 1.414$ kN T, $CG = 0$
$FG = GH = 2$ kN T

4/21 $AB = DE = 3.35$ kN C
$AH = EF = FG = GH = 3$ kN T
$BC = CD = 2.24$ kN C,
$BG = DG = 1.118$ kN C
$BH = DF = 0$, $CG = 1$ kN T

4/22 $AB = 1.782L\,T$, $AG = FG = 2.33L\,C$
$BC = CD = 2.29L\,T$, $BF = 1.255L\,C$
$BG = 0.347L\,C$, $CF = DE = 0$
$DF = 2.59L\,T$, $EF = 4.94L\,C$

4/23 $EH = 1.238L\,T$, $EI = 1.426L\,C$

4/24 $GI = 272$ kN T, $GJ = 78.5$ kN C

4/25   (a) $AB = AD = BD = 0$, $AC = \dfrac{5L}{3}T$,

$BC = L\,C$, $CD = \dfrac{4L}{3}C$

(b) $AB = AD = BC = BD = 0$,

$AC = \dfrac{5L}{3}T$, $CD = \dfrac{4L}{3}C$

▶4/26 $CG = 0$

4/27 $CG = 56.6$ kN T

4/28 $AE = 5.67$ kN T

4/29 $BC = 60$ kN T, $CG = 84.9$ kN T

4/30 $CG = 0$, $GH = L\,T$

4/31 $BE = 5.59$ kN T

4/32 $BE = 0.809L\,T$

4/33 $DE = 24$ kN T, $DL = 33.9$ kN C

(b) $AB = AD = BC = 0$, $AC = \dfrac{5L}{4}T$

$CD = \dfrac{3L}{4}C$

4/34 $BC = 21$ kN T, $BE = 8.41$ kN T
       $EF = 29.5$ kN C

4/35 $BC = CG = \dfrac{L}{3} T$

4/36 $BC = 600$ N T, $FG = 600$ N C

4/37 $BF = 10.62$ kN C

4/38 $BC = 3.00$ kN C, $CI = 5.00$ kN T
       $CJ = 16.22$ kN C, $HI = 10.50$ kN T

4/39 $CD = 0.562L$ C, $CJ = 1.562L$ T,
       $DJ = 1.250L$ C

4/40 $AB = 3.78$ kN C

4/41 $FN = GM = 84.8$ kN T, $MN = 20$ kN T

4/42 $BE = 0.787L$ T

4/43 $BF = 1.255L$ C

4/44 $CB = 56.2$ kN C, $CG = 13.87$ kN T
       $FG = 19.62$ kN T

4/45 $GK = 2.13L$ T

4/46 $DE = 297$ kN C, $EI = 26.4$ kN T
       $FI = 205$ kN T, $HI = 75.9$ kN T

4/47 $CG = 0$

▶4/48 $DK = 5$ kN T

▶4/49 $EJ = 3.61$ kN C, $EK = 22.4$ kN C
       $ER = FI = 0$, $FJ = 7.81$ kN T

▶4/50 $DG = 0.569L$ C

4/51 $BC = BD = CD = 0.278$ kN T

4/52 $AB = 4.46$ kN C, $AC = 1.521$ kN C
       $AD = 1.194$ kN T

4/53 $CF = 1.936L$ T

4/54 $CD = 2.4L$ T

4/55 $F = 3.72$ kN C

4/56 $AF = \dfrac{\sqrt{13}\,P}{3\sqrt{2}} T$, $CB = CD = CF = 0$,
       $D_x = -\dfrac{P}{3\sqrt{2}}$

4/57 $AE = BF = 0$, $BE = 1.202L$ C,
       $CE = 1.244L$ T

4/58 $BD = 2.00L$ C

4/59 $AD = 0.625L$ C, $DG = 2.5L$ C

4/60 $BE = 2.36$ kN C

4/61 $BC = \dfrac{\sqrt{2}\,L}{4} T$, $CD = 0$, $CE = \dfrac{\sqrt{3}\,L}{2} C$

▶4/62 $EF = \dfrac{P}{\sqrt{3}} C$, $EG = \dfrac{P}{\sqrt{6}} T$

4/63 $B = D = 1013$ N, $A = 512$ N

4/64 $CD = 57.7$ N at k60°

4/65 $M = 300$ N $\cdot$ m, $A_x = 346$ N

4/66   Member AC：$C = 0.293P$ left
       $A_x = 0.293P$ right, $A_y = P$ up
       Member BC：Symmetric to AC

4/67 $A = 6860$ N

4/68 $A = 26.8$ kN, $B = 37.7$ kN, $C = 25.5$ kN

4/69 (a) $A = 6F$, $O = 7F$
       (b) $B = 1.2F$, $O = 2.2F$

4/70 $B = 202$ N

4/71 $C = 6470$ N

4/72 $D = 58.5$ N

4/73 $N = 360$ N, $O = 400$ N

4/74 $BC = 375$ N C, $D = 425$ N

4/75 $C = 0.477P$

4/76 $F = 30.3$ kN

4/77 $EF = 100$ N T, $F = 300$ N

4/78 $F = 125.3P$

4/79 $P = 217$ N

4/80 $N_E = N_F = 166.4$ N

4/81 $R = 7.00$ kN

4/82 $A - 315$ kN

4/83 $N = 13.19P$

4/84 $N = 0.629P$

4/85 $A = 0.626$ kN

4/86 $G = 1324$ N

4/87 $R = 79.4$ kN

4/88 $C = 510$ N, $p = 321$ kPa

4/89 $F_{AB} = 8.09$ kN T

4/90 $M = 706$ N $\cdot$ m CCW

4/91 $AB = 37$ kN C, $EF = 0$

4/92 $A = 999$ N, $F = 314$ N up

4/93 $AB = 15.87$ kN C

4/94 $AB = 5310$ N C, $C = 4670$ N

4/95	$P = 2050$ N
4/96	$F_{AB} = 32.9$ kN C
4/97	$AB = 142.8$ kN C
4/98	$CD = 127.8$ kN C
4/99	$E = 2.18P$
4/100	$A = 173.5$ kN, $D = 87.4$ kN
4/101	$A_n = B_n = 3.08$ kN, $C = 5.46$ kN
4/102	$A = 833$ N, $R = 966$ N
4/103	$CD = 2340$ N T, $E = 2340$ N
4/104	$A = 4550$ N, $B = 4410$ N
	$C = D = 1898$ N, $E = F = 5920$ N
4/105	$A = 1.748$ kN
4/106	$C = 235$ N
4/107	$AB = 84.1$ kN C, $O = 81.4$ kN
4/108	$CE = 36.5$ kN C
4/109	$P = 1351$ N, $E = 300$ N
4/110	$A_x = 0.833$ kN, $A_y = 5.25$ kN
	$A_z = -12.50$ kN
4/111	$AB = DE = 67.6$ kN C,
	$AF = EF = 56.2$ kN T
	$BC = CD = 45.1$ kN C, $CF = 25$ kN T
	$BF = DF = 22.5$ kN C
4/112	$CF = 26.8$ kN T, $CH = 101.8$ kN C
4/113	$A_x = B_x = C_x = 0,$
	$A_y = -\dfrac{M}{R}$, $B_y = C_y = \dfrac{M}{R}$
4/114	$L = 105$ kN
4/115	$P = 3170$ N T, $C = 2750$ N
4/116	$BG = \dfrac{4L}{3\sqrt{3}}T$, $BG = \dfrac{2L}{3\sqrt{3}}T$
4/117	$M = 153.3$ N · m CCW
4/118	$AH = 4.5$ kN T, $CD = 4.74$ kN C, $CH = 0$
4/119	$m = 3710$ kg
4/120	$k_T = \dfrac{3bF}{8\pi}$
4/121	$DM = 0.785L$ C, $DN = 0.574L$ C
4/122	$AB = 294$ kN C, $p = 26.0$ MPa
▶4/123	$BE = 1.275$ kN T
▶4/124	$FJ = 0$, $GJ = 70.8$ kN C

▶4/125	$AB = \dfrac{\sqrt{2}L}{4}C$, $AD = \dfrac{\sqrt{2}L}{8}C$
*4/126	$p_{max} = 3.24$ MPa at $\theta = 11.10°$
*4/127	$R_{max} = 94.0$ kN at $\theta = 45°$
*4/128	$(DE)_{max} = 3580$ N at $\theta = 0$
	$(DE)_{min} = 0$ at $\theta = 65.9°$
*4/129	$(BC)_{max} = 2800$ N at $\theta = 5°$
*4/130	$M = 32.2$ N · m CCW at $\theta = 45°$
*4/131	$\theta = 0 : R = 75$ kN, $AB = 211$ kN T
	$C_x = 85.4$ kN, $R_{min} = 49.4$ kN at $\theta = 23.2°$

Chapter 5

5/1	Horizontal coordinate = 5.67
	Vertical coordinate = 3.67
5/2	$\bar{x} = 0$, $\bar{y} = 110.3$ mm
5/3	$\bar{x} = \bar{y} = -76.4$ mm , $\bar{z} = -180$ mm
5/4	$\bar{x} = -50.9$ mm , $\bar{y} = 120$ mm , $\bar{z} = 69.1$ mm
5/5	$\bar{x} = \dfrac{a+b}{3}$
5/6	$\bar{y} = \dfrac{\pi a}{8}$
5/7	$\bar{x} = -0.214a$, $\bar{y} = 0.799a$
5/8	$\bar{x} = \dfrac{a^2+b^2+ab}{3(a+b)}$, $\bar{y} = \dfrac{h(2a+b)}{3(a+b)}$
5/9	$\bar{z} = \dfrac{2h}{3}$
5/10	$\bar{x} = 1.549$, $\bar{y} = 0.756$
5/11	$\bar{y} = \dfrac{13h}{20}$
5/12	$\bar{x} = \dfrac{3b}{5}$, $\bar{y} = \dfrac{3a}{8}$
5/13	$\bar{x} = \dfrac{3b}{10}$, $\bar{y} = \dfrac{3a}{4}$
5/14	$\bar{y} = \dfrac{b}{2}$
5/15	$\bar{x} = 0.505a$
5/16	$\bar{y} = \dfrac{11b}{10}$

5/17 $\bar{z} = \dfrac{3h}{4}$

5/18 $\bar{x} = \bar{y} = \dfrac{b}{4}$, $\bar{z} = \dfrac{h}{4}$

5/19 $\bar{x} = 0.777a$, $\bar{y} = 0.223a$

5/20 $\bar{x} = \dfrac{12a}{25}$, $\bar{y} = \dfrac{3a}{7}$

5/21 $\bar{x} = \dfrac{3b}{5}$, $\bar{y} = \dfrac{3h}{8}$

5/22 $\bar{x} = \dfrac{57b}{91}$, $\bar{y} = \dfrac{5h}{13}$

5/23 $\bar{x} = \dfrac{a}{\pi - 1}$, $\bar{y} = \dfrac{7b}{6(\pi - 1)}$

5/24 $\bar{x} = 0.223a$, $\bar{y} = 0.777a$

5/25 $\bar{x} = 0.695r$, $\bar{y} = 0.1963r$

5/26 $\bar{x} = \dfrac{24}{25}$, $\bar{y} = \dfrac{6}{7}$

5/27 $\bar{y} = \dfrac{14\sqrt{2}a}{9\pi}$

5/28 $\bar{z} = \dfrac{2a}{3}$

5/29 $h = \dfrac{R}{4}$: $\bar{x} = \dfrac{25R}{48}$

         $h = 0$: $\bar{x} = \dfrac{3R}{8}$

5/30 $\bar{z} = \dfrac{3a}{16}$

5/31 $\bar{x} = \bar{y} = \dfrac{8a}{7\pi}$, $\bar{z} = \dfrac{5b}{16}$

5/32 $\bar{y} = \dfrac{3h}{8}$

▶**5/33** $\bar{y} = 81.8$ mm

▶**5/34** $\bar{y} = \dfrac{\dfrac{2}{3}(a^2 - h^2)^{\frac{3}{2}}}{a^2 \left(\dfrac{\pi}{2} - \sin^{-1}\dfrac{h}{a} \right) - h\sqrt{a^2 - h^2}}$

▶**5/35** $\bar{x} = \bar{y} = (\dfrac{4}{\pi} - \dfrac{3}{4})a$, $\bar{z} = \dfrac{a}{4}$

▶**5/36** $\bar{x} = \bar{y} = 0.242a$

▶**5/37** $\bar{x} = 1.583R$

▶**5/38** $\bar{x} = \dfrac{45R}{112}$

5/39 $\overline{X} = 233$ mm , $\overline{Y} = 333$ mm

5/40 $\overline{H} = 44.3$ mm

5/41 $\overline{X} = 132.1$ mm , $\overline{Y} = 75.8$ mm

5/42 $\overline{Y} = 133.9$ mm

5/43 $\overline{X} = 45.6$ mm , $\overline{Y} = 31.4$ mm

5/44 $\overline{X} = \overline{Y} = 103.6$ mm

5/45 $\overline{Y} = 36.2$ mm

5/46 $\overline{X} = \dfrac{3b}{10}$, $\overline{Y} = \dfrac{4b}{5}$, $\overline{Z} = \dfrac{3b}{10}$

5/47 $\overline{Y} = \dfrac{4h^3 - 2\sqrt{3}a^3}{6h^2 - \sqrt{3}\neq a^2}$

5/48 $\overline{Y} = 63.9$ mm

5/49 $\overline{X} = 88.7$ mm , $\overline{Y} = 37.5$ mm

5/50 $\overline{X} = 4.02b$, $\overline{Y} = 1.588b$

5/51 $\theta = 40.6°$

5/52 $\overline{X} = \dfrac{3a}{6+\pi}$, $\overline{Y} = -\dfrac{2a}{6+\pi}$, $\overline{Z} = \dfrac{\pi a}{6+\pi}$

5/53 $\overline{Z} = 70$ mm

5/54 $\overline{X} = 63.1$ mm , $\overline{Y} = 211$ mm ,

         $\overline{Z} = 128.5$ mm

5/55 $\overline{X} = -25$ mm , $\overline{Y} = 23.0$ mm , $\overline{Z} = 15$ mm

5/56 $\overline{X} = 44.7$ mm , $\overline{Z} = 38.5$ mm

5/57 $\overline{Z} = 0.642R$

5/58 $h = 0.416r$

5/59 $\overline{X} = 0.1975$ m

5/60 $\overline{X} = \overline{Y} = 0.312b$, $\overline{Z} = 0$

5/61 $\overline{H} = 42.9$ mm

5/62 $\overline{X} = \overline{Y} = 61.8$ mm , $\overline{Z} = 16.59$ mm

▶**5/63** $\overline{X} = -73.2$ mm , $\overline{Y} = 139.3$ mm ,

         $\overline{Z} = 35.9$ mm

▶**5/64** $\overline{X} = -0.509L$, $\overline{Y} = 0.0443R$,

         $\overline{Z} = -0.01834R$

5/65 $A = 10\ 300$ mm^2, $V = 24\ 700$ mm^3

5/66 $S = 2\sqrt{2}\pi a^2$

5/67 $V = \dfrac{\pi a^3}{3}$

5/68 $V = 2.83(10^5)$ mm^3

5/69 $V = \dfrac{\pi a^3}{12}(3\pi - 2)$

5/70 $V = 4.35(10^6) \text{ mm}^3$

5/71 $A = 90\,000 \text{ mm}^2$

5/72   25.5 liters

5/73 $A = 1.686(10^4) \text{ mm}^2,\ V = 13.95(10^4) \text{ mm}^3$

5/74 $m = 0.293 \text{ kg}$

5/75 $A = 166.0b^2,\ V = 102.9b^3$

5/76 $A = 497(10^3) \text{ mm}^2,\ V = 14.92(10^6) \text{ mm}^3$

5/77 $A = \pi a^2(\pi - 2)$

5/78 $A = 4\pi r(R\alpha - r \sin \alpha)$

5/79 $W = 42.7 \text{ N}$

5/80 $A = 105\,800 \text{ mm}^2,\ V = 1.775(10^6) \text{ mm}^3$

5/81 $A = 4.62 \text{ m}^2$

5/82 $V = \dfrac{\pi r^2}{8}\left[(4 - \pi)\alpha + \dfrac{10 - 3\pi}{3}r\right]$

5/83 $m = 1.126(10^6) \text{ Mg}$

5/84 $W = 608 \text{ kN}$

5/85 $R_A = 2.4 \text{ kN up},\ M_A = 14.4 \text{ kN} \cdot \text{m CCW}$

5/86 $R_A = 66.7 \text{ N up},\ R_B = 1033 \text{ N}$

5/87 $R_A = 2230 \text{ N up},\ R_B = 2170 \text{ N up}$

5/88 $A_x = 0,\ A_y = 2.71 \text{ kN},\ B_y = 3.41 \text{ kN}$

5/89 $R_A = 6 \text{ kN up},\ M_A = 3 \text{ kN} \cdot \text{m CW}$

5/90 $A_x = 0,\ A_y = 8 \text{ kN},\ M_A = 21 \text{ kN} \cdot \text{m CCW}$

5/91 $R_A = 39.8 \text{ kN down},\ R_B = 111.8 \text{ kN up}$

5/92 $R_A = \dfrac{2w_0 l}{\pi} \text{ up},\ M_A = \dfrac{w_0 l^2}{\pi} \text{ CCW}$

5/93 $A_x = 0,\ A_y = \dfrac{2w_0 l}{9} \text{ up},\ B_y = \dfrac{5w_0 l}{18} \text{ up}$

5/94 $R_A = 14.29 \text{ kN down},\ R_A = 14.29 \text{ kN up}$

5/95 $R_A = \dfrac{2w_0 b}{3} \text{ up},\ M_A = \dfrac{14w_0 b^2}{15} \text{ CW}$

5/96 $R_A = 7.41 \text{ kN up},\ M_A = 20.8 \text{ kN} \cdot \text{m CCW}$

5/97 $F = 10.36 \text{ kN},\ A = 18.29 \text{ kN}$

5/98 $B_x = 4 \text{ kN right},\ B_y = 1.111 \text{ kN up}$

        $A_y = 5.56 \text{ kN up}$

5/99 $R_A = 2400 \text{ N up},\ R_B = 4200 \text{ N up}$

5/100 $R_A = R_B = 7 \text{ kN up}$

5/101 $R_A = 34.8 \text{ kN up},\ M_A = 192.1 \text{ kN} \cdot \text{m CCW}$

5/102 $R_A = 9.22 \text{ kN up},\ R_B = 18.78 \text{ kN up}$

▶**5/103** $C_A = V_A = pr,\ M_A = pr^2 \text{ CCW}$

▶**5/104** $R_A = 43.1 \text{ kN up},\ R_B = 74.4 \text{ kN up}$

5/105 $V = \dfrac{P}{3},\ M = \dfrac{Pl}{6}$

5/106 $M = -\dfrac{Pl}{2} \text{ at } x = \dfrac{l}{2}$

5/107 $M = -120 \text{ N} \cdot \text{m}$

5/108 $|M_B| = M_{max} = 2200 \text{ N} \cdot \text{m}$

5/109 $V = -400 \text{ N},\ M = 3400 \text{ N} \cdot \text{m}$

5/110 $V = 0.15 \text{ kN},\ M = 0.15 \text{ kN} \cdot \text{m}$

5/111 $V = 3.25 \text{ kN},\ M = -9.5 \text{ kN} \cdot \text{m}$

5/112 $V = 1.6 \text{ kN},\ M = 7.47 \text{ kN} \cdot \text{m}$

5/113 $M_{max} = \dfrac{5Pl}{16} \text{ at } x = \dfrac{3l}{4}$

5/114 $M_A = -\dfrac{w_0 l^2}{3}$

5/115 $V_C = -10.67 \text{ kN},\ M_C = 33.5 \text{ kN} \cdot \text{m}$

5/116 $V_{max} = 32 \text{ kN at } A$

        $M_{max} = 78.2 \text{ kN} \cdot \text{m } 11.66 \text{ m right of } A$

5/117 $b = 1.5 \text{ m}$

5/118 $V_B = 6.86 \text{ kN},\ M_B = 22.8 \text{ kN} \cdot \text{m},\ b = 7.65 \text{ m}$

5/119 $M_{max} = 13.23 \text{ kN} \cdot \text{m } 11 \text{ m right of } A$

5/120 $b = 1.526 \text{ m}$

5/121 $M_{max} = \dfrac{w_0 l^2}{12} \text{ at midbeam}$

5/122 $M_B = -Fh$

5/123 $M_B = -0.40 \text{ kN} \cdot \text{m},\ x = 0.2 \text{ m}$

5/124   At $x = 2 \text{ m}$: $V = 5.33 \text{ kN},\ M = -7.5 \text{ kN} \cdot \text{m}$

        At $x = 4 \text{ m}$: $V = 1.481 \text{ kN}$,

        $M = -0.685 \text{ kN} \cdot \text{m}$

5/125   At $x = 6 \text{ m}$: $V = -600 \text{ N},\ M = 4800 \text{ N} \cdot \text{m}$

        $M_{max} = 5620 \text{ N} \cdot \text{m at } x = 4.25 \text{ m}$

5/126   At $x = 6 \text{ m}$: $V = -1400 \text{ N},\ M = 0$

        $M_{max} = 2800 \text{ N} \cdot \text{m at } x = 7 \text{ m}$

5/127 $M_{max}^{+} = 17.52 \text{ kN} \cdot \text{m at } x = 3.85 \text{ m}$

        $M_{max}^{-} = -21 \text{ kN} \cdot \text{m at } x = 10 \text{ m}$

5/128 $M_{max} = 19.01 \text{ kN} \cdot \text{m at } x = 3.18 \text{ m}$

5/129 $h = 20.4 \text{ mm}$

5/130 $T_0 = 81$ N at C, $T_{max} = 231$ N at A and B

5/131 $h = 101.9$ m

5/132 $C = 549$ kN

5/133 $T_0 = 199.1(10^3)$ kN, $C = 159.3(10^3)$ kN

5/134 $m' = 652$ kg／m

*5/135 $T_A = 4900$ N, $T_B = 6520$ N

5/136 $m = 270$ kg, $\overline{AC} = 79.1$ m

*5/137 $\overline{AC} = 79.6$ m

5/138 $\rho = 61.4$ kg/m, $T_0 = 3630$ N, $s = 9.92$ m

*5/139 $T_A = 6990$ N, $T_B = 6210$ N, $s = 31.2$ m

*5/140 $T_C = 945$ N, $L = 6.90$ m

*5/141 $h = 92.2$ m, $L = 11.77$ N, $D = 1.568$ N

*5/142 Catenary：$T_0 = 1801$ N；Parabolic：

$T_0 = 1766$ N

5/143 $l = 13.07$ m

*5/144 $\mu = 19.02$ N/m, $m_1 = 17.06$ kg,

$h = 2.90$ m

*5/145 $L = 8.71$ m, $T_A = 1559$ N

*5/146 $h = 18.53$ m

5/147 $H = 89.7$ m

*5/148 $T_h = 3.36$ N, $T_v = 0.756$ N, $h = 3.36$ m

*5/149 $T_A = 27.4$ kN, $T_B = 33.3$ kN, $s = 64.2$ m

*5/150 1210 N

*5/151 When $h = 2$ m, $T_0 = 2410$ N, $T_A = 2470$ N

$T_B = 2730$ N

*5/152 $\theta_A = 12.64°$, $L = 13.06$ m, $T_B = 229$ N

*5/153 $\delta = 0.724$ m

*5/154 $\rho = 13.44$ kg/m

5/155 $N = 8.56$ N down, 9.81 N

5/156 Oak in water：$r = 0.8$

Steel in mercury：$r = 0.577$

5/157 $d = 0.919h$

5/158 $V = 5.71$ m^3

5/159 $d = 478$ mm

5/160 $w = 9810$ N/m

5/161 $R = 13.46$ MN

5/162 $T = 26.7$ N

5/163 CCW couple tends to make $\theta = 0$

CW couple tends to make $\theta = 180°$

5/164 $\sigma = 10.74$ kPa, $P = 1.687$ kN

5/165 $\sigma = 26.4$ MPa

5/166 $m = 14\ 290$ kg, $R_A = 232$ kN

5/167 $T = 89.9$ kN

5/168 $T = 403$ N, $h = 1.164$ m

5/169 $M = 195.2$ kN · m

5/170 $R = 1377$ N, $x = 323$ mm

5/171 $\rho_s = \rho_l (\dfrac{h}{2r})^2 (3 - \dfrac{h}{r})$

5/172 $p = 7.49$ MPa

5/173 $h = 24.1$ m

5/174 $Q = \dfrac{\pi r p_0}{2}$

5/175 $R = 9.54$ GN

5/176 $b = 28.1$ m

5/177 $d = 0.300$ m

▶**5/178** $F_x = F_y = \dfrac{\rho g r^2}{12}[3\pi h + (3\pi - 4)r]$

$F_x = \dfrac{\rho g \pi r^2}{12}(3h + r)$

▶**5/179** $R = 1121$ kN, $\bar{h} = 5.11$ m

▶**5/180** $\overline{GM} = 0.530$ m

5/181 $\overline{X} = 166.2$ mm，$\overline{Y} = 78.2$ mm

5/182 $\bar{x} = \dfrac{23b}{25}$，$\bar{y} = \dfrac{2b}{5}$

5/183 $\bar{y} = 0.339a$

5/184 $\bar{z} = 131.0$ mm

5/185 $\overline{X} = 176.7$ mm，$\overline{Y} = 105$ mm

5/186 $A = \dfrac{\pi a^2}{2}(\pi - 1)$

5/187 $\overline{X} = 38.3$ mm，$\overline{Y} = 64.6$ mm，

$\overline{Z} = 208$ mm

5/188 $M = \dfrac{4}{35} p_0 b h^2$

5/189 $P = 348$ kN

5/190 $\overline{H} = 228$ mm

5/191 $M_{max}^+ = 6.08$ kN · m at $x = 2.67$ m

$M_{max}^- = -12.79$ kN · m at $x = 20.7$ m

5/192 $\bar{x} = \bar{y} = \bar{z} = \dfrac{4r}{3\pi}$

5/193 $R_A = 7.20$ MN right

$M_A = 1296$ MN · m CW

5/194 $V = 4.65$ MN, $M = 369$ MN · m

▶**5/195** $\bar{h} = \dfrac{11H}{28}$

5/196 $R_A = 5.70$ kN up, $R_B = 16.62$ kN up

5/197 $s = 1231$ m

5/198 $h = 5.55$ m

*5/199 $V_{max} = 6.84$ kN at $x = 0$

$M_{max} = 9.80$ kN · m at $x = 2.89$ m

*5/200 $\theta = 46.8°$

*5/201 $\theta = 33.1°$

*5/202 $\overline{X}_{max} = 322$ mm at $x = 322$ mm

*5/203 $h = 39.8$ m

*5/204 $y_B = 3.98$ m at $x = 393$ m

$T_A = 175\ 800$ N, $T_B = 169\ 900$ N

*5/205 $d = 197.7$ m, horizontal thruster, $T_h = 10$ N

$T_v = 1.984$ N

Chapter 6

6/1 $F = 400$ N left

6/2 $F = 379$ N left

6/3 (a) $F = 94.8$ N up incline

(b) $F = 61.0$ N down incline

(c) $F = 77.7$ N down incline

(d) $P = 239$ N

6/4 $\theta = 4.57°$

6/5 $\mu_s = 0.0801$

6/6 $\mu_s = 0.0959$, $F = 0.0883mg$, $P = 0.1766mg$

6/7 $\mu_s = 0.1763$

6/8 (a) Both blocks remain stationary

(b) Both blocks slide right together

(c) A slides relative to stationary B

6/9 $\mu_k = 0.732$

6/10 $P = 775$ N

6/11 (a) $F = 193.2$ N up

(b) $F = 191.4$ N up

6/12 $M = 76.3$ N · m

6/13 $3.05 \le m \le 31.7$ kg

6/14 $\theta = 31.1°$, $\mu_s = 0.603$

6/15 $\mu_s = 0.321$

6/16 Tips first if $a < \mu b$

6/17 $x = 3.25$ m

6/18 $\mu_s = 0.25 : \theta = 61.8°$

$\mu_s = 0.50 : \theta = 40.9°$

6/19 $0.1199m_1 \le m_2 \le 1.364m_1$

6/20 $y = \dfrac{b}{2\mu_s}$

6/21 $\mu = 0.268$

6/22 $\mu_s = 0.577$

6/23 $\mu_s = 0.408$, $s = 126.2$ mm

6/24 $P = 1089$ N

6/25 $P = 932$ N

6/26 $P = 796$ N

6/27 (a) $M = 23.2$ N · m, (b) $M = 24.6$ N · m

6/28 (a) $P = 44.7$ N, (b) $P = 30.8$ N

6/29 $M = 2.94$ N · m

6/30 (a) Slips between A and B

(b) Slips between A and the ground

6/31 $s = 2.55$ m

6/32 $\mu_s = 0.365$

6/33 $\theta = 20.7°$

6/34 $\theta = \tan^{-1}(\mu\dfrac{a+b}{a})$

6/35 $\mu_s = 0.212$

6/36 $\theta = 8.98°$, $\mu_s = 0.1581$

6/37 $x = \dfrac{a - b\mu_s}{2\mu_s}$

6/38 $\theta = \sin^{-1}(\dfrac{\pi\mu_s}{2 - \pi\mu_s})$, $\mu_{90°} = 0.318$

6/39 37.2 N k149.8°

6/40 $\theta = 6.29°$

6/41 $P = \dfrac{M}{rl}(\dfrac{b}{\mu_s} - e)$

6/42 $\mu_s = 0.0824$, $F = 40.2$ N

6/43 $k = 20.8(10^3)$ N/m

6/44　$\theta = 58.7°$

6/45　$\alpha = 22.6°$

6/46　$\mu_s = 0.1763$

6/47　$\mu_s = 0.0262$

6/48　$P = 709$ N

6/49　$P' = 582$ N

6/50　$\mu_s = 0.3$, $F_A = 1294$ N

6/51　$M = 3.05$ N · m

6/52　(a) $M = 348$ N · m, (b) $M = 253$ N · m

6/53　(a) $F = 8.52$ N, (b) $F = 3.56$ N

6/54　$P = 4.53$ kN

6/55　$P' = 3.51$ kN

6/56　$P = 114.7$ N

6/57　$P = 333$ N

6/58　$P = 105.1$ N

6/59　$M = 6.52$ N · m, $M' = 1.253$ N · m

6/60　(a) $P = 485$ N, (b) $P = 681$ N

6/61　(a) $P' = 63.3$ N left, (b) $P' = 132.9$ N right

6/62　$P = 442$ N

6/63　$M = 7.30$ N · m

6/64　(a) $P = 78.6$ N, (b) $P = 39.6$ N

6/65　$\mu = 0.271$

6/66　$\mu = 0.1947$, $r_f = 3.82$ mm

6/67　$M = 12$ N · m, $\mu = 0.30$

6/68　$T = 4020$ N, $T_0 = 3830$ N

6/69　$T = 3830$ N, $T_0 = 4020$ N

6/70　$\mu = 0.609$

6/71　(a) $P = 245$ N, (b) $P = 259$ N

6/72　$P = 232$ N, No

6/73　(a) $M = 1747$ N · m, (b) $M = 1519$ N · m

6/74　$T = 258$ N

6/75　$T = 233$ N

6/76　$M = \dfrac{\mu PR}{2}$

6/77　$M = \mu L \dfrac{r_o - r_i}{\ln(r_o / r_i)}$

6/78　$M = \dfrac{4\mu P}{3} \dfrac{R_o^3 - R_i^3}{R_o^2 - R_i^2}$

6/79　$M = \dfrac{5\mu La}{8}$

6/80　$\mu = 0.208$

6/81　$M = 335$ N · m

▶**6/82**　$M = \dfrac{\mu L}{3\sin\dfrac{\alpha}{2}} \dfrac{d_2^3 - d_1^3}{d_2^2 - d_1^2}$

6/83　$\mu = 0.221$

6/84　(a) $P = 1007$ N, (b) $P = 152.9$ N

6/85　$T = 2.11$ kN

6/86　(a) $\mu = 0.620$

　　　(b) $P' = 3.44$ kN

6/87　$m = 258$ kg

6/88　$P = 185.8$ N

6/89　$P = 10.02$ N

6/90　$T = 8.10$ kN

6/91　$P = 3.30$ kN

6/92　$\mu = 0.634$

6/93　$P = 135.1$ N

6/94　$\mu_s = 0.396$

6/95　$T = mge\mu\pi$

***6/96**　$y = 0$: $\dfrac{T}{mg} = 6.59$,

　　　$y \to$ large : $\dfrac{T}{mg} \to e^{\mu_B \pi}$

6/97　$P = 160.3$ N

6/98　$\mu = 0.800$

6/99　$\dfrac{W_2}{W_1} = 0.1247$

6/100　$M = 183.4$ N · m

6/101　$0.0979m_1 \le m_2 \le 2.26m_1$

6/102　$h = 27.8$ mm

6/103　$T_2 = T_1 e^{\mu\beta/\sin\frac{\alpha}{2}}$, $n = 3.33$

▶**6/104**　$\mu_s = 0.431$

6/105　(a) $T_{min} = 94.3$ N, $T_{max} = 298$ N

　　　(b) $F = 46.2$ N up the incline

6/106　(a) $T = 717$ N, (b) $T = 1343$ N

6/107　$P = 3.89$ kN

6/108	Rotational slippage occurs first at $P = 0.232mg$
6/109	$F = 481$ N
6/110	Friction will prevent slipping
6/111	$\mu = 1.732$ (not possible)
6/112	(a) $M = 24.1$ N · m, (b) $M = 13.22$ N · m
6/113	$\theta_{max} = 1.947°$, $P = 1.001$ N
6/114	(a) $0.304 \le m \le 13.17$ kg (b) $0.1183 \le m \le 33.8$ kg
6/115	$M = 0.500$ N · m, $M' = 0.302$ N · m
6/116	$m = 31.6$ kg
6/117	(a) $C = 1364$ N, (b) $F = 341$ N, (c) $P' = 13.64$ N
6/118	$P = 25.3$ N
6/119	$\mu_{min} = 0.787$, $M = 3.00$ kN · m
*6/120	$P_{min} = 468$ N at $x = 2.89$ m
*6/121	$P_{max} = 0.857mg$ at $\theta_{max} = 42.0°$
*6/122	$\theta = 21.5°$
*6/123	$\theta = 5.80°$
*6/124	$P = 483$ N
*6/125	$P_{max} = 2430$ N at $\theta = 26.6°$
*6/126	$\mu = 0.420$
*6/127	$\theta = 18.00°$

Chapter 7

7/1	$M = 2Pr \sin \theta$
7/2	$\theta = \tan^{-1}(\frac{2mg}{3P})$
7/3	$\theta = \cos^{-1}(\frac{2P}{mg})$
7/4	$M = mgl \sin \frac{\theta}{2}$
7/5	$P = 458$ N
7/6	$R = \frac{Pb}{r}$
7/7	$F = 0.8R \cos \theta$
7/8	$\theta = \cos^{-1}[\frac{2M}{bg(2m_0 + nm)}]$
7/9	$C = mg \cot \theta$

7/10	$P = 4kl(\tan \theta - \sin \theta)$
7/11	$F = \frac{2d_B}{d_A d_C} M$
7/12	$e = 0.983$
7/13	$M = \frac{3mgl}{2} \sin \frac{\theta}{2}$
7/14	$k_T = \frac{3Fb}{8\pi}$
7/15	$M = \frac{r}{n}(C - mg)$
7/16	$M = PL_1 (\sin \theta + \tan \phi \cos \theta)$, where $\phi = \sin^{-1}(\frac{h + L_1 \sin \theta}{L_2})$
7/17	$M = (\frac{5m}{4} + m_0)gt\sqrt{3}$
7/18	$e = 0.625$
7/19	$CD = 2340$ N T
7/20	$P = mg \frac{\cos \theta}{\cos \frac{\theta}{2}}$
7/21	$P = \frac{1.366mg \cos \theta}{\sin(\theta + 30°)} \sqrt{1.536 - 1.464 \cos(\theta + 30°)}$
7/22	$p = \frac{2mg}{A}$
7/23	$m = \frac{a}{b} m_0 (\tan \theta - \tan \theta_0)$
7/24	$N = 1.6P$
7/25	$M = PL_1 \sin \psi \csc (\psi - \phi) \sin (\theta + \phi)$
7/26	$M = M_f + \frac{mgL}{\pi} \cot \theta$
7/27	$C = 2mg\sqrt{1 + (\frac{b}{L})^2 - 2\frac{b}{L} \cos \theta} \cot \theta$
7/28	$F = \frac{2\pi M}{L(\tan \theta + \frac{a}{b})}$
7/29	$x = 0$: unstable ; $x = \frac{1}{2}$: stable $x = -\frac{1}{2}$: stable
7/30	$\theta = 22.3°$: stable ; $\theta = 90°$: unstable

7/31 $\theta = \cos^{-1}(\frac{mg}{2kb})$, $k_{\min} = \frac{mg}{b\sqrt{3}}$

7/32 $k_{\min} = \frac{mg}{4L}$

7/33 stable

7/34 $l < \frac{2k_T}{mg}$

7/35 $M > \frac{m}{2}$

7/36 $\theta = 52.7°$

7/37 (a) $\rho_1 = \rho_2$: $h = \sqrt{3}r$

(b) $\rho_1 = \rho_{steel}, \rho_2 = \rho_{aluminum}$: $h = 2.96r$

(c) $\rho_1 = \rho_{aluminum}, \rho_2 = \rho_{steel}$: $h = 1.015r$

7/38 $\theta = 0$ and $180°$: unstable

$\theta = 120°$ and $240°$: stable

7/39 $(k_T)_{\min} = \frac{mgl}{2}$

7/40 $P = \frac{4kb^2}{a}\sin\theta(1 - \cos\theta)$

7/41 $h < \frac{2kb^2}{mg}$

7/42 $\theta = \sin^{-1}\frac{M}{kb^2}$

7/43 $h = \frac{mgr^2}{k_T}$

7/44 $k > \frac{L}{2l}$

7/45 P

$= \frac{4mg\cos\frac{\theta}{2} + 4kb(2\cos\frac{\theta_0}{2}\sin\frac{\theta}{2} - \sin\theta)}{3 + \cos\theta}$

7/46 $\theta = \sin^{-1}(\frac{mg}{2kl})$, $k > \frac{mg}{2l}$

7/47 Semicylinder : unstable

Half-cylindrical shell : stable

▶7/48 $k = \frac{mg(r+a)}{8a^2}$

▶7/49 For $m = 0$ and $d = b$:

$M = \frac{m_0 gp(b\cot\theta - a)}{2\pi b}$

▶7/50 $h = 265$ mm

7/51 $P = 1047$ N

7/52 $\theta = \tan^{-1}(\frac{2P}{ka})$

7/53 stable if $h < 2r$

7/54 $F = 6$ MN

7/55 (a) $h_{\max} = r\sqrt{2}$

(b) $\frac{dV}{d\theta} = 2\rho r^2 \sin\theta$ (independent of h)

7/56 $\mu_s = 0.1443$

7/57 $\theta = -6.82°$: stable ; $\theta = 207°$: unstable

7/58 $P = \frac{mg\cos\theta}{1 + \cos^2\theta}$

7/59 $M = 2.33$ N · m CCW

7/60 $\theta = 0$: unstable ; $\theta = 62.5°$: stable

7/61 $\theta = 0$: stable if $k < \frac{mg}{a}$

$\theta = \cos^{-1}[\frac{1}{2}(1 + \frac{mg}{ka})]$: stable if $h > \frac{mg}{a}$

*7/62 $x = 130.3$ mm

*7/63 $\theta = 24.8°$: unstable

*7/64 $\theta = 78.0°$: stable ; $\theta = 260°$: unstable

*7/65 $\theta = 79.0°$

*7/66 $P = 523\sin\theta$ N

Appendix A

A/1 $A = 1600$ mm^2

A/2 $I_x = \frac{bh^3}{9}$, $I_y = \frac{7b^3h}{48}$,

$I_O = bh(\frac{h^2}{9} + \frac{7b^2}{48})$

A/3 $I_y = \frac{hb^3}{4}$

A/4 $I_y = 26.8(10^6)$ mm^4

A/5 $I_A = \frac{3\pi r^4}{4}$, $I_B = r^4(\frac{3\pi}{4} - \frac{4}{3})$

A/6 $I_x = 0.1963a^4, I_y = 1.648a^4$

$k_O = 1.533a$

A/7 $I_y = (\frac{11\pi}{8} - 3)ta^3$

A/8 $A = 4800$ mm^2

Appendix A

A/9 $I_x = I_y = \dfrac{\pi r^3 t}{2}$, $I_C = \pi r^3 t(1 - \dfrac{4}{\pi^2})$

A/10 $I_y = \dfrac{7b^3 h}{30}$

A/11 $I_x = 0.269bh^3$

A/12 $I_x = I_y = \dfrac{Ab^2}{3}$, $I_O = \dfrac{2Ab^2}{3}$

A/13 $I_x = \dfrac{bh^3}{4}$, $I_{x'} = \dfrac{bh^3}{12}$

A/14 $I_x = \dfrac{a^4}{8}[\alpha - \dfrac{1}{2}\sin 2(\alpha+\beta) + \dfrac{1}{2}\sin 2\beta]$

$I_y = \dfrac{a^4}{8}[\alpha + \dfrac{1}{2}\sin 2(\alpha+\beta) - \dfrac{1}{2}\sin 2\beta]$

A/15 $k_A = 14.43$ mm

A/16 $I_x = h^3(\dfrac{a}{4} + \dfrac{b}{12})$,

$I_y = \dfrac{h}{12}(a^3 + a^2 b + ab^2 + b^3)$

$I_O = \dfrac{h}{12}[h^2(3a+b) + a^3 + a^2 b + ab^2 + b^3)$

A/17 $\bar{k} = \dfrac{b}{2\sqrt{3}}$

A/18 $I_x = \dfrac{a^4}{8}(\dfrac{\neq}{2} - \dfrac{1}{3})$

A/19 $I_x = 9(10^4)$ mm^4

A/20 $k_x = 0.754, k_y = 1.673, k_z = 1.835$

A/21 $I_x = 0.1125bh^3, I_y = 0.1802hb^3$
$I_O = bh(0.1125h^2 + 0.1802b^2)$

A/22 $I_y = \dfrac{\pi a^3 b}{4}$, $k_O = \dfrac{\sqrt{a^2 + b^2}}{2}$

A/23 $k_M = \dfrac{a}{\sqrt{6}}$

A/24 $I_x = 1.738(10^8)$ mm^4

A/25 $I_y = 73.1(10^8)$ mm^4, $I_{y'} = 39.0(10^8)$ mm^4

A/26 $I_x = 20(10^6)$ mm^4

A/27 $I_x = \dfrac{4ab^3}{9\pi}$

A/28 $I_x = 10^7$ mm^4, $I_y = 11.90(10^6)$ mm^4
$I_O = 21.9(10^6)$ mm^4

A/29 $I_x = \dfrac{16ab^3}{105}$

A/30 $k_x = k_y = \dfrac{\sqrt{5}a}{4}$, $k_O = \dfrac{\sqrt{10}a}{4}$

A/31 3.68%

A/32 Without hole：$I_y = 0.785R^4$
With hole：$I_y = 0.702R^4$

A/33 $k_A = 208$ mm

A/34 $k_x = k_y = \dfrac{\sqrt{5}a}{4}$, $k_z = \dfrac{\sqrt{10}a}{4}$

A/35 Area：50%；Inertia：22.2%

A/36 $\bar{I}_x = 3.90(10^8)$ mm^4

A/37 $I_x = 5.76(10^6)$ mm^4

A/38 (a) $I_x = 1.833$ m^4, (b) $I_x = 1.737$ m^4

A/39 (a) $I_x = 0.391R^4$, (b) $I_x = 0.341R^4$

A/40 $I_x = 4.53(10^6)$ mm^4

A/41 $\bar{I}_x = 10.76(10^6)$ mm^4

A/42 $\bar{I}_x = 22.6(10^6)$ mm^4 , $\bar{I}_y = 9.81(10^6)$ mm^4

A/43 $I_x = \dfrac{58a^4}{3}$

A/44 $n = 0.1953 + 0.00375y^2$ (%)
$y = 50$ mm：$n = 9.57\%$

A/45 $I_x = 15.64(10^4)$ mm^4

A/46 $k_O = 222$ mm

A/47 $I_x = \dfrac{5\sqrt{3}a^4}{16}$

A/48 $I_x = h^3(\dfrac{b_1}{12} + \dfrac{b_2}{4})$,

$I_y = \dfrac{h}{48}(b_1^3 + b_1^2 b_2 + b_1 b_2^2 + b_2^3)$

A/49 $I_x = 38.0(10^6)$ mm^4

A/50 $I_x = \dfrac{bh}{9}(\dfrac{7h^2}{4} + \dfrac{2b^2}{9} + bh)$, $n = 176.0\%$

A/51 $I_x = 16.27(10^6)$ mm^4

A/52 $I_{a-a} = 346(10^6)$ mm^4

A/53 $k_C = 261$ mm

A/54 $h = 47.5$ mm

A/55 (a) $I_{xy} = 360(10^4)$ mm^4,
(b) $I_{xy} = -360(10^4)$ mm^4

(c) $I_{xy} = 360(10^4)$ mm^4

(d) $I_{xy} = -360(10^4)$ mm^4

A/56 $I_x = 2.44(10^8)$ mm^4, $I_y = 9.80(10^8)$ mm^4

      $I_{xy} = -14.14(10^6)$ mm^4

A/57   (a) $I_{xy} = 9.60(10^6)$ mm^4,

      (b) $I_{xy} = -4.71(10^6)$ mm^4,

      (c) $I_{xy} = 9.60(10^6)$ mm^4,

      (d) $I_{xy} = -2.98(10^6)$ mm^4

A/58 $I_{xy} = 18.40(10^6)$ mm^4

A/59 $I_{xy} = \dfrac{1}{6} bL^3 \sin 2\alpha$

A/60 $I_{xy} = 23.8(10^6)$ mm^4

A/61 $I_{xy} = \dfrac{br^3}{2}$

A/62 $I_{xy} = \dfrac{b^2 h^2}{24}$, $I_{x_0 y_0} = -\dfrac{b^2 h^2}{72}$

A/63 $I_{xy} = \dfrac{a^2 b^2}{12}$

A/64 $I_{xy} = \dfrac{15 a^4}{16}$

A/65 $I_{xy} = \dfrac{2 r^4}{3}$

A/66 $I_{xy} = \dfrac{a^4}{12}$

A/67 $I_{xy} = \dfrac{h^2}{24}(3a^2 + 2ab + b^2)$

A/68 $I_{xy} = 4 a^3 t$

A/69 $I_{r'} = 0.1168 b^4$, $I_{y'} = 0.550 b^4$, $I_{x'y'} - 0.1250 b^4$

A/70 $I_{x'} = 0.0277 b4$, $I_{y'} = 0.1527 b4$, $I_{x'y'} = 0.0361 b^4$

A/71 $I_{max} = 5.57 a^4$, $I_{min} = 1.097 a^4$, $\alpha = 103.3°$

A/72 $I_{x'} = \dfrac{r^4}{16}(\pi - \sqrt{3})$, $I_{y'} = \dfrac{r^4}{16}(\pi + \sqrt{3})$,

      $I_{x'y'} = \dfrac{r^4}{16}$

A/73 $I_{max} = 0.976 a^4$, $I_{min} = 0.476 a^4$, $\alpha = 45°$

A/74 $I_{max} = 6.16 a^4$, $I_{min} = 0.505 a^4$, $\alpha = 112.5°$

A/75 $I_{max} = 3.08 b^4$, $I_{min} = 0.252 b^4$, $\alpha = -22.5°$

A/76 $I_{max} = 71.7(10^6)$ mm^4, $\alpha = -16.85°$

A/77 $I_{max} = 1.782(10^6)$ mm^4, $I_{min} = 0.684(10^6)$ mm^4

      $\alpha = -13.40°$

*A/78 $I_{min} = 2.09(10^8)$ mm^4 at $\theta = 22.5°$

*A/79 $I_{max} = 0.312 b^4$ at $\theta = 125.4°$

      $I_{min} = 0.0435 b^4$ at $\theta = 35.4°$

*A/80 $I_{x'y'} = (-0.792 \sin 2\theta - 0.75 \cos 2\theta)10^8$ mm^4

      $I_{x'y'} = 0$ at $\theta = 68.3°$

*A/81 $I_{max} = 0.655 b^4$ at $\theta = 45°$

      $I_{min} = 0.405 b^4$ at $\theta = 135°$

*A/82 $I_{max} = 1.820(10^6)$ mm^4 at $\theta = 30.1°$

*A/83 $I_{max} = 11.37 a^3 t$ at $\theta = 115.9°$

      $I_{min} = 1.197 a^3 t$ at $\theta = 25.9°$

歡迎加入 全華會員

● 會員獨享

會員享購書折扣、紅利積點、生日禮金、不定期優惠活動…等。

● 如何加入會員

掃 QRcode 或填妥讀者回函卡直接傳真 (02) 2262-0900 或寄回，將由專人協助登入會員資料，待收到 E-MAIL 通知後即可成為會員。

如何購買 全華書籍

1. 網路購書

全華網路書店「http://www.opentech.com.tw」，加入會員購書更便利，並享有紅利積點回饋等各式優惠。

2. 實體門市

歡迎至全華門市（新北市土城區忠義路21號）或各大書局選購。

3. 來電訂購

(1) 訂購專線：(02) 2262-5666 轉 321-324
(2) 傳真專線：(02) 6637-3696
(3) 郵局劃撥（帳號：0100836-1　戶名：全華圖書股份有限公司）
※ 購書未滿 990 元者，酌收運費 80 元。

OpenTech 全華網路書店 .com.tw

全華網路書店 www.opentech.com.tw
E-mail: service@chwa.com.tw

※ 本會員制如有變更則以最新修訂制度為準，造成不便敬請見諒。